KRUSE/HEUN

# Betriebswirtschaftslehre

von

Dipl.-Hdl.
Dr. Karl Friedrich Erbach

Dipl.-Betrw.
Franz Follmer

Dipl.-Hdl.
Adalbert Rudnick

unter Mitarbeit weiterer Fachleute
aus Schule und Praxis

ISBN 3-8045-
**3802**-9

187., durchgesehene Auflage, 1991

Winklers Verlag
Gebrüder Grimm
Darmstadt

38021

# Inhaltsverzeichnis

## 4 Das Unternehmen

38026

# 0 Die betriebliche Ausbildung

## Worum geht es?

Sie haben sich für eine wirtschaftsberufliche Ausbildung entschieden.
Was wird während der Ausbildung alles auf Sie zukommen?
Wie ist die betriebliche Ausbildung geregelt?
Welche Pflichten werden Sie zu erfüllen haben? Welche Rechte stehen Ihnen zu?
Welches Gesetz regelt Ihre Ausbildung?

## Lernziele

Sie sollten ...

- Hilfen für Ihre Berufsentscheidung kennenlernen und nutzen können;
- unser duales System der Berufsbildung beschreiben können;
- den rechtlichen Rahmen (Gesetze, Verträge) für Ihre betriebliche Ausbildung nennen und erklären können;
- die Pflichten des Auszubildenden und des Ausbilders nennen und deren Sinn begründen können;
- die Rechte des Auszubildenden und des Ausbilders nennen und deren Sinn erläutern können.

Jedes Jahr stehen Hunderttausende von Jugendlichen vor der Frage: „Was soll ich werden? Welchen Beruf soll ich ergreifen?" Auch Sie haben sich für eine wirtschaftsberufliche Ausbildung entschieden. Sie möchten wissen, was alles auf Sie zukommt, ob ihre Entscheidung richtig war und wie Sie sich hierzu informieren können.

**Grundlage der Berufswahl** sollten sein die *Eignung*, d. h. die angeborenen und erworbenen Fähigkeiten, *und* die *Neigung*, d. h. das persönliche Interesse für einen bestimmten Beruf oder ein Berufsfeld (z. B. kaufmännische Berufe). Kein Jugendlicher ist zum Zeitpunkt der Berufswahl in der Lage, selbst die verschiedenen Berufsmöglichkeiten genau zu kennen. Er braucht Hilfe von erfahrenen Menschen. Zu diesen gehören neben den Eltern und Lehrern insbesondere die *Berufsberatungsstellen der Arbeitsämter*. Der regional anzutreffende Mangel an Ausbildungsplätzen erfordert oft, auch ursprünglich nicht angestrebte Berufe zu ergreifen und unter Umständen einen Ortswechsel zu erwägen. Eine solide berufliche Grundbildung ist unerläßlich.

**Das berufliche Bildungswesen** in der Bundesrepublik Deutschland ist umfassend ausgebaut. Einerseits ermöglicht es nach Abschluß der allgemeinen Grundbildung (Haupt- oder Realschule oder Gymnasium) den Übergang in die berufliche Ausbildung in verschiedenen Formen und Stufen. Andererseits ist das berufsbildende Schulwesen weitgehend durchlässig aufgebaut, d. h. der Übergang zu höheren Stufen der beruflichen

Bildung ist auf verschiedenen Wegen möglich. Wer z. B. einen Hochschulabschluß anstrebt, kann diesen nicht nur auf dem Wege über das Gymnasium erreichen, sondern auch über die Hauptschule, eine Lehre und weiterführende Bildungsmaßnahmen.

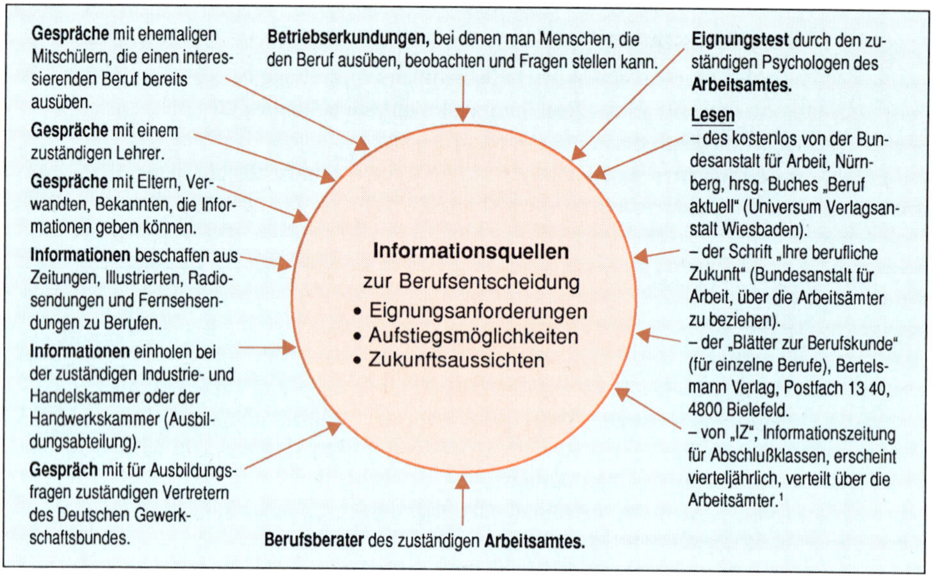


*Abb. 0-1 Informationsquellen als Entscheidungshilfen bei der Berufswahl*

Als feste Regel gilt: Je höher man beruflich qualifiziert ist (schulische und berufspraktische Bildung), desto geringer ist das Risiko, arbeitslos zu werden.

Das Schaubild beweist diese Regel.

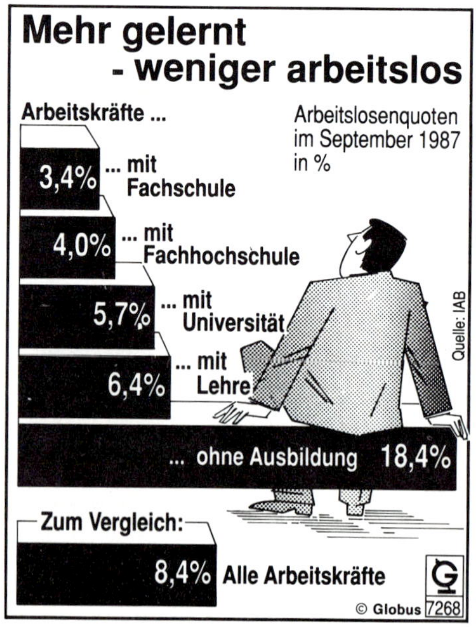


*Abb. 0-2*

1 Die genannten Schriften der Bundesanstalt für Arbeit sollten in Ihrer Schule vorrätig sein.

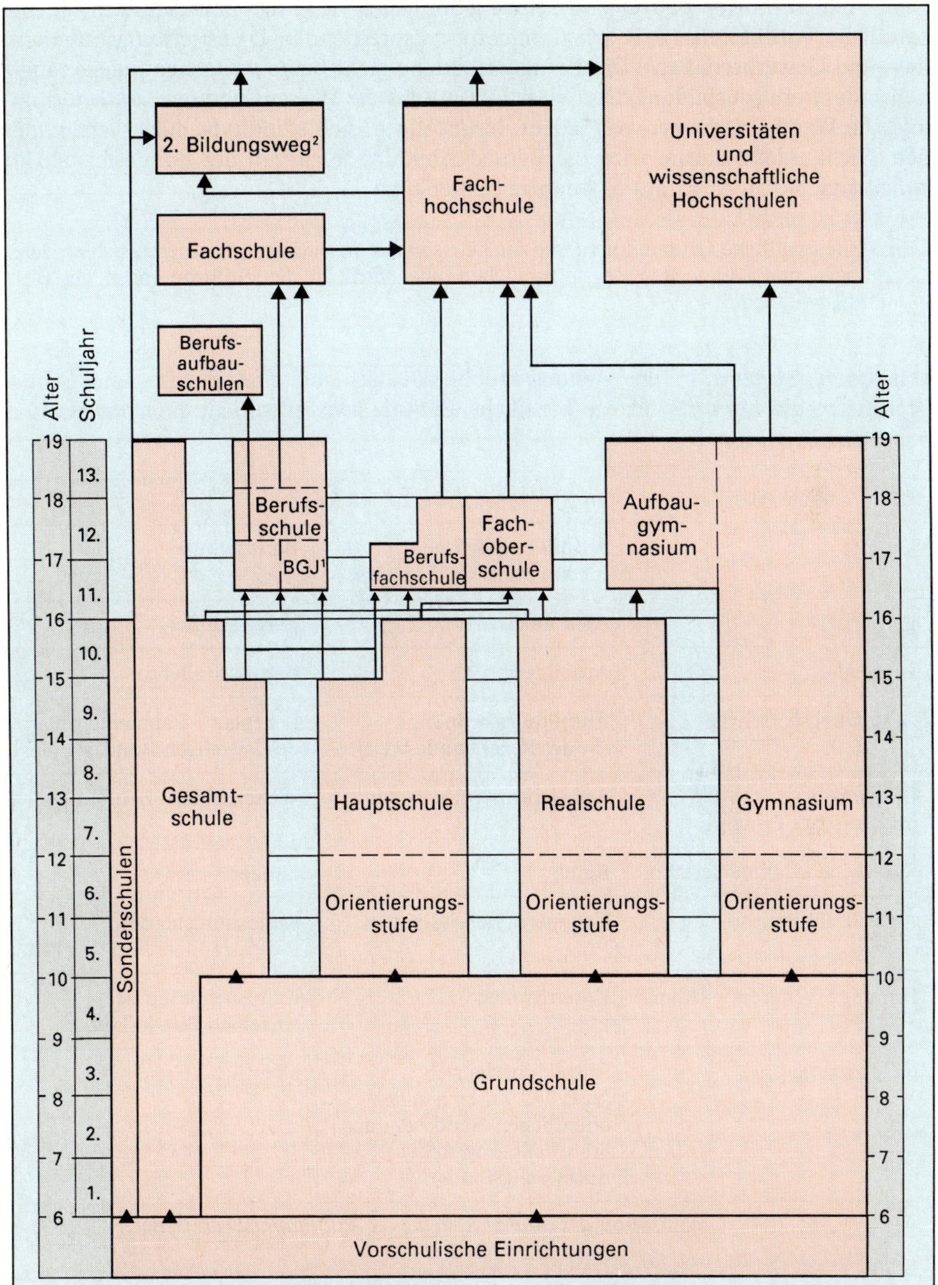


1 Berufsgrundbildungsjahr, Abschluß mit Fachschulreife.
2 2. Bildungsweg = Abendrealschulen, Abendgymnasien, Kollegs (Institute zur Erlangung der Hochschulreife).

Die Größenverhältnisse entsprechen nicht der prozentualen Verteilung der Schüler und oberhalb der Alters- bzw. Schuljahrskala auch nicht der Dauer der Ausbildungsgänge.

*Abb. 0-3 Grundstruktur des Bildungswesens in der Bundesrepublik Deutschland*

Neben den Lernorten Betrieb und Schule gibt es auch vielfältige Einrichtungen für eine berufliche Fortbildung (z. B. bei Kammern, entsprechenden Dienstleistungsunternehmen und Gewerkschaften). Die Berufsfortbildung steht heute weitgehend gleichrangig neben der Berufsausbildung. Der schnelle Zuwachs des Wissens und der rasche technologische Wandel verlangen von jedem Berufstätigen, sich ständig fachlich weiterzubilden. Nicht zuletzt darum wird die Berufsfortbildung auch von der Bundesanstalt für Arbeit (vgl. hierzu Abschnitt 5) finanziell unterstützt.

Eine gute berufliche Grundbildung und die betriebliche Ausbildung orierntieren sich an den Neigungen und Fähigkeiten des Jugendlichen, aber auch an den Anforderungen des Beschäftigungssystems.

**Das duale System:** In der Bundesrepublik Deutschland sind Betrieb und Schule gemeinsam die Lernorte für die berufliche Bildung. Das entspricht einer langen und bewährten Tradition.

| Was? Wer? | Wo? | |
|---|---|---|
| Lernort | Ausbildungsbetrieb (auch Praxis, Behörde usw.) | Berufsschule |
| Lernender | Auszubildender | Berufsschüler |
| Lehrender | Ausbilder | Berufsschullehrer |
| Ausbildungsvorschrift | Ausbildungsordnung (in der Regel bundesweit) | Lehrplan / Rahmenlehrplan des jeweiligen Bundeslandes |
| Leitprinzip (didaktisches Prinzip) | Arbeitsprozeßorientierung | Wissenschaftsorientierung |
| Rechtlichen Rahmen setzen: | Bund | Länder |
| Aufsicht führen: | Kammern, Behörden u. ä. | Kultusminister der Bundesländer |
| Planung (Weiterentwicklung) | Unternehmen | Kultusbehörden der einzelnen Bundesländer |
| Finanzierung | Ausbildungsbetrieb (zum Teil Zuschüsse der öffentlichen Hand oder aus branchenbezogenen Ausbildungsfonds) | öffentliche Hand |

*Abb. 0-4 Organisation des dualen Systems im kaufmännischen Bereich*[1]

Gerade in Zeiten eines schnellen Wandels in den beruflichen Anforderungen bewährt sich das duale System immer wieder. Berufliche Ausbildung muß zur Ausübung einer qualifizierten beruflichen Tätigkeit befähigen, die auf dem Arbeitsmarkt verwertbar ist.

1 In Anlehnung an eine Übersicht in: Handbuch für das kaufmännische Bildungswesen, hrsg. vom Bundesverband der Lehrer an Wirtschaftsschulen, Darmstadt 1985, S. 196.

Dies setzt den Erwerb praktischer Berufserfahrungen schon in der Ausbildung voraus. Hinzutreten muß eine schulische Bildung, die sich am aktuellen Stand der Bezugswissenschaften (= Wissenschaften mit Berührungspunkten zur beruflichen Bildung) orientiert.

**Berufsfeld Wirtschaft und Verwaltung:** Bei der erwünschten einheitlichen kaufmännischen Grundbildung ist es schwierig festzulegen, welche Berufe zum Berufsfeld Wirtschaft und Verwaltung gehören. Die Diskussion hierzu hält unvermindert an.

Je nachdem, wer die Liste der Ausbildungsberufe im Berufsfeld Wirtschaft und Verwaltung zusammenstellt, ist diese nach Art und Umfang unterschiedlich. Nach der Berufsgrundbildungsjahr-Anrechnungs-Verordnung[1] von 1978 gehören folgende Ausbildungsberufe zum Berufsfeld Wirtschaft und Verwaltung:

*Ausbildungsberufe im Berufsfeld Wirtschaft und Verwaltung gemäß Berufsgrundbildungsjahr-Anrechnungs-Verordnung*

**A) Schwerpunkt Absatzwirtschaft und Kundenberatung**

Bankkaufmann / Buchhändler / Dienstleistungsfachkraft im Postbetrieb / Einzelhandelskaufmann / Fachkaufmann im Radiohandel / Kaufmann im Eisenbahn- und Straßenverkehr / Kaufmann im Groß- und Außenhandel / Kaufmann in der Grundstücks- und Wohnungswirtschaft / Kaufmann im Zeitungs- und Zeitschriftenverlag (Verlagskaufmann) / Kaufmannsgehilfe im Hotel- und Gaststättengewerbe / Luftverkehrskaufmann / Musikalienhändler / Reiseverkehrskaufmann / Schiffahrtskaufmann / Sparkassenkaufmann / Speditionskaufmann / Tankwart / Verkäufer(in) / Versicherungskaufmann / Werbekaufmann

**B) Schwerpunkt Bürowirtschaft und kaufmännische Verwaltung**

Assistent an Bibliotheken / Bürogehilfin / Bürokaufmann / Datenverarbeitungskaufmann / Industriekaufmann / Seegüterkontrolleur / Stenosekretärin (Büroassistentin) / Werkgehilfin (Schmuckwarenindustrie, Taschen- und Armbanduhren) / Zahnlagerist

**C) Schwerpunkt Recht und öffentliche Verwaltung**

Angestellter in der Bundesanstalt für Arbeit / Angestellter in der Versorgungsverwaltung / Verwaltungsfachangestellter

aus: Berufsgrundbildungsjahr-Anrechnungs-Verordnung gewerbliche Wirtschaft vom 17.07.1978, Anlage 2; Berufsgrundbildungsjahr-Anrechnungs-Verordnung öffentlicher Dienst vom 20.06.1980, Anlage 1

**Rechtsgrundlage** für die gesamte Berufsausbildung ist das Berufsbildungsgesetz (BBiG) vom 14.08.1969. Es enthält u. a. Bestimmungen über den Ausbildungsvertrag, den Inhalt des Ausbildungsverhältnisses, Beginn und Beendigung des Ausbildungsverhältnisses, die Berechtigung zum Einstellen und Ausbilden, die Prüfungen (Abschlußprüfungen, Zwischenprüfungen).

Anzumerken ist, daß bereits seit dem 01.08.1990 das Berufsbildungsgesetz – und damit das duale System – in den fünf neuen Bundesländern gilt.

1 Nach § 2 dieser Anrechnungs-Verordnung ist der erfolgreiche Besuch eines Berufsgrundbildungsjahres als erstes Jahr der Berufsbildung auf die Ausbildung in einem anerkannten Ausbildungsberuf anzurechnen.

## 0.1 Die Ausbildungsordnungen

Jugendliche unter 18 Jahren dürfen nur in anerkannten Ausbildungsberufen ausgebildet werden. Für jeden dieser Berufe gibt es eine eigene *Ausbildungsordnung*. Darin ist festgelegt, was der Auszubildende bis zur Abschlußprüfung zu lernen hat. Die Ausbildungsordnung reicht von der Berufsbezeichnung über die Ausbildungsdauer, die zu erwerbenden Kenntnisse und Fertigkeiten bis hin zu den Anforderungen bei der Abschlußprüfung.

Die Ausbildungsordnungen enthalten aber nur Mindestanforderungen: Jeder Betrieb kann darüber hinausgehende Ausbildungsinhalte vermitteln und damit neue Gegebenheiten frühzeitig in die Ausbildung mit einbeziehen. Das ist ein Vorteil, denn die fachlichen Inhalte entwickeln sich in allen Berufen rasch weiter. Hinzu kommt, daß früher streng getrennte Berufe immer stärker zu sogenannten Berufsfeldern zusammenwachsen.

Sie selbst sind bald im Berufsfeld „Wirtschaft und Verwaltung“ tätig.

Es ist darum überaus wichtig, daß der Berufsanfänger schon zu Beginn seines Erwerbslebens einen Überblick über die Bandbreite seines künftigen Berufsfeldes bekommt. Eine breite Berufsbildung ist schon deshalb ratsam, weil heute niemand damit rechnen kann, sein ganzes Leben in dem einmal gelernten engeren Beruf zu arbeiten.

Die Ausbildungsordnungen für die einzelnen Ausbildungsberufe müssen nach § 25 des Berufsbildungsgesetzes mindestens festlegen:

- **die Ausbildungsdauer;** sie soll nicht mehr als drei und nicht weniger als zwei Jahre betragen;
- **das Ausbildungsberufsfeld,** d. h. die Kenntnisse und Fähigkeiten, die Gegenstand der Berufsausbildung sind,
- **den Ausbildungsrahmen,** d. h. eine Anleitung zur sachlichen und zeitlichen Gliederung der Fertigkeiten und Kenntnisse,
- **die Prüfungsanforderungen** in den Prüfungsfächern.

Bislang liegen für etwa 95 Prozent aller Auszubildenden die Ausbildungsordnungen vor. Ab 1990 wird die Aktualisierung der schon länger bestehenden Ausbildungsordnungen im Vordergrund stehen.

**Verordnung über die Berufsausbildung zum Industriekaufmann**

**Vom 24. Januar 1978**
(Bundesgesetzblatt Teil I S. 162 vom 27. Januar 1978)

**nebst Rahmenlehrplan über die Berufsausbildung zum Industriekaufmann**

Beschluß der Kultusministerkonferenz vom 18. Januar 1978

*Abb. 0.1-1 Titelseite der entsprechenden Ausbildungsordnung für den Industriekaufmann*

380212

## 0.2 Der Berufsausbildungsvertrag

Der Ausbildungsvertrag (ein besonderer Vertragsvordruck) wird schriftlich zwischen dem Ausbildenden, dem Auszubildenden und – bei Minderjährigen – dem gesetzlichen Vertreter (Vater und Mutter, Vormund) abgeschlossen und in das Verzeichnis der Berufsausbildungsverhältnisse der zuständigen Industrie- und Handelskammer oder Handwerkskammer eingetragen. Das ist die Voraussetzung für die spätere Zulassung zur Abschlußprüfung.

**Berufsbildungsgesetz (BBiG)**

**§ 4 Vertragsniederschrift.** (1) Der Ausbildende hat unverzüglich nach Abschluß des Berufsausbildungsvertrages, spätestens vor Beginn der Berufsausbildung, den wesentlichen Inhalt des Vertrages schriftlich niederzulegen. Die Niederschrift muß mindestens Angaben enthalten über

1. Art, sachliche und zeitliche Gliederung sowie Ziel der Berufsausbildung, insbesondere die Berufstätigkeit, für die ausgebildet werden soll,
2. Beginn und Dauer der Berufsausbildung,
3. Ausbildungsmaßnahmen außerhalb der Ausbildungsstätte,
4. Dauer der regelmäßigen täglichen Ausbildungszeit,
5. Dauer der Probezeit,
6. Zahlung und Höhe der Vergütung,
7. Dauer des Urlaubs,
8. Voraussetzungen, unter denen der Berufsausbildungsvertrag gekündigt werden kann.

(2) Die Niederschrift ist von dem Ausbildenden, dem Auszubildenden und dessen gesetzl. Vertreter zu unterzeichnen.

(3) Der Ausbildende hat dem Auszubildenden und dessen gesetzlichem Vertreter eine Ausfertigung der unterzeichneten Niederschrift unverzüglich auszuhändigen.

(4) Bei Änderungen des Berufsausbildungsvertrages gelten die Absätze 1 bis 3 entsprechend.

**Während der Probezeit** kann das Ausbildungsverhältnis jederzeit ohne Einhalten einer Kündigungsfrist, d. h. von heute auf morgen, von beiden Seiten gelöst werden.[1] Die Probezeit beträgt mindestens einen Monat; sie kann durch Vertrag bis auf höchstens drei Monate – und das ist die Regel – ausgedehnt werden.

**Nach Ablauf der Probezeit** ist eine vorzeitige Beendigung des Ausbildungsverhältnisses nur möglich:

- **bei einem Berufswechsel,** d. h. wenn der Auszubildende dem Ausbildenden die schriftliche Erklärung abgibt, daß er einen ganz anderen Beruf ergreifen will. Hierbei muß eine Kündigungsfrist von einem Monat eingehalten werden.
- **wenn ein wichtiger Grund vorliegt;** beide Parteien können dann das Ausbildungsverhältnis ohne Einhaltung einer Frist lösen. Die Kündigung ist unwirksam, wenn die ihr zugrundeliegenden Tatsachen dem zur Kündigung Berechtigten länger als zwei Wochen bekannt sind. Ein Güteverfahren hemmt den Lauf der Frist.
- **beim Tode des Ausbildenden,** wenn der Auszubildende innerhalb eines Monats aus der Firma ausscheidet;
- **im Falle des Konkurses.** Sowohl der Auszubildende als auch der Konkursverwalter können das Ausbildungsverhältnis innerhalb eines Monats mit sofortiger Wirkung kündigen, d. h. lösen.

**Bei Rücktritt vom Ausbildungsvertrag** durch Verschulden eines Vertragspartners ist der schuldige Partner schadenersatzpflichtig.

1 Anders aber ist die Rechtslage bei nur probeweiser Beschäftigung von Angestellten.

**Das Berufsausbildungsverhältnis endet** mit dem Ablauf der Ausbildungszeit oder auch vor Ablauf dieser Zeit mit dem Bestehen der Abschlußprüfung. Träger dieser Prüfung sind die Industrie- und Handelskammern bzw. die Handwerkskammern.

**Zur Abschlußprüfung** wird zugelassen:

– wer die Ausbildungszeit zurückgelegt hat oder wessen Ausbildungszeit nicht später als zwei Monate nach dem Prüfungstermin endet,
– wer an vorgeschriebenen Zwischenprüfungen teilgenommen sowie die vorgeschriebenen Berichtshefte geführt hat,
– wessen Berufsausbildungsverhältnis in das Verzeichnis der Berufsausbildungsverhältnisse eingetragen ist.

Sie kann zweimal wiederholt werden.

**Der Prüfungsausschuß** besteht aus mindestens drei Mitgliedern, die für drei Jahre berufen werden: Beauftragte der Arbeitgeber und Arbeitnehmer in gleicher Zahl sowie mindestens ein Lehrer einer berufsbildenden Schule.

---

**Beispiel für eine Prüfungsordnung (Industrie- und Handelskammer Aachen):**

*Aufgrund des Beschlusses des Berufsbildungsausschusses vom 6. März 1975 erläßt die Industrie- und Handelskammer zu Aachen als zuständige Stelle nach §§ 41 Satz 1 und 58 Abs. 2 Berufsbildungsgesetz (BBiG) vom 14. August 1969 (BGBl I S. 1112), zuletzt geändert durch das Einführungsgesetz zum Strafgesetzbuch vom 2. März 1974 (BGBl I S. 469) die folgende Prüfungsordnung für die Durchführung von Abschlußprüfungen in anerkannten Ausbildungsberufen:*

**I. Abschnitt: Prüfungsausschüsse**

**§ 1 Errichtung** (1) Für die Abnahme der Abschlußprüfung errichtet die Industrie- und Handelskammer, im folgenden Kammer genannt, Prüfungsausschüsse (§ 36 Satz 1 BBiG). ...

**§ 2 Zusammensetzung und Berufung** (1) Der Prüfungsausschuß besteht aus mindestens drei Mitgliedern. Die Mitglieder müssen für die Prüfungsgebiete sachkundig und für die Mitwirkung im Prüfungswesen geeignet sein (§ 37 Abs. 1 BBiG).

(2) Dem Prüfungsausschuß müssen als Mitglieder Beauftragte der Arbeitgeber und der Arbeitnehmer in gleicher Zahl sowie mindestens ein Lehrer einer berufsbildenden Schule angehören. Mindestens zwei Drittel der Gesamtzahl der Mitglieder müssen Beauftragte der Arbeitgeber und der Arbeitnehmer sein. Die Mitglieder haben Stellvertreter (§ 37 Abs. 2 BBiG).

(3) Die Mitglieder und stellvertretenden Mitglieder werden von der Kammer für drei Jahre berufen (vgl. § 37 Abs. 3 Satz 1 BBiG).

(4) Die Arbeitnehmermitglieder werden auf Vorschlag der im Bezirk der Kammer bestehenden Gewerkschaften und selbständigen Vereinigungen von Arbeitnehmern mit sozial- oder berufspolitischer Zwecksetzung berufen.

(5) Lehrer von berufsbildenden Schulen werden im Einvernehmen mit der Schulaufsichtsbehörde oder der von ihr bestimmten Stelle berufen (vgl. § 37 Abs. 3 Satz 3 BBiG). ...

**III. Abschnitt: Durchführung der Prüfung**

**§ 12 Prüfungsgegenstand (vgl. § 35 BBiG)** Durch die Abschlußprüfung ist festzustellen, ob der Prüfungsteilnehmer die erforderlichen Fertigkeiten beherrscht, die notwendigen praktischen und theoretischen Kenntnisse besitzt und mit dem ihm im Berufsschulunterricht vermittelten, für die Berufsausbildung wesentlichen Lehrstoffe vertraut ist. Die Ausbildungsordnung ist zugrundezulegen. ...

---

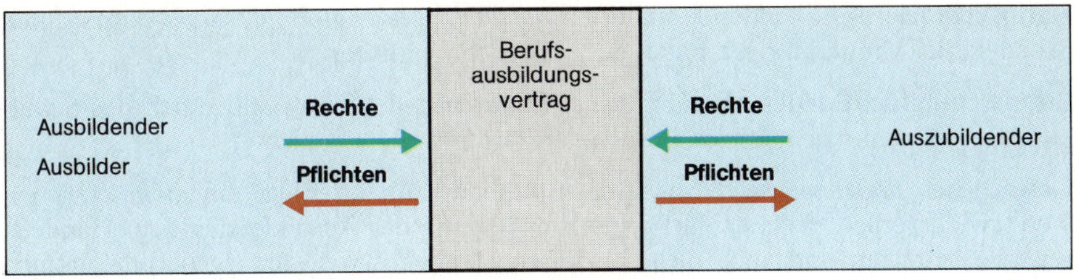


*Abb. 0.2-1*

## Pflichten des Ausbildenden (§ 6 ff. Berufsbildungsgesetz)

**Ausbildungspflicht.** Der Ausbildende, der fachlich und persönlich geeignet sein muß, hat den Auszubildenden entsprechend der Ausbildungsordnung auszubilden und dafür zu sorgen, daß dem Auszubildenden die Fertigkeiten und Kenntnisse vermittelt werden, die zum Erreichen des Ausbildungszieles gemäß Berufsbild erforderlich sind. Der Ausbildende kann diese Aufgabe auch fachlich und pädagogisch geeigneten Mitarbeitern (Ausbildern) zur Durchführung übertragen.

**Das Berufsbild** für den Ausbildungsberuf (z. B. Industriekaufmann, Kaufmann im Groß- und Außenhandel) enthält genaue Angaben über die Dauer der Ausbildung, das Arbeitsgebiet und die während der Ausbildung zu vermittelnden Kenntnisse und Fertigkeiten. Es bildet zusammen mit dem erläuternden Berufsbildungsplan die Grundlage für die Ausbildung im Betrieb.

Der Ausbildende muß dem Auszubildenden die notwendige Zeit zum Besuch der Berufsschule gewähren. Ausbildungsstätte und Berufsschule sollten zusammenarbeiten und sich in der Ausbildung des Berufsnachwuchses gegenseitig ergänzen. Die Zeugnisse sind der Firma zur Kenntnisnahme vorzulegen.

**Vergütungspflicht.** Der Auszubildende erhält eine angemessene Vergütung. Sie ist nach dem Lebensalter so zu bemessen, daß sie mit fortschreitender Berufsausbildung, mindestens jährlich, ansteigt, und ist monatlich zu zahlen.

**Fürsorgepflicht.** Der Ausbildende hat dafür zu sorgen, daß der Auszubildende charakterlich gefördert sowie sittlich und körperlich nicht gefährdet wird.

**Zeugnispflicht.** Nach Beendigung des Berufsausbildungsverhältnisses hat der Ausbildende dem Auszubildenden ein Zeugnis auszustellen. Dieses muß Angaben über Art, Ziel und Dauer der Berufsausbildung sowie über die erworbenen Kenntnisse und Fähigkeiten enthalten. Auf Verlangen sind auch Angaben über Führung und Leistung aufzunehmen.

## Pflichten des Auszubildenden (§ 9 Berufsbildungsgesetz)

**Dienstleistungs- und Gehorsamspflicht.** Der Auszubildende muß die ihm übertragenen Arbeiten gewissenhaft ausführen und den Weisungen des Ausbildenden und der übrigen Vorgesetzten nachkommen. Er hat die für die Ausbildungsstätte geltende Ordnung zu beachten und muß Werkzeuge, Maschinen und sonstige Einrichtungen pfleglich behandeln.

**Treue- und Schweigepflicht.** Der Auszubildende muß das Interesse des Geschäftes wahren und darf *Betriebs- und Geschäftsgeheimnisse* (z. B. Bezugsquellen, Kunden, Herstellungsverfahren) Dritten, auch seinen Angehörigen, nicht mitteilen.

**Haftpflicht.** Der Auszubildende haftet für *vorsätzlich oder grob fahrlässig* verursachten Schaden. Bei Minderjährigen haftet der gesetzliche Vertreter.

**Berufsschulpflicht.** Jeder Auszubildende ist durch den Vertrag und durch das Schulpflichtgesetz zum regelmäßigen Besuch der Berufsschule verpflichtet.

**Gesetzliches Wettbewerbsverbot.** Der Auszubildende unterliegt einem gesetzlichen Wettbewerbsverbot, d. h., er darf ohne Einwilligung des Ausbildenden kein Handelsgewerbe betreiben und auch nicht in dessen Handelszwweig für eigene oder fremde Rechnung Geschäfte abschließen.

Die *Rechte* der beiden Partner ergeben sich in sinnvoller Umkehr der genannten Pflichten.

## 0.3 Dauer und Abschluß der Berufsausbildung

Die Ausbildungszeit ist für die einzelnen Berufe in den vom Bundesministerium für Arbeit und Sozialordnung gemeinsam mit dem Bundesministerium für Wirtschaft anerkannten Berufsbildern festgelegt. Sie beträgt für die meisten kaufmännischen Ausbildungsberufe 3 Jahre. Sie kann in bestimmten Fällen verkürzt werden, z. B. bei überdurchschnittlichen Leistungen um ein halbes Jahr. Bei Abschluß einer Berufsfachschule besteht nach der Berufsfachschul-Anrechnungs-Verordnung vom 04.07.1972 ein Anspruch auf eine verkürzte Ausbildungszeit.

Nach bestandener Prüfung wird der Kaufmannsgehilfenbrief ausgehändigt. Der Auszubildende kann nach Anhören des Ausbildenden und der Berufsschule auch schon vor Ablauf seiner Ausbildungszeit zur Abschlußprüfung zugelassen werden, wenn seine Leistungen dies rechtfertigen.

Während der Berufsausbildung muß mindestens eine Zwischenprüfung zur Ermittlung des Ausbildungsstandes abgelegt werden.

**Die Prüfungen in Stenografie und im Maschinenschreiben,** die durch die Industrie- und Handelskammern abgenommen werden, sind ein wertvoller, zusätzlicher Leistungsnachweis für den strebsamen Jungkaufmann. Daneben sollte der Angestellte seine Allgemeinbildung erweitern und sein Berufswissen vertiefen.

**Der Volontär** oder Praktikant unterscheidet sich vom Auszubildenden dadurch, daß er während seiner kaufmännischen Ausbildung unentgeltlich beschäftigt ist. Im Einzelfall kann eine Vergütung vereinbart werden.

### Aufgaben

1. Warum ist eine solide Berufsausbildung eigentlich so wichtig? Nennen und erläutern Sie mindestens zwei Argumente (vgl. dazu auch Schaubild auf S. 8).
2. Als Hilfe bei der Berufsentscheidung gibt es verschiedene Informationsquellen. Welche davon (nennen Sie drei) halten Sie für besonders wichtig? (Begründen Sie bitte Ihre Auswahl.)

3. Berufsfeld Wirtschaft und Verwaltung: Man bemüht sich seit Jahren, eine für das gesamte Berufsfeld gültige berufliche Grundbildung der eigentlichen Berufsausbildung vorzuschalten. Welche Argumente sprechen wohl für diese vorgeschaltete Grundbildung? (vgl. S. 11)
4. Das duale System
   a) Nennen und erklären Sie mindestens *drei* wichtige Merkmale dieses Systems.
   b) Welchen ganz besonderen Vorteil (oder Nachteil) sehen Sie im dualen System der Berufsausbildung? (Bringen Sie deutlich Ihre Meinung ein.)
5. Stellen Sie (in Rangfolge 1 bis 10) eine Liste der zehn am stärksten besetzten Ausbildungsberufe im Berufsfeld Wirtschaft und Verwaltung zusammen. Holen Sie hierzu Informationen bei der zuständigen Kammer ein.
6. Es wird gesagt, das duale System in der Berufsausbildung spiegele sich besonders gut in der Zusammensetzung der Prüfungsausschüsse (Abschlußprüfung). Belegen Sie diese Aussage am Beispiel der Prüfungsordnung der Industrie- und Handelskammer Aachen (vgl. S. 14).
7. Welches Gesetz ist die Grundlage für die gesamte Berufsausbildung? Nennen Sie *vier* (für Sie besonders wichtige) Bestimmungen daraus.

   Sie sollten sich den Text des Gesetzes unbedingt besorgen (Schule, Kammer, Betrieb können hier helfen).
8. Unter welchen Voraussetzungen kann die Dauer der Ausbildungszeit verkürzt werden? Wie würden Sie dieses Anrechnen begründen / rechtfertigen?
9. Nicht jeder will in einen weiterführenden Beruf (oder ist dafür geeignet). Jeder Geeignete sollte aber die Chance haben, einen Weg „nach oben" einzuschlagen. Ist bei uns diese Möglichkeit auch für Schüler der berufsbildenden Schulen gegeben? (Kann man unter Umständen bis zur Hochschule kommen?)
10. Informieren Sie sich gründlich über die Fortbildungsmöglichkeiten für Angehörige kaufmännischer Berufe, und stellen Sie in einer Übersicht jeweils mindestens drei Fortbildungsmöglichkeiten für Datenverarbeitung, Verkäufer und Bürokaufleute zusammen. (Wer bietet diese Fortbildung an, was kostet sie, welche finanzielle Förderung durch das Arbeitsamt ist möglich?)

## Zusammenfassung

**Berufsfeld**

Sie haben sich für einen Beruf aus dem *Berufsfeld Wirtschaft und Verwaltung* entschieden.

**Duales System**

Das berufliche Bildungswesen wird vom sogenannten *dualen System* bestimmt. Betrieb und Schule (bzw. besondere Institutionen zur beruflichen Fortbildung) sind gleichberechtigte und sich ergänzende Lernorte.

**Berufsbildungsgesetz**

Rechtsgrundlage für die Berufsausbildung ist das *Berufsbildungsgesetz* (BBiG). In § 25 BBiG ist festgelegt, daß Ausbildungsordnungen für alle anerkannten Ausbildungsberufe bestehen müssen. Diese regeln die gesamte Berufsausbildung.

**Berufsausbildungsvertrag**

Der *Berufsausbildungsvertrag* begründet das Ausbildungsverhältnis zwischen dem Auszubildenden und dem Ausbildendem (Ausbildungsbetrieb). Dieser Vertrag wird in das Verzeichnis der zuständigen *Kammer* (z. B. Industrie- und Handelskammer, Handwerkskammer) eingetragen.

**Anrechnungsverordnungen**

In besonderen Fällen (z. B. vorgeschalteter Besuch einer Berufsfachschule) kann die *Ausbildungszeit verkürzt* werden (vgl. Berufsfachschul-Anrechnungs-Verordnung von 1972 und Berufsgrundbildungsjahr-Anrechnungs-Verordnung von 1978).

# 1 Wirtschaft und Betrieb

**Worum geht es?**

Hier sollen grundsätzliche Fragen zum Wirtschaften und zu den Aufgaben eines Betriebes gestellt werden.

Was heißt wirtschaften?

Warum müssen Menschen wirtschaften?

Welche Aufgaben haben hierbei die Betriebe?

Nach welchem „Leitprinzip“ arbeiten Betriebe?

Wie gliedert sich eine Volkswirtschaft?

Wie ist die Wirtschaft, wie ist ein Betrieb (grob betrachtet) organisiert?

Welche Zielsetzung hat ein Betrieb?

Welche Beziehungen bestehen zwischen Betrieb und Gesamtwirtschaft?

**Lernziele**

Sie sollten ...

- die Bedürfnisse als Anstoß für wirtschaftliches Handeln nennen und beschreiben können;
- das wirtschaftliche Prinzip erklären und mit Beispielen belegen können;
- die Produktionsfaktoren in volkswirtschaftlicher und in betriebswirtschaftlicher Betrachtung unterscheiden können;
- die verschiedenen Formen der Arbeitsteilung beschreiben und in ihrer Bedeutung erklären können;
- die wichtigsten Funktionen eines Betriebes nennen und erklären können;
- die möglichen Gesichtspunkte zur Einteilung der Betriebsarten nennen und erklären können;
- die wichtigsten Marktformen nach ihren Merkmalen unterscheiden können.

## 1.1 Aufgaben der Wirtschaft

### 1.1.1 Die Bedürfnisse: Anstoß zum Wirtschaften

Der Mensch wirtschaftet, weil er Bedürfnisse hat. Bedürfnisse sind Gefühle des Mangels mit dem Bestreben, diesen Mangel zu beseitigen. Die menschlichen Bedürfnisse sind nahezu unbegrenzt. Neben den elementaren *Lebensbedürfnissen* (Existenzbedürfnissen) spielen mit wachsendem Wohlstand *Kultur- und Luxusbedürfnisse* eine immer wichtigere Rolle. Güter, die sich noch vor wenigen Jahrzehnten nur eine bevorzugte Bevölkerungsschicht leisten konnte, sind heute dank der industriellen Massenproduktion und der Steigerung der Einkommen für „jedermann" erschwinglich, gelten als lebensnotwendig, ja als unentbehrlich (z. B. das Familienauto oder die Ferienreise). Die an sich unbegrenzten Bedürfnisse des Menschen werden durch sein Einkommen begrenzt. Die Gesamtheit der Bedürfnisse, die der Mensch auf Grund seiner Kaufkraft befriedigen kann, nennt man *Bedarf*.

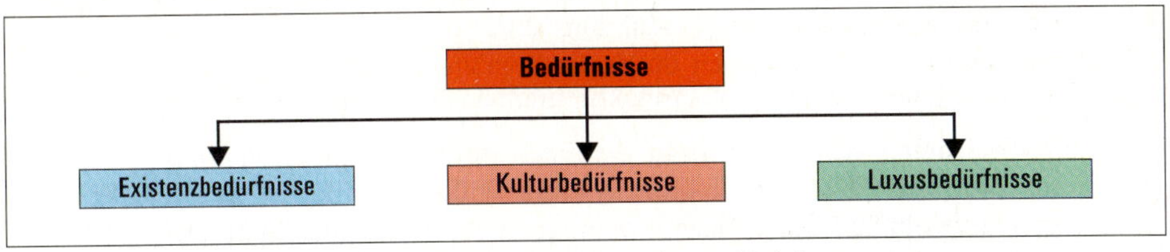


*Abb. 1.1.1-1 Gliederung der Bedürfnisse*

## 1.1.2 Güter als Mittel der Bedürfnisbefriedigung

Um den Bedarf zu decken, braucht der Mensch Sachgüter und Dienstleistungen der verschiedensten Art (entsprechendes gilt für nachfragende Betriebe!).

Eine sehr beschränkte Anzahl Güter ist im Überfluß vorhanden und muß darum nicht erwirtschaftet werden (*freie Güter*), so das Sonnenlicht und die Luft zum Atmen.

Die meisten Güter sind, gemessen an den Bedürfnissen, nur in begrenzter Menge vorhanden (*Wirtschaftsgüter*) und müssen erst mit Hilfe menschlicher Arbeitsleistung umgestaltet, in einen gebrauchs- und verbrauchsfähigen Zustand versetzt werden.

Güter, die unmittelbar der Bedürfnisbefriedigung dienen, nennt man Konsumgüter. Dabei unterscheidet man *Verbrauchsgüter* (Nahrungs- und Genußmittel u. a.) und (dauerhafte) *Gebrauchsgüter*, wie Wohnungseinrichtungen, Kraftwagen usw. Um sie herzustellen, braucht man Maschinen, Werkzeuge, Geräte, Fabrikgebäude usw., sog. Produktionsgüter. Des weiteren besteht ein Bedarf nach den verschiedensten Dienstleistungen. Und schließlich sind für den Betrieb auch Rechte wertvolle Wirtschaftsgüter.

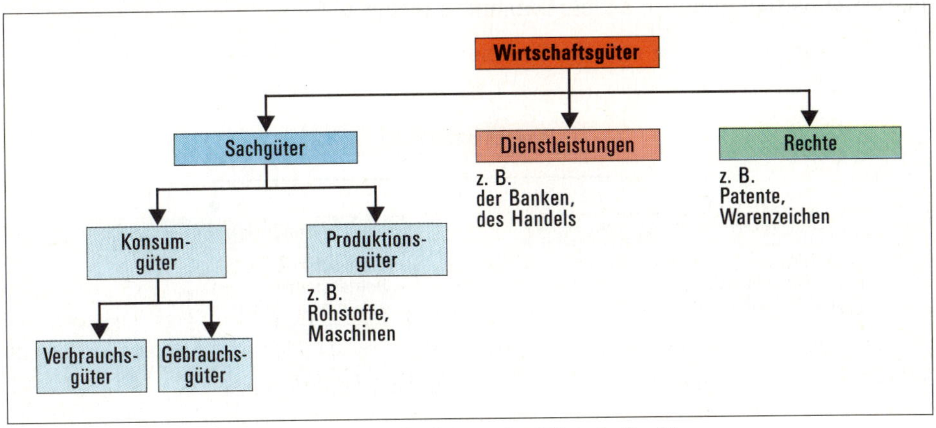


*Abb. 1.1.2-1 Gliederung der Wirtschaftsgüter*

## 1.1.3 Die Produktionsfaktoren in volkswirtschaftlicher Sicht

Bei der Herstellung und Bereitstellung der Güter – sie geschieht in den „Betrieben" – wirken als sogenannte „Produktionsfaktoren" zusammen:

- **Naturstoffe und Naturkräfte** (Produktionsfaktor Boden),
- **die menschliche Arbeitsleistung** (Produktionsfaktor Arbeit),
- **Kapitalgüter,** d. h. vom Menschen durch die Kombination der beiden anderen Faktoren geschaffene technische Hilfsmittel, Produktionsmittel (Produktionsfaktor Kapital).

**Volkswirtschaftliches Kapital** entsteht demnach durch Sparen (*Konsumverzicht*) und Investieren. Wirtschaftliches Wachstum in einer Volkswirtschaft ist nur gewährleistet, wenn regelmäßig ein Teil des Volkseinkommens nicht konsumiert, sondern im Produktionsprozeß zur Verbesserung und Erweiterung des Produktionsapparates eingesetzt, investiert wird.

**Sparen und Investieren.** Investieren heißt Geldkapital für die Produktion von *Realkapital* (Maschinen, Gebäude, Werkzeuge, Verkehrsanlagen usw.) einsetzen. Dieses *Geldkapital* stammt aus mehreren Quellen: den Spareinlagen bei Kreditinstituten, aus den nicht ausgeschütteten *Gewinnen* von Unternehmen, die für Ersatz- und Erweiterungsinvestitionen verwendet werden, und aus von der „öffentlichen Hand" (Bund, Länder und Gemeinden) erhobenen *Steuern*, die der Finanzierung notwendiger öffentlicher Investitionen, der sog. Infrastruktur[1], dienen.

## 1.1.4 Die Produktionsfaktoren in betriebswirtschaftlicher Sicht

Obgleich zur Leistungserstellung im Betrieb die gleichen Faktoren kombiniert werden wie im gesamtwirtschaftlichen Sinn (volkswirtschaftliche Sicht), werden sie in der Betriebswirtschaft dennoch anders benannt und eingeteilt.

Dies ist unerläßlich, wenn man die Situation in einem Betrieb genau erfassen will.

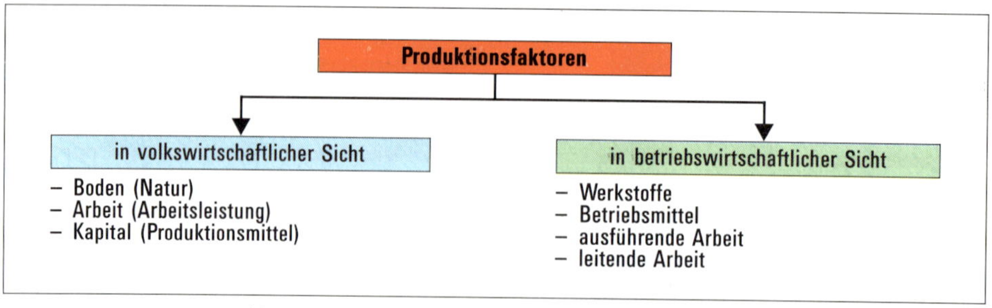


*Abb. 1.1.4-1 Sichtweisen der Produktionsfaktoren*

1 Verkehrsnetz, Energieversorgung, Bildungswesen, Förderung wissenschaftlicher Forschung u. a.

### Die Faktoren betrieblicher Leistungserstellung

Werkstoffe, Betriebsmittel, ausführende und leitende Arbeit sind nötig, um (in ihrer Kombination) betriebliche Leistungen zu erstellen.

**Werkstoffe:** Güter, die durch Bearbeitung in das neue Produkt eingehen. Hierbei sind Rohstoffe (z. B. Bleche im Automobilbau), Hilfsstoffe (z. B. Schrauben), Betriebsstoffe (z. B. Energie) und fertige Bestandteile (z. B. Reifen im Automobilbau) zu unterscheiden.

**Betriebsmittel:** Betriebsanlagen, die (im Regelfall) langfristig genutzt werden können (z. B. Maschinen oder Gebäude). Sie sind die Voraussetzung für die betriebliche Leistungserstellung.

**Ausführende Arbeit:** Es ist die körperliche und / oder geistige Tätigkeit der arbeitenden Menschen, die von einer leitenden Stelle im Betrieb angeordnet wurde.

**Leitende Arbeit:** Organisatorisch-anordnende, kontrollierende oder auch kreativ-planende Tätigkeit, welche auch „dispositive Arbeit" genannt wird.

Die hier vorgenommene Trennung in ausführende und leitende Arbeit ist nicht klar zu ziehen. Den im Betrieb tätigen Menschen werden zu Recht immer mehr Freiräume für eigenständiges Handeln eingeräumt, was dem Betrieb zugutekommt. Es kann so flexibler reagiert werden und es kommt zu einer verstärkten Identifikation des Mitarbeiters (Wir-Gefühl) mit seinem Betrieb.

## 1.1.5 Das wirtschaftliche Prinzip

Das Mißverhältnis zwischen den menschlichen Bedürfnissen, die nahezu unbegrenzt sind, und den knappen Gütern zwingt den Menschen, mit den Gütern hauszuhalten, zu wirtschaften. Das gilt sowohl für den *Verbraucher*, der mit einem gegebenen Einkommen soviel Bedürfnisse wie möglich befriedigen will, als auch für den *Produzenten*, der ständig Aufwand und Ertrag miteinander vergleichen und über die zweckmäßigste Verwendung der zur Verfügung stehenden Mittel entscheiden muß. Beide handeln nach dem wirtschaftlichen Prinzip.

**Wirtschaftliches Handeln** (Wirtschaftlichkeit) folgt dem Vernunftprinzip, auch *Rationalprinzip*[1] genannt. Es gibt zwei Formen dieses Prinzips:

- Minimalprinzip
- Maximalprinzip

Man kann das wirtschaftliche Vernunftprinzip also zweifach sehen: Hat der Unternehmer z. B. einen festen Auftrag, so versucht er, diesen mit möglichst geringen Kosten zu erfüllen. Er handelt nach dem Minimalprinzip. Will dagegen ein Produktionsbetrieb mit seiner Maschine X möglichst hohe Stückzahlen erreichen, so folgt er hier dem Maximalprinzip.

| | **Einsatz** (Input[2]) | **Ergebnis** (Output[3]) |
|---|---|---|
| **Minimalprinzip** | **variabel** (veränderlich) | **fix** (fest) |
| **Maximalprinzip** | **fix** | **variabel** |

*Abb. 1.1.5-1 Das ökonomische Prinzip*

(Vgl. hierzu im folgenden Aufgabenteil S. 33 die Aufgabe 8.)

1 rational (latein.) = vernunftgemäß

2 to put (englisch) = setzen, legen; Input = Einsatz

3 Output = Ausstoß, Ergebnis

Wirtschaften heißt demnach, darüber zu entscheiden, wie (unter Beachtung des wirtschaftlichen Prinzips) die vorhandenen Güter am zweckmäßigsten zu verwenden sind, um unsere Bedürfnisse so weit wie möglich zu befriedigen.

Das aber ist ein sehr theoretischer Anspruch. In der Lebenswirklichkeit werden die privaten Verbraucher wie auch die Kaufleute kaum in der Lage sein, rein verstandesgemäß (rational) die anliegenden wirtschaftlichen Entscheidungen zu treffen. Zum einen fehlt fast immer der „Durchblick“, um aus den vielen gegebenen Möglichkeiten exakt die richtige zu wählen, und zum anderen hindern uns zahlreiche gefühlsmäßige Beweggründe, das verstandesgemäß Richtige auch zu tun (suchen Sie hierzu einige Beispiele).

## 1.2 Arbeitsteilung in der Wirtschaft

### 1.2.1 Volkswirtschaftliche Arbeitsteilung

In der Frühzeit der Menschheit waren die Stammes- oder Familiengemeinschaften wirtschaftlich selbständig (autark). Das bedeutete, sie beschafften und erarbeiteten sich alles selbst, was sie benötigten. Es waren geschlossene wirtschaftliche Einheiten ohne Außenbeziehungen.

Doch sehr bald schon ergaben sich innerhalb und außerhalb dieser Gemeinschaften Spezialisierungen. Nach der Arbeitsteilung zwischen Mann und Frau bildeten sich Berufe heraus. Als es dann zu ersten Stadtgründungen kam und die Arbeitsteilung in Berufe unabdingbar wurde, ergab sich auch die Arbeitsteilung zwischen Stadt (z. B. Handwerk) und Land (Viehhaltung, Ackerbau).

Der Kaufmannsberuf schließlich und die Entwicklung von Geld wurden notwendig, als es darum ging, die arbeitsteilig an verschiedenen Plätzen erstellten Produkte auszutauschen. Der Übergang zu einer Arbeitsteilung zwischen einzelnen Ländern oder gar Erdteilen (internationale Arbeitsteilung, vgl. Abschnitt 1.2.1.5) konnte sich hiernach fließend entwickeln.

#### 1.2.1.1 Die Wirtschaftsbereiche (Übersicht)

Begreift man die Arbeitsteilung als eine gesamtwirtschaftliche Aufgabenteilung in der Arbeit an einem bestimmten Produkt, so lassen sich einzelne Wirtschaftsbereiche oder *Produktionsstufen* unterscheiden:

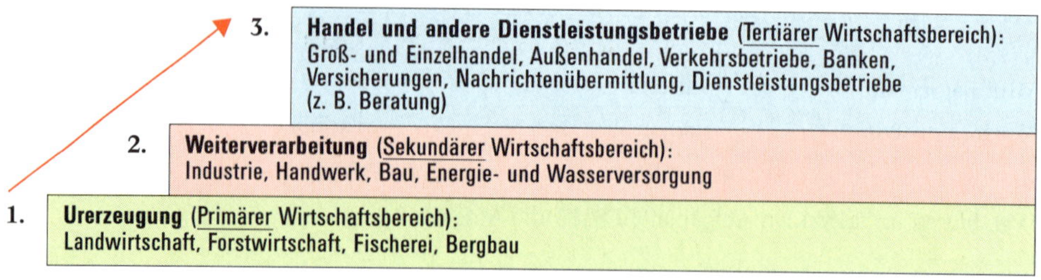


*Abb. 1.2.1.1-1*

Diese drei Wirtschaftsbereiche lassen sich an jedem Konsumgut nachweisen, seien es Nahrungsmittel, Textilien oder Schulbedarf.

Betrachtet man die aufgeführten Produktionsstufen oder Wirtschaftsbereiche unter dem Aspekt der hier verfügbaren Arbeitsplätze, so ist eine beständige Zunahme im tertiären Bereich festzustellen.

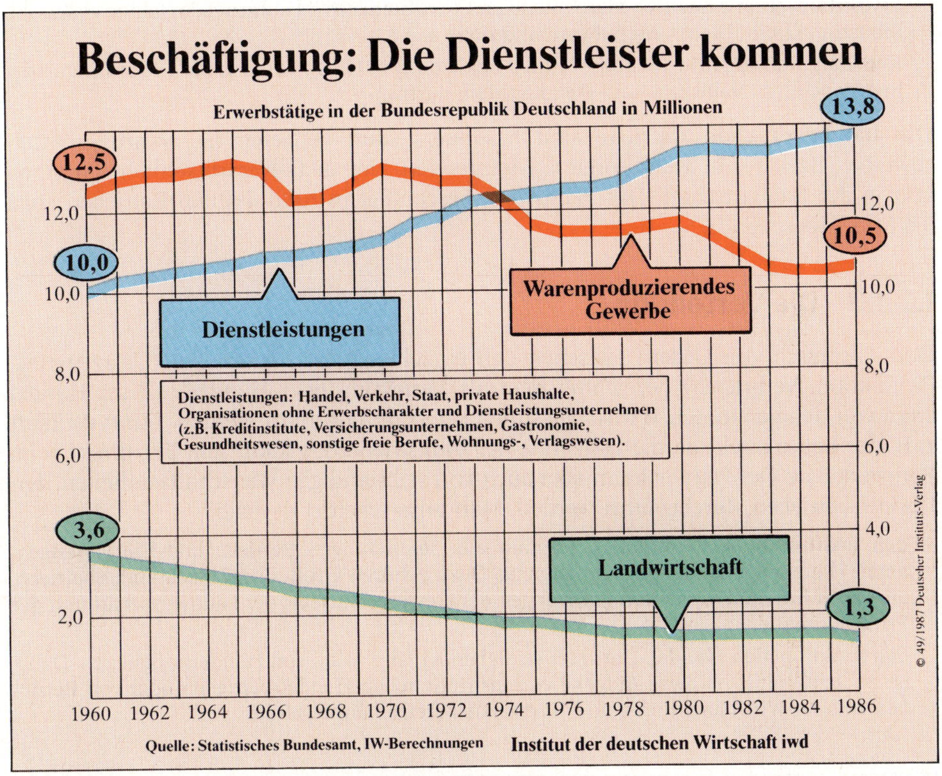


*Abb. 1.2.1.1-2*

aus: Informationsdienst des Instituts der deutschen Wirtschaft

## 1.2.1.2 Die Weiterverarbeitung

Nur in seltenen Fällen können die Naturprodukte unverändert, so wie die Natur sie uns bietet, verbraucht werden. In der Regel müssen die Rohstoffe (Erze, Holz, Erdöl, Baumwolle u. a.) durch Bearbeitung und Verarbeitung, durch mechanische oder chemische Umwandlung zu *Werkstoffen* (Metallen, Hölzern, chemischen Grundstoffen u. a.) und *Produktionsgütern*, Produktionsmitteln (Maschinen und Werkzeuge) umgestaltet werden, die dann der Herstellung von Gebrauchsgütern (Möbel, Kleidung, Rundfunk- und Fernsehgeräten usw.) und *Verbrauchsgütern* (Nahrungs- und Genußmittel) dienen.

Diese Gewinnung, Veredlung oder Verarbeitung von Stoffen und Energie ist Aufgabe der Industrie und des Handwerks, d. h. der gewerblichen Betriebe.

**Die Industrie** ist der größte deutsche Wirtschaftszweig. Fast jeder dritte Erwerbstätige ist in der Industrie beschäftigt. Sie leistet mit über 50 % den größten Beitrag zum *Bruttosozialprodukt*[1].

Man unterscheidet:

**Grundstoffindustrie** (Bergbau, eisenschaffende Industrie, Metallgießereien, Mineralölverarbeitung, Kautschukindustrie, Zellstoffindustrie, Chemische Industrie u. a.);

**Investitionsgüterindustrie** (Maschinenbau, Elektroindustrie, Fahrzeugbau, feinmechanische Industrie, Eisen-, Blech-, Metallwarenindustrie u. a.;

**Konsumgüterindustrie** (Schuh-, Textil-, Bekleidungs-, Glas-, Lederwaren-, Möbelindustrie, Bierbrauereien, Nahrungs- und Genußmittelindustrie).

**Die handwerklichen Betriebe** sind besonders stark vertreten im Nahrungsmittelgewerbe (Bäckereien, Konditoreien, Metzgereien), im metallverarbeitenden Gewerbe und in der Bauwirtschaft. Das Handwerk beschäftigt in rund 490000 Betrieben etwa 3,8 Mio. Menschen.

### 1.2.1.3 Die Verteilung

Den Austausch von Gütern zwischen den einzelnen Wirtschaftsstufen (Urerzeugung, Produktion, Verbrauch) bezeichnet man als Verteilung oder Handel[2]. Dieser Handel kann von den genannten Wirtschaftsstufen selbst durchgeführt werden. Dann verkauft z. B. der Bauer direkt an die Hausfrau, der Industriebetrieb kauft sein Erz direkt beim Bergwerk usw. Der Handel kann aber auch von selbständigen Wirtschaftseinheiten, den Handelsbetrieben, durchgeführt werden. Man unterscheidet deshalb:

- **den institutionellen Handel.** Er umfaßt alle selbständigen Betriebe und Einrichtungen, deren Hauptaufgabe der *Warenumsatz* ist. Dazu gehören Groß- und Einzelhandelsbetriebe, aber auch Ein- und Verkaufsvereinigungen der Gewerbebetriebe, der Landwirtschaft und der Privathaushalte.
- **den funktionellen Handel.** Darunter verstehen wir alle Arten von Handelstätigkeiten. Dabei ist es gleichgültig, ob diese Aufgabe von institutionellen Handelsbetrieben oder von Betrieben anderer Wirtschaftsstufen und Wirtschaftsbereiche durchgeführt wird.

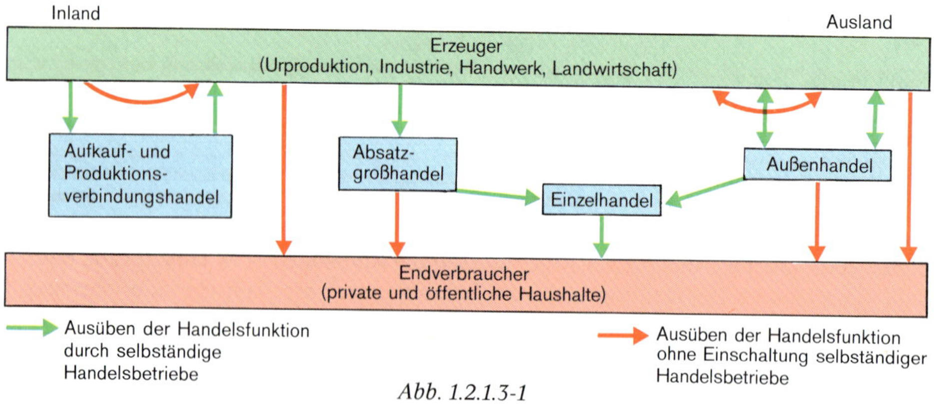


*Abb. 1.2.1.3-1*

1 Bruttosozialprodukt (BSP): In DM ausgedrückte Summe aller Güter und Dienstleistungen unserer Volkswirtschaft, die in einem Jahr produziert bzw. erbracht wurden.

2 Die Handelsformen sind ausführlich in Kapitel 6 dargestellt.

Die wichtigsten institutionellen Handelsformen sind:

- **der Einzelhandel.** Er ist das letzte Glied im Verteilungsweg der Güter zwischen Hersteller und Verbraucher. Neben der Vorratshaltung erfüllt er auch Beratungs- und Kundendienstfunktionen.
- **der Großhandel.** Er kann zwischen alle Wirtschaftsstufen geschaltet sein. So arbeitet er als Rohstofflieferer für die Industrie, als Aufkäufer in der Landwirtschaft, als Zulieferer für den Einzelhandel und für den Güteraustausch zwischen Industriebetrieben. Durch Lagerhaltung, Kreditgewährung und Erfüllung weiterer Aufgaben spielt er eine wesentliche Rolle.
- **der Außenhandel.** Er erfüllt die Aufgaben des Großhandels im Güterverkehr mit dem Ausland. Er arbeitet sowohl als Ausfuhrhandel (Export) als auch als Einfuhrhandel (Import).

### 1.2.1.4 Die Dienstleistungsbetriebe

Zum reibungslosen Ablauf des Wirtschaftslebens sind ferner die Dienstleistungen der Kreditinstitute, der Verkehrs- und Versicherungsbetriebe und der freien Berufe (Rechtsanwälte, Wirtschaftsprüfer, Steuerberater, Notare, Werbeagenturen, Unternehmensberater usw.) unentbehrlich.

- **Die Kreditinstitute** wickeln den nationalen und internationalen Zahlungsverkehr ab, nehmen Einlagen zur Verzinsung an und stellen sie der Wirtschaft als Kredite (= Geldkapital) zur Verfügung. Sie vermitteln den Kauf und Verkauf von Wertpapieren und wirken mit bei der Kapitalbeschaffung von Aktiengesellschaften, der sog. Emission von Wertpapieren (vgl. Kapitel 11).
- **Die Verkehrsbetriebe** (Eisenbahn, Post, Schiffahrtsgesellschaften, Luftverkehrsgesellschaften, Kraftfahrzeugunternehmen, Spediteure, Lagerhalter) stehen im Dienst eines riesigen Personen-, Güter- und Nachrichtenverkehrs (vgl. Kapitel 12).
- **Die Versicherungsbetriebe** kommen gegen Zahlung eines bestimmten Betrages (der Prämie) für den Schaden, den ein Versicherter erleidet, auf. Sie gleichen das Risiko in der Gefahrengemeinschaft der Versicherten aus (vgl. Kapitel 9).
- **Die Angehörigen der freien Berufe** leisten als Gutachter und Berater dem Kaufmann wertvolle Dienste (vgl. Kapitel 10).

### 1.2.1.5 Die internationale Arbeitsteilung

Weil die wirtschaftliche Entwicklung der Volkswirtschaften unterschiedlich ist, die einzelnen Länder nicht die gleiche Größe haben, vor allem aber weil die Produktionsfaktoren nicht überall in gleicher Weise anzutreffen sind, ist eine internationale Arbeitsteilung unerläßlich.

Die Güter werden bei funktionierender Arbeitsteilung dort produziert, wo sie am kostengünstigsten hergestellt werden können. Es wäre bei uns beispielsweise möglich, in geheizten Gewächshäusern Südfrüchte zu ziehen. Importe sind aber ungleich billiger. Entsprechendes gilt für Industrieprodukte. Länder wie Belgien oder die Schweiz verzichten auf eine eigene Autoproduktion. Sie importieren benötigte Wagen beispielsweise aus unserem Land.

Für ein industriell hochentwickeltes Land wie die Bundesrepublik Deutschland, die ein Drittel ihres Bruttosozialproduktes für den Export erbringt, ist die internationale Arbeitsteilung von herausragender Bedeutung. Ein Großteil unserer Arbeitsplätze ist exportabhängig.

## 1.2.2 Betriebliche Arbeitsteilung

Die beschriebene volkswirtschaftliche Arbeitsteilung setzt sich in gewisser Weise in der betrieblichen Arbeitsteilung fort.

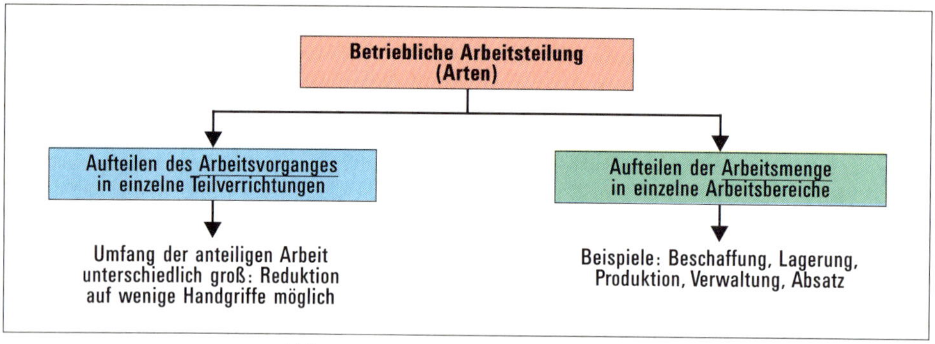


*Abb. 1.2.2-1 Arten der Arbeitsteilung*

Die Arbeitszerlegung in Teilverrichtungen wird auch als *technische Arbeitsteilung* bezeichnet. Sie wurde in der Industrie immer weiter verfeinert und führte schließlich im Extremfall dazu, daß ein Fließbandarbeiter nur noch einen Handgriff auszuführen hatte. Das bewirkte zwar kurzfristig eine (scheinbar) hohe Ergiebigkeit der menschlichen Arbeitskraft (vgl. hierzu nochmals in Abschnitt 1.1.4 den Begriff „ausführende Arbeit"), hatte aber für die betroffenen Menschen ein monotones Arbeitsleben und eine nicht vertretbare Einschränkung ihrer tatsächlichen Leistungsfähigkeit zur Folge. Inzwischen wurde dieser Umstand erkannt, und es kam zu einer Erweiterung des Arbeitsfeldes für den einzelnen, was mit den englischen Begriffen „Job-Enlargement" (Arbeitsfeld-Erweiterung) und „Job-Enrichment" (Arbeitsfeld-Bereicherung) belegt wird.

# 1.3 Betrieb und Volkswirtschaft

## 1.3.1 Grundfunktionen und Ziele des Betriebes

Die Wirtschaft besteht aus zahlreichen wirtschaftlichen Einheiten, den Einzelwirtschaften, die entweder als *Betriebe* (Produktionswirtschaften) Sachgüter oder Dienstleistungen bereitstellen (produzieren) oder als *Haushalte* (Einzel-, Familien- und Anstaltshaushalte) die bereitgestellten materiellen und immateriellen Güter (= Dienstleistungen) verbrauchen.

**Im Betrieb** werden Arbeitskräfte, Betriebsmittel (Werkzeuge, Einrichtungsgegenstände, Maschinen, Energiekräfte) und Werkstoffe (Rohstoffe, Hilfsstoffe, unfertige Erzeugnisse und Fertigerzeugnisse), die sogenannten *elementaren Leistungsfaktoren*, planmäßig vom Unternehmer – dem *dispositiven Leistungsfaktor* – zu einer Einheit zusammengefaßt, um eine bestimmte Leistung so wirtschaftlich wie möglich zu erstellen, d. h.

- **Sachgüter herzustellen** (wie im Handwerks- und Industriebetrieb),
- **Güter zu verteilen** (Handelsbetrieb) und
- **Dienstleistungen bereitzustellen** (wie z. B. im Bank-, Versicherungs- und Verkehrsbetrieb).

Aufgabe des Unternehmers bzw. der Personen, die die Unternehmerfunktion wahrnehmen, wie z. B. die Vorstandsmitglieder einer AG, ist die Leitung des Betriebes, die Planung, Organisation und Überwachung des betrieblichen Geschehens.

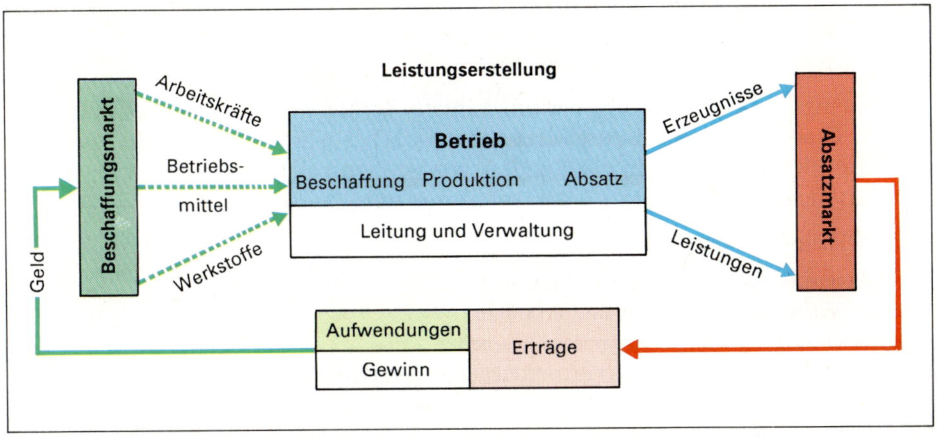


*Abb. 1.3.1-1 Betriebliche Funktionen am Beispiel eines Industriebetriebes*

*Beschaffung.* Bedarf und Bezugsquellen ermitteln; Vergleichen der eintreffenden Angebote; Abnahme und Verwalten der eingehenden Güter.

*Produktion.* Vorbereiten, Durchführen, Überwachen der Produktion u. ä.

*Absatz.* Vorbereiten, Durchführen und Verwalten des Absatzes (vgl. Abschnitt 3.3).

*Leitung und Verwaltung.* Entscheidungen zur Wahrnehmung der beschriebenen betrieblichen Funktionen Beschaffung, Produktion, Absatz. Abwicklung aller hierbei anfallenden Arbeiten.

## Ziele des Betriebes

**Gewinn.** Jeder Betrieb hat im Rahmen der Gesamtwirtschaft eine bestimmte Aufgabe zu erfüllen. Er will – im Wettbewerb mit anderen Betrieben – den Bedarf der Abnehmer (andere Betriebe oder Verbraucher) so wirtschaftlich, so preiswert wie möglich decken und gleichzeitig einen Überschuß, einen *Gewinn*, erzielen – das gilt wenigstens für die erwerbswirtschaftlichen Betriebe (Privatbetriebe) in einer marktwirtschaftlichen Ordnung.

**Marktanteil.** Diejenigen Unternehmen, die in unserer Wirtschaftsordnung den höchsten Anteil am Bruttosozialprodukt stellen, sind Aktiengesellschaften. Sie werden von angestellten Managern (Verwaltern) geleitet.

Der ausgeschüttete Gewinn einer Aktiengesellschaft fließt oft Tausenden von Anteilseignern (Aktionären) zu, die den Leitern der Unternehmen kaum bekannt sind. (Die Gewinne aus Aktien [Dividende] sind nicht zuletzt auch darum vergleichsweise gering und erreichen vielfach kaum die Verzinsung einfacher Sparbuchguthaben.) Warum soll der Generaldirektor einer Aktiengesellschaft das Gewinn-Machen für ihm kaum bekannte Aktionäre zum allgemeinen Ziel haben?

Die Manager großer Aktiengesellschaften müssen deshalb andere Ziele als nur das des Gewinnerzielens für Reinvestitionen oder für die Aktionäre haben.

Die Vergrößerung des *Marktanteils* ist ein solches Ziel.

Wenn also z. B. vier Waschmittelproduzenten auf dem deutschen Markt anbieten, dann ist jeder sorgsam darauf bedacht, seinen Anteil daran möglichst auszubauen (was nur auf Kosten der anderen Anbieter gehen kann).

Für Neulinge auf dem Markt ist der prozuentale Marktanteil ein deutliches Barometer für den Grad der Wertschätzung ihrer Produkte. Dies wurde deutlich, als japanische Autohersteller ihre Wagen in der Bundesrepublik Deutschland anboten und man sehr gespannt die Entwicklung ihres Marktanteils verfolgte.

Weitere Ziele können sein:

– marktgerechte Versorgung der Verbraucher,
– Entwicklung neuer Verfahren und Produkte,
– Berücksichtigung der Interessen der Mitarbeiter,
– Beachtung der Belange des Gemeinwesens (z. B. Umweltschutz).

## 1.3.2 Arten der Betriebe

Man kann die Betriebe nach verschiedenen Gesichtspunkten einteilen, nämlich:

**nach Wirtschaftszweigen** in

– Industrie- und Handwerksbetriebe und
– Handels-, Bank-, Versicherungs-, Verkehrs- und sonstige Dienstleistungsbetriebe;

**nach der Art der erstellten Leistung** in

- **Sachleistungsbetriebe** (Produktionsbetriebe i. e. S.) wie Rohstoffgewinnungsbetriebe (z. B. Bergwerke), Produktionsmittelbetriebe (z. B. Maschinenfabriken) und Verbrauchsgüterbetriebe (z. B. Schuhfabriken) und
- **Dienstleistungsbetriebe**, wie z. B. Handels-, Bank-, Versicherungs- und Verkehrsbetriebe;

**nach der Zielsetzung** in

- **erwerbswirtschaftliche Betriebe,** die einen Gewinn erstreben, d. h. einen Überschuß des Ertrags gegenüber dem Aufwand, der dann dem Inhaber bzw. den Inhabern zufließt. Sie geben der Marktwirtschaft der westlichen Welt (Gegensatz: Zentralverwaltungswirtschaft) das Gepräge;
- **gemeinwirtschaftliche oder öffentliche Betriebe** (z. B. die Verkehrsbetriebe und Versorgungsbetriebe – Gas-, Wasser-, Elektrizitätswerke – der Gemeinden), die nicht in erster Linie einen Überschuß erzielen wollen, sondern den Verbrauchern ihre Leistungen so billig wie möglich, allerdings unter Deckung der Selbstkosten, zur Verfügung stellen (= Kostendeckungsbetriebe);
- **genossenschaftliche Betriebe** (Genossenschaften), die die Leistungsfähigkeit ihrer Mitglieder (Klein- und Mittelbetriebe) durch Kooperation stärken bzw. die Hauswirtschaft ihrer Mitglieder fördern wollen (Beispiel: Verbrauchergenossenschaften). Das sie beherrschende Wirtschaftsprinzip ist das der Solidarität (einer für alle, alle für einen);

**nach der Größe der Betriebe** in

- Kleinbetriebe,
- Mittelbetriebe,
- Großbetriebe.

Als Maßstab für diese Einordnung der Betriebe können dienen: Die Zahl der Beschäftigten, die Höhe des investierten Kapitals oder der Umsatz.

Die Großbetriebe dominieren in der Industrie, gemessen am Umsatz und an der Zahl der Beschäftigten. Auf sie entfallen 50 % der in der Industrie Beschäftigten. Rund 10 % aller Mitarbeiter sind bei den 10 größten Unternehmen (Siemens, Daimler, Hoechst, BASF u. a.) beschäftigt. Sie erarbeiten rund 15 % des Umsatzes des produzierenden Gewerbes. Etwa 90 % der Unternehmen sind Klein- und Mittelbetriebe.

## 1.3.3 Betrieb und Unternehmen

Betriebe sind organisatorische Einheiten mit der Aufgabe, Leistungen für fremden Bedarf zu erstellen.

Damit unterscheiden sie sich von den privaten Haushalten, in denen zwar auch Leistungen erstellt werden, aber ganz überwiegend für den eigenen Bedarf.

Betriebe im gemeinten erweiterten Sinn gibt es in allen entwickelten Wirtschaftssystemen. Die Handlungsbedingungen, unter denen sie sich betätigen, sind aber je nach Wirtschaftssystem (z. B. Marktwirtschaft oder Zentralverwaltungswirtschaft) sehr unterschiedlich.

Betriebe, die *fremden Bedarf decken* und ihre *Leistungen* (Produkte, Dienstleistungen) *zu einem* im Prinzip *kostendeckenden Preis* abgeben, werden als **Unternehmen** bezeichnet. Sie bieten z. B. Güter an, wobei die Entscheidung über die Verwendung bei den Käufern liegt.

In der Marktwirtschaft stehen die Unternehmen im Wettbewerb mit anderen Anbietern; sie müssen ihre Leistungserstellung so gestalten, daß sie im Wettbewerb auf dem Markt Kostendeckung erreichen und daduch ihren Fortbestand sichern.

In der amtlichen Statistik der Bundesrepublik Deutschland werden **Unternehmen** als *die kleinsten rechtlich selbständigen und gesondert bilanzierenden Wirtschaftseinheiten* definiert. (In der DDR z. B. ist die Bezeichnung „Unternehmen" nicht üblich.)

Grundlagen der Unternehmertätigkeit in der Bundesrepublik Deutschland:

- Das Recht der freien Berufswahl;
- die Gewerbefreiheit und
- das Privateigentum.

Unsere Rechtsordnung gewährleistet jedem Bürger die Möglichkeit, sich als selbständiger Unternehmer zu betätigen. Die Unternehmen können ihre Entscheidungen über Leistungsangebot und Form der Leistungserstellung völlig selbständig treffen. Es gilt das

Prinzip der Selbstverwaltung, d. h., die Entscheidungen werden in den Unternehmen durch die durch Gesetz oder Satzung dafür bestimmten Organe getroffen. Eine direkte Einflußnahme staatlicher Instanzen gibt es grundsätzlich nicht.

Einen umfassenden Überblick über den Umfang selbständiger unternehmerischer Tätigkeit in der Bundesrepublik Deutschland liefert die Umsatzsteuerstatistik des Statistischen Bundesamtes, die alle Unternehmen erfaßt, die in nennenswertem Umfang Marktleistungen erbringen.[1]

**Vorsprung der Dienstleistungen**

Zahl der umsatzsteuerpflichtigen Unternehmen insgesamt: *1980: 1688690* *1988: 2021824*

| darunter | 1980 | 1988 |
|---|---|---|
| produzierendes Gewerbe (ohne Bau) | 290909 | 297292 |
| Baugewerbe | 187242 | 195984 |
| Großhandel | 112356 | 114629 |
| Einzelhandel | 367505 | 396674 |
| Verkehr, Nachrichtenübermittlung | 78710 | 89201 |
| Dienstleistungen | 542162 | 804797 |

Quelle: Statistisches Bundesamt

## 1.3.4 Unternehmen und Markt

In der Marktwirtschaft (Konkurrenzwirtschaft) produzieren die Unternehmer für den Markt. Unter Markt im volkswirtschaftlichen Sinne versteht man nicht einen bestimmten Platz, wo z. B. der Wochenmarkt stattfindet, sondern das Zusammentreffen von Angebot und Nachfrage.

**Der Markt** ist der Mittelpunkt der gesamtwirtschaftlichen Vorgänge. Auf dem Markt bilden sich nach dem *jeweiligen Verhältnis von Angebot und Nachfrage der Preis* für Waren und Dienstleistungen, für die Nutzung von Wohnungen (Miete), für die Hergabe von Geldkapital (Zins), für Arbeitsleistungen von Arbeitnehmern (Lohn, Gehalt). Man spricht hierbei von einem Konsumgütermarkt, einem Produktionsgütermarkt, einem Geld- und Kapitalmarkt, einem Arbeitsmarkt usw. Je größer und übersichtlicher der Markt, d. h. die Zahl der Anbieter und Nachfrager, desto besser funktioniert der sog. *Markt- und Preismechanismus*.

**An den Preisen,** die sich auf den Märkten für Konsumgüter und Produktionsgüter bilden, orientieren sich die Käufer (Nachfrager) und die Verkäufer (Anbieter) bei ihren Entscheidungen. Der *Nachfrager* möchte möglichst günstig einkaufen, der Anbieter will – und muß – seine Kosten decken und möchte einen möglichst hohen Gewinn erzielen. Der Preis hat in einer Marktwirtschaft die Aufgabe, diese gegensätzlichen Interessen auszugleichen. Das geschieht durch den im Zusammenspiel von Angebot, Nachfrage und Preis wirksamen *Preismechanismus*.

1 Der vorangehende Text ist angelehnt an: Herbert Hax, Unternehmen und Betriebe im gesamtwirtschaftlichen Zusammenhang und: Handlungsbedingungen der Unternehmen in der Bundesrepublik Deutschland, in: Materialien zum Bericht zur Lage der Nation, hrsg. vom Bundesministerium für innerdeutsche Beziehungen, Bonn 1987, S. 165 ff.

**Einerseits** bildet sich der Preis beim Zusammentreffen von Angebot und Nachfrage, andererseits beeinflußt der Preis wieder Angebot und Nachfrage. Das *Steigen des Preises* für eine bestimmte Ware *signalisiert* Knappheit des Angebotes gegenüber der Nachfrage. Der höhere Preis regt die Produzenten an, mehr zu produzieren, mehr Ware auf den Markt zu bringen, doch er drängt auch die Nachfrage zurück, d. h. er veranlaßt Kaufinteressenten, von einem Kauf abzusehen. *Beides*, das verstärkte Angebot und die Zurückhaltung der Käufer, übt nun wiederum einen Druck auf die Preise aus und löst damit eine *rückläufige Preisentwicklung* aus. Die *Preisrückgänge* führen dann ihrerseits zur verstärkten Nachfrage nach der betreffenden Ware und können u. U. ganz neue Käuferschichten erschließen.

**Angebot, Nachfrage und Preis** stehen somit in einem *wechselseitigen* Zusammenhang. Jede Veränderung eines dieser Faktoren löst Reaktionen der beiden anderen aus. Bei *freiem Wettbewerb* pendelt sich der jeweilige Preis in einer Höhe ein, bei der der Ausgleich von Angebot und Nachfrage bei größtmöglichem Umsatz erreicht wird. Das ist der sog. *Gleichgewichtspreis*. „Er räumt den Markt", weil Anbieter und Nachfrager hier gleiche Vorstellungen zu Preis und Menge haben.

Der Marktpreis ist aber keine konstante Größe, sondern hat die Tendenz, sich bei jeder *Änderung der Marktfaktoren* (Mode, Veränderung der Einkommen der Nachfrager, neue Produkte, Konkurrenz) auf ein *neues Gleichgwicht* einzupendeln (Auslesefunktion des Preises). Er erfüllt damit die wichtige Funktion, Angebot und Nachfrage ständig aufeinander abzustimmen.

Das hier gezeichnete Bild von der Wirkungsweise des Preismechanismus ist ein theoretisches Modell, d. h. es gilt nur in dem *Idealfall vollkommener Konkurrenz*.

**Ein vollkommener Markt** (vollkommene Konkurrenz) setzt voraus, daß

- *viele kleine Anbieter* einer *Vielzahl* von Nachfragern gegenüberstehen, von denen keiner einen Einfluß auf die Preishöhe ausüben kann; für Anbieter wie Nachfrager ist der Preis also ein *„Datum"* (feststehende Größe);
- die Marktteilnehmer eine vollkommene Marktübersicht haben;
- die angebotenen Güter *homogen* (gleichartig) sind;
- die Anbieter sich rasch an die veränderten Marktverhältnisse anpassen können;
- keine *Präferenzen (Vorlieben)* persönlicher, örtlicher oder sachlicher Art für einen bestimmten Anbieter bestehen, wie etwa zuvorkommende Bedienung oder Nähe eines Geschäftes.

**Der unvollkommene Markt** ist also die vorherrschende Marktform. Er ist dadurch gekennzeichnet, daß eine oder mehrere der obengenannten Voraussetzungen für einen vollkommenen Markt fehlen.

Je nach der Stellung des Anbieters auf einem Markt kann man mehrere Marktformen unterscheiden.

Beim **Monopol** bietet *ein* Anbieter auf dem Markt (z. B. die Post beim Telefon) eine bestimmte Ware an. Der Monopolist kann den Preis *autonom bestimmen*. Es ist für ihn jener Preis, der ihm den höchsten Monopolgewinn einbringt. Und dieser Preis, bei dem die Differenz zwischen Erlösen und Kosten demnach am größten ist, hängt ab von der Relation zwischen Preisforderung und der zu diesem Preis *absetzbaren* Menge. Bei einem zu hohen Preis muß der Monopolist damit rechnen, daß Kunden dadurch abgeschreckt werden und eine preisgünstige andere Ware vorziehen.

**Oligopol** nennt man eine Marktform, bei der nur wenige Firmen mit relativ großen Marktanteilen miteinander konkurrieren, z. B. in der Mineralölwirtschaft, im Bergbau oder in der Großchemie. Hier verfügt der einzelne Anbieter über einen so beträchtlichen Marktanteil, daß er durch seine *Preispolitik* das Gesamtangebot durchaus beeinflussen, vielleicht sogar die *Preisführerschaft* erreichen könnte. (Entsprechendes kann auch für die Nachfrage gelten! Man spricht dann von Nachfrageoligopol. Bilden Sie Beispiele.)

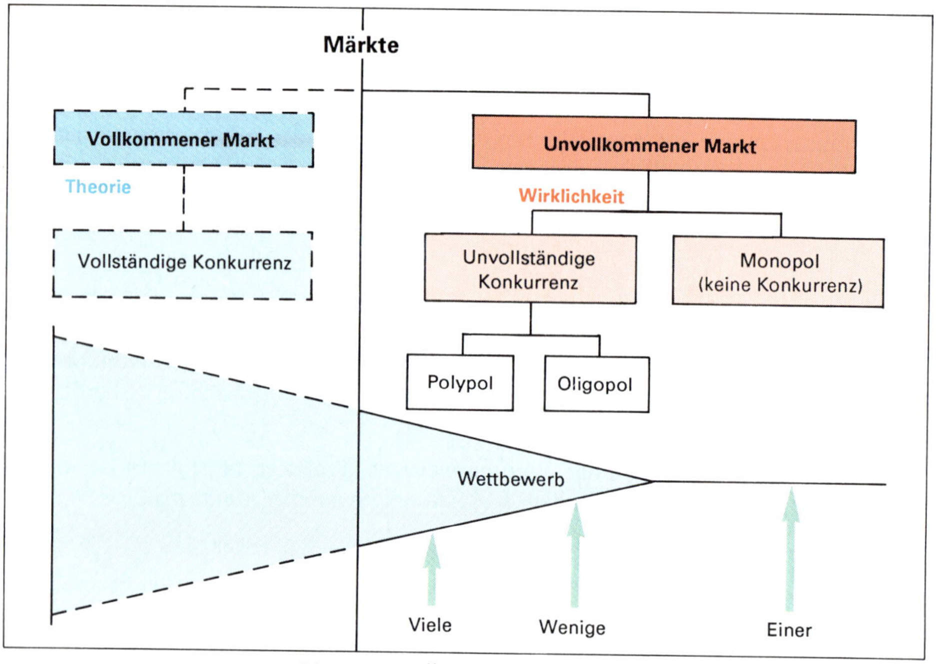


*Abb. 1.3.4-1 Übersicht Maktformen*

**Von polypolistischer Konkurrenz (Polypol)** spricht man, wenn viele relativ kleine Marktteilnehmer (Produzenten wie Händler) auf Teilmärkten miteinander konkurrieren (z. B. Bäcker in einer Großstadt). Sie müssen daher ständig bemüht sein, die eigenen Produkte gegenüber jenen der Mitanbieter herauszuheben. Das geschieht durch Produktdifferenzierung wie Aufmachung und Verpackung der Ware, durch Pflege einer Marke, mit der sich beim Nachfrager die Vorstellung besonderer Güte verbindet, durch Werbemaßnahmen, guten Kundendienst u. a.

Hinzu kommen *Präferenzen* (Vorlieben) räumlicher, sachlicher oder persönlicher Art wie günstigerer Standort, persönliche Beziehungen, Gewohnheit bzw. Bequemlichkeit der Kunden, die einem Anbieter unter Umständen sogar eine Art Monopolstellung verschaffen können (z. B. ein Einzelhandelsgeschäft in der Nähe).

Die Präferenzen in Verbindung mit *fehlender Marktübersicht* der Käufer und *Produktdifferenzierung* ermöglichen den Anbietern, innerhalb eines gewissen Spielraums eine *eigene Preispolitik* zu betreiben, d. h. unter Umständen höhere Preise zu fordern, ohne Gefahr zu laufen, Kunden an die Konkurrenz zu verlieren.

## Aufgaben

1. Definieren Sie (kurz):
   - Bedürfnisse
   - Produktivgüter
   - Gebrauchsgüter
   - Konsumgüter
   - Verbrauchsgüter
   - Dienstleistungen
2. Ein Jüngerer fragt Sie: „Was soll eigentlich die ganze Wirtschaft, warum muß man wirtschaften?“ Antworten Sie ihm kurz, aber verständlich.
3. Nennen Sie Bedürfnisarten, und führen Sie je zwei Beispiele aus Ihrem Lebenskreis an.
4. Nennen Sie zu den (vgl. Abschnitt 1.1.1) genannten Wirtschaftsgütern je *zwei* Beispiele (die im Schema genannten sind hierbei nicht zu wiederholen).
5. Benennen Sie mindestens *sieben* Unternehmen Ihrer Stadt (Ihres Landkreises), und entscheiden Sie, ob diese zur Urerzeugung, zur Weiterverarbeitung oder zu den Dienstleistungsbetrieben zu zählen sind. Beschreiben Sie kurz (soweit bekannt) die jeweilige betriebliche Tätigkeit.
6. Erklären Sie: Werkstoffe, Betriebsmittel.
7. Erläutern Sie die Unterschiede zwischen ausführender und dispositiver (leitender) Arbeit.
8. In allen folgenden Fällen will man das Wirtschaftlichkeitsprinzip (ökonomisches Prinzip) anwenden. Entscheiden Sie bitte jeweils, ob es sich dabei um das Minimalprinzip oder um das Maximalprinzip handelt. (Führen Sie dazu in einer kleinen Aufstellung die einzelnen Buchstaben der Aufgabe auf und setzen Sie „Mini“ oder „Maxi“ dazu.)
   a) Ein Landwirt will auf seinen vier Morgen Land möglichst viele Tonnen Kartoffeln ernten.
   b) Ein anderer Landwirt will 200 Tonnen Zuckerrüben auf einer möglichst geringen Anbaufläche ernten.
   c) In einem Automobilwerk wird versucht, aus einer Stahlplatte möglichst viele Radfelgen zu stanzen.
   d) In einem Warenhaus geht es darum, möglichst viel Umsatz pro Quadratmeter Verkaufsfläche zu erzielen.
   e) Leider versuchen viele Schüler, die Versetzung mit einem möglichst geringen Einsatz von Fleiß zu schaffen.
   f) Einer Stadtverwaltung geht es darum, mit möglichst wenig Arbeitsstunden (Mannstunden) der Müllwerker die Müllabfuhr zu bewältigen.
   g) Das Schulamt der Stadt möchte mit dem ihm zugewiesenen Sonderbetrag von 80 000,00 DM möglichst viele Unterrichtsmittel (Wandkarten, Filme, Textsammlungen) einkaufen.
9. Stellen Sie Zusammenhänge her: Wie kam es in der fortschreitenden Arbeitsteilung (nachdem sich die Arbeitsteilung zwischen Land und Stadt herausgebildet hatte) zum Entstehen des Kaufmannsberufes?
10. Warum erscheint Ihnen die internationale Arbeitsteilung sinnvoll? Nennen und erläutern Sie *zwei* Argumente.
11. Weisen Sie die Beteiligung des primären, des sekundären und des tertiären Wirtschaftsbereiches nach für:
    a) eine Flasche Apfelsaft;
    b) ein T-Shirt;
    c) einen Kamm.
12. Wieso nimmt eigentlich die Zahl der Arbeitsplätze im sekundären Wirtschaftsbereich stark ab und im tertiären Wirtschaftsbereich zu?
13. Worin unterscheiden sich Groß- und Einzelhandel?
14. Erklären Sie den Begriff „Technische Arbeitsteilung“.

15. Die Grundfunktionen eines Industriebetriebes: Nennen und erklären Sie *vier* davon.

16. Das Buch nennt (vgl. S. 27 f.) *sechs* Ziele eines Betriebes (die hier auch als Unternehmensziele gelten können).

    Stellen Sie dazu eine Rangliste 1 bis 6 auf, und begründen Sie kurz Ihre Festlegung.

17. Man kann Betriebe nach verschiedenen Gesichtspunkten einteilen. Welche halten Sie für besonders sinnvoll? Begründen Sie bitte Ihre Ansicht.

18. Definieren Sie

    a) Betrieb,
    b) Unternehmung.

19. Nennen Sie die *fünf* Merkmale eines vollkommenen Marktes, und geben Sie an, welche zwei Merkmale in der Realität kaum anzutreffen sind.

20. Bringen Sie zu den Marktformen Monopol, Oligopol und polypolistische Konkurrenz je zwei Beispiele (bitte möglichst aus Ihrer näheren Umgebung).

21. Welche Preisobergrenzen und welche Preisuntergrenze gibt es für einen Monopolisten?

## Zusammenfassung

**Bedürfnisse, Bedarf**

Bedürfnisse sind Mangelgefühle. In Verbindung mit der nötigen Kaufkraft werden die Bedürfnisse zu Bedarf.

**Wirtschaftsgüter**

Um diesen Bedarf zu decken, stellt die Wirtschaft Güter (Sachgüter und Dienstleistungen) bereit, welche aus der Kombination der Produktionsfaktoren entstanden sind.

**Das wirtschaftliche Prinzip**

Bei der Leistungserstellung beachten die Unternehmen das wirtschaftliche Prinzip (auch: Rationalprinzip oder ökonomisches Prinzip), das als Minimal- und als Maximalprinzip besteht.

**Arbeitsteilung**

Die Wirtschaft erfüllt ihre Aufgaben arbeitsteilig. Hierbei werden verschiedene Arten unterschieden, beispielsweise die volkswirtschaftliche und die betriebliche Arbeitsteilung.

**Die betrieblichen Funktionen**

Die Funktionen (Aufgaben) in einem Betrieb sind je nach Art des Betriebes unterschiedlich. Für einen Produktionsbetrieb (Industrie) lassen sich als wichtigste Funktionen Beschaffung, Verwaltung und Absatz unterscheiden (vgl. Schaubild auf S. 27).

**Begriffliche Abgrenzung: Betrieb und Unternehmen**

Betriebe sind Ort der Leistungserstellung. Bieten sie ihre Leistungen für fremden Bedarf an, sind es Unternehmen. Ihr Ziel ist insbesondere die Gewinnerzielung und das Bestreben, den eigenen Marktanteil zu vergrößern. Je nach Konkurrenzsituation bestimmt sich die Marktform eines Unternehmens. Ist es alleiniger Anbieter oder Nachfrager auf dem Markt, liegt ein Monopol vor. Hat das Unternehmen wenige Mitbewerber, spricht man von Oligopol, bei vielen Konkurrenten von Polypol.

# 2 Recht und Wirtschaft

### Worum geht es?

Kann ein einzelner in einer Gemeinschaft (Familie, Betrieb, Schule, Verein) tun und lassen, was er will? Sicher nicht. Es gibt Regeln. Wer „setzt" diese fest?

Das Wirtschaftsleben kann nur funktionieren, wenn Abmachungen auch tatsächlich eingehalten werden. Der Kunde muß sich z. B. darauf verlassen können, daß die dringend erwarteten Ersatzteile auch rechtzeitig geliefert werden. Wie schließt man solche zuverlässigen Abmachungen? Wie nennt man sie? Wo kann man die hier gemeinten Regeln (Gesetze) nachlesen?

### Lernziele

Sie sollten ...
- den Sinn einer Rechtsordnung beschreiben können;
- rechtliche Grundbegriffe (z. B. Rechtsfähigkeit, Geschäftsfähigkeit, Rechtsgeschäfte, Besitz und Eigentum) nennen und erklären können;
- das Zustandekommen des Kaufvertrages, des häufigsten Rechtsgeschäfts im Wirtschaftsleben, genau darstellen und erklären können.

## 2.1 Die Rechtsordnung

Ohne Rechtsordnung ist menschliches Zusammenleben nicht möglich. Für den bekannten Robinson auf der einsamen Insel existierte kein Recht. Er konnte tun und lassen, was er wollte. Es gab für ihn keine Bindungen und keine Schranken.

Für das Leben in einer menschlichen Gemeinschaft aber setzt das Recht die verbindliche Ordnung. Jeder muß sich daran halten. Die Rechtsordnung ist von den Menschen selbst gesetzt worden, und man sagt, daß sie damit einen Widerspruch überwinden wollen. Es ist der Widerspruch im Menschen zwischen dem Streben nach Gemeinschaftlichkeit auf der einen Seite und störenden, gegenläufigen Triebanlagen auf der anderen Seite, welche das menschliche Miteinander ernstlich gefährden. Zwei Beispiele:

**Beispiel 1:** *Für den Straßenverkehr haben wir uns in der Straßenverkehrsordnung (StVO) das folgende grundlegende Recht gesetzt:*

**§ 1 StVO**
**(1) Die Teilnahme am Straßenverkehr erfordert ständige Vorsicht und gegenseitige Rücksicht.**
**(2) Jeder Verkehrsteilnehmer hat sich so zu verhalten, daß kein anderer geschädigt, gefährdet oder mehr, als nach den Umständen unvermeidbar, behindert oder belästigt wird.**

Dies bedeutet, daß die Gemeinschaft nicht akzeptieren will, daß ein einzelner im Straßenverkehr tun und lassen kann, was er will.

Der Sinn dieser Rechtsetzung leuchtet jedem ein.

**Beispiel 2:** *Unsere Wirtschaft ist arbeitsteilig und beruht auf dem funktionierenden Austausch von Gütern und Dienstleistungen. Das Recht setzt hier Regeln für den reibungslosen und vor allem zuverlässigen Ablauf. Darum müssen alle einmal getroffenen Abmachungen zwischen Vertragspartnern selbstverständlich strikt eingehalten werden. Schon ein einziger Regelverstoß kann ärgerliche Folgen haben.*

*Da hat z. B. Lieferer L. dem Produzenten P. zum festen Termin Rohstoffe zugesagt. Er liefert schuldhaft nicht und kommt so in Verzug. P. seinerseits hat dem Großhändler G. schon die Lieferung zugesagt, dieser dem Einzelhändler E. und der dem Konsumenten K. Der Störenfried L. muß für die finanziellen Folgen seines Fehlverhaltens einstehen. Das Bürgerliche Gesetzbuch (BGB) fordert einerseits das korrekte Einhalten von Verträgen, enthält aber andererseits auch Verfahrensregeln bei Verstößen. Beispiel:*

**§ 286 (BGB)**
(1) Der Schuldner hat dem Gläubiger den durch den Verzug entstehenden Schaden zu ersetzen.

Das Recht trägt so immer wieder dazu bei, daß sich jeder um ein gutes gemeinschaftliches Zusammenleben bemüht und sich dieses geregelte einvernehmliche Miteinander auch fortentwickelt.

So schafft das Recht die Voraussetzungen für einen geordneten Ablauf der Wirtschaft, stellt Regeln auf für das Zustandekommen von bindenden Vereinbarungen (Verträgen) und ihre reibungslose und zuverlässige Abwicklung (= Erfüllung).

Im Rahmen der Rechtsordnung unterscheidet man:

- **das Privatrecht,** auch bürgerliches Recht oder Zivilrecht genannt. Zu ihm gehören alle rechtlichen Regelungen (Rechtsbeziehungen) von Einzelpersonen und Unternehmen (hierzu zählt auch das Handelsrecht).
- **Das öffentliche Recht** umfaßt alle rechtlichen Regelungen, die sich auf das Verhältnis des einzelnen zum Staat, die innere Ordnung des Staates selbst sowie das Verhältnis der Staaten untereinander beziehen. Das öffentliche Recht ist *zwingendes Recht*, d. h. nicht durch Vereinbarungen abänderbar. Dagegen sind viele Bestimmungen des Privatrechts sog. *nachgiebiges Recht*, d. h. sie können durch eine andere Vereinbarung zwischen den Vertragspartnern ersetzt werden.
- **Das Arbeitsrecht,** das Sonderrecht des Arbeitnehmers, gehört zum Teil zum Privatrecht (z. B. ist der Arbeitsvertrag im BGB bzw. HGB geregelt), zum Teil zum öffentlichen Recht, wie z. B. das Arbeitsschutzrecht (Jugendarbeitsschutz, Unfallschutz, Kündigungsschutz usw.).

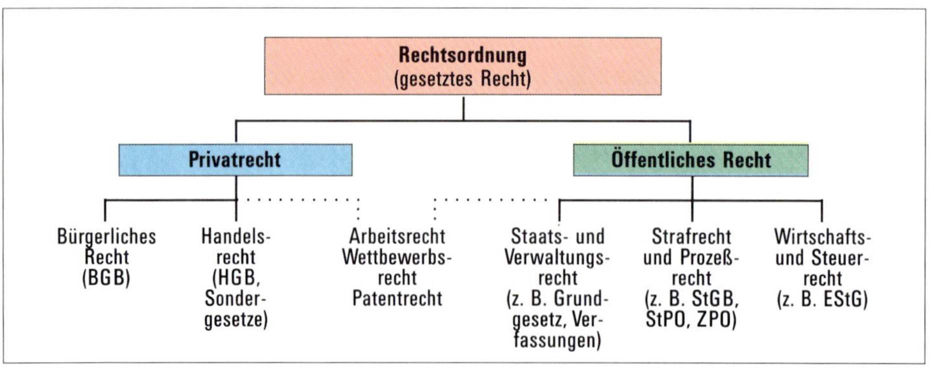


*Abb. 2.1-1 Überblick über die Rechtsordnung*

**Quellen des Rechts** sind einerseits das gesetzliche Recht (Rechtsnormen wie Verfassungen, Gesetze, Rechtsverordnungen) und andererseits das Gewohnheitsrecht, das sich in langjähriger tatsächlicher Übung entwickelt hat und allgemein anerkannt wird. Die wichtigsten Rechtsquellen des gesetzlichen Rechts im einzelnen sind:

- **Die Verfassung,** in der Bundesrepublik Deutschland das Grundgesetz vom 23.05.1949 und die Verfassungen der Länder. Sie sind Grundlage aller weiteren Maßnahmen des gesetzten Rechts und sollten nur in Ausnahmefällen geändert werden (beim Grundgesetz ist eine Mehrheit von $^2/_3$ des Bundestages und des Bundesrates erforderlich).
- **Die Gesetze,** die von Parlamenten (Bundestag, Landtage) verabschiedet werden.
- **Rechtsverordnungen,** die nur aufgrund eines Gesetzes von einer zuständigen obersten Verwaltungsbehörde erlassen werden können. Teilweise besteht die Verpflichtung, die Zustimmung anderer Gremien - z. B. des Bundesrates - einzuholen.
- **Satzungen,** die von Selbstverwaltungskörperschaften erlassen werden. Beispielsweise sind die Ortssatzungen der Gemeinden.

Die für den Kaufmann und die Mitarbeiter kaufmännischer Unternehmen bedeutsamen **Rechtsquellen** sind:

**Das bürgerliche Recht,** das Rechtsgebiet des täglichen Lebens. Seine wichtigste Rechtsquelle ist das Bürgerliche Gesetzbuch (BGB) vom 18.08.1896, in Kraft getreten am 01.01.1900. Das BGB wurde seither mehrfach geändert. So wurde eine umfassende Anpassung an das Grundgesetz der Bundesrepublik Deutschland (vor allem die rechtliche Verwirklichung der Gleichberechtigung von Mann und Frau) vorgenommen. Das BGB umfaßt fünf Bücher. Sie regeln

- allgemeine rechtliche Grundbegriffe (Personen, Rechts- und Geschäftsfähigkeit, Rechtsgeschäfte, Sachen usw.),
- das Recht der Schuldverhältnisse (insbesondere Verträge und Folgewirkungen von Verträgen),
- das Sachenrecht (Besitz, Eigentum usw.),
- das Familienrecht und
- das Erbrecht.

**Das Handelsrecht,** in dessen Mittelpunkt das Handelsgesetzbuch (HGB) vom 10. Mai 1897 steht. Das im Laufe der Jahre ebenfalls mehrfach geänderte HGB regelt in vier Büchern die Gebiete: Handelsstand (Kaufmann, Handelsregister, Handelsfirmen u. a.); Handelsgesellschaften; Handelsgeschäfte und Seehandel.

Zahlreiche Sondergesetze regeln weitere handelsrechtliche Fragen, so z. B.

- das Gesellschaftsrecht der Kapitalgesellschaften (Aktiengesetz, GmbH-Gesetz, Genossenschaftsgesetz),
- das Wertpapierrecht (Scheckgesetz, Wechselgesetz),
- das Wettbewerbsrecht (Gesetz gegen den unlauteren Wettbewerb, Verordnung über Preisangaben, Zugabeverordnungen),
- das Rabattgesetz, Gesetz gegen Wettbewerbsbeschränkungen = Kartellgesetz,
- das Urheberrecht und der gewerbliche Rechtschutz (Patentgesetz, Warenzeichengesetz u. a.),
- das Bank- und Börsenrecht (Gesetz über das Kreditwesen, Börsengesetz, Depotgesetz),
- das Recht der allgemeinen Geschäftsbedingungen (AGB-Gesetz).

# 2.2 Rechtliche Grundbegriffe

## 2.2.1 Rechtsfähigkeit und Geschäftsfähigkeit

**Rechtsfähigkeit.** Rechtsfähig ist jeder, der Träger von Rechten und Pflichten sein kann. Die Rechtsfähigkeit des Menschen – in der Sprache des BGB einer *natürlichen Person* – beginnt mit der Geburt und endet mit dem Tode.

Nach dem Gesetz sind sowohl natürliche Personen als auch sogenannte juristische Personen rechtsfähig.

**Personen** im Sinne des Rechts sind:

- **natürliche Personen,** d. h. Menschen. Ihre *Rechtsfähigkeit* beginnt mit der Geburt. Ein Mensch ist rechtsfähig, solange er lebt.
- **juristische Personen.** Nicht nur Menschen können Träger von Rechten und Pflichten sein, sondern auch Personenvereinigungen (z. B. eine offene Handelsgesellschaft[1]), Kapitalgesellschaften (z. B. eine Aktiengesellschaft[1]). Den juristischen Personen hat das Recht eine Stellung eingeräumt, die der natürlichen Personen weitgehend gleichkommt. Sie erlangen ihre Rechtsfähigkeit im allgemeinen mit der Eintragung in ein öffentliches Register.

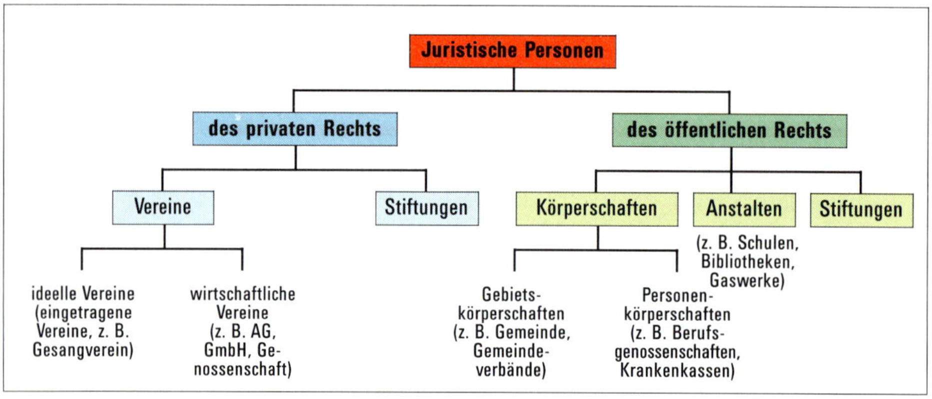


*Abb. 2.2.1-1 Juristische Personen*

**Geschäftsfähigkeit.** Nicht jeder, der rechtsfähig ist, ist auch handlungsfähig im Rechtssinne, d. h. kann Rechtsgeschäfte abschließen. Die volle Geschäftsfähigkeit erlangt der Mensch in der Regel mit der Vollendung des 18. Lebensjahres.

**Beschränkt geschäftsfähig** sind:

- Minderjährige, d. h. Personen zwischen 7 und 18 Jahren (§ 106 BGB).
- Personen, die wegen Geistesschwäche, Verschwendung, Trunksucht oder Rauschgiftsucht entmündigt sind (§ 114 BGB).
- Personen, die unter vorläufige Vormundschaft gestellt sind.

Solche Personen können *ohne Zustimmung* des gesetzlichen Vertreters grundsätzlich nur solche Geschäfte vornehmen, die ihnen rechtliche Vorteile bringen, ohne dagegen eine Verpflichtung einzugehen; sie dürfen also z. B. Geschenke annehmen. Sie

1 Einzelheiten folgen in Kapitel 4.

können aber nicht ohne weiteres Rechtsgeschäfte abschließen, aus denen sie verpflichtet werden, also z. B. keine Kaufverträge eingehen. Kauft demnach ein Minderjähriger ein Fahrrad oder einen teuren Fotoapparat, so bedarf dieser Kauf der (vorherigen) *Einwilligung* oder der (nachträglichen) *Genehmigung* des gesetzlichen Vertreters. Sind die Eltern nicht mit dem Kauf einverstanden, so ist der Kaufvertrag nichtig.

Anders wäre die Rechtslage, wenn der Minderjährige den Kaufpreis etwa mit seinem Taschengeld bezahlt hätte. Dann wäre der Vertrag von Anfang an wirksam (§ 110 BGB).

**Geschäftsunfähig** sind Kinder unter sieben Jahren sowie Personen, die wegen Geisteskrankheit entmündigt wurden oder nicht nur vorübergehend geistesgestört sind (§ 104 BGB). Für sie handeln ihre gesetzlichen Vertreter; das sind bei Kindern die Eltern oder ein Vormund, bei Geisteskranken und Entmündigten ein vom Gericht bestellter Vormund. (Lösen Sie zur Übung hierzu die Aufgabe 5 auf S. 48 f.)

**Wichtige Rechte und Pflichten**

| | |
|---|---|
| **0 Jahre** | Rechtsfähigkeit. |
| **7 Jahre** | Beschränkte Geschäftsfähigkeit. Annahme von Schenkungen. Käufe im Rahmen des Taschengeldes ohne Einwilligung der Eltern wirksam. Beschränkte Haftpflicht (= Deliktsfähigkeit). |
| **14 Jahre** | Beschränkte strafrechtliche Deliktsfähigkeit. Selbständige Entscheidung über die Religionszugehörigkeit (Religionsmündigkeit). |
| **16 Jahre** | Mögliche Ehemündigkeit der Frau, die Eheschließung bedarf jedoch der Einwilligung des gesetzlichen Vertreters. (Zusätzlich muß der Partner volljährig sein und das Vormundschaftsgericht muß Zustimmung erteilen.) Pflicht, Paß und/oder Personalausweis zu besitzen. Wahlrecht für die Jugendvertretung im Betrieb. Besuch von Lokalen und Tanzveranstaltungen ohne Erziehungsberechtigten bis 24.00 Uhr. |
| **18 Jahre** | Volljährigkeit, volle Geschäftsfähigkeit, Ehemündigkeit. Aktives und passives Wahlrecht (Kommunal-, Landtags- und Bundestagswahlen, Wahlen zum Europaparlament). Für Jungen: Wehrpflicht. Volle Strafmündigkeit (in besonderen Fällen können aber 18–21jährige noch nach dem Jugendstrafrecht behandelt werden). Volle zivilrechtliche Deliktsfähigkeit (= volle Haftung). Aktives und passives Wahlrecht bei Betriebsratswahlen. Recht, den Führerschein der Klassen 1 und 3 zu erwerben. |

## 2.2.2 Rechtsgeschäfte

**Rechtsgeschäfte** sind Willenserklärungen einer oder mehrerer Personen, die auf eine bestimmte Rechtswirkung gerichtet sind, d. h. ein Rechtsverhältnis, z. B. ein Mietverhältnis oder Arbeitsverhältnis, *begründen oder aufheben* sollen (Beispiel: Kündigung).

---

**Beispiel:** *Betrachten Sie die beiden nachstehend genannten Arten von Rechtsgeschäften und versuchen Sie den wesentlichen Unterschied zu erklären:*

**Fall A:** *Herr Meier kündigt seinen Mietvertrag.*

*Frau Arburger verspricht dem, der ihren Hund zurückbringt, 200,00 DM.*

*Herr Bruckner bedenkt in einem Testament seinen langjährigen Gärtner mit einem Geldbetrag von 2000,00 DM.*

**Fall B:** *Frau Müller kauft bei Firma Obermann einen Wintermantel.*

*Ernst Gabler nimmt von seinem Onkel ein Geschenk an.*

*Franz leiht sich von seinem Freund für 2 Stunden das Fahrrad.*

---

Sie werden den wesentlichen Unterschied deutlich erkannt haben. Bei Fall B sind immer 2 Personen beteiligt, und jeder muß mit dem Rechtsgeschäft einverstanden sein. (Ja, auch bei einem Geschenk!)

Anders ist es bei Fall A. Zwar ist auch hier jeweils eine zweite Person beteiligt. Aber die Willenserklärung wird nur von einer Person abgegeben. Man unterscheidet deshalb:

- **einseitige Rechtsgeschäfte** und
- **zweiseitige Rechtsgeschäfte.**

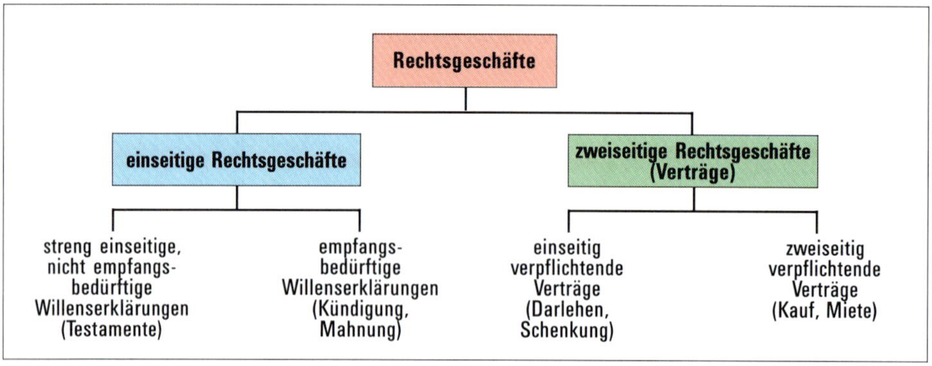


*Abb. 2.2.2-1 Rechtsgeschäfte im Überblick*

**Einseitige Rechtsgeschäfte** liegen vor, wenn bereits die Willenserklärung einer Person genügt, um eine bestimmte Rechtswirkung herbeizuführen (Beispiele: Kündigung des Mieters oder Vermieters, Mahnung [Erinnerung] des Kaufmanns an die fällige Zahlung, Errichtung eines Testaments durch den Erblasser). Dabei hat man zu unterscheiden:

- **empfangsbedürftige Willenserklärungen,** die erst wirksam werden, wenn sie dem Empfänger zugegangen sind (Kündigung, Mahnung);
- **nicht empfangsbedürftige Willenserklärungen,** die unmittelbar wirksam werden (Beispiel: Errichtung eines Testaments).

**Zweiseitige Rechtsgeschäfte** (Verträge) kommen durch *zwei miteinander übereinstimmende Willenserklärungen* zustande (Beispiele: Kaufvertrag, Mietvertrag, Dienstvertrag). Sie sind die häufigsten Rechtsgeschäfte des Alltags und werden daher im BGB in ihren wichtigsten Typen – Kaufvertrag, Werkvertrag, Werklieferungsvertrag, Dienstvertrag, Miet- und Pachtvertrag, Gesellschaftsvertrag u. a. – eingehend geregelt.

**Form der Rechtsgeschäfte.** Grundsätzich ist der Abschluß von Rechtsgeschäften nicht an eine bestimmte Form gebunden. Sie können also mündlich, schriftlich, telefonisch oder telegrafisch abgeschlossen werden. Oft genügt sogar eine *schlüssige Handlung*, ein bestimmtes *Verhalten* einer Person, durch das auf einen bestimmten Willen geschlossen werden kann (Kauf einer Zeitung am Kiosk, Automatenverkauf, Einsteigen in ein Taxi).

Die Vertragspartner können auch dort, wo eine mündliche Erklärung genügen würde, die *Schriftform* vereinbaren.

**Für wichtige Rechtsgeschäfte** (die man nicht übereilt oder leichtfertig vornehmen soll) schreibt der Gesetzgeber eine bestimmte Form vor, z. B.:

- **die Schriftform** für Miet- und Pachtverträge über eine längere Dauer als ein Jahr, ferner für die Bürgschaftserklärung des Bürgen (Nichtkaufleute) und für Schuldanerkenntnisse;

- **die öffentliche Beglaubigung** der Unterschrift bei Anträgen auf Eintragung bestimmter Tatsachen in das Vereins-, Handels- oder Güterrechtsregister;
- **die gerichtliche oder notarielle Beurkundung** bei Kaufverträgen über Grundstücke und Gebäude, bei Verträgen zwischen Eheleuten über die Regelung ihrer vermögensrechtlichen Verhältnisse.

Wird die gesetzlich vorgeschriebene Form verletzt, so ist das betreffende Rechtsgeschäft nichtig, d. h. von Anfang an unwirksam.

| Art des Vertrages | Inhalt | Vertragspartner | gesetzliche Regelung |
|---|---|---|---|
| **Kaufvertrag** | entgeltliche Veräußerung von Sachen und Rechten | Käufer, Verkäufer | § 433 ff. BGB<br>§ 373 ff. HGB |
| **Schenkungsvertrag** | unentgeltliche Zuwendung von Sachen oder Rechten, die den Beschenkten bereichern | Schenker, Beschenkter | § 516 ff. BGB |
| **Leihvertrag** | unentgeltliches Überlassen des Gebrauchs einer Sache | Entleiher, Verleiher | § 598 ff. BGB |
| **Mietvertrag** | entgeltliche Gebrauchsüberlassung einer Sache | Mieter, Vermieter | § 535 ff. BGB |
| **Pachtvertrag** | Überlassung einer Sache zum Gebrauch und zum Genuß der Früchte gegen einen vereinbarten Pachtzins | Pächter, Verpächter | § 581 ff. BGB |
| **Darlehensvertrag** | Überlassung von Geld oder anderen vertretbaren Sachen gegen die Verpflichtung, später Sachen gleicher Menge, Art und Güte zurückzugeben | Darlehensnehmer, Darlehensgeber | § 607 ff. BGB |
| **Berufsausbildungsvertrag** | Ausbildung für eine Berufstätigkeit | Auszubildender, Ausbilder | § 3 ff. BBiG (Berufsbildungsgesetz) |
| **Dienstvertrag** | Leistung von Diensten gegen Vergütung | Arbeitnehmer, Arbeitgeber | § 611 ff. BGB<br>§ 59 ff. HGB |
| **Werkvertrag** | Herstellen eines Werkes, Veränderung einer Sache, Herbeiführen eines bestätigten Erfolges gegen vereinbarte Vergütung (z. B. Reparatur einer Maschine) | Unternehmer, Besteller | § 631 ff. BGB |
| **Werklieferungsvertrag** | Herstellen eines Werkes unter gleichzeitiger Lieferung des Materials (z. B. Schneidern eines Anzuges, zu dem der Schneider den Stoff liefert) | Unternehmer, Besteller | § 651 BGB |
| **Gesellschaftervertrag** | gegenseitige Verpflichtung, einen gemeinsamen Zweck zu erreichen, insbesondere die vereinbarten Beiträge zu leisten | Gesellschafter | §§ 705 ff. BGB |

*Abb. 2.2.2-2 Überblick zu wichtigen zweiseitigen Rechtsgeschäften (Verträgen)*

## 2.2.3 Nichtigkeit und Anfechtbarkeit von Rechtsgeschäften

**Rechtsgeschäfte sind nichtig, d. h. von Anfang an unwirksam:**

- wenn die Willenserklärungen von geschäftsunfähigen Personen abgegeben wurden;
- wenn der Vertrag gegen die guten Sitten verstößt, das gilt vor allem für wucherische Geschäfte (auffälliges Mißverhalten zwischen Leistung und Gegenleistung, Ausnutzung der Notlage, Unerfahrenheit und des Leichtsinns eines anderen); § 138 BGB
- wenn der Vertrag gegen ein gesetzliches Verbot verstößt (z. B. Rauschgifthandel); § 134 BGB
- wenn der Vertrag nicht in der vom Gesetz vorgeschriebenen Form abgeschlossen wurde; vgl. §§ 126, 766, 129, 128 BGB
- wenn die beiderseitigen Willenserklärungen nur zum Schein oder zum Scherz abgegeben wurden (Scheingeschäft § 117 BGB, Scherzgeschäft § 118), also nicht ernst gemeint waren.

Ist bei nichtigen Rechtsgeschäften schon eine Leistung erbracht worden, ist diese unverzüglich zurückzuerstatten.

**Anfechtbare Rechtsgeschäfte** sind im Gegensatz zu den nichtigen zunächst gültig und bleiben es, solange sie nicht angefochten werden.

Ein Rechtsgeschäft kann angefochten werden:

- **wegen Irrtums** (§§ 119, 120 BGB);
- **wegen widerrechtlicher Drohung** (§ 123 BGB);
- **wegen arglistiger Täuschung** (§ 123 BGB).

**Ein Irrtum** liegt z. B. vor, wenn sich jemand verschreibt oder verspricht, (z. B. den Preis mit 1,50 DM statt mit 15,00 DM angibt) oder wenn eine Erklärung durch einen Boten oder ein Telegrafenamt falsch übermittelt wird. Auch der Irrtum über solche Eigenschaften einer Person oder Sache, die im Verkehr als wesentlich angesehen werden, berechtigt zur Anfechtung. Beispiel: Der Käufer eines Grundstücks erfährt hinterher, daß es auf absehbare Zeit nicht bebaut werden darf.

Auf einen Irrtum kann sich aber nicht berufen, wer z. B. einen Bestellschein unterschreibt, ohne die darauf abgedruckten Bedingungen zu lesen.

**Widerrechtlich** ist die Drohung, mit der z. B. ein Handelsvertreter erreicht, daß Frau Müller den ihr vorgelegten Bestellschein unterschreibt, weil er sonst in der Nachbarschaft erzählen werde, ihr Mann habe vor Jahren eine Unterschlagung begangen.

**Arglistige Täuschung** liegt vor, wenn z. B. der Kaufmann M. einen Bewerber auf Grund gefälschter Zeugnisse als Bilanzbuchhalter einstellt.

**Die Anfechtung** wegen *Irrtums* muß unverzüglich nach der Entdeckung geschehen. Die Anfechtung wegen *arglistiger Täuschung* oder *widerrechtlicher Drohung* ist nur binnen Jahresfrist nach Entdeckung der Täuschung bzw. nach Wegfall der Zwangslage möglich.

Durch die Anfechtung wird das betreffende Rechtsgeschäft mit rückwirkender Kraft nachträglich nichtig.

## 2.2.4 Besitz und Eigentum

Besitz ist die *tatsächliche Herrschaft* einer Person über eine Sache. Wer ein Buch geliehen hat oder in der Schule auf einem Stuhl sitzt, ist Besitzer.

Eigentum ist dagegen die *rechtliche Herrschaft* über eine Sache. Der Eigentümer kann über die Sache nach Belieben verfügen, sie gehört ihm. Besitz und Eigentum können auseinanderfallen.

**Erwerb des Eigentums.** Beim Kauf beweglicher Sachen erwirbt der Käufer das Eigentum mit der Einigung beider Parteien über die Übertragung des Eigentums und der Übergabe der Sache (§ 929 BGB).

**Gutgläubiger Eigentumserwerb.** Der Käufer einer Ware kann auch Eigentum an ihr erwerben, wenn sie dem Veräußerer nicht gehört, sofern er im Zeitpunkt der Übergabe gutgläubig war, d. h. nicht wußte und nicht wissen konnte, daß die Ware dem Veräußerer nicht gehörte (§ 932 BGB). Dieser gute Glaube versagt aber, wenn es sich um gestohlene, verlorengegangene oder dem Eigentümer sonst abhanden gekommene Sachen handelt (§ 935 BGB). Wenn A einen Fotoapparat verloren hat und der Finder B ihn an C verkauft, kann A ihn von C herausverlangen.

**Das Eigentum an Grundstücken** wird übertragen durch:

die sog. *Auflassung*, d. h. die Einigung zwischen Verkäufer und Käufer, daß das Eigentum auf den Käufer übergehen soll – bei gleichzeitiger Anwesenheit beider Teile vor einem Notar oder dem Grundbuchamt *und die Eintragung* des Eigentumswechsels in das Grundbuch (§ 873 BGB).

## 2.2.5 Der Kaufvertrag

**Gesetzliche Grundlagen:** §§ 433 ff. BGB und ergänzend §§ 373 ff. HGB

### 2.2.5.1 Der Abschluß des Kaufvertrages

Der häufigste Vertrag der kaufmännischen Praxis ist der Kaufvertrag. Als typischer gegenseitiger (zweiseitiger) Vertrag kommt auch er durch Antrag und Annahme zustande.

Im Alltag werden beim Kauf von Waren in einem Einzelhandelsgeschäft, z. B. in einem Selbstbedienungsladen, Kaufverträge *formlos* abgeschlossen und zugleich durch Leistung und Gegenleistung erfüllt (Übergabe von Ware und Geld). Hier fallen also *Abschluß* eines Kaufvertrages (= Einigung durch zwei übereinstimmende Willenserklärungen) und *Erfüllung* zeitlich zusammen.

Im Geschäftsverkehr zwischen Kaufleuten dagegen, z. B. zwischen Handelsfirmen und ihren Lieferern, ist der Kaufabschluß in der Regel das Ergebnis von – unter Umständen längeren – Kaufverhandlungen. Ihr Ergebnis wird vom Lieferer häufig in einem dem Käufer zugesandten *„Bestätigungsschreiben"* in allen wesentlichen Punkten (zu liefernde Ware nach Güte, Art und Beschaffenheit, Preis, Lieferzeit, Zahlungs- und Lieferungsbedingungen, Erfüllungsort) festgehalten, um jedes Mißverständnis auszuschließen.

Die Zusendung unbestellter Waren ist nur als Vertragsantrag zu betrachten. Man braucht sie – zum mindesten als Nichtkaufmann – nicht zurückzusenden, darf sie aber nicht in Gebrauch nehmen und muß sie wie eigene Sachen aufbewahren.

- Der Antrag wird in der Regel vom Verkäufer ausgehen. Dieser macht ein Angebot, das der Käufer annimmt.

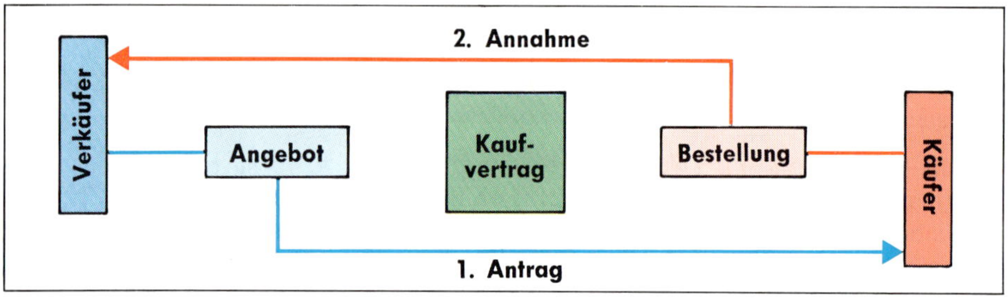


*Abb. 2.2.5.1-1*

- Der Antrag kann jedoch auch vom Käufer ausgehen. Dieser gibt eine Bestellung auf, die der Verkäufer annimmt.

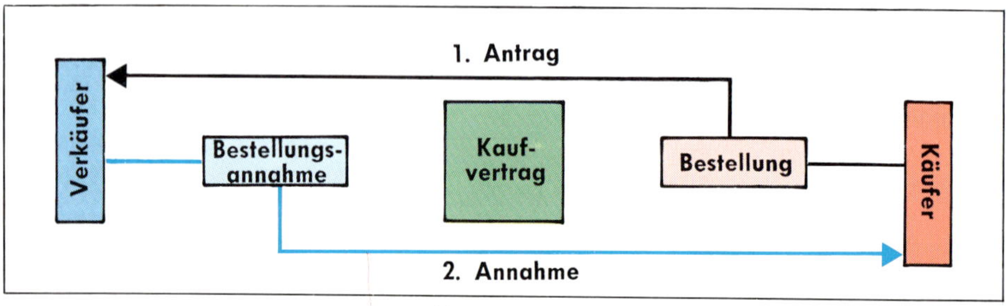


*Abb. 2.2.5.1-2*

**Bürgerlicher Kauf und Handelskauf** (§§ 433–514 BGB, §§ 373–382 HGB). Nach den Vertragspartnern unterscheidet man:

- **den bürgerlichen Kauf,** wenn *keine* der beiden Parteien Kaufmann ist oder der Kauf für beide Parteien kein Handelsgeschäft ist;
- **den einseitigen Handelskauf,** wenn mindestens ein Vertragsteil Kaufmann ist und der Kauf für ihn ein Handelsgeschäft darstellt – Ihr Vater kauft sich in einem Laden ein paar Zigarren;
- **den zweiseitigen Handelskauf,** wenn beide Parteien Kaufleute sind und der Kauf für beide Parteien ein Handelsgeschäft ist.

**Für den bürgerlichen Kauf** gelten die grundlegenden Bestimmungen der §§ 433–514 BGB. Sie werden aber für Kaufleute *durch Sonderbestimmungen des HGB* ergänzt, die insbesondere bei zweiseitigen Handelskäufen, d. h. bei Geschäften „unter Kaufleuten", Anwendung finden.

So muß nach § 377 HGB der Käufer bei zweiseitigen Handelskäufen die eingegangene Ware unverzüglich untersuchen und festgestellte Mängel dem Verkäufer gegenüber unverzüglich „rügen", andernfalls gilt die Ware als genehmigt. Diese strengen Vorschriften gelten aber nicht *für den bürgerlichen Kauf* und den einseitigen Handelskauf. Ähnliches gilt für den Annahmeverzug nach § 373 HGB und den sog. Fixhandelskauf § 376 HGB.

Für Kaufverträge, denen Verkäufer oder Käufer „Allgemeine Geschäftsbedingungen" (AGB) zugrunde legen, gilt das *Gesetz über allgemeine Geschäftsbedingungen* (AGB-Gesetz vom 09.12.1976). Es soll insbesondere den Verbraucher vor unangemessenen Vertragsbedingungen schützen.

## 2.2.5.2 Die Erfüllung des Kaufvertrages

Von dem Abschluß des Kaufvertrages, der den beiden Parteien bestimmte Pflichten auferlegt (*Verpflichtungsgeschäft*), ist die – meist spätere – Erfüllung zu unterscheiden (*Erfüllungsgeschäft*). Oft fallen allerdings Abschluß und Erfüllung zeitlich zusammen (Kauf im Einzelhandelsgeschäft).

**Die Erfüllungsvereinbarungen** müssen eindeutig getroffen werden. Deshalb muß der Kaufvertrag folgende Fragen klären:

- **Wie** ist zu erfüllen? (Art und Güte der Ware);
- **Wann** ist zu erfüllen? (Ist nichts Besonderes vereinbart, ist sofort zu liefern und zu zahlen);
- **Wo** ist zu erfüllen? (Gesetzlicher oder vertraglicher Erfüllungsort).

**Der Verkäufer ist verpflichtet** (§§ 433 ff. BGB):

- rechtzeitig, d. h., wenn nichts anderes vereinbart ist, sofort, sonst nach Vereinbarung, zu liefern (die Kosten des Zählens, Messens, Wiegens und des Verpackens der Ware usw. hat er lt. § 380 HGB nicht zu tragen);
- die Ware zur Verfügung zu stellen, zu übergeben bzw. abzusenden und dem Käufer das Eigentum an der Ware zu verschaffen.

**Der Käufer ist verpflichtet:**

- die ordnungsgemäß gelieferte Ware abzunehmen;
- den Kaufpreis rechtzeitig (fristgemäß) zu zahlen.

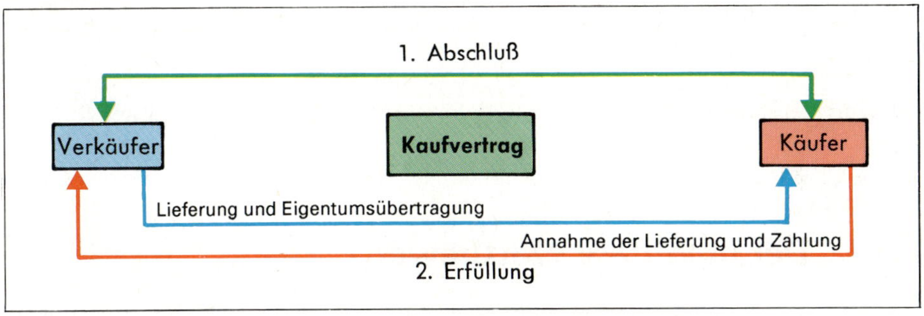


*Abb. 2.2.5.2-1*

**Der Verkäufer erfüllt,** indem er die Ware übergibt oder liefert und dem Käufer das *Eigentum* an der Ware *verschafft*. Behält sich der Lieferer das Eigentum ausdrücklich vor (wie beim *Ratenkauf*), so wird der Käufer zunächst nur Besitzer der Ware, kann also nicht frei über sie verfügen.

## 2.2.5.3 Besondere Formen des Kaufvertrages

**Der Kauf auf Probe** ist ein Kauf, der unter der aufschiebenden Bedingung abgeschlossen wird, daß die gelieferte Ware den Beifall des Käufers findet. Der Käufer kann sich innerhalb einer vereinbarten Frist entschließen, ob er die Ware behalten oder zurückgeben will.

**Der Kauf zur Probe** ist ein fester Kauf. Der Käufer bezieht zunächst nur eine kleinere Menge fest, um die Ware auszuprobieren, und stellt für den Fall, daß sie ihm zusagt, eine Nachbestellung in Aussicht.

**Der Kauf nach Probe** (nach Muster) verpflichtet den Verkäufer, die Ware entsprechend dem eingesandten Muster oder der Probe zu liefern.

**Beim Kauf auf Abruf** behält sich der Käufer das Recht vor, die gekaufte Ware innerhalb einer bestimmten Frist oder in Teilmengen abzurufen.

**Der Spezifikationskauf** ist ein Kauf, bei dem sich der Käufer das Recht vorbehält, eine nach Art und Menge bereits fest gekaufte Ware innerhalb einer bestimmten Frist noch näher nach Form, Farbe, Stärke usw. zu bestimmen (z. B. bei Blechen, Drähten, Stoffen, Garnen). Nach Ablauf der Frist kann der Lieferer selbst an Stelle des Käufers die „Spezifikation" vornehmen.

**Bei Abzahlungsgeschäften** ist, falls der Kauf für den Käufer kein Handelsgeschäft ist, das Gesetz betreffend die Abzahlungsgeschäfte (AbzG) vom 16.05.1894 (in der Fassung vom 15.04.1974) zu beachten. Die wichtigsten Bestimmungen dieses Gesetzes besagen:

- **das Recht zum Widerruf** steht dem Käufer für eine Frist von einer Woche zu (§ 1 b AbzG). Der Kaufvertrag kommt erst zustande, wenn der Käufer nicht innerhalb dieser Frist widerspricht.
- **Gerichtsstand** für Klagen aus Abzahlungsgeschäften ist ausschließlich das für den Wohnsitz des Käufers zuständige Gericht (§ 6 a AbzG).
- Der Kaufvertrag muß schriftlich geschlossen sein und den Barzahlungspreis, den Teilzahlungspreis, den effektiven Jahreszins sowie Zahl der Raten und Fälligkeit der einzelnen Teilzahlungen ausweisen (§ 1 a AbzG).

**Ein Rücktrittsrecht** wird beim sog. *„Kauf an der Haustür"* eingeräumt, d. h. wenn der Kaufvertrag außerhalb der Geschäftsräume eines Gewerbetreibenden abgeschlossen wird (Haustürgeschäfte, Kaffeefahrten usw.). Um den oft unerfahrenen oder überredeten Käufer zu schützen, kann dieser binnen einer Woche durch schriftliche Erklärung vom Vertrag zurücktreten.

## 2.3 Der unlautere Wettbewerb

Wer durch Täuschung und Irreführung sowie andere gegen die guten Sitten verstoßenden Handlungen versucht, den Mitbewerber aus dem Feld zu schlagen, kann nach § 1 des Gesetzes gegen unlauteren Wettbewerb vom 07.06.1909 (zuletzt 1986 geändert) auf Unterlassung und Schadenersatz verklagt werden. Unter Umständen liegt sogar eine strafbare Handlung (§§ 4, 12, 15, 17 UWG) oder eine Ordnungswidrigkeit (§§ 8, 14 UWG) vor.

**Verstöße gegen die Grundsätze des lauteren Wettbewerbs** sind z. B.

- Gebrauch eines gut eingeführten oder ähnlich klingenden Firmennamens;
- Gebrauch einer eingeführten und gesetzlich geschützten Warenbezeichnung;
- Verbreiten unrichtiger Angaben über die eigenen geschäftlichen Verhältnisse, besonders über die Beschaffenheit, den Ursprung, die Herstellungsart oder die Preisbemessung von Waren, über den Zweck des Verkaufs, über die Menge der Vorräte oder über den Besitz von Auszeichnungen, um damit den Anschein eines besonders günstigen Angebotes hervorzurufen;
- Verbreitung unwahrer Behauptungen über das Erwerbsgeschäft eines anderen, über die Person des Inhabers oder Leiters des Geschäfts, über die Waren eines anderen, die geeignet sind, den Betrieb des Geschäfts oder den Kredit des Inhabers zu schädigen (anzuschwärzen);

- irreführende Angaben über das eigene Geschäft und die Beschaffenheit von Waren, um den Anschein eines besonders günstigen Angebots hervorzurufen;
- Herabsetzen von Mitbewerbern, indem jemand in versteckter oder offener Weise seine Waren oder Leistungen mit denen der Konkurrenz vergleicht, um die eigene Leistung dadurch hervorzuheben und die des Wettbewerbers herabzusetzen (vergleichende Werbung);
- Bestechen von Angestellten anderer Firmen durch Gewährung von Schmiergeldern oder Geschenken, um Bezugsquellen, Kundenkreis, Herstellungsort von Erzeugnissen, Organisation und dergleichen zu erfahren;
- Zusenden unbestellter Waren.

Zum Wettbewerbsrecht gehören auch das **Rabattgesetz vom 25.11.1933**, die **Zugabe-Verordnung vom 09.03.1932**, das **Warenzeichengesetz in der Fassung der Bekanntmachung vom 02.01.1968**, das **Gebrauchsmustergesetz in der Fassung der Bekanntmachung vom 02.01.1968**, das **Patentgesetz in der Fassung der Bekanntmachung vom 16.12.1980** sowie das Gesetz betreffend das Urheberrecht an Mustern und Modellen **(Geschmacksmustergesetz vom 18.12.1986)**.

# 2.4 Der gesetzliche Schutz geistiger Werte

## 2.4.1 Das Warenzeichen (Der Markenschutz)

**Warenzeichen,** auch als *Marken* bezeichnet, dienen dem Zweck, die eigenen Erzeugnisse von fremden zu unterscheiden. Sie werden durch die Eintragung in die Zeichenrolle beim Bundespatentamt geschützt. Die Schutzdauer beträgt 10 Jahre und kann jeweils für weitere 10 Jahre verlängert werden.

**Gütezeichen.** Von dem Warenzeichen ist das Gütezeichen zu unterscheiden, das nicht einen bestimmten Artikel bezeichnet, sondern die Qualität der betreffenden Waren garantieren soll. Diese Gütezeichen werden von den Verbänden der Hersteller geführt und vergeben. Das Recht zum Gebrauch dieser Zeichen wird an diejenigen Fabrikanten verliehen, die sich verpflichten, bestimmte Herstellungsnormen einzuhalten, z. B. bestimmte Werkstoffe zu verwenden (Reinleinen u. a.).

### Das Patent

Das Patent ist der auf Grund einer Eintragung gewährte Schutz von

- Erfindungen neuer Erzeugnisse;
- neuen Herstellungsverfahren.

Die Anmeldung muß schriftlich beim Deutschen Patentamt in München[1] erfolgen (Patenterteilung, Patentrolle, Patenturkunde). Das Patent gilt für die Dauer von 20 Jahren. Die Gebühren steigen mit der Länge der Zeit, weil man annimmt, daß das Patent erst im Laufe der Zeit mehr und mehr ausgenutzt werden kann. Das Patent schützt die geistige Arbeit des Erfinders vor Ausbeutung durch andere. Der Patentinhaber kann bei Kapitalmangel sein Recht verkaufen oder verpachten; er kann mehreren Herstellern das Recht zur Auswertung geben. Dieses Recht nennt man Lizenz.

1 In München hat sowohl das Deutsche Patentamt als auch das Europäische Patentamt seinen Sitz (Nebenstelle für beide in Berlin).

## 2.4.2 Der Musterschutz

### Gebrauchsmusterschutz

Geschützt werden Neugestaltungen, Anordnungen oder Vorrichtungen, die den Arbeits- und Gebrauchszweck eines Arbeitsgerätes bzw. Gebrauchsgegenstandes fördern (z. B. Zigarrenpackung, Art und Ausmaße von Kisten). Durch den Gebrauchsmusterschutz werden solche Geräte und Gegenstände, deren geringere Erfindungshöhe einen Patentschutz nicht zuläßt, durch das Bundespatentamt für drei Jahre geschützt. Eine Verlängerung bis höchstens sechs Jahre ist möglich.

### Geschmacksmusterschutz

Geschützt werden für die Dauer von fünf Jahren (Verlängerung bis höchstens zwanzig Jahre möglich) die künstlerischen Formen bei z. B. Stoffen, Tapeten, Papieren, Tongegenständen, Gläsern, Möbeln usw. Durch den Geschmacksmusterschutz können Formen verschiedener Art (Dekorationen), die nicht unter das Warenzeichengesetz fallen, geschützt werden.

Grundsätzlich muß nach dem „**Gesetz zur Änderung des Geschmacksmustergesetzes**" **vom 18.12.1986** das betreffende Geschmacksmuster in Form eines Abbildes (Foto, graphische Darstellung) bei der Dienststelle Berlin des Deutschen Patentamtes hinterlegt werden. Diese Abbildung wird dann im Geschmacksmusterblatt veröffentlicht.

### Aufgaben

1. Inwiefern kann der grundsätzliche Sinn einer Rechtsordnung am Beispiel des **§ 1 (1) Straßenverkehrsordnung** deutlich werden?
2. Um welche rechtlichen Regelungen geht es (vor allem) im Privatrecht, und um welche rechtlichen Regelungen geht es vor allem im öffentlichen Recht?
   Nennen Sie hierzu bitte je ein Beispiel (Rechtsfälle).
3. Nennen und erläutern Sie Rechtsquellen, die für den Kaufmann besonders wichtig sind.
4. Warum hat man neben dem Bürgerlichen Gesetzbuch (**BGB**) für die Kaufleute noch eigens ein Handelsgesetzbuch (**HGB**) geschaffen?
5. Entscheiden Sie in den folgenden Fällen, wer recht hat:

   **Fall 1:** Frau Lehmann schickt ihren sechsjährigen Peter ins Lebensmittelgeschäft nebenan, um zwei Tüten Milch zu kaufen. Die Verkäuferin schickt das Kind zurück und läßt sagen, sie dürfe Peter nichts verkaufen. Hat sie recht?

   **Fall 2:** Die 16jährige Karin erhält ein regelmäßiges Taschengeld. Bei einem Stadtbummel sieht sie ein modisches T-Shirt, das ihr sehr gut gefällt und mit 23,50 DM auch nicht zu teuer erscheint. Sie kauft es. Um so größer ist ihre Enttäuschung, als ihre Eltern am Abend sagen, sie seien mit diesem Kauf nicht einverstanden. Karin solle den Kauf am nächsten Tag rückgängig machen. Ist das rechtlich möglich? War kein rechtskräftiger Kaufvertrag zustande gekommen?

   **Fall 3:** Mit Einwilligung seiner Eltern hatte Dieter B. seinerzeit einen Ausbildungsvertrag mit dem Radio- und Fernsehgeschäft A. abgeschlossen. Nach einem Jahr, Dieter ist inzwischen 17 Jahre alt, hat er keine Lust mehr, dort weiterzulernen. Er kündigt den Ausbildungsvertrag schriftlich. Sein Vater aber, als er davon erfährt, geht zum Ausbildungsbetrieb und erklärt, er als gesetzlicher Vertreter von Dieter müsse kündigen. Die von Dieter ausgesprochene Kündigung sei vollkommen unwirksam. Wer hat hier recht?

**Fall 4:** Bei einem tragischen Verkehrsunfall kommen die jungen Eltern E. ums Leben. Das einjährige Kind überlebt und soll das Eigenheim und das übrige Vermögen der Eltern erben. Kann das kleine Kind Erbe sein?

6. Maschinenfabrik A. macht ein Angebot, das um 10 % niedriger liegt als das Angebot der Firma B und daher von einem Besteller angenommen wird. Hinterher stellt A fest, daß er sich in der Kalkulation geirrt hat. Kann A den Vertrag anfechten? Vgl. §§ 119, 120 BGB.

7. Der Auszubildende Heinz Wolter, 17 Jahre alt, hat ein Moped auf Teilzahlung gekauft. Da seine Eltern sich nicht geäußert haben, schreibt der Verkäufer an sie: „Wenn wir in den nächsten 14 Tagen nichts Gegenteiliges hören, nehmen wir an, daß Sie mit dem Kauf einverstanden sind."
   a) Wird der Kauf nach Ablauf dieser 14 Tage rechtsgültig, wenn die Eltern auf dieses Schreiben nicht antworten? Begründen Sie Ihre Antwort.
   b) Das Moped war Heinz ohne besondere Bedingungen übergeben worden. Ist er – wenn der Kauf nicht rechtsgültig wird – Besitzer, Eigentümer oder beides?

8. In welchen der folgenden Fälle handelt es sich um nichtige oder anfechtbare Willenserklärungen? Begründen Sie Ihre Entscheidung.
   – M kauft von R nicht benötigte Waren, weil dieser ihm gedroht hatte, andernfalls eine Steuerhinterziehung von M dem Finanzamt zu melden.
   – B kauft von A ein Grundstück auf dem Mond für 3000,00 DM.
   – F will 40 Farbbänder einkaufen. Er bestellt auf dem Bestellblock 20 Einheiten. Jede Einheit umfaßt jedoch bereits 10 Farbbänder.
   – E verkauft zum Schein einen Lkw, damit dieser bei der Ermittlung der Konkursmasse unberücksichtigt bleibt.

9. Welche Formvorschriften gelten für die folgenden Rechtsgeschäfte?
   – Kaufvertrag über ein Grundstück, Kaufvertrag über ein Buch, Bürgschaftserklärung eines Nichtkaufmanns, Eheschließung, Quittung.

10. Herr K. hat sein auf Abzahlung gekauftes Motorrad vier Wochen später wieder an einen Dritten verkauft. Durfte er Eigentum übertragen? Falls nicht, wer hat allein das Recht, Eigentum zu übertragen?

11. Eine wertvolle Vase, die dem Kunden durch einen Boten in die Wohnung zugestellt werden sollte, ließ dieser unterwegs fallen. Wer trägt den Schaden?

12. Frau M. erzählt ihrer Nachbarin, daß sie ihren Abzahlungsvertrag in den nächsten Tagen widerrufen wird. Ist das möglich? Vgl. hierzu das Abzahlungsgesetz.

13. Ein Versandhaus garantiert das Recht, innerhalb von 10 Tagen vom Kauf zurückzutreten. Wer trägt Kosten und Gefahr bei Rücksendung?

14. Nennen Sie Beispiele für Werkverträge, die im Alltag häufig abgeschlossen werden.

15. Handelt es sich bei den nachstehenden Geschäften um einen einseitigen oder zweiseitigen Handelskauf oder einen bürgerlichen Kauf?
    – Der Lebensmittelhändler A kauft vom Textilgroßhändler T ein Gemälde.
    – Hausfrau Müller verkauft 50 kg Papier an einen Altwarenhändler.
    – Eine Wirtschaftsprüfungs-AG kauft bei einer Büromaschinenhandlung zwei Schreibmaschinen.

16. Kann man, wenn über die Lieferzeit nichts vereinbart ist, sofortige Lieferung verlangen? Begründen Sie Ihre Entscheidung.

17. Um welche Art des Kaufes handelt es sich in den folgenden Fällen?
    – Um die Güte von Bleistiftspitzern zu prüfen, werden zunächst zwei Stück bestellt.

- Eine Konservenfabrik kauft, um den Mengenrabatt auszunutzen, für 100 000,00 DM Obst, will aber erst später festlegen, welche Arten geliefert werden sollen.
- Herr Müller bestellt einen Anzug aufgrund der ihm vorliegenden Stoffmuster.

18. Dienen die Vorschriften im Gesetz gegen den unlauteren Wettbewerb eigentlich eher dem Schutz des Kunden oder dem Schutz des Mitbewerbers? Nehmen Sie Stellung.
19. Worin sehen Sie den Unterschied zwischen Warenzeichen und Gütezeichen?
20. Legen Sie eine kleine Tabelle an zum Gebrauchsmuster- und zum Geschmacksmusterschutz: (*Was* ist jeweils geschützt und wie lange ist es jeweils geschützt?).

## Zusammenfassung

**Rechtsordnung**

Menschen setzen sich eine Rechtsordnung, um gegebenenfalls eigennütziges Verhalten einzelner zu verhindern und ein gutes menschliches Miteinander zu ermöglichen. Erst das Recht schafft die Voraussetzungen für einen geordneten Ablauf der Wirtschaft.

**Rechtsbegriffe**

Erst die genaue Kenntnis der wichtigsten Rechtsbegriffe, wie Rechtsquellen (Gesetze, Verordnungen), Rechtsfähigkeit, Geschäftsfähigkeit, Eigentum und Besitz, machen ein Rechtsverständnis möglich.

**Rechtsgeschäfte**

Bei den zweiseitigen Rechtsgeschäften hat der Kaufvertrag herausragende Bedeutung. Man unterscheidet Abschluß und Erfüllung des Kaufvertrages.

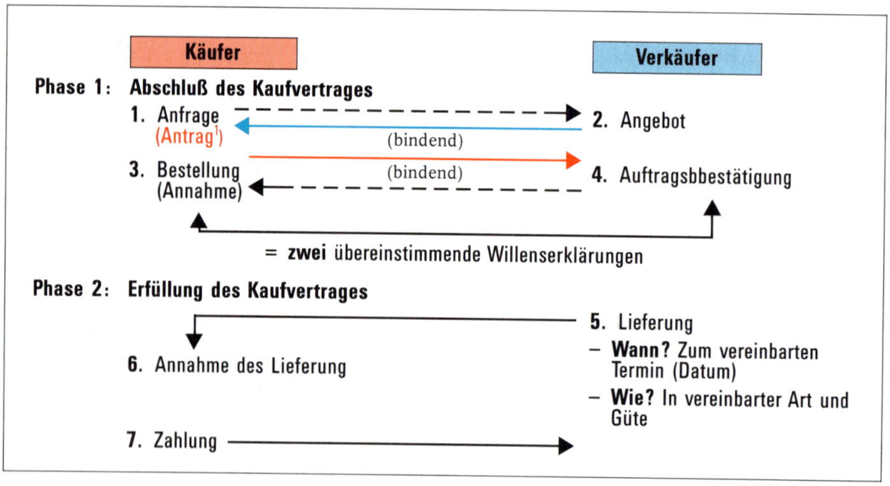


*Abb. 2.4.2-1*

Durch Antrag (z. B. Angebot) und Annahme (z. B. Bestellung) kommt der Kaufvertrag zustande. Mit dem Übergang des Eigentums (z. B. Übergabe der Ware) auf den Käufer wird der Kaufvertrag erfüllt.

**Schutzrechte**

Über das Einhalten eines „lauteren" Wettbewerbs und über den Schutz von Warenzeichen, Patenten, Gebrauchs- und Geschmacksmustern wachen entsprechende Gesetze (z. B. UWG, Warenzeichengesetz, Gebrauchs- und Geschmacksmustergesetz, Patentgesetz).

1 Auch der Käufer kann Antragsteller sein.

380250

# 3 Grundfunktionen des kaufmännischen Betriebes

## Worum geht es?

In einem Produktionsbetrieb (vgl. Abschnitt 1.3.1) durchläuft das zu fertigende Produkt die Bereiche „Beschaffung", „Produktion" und „Absatz".

Wie sieht dies entsprechend in einem Dienstleistungsunternehmen (z. B. Handel) aus? Sind hier entsprechende betriebliche Funktionen zu unterscheiden? Was gehört zu den einzelnen betrieblichen Funktionen? Wie wird ein Betrieb eigentlich organisiert?

Welche Hilfen gibt es dabei? Welche modernen Systeme unterstützen die betriebliche Organisation?

## Lernziele

Sie sollten ...

- die Funktionen der Unternehmen in den Grundzügen nennen und auch erklären können;
- an praxisnahen Beispielen hierzu nachweisen, daß Sie kaufmännisch sinnvolle Entscheidungen treffen können;
- wichtige Gesetze kennen, nach denen z. B. Einkauf, Verkauf und Zahlung ablaufen sollen und deren Sinn begründen können;
- die Preiskalkulation in ihrem Aufbau kennen und an kleinen Beispielen berechnen können;
- die Organisation eines Betriebes in den Grundzügen kennen und erklären können.

Der einzelne Betrieb ist mit zahlreichen anderen Wirtschaftseinheiten (das sind Betriebe und Haushalte) verbunden, von denen er Sachgüter und Dienstleistungen bezieht und an die er die eigenen Leistungen – gegen Entgelt – absetzt. Hieraus ergeben sich für jeden Betrieb bestimmte Aufgaben und Tätigkeiten, die man als *betriebliche Funktionen* bezeichnet.

Die Funktionen Beschaffung, Leistungserstellung und Absatz heißen auch Umsatz- oder Grundfunktionen. Sie stellen den Kern des *betrieblichen Leistungsprozesses* dar. Dieser beginnt mit der *Beschaffung* der notwendigen Güter sowie dem Einstellen der nötigen Arbeitskräfte. Und mit dem *Absatz* der erstellten Leistungen endet er. Der Absatz führt dem Betrieb mit den Umsatzerlösen die notwendigen Mittel zu, damit sich der Betriebsprozeß ständig wiederholen kann. Die Verwaltung (Leitung) schließlich koordiniert.

Will man diese Funktionen eines Betriebes in einem allgemeinen Überblick darstellen, ergibt sich das folgende Bild:

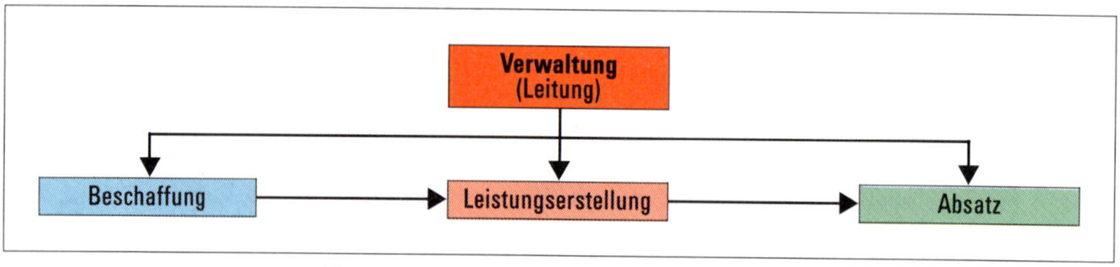


*Abb. 3-1 Grundfunktionen eines Betriebes*

Den erwähnten Grundfunktionen sind folgende Aufgaben zuzuweisen:

- **Beschaffung:** Markterkundung, Einholen von Angeboten, Bestellen, Abnahme der gelieferten Güter, Lagerung;
- **Produktion:** Fertigungs- und Terminplanung, Arbeitsvorbereitung, Kontrolle und Überwachung der Fertigung u. a.;
- **Absatz:** Erforschen der Absatzmöglichkeiten (Marktforschung und Marktbeobachtung), Werbung, Verkauf, Versand;
- **Verwaltung:** Unternehmensleitung, Rechnungswesen, Registratur, Zahlungs- und Kreditverkehr, Revision, Personalwesen, Finanzen.

**Die Ausführung der genannten Funktionen** erfordert im einzelnen Betrieb die Bildung von Organen, d. h. Abteilungen, Verantwortungsbereichen, Büros, Werkstätten usw., also eine bestimmte *Organisation*, die den reibungslosen Ablauf des Betriebsprozesses sichert. Sie ist jeweils abhängig von der Art des Betriebes, von der Betriebsgröße und dem Ausmaß der innerbetrieblichen Arbeitsteilung (vgl. Abschnitt 3.7.2).

In einem Kleinbetrieb erledigt oft eine Person alle anfallenden Arbeiten. In größeren Betrieben werden die Arbeiten auf viele Angestellte, in Großbetrieben auf Hunderte von Angestellten verteilt und gleichzeitig nach Sachgebieten in *„Abteilungen"* zusammengefaßt (vgl. dazu Abschnitt 3.7.1). Die Organisation ist eine der Aufgaben der Betriebsleitung. Sie wird jedoch zur Durchführung vielfach einer Abteilung der Verwaltung zugeordnet.

# 3.1 Die Beschaffung

## 3.1.1 Vorüberlegungen

Am Anfang einer jeden betrieblichen Tätigkeit steht der Einkauf. Beim Handelsbetrieb ist dies beispielsweise die Beschaffung der nötigen Waren, und beim Produktionsbetrieb ist es die Beschaffung von Rohstoffen, Hilfsstoffen und Betriebsstoffen.

Vom richtigen Einkauf hängt zum großen Teil der Erfolg des jeweiligen Unternehmens ab.

Die Einkaufsabteilung hat die richtige Menge und Güte zum richtigen Zeitpunkt, in der richtigen Auswahl und zum richtigen Preis beim richtigen Lieferer einzukaufen.

### 3.1.1.1 Die Ermittlung des Bedarfs

Art und Menge der einzukaufenden Waren, Rohstoffe u. a. müssen dem voraussichtlichen Bedarf entsprechen.

**Der Einzelhändler** muß die Wünsche seiner Kunden genau kennen. Er muß wissen (berechnen, schätzen), wieviel er von den Waren seines Sortiments in der nächsten Zeit wahrscheinlich verkaufen wird. Die Größe und Art der Bestellung richtet sich nach dem geschätzen Bedarf, d. h. sie sind abhängig von der Größe des Kundenkreises, von den Einkommensverhältnissen (Kaufkraft), dem Lebensstil und den Ansprüchen der Kundschaft.

Der Bedarf wird außerdem von der Witterung (Saison), der allgemeinen Wirtschaftslage und dem Geschmackswandel in der Mode beeinflußt – in der einen Branche mehr, in der anderen weniger.

Im *Kleinbetrieb* verläßt sich der Inhaber häufig auf sein Gedächtnis und seine Erfahrung. Der *Mittel- und Großbetrieb* aber kommt ohne genaue zahlenmäßige Unterlagen nicht aus. Er benötigt eine nach Warengruppen, Sorten, Größen, Preislagen geführte *Umsatzstatistik* (und rechtzeitige Bedarfsmeldungen des Lagers), die durch die Erfahrungen der Verkaufskräfte ergänzt werden. Diese Statistik beruht im Regelfall auf Daten der EDV.

**Der Großhändler** stellt den Bedarf auf Grund von schriftlichen Unterlagen fest. Solche Unterlagen sind:

- **die Lagerkartei** (Warenkartei, Lagerbuch, Datenträger EDV); sie gibt an, wieviel Waren noch vorrätig sind;
- **die Bestellkartei** (Datenträger EDV); aus ihr kann man feststellen, wieviel bestellte Waren noch ausstehen;
- **die Absatzstatistik** (Verkaufsstatistik); aus den Zahlen der Vergangenheit läßt sich weitgehend erkennen, wie sich der Absatz künftig entwickeln wird;
- **die Berichte** von Verkäufern, Reisenden und Vertretern;
- **die Marktberichte,** Messeberichte, Veröffentlichungen der statistischen Ämter, Geschäftsberichte führender Unternehmen.

**Die Erzeugungsbetriebe** (Handwerk und Industrie) ermitteln den Bedarf an Rohstoffen, Hilfsstoffen, Betriebsstoffen, unfertigen Erzeugnissen, Zubehörteilen, Werkzeugen usw. vielfach an Hand eines Produktionsplanes. Im Industriebetrieb melden die verschiedenen Bedarfsstellen (Lagerverwaltung, technisches Büro, Fabrikationsabteilungen) den Bedarf der Einkaufsabteilung.

**Möglichst genaue Ermittlung des Bedarfs** schützt vor unnötig großem Lagerbestand und bewahrt vor den Gefahren eines zu kleinen Lagers.

- **Ein zu großer Lagerbestand** legt Kapital fest (totes Kapital), verursacht erhöhte Kosten für die Lagerhaltung, birgt die Gefahr in sich, daß Waren unmodern oder technisch überholt werden.
- **Ein zu kleiner Lagerbestand** kann leicht zum Verlust von Kunden führen, da die Auswahl zu gering ist.

**Der Erfolg eines Unternehmens** hängt sowohl von der genügenden *Breite des Sortiments*, d. h. von der Zahl der geführten Warenarten, als auch von dessen *Tiefe*, d. h. der gebotenen Auswahl nach Qualität, Form, Größe usw. innerhalb einer Warengruppe, ab.

### 3.1.1.2 Das Feststellen der Bezugsquellen

**Bei der Ermittlung und fortlaufenden Ergänzung der Bezugsquellen** müssen geeignete Unterlagen herangezogen werden. Neben den eigenen Einkaufsunterlagen leisten hierbei wertvolle Dienste:

- die Anzeigenteile größerer Tageszeitungen (Wirtschaftsteil) und besonders die in Frage kommenden Fachzeitschriften;
- Markt- und Börsenberichte, Ernte- und Wirtschaftsberichte;
- der Besuch von Ausstellungen und Messen: Deutsche Industriemesse Hannover; Frankfurter Messe; Messen in Köln, München, Leipzig; Internationale Automobilausstellung = IAA, Frankfurt (Main); Deutsche Buchmesse, Frankfurt (Main) usw.;
- Preislisten, Kataloge, Angebote und Mustersendungen - vor allem neuer Firmen;
- Btx (Bildschirmtext); Amtliches Verzeichnis der Bildschirmtextteilnehmer der Deutschen Bundespost. Oder: Das offizielle Anbieterverzeichnis. In bundesweiten Leitseiten werden hier - nach Branchen geordnet - alle Anbieter aufgeführt, die über Btx Angebote unterbreiten (und auch Bestellungen annehmen);
- Branchenfernsprechbücher (gelbe Seiten) zu den amtlichen Fernsprechbüchern;
- Weitere Adreßbücher sind im offiziellen Verzeichnis des Adreßbuchverleger-Verbandes e. V., Düsseldorf, aufgeführt.

**Bezugsquellen des Einzelhandels** sind der Großhandel, die Einkaufsverbände (Einkaufsgenossenschaften, freiwillige Ketten) und die Hersteller. Der Anschluß an einen *Einkaufsverband* ist für den mittelständischen Einzelhandel vorteilhaft, um sich gegenüber der Konkurrenz der Großbetriebe behaupten zu können. Durch den Zusammenschluß sichern sie sich ähnlich günstige Einkaufsbedingungen wie diese.

**Im Großunternehmen des Handels und in Industriebetrieben** werden die Waren und Rohstoffe von einer besonderen Einkaufsabteilung planmäßig beschafft. Die Bezugsquellenkartei ist dabei ein wertvolles Hilfsmittel. Sie kann nach verschiedenen Gesichtspunkten geführt werden:

- **nach Lieferern geordnet** (mit Angabe der betreffenden Waren), die sog. Liefererdatei (EDV);
- **nach Waren geordnet** (mit Angabe der betreffenden Lieferer), die sog. Warendatei (EDV);
- **als kombinierte Lieferer- und Warendatei** (EDV).

Bezugsquellenübersicht, geordnet nach Lieferern
===============================================

Lief.-Nr.: 700036
Firma: Süddeutsche Stahlhandel GmbH
Robert-Bosch-Str. 237
7000 Stuttgart 5

Telefon 0700-23457
Telex 7243256 ss
Btx

Warengruppen: 23, 34, 35, 48, 77

| Ware | Anfrage vom | Angebot vom | Preis DM | Preis Einheit | Skonto Tage | Skonto % |
|---|---|---|---|---|---|---|
| A 235 | 03/02/.. | 09/02/.. | 245,60 | o/oo | 14 | 3 |
| Z 784 | 15/06/.. | 23/06/.. | 14,87 | Stück | | |
| Bs 47 | 24/09/.. | 05/10/.. | 56,00 | o/o | 10 | 2 |
| R 459 | 16/11/.. | 19/11/.. | 2,35 | m | 14 | 3 |

*Abb. 3.1.1.2-1*

380254

## 3.1.2 Die Anfrage

Die Anfrage hat den Zweck, festzustellen, ob und zu welchen Bedingungen (Preis, Lieferzeit, Zahlungsbedingungen) ein Lieferer Waren einer bestimmten Art liefern kann. Man wird in der Regel gleichzeitig bei mehreren Lieferern (Bezugsquellenkartei, Liefererverzeichnis über Btx) anfragen.

Der Kaufmann bittet darum, ihm zur Anbahnung einer Geschäftsverbindung eine Preisliste oder einen Katalog zuzusenden (sog. allgemeine Anfrage).

Eine Anfrage ist völlig unverbindlich und soll nur einen eventuellen Geschäftsabschluß anbahnen. Sie hat keine rechtliche Wirkung.

**Im Einzelhandel** betritt der Kunde den Laden und fragt nach einer bestimmten Ware und ihrem Preis. Damit hat er formlos „angefragt".

**Im Großhandel und in der Industrie** werden von der Einkaufsabteilung regelmäßig Preisanfragen geschrieben, wenn Bedarf an Waren oder Rohstoffen auftritt.

Im allgemeinen wird der Kaufmann eine Anfrage genau und ausführlich beantworten, denn sie kann ja der Anfang einer guten Geschäftsverbindung sein.

## 3.1.3 Das Angebot

### 3.1.3.1 Grundfragen zum Angebot

**Was ist ein Angebot?** Ein Angebot ist eine an eine bestimmte Person gerichtete *„Willenserklärung"*, durch die sich der Anbietende bereit erklärt, unter bestimmten Bedingungen Waren zu überlassen oder eine Leistung zu bewirken.

**Im rechtlichen Sinne** ist das Angebot des Lieferers ein „Antrag", d. h. der erste Schritt zum Abschluß eines (Kauf-)Vertrages. Wenn der Kunde das Angebot *rechtzeitig und unverändert* annimmt (sog. Annahme), ist der Kaufvertrag abgeschlossen.

**Kein Angebot im rechtlichen Sinne** sind unverlangte Preislisten, Proben, Mustersendungen und Schaufensterauslagen; sie gelten nur als Aufforderung zum Kauf.

Das Ausstellen von „Lockartikeln" verstößt gegen das Gesetz gegen den unlauteren Wettbewerb. Unter Lockartikeln versteht man Waren, die zu besonders niedrigen Preisen angeboten werden, ohne daß von ihnen eine angemessene Menge zum Verkauf bereitsteht.

**Wann soll man anbieten?**

- Wenn ein Kunde anfragt;
- wenn man sich bei Kunden von Zeit zu Zeit in Erinnerung bringen will;
- wenn man Kunden auf besonders günstige Kaufmöglichkeiten aufmerksam machen will;
- wenn besondere Anlässe vorliegen (z. B. Wechsel der Jahreszeiten, Geschmackswandel, Modewaren, Einführung neuer Waren).

**Wem soll man anbieten?**

- Zahlungsfähigen oder kreditwürdigen Kunden;
- Kunden, die einen guten Ruf haben.

**Wie kann man anbieten?** Grundsätzlich ist für Angebote keine bestimmte Form vorgeschrieben; sie können *mündlich* (auch fernmündlich) oder *schriftlich* (Brief, Telex, Telefax, Telegramm; vgl. Abschnitt 13.3) abgegeben werden, aber auch *stillschweigend*. Dazu ist eine „schlüssige Handlung“ erforderlich, aus der auf den Willen, ein Angebot abgeben zu wollen, geschlossen werden kann (Automatenverkauf, Kauf am Kiosk).

**Im Großhandel und in der Industrie** werden größere Geschäftsabschlüsse und erstmalige Abschlüsse oft dadurch angebahnt, daß Reisende bzw. Vertreter die Kunden besuchen; gegebenenfalls ist eine schriftliche Nachbearbeitung erforderlich.

**Wie lange ist ein Angebot verbindlich?**

- Bei einem *Angebot ohne Zusatz* gilt folgendes (**§ 147 BGB**):
  - Das einem Anwesenden (mündlich oder fernmündlich) gemachte Angebot kann nur sofort angenommen werden, sonst erlischt es.
  - Das einem Abwesenden gemachte Angebot ist für den Lieferer nur so lange verbindlich, als er den Eingang der Antwort unter regelmäßigen Umständen erwarten darf.

Dies bedeutet, ein Angebot muß mindestens auf dem gleich schnellen Verkehrsweg angenommen werden, wie es abgegeben worden ist.

- Bei einem *befristeten Angebot* ist der Lieferer bis zum Ablauf der genannten Frist gebunden. Es heißt z. B. in einem Angebot: „Die Preise gelten bis zum 31. Juli d. J. einschließlich“.
- Bei einem *freibleibenden Angebot* (mit sog. Freizeichnungsklausel) ist der Lieferer gar nicht gebunden, auch wenn ein Auftrag unverzüglich erteilt wird. Solche Klauseln lauten z. B.: „Ich biete Ihnen freibleibend an“, „Lieferung vorbehalten“, „ohne Gewähr“, „unverbindlich“, „Preise freibleibend“, „Preise unverbindlich“, „solange der Vorrat reicht“, „gute Ernte vorausgesetzt“ usw.

**Wann erlischt ein Angebot?**

- Wenn die Frist für die Annahme des Angebots abgelaufen ist (eine verspätete Bestellung gilt als neuer Antrag);
- wenn der Kunde das Angebot nur teilweise oder mit Änderungen annimmt (z. B. „bei Mindestabnahme von 100 kg beträgt der Preis für 1 kg 2,50 DM“; der Kunde bestellt rechtzeitig, aber nur 80 kg);
- wenn der Anbietende rechtzeitig widerruft. Der Widerruf muß spätestens gleichzeitig mit dem Angebot beim Empfänger eintreffen. Solange die betreffende Postsendung dem Empfänger ausgehändigt ist, kann man sie noch „zurückrufen“.

## 3.1.3.2 Der Inhalt des Angebotes

Das Angebot soll so klar und ausführlich sein, daß es keiner weiteren Rückfragen mehr bedarf, um zu einem Kaufabschluß zu kommen. Es muß alle *wesentlichen Angaben* enthalten, damit der Kunde alle zu einem Angebots-Vergleich benötigten Informationen erhält.

Der Kunde wird im Angebot Informationen erwarten über:

- Art der Ware;
- Beschaffenheit und Güte;
- lieferbare Menge;
- Preis (mit oder ohne Verpackung);
- Lieferungsbedingungen;
- Zahlungsbedingungen;
- Erfüllungsort (zugleich Gerichtsstand).

Obwohl Form und rechtlicher Inhalt des Angebotes gesetzlich nicht vorgeschrieben sind, wird der Kaufmann die durch Fernsprecher oder mündlich abgegebenen Angebote bei größeren Aufträgen schriftlich bestätigen und alle Einzelheiten genau festlegen, um etwaige Mißverständnisse auszuschließen, die später zu Streitigkeiten, u. U. sogar zu Prozessen führen können.

## Art der Ware

Die **Art der Ware** wird durch ihre handelsübliche Bezeichnung festgelegt.

## Beschaffenheit und Güte

Die **Beschaffenheit und Güte** der Ware kann festgelegt werden durch:

- Muster (bei Stoffen, Lederwaren, Papier);
- Ausfallmuster (bei Färbereien);
- Proben (bei Lebensmitteln, Erzen, Chemikalien);
- Handelsklassen (Butter, Eier usw.), Standards (Baumwolle, Getreide u. a.);
- Typen (Mehl), genaue Bezeichnung (Wein, Kakao), Gütebezeichnungen, durch Warenzeichen und Marken (Markenwaren);
- Normen (DIN, ISO) und gesetzliche Vorschriften (z. B. TÜV);
- Abbildungen und genaue Beschreibung (Maschinen, Werkzeuge);
- Augenschein (Tiere, feststehende Maschinen, Kunstwerke).

Wenn über die Güte nichts anderes vereinbart wurde, ist Ware mittlerer Art und Güte zu liefern.

## Lieferbare Menge

Meist wird im Angebot keine Menge angegeben. Das kann aber nachteilig sein, wenn größere Mengen bestellt werden als vorrätig sind oder der Auftrag kleiner ausfällt, als man bei der Preisberechnung zugrunde gelegt hat.

## Preis

**Der Preis für die Einheit** kann sich beziehen auf:

- **gesetzliche Maßeinheiten** (Preis je Liter, Kilogramm, Meter usw.);
- **handelsübliche Bezeichnungen** (Dutzend, Gebinde, Festmeter, Sack);
- **eine bestimmte Menge** (z. B. für 100 kg).

Bei Angeboten von Maschinen und Apparaten sollte auch angegeben werden, ob die Aufstellung (Montage, Software-Einweisung) im Preis eingeschlossen ist oder nicht.

Werden die Preise verschiedener Angebote verglichen, ist es wichtig, die eingeräumten Preisnachlässe, wie Rabatt und Skonto, zu berücksichtigen!

**Rabatt** ist ein Preisnachlaß, der bei Abnahme größerer Mengen (Mengenrabatt), an Stammkunden (Treuerabatt), an den Handel (Wiederverkäuferrabatt), bei besonderen Anlässen, z. B. bei Räumungsausverkäufen (Sonderrabatt) oder den Betriebsangehörigen (Personalrabatt) gewährt wird.

**Barzahlungsrabatt,** eigentlich eine besondere Form des Skontos, ist im Einzelhandel nach dem Rabattgesetz vom 25.11.1933 nur bis zu 3 % erlaubt. Der Rabatt kann in bar (der Rabatt wird sofort vom Preis abgezogen) oder als Gutschrift gewährt werden.

**Skonto** (bis zu 3 %) ist ein Abzug bei Bezahlung einer Rechnung innerhalb der vereinbarten Kassafrist; er soll zur schnelleren Zahlung veranlassen.

## Lieferungsbedingungen

**Warenschulden sind Holschulden,** da nach der gesetzlichen Regelung der Geschäftsbetrieb des Lieferers (Laden, Lager, Werksniederlassung) sein Erfüllungsort ist (§ 448 BGB). Der Käufer muß sich demnach die Waren beim Lieferer auf seine Kosten holen. Die Frage, wer die Beförderungskosten zu übernehmen hat, wird meistens in den *Lieferungsbedingungen* gesondert geregelt.

Je nach den getroffenen Vereinbarungen trägt der Käufer:

- **sämtliche Beförderungskosten,**
- **nur einen Teil** der Kosten oder
- **überhaupt keine Kosten,** d. h., die Ware wird „frei Haus" geliefert.

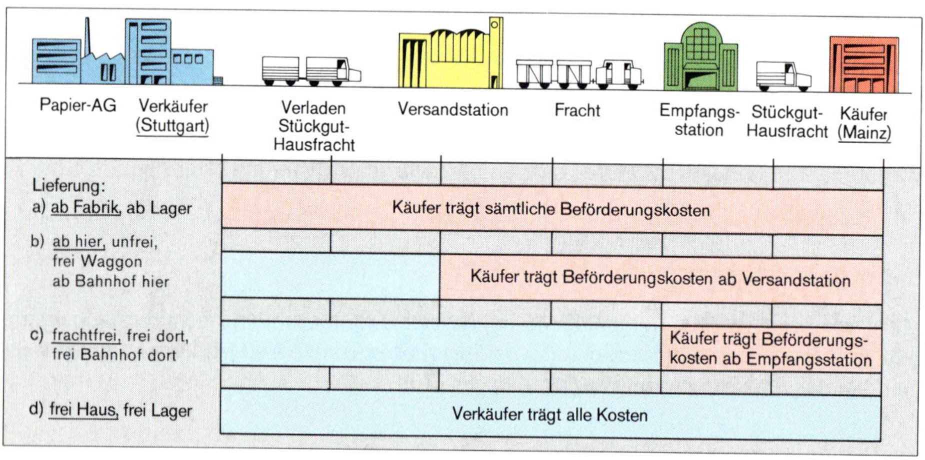


*Abb. 3.1.3.2-1 Beförderungskosten*

Die Klausel „frachtfrei" ändert aber nicht den gesetzlichen Erfüllungsort.

**Frachtbasis.** Bei Großbetrieben, die ihre Kunden von verschiedenen Werken aus beliefern, wird häufig ein bestimmter Ort als Frachtbasis angegeben, z. B. „Frachtbasis Oberhausen". In diesem Falle wird dem Kunden die Fracht von Oberhausen bis zu seinem Geschäftssitz berechnet, auch wenn er von einem anderen Ort aus beliefert wurde.

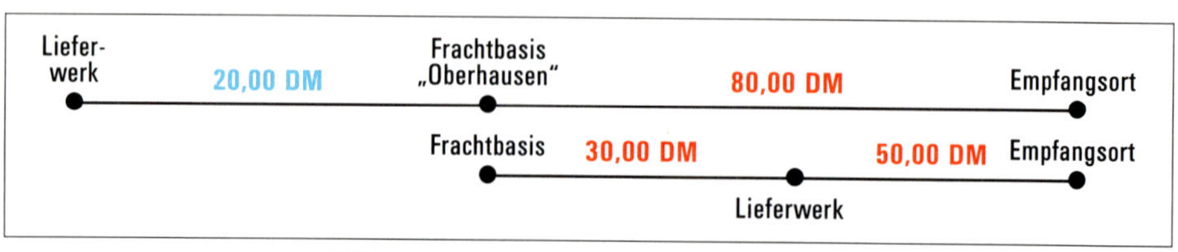


*Abb. 3.1.3.2-2 Frachtbasis „Oberhausen"*

**Im Außenhandel** gelten besondere Lieferungsbedingungen. Vergleichen Sie dazu die Ausführungen in Abschnitt 6.5.

**Lieferzeit.** Wenn nichts über die Lieferzeit vereinbart ist, kann der Lieferer sofort liefern; der Käufer kann seinerseits sofortige Lieferung verlangen (§ 271 BGB). Über den Zeitpunkt der Lieferung kann z. B. vereinbart werden:

Lieferung sofort, innerhalb 2 Monaten, Anfang September d. J., Mitte September d. J., Ende September d. J., auf Abruf, bis zum 1. September, in der Regel mit dem Zusatz „fix" oder „fest" (Fixkauf). Vgl. Abschnitt 3.1.8.2.

**Verpackungskosten.** Nach der gesetzlichen Regelung hat der Käufer die Kosten der Versandpackung (Tara) zu tragen, denn der Preis der Einheit bezieht sich grundsätzlich auf das Reingewicht (Nettogewicht) der Ware (§ 380 HGB).[1] Es können aber von den Vertragspartnern davon abweichende Vereinbarungen getroffen werden, die durch die Art der Ware bedingt sind.

**Der Preis kann sich z. B. verstehen:**

- **für das Reingewicht einschließlich Verpackung.** Das Reingewicht wird in Rechnung gestellt, die Verpackung unberechnet dazugegeben;
- **für das Reingewicht ausschließlich Verpackung.** Auch hier wird das Reingewicht der Ware in Rechnung gestellt:
  - Die Verpackung wird dem Abnehmer meist zum Selbstkostenpreis des Lieferers berechnet. Häufig wird ihm das Recht eingeräumt, Verpackung, die gut erhalten ist (Kisten, Säcke, Fässer und selbstverständlich Collico-Kisten und Container sowie Paletten[2]) zurückzugeben. Er erhält dann, wenn er sie frachtfrei zurücksendet, den berechneten Betrag je nach Vereinbarung ganz oder teilweise wieder vergütet.

    In manchen Branchen spielen *Gutgewicht* (Abzug für Einwiegen beim Einzelhändler), *Leckage* (Abzug für Schwund bei flüssigen Waren), Bonifikation oder *Refaktie* (Abzug für unreine Teile, z. B. bei Korinthen und Linsen) eine Rolle.
  - Bei Flüssigkeiten überläßt der Lieferer dem Käufer die Verpackung oft leihweise, z. B. Benzinfässer. Manchmal mietet er sie selbst bei der Bundesbahn oder bei Verleihanstalten. In diesem Falle wird die Gebühr für die Miete auf den Käufer abgewälzt.
  - Bisweilen wird die Verpackung auch vom Käufer selbst gestellt (das ist z. B. der Fall bei Spezialwaren).
- **für das Rohgewicht einschließlich Verpackung.** Das ist gleichbedeutend mit *„brutto für netto"*. Das Rohgewicht der Ware wird berechnet. Die Verpackung wird wie die Ware bezahlt und ist Eigentum des Käufers. Diese Abmachung kommt z. B. beim Handel mit Konserven und beim Großhandel mit Südfrüchten vor.

**Bezugskostenvergleich.** Bei Prüfung der Angebote sind Verpackungsgewicht, Verpackungskosten und Gewichtsvergütungen genau zu berechnen, um bei gleicher Qualität der Ware den günstigsten Bezugspreis ermitteln zu können.

Zur Berechnung des Reingewichts der Ware darf die wirkliche Tara (im Einzelfall genau festgestellte Tara) oder die handelsübliche Tara (Stücktara, Prozenttara) von dem Bruttogewicht abgezogen werden.

1 Die Kosten der Übergabeverpackung trägt dagegen der Verkäufer.

2 Collico: Behälter der DB, vorwiegend aus Leichtmetall, die zusammenzulegen sind, für Ladegewichte bis 150 kg. Man kann sie in der Regel für ein Jahr von der DB mieten. Sie werden frachtfrei zurückgeschickt.
Container: Behälter aus Metall in verschiedenen Größen für Straße, Schiene, Luft- und Wasserweg. Das Ladegut kommt direkt vom Versender ins Lager des Empfängers. Die durchgehende Transportkette senkt die Kosten für Packmaterial, Arbeit und mindert das Versandrisiko.
Paletten: im Regelfall aus Holz gefertigte Ladeplatten, welche der Gabelstabler unterfahren und heben kann.

**Beförderungskosten.** An Beförderungskosten können entstehen:

- **Stückgut-Hausfracht für Anfuhr** (am Versandort),
- **Verladekosten,**
- **Fracht,**
- **Stückgut-Hausfracht für Abfuhr** (am Bestimmungsort).

Wenn nichts anderes vereinbart ist, hat der Käufer die Beförderungskosten zu tragen. Das sind beim *Platzkauf*, d. h., wenn Lieferer und Kunde am selben Ort wohnen, die Kosten ab dem Geschäft des Lieferers, beim *Versendungskauf* die Kosten ab Verkehrsanstalt des Lieferers (z. B. Bahnhof).

## Zahlungsbedingungen

Wenn über den Zeitpunkt der Zahlung nichts vereinbart wurde, hat der Käufer sofort, d. h. Zug um Zug, gegen Übergabe der Ware, zu zahlen.

Meist werden aber zwischen Käufer und Verkäufer bestimmte Zahlungsbedingungen vereinbart, z. B.:

- **Vorauszahlung** (besonders bei neuen und bei zahlungsschwachen Kunden, auch bei Geldwertschwankungen). Manchmal wird nur ein Teil des Kaufpreises als Vorauszahlung verlangt (Kauf gegen Anzahlung), der dazu dient, größere Aufträge zu finanzieren;
- **Anzahlung,** z. B. $^{1}/_{3}$ bei Bestellung, $^{1}/_{3}$ nach Lieferung, $^{1}/_{3}$ sechs Wochen nach Lieferung;
- **Zahlung Zug um Zug** („sofortige Kasse", „gegen Kasse", „netto Kasse", „gegen Nachnahme"), wobei auch eine Zahlung innerhalb 10–14 Tagen im allgemeinen noch als sofortige Zahlung gilt;
- **Zahlung nach Ablauf einer vereinbarten Frist** (Zielgeschäft: „Zwei Monate Ziel", „zahlbar in 6 Wochen", „gegen 3-Monats-Akzept"), oft gekoppelt mit dem Recht des Skontoabzugs bei früherer Zahlung („zahlbar in 30 Tagen ohne Abzug oder innerhalb 14 Tagen mit 2 % Skonto" oder „14 Tage 2 % Skonto, 30 Tage netto").
- **Ratenzahlung** (besonders beim Kauf von Möbeln, Autos usw.). Der Lieferer behält sich dabei meist bis zur vollständigen Bezahlung der Rechnung das Eigentum an der Ware vor *(Eigentumsvorbehalt)*.

  (Üblich ist es allerdings bei Ratenzahlung, daß der Verkäufer hier lediglich die Bank vermittelt, die dann mit dem Kunden einen Kreditvertrag abschließt. Der Kunde tilgt hierauf in Teilbeträgen [Raten] diesen Kredit und zahlt die Zinsen.)

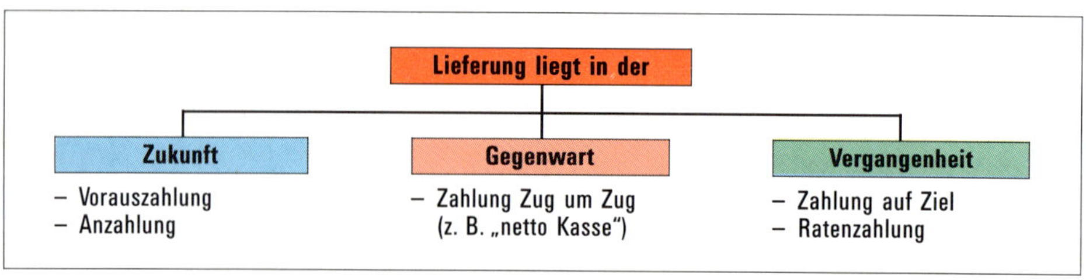


*Abb. 3.1.3.2-3 Zusammenfassende Darstellung der genannten Zahlungsbedingungen*

## Erfüllungsort

Der Erfüllungsort – im BGB auch Leistungsort genannt – ist der Ort, an dem Lieferer und Käufer ihre Leistung zu erbringen haben.

**Der Erfüllungsort hat eine dreifache Bedeutung:**

- Am Erfüllungsort geht die Gefahr der zufälligen Beschädigung, Verschlechterung oder Vernichtung der Ware auf den Käufer über.
- Der Erfüllungsort bestimmt nach § 29 ZPO gleichzeitig den *Gerichtsstand:* bei Rechtsstreitigkeiten zwischen den Parteien ist die Klage beim zuständigen Gericht (Amtsgericht oder Landgericht) des Erfüllungsortes einzureichen.
- Ab Erfüllungsort trägt nach gesetzlicher Regelung der Käufer die Versandkosten (Warenschulden sind Holschulden).

**Gesetzlicher Erfüllungsort.** Wenn über den Erfüllungsort nichts anderes vereinbart wurde, gilt gesetzlich (§ 269 BGB) der Wohnsitz bzw. der Ort der gewerblichen Niederlassung des Schuldners als Erfüllungsort. Da es aber bei jedem Kaufvertrag zwei Schuldner gibt (der Lieferer schuldet die Ware, der Käufer den Kaufpreis), gibt es auch zwei Erfüllungsorte, es sei denn, beide Partner wohnen an demselben Ort.

Der Lieferer erfüllt, indem er an seinem Wohnort bzw. Firmensitz die Ware dem Käufer übergibt (im Laden, Geschäft) oder sie ihm zuschickt. *Warenschulden sind im Regelfall* **Holschulden.**

Der Käufer erfüllt, indem er die Ware abnimmt und den Rechnungsbetrag rechtzeitig auf seine Gefahr und Kosten dem Gläubiger übermittelt; denn *Geldschulden sind nach* § 270 BGB in der Regel **Schickschulden** (auch *Bringschuld* genannt).

**Beispiel:** *Wohnt der Lieferer in Darmstadt und der Käufer in Köln, so trägt der Käufer ab Darmstadt das Risiko (und die Kosten) des Transportes. Er müßte gegebenenfalls den Lieferer bei dem zuständigen Gericht in Darmstadt verklagen, wenn dieser etwa mit der Lieferung in Verzug wäre. Umgekehrt wäre für eine evtl. Klage des Lieferers gegen den Kunden (z. B. bei Zahlungsverzug des Kunden) das Gericht in Köln zuständig. (Welche Folgen hat das für den Lieferer?)*

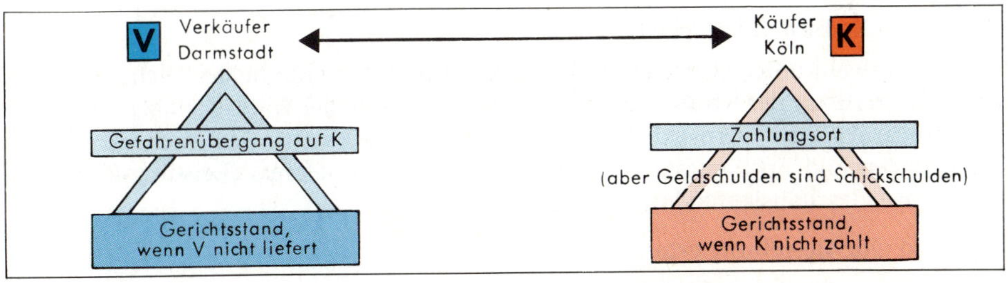


*Abb. 3.1.3.2-4 Gesetzlicher Erfüllungsort*

**Vereinbarter Erfüllungsort.** Die bisher in fast allen Lieferungs- und Verkaufsbedingungen der Lieferer übliche Klausel „Erfüllungsort *und* Gerichtsstand für *beide Teile* ist ...“ (hier folgt der Ort der Niederlassung des Lieferers) kann, nach einer Änderung des § 29 ZPO, nur noch zwischen *Vollkaufleuten* vereinbart werden. Sonst ist sie nichtig.

**Gerichtsstand.** Das Gesetz zur Vereinfachung und Beschleunigung gerichtlicher Verfahren vom 03.12.1976 legt fest, daß für das Mahnverfahren *ausschließlich* das Amtsgericht zuständig ist, bei dem der *Antragsteller* seinen allgemeinen Gerichtsstand, d. h. seinen Wohnsitz hat. Bei Widerspruch des Käufers (Postkarte an das Amtsgericht, das den Mahnbescheid erlassen hat, genügt) muß aber der *Rechtsstreit* am Gericht des *Kundenwohnsitzes* ausgetragen werden.

*Abb. 3.1.3.2-5 Vereinbarter Erfüllungsort „Darmstadt"*

## 3.1.4 Die Bestellung

Ist ein Angebot vorausgegangen, dann ist die Bestellung die unveränderte Annahme des Angebots durch den Käufer.

**Wann wird eine Bestellung erteilt?**

- Bei sofortigem Bedarf,
- wenn der Meldebestand[1] angegriffen wird,
- bei günstigen Gelegenheiten.

Der Meldebestand (Bestellbestand) ist der Lagerbestand, der unter normalen Umständen für die Zeit vom Abgang der Bestellung bis zum Eingang der Ware ausreicht. Wenn er „angegriffen" wird, muß sofort neue Ware bestellt werden.

**Wem wird die Bestellung erteilt?**

Bei der Auswahl unter mehreren vorliegenden Angeboten entscheiden nicht allein der Preis – nach Abzug der Skonti und Rabatte – und die Güte der Ware. Daneben sind noch zu berücksichtigen: Verpackungskosten, Beförderungskosten, Lieferzeit, Zahlungsbedingungen und Erfüllungsort, außerdem der Ruf des Lieferers (Leistungsfähigkeit), langjährige Geschäftsverbindung (Kundentreue)!

**Wie wird eine Bestellung erteilt?**

- Mündlich (oder fernmündlich);
- schriftlich;
- telegrafisch;
- durch Telefax, Btx.

Fernmündliche und fernschriftliche Bestellungen werden in der Regel vom Absender unverzüglich schriftlich bestätigt (Auftragsbestätigung). Dadurch können Irrtümer rechtzeitig geklärt werden (außerdem ist die schriftliche Bestätigung Beweismittel). Die Bestellung sollte sämtliche Punkte des Angebots enthalten.

1 vgl. Abschnitt 3.2.3

**Wie wird die Bestellungserledigung überwacht?**

- Durch die **Bestellkartei** (EDV-Datei); alle Bestellungen erhalten eine laufende Nummer und werden mit ihren wesentlichen Angaben eingetragen (man kann zwei Bestellkarteien führen: eine nach Lieferern und die andere nach Waren geordnet);
- durch die **Bestellscheindurchschrift**; man kann auch zwei Durchschriften anfertigen, eine – nach Lieferterminen geordnet – für die sog. „Terminmappe", die man täglich durchsieht, und eine für die „Warenmappe" (nach bestellten Waren geordnet).
  (Entsprechendes gilt für den Einsatz der EDV.)

**Wie könnte eine Bestellung notfalls widerrufen werden?** Grundsätzlich gilt, daß der Besteller an seine Bestellung gebunden ist. Diese Bindung wird aber erst wirksam, wenn die Bestellung dem Empfänger zugegangen ist (empfangsbedürftige Willenserklärung). Ein Widerruf muß darum spätestens zugleich mit der Bestellung eintreffen. Das bedeutet, daß eine schriftliche Bestellung beispielsweise telefonisch widerrufen werden könnte.

## 3.1.5 Die Bestellungsannahme

**Nicht erforderlich ist** eine besondere Bestellungsannahme (Auftragsbestätigung), wenn der Besteller (Kunde) das Angebot unverändert und rechtzeitig annimmt.

**Üblich ist** die Bestätigung der Bestellung:

- bei Bestellungen von neuen Kunden (um Dank auszudrücken);
- bei großen Bestellungen (um vielleicht Irrtümer aufzuklären);
- im Regelfall bei fernmündlichen und fernschriftlichen Bestellungen (zur Sicherung gegen Hörfehler und Verstümmelungen des Textes);
- wenn Bestellungen erst längere Zeit später ausgeführt werden sollen oder können. Die Bestellung wird vorgemerkt.

**Notwendig ist** die Bestätigung der Bestellung:

- wenn das der Bestellung vorausgehende Angebot freibleibend war oder
- wenn der Kunde auf Grund laufender Geschäftsverbindung „wie gehabt" bestellt hat,
- wenn die Bestellung zu spät eintrifft. Erst durch die Annahme des Lieferers (Auftragsbestätigung) kommt in diesen Fällen der Kaufvertrag zustande.

Wenn es auch *unter Kaufleuten* weitgehend üblich ist, einen mündlich abgeschlossenen Vertrag schriftlich zu bestätigen, so bedeutet das nicht, daß erst durch ein solches Bestätigungsschreiben der Vertrag zustande käme. Wird ein solcher mündlicher Vertragsabschluß von einer Seite in einem „Bestätigungsschreiben" ergänzt oder abgeändert, so muß der Empfänger des Schreibens *unverzüglich* widersprechen. Stillschweigen würde hier *Zustimmung* bedeuten!

Insofern ist dieses *echte* Bestätigungsschreiben nicht mit der *„Auftragsbestätigung"* zu verwechseln, mit der der Empfänger eines Auftrages, also der Lieferer, diesen *annimmt*. Mit dieser Auftragsbestätigung kommt der Vertrag erst zustande. Auf der Rückseite der Auftragsbestätigung finden sich häufig die „Allgemeinen Geschäftsbedingungen", d. h. ständig wiederkehrende Vertragsbedingungen, die der eine Vertragspartner, z. B. der Lieferer, allen oder einem Teil der von ihm abgeschlossenen Einzelverträge zugrunde legt. Sie weichen oft in einer Reihe wesentlicher Punkte von der allgemeinen gesetzlichen Regelung des BGB zum *Nachteil des Käufers* ab, z. B. durch den *Ausschluß der Haftung* für grobe Fahrlässigkeit, die einseitige Festlegung des Gerichtsstandes, die Verkürzung der Gewährleistungsansprüche in Kauf- und Werkverträgen, die Verkürzung der Verjährungsfrist u. a.

Das **„Gesetz zur Regelung der Allgemeinen Geschäftsbedingungen“ (AGB-Gesetz) vom 09.12.1976** will in erster Linie den *Nichtkaufmann* vor rechtlichen Nachteilen schützen, indem es eine große Zahl von „Klauseln“ *für unwirksam* erklärt und bestimmt, daß der Verwender solcher AGB seinen Vetragspartner *ausdrücklich auf sie hinweisen* muß und dieser mit ihnen *einverstanden* sein muß. Eine Reihe von Klauseln – die „absolut verbotenen Klauseln“ – wird jedoch selbst dann nicht wirksam, wenn der Käufer ihnen ausdrücklich zugestimmt hat. Dazu gehören u. a. Preiserhöhung bei kurzfristigen Verträgen, Vertragsstrafe für den Käufer, überhöhte Pauschalen für Nutzungsentgelt und Schadenersatz.

## 3.1.6 Der Eingang der Ware

### 3.1.6.1 Die Abnahme der Warensendung

Der Empfänger prüft, noch während der Überbringer der Sendung anwesend ist:

- **die Aufschrift,** Zeichen und Nummer der Versandstücke (Signum);
- **die Anzahl** der Versandstücke durch Vergleich mit den Begleitpapieren (z. B. Lieferschein, Frachtbrief, Ladeschein);
- **die äußere Verpackung** bzw. die Ware selbst, wenn sie unverpackt ist.

Ergeben sich Mängel bezüglich Stückzahl, Gewicht, Aufschrift oder Verpackung, so läßt sich der Käufer diese durch den Überbringer (Frachtführer, Spediteur, Paketzusteller) bescheinigen; andernfalls verweigert er die Annahme.

### 3.1.6.2 Das Auspacken und Prüfen der Ware

- **Die Verpackung wird sorgfältig geöffnet,** damit Verpackung und Ware nicht beschädigt werden. Ratsam ist es, die Versandstücke von zwei Beschäftigten gemeinsam öffnen und auspacken zu lassen;
- **die Ware wird mit dem Packzettel (Lieferschein) verglichen,** nachdem sie gewogen, gemessen oder gezählt worden ist;
- **die Art, Beschaffenheit, Aufmachung, Güte und Eigenschaften** werden unverzüglich geprüft und mit entsprechenden Unterlagen verglichen (Lieferanzeige, Rechnung, Durchschlag der Bestellung, Proben und Muster). Gegebenenfalls werden Stichproben gemacht; u. U. wird eine neutrale Stelle (Materialprüfungsanstalt) mit der Prüfung beauftragt. Die Materialprüfung ist besonders wichtig im Industriebetrieb. Sie erfolgt meist in eigenen Labors oder Prüfabteilungen.
- **der Eingang** ordnungsmäßig gelieferter Ware wird in den „Bestellunterlagen“ (Bestelldatei) vermerkt und gebucht (Lagerbuchhaltung);
- **die Ware wird in das Lager eingeordnet;**
- **bei festgestellten Mängeln** und Abweichungen von der Bestellung wird der Mangel unverzüglich gerügt, d. h. beim Lieferer reklamiert. Gleichzeitig macht der Käufer bestimmte Ansprüche geltend (vgl. Abschnitt 3.1.8.3).

**Aufbewahrungspflicht.** Der Käufer muß die beanstandeten Waren aufbewahren oder in einem Lagerhaus unterbringen und abwarten, wie der Verkäufer über sie verfügt. Er darf sie nicht ohne weiteres zurückschicken. Für seine Mühe kann er eine Entschädigung (Lagergeld) verlangen. Die Ware ist sorgfältig zu behandeln.

### 3.1.6.3 Das Prüfen der Rechnung

Der Lieferer versendet die Rechnung vorteilhaft an dem Tag, an dem auch die Ware abgeht; dann ist sie gleichzeitig Versandanzeige.

**Der neuzeitliche Rechnungsvordruck** ist genormt (DIN 4991) und enthält:

- **den Rechnungskopf** mit Raum und Hinweisen für folgende Angaben: Anschrift des Käufers, Bezugszeichen (Ihre Bestellung Nr./Tag/Zeichen, Unser Auftrag Nr./Zeichen, Zeit der Leistung/Liefertag, Tag der Rechnungsausstellung);
- **den Rechnungskern** mit Rechnungs-Nr. (laufende Nummer laut Kontrolliste oder Ausgangsfakturenbuch), Lieferangaben („Sie erhalten für Ihre Rechnung und auf Ihre Gefahr durch ...“), Zeichen und Nummer der Lieferung (Signum), Gegenstand (genaue Bezeichnung der Ware mit Lager- oder Katalognummer), Menge, Preis je Einheit, Gesamtpreis und eine Spalte für Empfängervermerke;
- **den Schluß der Rechnung** bilden meist Zusätze bezüglich der Bedingungen (Zahlungsbedingungen, Frist für Beanstandungen, Berechnen der Verpackung, Eigentumsvorbehalt, Erfüllungsort und Gerichtsstand), die Angabe des Drahtwortes, des Fernsprechanschlusses, der Geschäftszeit und der Bankverbindung.

**Jede eingehende Rechnung** erhält einen besonderen Rechnungseingangsstempel, oder es wird ein Kontrollzettel angeklebt. Sie wird bis zum Eintreffen der Ware in einer besonderen Mappe aufbewahrt („Schwebende Rechnungen“). Die Rechnung wird *sachlich* (durch Vergleich mit dem Bestelldurchschlag) und *rechnerisch* genau *geprüft* (Einzelpreise, Gesamtpreise, Rabatte, Fracht- und Verpackungskosten) und anschließend gebucht.

### 3.1.6.4 Das Buchen des Wareneingangs

Der Wareneingang wird in der Lagerbuchhaltung (mengenmäßig), im Wareneingangsbuch und in der Hauptbuchhaltung (wertmäßig) gebucht (gilt entsprechend für die EDV).

## 3.1.7 Die Bezahlung der Ware

Sie richtet sich nach den vereinbarten Zahlungsbedingungen. Im allgemeinen wird erst gezahlt, nachdem die Warenannahmestelle den einwandfreien Zustand der Ware bestätigt hat. Von dem Recht des Skontoabzuges bei vorzeitiger Zahlung wird der Käufer, wenn irgend möglich, immer Gebrauch machen. Eine Kondition 10 Tage 2 % / 30 Tage rein netto entspricht immerhin einem Zinsgewinn von rund *37 %* bei Ausnutzung des Skontos (vgl. „Zahlungsbedingungen in Abschnitt 3.1.3.2).

Zu den *Zahlungsarten* vgl. das Schema in Abschnitt 11.2.

## 3.1.8 Störungen bei der Erfüllung des Kaufvertrages

Nicht immer verläuft die Erfüllung des Kaufvertrages ohne Störungen. Bald hält der Lieferer den vereinbarten Liefertermin nicht ein, bald bleibt die Zahlung des Kunden aus, bald weist die gelieferte Ware irgendwelche Mängel auf. In diesen und ähnlichen Fällen kann der eine Vertragspartner gegenüber dem anderen bestimmte Ansprüche geltend machen.

Die denkbaren Störungen sind diesem Schema zu entnehmen:

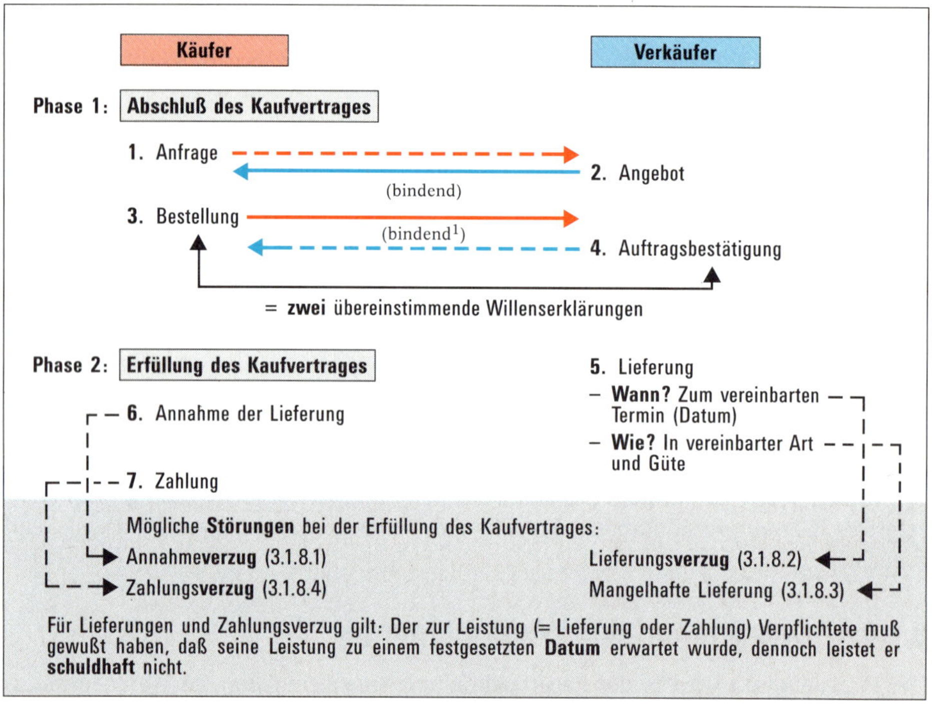


*Abb. 3.1.8-1 Störungen bei der Erfüllung des Kaufvertrages*

### 3.1.8.1 Der Annahmeverzug (Die Annahmeverweigerung)

Unter welchen Voraussetzungen gerät der Käufer in Annahmeverzug?

Wenn der Käufer die bestellte und ordnungsgemäß (zur rechten Zeit und am rechten Ort) gelieferte Ware nicht annimmt, ist er im Annahmeverzug (§ 293 BGB). Da der Käufer, rechtlich gesehen, Gläubiger für die Warenlieferung ist, spricht man auch von „Gläubigerverzug".

Infolge des Annahmeverzuges vermindert sich die Haftung des Lieferers; er haftet nur noch für Vorsatz und grobe Fahrlässigkeit.

Welche Rechte hat der Lieferer, wenn der Käufer in Annahmeverzug gerät?

---

1 Es sei denn, der Widerruf trifft spätestens **zugleich** mit der Bestellung ein.

## Rechte des Lieferes

Ist der Lieferer Kaufmann, kann er die Waren in einem öffentlichen Lagerhaus oder sonst in sicherer Weise auf Kosten und Gefahr des Käufers hinterlegen (§ 373 Abs. 1 HGB) und

- entweder den Käufer auf Annahme der Ware und auf Erstattung der entstandenen Kosten verklagen oder
- statt der Klage den sog. Selbsthilfeverkauf vornehmen.

Ein Nichtkaufmann könnte die Waren nach § 383 BGB am Leistungsort öffentlich versteigern lassen und den Erlös hinterlegen. Ist am Leistungsort ein angemessener Versteigerungserlös nicht zu erwarten, so sind die Waren an einem geeigneten anderen Ort zu versteigern.

**Der Selbsthilfeverkauf** (§§ 383–386 BGB und § 373 HGB). Ein Kaufmann wird in der Regel nicht klagen, weil er durch den Selbsthilfeverkauf schneller und sicherer zu seinem Geld kommt.

- Der Lieferer muß in diesem Falle dem Käufer mitteilen, daß die Waren hinterlegt sind, und ihm androhen, daß sie nach einer bestimmten Frist veräußert werden (§ 384 BGB, § 373 HGB).

  Läßt der Käufer die Frist verstreichen, ohne die Waren nachträglich anzunehmen, so kommt es zum Verkauf der eingelagerten Waren durch öffentliche Versteigerung (Gerichtsvollzieher).

  Waren mit einem Börsen- oder Marktpreis können auch durch einen zu solchen Verkäufen öffentlich ermächtigten Handelsmakler „aus freier Hand" verkauft werden (§ 385 BGB).
- Der Lieferer muß dem Käufer Ort und Zeitpunkt der Versteigerung rechtzeitig mitteilen. Käufer und Lieferer können bei ihr mitbieten.
- Der Lieferer muß dem Käufer das Ergebnis der durchgeführten Versteigerung unverzüglich mitteilen. Der Selbsthilfeverkauf erfolgt für Rechnung des Käufers. Daher muß er die entstandenen Kosten (Versteigerungsgebühr) tragen, außerdem den Mindererlös bei einer Veräußerung unter dem vereinbarten Preis erstatten.

**Leichtverderbliche Waren** können ohne vorherige Androhung veräußert werden. Der Käufer ist von dem Verkauf unverzüglich zu benachrichtigen.

### 3.1.8.2 Der Lieferungsverzug

Unter welchen Voraussetzungen gerät der Lieferer in Verzug?

- **Die Lieferung muß fällig sein,** d. h. vom Käufer verlangt werden können;
- **der Käufer muß** den Lieferer ausdrücklich schriftlich oder mündlich gemahnt haben;
- **den Lieferer muß ein Verschulden treffen** (Vorsatz oder Fahrlässigkeit). Höhere Gewalt (z. B. Streiks, Verkehrsstockungen) schließt demnach ein Verschulden aus.

Ist die Lieferzeit aber kalendermäßig genau bestimmt (Beispiel: „Lieferung bis spätestens 15. Juli" oder „fix am 15.10.19..“), dann kommt der Lieferer auch ohne besondere Mahnung in Verzug (§ 284 Abs. 2 BGB).

**Beachte:** Infolge des Verzugs verschärft sich die Haftung des Lieferers; er haftet nun sogar für leichte Fahrlässigkeit und Zufall.

Welche Rechte hat der Käufer, wenn der Lieferer in Verzug ist?

Der Käufer kann:

- auf (nachträglicher) Lieferung bestehen und außerdem Schadenersatz wegen verspäteter Lieferung verlangen (§ 286 BGB) oder

- nach Ablauf einer dem Lieferer gesetzten „angemessenen" Nachfrist die Leistung ablehnen und vom Vertrag zurücktreten (§ 326 BGB) oder
- nachdem er eine angemessene Nachfrist gesetzt hat, die Leistung ablehnen und Schadenersatz wegen Nichterfüllung verlangen.

**Beachte:** Eine Nachfrist braucht nicht gesetzt zu werden (§ 326 Abs. 2 BGB): wenn der Lieferer erklärt, daß er nicht leisten will, oder wenn der Käufer kein Interesse mehr an der Lieferung hat, z. B., wenn die Zeit für den Absatz vorüber ist (Spielwaren für Weihnachten, Fahnentuch für ein Fest, Glückwunschkarten für Neujahr, Wintersportartikel).

Handelt es sich um einen *Fixhandelskauf* (§ 376 HGB), d. h. ist die genaue Einhaltung des Liefertermins wesentlicher Bestandteil des Vertrages („... fix am ...", „genau am ...", „... bis spätestens ..."), so kann der Käufer, ohne zu mahnen und ohne Nachfrist zu setzen,

- **sofort vom Vertrag zurücktreten** oder
- **Schadenersatz wegen Nichterfüllung** verlangen, aber nur, wenn der Verkäufer im Verzug war. Er kann auch noch Lieferung verlangen, muß dies dem Lieferer aber sofort nach dem Stichtag mitteilen.

### Von welchem Recht macht der Käufer im Einzelfall Gebrauch?

Das hängt von der jeweiligen Situation ab. Hat z. B. der Käufer eine Spezialmaschine bestellt, wird er auf der Lieferung bestehen, weil er die Maschine unbedingt braucht und sie von einer anderen Fabrik entweder nicht hergestellt wird oder weil die Herstellung längere Zeit erfordern würde.

Der Käufer wird sich bei der Wahl seiner Rechte je nach *Interessenlage* verhalten:

| Interessenlagen | Vermutlich gewählte *Rechte* |
|---|---|
| a) Anhaltendes *Interesse* an der Lieferung | Nachträgliche Lieferung und Schadenersatz wegen verspäteter Lieferung |
| b) bedingtes *Interesse* an der Lieferung | Angemessene Nachfrist setzen, danach: Rücktritt vom Vertrag |
| c) kein *Interesse* mehr an der Lieferung | Ablehnen der Lieferung und Schadenersatz wegen Nichterfüllung |

**Bei sinkenden Preisen** und anderweitigen günstigen Einkaufsmöglichkeiten wird der Käufer vom Vertrag zurücktreten. Ist er an einer Lieferung nicht mehr interessiert, weil er die Ware jetzt nicht mehr absetzen kann, so verlangt er Schadenersatz für den entgangenen Gewinn (abstrakte Schadensberechnung, § 252 BGB, weil die Höhe nicht exakt zu errechnen ist).

Wenn der Käufer aber die Waren dringend braucht und sie sich anderweitig, aber zu höherem Preis, beschaffen muß *(Deckungskauf)*, so verlangt er Ersatz des Schadens, den er genau nachweisen kann: Preisunterschied zuzüglich Kosten (konkrete Schadensberechnung).

### Die Vertragsstrafe (Konventionalstrafe)

Sie kann für den Fall vereinbart werden, daß der Lieferer seine Verpflichtungen überhaupt nicht oder nur mangelhaft erfüllt. Sie besteht in der Zahlung einer bestimmten Geldsumme und wird fällig, wenn der Lieferer in Verzug kommt (besonders häufig im Baugewerbe).

380268

## 3.1.8.3 Die mangelhafte Lieferung

### Die Arten der Mängel

Folgende Mängel (Fehler) können vorkommen:

- **Mängel in der Güte** (geringere Güte, Qualität), vom Lieferer zugesicherte Eigenschaften fehlen,
- **Mängel in der Beschaffenheit** (die Ware ist verdorben oder beschädigt),
- **Mängel in der Art** (es ist eine ganz andere Ware geliefert worden),
- **Mängel in der Menge** ( es wurde zuwenig oder zuviel geliefert).

**Für sog. Sach- oder Qualitätsmängel** (Fall 1 und 2) haftet der Verkäufer nach §§ 459 ff. BGB.

**Falschlieferung** (Fall 3 und 4) bedeutet dagegen Nichterfüllung. Nach § 326 BGB hat der Käufer zunächst einen Anspruch auf Neulieferung innerhalb einer von ihm gesetzten angemessenen Frist; nach Ablauf dieser Nachfrist hat er Anspruch auf Schadenersatz oder kann vom Vertrag zurücktreten. Beispiele für Mängel:

| Arten der Mängel | Beispiele |
|---|---|
| Mängel in der Güte (Qualitätsmängel) | Das gelieferte Fernsehgerät ist nicht (wie zugesichert war) Btx-fähig. |
| Mängel in der Beschaffenheit | Das Frischgemüse war teilweise angefault. |
| Mängel in der Art | Statt der Herrenräder wurden Damenräder geliefert. |
| Mängel in der Menge | Es wurden nicht 600, sondern nur 60 der bestellten. Disketten geliefert |

(Vgl. die folgenden Aufgaben 24 und 26.)

### Der Zeitpunkt der Mängelrüge

Ist der Kauf für beide Teile ein Handelsgeschäft (ein Einzelhändler kauft z. B. Waren beim Großhändler), so muß der Käufer (§ 377 Abs. 1 HGB) die Ware *unverzüglich* nach Anlieferung *untersuchen* und

- **offene Mängel** – auch Abweichungen von der Bestellung – *unverzüglich rügen*, wobei die zur Prüfung der betreffenden Ware erforderliche Zeit zu berücksichtigen ist (Wein, Chemikalien, Maschinen usw.); bei Lieferung größerer Posten gleicher Art genügen *Stichproben*.
- **Versteckte Mängel** sind unverzüglich nach der Entdeckung zu rügen. Dies aber muß innerhalb von 6 Monaten nach Lieferung erfolgen.

<table>
<tr><th>Fristen für Mängelrügen</th><th>beide Partner sind Privatleute oder: einer ist Kaufmann (einseitiger Handelskauf)</th><th>beide Partner sind Kaufleute (zweiseitiger Handelskauf)</th></tr>
<tr><td>offene Mängel</td><td rowspan="2">innerhalb von 6 Monaten nach Lieferung zu rügen</td><td>unverzüglich zu rügen</td></tr>
<tr><td>versteckte Mängel</td><td>unverzüglich, aber innerhalb von 6 Monaten nach Lieferung zu rügen</td></tr>
</table>

380269

**Unterläßt der Kaufmann diese Anzeige,** so gilt die gelieferte Ware als genehmigt. Haben die Parteien aber andere Vereinbarungen hinsichtlich der Bemängelungsfrist getroffen, so gelten natürlich diese (z. B. „Reklamationen werden nur innerhalb 14 Tagen entgegengenommen"). Zum einseitigen Handelskauf und bürgerlichen Kauf vgl. §§ 477/478 BGB.

**Die Form der Mängelrüge.** Die Mängelrüge ist formlos. Sie kann mündlich oder schriftlich erteilt werden. Fernmündliche und fernschriftliche Mängelrügen werden in der Regel schriftlich bestätigt. Die Mängel müssen genau beschrieben werden.

**Die Rechte (Gewährleistungsansprüche) des Käufers.** Der Käufer muß seine Ansprüche innerhalb sechs Monaten, von der Übergabe der Ware an gerechnet, geltend machen; sonst verjähren sie. Er kann bei Qualitätsmängeln nach seiner Wahl[1] verlangen:

- **Wandlung, d. h. Rückgängigmachung des Kaufes** (§ 462 BGB)
  Wenn die Ware inzwischen nicht teurer geworden ist und der Käufer durch die Nichtannahme keinen Schaden erleidet, wird er vom Vertrag zurücktreten, wenn ihm der Lieferer unzuverlässig erscheint.
- **Minderung des Kaufpreises, d. h. Preisnachlaß** (§ 462 BGB)
  Hat die Ware nur einen kleinen Fehler und kann der Käufer sie noch verwenden, wird er versuchen, Preisnachlaß zu erhalten.
- **Neulieferung, Ersatzlieferung** (§ 480 BGB)
  War der Kauf für den Käufer sehr günstig und handelt es sich um eine Gattungsware, eine „vertretbare" Ware, kann er statt Wandlung oder Minderung Lieferung einer mangelfreien Ware verlangen.
- **Schadenersatz wegen Nichterfüllung** (§ 463 BGB)
  Schadenersatz wegen Nichterfüllung kann nur in folgenden Fällen verlangt werden:
  - der Ware fehlt eine zugesicherte Eigenschaft, z. B. bei Stoffen Wasch- und Lichtechtheit;
  - die Lieferung entspricht nicht dem eingesandten Muster (Kauf nach Probe);
  - der Verkäufer hat einen Mangel arglistig verschwiegen.

### 3.1.8.4 Der Zahlungsverzug

War ein kalendermäßig genau bestimmter Zahlungstag vereinbart, kommt der Käufer mit dem Tag der Fälligkeit in Verzug. „Der Zahlungstag mahnt!"

Wenn kein bestimmter Zahlungstag vereinbart war, kommt der Käufer erst in Verzug, nachdem der Lieferer ihn *ausdrücklich gemahnt* hat und die gesetzte angemessene Mahnfrist verstrichen ist. Das Übersenden einer zweiten Rechnung gilt nicht als Mahnung.

**Verzugsfolgen.** Der Lieferer kann bei zweiseitigen Handelsgeschäften bereits vom Tage der Fälligkeit, sonst erst vom Tage des Verzugs an, d. h. vom Zugehen der Mahnung an, *Verzugszinsen* – das sind nach HGB, d. h. unter Kaufleuten, mindestens 5 %, sonst nach BGB mindestens 4 % – und sonstige Kosten (Mahnkosten, nachgewiesene höhere Zinsaufwendungen) verlangen.

---

1 In ihren „Allgemeinen Geschäftsbedingungen" schränken die Lieferer dieses Wahlrecht allerdings stark ein.

## 3.1.9 Organisation des Einkaufs

Wie jede andere Betriebsfunktion muß auch der Einkauf (das Beschaffungswesen) organisiert werden. Das bedeutet jedoch nicht, daß in jedem Betrieb eine besondere Abteilung Einkauf gebildet werden muß. Aber selbst dort, wo eine eigene Einkaufsabteilung besteht, ist zu beachten, daß noch andere Abteilungen des Betriebes bei der Einkaufsorganisation einzubeziehen sind, insbesondere das Lager und die Rechnungsabteilung.

Zwei Hauptgesichtspunkte bestimmen die innere Organisaton des Einkaufs:

- zentraler bzw. dezentraler Einkauf und
- Gliederung nach Materialgruppen (Objektprinzip) oder nach Tätigkeiten (Funktionsprinzip).

Der *zentrale* Einkauf ist überwiegend bei kleinen Betrieben anzutreffen. Bei wachsender Betriebsgröße, insbesondere bei zunehmender Unternehmens- und Betriebsspaltung, wächst häufig das Bedürfnis nach einem dezentralen Einkauf. Er ist näher am Ort des Geschehens, jedoch gehen dadurch Vorteile des zentralen Einkaufs - z. B. optimale Bestellmengen, günstigste Lieferbedingungen usw. - oft verloren. Für Betriebe dieser Art kommt deshalb vorwiegend der dezentrale Einkauf mit zentraler Führung und Überwachung in Frage.

### Aufgaben

1. Beschaffung, Produktion, Absatz werden als Grundfunktionen des Betriebes bezeichnet. Nennen und erläutern Sie die *Aufgaben*, die der Beschaffung zuzuordnen sind.
2. Vor der Bestellung steht die Bedarfsermittlung. Nennen und erklären Sie die *drei* wichtigsten Unterlagen eines Großhändlers für diese Bedarfsermittlung.
3. Welche Nachteile bringt ein zu großer, welche Nachteile bringt ein zu kleiner Lagerbestand mit sich?
4. (Für Berufsschüler) Wie ermittelt man in Ihrem Betrieb die möglichen Bezugsquellen? (Falls Sie in einem Dienstleistungsbetrieb wie Bank oder Versicherung arbeiten: Bezug von Büro-und Geschäftsausstattung.)
5. Ermitteln Sie anhand der gelben Seiten des regionalen Telefonbuches: Wieviel Betriebe für Autoelektrik gibt es im Umkreis von etwa 30 km; wieviel Betriebe im gleichen Umkreis bieten Büroeinrichtungen an, und wieviel Firmen bieten Auslegeware (Teppichböden) an?
6. Welche Angaben muß eine gut geführte kombinierte Lieferer- und Warenkartei (Großhandel oder Großbetriebe des Einzelhandels) mindestens umfassen?
7. Nennen Sie *drei* Ihnen bedeutsam erscheinende Bestimmungen im Gesetz über die Geschäftsbedingungen. Begründen Sie, ob hierbei der Verkäufer, der Käufer oder beide geschützt werden.
8. In Abschnitt 3.1.3.1 werden *sechs* Grundfragen zum Angebot gestellt. Zeichnen Sie in der folgenden Weise eine Übersicht dazu, in der Sie auch je eine kurzgefaßte Antwort geben.

Fragen zum *Angebot*

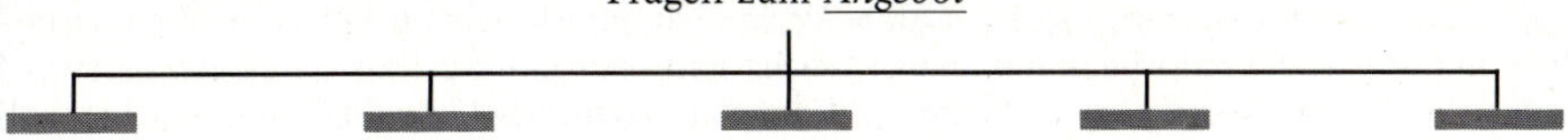

380271

9. Beim Einkauf bietet sich eine Gliederung nach Materialgruppen und nach Tätigkeiten (= Funktionalprinzip) an! Wobei finden Sie das eine, wobei das andere vorteilhafter? (Gehen Sie beispielhaft von unterschiedlichen Branchen aus.)

10. Unterscheiden Sie breites und tiefes Sortiment. (Geben Sie je *zwei* Beispiele an.)

11. Ein Fahrzeughändler hat an der Windschutzscheibe seiner Neuwagen Hinweisschilder angebracht. Zum Preis liest man da „24 600,00 DM a. W." Was bedeutet hierbei „a. W."? Erläutern Sie diese Abkürzung und deren Bedeutung für den Kunden.

12. Entwerfen Sie einen Brief an einen Kunden, der bei Bezahlung der Rechnung nach 4 Wochen noch 2 % Skonto (galt nur bei sofortiger Zahlung!) abgezogen hatte.

13. Ein Käufer in Dortmund findet in der ihm übersandten Rechnung den Vermerk „Erfüllungsort und Gerichtsstand Stuttgart". Wie ist die Rechtslage?

14. Was sind Holschulden, Bringschulden und Schickschulden? (Kurze Begriffserklärung.)

15. Welche Überlegungen stehen hinter der Änderung des § 29 ZPO? Welche Firmen sind davon besonders betroffen?

16. Zeigen Sie an Beispielen, welche Bedeutung a) der Erfüllungsort und b) der Gerichtsstand für die Abwicklung von Kaufverträgen haben.

17. Wie wird der voraussichtliche Absatz ermittelt?

18. Wie sichern Sie sich bei einer telefonischen Bestellung gegen Mißverständnisse?

19. Listen Sie die einzelnen Schritte beim Kaufvertrag auf. Erfassen Sie die Schritte von der Anfrage bis zur Zahlung, und vermerken Sie jeweils, ob Käufer oder Verkäufer den jeweiligen Schritt tun.

20. Bei jedem Vertrag gibt es zwei Partner, und beide haben Rechte und Pflichten. Legen Sie ein Schema wie folgt an, und füllen Sie es für die folgenden Verträge aus: Mietvertrag, Leihvertrag, Pachtvertrag, Sparvertrag, Ausbildungsvertrag (Lehrvertrag), Kaufvertrag.

| Vertragsbeispiele | Partner 1 | Rechte | Pflichten | Partner 2 | Rechte | Pflichten |
|---|---|---|---|---|---|---|
| Mietvertrag | Mieter | | | Vermieter | | |

21. Durch ein Versehen wurde ein Sonderangebot nicht rechtzeitig angenommen. Schreiben Sie einen Brief an den Anbieter, durch den Sie versuchen, unter Hinweis auf die bisherige gute Geschäftsverbindung diesen Nachteil auszugleichen.

22. Einem Kaufmann liegen verschiedene Angebote für die gleiche Ware vor. Er entscheidet sich für das Angebot mit den höchsten Preisen. Aus welchen Gründen?

23. Wovon hängt es ab, von welchen Rechten der Käufer bei Lieferungsverzug Gebrauch macht? Unterscheiden Sie bei Ihrer Antwort: Bleibendes Interesse an der Lieferung, bedingtes Interesse an der Lieferung (bis zum ...), kein Interesse an der Lieferung. Belegen Sie mit je einem Beispiel jede dieser Interessenlagen, und nennen Sie die jeweils sinnvollen Rechte dazu.

24. Als zuständiger Abteilungsleiter eines Warenhauses erhalten Sie eine Sendung Gartenstühle, die offenbar verpackt wurde, als die Farbe noch nicht ganz trocken war. Das Packpapier läßt sich nicht von den Stühlen lösen. Schreiben Sie dem Lieferer einen Brief, und teilen Sie ihm mit, von welchem Recht Sie Gebrauch machen wollen. (Anschriften nach eigener Wahl.)

25. Überlegen Sie, was zu tun ist: Einem Verbrauchermarkt wird geliefert: a) die falsche Pralinensorte, b) verdorbene Bananen, c) sechs statt sechzehn Kartons Gemüsekonserven. Entscheiden Sie, von welchem Recht der Käufer in jedem der Fälle Gebrauch machen soll.

26. Die Kölner Kesselbau AG kann 16 Ölgroßtanks nicht fristgerecht liefern, weil der Zulieferer schuldhaft die benötigten Stahlbleche nicht zum ausgemachten Termin lieferte. Dem Kölner Unternehmen wurde daraufhin der Auftrag entzogen, und die betroffene Siedlungsbaugesellschaft verzichtete verärgert auf jede weitere Zusammenarbeit mit der Kesselbau AG. Welche Schadenersatzansprüche hat die Kölner Firma?

(Ziehen Sie bei der Antwort das BGB hinzu.)

27. Verfassen Sie den Brief an einen Schuldner, der auf Ihre Erinnerung nicht reagierte (ein Versehen dieses Kunden scheidet also aus) und auch den ersten Brief mit der gesetzten Frist (Datum) nicht beachtete.

(Hier wird kein Formbrief erwartet, es geht nur um den Inhalt.)

28. Übernehmen Sie den folgenden Brieftext, und weisen Sie darin alle Teile des Angebots nach. (Vgl. bei Abschnitt 3.1.3.2.)

**KARL ALBERS-WUPPERTAL**
**ELECTRONIC**
**COMPUTER SYSTEME**

Karl Albers, Electronic, Solinger Straße 6, 5600 Wuppertal

Maschinenfabrik
C. Holzrichter

4370 Marl

| Ihre Zeichen, Ihre Nachricht vom | Unsere Zeichen, unsere Nachricht vom | ☎ Apparat | Wuppertal |
|---|---|---|---|
| H/R 27.02... | A/M | | 5. März 19.. |

Betreff
Angebot von Tischrechnern

Sehr geehrte Damen und Herren,

auf Ihre Anfrage vom 27. Februar 19.. bieten wir Ihnen den im beiliegenden Prospekt näher beschriebenen Tischrechner P 4 zum Listenpreis von 900,00 DM (+ 14 % Mehrwertsteuer) an.

Der Preis versteht sich ab Werk und ohne Verpackung.

Zu zahlen ist der gesamte Betrag innerhalb von 30 Tagen nach der Lieferung ohne Abzug oder innerhalb 8 Tagen mit 2 % Skonto.

Die Tischrechner können zur Zeit binnen 8 Tagen, gerechnet vom Auftragseingang an, geliefert werden.

Wir würden uns über Ihre Bestellung freuen und sichern Ihnen wie immer eine sorgfältige Ausführung zu.

Mit freundlichen Grüßen

Albers

Anlage
1 Prospekt

Vermerken Sie in Ihrem Text mit den Ziffern 1–7 die Teile des Angebots.

380273

29. Eine Kundin besteht darauf, daß ein im Schaufenster ausgestelltes Kleid an sie verkauft wird. Hat sie recht?

30. Ein Unternehmen hatte einen Personalcomputer (PC) gekauft, der aber nicht funktioniert, was ein vereidigter Sachverständiger bestätigte. Der Sachbearbeiter rief mehrmals beim Lieferer an und verlangte die Abstellung der Mängel, sonst werde das Gerät zurückgegeben. Als dies nichts half, verweigerte der Käufer die Zahlung und verlangte, daß das Gerät von der Lieferfirma abgeholt werde. Es kam zur Klage des Lieferers vor dem zuständigen Landgericht. Wie entschied dieses wohl den Streitfall?

## Zusammenfassung

**Beschaffung**

Vor jeder Beschaffung steht die Bedarfsermittlung. Hierzu hat der Kaufmann verschiedene Unterlagen (Kartei, Berichte von Verkäufern, Absatzstatistik usw. und Bezugsquellennachweise).

**Anfrage und Teile des Angebots**

Aufgrund einer Anfrage gehen Angebote ein. Diese müssen alle erforderlichen Informationen enthalten (Art der Ware, Beschaffenheit und Güte, lieferbare Menge, Preis, Lieferungsbedingungen, Zahlungsbedingungen, Erfüllungsort). Schon um Klarheit bei gegebenenfalls auftretenden Störungen in der Vertragserfüllung zu haben, sind präzise vertragliche Abmachungen im voraus unabdingbar. Das Angebot bindet.

**Bestellung und Eingang der Ware**

Ist eine Bestellung erteilt und beim Anbieter eingegangen, ist sie bindend. Die für einen Vertrag (hier: Kaufvertrag) erforderliche übereinstimmende Willenserklärung ist erfolgt. Eine formelle Bestellungsannahme ist nur in Ausnahmen (welchen?) erforderlich. Den ersten Schritt bei der Vertragserfüllung tut der Anbieter, er liefert. Der Kunde hat die Ware anzunehmen und zahlt. Auch hier gilt, daß das Einhalten handelsüblicher Regeln Rechtssicherheit schafft.

**Störungen beim Kaufvertrag**

Die Rechtslage bei auftretenden Störungen ergibt sich aus den vertraglichen Abmachungen und den Regelungen in BGB und HGB. Bei der Auswahl von Rechten richtet sich der Kaufmann nach seiner jeweiligen Interessenlage. Folgende Störungen sind denkbar: Annahme-, Lieferungs- und Zahlungsverzug sowie mangelhafte Lieferung.

**Organisation des Einkaufs**

Die Warenbeschaffung und der Einkauf bedürfen einer besonderen Organisation. Für den größeren Betrieb richtet sich die innere Organisation des Einkaufs nach den jeweiligen besonderen Gegebenheiten. Es kann zentral oder dezentral eingekauft werden oder nach dem Objekt- bzw. Funktionsprinzip.

## 3.2 Die Lagerhaltung

Das Lager hat für die Fertigungs- und Handelsbetriebe vor allem *zwei* Funktionen:

**Die Speicherfunktion.** Sie steht im Vordergrund der Lagerwirtschaft. Aufgabe des Lagers ist es, zu gewährleisten, daß die benötigten Waren im Bedarfsfalle rechtzeitig zur Verfügung stehen. Die Speicherfunktion erlaubt

- die Überbrückung von Zeitunterschieden zwischen der Beschaffung und dem Materialverbrauch in der Produktion,
- eine fließende Fertigung in geeigneten Losgrößen[1] und eine optimierte Fertigungsorganisation[2],
- eine Überbrückung von Zeitdifferenzen zwischen dem Wareneingang im Verkaufslager und der Auslieferung an den Kunden.

**Die Umformerfunktion.** Sie ermöglicht eine Anpassung der gelagerten Waren an die Anforderungen der Produktion oder des Betriebes. Beispiele hierfür sind die Lagerung von Holz (Austrocknen) vor der Fertigung oder das Lagern von Wein und Sekt (Reifeprozeß).

Industrie und Handel benötigen folgende Lager:

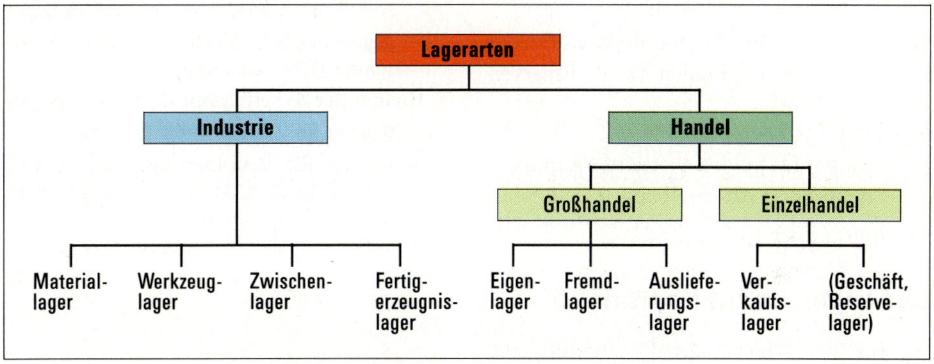


*Abb. 3.2.-1 Überblick über die Lagerarten*

**Die Fertigungsbetriebe** (Industrie, teilweise Handwerk) unterscheiden:

- **Materialienlager** für die zur Produktion benötigten Güter. Dazu gehören das
  - Rohstofflager (Grundbestandteile für die zu fertigenden Endprodukte),
  - Hilfsstofflager (Zusatzbestandteile für die zu fertigenden Endprodukte, z. B. Verpackungen usw.),
  - Betriebsstofflager (Stoffe, die der Produktion allgemein dienen, z. B. Schmieröl u. a.),
  - Lager für bezogene Teile.
- **Werkzeuglager** für die zur Produktion benötigten Werkzeuge,
- **Zwischenlager,** das den Zeitunterschied zwischen verschiedenen Fertigungsgängen überbrückt,
- **Fertigerzeugnislager,** das die verkaufsfertigen Erzeugnisse aufnimmt.

1 Losgröße: Diejenige produzierte Menge (= Auflage) einer Sorte (oder Serie), welche die wirtschaftlichste Menge eines Produkts ist.

2 Optimierte Fertigungsorganisation: Organisation, die in ihrer Ergiebigkeit kaum mehr zu steigern wäre.

Großhandelsunternehmen lagern ihre Waren entweder selbst (sogenannte *Eigenlager*) oder sie nehmen selbständige Lagerhalter in Anspruch (*Fremdlager*), wenn ihnen die eigenen Lagerflächen nicht ausreichend erscheinen.

Unterhält das Handelsunternehmen gesonderte Lager in der Nähe der Absatzgebiete oder an verkehrsgünstigen Punkten (Autobahnnähe, bei Bahnhöfen, Häfen, Flughäfen), spricht man von *Auslieferungslagern*. Im Einzelhandel wird der Geschäftsraum (Ladenlokal) zunehmend zum Lagerraum (*Verkaufslager*). Die Waren sind dann schnell greifbar und für den Kunden sichtbar. Für umsatzstarke Waren gibt es jedoch bei den Großbetrieben des Einzelhandels (z. B. Warenhäuser) die *Reservelager*, welche oft außerhalb der City liegen (warum wohl?).

## Lagerkosten

Es ist das Hauptproblem der Lagerhaltung, die entstehenden Kosten gering zu halten.

**Mögliche Lagerkosten** (vgl. das folgende Diagramm)

- **Kosten der Lagerräume**
  - Abschreibung für Gebäude und Einrichtung
  - Zinsen für in Lagergebäude und Einrichtung investiertes Kapital
  - Heizungs-, Strom- und Reparaturkosten
  - Versicherungsprämien (z. B. Feuerversicherung)
- **Kosten der Lagerbestände**
  - Zinsen für hierin investiertes Kapital
  - notwendige Abschreibungen (z. B.: das Lagergut [Ware] veraltet, verdirbt, wird gestohlen)
  - Versicherungsprämien (z. B. Einbruch- und Diebstahlversicherung)
- **Kosten der Lagerverwaltung**
  - Gehälter und Löhne und sonstige Personalkosten für die Mitarbeiter im Lager
  - gegebenenfalls Kosten für den Werkschutz (Überwachung)
- **Kosten der Arbeiten mit und am Lagergut**
  - Kosten für Transporteinrichtungen
  - Kosten für Veränderungen des Lagergutes (Mischen, Aufteilen, Herrichten)
  - Kosten für Erhalt des Lagergutes (Kühlanlagen, Pflege, Schadenbehebung)

## Das Lager bindet Kapital

Nach einer Berechnung des Instituts der deutschen Wirtschaft (Köln) lag 1987 etwa ein Drittel des Bruttosozialprodukts[1] auf Lager. Das sind 400 Mrd. DM in Lagerräumen ruhendes Kapital! Dieses untätige Kapital verursacht Kosten (vgl. die obige Aufstellung der Lagerkosten) und man versteht, daß der Kaufmann stets nach betriebswirtschaftlich sinnvollen Wegen suchen muß, den Lagerbestand möglichst gering zu halten.

Je nach Branche und Größe des betreffenden Betriebes wird diese Kostenzuweisung (vgl. Abb. 3.2-2) unterschiedlich sein. (Handelt es sich hier wohl um ein automatisiertes Lager?)

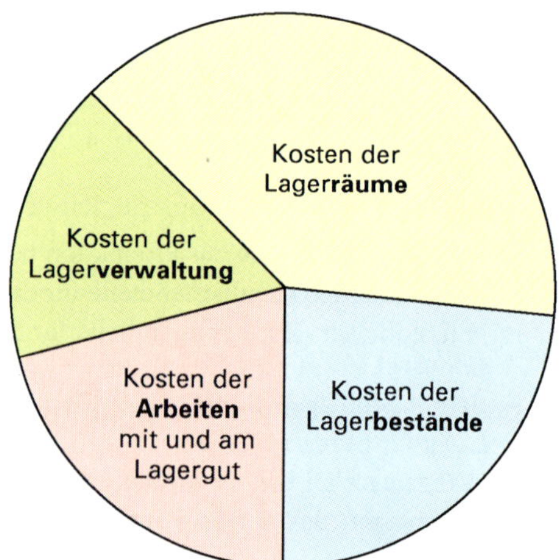


*Abb. 3.2-2*
*Mögliche Aufteilung der Lagerkosten*

1 Bruttosozialprodukt (BSP): In DM ausgedrückte Summe aller Güter und Dienstleistungen unserer Volkswirtschaft, die in einem Jahr produziert bzw. erbracht wurden.

In den Fertigungsbetrieben kann zur Zeit nur noch an wenigen Stellen wirkungsvoll gespart werden. Die Lagerkosten stehen hierbei im Vordergrund.

Die Großbetriebe halten eine Beschränkung der Lagerhaltung vor allem aus zwei Gründen für geboten:

- Die Zahl der zu lagernden Teile hat sprunghaft zugenommen, so daß eine hinreichende Lagerung aller in Frage kommenden Teile nicht mehr wirtschaftlich erscheint. Bei der Volkswagen AG z. B. werden 76000 Einzelteile benötigt, um die gesamte Angebotspalette einmal herzustellen. Es ist wirtschaftlich nicht mehr vertretbar, alle diese Einzelteile „für alle Fälle" auf Vorrat zu halten.
- Die Erneuerung von Produktion und Produktionsprozessen wird immer schneller. Die Marktfähigkeit eines Produkts wird darum entsprechend kürzer. Die Veränderung der Kundenwünsche beschleunigt sich, und die Stückzahl der einzelnen aufgelegten Serien nahm ab. Das bedeutet: Unternehmen, die jede denkbare Nachfrage und jeden Bedarf durch Lagerhaltung lösen wollen, binden erhebliche Mittel, die besser für Qualitätssteigerung und konkurrenzfähige Preisgestaltung eingesetzt werden können.

  Weil die Durchlaufzeiten verkürzt und die Bestände ständig verringert werden müssen, erhält das Lager im modernen Fertigungsbetrieb immer mehr eine sogenannte *logistische* Funktion. Es kommen Lagerverwaltungssysteme zum Einsatz, die mit dem zentralen Rechner des Unternehmens verbunden sind.

## 3.2.1 Lagerumschlag und Lagerrisiko

**Die Lagerdauer** muß vom Kaufmann genau beachtet werden. Eine längere Lagerdauer kann erhebliche Nachteile mit sich bringen: Warenschwund und Warenverderb (Lebensmittel), technisches Veralten (Apparate, Instrumente, Maschinen), Wandel der Mode (Konfektion, Schuhe, Lederwaren).

Dazu kommen Gefahren anderer Art: Waren können durch Feuer zerstört, durch Diebstahl vermindert, bei Arbeiten im Lager von den dort beschäftigten Arbeitskräften beschädigt werden. Außerdem muß immer bedacht werden, daß ein hoher Prozentsatz des Betriebskapitals in den Lagerbeständen gebunden ist. Durch laufende Kontrollen seines Sortiments muß der Kaufmann feststellen, mit welchen Waren der Umsatz hauptsächlich erzielt wird. Er wird Waren, die wenig oder gar keinen Umsatz bringen, abstoßen.

**Die Umschlagshäufigkeit,** d. h. die Geschwindigkeit, mit der ein durchschnittlicher Lagerbestand umgesetzt wird, kann annähernd genau berechnet werden. Dazu werden benötigt: der Wareneinsatz eines Jahres (verkaufte oder verbrauchte Waren zu Einstandspreisen) und der durchschnittliche Lagerbestand.

$$\text{Durchschnittlicher Lagerbestand: } \frac{\text{Anfangsbestand} + 12 \text{ Monatsbestände}}{13}$$

$$\text{Umschlagshäufigkeit: } \frac{\text{Wareneinsatz}}{\text{durchschnittlicher Lagerbestand}}$$

**Die Umschlagshäufigkeit** der in einem Sortiment vereinigten Warenbestände ist für den Betrieb von größter Bedeutung. Je rascher der Lagerumschlag,

- desto geringer der Kapitalbedarf,
- desto geringer das Lagerrisiko,
- desto höher der Ertrag und die Rentabilität,
- desto günstiger die Liquidität.

| | | | |
|---|---|---|---|
| **Beispiel:** | | *Warenanfangsbestand am 01.01.* | *60 000,00 DM* |
| | + | *Wareneingänge vom 01.01. bis 31.12.* | *480 000,00 DM* |
| | | = | *540 000,00 DM* |
| | ./. | *Warenendbestand am 31.12.* | *140 000,00 DM* |
| | | *Warenumsatz (zum Einstandspreis)* = | *400 000,00 DM* |
| | | *Warenanfangsbestand am 01.01.* | *60 000,00 DM* |
| | + | *12 Monatsendbestände (insgesamt)* | *590 000,00 DM* |
| | | = | *650 000,00 DM* |
| | | *durchschnittlicher Lagerbestand = 650 000 : 13* = | ***50 000,00 DM*** |

*Umschlagshäufigkeit* = 400 000 : 50 000 = **8**

*Ergebnis:*
*Der durchschnittliche Lagerbestand wurde in der betreffenden Zeiteinheit (in einem Jahr) achtmal umgesetzt, d. h. verkauft.*

**Die Umschlagshäufigkeit** hängt ab von der Branche (Lebensmittel, Textilien, Eisenwaren, Möbel) und von der Art der Ware. Sie ist auch bedingt durch den Ruf eines Geschäftes (Leistungsfähigkeit, Kundendienst).

Aus der errechneten Umschlagshäufigkeit läßt sich die durchschnittliche Lagerdauer ermitteln nach der Formel:

$$\text{Durchschnittliche Lagerdauer: } \frac{360}{\text{Umschlagshäufigkeit}}$$

Im genannten Beispiel bedeutet das:

360 : 8 = **45**; d. h. die durchschnittliche Lagerdauer beträgt 45 Tage.

## 3.2.2 Einrichtung und Beschaffenheit des Lagers

Die Einrichtung und die Beschaffenheit des Lagers müssen vor allem der betreffenden Warenart angepaßt sein. Allgemein gilt:

**Das Lager muß geräumig sein,** damit die Lagerarbeiten rasch und reibungslos verrichtet werden können (Hereinnehmen von Waren, Auspacken, Prüfen, Sortieren, Umpacken, Abwiegen, Umlagern, Abfüllen, Abpacken in kleinere Mengen, Bestände aufnehmen, Verpacken).

**Das Lager soll übersichtlich sein,** damit die einzelnen Waren schnell gefunden und überprüft werden können. Das wird erreicht durch entsprechende Ausstattung des Lagers mit Regalen (Eisenwaren, Schreibwaren), Schränken (Wäsche, Kurzwaren), Ständern (Bekleidung), Behältern usw. Dem gleichen Zwecke dient eine gut leserliche und auffallende Beschriftung.

**Das Lager soll gesundheitlich (hygienisch) einwandfrei sein,** damit die Gesundheit der Mitarbeiter nicht geschädigt oder gefährdet wird und die eingelagerten Waren vor Verschlechterung und Verderb geschützt sind.

| MAFRA | Material-Lager-Karte | | | | | Nr. 1 |
|---|---|---|---|---|---|---|
| Lagerstelle Stel | Material | | Abmessungen in mm | | | Einheit | Verrechnungspreis |
| | Gattung | Sorte | ∅/Br. | Dicke | Länge | | je Einheit DM 86,00 |
| | St | 60.11 | 180 | | 2000 | 100 kg | |

| Bezeichnung: | Jahresbedarf | |
|---|---|---|
| Rundstahlstäbe St 60.11 | 19.. 54200 kg, 19.. 62150 kg | Höchstvorrat: 7000 kg<br>Mindestvorrat: 2000 kg |

| Tag | Monat | Text | Zugang Komm.-Nr. | Zugang kg | Abgang Komm.-Nr. | Abgang kg | Bestand kg | Empfangende Kostenstelle |
|---|---|---|---|---|---|---|---|---|
| 1. | Januar | Inventurbestand | | | | | 1980,0 | |
| 4. | Februar | Böhler-Stahl GmbH | 0241 | 3960,0 | | | 5940,0 | |
| 16. | März | Sl. | | | 0391 | 1584 | 4356,0 | 12000 |
| 9. | Mai | Gd. | | | 0542 | 2376 | 1980,0 | 14100 |
| 12. | Juni | Sl. | | | 0668 | 792 | 1188,0 | 12000 |
| 24. | Sept. | Böhler-Stahl GmbH | 09176 | 4794,0 | | | 5982,0 | |

*Abb. 3.2.2-1*

**Das Lager soll über zweckmäßige Hilfsmittel für die Arbeiten im Lager verfügen:** Schreibpulte, Arbeitstische, Aufzüge, Waagen, Meßinstrumente (Längen- und Hohlmaße), Kistenöffner sowie andere Werkzeuge.

**Das Lager soll gegen Feuer und Einbruch gesichert sein,** auch wenn die eingelagerten Waren versichert sind. Dazu dienen: Fenstergitter und Sicherheitsschlösser, Alarmanlagen, Kontrolle durch die Wach- und Schließgesellschaft, vorschriftsmäßige Lagerung feuergefährlicher Waren.

**Das Lager soll rationalisiert bzw. automatisiert sein.** Je nach Betriebsgröße, nach Branche und nach Lagergut wird ein Lager mechanisiert oder automatisiert sein. Bei den Regalen z. B. können solche mit Schrägböden verwendet werden, die ein Nachrücken der Lagergüter beim Entnehmen zulassen (in der Automobilproduktion anzutreffen), oder man stellt Hochregale auf, um den Raum sinnvoll zu nutzen. Das Beschicken oder Entnehmen wird dabei teilweise von fahrerlosen Transportsystemen, Hängebahnen oder Rollenförderern übernommen.

In automatisierten Großlagern werden die notwendigen Arbeiten automatisch in einem vom zentralen Rechner vorbestimmten Takt (gesteuerter Ablauf) über Beschickungsautomaten und selbsttätige Regalförderfahrzeuge ausgeführt. Die in diesen rechnergesteuerten Lagersystemen eingesetzten roboterähnlichen Geräte erreichen bei ihren Abläufen eine Genauigkeit, die im Millimeterbereich liegen. Sie können darum auch in Kleinteillagern eingesetzt werden.

Manche Waren (gilt vor allem für den Einzelhandel) verlangen außerdem eine besondere Behandlung:

- **Kühl lagern:** Fleischwaren, Fette, Obst, Gemüse, Konserven, Weine, Fische.
- **Vor Feuchtigkeit schützen:** Metallwaren (einfetten), Holzwaren, Zucker, Salz.
- **Nicht zu trocken lagern:** Tabakwaren, Lederwaren.
- **Vor starker Lichteinwirkung und Sonnenbestrahlung schützen:** Papier, Bücher, Stoffe, Farben, Süßwaren, Fette, Obst.
- **Vor Geruchseinwirkung durch andere Ware schützen:** Kaffee, Kakao, Schokolade, Tee (vor allem nicht neben Käse, Fischen und Seifen lagern).

380279

## 3.2.3 Lagerbestand

Die Höhe des Lagerbestandes hängt ab:

- **vom Umsatz** bzw. von der Produktionskapazität;
- **von der Lieferzeit,** d. h. von der Zeit vom Abgang der Bestellung bis zum Eintreffen der Ware. Hierbei muß man noch mit einem Unsicherheitsfaktor rechnen, weil bei der Beschaffung unvorhergesehene Schwierigkeiten auftreten können.

**Wichtige Hilfsmittel** für die Ermittlung des Lagerbestandes sind die Umsatzstatistik und die Lagerkartei, die die Zugänge und Abgänge registriert.

**Der Mindestlagerbestand.** Von jedem Artikel eines Sortiments muß ein Mindestbestand (*eiserner Bestand*) vorhanden sein, der nicht oder nur auf ausdrückliche Anweisung der Geschäftsleitung angegriffen werden darf.

**Der Meldebestand** (Bestellbestand) ist die Warenmenge, bei deren Erreichung dem „Einkauf" Mitteilung zu machen ist, damit dieser die Bestellung veranlaßt. Er bestimmt demnach den Zeitpunkt der Bestellung.

**Allgemeine Formel zur Berechnung des Meldebestandes:**

(Tagesumsatz · Lieferzeit) + eiserner Bestand = **Meldebestand**

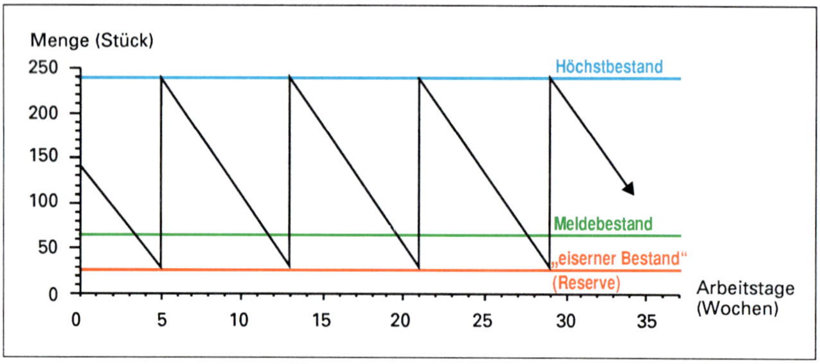


*Abb. 3.2.3-1 Lagerbestände*

**Beispiel:** *Bei einem durchschnittlichen Tagesumsatz von 5 Stück einer Ware und einer Lieferzeit von 8 Tagen wäre der Meldebestand:*

| | | | |
|---|---|---|---|
| | *5 · 8* | = *40 Stück* | |
| + | *eiserner Bestand* | = *15 Stück* | *(drei Tagesumsätze)* |
| | | *55 Stück* | |

*(Lesen Sie ab: Wie hoch ist der eiserne Bestand in der vorstehenden Grafik?)*

**Aufgabe der Lagerverwaltung** ist es, die Bestände sorgfältig zu überwachen (Schwund, Verderb, Diebstahl, Veruntreuungen, *Modewechsel*), rechtzeitig *Bedarfsmeldungen* an den „Einkauf" zu machen, einen genauen Nachweis über die ausgegebenen Bestände zu führen und die Veränderungen der Lagerbestände *mengen- und wertmäßig* zu erfassen, um dem Einkauf und der Buchhaltung die nötigen Unterlagen jederzeit liefern zu können.

## 3.2.4 Das Just-in-Time-System

Um in den Fertigungsbetrieben die Lagerhaltung auf ein Minimum zu reduzieren (oder gar ganz aufzuheben), wurde dieses (übersetzt:) „Gerade-zur-richtigen-Zeit"-System entwickelt.

Es handelt sich hierbei um ein Zulieferungssystem, welches die im Produktionsablauf gerade benötigten Teile (z. B. die Sitze in der Automobilfertigung) exakt zum richtigen Zeitpunkt in die Produktionsstraße hineinliefert. Die fertigen Bestandteile (hier: Autositze) werden also direkt vom LKW in die Produktionshalle geliefert, um dort sofort ins zu fertigende Produkt (hier: Automobil) eingebaut zu werden.

Dieses synchrone Zusammentreffen ist rechnergesteuert und kann, wenn es störungsfrei abläuft, das Lager mit seiner Umformer- und Speicherfunktion (vgl. Abschnitt 3.2) weitgehend überflüssig machen. Dieses System setzt dann erhebliche Finanzmittel frei.

Der Zwang zur ständigen pünktlichen Zulieferung macht das System aber überaus störanfällig und schafft zudem starke Abhängigkeiten zwischen Zulieferer und Abnehmer.

**Kritik am Just-in-Time-System**

Obgleich dieses System erst seit etwa 1980 bekannt ist und sich auch in der deutschen Industrie rasch ausbreitete, stößt es schon jetzt auf seine Grenzen.

Rund 56 % des Güterverkehrs werden (1990) – und die Tendenz ist steigend – mit dem LKW abgewickelt (Bahn 21 %, Binnenschiff 19 %, Pipeline 3,6 %, Flugzeug 0,13 %). Dies führte (ausländische LKW im Transitverkehr kommen ja noch hinzu) zu einer maßlosen Überlastung der Autobahnen und Straßen. Kritiker führen deshalb das Argument an, daß über das Just-in-Time-System die Lagerhaltung der Unternehmen auf den (überspitzt ausgedrückt) LKW im Stau verlagert wird.

Diese Entwicklung (teils wird vom drohenden Verkehrsinfarkt gesprochen) entzieht dem System nämlich seine Voraussetzung: Ein Just-in-Time ist bei der Überfüllung der Straßen nicht mehr gewährleistet. Und die Folge hiervon kann sein, daß das traditionelle Lager neben der Produktionshalle wieder eingerichtet werden muß, um die drohende ständige Unterbrechung der Fertigung zu vermeiden.

## Aufgaben

1. Bei den Einzelhandelsgeschäften muß zwischen dem Verkaufslager (im Verkaufsraum) und dem Reservelager unterschieden werden. Beobachten Sie systematisch das Verkaufslager von Einzelhandelsgeschäften, und stellen Sie die wesentlichen Merkmale und Unterschiede zwischen Fachgeschäften und Supermärkten fest.
2. Wenn Ihnen die Aufgabe gestellt wird,
   a) in einem Lebensmittelgeschäft und
   b) bei einer Textilgroßhandlung

   die Lagerbestandsüberwachung zu organisieren, wie würden Sie vorgehen? Beachten Sie dabei den Unterschied zwischen Lagerbestandskontrolle durch Aufschreiben und durch andere Maßnahmen.

3. Berechnen Sie die Lagerdauer in einem Betrieb, für den folgende Zahlen vorliegen: Lagerbestand jeweils am Monatsende: Dezember Vorjahr 42 000,00 DM, Januar 36 000,00 DM, Februar 30 000,00 DM, März 38 000,00 DM, April 42 000,00 DM, Mai 34 000,00 DM, Juni 28 000,00 DM, Juli 32 000,00 DM, August 34 000,00 DM, September 48 000,00 DM, Oktober 56 000,00 DM, November 64 000,00 DM, Dezember 36 000,00 DM.

   Der Jahresumsatz zu Verkaufspreisen beträgt 520 000,00 DM, der Verkaufspreis ist um 30 % höher als der Einstandspreis.

4. Insbesonders in Großbetrieben bemüht man sich, die Lagerkosten immer mehr zu senken bzw. die Lagerhaltung einzuschränken.

   a) Nennen und erläutern Sie *drei* der bedeutendsten Lagerkostenarten.

   b) Aus welchen beiden Gründen halten die Betriebe eine Beschränkung der Lagerkosten für dringend geboten?

5. Stellenanzeige in einer Tageszeitung:

> Für unser Großlager für Kunststoff-Profile und Beschläge, das zur Zeit in … entsteht, suchen wir zum 1. Oktober 19.. oder früher den
>
> **Lagermeister**
>
> Ihr Aufgabenschwerpunkt liegt in der Vorbereitung und Koordination der Arbeit vom Wareneingang über die Auftragsabwicklung bis zur Verladung. Das Lager wird über modernste technische Einrichtungen und EDV-gestützte organisatorische Hilfsmittel verfügen. Sie sind sicher in der Menschenführung und in der Lage, situationsbedingte Entscheidungen fällen zu können.
>
> Durch eine gründliche Einarbeitung, die in anderen Niederlassungen unseres Unternehmens erfolgt, bereiten wir Sie auf Ihre Aufgabe vor. Wir bieten eine leistungsgerechte Dotierung, zusätzliche Altersversorgung und Sozialleistungen eines Großunternehmens.
>
> Wir bitten um Zusendung Ihrer vollständigen Bewerbungsunterlagen.
>
> **XY-GmbH in X-Stadt, Industriestraße 147**

   *Fragen:*

   a) Um welche Lagerart handelt es sich hierbei? (vgl. Schaubild auf S. 75)

   b) Beschreiben Sie kurz die Beschaffenheit dieses Lagers.

   c) Wie beurteilen Sie die Anforderung „… in der Lage, situationsbedingte Entscheidungen fällen …“. Ist dies für ein Lager wirklich erforderlich?

6. (Vor allem für Berufsschüler) Nennen Sie Möglichkeiten, ein Lager zu mechanisieren bzw. zu automatisieren. Erklären Sie jeweils die Vorteile dieser Möglichkeiten.

7. Das Just-in-Time-System

   a) Wo wurde es entwickelt und was ist die Grundidee?

   b) Welche betrieblichen Vorteile sehen Sie?

   c) Nennen und erläutern Sie einen denkbaren Nachteil des Systems.

## Zusammenfassung

- Um die Zeit zwischen Beschaffung und Materialverbrauch (Industrie) oder zwischen Wareneingang und Auslieferung an den Kunden (Handel) zu überbrücken, wird das *Lager* eingerichtet. Es hat Speicher- und Umformerfunktionen (Anpassung an Produktion und Absatz).
- Doch das Lager bindet Kapital. Es gilt, die diversen Lagerkosten zu senken. Kennziffern zu *Lagerdauer*, *Lagerbestand* (eiserner Bestand) und *Umschlagshäufigkeit* helfen hierbei. Das moderne Lager bedient sich vieler technischer Hilfen, auch das senkt Kosten. In der Industrie kann das *Just-in-Time-System* das Lager völlig ersetzen.

# 3.3 Absatz und Marketing

Der erfolgreiche Absatz soll den betrieblichen Wertekreislauf (Beschaffung → Leistungserstellung [Produktion] → Absatz) schließen. Im Verkaufserlös sollen dem Unternehmen die aufgewandten Kosten von den Abnehmern wieder ersetzt werden; der über die Kostendeckung hinausgehende Betrag ist der Gewinn. Ob dieses Ziel erreicht wird, darüber entscheidet in einer marktwirtschaftlichen Ordnung der *Markt*.

## 3.3.1 Der Marketingbegriff

Moderne rationelle Fertigungsverfahren und die Zunahme ausländischer Konkurrenz machten den Wettbewerb in den letzten Jahren immer härter. Die Anbieter müssen sich zunehmend um den preis- und qualitätsbewußten Käufer bemühen. Der Kunde gibt mit seinen Wünschen den Ton auf dem Markt an. Deshalb spricht man von „Käufermarkt".

Damit rückt heute der Absatz stärker in den Mittelpunkt der unternehmerischen Überlegungen und Planungen, während es zuvor nur um die Frage ging, wie man Güter am wirtschaftlichsten herstellt. In den USA hat man für das Bündel aller absatzfördernden Maßnahmen den Begriff „Marketing" geprägt. Dieser Begriff wurde weltweit übernommen.

Die Marketingmaßnahmen müssen auch unter dem Gesichtspunkt des Wachstums oder zumindest der Erhaltung des Unternehmens gesehen werden. Den Zusammenhang zeigt die nachstehende Übersicht:

| Märkte | bestehende Produkte | neue Produkte |
|---|---|---|
| bestehende Absatzmärkte | Marktdurchdringung (Marktpenetration) | Produktentwicklung |
| neue Absatzmärkte | Marktentwicklung | Diversifikation[1] |

*Abb. 3.3.1-1 Ziele der Marketingmaßnahmen*

Während die Strategien Marktdurchdringung, Marktentwicklung und Produktentwicklung schon lange bekannt sind, spielt die Diversifikation[1] in der Unternehmenspolitik, insbesondere größerer Unternehmen, eine zunehmend stärkere Rolle. Die Diversifikation ist besonders geeignet, durch Risikostreuung auf Teilmärkten mit unterschiedlicher Reaktion das Gesamtrisiko des Unternehmens zu vermindern.

1 Diversifikation (lat.: Mannigfaltigkeit); hier: das angebotene Sortiment wird vielgestaltiger, wird ausgeweitet.

### Was heißt Marketing?

Marketing meint alle Bemühungen, die Produkte eines Unternehmens zu vermarkten. Es geht darum, Märkte zu schaffen, zu halten und möglichst auch zu erweitern.

Diese, auf den Konsumenten abgestellten Anstrengungen, verlangen ein in den Mitteln und in den Maßnahmen sorgsam abgestimmtes Vorgehen des betreffenden Unternehmens.

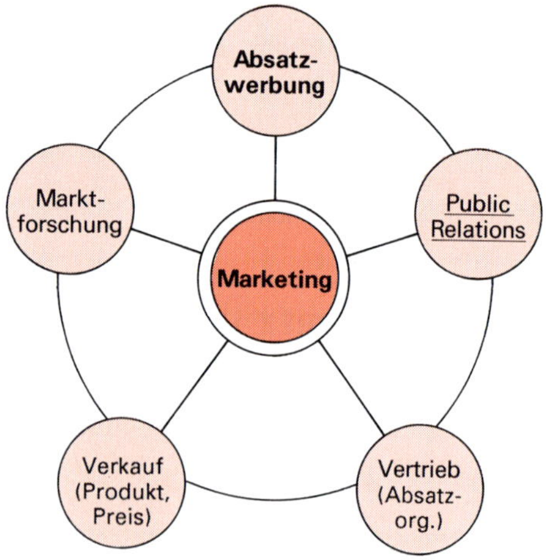


*Abb. 3.3.1-2 Marketingstern*

**Begriffserklärungen:**

**market** (engl.) = Markt

**Marktforschung:** Mit wissenschaftlichen Methoden wird der Markt systematisch untersucht, inwieweit z. B. Absatzchancen für ein neues Produkt bestehen (vgl. Abschnitt 3.3).

**Produkt- und Preispolitik:** Bei der Produktpolitik geht es um die Pflege und Verbesserung vorhandener sowie um die Entwicklung neuer Produkte. Ziel der Preispolitik ist es, über eine flexible Preisgestaltung die Umsatzchancen zu erhöhen.

**Vertrieb (Absatzorganisation):** Maßnahmen, um das Produkt vom Hersteller an den Verbraucher zu bringen. Dies kann als direkter Absatz (Hersteller → Verbraucher) oder als indirekter Absatz (Hersteller → Großhandel → Einzelhandel → Konsument) erfolgen.

**Public Relations, public** (engl.) = öffentlich; **relations** (engl.) = Beziehungen: Schaffen und Pflegen eines guten Ansehens des Unternehmens in der Öffentlichkeit. Die öffentliche Meinung soll das Unternehmen kennen und möglichst positiv darüber denken.

**Absatzwerbung:** Diese will den potentiellen Kunden so beeinflussen, daß er eine bestimmte Kaufentscheidung trifft.

## 3.3.2 Marktforschung

Im Rahmen des Marketing ist es die Aufgabe der Marktforschung, durch systematische Erkundung des Marktes oder eines Marktausschnittes die Grundlagen für die Absatzpolitik zu schaffen. Kleine und mittlere Unternehmen beauftragen im Regelfall entsprechende Marktforschungsinstitute mit dieser Aufgabe, Großunternehmen unterhalten hierfür eigene Abteilungen.

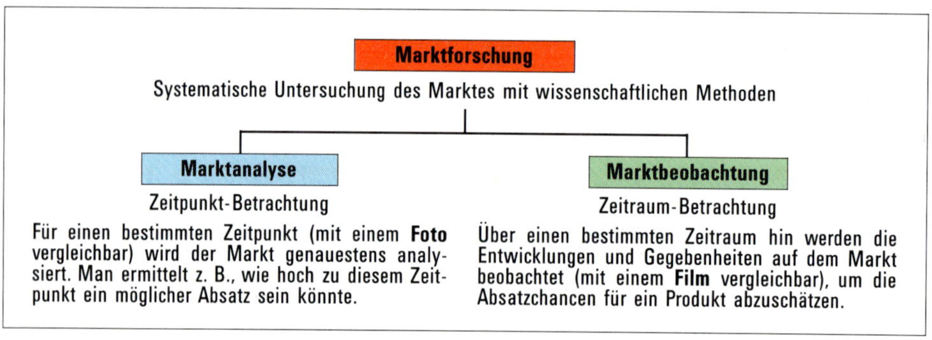


*Abb. 3.3.2-1 Gliederung der Marktforschung*

Um sich Informationen über den Markt zu beschaffen, wendet die Marktforschung die *Primär-* und die *Sekundärforschung* an.

- **Die Sekundärforschung** (lateinisch „secundus“: Zweite[r]), auch „desk-research“ (englisch: Schreibtisch-Forschung) genannt, wertet zweckdienliche Unterlagen aus wie: Vertreterberichte, Umsatzstatistiken, Fachzeitschriften, Konjunkturindikatoren (Kennziffern, die Aussagen über die Konjunktur machen können. Zum Beispiel: Entwicklung der Einkommen, des Geldwertes, des Bruttosozialproduktes, des Außenhandels), Kataloge und Preislisten der Konkurrenz, Einkommens- und Vermögensverhältnisse in Frage kommender Kunden.
- **Die Primärforschung** setzt ein, wenn die Informationen aus dem erwähnten sekundären Material unbefriedigend erscheinen. Die Primärforschung versucht, das Verhalten, die Meinung und die Kaufgründe (Motive) des Kunden zu erfahren. Das geschieht im Regelfall durch Verbraucherbefragungen (aber auch durch Beobachtung der Kunden beim Kauf und durch Experimente).

Die Befragung der Verbraucher erfolgt entweder mündlich in der Form von Interviews oder schriftlich durch eine Fragebogenaktion. Man kann mit beiden Verfahren eine Tatsachen-, Meinungs- oder Motivforschung betreiben.

Der *Tatsachenforschung* geht es insbesondere darum herauszufinden, welcher Käuferkreis überhaupt in Frage kommt. Die *Meinungsforschung* versucht, die Meinung der Kunden über eine Ware oder Warengruppe sowie Konsumgewohnheiten, Wünsche, Einteilung des Einkommens, Sparabsichten usw. zu ermitteln. Mit den in der Soziologie und der Psychologie entwickelten Methoden ergründet die *Motivforschung*, was die Kaufentscheidung der Käufer beeinflußt.

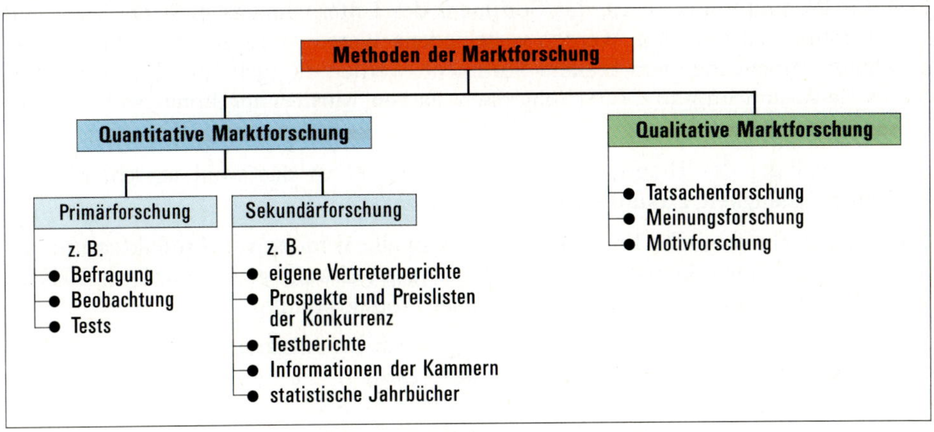


*Abb. 3.3.2-2 Methoden der Marktforschung*

**Die Marktanalyse** untersucht räumlich und nach Warengruppen abgegrenzte Teilausschnitte mit dem Ziel, die Aufnahmefähigkeit dieser Märkte festzustellen. Sie vermittelt ein Augenblicksbild der Marktlage. Dabei stehen zwei Teilgebiete im Vordergrund:

**Die Kapazitätsanalyse** (quantitative Marktforschung) liefert Unterlagen über die Größe und Schichtung des Teilmarktes. Dazu gehören

- die Anzahl der als Abnehmer in Frage kommenden Personen und Firmen,
- ihre Kaufkraft,
- die Verkehrsverhältnisse,

380285

- die bisherige Ausstattung mit Waren (z. B. für die Beantwortung der Frage, ob Ersatzbedarf oder Erneuerungsbedarf),
- die Ansprüche der Käufer an Güte und Aufmachung der Ware.

Die Kapazitätsanalyse umfaßt auch eine genaue Untersuchung des *Konkurrenzangebotes*, um Vergleiche mit der eigenen Leistungsfähigkeit anstellen zu können (Erzeugnisse, Preise, Konditionen, Werbung, Absatzorganisation, Marktanteil).

**Die laufende Marktbeobachtung** baut auf den Ergebnisses der Marktanalyse auf. Sie versucht, alle Änderungen des Marktes zu erfassen, die z. B. durch Modeeinflüsse, Geschmackswandel, Aufkommen neuer Produkte, Veränderung der Kaufkraft der Abnehmer, Auswirkungen staatlicher Maßnahmen usw. zustande kommen.

**Die Marktprognose** baut auf den Ergebnissen der Marktanalyse und der Marktbeobachtung auf und versucht, die künftige Marktentwicklung vorauszubestimmen bzw. abzuschätzen.

## 3.3.3 Produktpolitik

Vielfach wird die Produktpolitik als das „Herzstück“ des Marketing bezeichnet.

Anliegen der Produktpolitik ist die

- Verbesserung vorhandener Produkte und die
- Entwicklung neuer Produkte.

Ziel der Produktpolitik ist es, das Sortiment des Unternehmens in seiner Tiefe und Breite optimal zu gestalten. Werden verschiedene Warengattungen (z. B. Warenhaus) angeboten, spricht man von breitem Sortiment; werden dagegen von einer Warengattung viele Ausführungen (z. B. Schuhgrößen, Farben, Muster) angeboten, so handelt es sich um ein tiefes Sortiment.

Für die Stellung des Unternehmens auf dem Markt ist das wohl ausschlaggebend (Konkurrenzfähigkeit, Zukunftssicherung, Finanzkraft).

Die rasche technologische Entwicklung, das schnelle Veralten von Produkten und die hohe Versagerquote („Flops“) von Neueinführungen (teilweise gelingt nur 2 von 10 Neuheiten der Durchbruch!) zwingen zu sorgsamer Produktpolitik.

**Produktverbesserungen.** Sie beziehen sich (je nach Produktart) auf das Material, die Verwendungszwecke, die Form des Produkts (Design), die Qualität, die Verpackung und teilweise auch auf den Produktnamen (Marke). Schwierig ist die Entscheidung, wann und ob ein Produkt aus dem Markt genommen werden soll. Man darf hierbei nicht nur von den Deckungsbeiträgen ausgehen. Auch unrentable Produkte können im Sortimentsverbund ihre Berechtigung haben (z. B. runden sie das Sortiment ab).

**Entwicklung neuer Produkte.** Der Entscheidung über die Einführung eines neuen Produkts gehen oft mehrjährige Planungen voraus, die von der Produktidee bis zur Markteinführung reichen. Wichtige Informationen liefert die Lebenszyklusanalyse des Vorgängerprodukts. Ist hier ein Umsatzhoch erreicht, sollte (wenn die Ergebnisse der Marktforschung dies sinnvoll erscheinen lassen) das Nachfolgeprodukt bereits entwickelt sein. Beim Niedergang des Vorgängers könnte dann allmählich die Markteinführung des neuen Produkts erfolgen. Der Einführung vorausgehen sollten in jedem Fall Produkt- und Markttests (Umfragen, Verkaufsversuche auf Testmärkten).

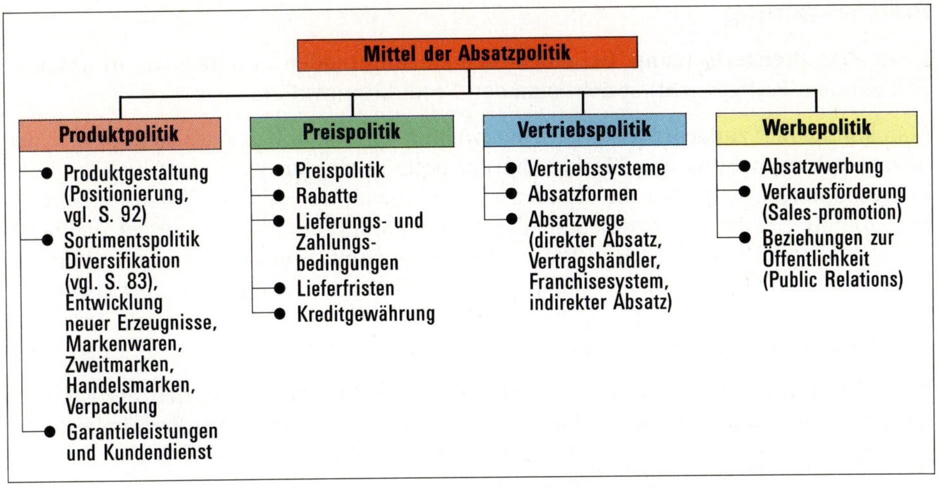


*Abb. 3.3.3-1 Mittel der Absatzpolitik*

## 3.3.4 Preispolitik

**Fall.** *Unterstellen wir, das Unternehmen X aus der Nahrungsmittelindustrie möchte ein neuartiges Fertiggericht auf den Markt (d. h. in die Regale der Supermärkte) bringen.*
*Es ist verständlich, daß neben der Produkt-, Vertriebs- und Werbepolitik die Preispolitik eine bedeutsame Rolle spielt, um den ersten Zugang beim Einzelhandel und beim Kunden zu bekommen.*

### Bestimmungsgründe der Preispolitik

Die Unternehmen müssen im Wettbewerb mit vielen anderen konkurrieren. Um einen möglichst hohen Marktanteil zu erreichen, bedienen sie sich insbesondere auch der Preispolitik. Sie schlagen auf ihre Selbstkosten einen bestimmten Gewinn und gelangen so zum Angebotspreis.

Doch die Preispolitik eines Unternehmens ist gleichzeitig abhängig

- von der Zahl der Mitbewerber und deren Verhalten und
- vom Käuferverhalten.

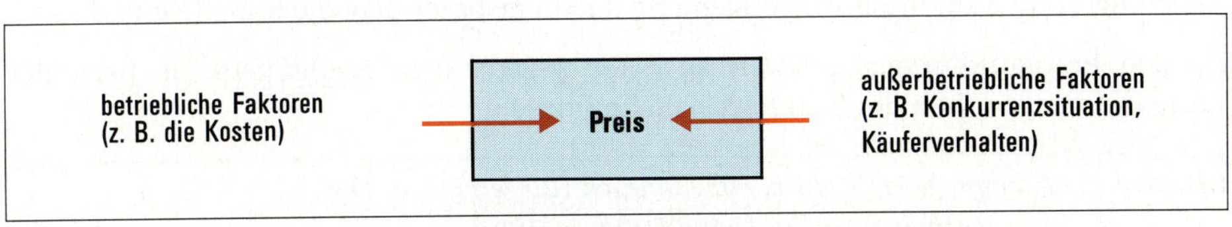


*Abb. 3.3.4-1 Bestimmungsgrößen bei der Preisbildung*

Das langfristige Ziel der Preispolitik ist die Gewinnmaximierung. Hiernach richten sich die im folgenden dargelegten preispolitischen Überlegungen.

380287

## Preisgestaltung

**Erstmalige Preisfestsetzung.** Bei einem neu einzuführenden Produkt (wie in unserem Fall mit dem Fertiggericht) spricht man von Produktinnovation.

Man könnte hier zunächst versuchen, mit einem möglichst hohen Preis zu beginnen, der dann bei Erschließung des Marktes wieder gesenkt werden kann (auf nachträgliche Preiserhöhungen reagieren die Kunden oft ablehnend, weil sich bei ihnen noch keine Marktbindung ergeben konnte). Soll allerdings ein Markt erschlossen werden, empfiehlt es sich eher, mit einem niedrigen Preis zu beginnen (Einführungspreis), um eine Marktbindung bei möglichst vielen Kunden aufzubauen. Später kann dann die notwendige Preisanhebung (Selbstkosten + Gewinn) erfolgen. (Welche Vorgehensweise würden Sie in unserem Fallbeispiel empfehlen?)

**Preisänderungen.** Weil sich die Preisgestaltung an den Kosten im Betrieb, der Konkurrenzsituation und dem Käuferverhalten orientieren muß, werden sich Preisänderungen ergeben, sobald sich bei den drei genannten Bestimmungsgrößen etwas ändert.

**Kostenorientierter Preis.** Der kostenorientierte Preis ergibt sich (wie oben bereits angesprochen) als Summe von Selbstkosten und Gewinnzuschlag. Dieses Vorgehen ist aber recht starr. Der Markt kann aufgrund großer Nachfrage unter Umständen „mehr" hergeben. Andererseits kann aber z. B. der erwähnte Einführungspreis ein Unterschreiten des kostenorientierten Preises notwendig machen. (Einzelheiten hierzu folgen in Abschnitt 3.4.1, Kalkulation.)

**Preisunterbietung.** Eine bewußte Preisunterbietung kann unlauterer Wettbewerb sein, wenn hierdurch Mitbewerber ausgeschaltet werden sollen. Langfristig ist eine Preisunterbietung betriebswirtschaftlich unvertretbar, weil sie an der Betriebssubstanz zehrt.

**Konkurrenzorientierte Preisgestaltung.** Hier gibt es den branchenüblichen Leitpreis (z. B. Brötchenpreis). Die Preise der Konkurrenten schwanken um diesen Preis oder es gilt allgemein nur dieser Preis. Gibt es Preisänderungen, so werden sie von allen Anbietern der Branche mitvollzogen. Ein anschauliches Beispiel hierzu ist der Benzinpreis.

**Preisoptik.** Insbesondere der Einzelhandel ist bemüht, Preise auch optisch als günstig erscheinen zu lassen. Ergibt die Preiskalkulation z. B. einen Preis von 10,13 DM, so erscheint der betreffende Artikel subjektiv ungleich billiger, wenn der Preis auf 9,98 DM festgelegt wird.

## Preiskonditionen

Hierzu wurden bereits im Abschnitt 3.3.4 Aussagen gemacht. Angesprochen sind die Lieferungs- und Zahlungsbedingungen und davon insbesondere die Rabatte und Skonti.

Zu den Preiskonditionen gehören auch die sogenannten *Staffelpreise*. Je nach der Abnahmemenge erhält der Kunde gestaffelte Preise.

---

**Beispiel:** *Abnahmemenge T-Shirts mit Aufdruck (Einzelpreis in DM)*

*1000 Stück à 4,00* *400 Stück à 7,00*
*800 Stück à 4,50* *200 Stück à 8,00*
*600 Stück à 6,00*

*Mindestabnahmemenge: 200 Stück.*

---

## Preisdifferenzierung

Es ist denkbar, daß ein Unternehmen Produkte oder Leistungen gleicher Art zu unterschiedlichen Preisen anbietet. Dies erklärt sich dadurch, daß die Bedingungen auf einem Markt unterschiedlich sind (z. B. regional unterschiedliche Konkurrenzsituation oder unterschiedliches Käuferverhalten), oder das Unternehmen bietet auch auf anderen Märkten (z. B. Ausland) an.

Man unterscheidet:

- **Räumliche Preisdifferenzierung:** z. B. inländischer und ausländischer Markt; Einführungspreise hier, kostenorientierte Preise dort.
- **Zeitliche Differenzierung:** z. B. saisonbedingte Preisunterschiede, wie Sommerpreise bei Langlaufskiern.

Was heißt nun all dies für unseren Unternehmer X im Fallbeispiel? Er muß preispolitische Überlegungen anstellen, ob sein erster festgesetzter Preis über, unter oder gleich dem kostenorientierten Preis sein soll. Seine betrieblichen Kosten kennt er, über die Wettbewerbssituation wird er Informationen einziehen können (vielleicht ist er tatsächlich der erste und einzige Anbieter des neuen Fertiggerichts, das erleichtert die Preisfestsetzung). Aber schwer wird es sein, das Käuferverhalten einzuschätzen. Er wird Marktforschung betreiben müssen. Ist zu erwarten, daß unser Unternehmen eine Marktlücke entdeckt hat, könnte er einen vergleichsweise hohen Abschöpfungspreis als erstmaligen Preis festsetzen.

Großabnehmern kann er gestaffelte Preise anbieten. Je nach der jeweiligen örtlich gegebenen Situation sollte er auch Überlegungen zu einer Preisdifferenzierung anstellen, wie sie oben dargestellt worden sind.

## 3.3.5 Vertriebspolitik

In welchem Umfang die einzelnen Mittel der Vertriebspolitik eingesetzt werden, hängt sowohl von der Art der Produkte ab (z. B. Grundbedarf an Lebensmitteln einerseits, langlebige Konsumgüter andererseits) als auch von den jeweils gegebenen sonstigen Verhältnissen (allgemeine Wirtschaftslage, jeweilige Marktlage), insbesondere aber vom Verhalten der Konkurrenz.

Bei der Vertriebspolitik geht es um

**das Vertriebssystem,** d. h. die Frage, ob

- ein werkseigener Vertrieb (Filialsystem),
- ein werksgebundener Vertrieb (durch rechtlich selbständige, aber wirtschaftlich abhängige Verkaufsniederlassungen) oder
- ein ausgegliederter Betrieb (durch rechtlich und wirtschaftlich selbständige Firmen) vorteilhaft ist;

**die Absatzform,** d. h. die Wahl zwischen

- betriebseigenen Organen (Mitarbeiter, Reisende) oder
- betriebsfremden Organen (Handelsvertreter, Kommissionäre, Makler).
  (Vgl. schon Abschnitt 3.5.3.3.)

## Absatzwege

Bietet ein Unternehmer seine Güter und Dienstleistungen *direkt* dem Weiterverarbeiter oder Verbraucher an (ohne andere selbständige Unternehmer zwischenzuschalten), handelt es sich um *direkten Absatz*. Treten aber zwischen Hersteller und Weiterverarbeiter oder Verbraucher selbständige Unternehmer (etwa Groß- und Einzelhandel), liegt *indirekter Absatz* vor.

Direkter und indirekter Absatz lassen sich jedoch nicht immer klar trennen, da sich ein Unternehmer auch bei direktem Absatz der unterschiedlichsten Verkaufsorgane bedienen kann. Diese können bestehen aus besonderen Verkaufsabteilungen und eigenen Läden; aber auch Reisende, selbständige Handelsvertreter oder Kommissionäre können vom Unternehmer eingesetzt werden.

### Der direkte Absatz

Bei bestimmten Branchen und Produkten ist der direkte Absatz vorteilhafter, so bei Spezialanfertigungen, größeren Gütern, technisch komplizierten Erzeugnissen, bei denen die Hersteller einen ständigen Service bieten und der direkte Kontakt zum Kunden unerläßlich ist. Derartige Hersteller haben ein Netz von *Niederlassungen* in ihrem Absatzgebiet aufgebaut, welche die Beziehungen zum Kunden pflegen, Ersatzteillager unterhalten sowie Kundendienst-, Garantie- und Reparaturarbeiten ausführen.

### Der indirekte Absatz

Obwohl sich die Hersteller bemühen, ihre Erzeugnisse direkt abzusetzen und einen starken Einfluß auf die Absatzmärkte zu gewinnen, ist der indirekte Absatz bei Konsumgütern und auf polypolistischen Märkten nach wie vor üblich.

Direkten Absatz gibt es bei den Konsumgütern nur in Ausnahmefällen (z. B. Salamander, Eduscho-Kaffee, WMF). Die Anbieter auf polypolistischen Märkten sind oft nicht stark genug, sich ein eigenes Vertriebsnetz für direkten Absatz zu errichten.

Ursprünglich hatte der einzelwirtschaftliche Großhandel als der Lagerhalter und Finanzier von Hersteller und Einzelhändler die zentrale Bedeutung beim indirekten Absatz. Seit den fünfziger Jahren gewinnen jedoch die Hersteller einerseits und Großunternehmen des Einzelhandels andererseits zunehmenden Einfluß auf den Absatzmärkten. Die freien Ketten des Einzelhandels, die durch gemeinsamen Einkauf (im Lebensmitteleinzelhandel, z. B. EDEKA, SPAR, REWE) oder gemeinsame Produktion (z. B. bei Farben und Lacken) die Vorteile der Großen zu erreichen versuchen, und die Errichtung von Selbstbedienungs-Großhandlungen nach dem Cash-and-Carry-Prinzip (engl.: bezahle und trage) leiteten hier nur teilweise eine Gegenbewegung ein (vgl. Abschnitt 6.2.3).

Die möglichen Wege des Produktes vom Erzeuger zum Verwender kann man als *fünf* verschiedene *Absatzketten* darstellen:

- Erzeuger → Verwender — > **direkter Absatz**
- Erzeuger → Einzelhändler → Verwender
- Erzeuger → Großhändler → Verwender
- Erzeuger → Großhändler → Einzelhändler → Verwender
- Erzeuger → Spezialgroßhändler → Sortimentsgroßhändler → Einzelhändler → Verwender

(die letzten vier: **indirekter Absatz**)

(Zwischen die Kettenglieder können sich zusätzlich selbständige Handelsvertreter schieben.)

### Das Franchisesystem

Eine Sonderform hinsichtlich des Absatzweges stellt das Franchising dar. Der Hersteller (Franchisegeber) räumt dem wirtschaftlich selbständigen Handelsunternehmen (Franchisenehmer) gegen Entgelt (in der Regel eine Gebühr, die sich nach dem getätigten Umsatz berechnet) das Recht ein, ein eingeführtes Waren- oder Dienstleistungssortiment unter einheitlichem Zeichen (z. B. Coca-Cola, McDonald's) in einem bestimmten Gebiet ausschließlich - also allein - anzubieten. Der Franchisenehmer hat dabei gewisse Bedingungen zu erfüllen, z. B. das Geschäft außen und innen nach bestimmten Grundsätzen zu gestalten, Beratungsdienste einzurichten, Mindestläger zu unterhalten und Mindestmengen zu bestellen, wie es z. B. in der Möbelbranche der Fall ist.

## 3.3.6 Absatzwerbung

Die weitgehende Sättigung der Märkte hat den Wettbewerb verschärft und das Werben um den Kunden wird immer bedeutsamer.

### Ziele und Inhalte der Werbung

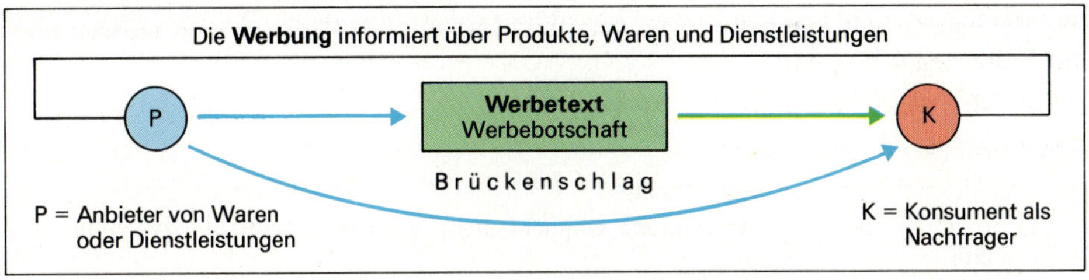


*Abb. 3.3.6-1 Kommunikationsmodell*

Die Aufgabe der Werbung ist es, eine Brücke zwischen dem Anbieter von Waren oder Dienstleistungen und dem Nachfrager zu schlagen.

### Kommunikationsmodell der Werbung

Die Werbung hat folgende Ziele:

**Die Werbung soll neue Kunden gewinnen.** Das ist vor allem nötig bei Neugründung eines Geschäftes (Einführungswerbung).

**Die Werbung soll Stammkunden erhalten.** Durch Werbung soll (und muß!) das betreffende Geschäft oder eine bestimmte Ware immer wieder in Erinnerung gebracht werden. Bei gutem Geschäftsgang also: Erinnerungswerbung! Bei rückläufigem Umsatz: verstärkter Werbeeinsatz!

**Die Werbung soll neuen Erzeugnissen den Weg zum Abnehmer bahnen.** Immer neue Produkte werden erdacht und hergestellt, die bekanntgemacht werden müssen (Neuheiten der Deutschen Industriemesse in Hannover, der Frankfurter Messe usw.).

**Die Werbung soll neue Bedürfnisse wecken.** Mit wachsendem Wohlstand verwendet der Verbraucher einen immer größeren Teil seines Einkommens für Güter des gehobenen Bedarfs (hochwertige technische Gebrauchsgüter wie elektrische Küchengeräte, Kühltruhen, Autos, Urlaubsreisen, Luxusgüter). Damit erwächst der Werbung die Aufgabe, das Bedürfnis nach den betreffenden Erzeugnissen in dem in Frage kommenden Käuferkreis zu wecken und zu echtem Bedarf zu machen.

Die Absatzwerbung muß in eine Palette von Marketing-Maßnahmen (vgl. Abschnitt 3.3.1) eingebettet sein. Und sie muß einem vorgegebenen Werbeplan folgen. Dieser Werbeplan greift Marketing-Maßnahmen heraus und kombiniert diese zu einem *Marketing-Mix* (Mischung von absatzpolitischen Instrumenten, wie z. B. Verkaufsförderung, Preis-, Verpackungs- und Produktgestaltung).

Das Vorgehen nach diesem *Werbeplan*, man kann auch von *Werbestrategie* sprechen, muß die folgenden fünf Punkte berücksichtigen:

- Zielsetzung – Was soll diese Absatzwerbung bewirken?
- Zielgruppe – Wer ist der Verbraucher?
- Hauptnutzen für den Verbraucher – Weshalb sollte der Verbraucher eigentlich das Produkt kaufen?
- Beweisführung – Gründe aufführen, an Nutzen glauben.
- Stil und Ton – Ausdruck der „Produktpersönlichkeit" (Atmosphäre, Charakter).

Alle Werbemaßnahmen müssen die oben genannten Punkte im Auge behalten. Die Absatzwerbung muß sie in ihre *Werbebotschaft* (z. B. Werbetext) einbeziehen.

Die Werbebotschaft kann die folgenden Teilinformationen umfassen (es müssen aber nicht alle zugleich sein):

**Inhalte der Werbebotschaft**

- Markenname des Produkts
- Name des anbietenden Unternehmens
- Eigenschaften, Nutzen, Verwendungsmöglichkeiten, besondere Vorzüge (Vorteile) des Produkts
- Präferenzen des anbietenden Unternehmens (besondere Vorteile, die darin liegen, gerade bei diesem Anbieter zu kaufen)
- Gebrauchsanweisung, Rezepte und Bedienungsanleitung
- Einkaufsquellen

Es ist das besondere Ziel der Absatzwerbung, das Produkt X im Bewußtsein der Verbraucher zu verankern. Dieses Bemühen bezeichnet man in der Werbewirtschaft als „Positionierung":

**Positionierung** ist in der Werbebranche ein gängiger Begriff. Man meint damit den ganz genau bestimmten Platz, den das Produkt im Bewußtsein der Verbraucher einnehmen soll. So sollen sie beispielsweise die neue Seife X nicht als Reinigungsmittel, sondern als eine Art Medikament für empfindliche Haut ansehen, das man deshalb auch nur in Apotheken kaufen kann. Die Werbung muß darum hierbei versuchen, die gewählte Positionierung möglichst vielen Verbrauchern nahezubringen: Wer empfindliche Haut hat, sollte umgehend nur diese Seife X aus der Apotheke verwenden!

## Werbeformen

Die Werbung kann den umworbenen Kundenkreis auf zwei Wegen erreichen.

- **Die Einzelwerbung** wendet sich an den einzelnen Kunden (Verkaufsgespräch, Werbebrief, Kundenbesuch durch Vertreter oder Reisende) und ist durch ihre größere Intensität in der Regel wirksamer als die Massenwerbung. Andererseits ist sie kostspieliger, auch fehlt ihr die Breitenwirkung.
- **Die Massenwerbung** wendet sich über die verschiedenen Massenmedien (Werbeträger) Zeitung, Rundfunk, Fernsehen und Film an einen großen Personenkreis, an die anonyme Masse der Verbraucher. Ihr Vorzug ist die große Breitenwirkung bei geringeren Kosten.

Bei der **Einzelwerbung** wird der Umworbene individuell erfaßt und vor allem im Verkaufsgespräch, als der wichtigsten Form der Einzelwerbung, zur Kaufentscheidung geführt. Die Wirkung der Werbung ist hier unmittelbar festzustellen.

Die **Massenwerbung** muß breit *streuen*, denn sie versucht, einen großen Personenkreis zu erfassen. Im Werbeplan muß darum genau bedacht sein, wie man die möglichen Kunden nach Einkommen, Hobby und Interessenlage ansprechen kann. Streuverluste sind dabei jedoch nie zu vermeiden, es geht lediglich darum, sie einzuschränken.

Zur Auswahl der richtigen Werbeform bedarf es einer sorgfältigen Analyse:

- **des Streukreises,** d. h. des Personenkreises, der durch die Werbung angesprochen werden soll. Ein Inserat in einer Tageszeitung oder einer Illustrierten erreicht andere Käuferschichten, als ein Inserat in einer Fachzeitschrift oder ein Werbebrief, der bestimmten Interessenten direkt zugestellt wird;
- **der Streuzeit,** d. h. des günstigsten Zeitpunktes für die Werbung (Beispiele: Wechsel der Schaufensterauslagen je nach den Jahreszeiten, je nach der Mode und dem Bedarf - verstärkte Werbung vor und während der „Saison" der betreffenden Waren);
- **des Streuweges,** d. h. des günstigsten Weges, die Interessenten über ein bestimmtes Werbemittel zu erreichen. Als solche Streuwege kommen insbesondere die Post, Zeitungen bzw. Zeitschriften (Anzeigen), Rundfunk, Fernsehen und Plakatanschläge in Frage.

## Werbeträger

Je nach Adressatengruppe und Werbeziel werden unterschiedliche Werbeträger eingesetzt. Zeitungen und Zeitschriften sind hierbei wichtigster Werbeträger. Die Entscheidung für einen bestimmten Werbeträger hängt auch von den streutechnischen Daten und den unterschiedlichen Kosten ab. Bei Zeitungen muß das werbende Unternehmen die Zusammensetzung der Leserschaft und die Auflagenzahl wissen. Im Regelfall setzt das werbende Unternehmen kombiniert mehrere *Werbeträger* ein, weil

- die räumlichen Reichweiten der einzelnen Träger unterschiedlich groß sind und das Streufeld nicht mit einem Werbeträger abgedeckt werden kann, oder
- die Reichweite eines Trägers wegen der Menge nicht ausreicht, um genügend mögliche Käufer zu erreichen, oder
- die mangelnde qualitative Reichweite eines Trägers es nahelegt, mehrere Werbeträger einzusetzen und zu nutzen, oder
- ein bestimmter Werbeträger nur für einen Zeitpunkt oder eine kurze Zeitspanne zur Verfügung steht.

## Werbemittel

Die Begriffe Werbeformen, Werbeträger und auch Werbemittel sind natürlich immer in einem engen Zusammenhang zu sehen. Es gibt dabei auch zahlreiche Überschneidungen.

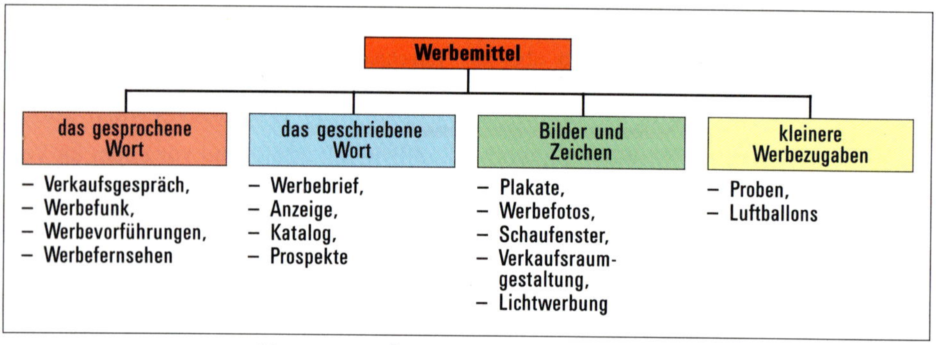


*Abb. 3.3.6-2 Überblick über die Werbemittel*

**Als Werbemittel** sind alle Möglichkeiten der Käuferbeeinflussung zur Steigerung des Warenabsatzes anzusehen.

- **Anzeigen** in Tageszeitungen, Wochenzeitungen, Fachzeitschriften, Illustrierten, Theater- und Konzertprogrammen sind die wichtigsten und beliebtesten Werbemittel. Die Werbewirkung hängt vor allem ab von der Größe, der Plazierung, dem Text (knappe, leicht verständliche, überzeugende Aussage), der drucktechnischen Gestaltung (Schriftart, Bild, richtige Flächenaufteilung) und der Dauer (Wiederholung).
- **Plakate** an Litfaßsäulen, an und in Verkehrsmitteln, an Lieferwagen, an Häuserfronten und verkehrsreichen Plätzen (Bahnhofshallen) erzwingen durch Größe, Farbkontraste, Bild, kurzen Text und einprägsame Schlagzeilen die Aufmerksamkeit.
- **Werbebriefe,** Werbedrucksachen wie Prospekte, Kataloge, Broschüren, Preislisten, Handzettel werden durch die Post (als Brief oder als Wurfsendung an alle Haushaltungen), durch beauftragte Verteiler (zum Einwerfen in Briefkästen oder zum Aushändigen an Straßenpassanten) oder als Beilage von Zeitungen und Zeitschriften zugestellt.
- **Werbefunk- und Fernsehsendungen** wenden sich an alle Bevölkerungskreise. Wegen des hohen Preises – ein 30-Sekunden-Spot kostet (z. B. 1989) beim ZDF zwischen 40 000,00 DM und 90 000,00 DM – wird die Fernsehwerbung nur von Herstellern, von Großunternehmen des Einzelhandels oder Handelsketten eingesetzt.
- **Das Schaufenster und die Gestaltung des Verkaufsraumes** prägen das Gesicht des Ladengeschäfts und sind neben dem Verkaufsgespräch das wichtigste Werbemittel des Einzelhändlers. Während früher dem Schaufenster die überragende Bedeutung zukam, spielt heute die Gestaltung des Verkaufsraumes, die psychologisch geschickte Verteilung der Waren im Raum und ihre Darbietung eine wachsende Rolle.
- **Verpackung und Aufmachung** der Ware (Geschenkpackungen, Markenartikel) sind oft wirkungsvolle Werbemittel für die Ware selbst und bahnen nicht selten einem Produkt den Weg zum Erfolg. Jede Verpackung eines Markenartikels hat ihre Besonderheit in der Gestaltung und Aufmachung und kann sogar als Schaupackung werbewirksam sein.

380294

## 3.3.7 Public Relations

Insbesondere von den größeren Unternehmen wird erkannt, daß die Absatzwerbung von der Meinungswerbung, den Public Relations (Begriffserklärung vgl. in Abschnitt 3.3.1), ergänzt werden muß.

Dieser „Pflege der öffentlichen Meinung" dienen Informationen, Werksbesichtigungen, Vorträge, Sponsoren(Spender)tätigkeit usw. Während die Absatzwerbung sich kurzfristig bezahlt machen soll, wirkt die Public-Relations-Arbeit auf weite Sicht, will Vertrauen, Ansehen, Achtung vor den Leistungen des Unternehmens schaffen, um so dessen Bestand auf die Dauer zu sichern.

### Der Public-Relations-Plan

Jedes größere Unternehmen wird seine „Pflege des guten Rufes" (= Public Relations) planvoll betreiben und die Zielgruppen dabei zu unterscheiden wissen.

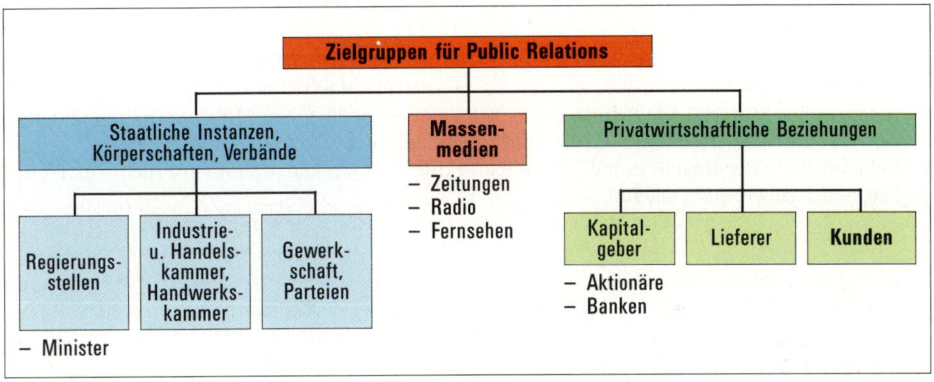


*Abb. 3.3.7-1 Zielgruppen der PR-Maßnahmen*

Zur Pflege der hier genannten Beziehungen haben größere Unternehmen eigene Abteilungen eingerichtet. Doch die hier gemeinte Darstellung des Unternehmens nach außen obliegt zugleich jedem Mitarbeiter, was besonders im Schwerpunktbereich der Public Relations (= Kunden) deutlich wird.

Auch Sie werden bereits die Erfahrung gemacht haben, daß man Geschäfte tunlichst vermeidet, in denen man einmal von einem muffligen und unfreundlichen Verkäufer bedient wurde.

### Mittel der Public Relations

Zu den möglichen Mitteln der Public Relations gehören:

- **Korrespondenz und Telefon.** Daß der Briefwechsel und Telefongespräche in gewinnendem Tone zu führen sind, ist an sich selbstverständlich, vor allem ist darauf zu achten, daß auch Reklamationen, bei denen die Kunden die Schuld trifft, zuvorkommend behandelt werden.
- **Werkbesichtigungen.** Die Werkbesichtigungen dienen in erster Linie dazu, auf die Bestrebungen der Geschäftsleitungen hinzuweisen, Produktion oder Dienstleistungen dem neuesten Stand der Technik anzupassen. Werkbesichtigungen bilden eine gute Gelegenheit zu beweisen, daß den Anforderungen der Hygiene, der Unfallverhütung u. a. m. entsprochen wird.

- **Publizitätsmittel (Massenmedien).** Hier kommen in Frage: Presse, Rundfunk, Fernsehen, Broschüren, Dokumentarfilme usw. Der Einsatz dieser Mittel setzt genaue Kenntnis der geographischen Verbreitung der Kundschaft voraus.

  Schaffung und Erhaltung guter Beziehungen zur Presse sind daher erstes Gebot der Public-Relations-Tätigkeit. Den Publizitätsorganen sind allgemein interessierende Nachrichten zu übermitteln, wie zum Beispiel Ergebnisse von Forschungsarbeiten, Berichte über die Entwicklung neuer Erzeugnisse, über Betriebsvergrößerungen, besondere Leistungen.

  Zur Politik der offenen Tür gehört auch die Pflege des persönlichen Kontaktes zu den maßgebenden Presseleuten.
- **Trainingskurse.** Betriebsangehörige, die regelmäßig mit Kunden in Berührung kommen, werden durch spezielle Kurse auf ihre Aufgabe vorbereitet. So sollen die Telefonistinnen und das Empfangspersonal eine einwandfreie Sprechtechnik und höfliche Umgangsformen beherrschen.
- **Empfangsräume.** Der Kunde, der einen Betrieb betritt, formt seine Meinung über das Unternehmen unter anderem auf Grund des Eindruckes, den die Geschäftsräume auf ihn machen. Schlichte Zweckmäßigkeit ist einer Zurschaustellung von Prunk vorzuziehen. In diesem Zusammenhang ist auch auf die gärtnerische Gestaltung der Umgebung der Werkanlagen hinzuweisen. Auch der Wagenpark und die Chauffeure müssen einen angenehmen Eindruck hinterlassen.
- **Jahresbericht.** Einem ausgewählten Kundenkreis wird regelmäßig der Jahresbericht zugestellt und Vorsorge getroffen, daß die Presse Auszüge publiziert.
- **Belehrendes Material für Schulen.** Das Informationsbedürfnis und die Aufnahmefähigkeit der Jugend sind besonders groß. Und doch soll das Dokumentationsmaterial keinen Reklamecharakter tragen; es muß Freude und Interesse wecken; damit wird nicht zuletzt der Nachwuchsgewinnung gedient.

nach: H. Müller, Public Relations, in: Handbuch der Werbung, Wiesbaden 1975, S. 973 f.

## Aufgaben

1. Aus welchem Grund (Gründen) wurde die Absatzpolitik in den letzten Jahrzehnten immer bedeutsamer?
2. Was heißt Marketing, und welche Maßnahmen umfaßt es?
3. Marktforschung:
   a) Erklären Sie diesen Begriff.
   b) Welche Forschungsmethoden wendet man hierbei an? (Nennen und kurz erklären.)
4. Ein Unternehmen möchte ein neuartiges Fruchtsaftgetränk auf den Markt bringen. Wägen Sie ab: Wäre hier die Marktanalyse oder die Marktbeobachtung die sinnvollere Methode? (Erörtern Sie kurz die Vor- und Nachteile von beiden.)
5. Erklären Sie die Begriffe: Käufermarkt, Marketing, Sortiment, Transparenz des Marktes.
6. Nennen Sie die wichtigsten Kaufmotive des Verbrauchers.
7. Vergleichen Sie die verschiedenen Vertriebssysteme und Absatzformen hinsichtlich ihrer Vorteile und Nachteile für ein bestimmtes Unternehmen. Nennen Sie Beispiele aus der Praxis.
8. Nehmen Sie kritisch zu der folgenden Behauptung Stellung: Beim Franchisesystem ist der Franchisenehmer ein Unternehmer ohne Risiko.
9. Nennen Sie die *fünf* Absatzketten.
10. Zeichnen Sie die Absatzkette für ein Farbfernsehgerät und begründen Sie, weshalb dieser Weg sinnvoll / nicht sinnvoll ist.

11. Nennen Sie fünf deutsche Hersteller, von denen Sie wissen, daß sie über ein Netz von Verkaufs- und Serviceniederlassungen (werksgebunden oder rechtlich und wirtschaftlich selbständig?) in der gesamten Bundesrepublik Deutschland verfügen.

12. Nennen und erklären Sie Bestimmungsgrößen für die Preispolitik eines Unternehmens.

13. Erörtern Sie am Beispiel eines modischen Laufschuhs, den ein sehr bekannter Sportartikel-Hersteller auf den Markt bringt: Sollte der erstmalig gesetzte Verkaufspreis eher kosten- oder eher nachfrageorientiert sein?

14. Erklären Sie: Welchen Sinn kann die räumliche und die zeitliche Preisdifferenzierung haben?

15. Inwiefern wäre eine Massenfertigung (mit der Folge: niedriger Preis) ohne Werbung gar nicht möglich?

16. Inwiefern liegt die Werbung einerseits im Interesse des Nachfragers und andererseits im Interesse des Anbieters?

17. Beschreiben Sie einen Fall aus Ihrem Erfahrungsbereich (Familie, Freunde), bei dem eine Werbe-Information Anlaß für einen zufriedenstellenden Kauf war.

18. Zu Beginn des 20. Jahrhunderts wurde in Deutschland eine vollkommen unbekannte Frucht auf den Markt gebracht, nämlich die Banane.
Beschreiben Sie dabei die Aufgabe der Werbung.

19. Entnehmen Sie einer Illustrierten eine bunte Anzeigenwerbung und analysieren Sie diese nach der folgenden Vorgehensweise:
    a) Von wem (Unternehmen, Instanz) stammt die Anzeige?
    b) Welche relavente Information enthalten Text und/oder Bild?
    c) *Wofür* wird geworben?
    d) Welche Beziehung besteht zwischen Bild und Text?
    e) Was steht im Vordergrund: Appell an das Gefühl, die sachliche Information, der Verkauf von Leitbildern (Tradition, Exklusivität)?
    f) In welcher Rolle werden die Leser der Anzeige (die möglichen Kunden) gesehen?
    g) In welcher Rolle sieht sich das werbende Unternehmen? (Dies ist der Sender.)
    h) Welche Zielgruppe (vor allem) soll angesprochen werden?

20. Positionierung und Faktoren der Werbestrategie muß man an einem Beispiel übend anwenden.
**Werbebeispiel:** „SCHLÜRF" – der Apfelsaft als Instant-Getränk. Die XY-Werke in Neustadt bringen Apfelsaft in Pulverform heraus und möchten dem Verbraucher die Eigenschaften: praktisch, Genuß, Natur (natürlich), unverderblich, vitaminreich, gesund, selbstmachen (do-it-yourself) nahebringen.
    a) Beschreiben Sie in kurzen Sätzen die Positionierung.
    b) Versuchen Sie, jede der in den fünf Faktoren der Strategie steckenden Fragen für „SCHLÜRF" zu beantworten. (Wer das gut hinbekommt, ist eigentlich schon ein Werbestratege.)

21. Ein in Ihrem Stadtteil ansässiges Möbelhaus will werben. Empfehlen Sie ihm zwei geeignete Werbeträger. (Genau benennen.)

22. Ein deutscher Waschmittelkonzern, der ein neues Waschmittel entwickelt hat, will dieses anpreisen. Schlagen Sie drei geeignete Werbeträger vor, und begründen Sie Ihren Vorschlag.

23. Beschreiben Sie den Unterschied zwischen Absatzwerbung und Public Relations.
(Punkte, die in Ihrer Antwort auf jeden Fall beantwortet werden müssen: Ziel der Absatzwerbung, Zweck der Absatzwerbung, Ziel der Public Relations, Vorgehensweise bei Public Relations, Mittel und Möglichkeiten der Public Relations, Absatzwerbung und Public Relations in der Tageszeitung, Zielgruppe der Absatzwerbung, Zielgruppe der Public Relations, Meßbarkeit des Nutzens von Public Relations.)

24. Erläutern Sie die Ausdrücke „Streufeld" und „Streuverlust".

25. Beurteilen Sie: Der Fußballspieler als Werbeträger.
26. Erfragen Sie (telefonisch oder bei einem Besuch) die Kosten für eine Schwarzweißanzeige in ihrer regionalen Tageszeitung.
27. (Für Berufsschüler) Welcher Streukreis, welche Streuzeit, welcher Streuweg und welches Werbemittel sind für ein Produkt Ihres Betriebes (oder ein selbstgewähltes Produkt) besonders empfehlenswert?

## Zusammenfassung

**Absatz**

Wegen des zunehmenden Wettbewerbs (Käufermarkt) muß ein Unternehmen dem Absatz steigende Aufmerksamkeit widmen. Das Marketing bündelt entsprechende Maßnahmen. Diese sind:

**Marktforschung**

Die Marktforschung überprüft zuvor die Marktchancen für ein Produkt. Marktanalyse (Zeitpunktbetrachtung) und Marktbeobachtung (Zeitraumbetrachtung) sowie Sekundärforschung (z. B. eigene Unterlagen des Unternehmens) und Primärforschung (z. B. Kundenbefragung als Tatsachen-, Meinungs- und Motivforschung) sind die Vorgehensweisen.

**Produkt- und Preispolitik**

Das Produkt ist „Herzstück" eines Unternehmens. Darum sind auch z. B. Art, Gestaltung, Lebenszyklus eines Produkts von einer ausschlaggebenden Bedeutung für das Unternehmen. Über eine flexible Preisgestaltung (z. B. konkurrenzorientierter Preis, besondere Preiskonditionen, Preisdifferenzierung) sollen die Umsatzchancen erhöht werden.

**Vertriebspolitik**

Hier geht es insbesondere um Absatzformen und Absatzwege, aber auch um Sonderformen des Vertriebs, wie das Franchisesystem.

**Absatzwerbung**

Ihr Ziel ist die Beeinflussung des Kunden, er soll sich zum Kauf entscheiden. Gute Werbung folgt einem Werbeplan. Erwünscht ist die Positionierung des Produkts im Bewußtsein der Verbraucher.

**Public Relations**

Es geht hier um ein Werben für das Unternehmen als Ganzes, um die Pflege der öffentlichen Meinung. Dem Unternehmen soll auf Dauer Achtung und Ansehen verschafft werden.

# 3.4 Die Kalkulation

## 3.4.1 Zweck und Arten der Kalkulation

Die Kalkulation dient der Preisermittlung und der Gegenüberstellung der Erlöse mit den Kosten der Waren. Ziel ist zunächst die Berechnung des sogenannten *Selbstkostenpreises*. Dieser Preis, der nur die tatsächlichen Kosten des Betriebes deckt, ist eigentlich die Preisuntergrenze, denn kein Betrieb kann auf Dauer unter den Selbstkosten verkaufen. Jeder Betrieb will jedoch – zumindest langfristig – einen Gewinn erwirtschaften. Auf den Selbstkostenpreis muß deshalb bei normaler Kalkulation noch ein *Gewinnzuschlag* hinzugerechnet werden, um den *angestrebten Verkaufspreis* zu ermitteln. Dieser Gewinnzuschlag erlaubt es dem Kaufmann, sich – was die Preisgestaltung angeht – in bestimmtem Umfang der Marktlage anzupassen.

380298

Entscheidend sind für die Kalkulation drei Fragen:

- Wann wird kalkuliert?
- Werden einzelne Waren-/Warengruppen gesondert oder wird das gesamte Sortiment kalkuliert?
- Liegt der Verkaufs- oder der Einkaufspreis fest?

Deshalb muß man mehrere Formen der Kalkulation unterscheiden:

- Die **Vorkalkulation und** die **Nachkalkulation.** Die Vorkalkulation ermittelt den erforderlichen Preis für den Verkauf der Ware. Sie dient entweder der Ermittlung des normalen Verkaufspreises oder des maximalen Einkaufspreises. Die Nachkalkulation wird erst nach Verkauf der Waren durchgeführt. Durch sie wird festgestelllt, inwieweit der Verkaufserlös die Kosten deckt und ob ein Gewinn erzielt wurde. Die Nachkalkulation wird insbesondere in Herstellungsbetrieben (vor allem Industriebetrieben) angewandt.
- Die **Gesamtkalkulation** (oder Einheitskalkulation) **und** die **Mischkalkulation.** Bei der Gesamtkalkulation werden die Werte für alle Artikel mit einheitlichen Kalkulationssätzen ermittelt und festgelegt. Bei der Mischkalkulation werden zwar auch die Werte je Einzelartikel berechnet, aber der Preis z. B. abhängig von der Marktlage und den Unternehmenszielen bestimmt. So können beispielsweise einzelne Lockartikel besonders günstig kalkuliert werden. Dafür wird ein Ausgleich bei anderen Waren geschaffen, auf deren Preis der Kunde nicht so empfindlich reagiert. Die Mischkalkulation ist auch notwendig, wenn die einzelnen Waren/Warengruppen unterschiedliche Kosten verursachen.
- Die **Verkaufskalkulation** (fortschreitende Kalkulation) **und** die **Einkaufskalkulation** (retrograde oder rückschreitende Kalkulation). Bei der fortschreitenden Kalkulation wird ausgehend vom Einkaufspreis der angestrebte Verkaufspreis ermittelt. Bei der retrograden Kalkulation wird ausgehend vom angestrebten oder festliegenden Verkaufspreis berechnet, welcher Einkaufspreis maximal möglich ist.

| Nach dem Zeitpunkt | Nach der Unterteilung der Warengruppen | Nach dem Ziel der Berechnung |
|---|---|---|
| Vorkalkulation<br>Nachkalkulation | Gesamtkalkulation oder Einheitskalkulation<br>Mischkalkulation<br>- verkaufsorientiert<br>- kostenorientiert | Verkaufskalkulation<br>Einkaufskalkulation |

*Abb. 3.4.1-1 Formen der Kalkulation*

Der *zu erzielende Preis* entspricht oft nicht dem bei der Kalkulation angestrebten Preis. Der zu erzielende Preis hängt vielmehr ab von der *Konkurrenzsituation* (Zahl der Konkurrenten und ihrer Marktsituation), der *Nachfrage* und den *Preisverhältnissen.*

## 3.4.2 Die Durchführung der Kalkulation im Warenhandel

In den folgenden Ausführungen betrachten wir nachstehend den Normalfall, die fortschreitende Kalkulation zur Ermittlung des Verkaufspreises.

**Der Rechnungspreis der Ware** (in der Regel der Listenpreis), u. U. verkürzt um Rabatte und Skonti, ist Ausgangspunkt der Preisberechnung.

**Nur der Nettowarenpreis** wird der Kalkulation zugrunde gelegt. Die am Ende der Rechnung des Lieferers als Zuschlag auf den Nettowarenpreis gesondert ausgewiesene Umsatzsteuer gehört wohl zum Kaufpreis der Ware, nicht aber in die Kalkulation.

**Den Bezugspreis** oder Einstandspreis erhält man, indem man die Bezugskosten zu dem (bereinigten) Nettowarenpreis (Einkaufspreis) hinzuschlägt.

**Bezugskosten** entstehen durch Verpacken, Verladen und Versenden der Ware (Fracht, Stückgut-Hausfracht und Lagergeld, sowie Versicherungsspesen und Zölle). Da diese Kosten jeweils nur für ganz bestimmte Warensendungen anfallen, kann man sie an Hand der Belege (Rechnung, Frachtbrief usw.), verkürzt um die darin enthaltene Umsatzsteuer, direkt dem Einkaufspreis zuschlagen.

**Gemeinkosten (GMK).** Im Handelsbetrieb entstehen aber auch Kosten, die nicht bestimmten Waren zugerechnet werden können, sondern durch den Betrieb als solchen entstehen: die Gemeinkosten, auch Geschäftskosten genannt. Hierzu rechnen die Mieten für Geschäftsräume, die Personalkosten, die Werbekosten, die Betriebssteuern, die Abschreibungen auf die Betriebs- und Geschäftsausstattung, die Schuldzinsen usw., d. h. alle Kosten, die in der Kontenklasse „Betriebskosten" aufgeführt sind. Außer Betracht bleiben die Kosten, die in die Kalkulation als Sondereinzelkosten eingehen (z. B. besondere Versandkosten).

**Gemeinkostenzuschlag.** Die Gemeinkosten müssen auf die Gesamtheit der umgesetzten Waren umgelegt werden. Das geschieht in der Weise, daß man die Gemeinkosten eines bestimmten Zeitabschnittes, z. B. eines Jahres, zu dem Einstandspreis der in dem gleichen Jahr umgesetzten Waren in Beziehung setzt und dann in Prozenten des Einstandspreises ausdrückt. Damit erhält man den sog. Gemeinkostenzuschlag. Bei einem

| Verkaufs-kalkulation ↓ | | DM | Einkaufs-kalkulation ↑ |
|---|---|---|---|
| | Bruttopreis | 224,56 | |
| ·/. v. H. | 25 % Rabatt | 56,14 | + i. H. |
| | Zieleinkaufspreis | 168,42 | |
| ·/. v. H. | 5 % Skonto | 8,42 | + i. H. |
| | Bareinkaufspreis | 160,00 | |
| + Betrag | Bezugskosten | 16,68 | ·/. Betrag |
| | Bezugspreis | 176,68 | |
| + v. H. | Gemeinkosten $33^1/_3$ % | 58,89 | ·/. i. H. |
| | Selbstkostenpreis | 235,67 | |
| + v. H. | 5 % Gewinnzuschlag | 11,78 | ·/. i. H. |
| | Barverkaufspreis | 247,35 | |
| + i. H. | 3 % Skonto | 7,65 | ·/. v. H. |
| | Zielverkaufspreis | 255,00 | |
| + i. H. | 15 % Wiederverkäuferrabatt | 45,00 | ·/. v. H. |
| | Nettoendverbraucherpreis | 300,00 | |
| + v. H. | 14 % Mehrwertsteuer | 42,00 | ·/. i. H. |
| | Bruttoendverbraucherpreis | 342,00 | |

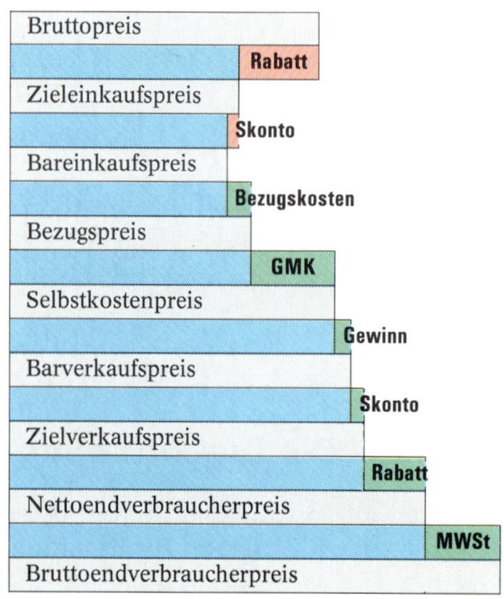


*Abb. 3.4.2-1 Der Aufbau der Kalkulation im Warenhandel (Großhandel)*

Jahresumsatz von 136000,00 DM und 17000,00 DM Gemeinkosten beträgt also der Gemeinkostenzuschlag 12½%.

**Der Selbstkostenpreis.** Wenn der Kaufmann die Gemeinkosten mittels des so errechneten prozentualen Zuschlages den Einstandspreisen der einzelnen Waren anteilig zuschlägt, erhält er den Selbstkostenpreis. Mit Hilfe dieses Zuschlages müssen neben den Bezugskosten auch alle in dem betreffenden Geschäftsjahr entstehenden Gemeinkosten abgedeckt, d. h. verrechnet werden.

**Fixe Kosten.** Ein Teil der Gemeinkosten (z. B. Miete, Beleuchtung, Abschreibungen) bleibt meist für längere Zeit gleich, selbst wenn sich der Umsatz erhöht oder zurückgeht. Diese sog. „fixen" *Kosten* machen z. B. im Einzelhandel 60–70 % der Kosten aus. Sie lassen sich als Kosten der Betriebsbereitschaft bei rückläufigen Umsätzen nicht ohne weiteres vermindern. (Wie würde sich in unserem obigen Beispiel bei gleichbleibenden Gemeinkosten eine Umsatzsteigerung auf 170000,00 DM, wie ein Umsatzrückgang auf 100000,00 DM auswirken?)

**Verschiedene Zuschlagsätze.** Werden in einem Betrieb Waren von stark abweichender Umschlagshäufigkeit (z. B. Klaviere, Violinen, Musiknoten, Geschenkartikel) geführt, so muß außer dem Gesamtumsatz auch der Umsatz der einzelnen Warengattung festgestellt werden, damit für jede Warengruppe ein *besonderer Gemeinkostenzuschlag* errechnet werden kann. Waren mit schnellem Umsatz werden dadurch geringer, Waren mit langsamem Umsatz höher belastet. Andererseits ist es auch üblich, einzelne Artikel mit einem niedrigeren Zuschlagsatz zu kalkulieren und durch einen höheren Zuschlag bei anderen Waren einen Ausgleich zu schaffen (sog. Mischkalkulation).

---

**Beispiel:** *Berechnung des Gemeinkostenzuschlages bei stark abweichender Umschlagshäufigkeit (vgl. Abschnitt 3.2.1) einzelner Warengruppen.*

*Aus den Umsatz-, Kosten- und Lagerwerten des Vorjahres wurden zunächst die Werte der Spalten (1) und (2) sowie die Gesamtgemeinkosten (GMK) und der Gemeinkostensatz (GMKS) ermittelt. Um eine gerechte Belastung der einzelnen Warengruppen mit den Gemeinkosten zu erreichen, wurde beschlossen, 60 % der*

| (1) Umsatz in TDM | (2) durchschn. Warenbestand | (3) Umschlagshäufigkeit | (4) Verteilung GMK gem. Umsatz in % | (5) GMK-Anteil gemäß Umsatzanteil | (6) GMK-Anteil gem. gewichtetem Lagerwert | (7) Gemeinkostensatz je Warengruppe % | (8) Verteilung GMK gem. Spalte 5/6 in TDM |
|---|---|---|---|---|---|---|---|
| 100,00 | 25,00 | 4,00 | 50,00 | 30,00 | 4,44 | 34,44 | 34,44 |
| 100,00 | 50,00 | 2,00 | 50,00 | 30,00 | 8,89 | 38,89 | 38,89 |
| 100,00 | 75,00 | 1,33 | 50,00 | 30,00 | 13,33 | 43,33 | 43,33 |
| 50,00 | 100,00 | 0,50 | 25,00 | 15,00 | 17,78 | 65,56 | 32,78 |
| 50,00 | 200,00 | 0,25 | 25,00 | 15,00 | 35,56 | 101,11 | 50,56 |
| 400,00 | 450,00 | 0,89 | 200,00 | 120,00 | 80,00 | | 200,00 |

| | | | |
|---|---|---|---|
| Gemeinkosten: | 200 | GMK-Anteil Umsatz | 60 % |
| Gesamtgemeinkostensatz: | 50 % | GMK-Anteil Lagerbestand | 40 % |

```
(((gmk*gmku*w2/gu)+(gmk*gmkb*12/lw))*gmk)/w2/200          Multiplan: GMKVAR1
```

*Abb. 3.4.2-2 Tabellenkalkulation der Gemeinkostenzuschläge*

*Gemeinkosten nach dem Umsatz und 40 % nach dem durchschnittlichen Lagerbestand zu verteilen (Spalten (5) und (6)). Daraus ergibt sich die neue Aufteilung der Gemeinkosten gem. Spalte (8) und der entsprechende Gemeinkostensatz gem. Spalte (7).*

*Die Berechnungsformel für die einzelnen Gemeinkostensätze lautet:*

$$\left\{\left[\left(\frac{\text{Gemeinkosten} \cdot \begin{matrix}\text{Gemeinkostenanteil}\\ \text{(Umsatz in \%)}\end{matrix} \cdot \text{Umsatz Warengruppe}}{\text{Gesamtumsatz}}\right) \left(\frac{\text{Gemeinkosten} \cdot \begin{matrix}\text{Gemeinkostenanteil}\\ \text{(Lagerbestand in \%)}\end{matrix} \cdot \begin{matrix}\varnothing\ \text{Lagerbestand der}\\ \text{Warengruppe}\end{matrix}}{\varnothing\ \text{Gesamtlagerbestand}}\right)\right] \cdot \text{Gemeinkosten}\right\}$$

$$./.\ \text{Umsatz der Warengruppe}\ ./.\ 200$$

**Der Verkaufspreis.** Wenn ein Kaufmann zum Selbstkostenpreis verkauft, hat er noch keinen Pfennig verdient; im Gegenteil, er erhält noch nicht einmal eine Entschädigung für seine eigene Arbeitsleistung. Er muß daher auf den Selbstkostenpreis noch einen *Gewinnzuschlag* (in Prozenten) hinzurechnen und erhält so den vorläufigen (Netto-) Verkaufspreis.

**Bestandteile des Gewinnzuschlages sind:**

- **der Unternehmerlohn.** Er ist der dem Unternehmer für seine Tätigkeit zuzurechnende Teil des Betriebsergebnisses, den er auch an einen leitenden Angestellten zahlen müßte, wenn er nicht selbst mitarbeitete. Deshalb sollte ein angenommenes Gehalt als „kalkulatorischer Unternehmerlohn“ unter den Selbstkosten verrechnet werden.
- **der Zins.** Durch den Zins wird die marktübliche Verzinsung des im Betrieb arbeitenden betriebsnotwendigen Eigenkapitals berücksichtigt.
- **die Wagnisspanne (Risikoprämie).** Da stets Vermögenswerte auf dem Spiele stehen und Verluste möglich sind, ist es nötig, einen bestimmten Prozentsatz des Umsatzes oder des investierten Kapitals zur Abdeckung dieser Risiken in den Preis mit einzukalkulieren.
- **der eigentliche Umsatzgewinn**

**Beispiel: Berechnung des Gewinnzuschlages**

*Voraussetzungen:*

| | |
|---|---|
| *Jahresumsatz zu Selbstkostenpreisen* | *2,4 Mio. DM* |
| *erforderliches Gesamtkapital* | *0,6 Mio. DM* |
| *davon Eigenkapital* | *0,2 Mio. DM* |
| *Unternehmerlohn je Monat* | *6 000,00 DM* |
| *Kalkulatorischer Zinssatz* | *8 %* |
| *Wagnisspanne in % des Umsatzes zu Verkaufspreisen (2,8 Mio. DM)* | *2 %* |
| *Angemessener Umsatzgewinn* | *3 %* |

*Berechnung:*

| | |
|---|---|
| *Unternehmerlohn: Jahreswert 72 000,00 DM* | = *3 % Umsatz zu Selbstkostenpreisen* |
| *Kalkulatorischer Zins 16 000,00 DM/Jahr* | = *0,667 %* |
| *Wagnisspanne 56 000,00 DM/Jahr* | = *2,333 %* |
| *Gewinnspanne* | *3 %* |
| *Gewinnzuschlag:* | *9 % auf Selbstkostenpreise* |

Der Gewinnzuschlag wird auch von öffentlichen Auftraggebern anerkannt. Betriebe, die Leistungen mangels eines Marktpreises zu sog. „Selbstkosten" anbieten, berechnen gemäß den geltenden Richtlinien als Teil der Gemeinkosten auch die oben genannten Bestandteile des Gewinnzuschlages als Teil der abzurechnenden „Selbstkosten".

Die Umsatzsteuer (Mehrwertsteuer) ist nur in der Kalkulation des Einzelhändlers Preisbestandteil und deshalb im Auszeichnungspreis der Ware eingeschlossen. Die Ladenpreise sind also immer Bruttopreise. In Rechnungen an Wiederverkäufer und Betriebe wird die Umsatzsteuer dagegen als Zuschlag auf den Nettoverkaufspreis gesondert ausgewiesen.

## 3.4.3 Kalkulationszuschlag, Handelsspanne und Kalkulationsfaktor

**Der Kalkulationszuschlag.** In der Praxis wird die Kalkulation oft vereinfacht, indem man die einzelnen Zuschläge (Gemeinkosten, Gewinn, im Einzelhandel oft auch die Umsatzsteuer) in einem Prozentsatz zusammenfaßt, um so durch einen einzigen Zuschlag auf den Bezugspreis den Verkaufspreis zu erhalten. Die Kalkulation zeigt dann folgenden Aufbau:

**Beispiel:**

| | | | | |
|---|---|---|---|---|
| Kalkulationszuschlag = 25 % ↓ | *Bezugspreis (Einkaufspreis + Bezugskosten)* ...... | *166,40 DM* | *= 100 %* | ↑ Handelsspanne = 20 % |
| | + *25 % Aufschlag* .................... | *41,60 DM* | | |
| | *Verkaufspreis* ...................... | *208,00 DM* | *= 125 %* | |

**Die Handelsspanne.** Geht man umgekehrt vom Verkaufspreis - hier von 208,00 DM - aus und drückt den Aufschlag - hier 41,60 DM - in Prozenten des Verkaufspreises aus, so erhält man die sog. Handelsspanne. Sie beträgt in unserem Beispiel 20 %, nämlich 41,60 : 2,08. Kalkulationszuschlag und Handelsspanne stehen in einem bestimmten Verhältnis zueinander:

| | | | | |
|---|---|---|---|---|
| Kalkulationszuschlag: | 20 % | 25 % | 50 % | $33\frac{1}{3}$ % |
| Handelsspanne: | $16\frac{2}{3}$ % | 20 % | $33\frac{1}{3}$ % | 25 % |

**Der Kalkulationsfaktor.** Die Kalkulation vereinfacht sich weiter, wenn man den jeweiligen Bezugspreis (Einstandspreis) mit dem sogenannten Kalkulationsfaktor multipliziert. Der Kalkulationsfaktor ist also die Zahl, mit der man den Bezugspreis multiplizieren muß, um den Verkaufspreis zu berechnen.

Der Kalkulationsfaktor lautet also in unserem Beispiel bei einem Aufschlag von 25 % 1,25; 25 % von 1,00 DM = 0,25 DM; dann ist 1,00 DM + 0,25 DM = 1,25 DM.

Will man den Bruttoverkaufspreis ermitteln, dann muß ein erhöhter (Brutto-)Kalkulationsfaktor angewandt werden. In unserem Beispiel bei 14 % Mehrwertsteuer: Bruttokalkulationsfaktor 1,425 (Berechnung 1,25 · 1,14 = 1,425)

- Bezugspreis von 166,40 DM · 1,25 = 208,00 DM Nettoverkaufspreis
- Bezugspreis von 166,40 DM · 1,425 = 237,12 DM Bruttoverkaufspreis

**Differenzierung der Handelsspanne.** Die Handelsspanne unterscheidet sich bei den verschiedenen Waren und in den einzelnen Branchen entsprechend den unterschiedlichen Kosten, die die Beschaffung, die Lagerung und der Verkauf verursachen.

3802103

## Aufgaben

1. Wodurch unterscheidet sich die Vorkalkulation von der Nachkalkulation und in welchem Wirtschaftsbereich ist die Nachkalkulation besonders wichtig?

2. Nennen und erläutern Sie zwei Argumente für die Anwendung der Mischkalkulation und begründen Sie die Notwendigkeit dieser Kalkulationsart.

3. Eine Ware, die Sie mit Rücksicht auf die Konkurrenz zu höchstens 380,00 DM einschließlich Mehrwertsteuer verkaufen können, wird Ihnen von einem Lieferer zu einem Nettopreis von 225,00 DM angeboten. Prüfen Sie, ob Sie das Angebot annehmen sollen (Handelsspanne ohne MWSt 35 %, Bezugskosten 4,00 DM). Bei Abnahme von mindestens 50 Stück würde Ihnen der Lieferer 6 % Rabatt gewähren und frachtfrei liefern.

4. Erklären Sie in einem Brief an Ihren Lieferanten, warum Sie bei einem empfohlenen Verkaufspreis von 2,40 DM sich nicht mit einer Handelsspanne von 22 % begnügen können.

5. Berechnen Sie die Bezugskosten für die Waren A, B und C je Einzelstück.

| | A | B | C |
|---|---|---|---|
| Warenwert der Sendung | 1000 | 2500 | 1500 |
| Verpackungseinheiten | 3 | 2 | 1 |
| Menge | 20 | 10 | 50 |
| Gewicht je Stück in kg | 5 | 10 | 1 |

Frachtkosten insgesamt 300,00 DM (nach Gewicht berechnet)
Verpackungskosten insg. 60,00 DM (nach Verpackungseinheiten berechnet)
Transportversicherung 25,00 DM (nach Warenwert berechnet)

6. Handelsspanne und Gewinn werden oft gleichgesetzt. Ist dies richtig? Was umfaßt das eine, was das andere?

7. Ermitteln Sie die richtigen Gemeinkostenzuschläge bei folgender Ausgangssituation:

| | Umsatz zu Einstandspreisen in TDM | durchschnittlicher Lagerbestand in TDM |
|---|---|---|
| Ware X | 150 | 50 |
| Ware Y | 100 | 100 |
| Ware Z | 50 | 150 |
| | 300 | 300 |

Gemeinkosten 150 TDM
Die GMK sollen zu 50 % dem Umsatz und zu 50 % den durchschnittlichen Lagerwerten zugeordnet werden.
Wie verändern sich die Zuschläge, wenn die GMK zu 75 % dem Umsatz und nur zu 25 % den Lagerwerten zugerechnet werden?

8. Welcher Kalkulationsfaktor ist für die Berechnung des Bruttoverkaufspreises (Listenpreises) anzuwenden, wenn die Handelsspanne zur Ermittlung des Nettoverkaufspreises 26 %, die Mehrwertsteuer 14 % und der übliche Skonto 2 % beträgt?

9. Berechnen Sie den höchstmöglichen Einstandspreis (brutto) für einen Reifen, wenn der Bruttoendverbraucherpreis 250,00 DM beträgt. Mehrwertsteuersatz 14 %, Barzahlungsskonto 3 %, Gewinnzuschlag 8 %, Gemeinkostenzuschlag 20 %, Bezugskosten 8,20 DM, Liefererskonto 4 %, Rabatt vom Liefererbruttopreis 20 %.

## Zusammenfassung

Jeder Kaufmann will mit Gewinn wirtschaften. Deshalb muß er einen Verkaufspreis anstreben, der nicht nur die Kosten deckt, sondern auch einen Gewinnzuschlag enthält. Diesen angestrebten Verkaufspreis berechnet er mit Hilfe der Kalkulation. Dabei sind zu unterscheiden:

- *Vor- und Nachkalkulation*
- *Mischkalkulation und Gesamtkalkulation* (Einheitskalkulation)
- *Verkaufs- und Einkaufskalkulation*

Die wesentlichen **Einzelposten der Kalkulation** sind:

*Rechnungspreis* (netto)
*Bezugskosten*
*Gemeinkosten*
*Gewinnzuschlag*, der sich zusammensetzt aus
- Unternehmerlohn
- kalkulatorischen Zinsen
- Wagnisspanne (Risikoprämie) und dem eigentlichen
- kalkulatorischen Gewinn

*Mehrwertsteuer*, diese jedoch nur beim Verkauf an Endverbraucher.

Durch die **Handelsspanne** (Prozentsatz vom Verkaufspreis), den **Kalkulationszuschlag** (Prozentsatz des Bezugspreises) oder den **Kalkulationsfaktor** (Multiplikator des Bezugspreises) kann die Kalkulation - insbesondere für überschlägige Rechnung - erheblich vereinfacht werden.

# 3.5 Die Organisation des Verkaufes

Jeder im Wettbewerb stehende Betrieb lebt vom Verkauf seiner Waren und Dienstleistungen.[1] Deshalb kommt der richtigen Organisation des Verkaufes eine entscheidende Bedeutung zu.

Die rechtlichen Bedingungen des Verkaufes (vgl. Abschnitt 2.2.5) und die finanziellen Einzelheiten (vgl. Abschnitt 3.1.3.2) werden an anderer Stelle erklärt. Hier wird insbesondere auf die organisatorischen Fragen eingegangen.

Dabei ist zu beachten, daß sich je nach Art des Verkaufes erhebliche Unterschiede ergeben. Als wichtigste Unterscheidungsmerkmale sind zu beachten:

- **Verkauf** an den Kunden **vor Ort** (Beispiele: Kleidungseinzelhandel; Cash-und-Carry-Großhandlungen mit Lebensmitteln) **oder** Verkauf **mit Versand / Zustellung.**
- **Verkauf von Lagerware oder** Verkauf **mit anschließender Herstellung oder Beschaffung** (Beispiele: Verkauf von 1000 Aluminiumrädern, hergestellt mit der Gußform des Käufers eines Teppichbodens nach Maß).
- **Verkauf standardisierter** (einheitlicher) **Waren oder** Dienstleistungen (z. B. Autos, Urlaubspauschalreisen) oder Verkauf von Waren oder Dienstleistungen, die **entsprechend dem Kundenauftrag** erstellt werden (Beispiele: Lieferung von Spezialfahrzeugen; Erstellen einer Steuererklärung durch den Steuerberater.

1 Soweit später vom Waren gesprochen wird, sind darunter sowohl materielle Güter (Waren im eigentlichen Sinne) als auch immaterielle Güter (Dienstleistungen, Rechte usw.) zu verstehen.

In den folgenden Abschnitten beschäftigen wir uns vorwiegend mit dem Verkauf standardisierter Waren und Dienstleistungen ab Lager bzw. ab Verkaufsraum. Bei besonders wichtigen Fragen werden jedoch auch andere Verkaufsformen kurz berücksichtigt.

Organisatorische Voraussetzungen eines sinnvoll gestalteten Verkaufes sind:

- **die Verfügbarkeit der Ware.** Hierzu gehört vor allem ein entsprechend sortiertes und geordnetes Lager (vgl. Abschnitt 3.2);
- **die Bereitstellung der** erforderlichen **Arbeitskräfte** für die Verkaufsvorgänge (Verkäufer, kaufmännische Dienste, Lagerpersonal);
- **die Verfügbarkeit der technischen Hilfsmittel** für die Verkaufsdurchführung, z. B. Kassen, Transportfahrzeuge (vom Einkaufswagen im Supermarkt bis zum Hubstapler und zum LKW bei einem Baustoffgroßhändler).
- **die eindeutige Kennzeichnung** und Auszeichnung **der Waren** (vgl. Abschnitt 3.5.3);
- **eine geordnete bürotechnische Behandlung** der Verkaufsvorgänge.

## 3.5.1 Die bürotechnische Behandlung eines Verkaufes

Bei der bürotechnischen Behandlung des Verkaufes unterscheidet sich der Verkauf im Einzelhandel und im Abhol-Großhandel (Cash-and-Carry-Großhandel) wesentlich von der Abwicklung in anderen Fällen.

Beim Barkauf in diesen Betriebsformen entfallen die meisten der umfangreichen vorbereitenden und nachbereitenden Funktionen, die beim Verkauf auf Bestellung erforderlich sind. In vielen Fällen wird sogar darauf verzichtet, eine Rechnung zu schreiben. Der Verkauf wird lediglich über eine Ladenkasse erfaßt und buchhalterisch weiterbearbeitet.

Im folgenden betrachten wir die bürotechnische Behandlung einer Bestellung, wie sie insbesondere in der Industrie und in weiten Teilen des Großhandels üblich ist.

**Bestellungen der Kunden (Aufträge)** sollen sofort nach ihrem Eintreffen bearbeitet werden. In der Regel werden die Aufträge von Hand oder mit Hilfe der elektronischen Datenverarbeitung in einer Auftragsliste oder Auftragsdatei festgehalten und mit einer laufenden Nummer (interne Auftragsnummer) versehen. Soweit es branchenüblich ist, dem Kunden eine Auftragsbestätigung (rechtlich: Bestellungsannahme) zuzuleiten, wird häufig in der Verkaufsabteilung ein vollständiger Vordrucksatz oder ein Umdruckoriginal erstellt, sofern nicht der Gesamtauftrag maschinell in der EDV festgehalten wird. Dann können ohne weitere Schreibarbeiten die sonstigen Vordrucke (Lagerauftrag, Lieferschein, Packzettel, Rechnung, Rechnungskopie für die Buchhaltung) ausgestellt und versandt bzw. verteilt werden. Der Lagerauftrag (interner Lieferschein) und der Packzettel werden an das Lager weitergegeben. Mit Hilfe der Auftragsliste, einer Auftragskartei oder der Auftragsdatei überwacht man das pünktliche Erledigen der Bestellungen von Kunden (Aufträge).

**Bei der automatisierten Verarbeitung** ergeben sich folgende Änderungen im Arbeitsablauf: Die einzelnen Vordrucke werden hierbei nicht schon bei Eintreffen der Bestellung ausgeschrieben, sondern jeweils erst ausgedruckt, wenn dies termingerecht notwendig ist. Dadurch ergibt sich gleichzeitig eine automatische Terminüberwachung. Eine gesonderte Rechnungskopie kann entfallen, wenn sie durch eine Rechnungsausgangsliste ersetzt wird.

**Die erforderlichen Daten** sind bei dieser Form der Auftragsabwicklung meist in getrennten maschinell lesbaren Karteien, sog. *Dateien*, festgehalten. Die Kundendaten befinden sich in der Kundendatei, die inhaltlichen Daten des einzelnen Auftrags (Nr., Datum, Warennummer) in der Auftragsdatei, die Warendaten in der Waren- und in der Lagerdatei oder zusammengefaßt in der Artikel-Stammdatei.

**Versandarbeiten.** Die Ware wird im Lager oder in einer besonderen Versandabteilung ordnungsgemäß verpackt und versandfertig gemacht. Dabei sind besondere Wünsche der Kunden zu beachten. Je nach Art der Zustellung werden die verschiedenen *Begleitpapiere* ausgestellt (Lieferschein, Frachtbrief, Expreßgutkarte, Paketkarte u. a.) Zu Kontrollzwecken legt man vielfach den Sendungen *Packzettel* mit Angaben über den Inhalt, die Auftragsnummer, den Versandtag und den Namen des Packers bei. Die Sendung wird durch betriebseigene oder fremde Transportmittel (Spediteur) dem Empfänger direkt zugestellt oder einem Transportunternehmen (Bundespost, Paketdienst, Bundesbahn, Luftverkehrsgesellschaft, Schiffahrtsgesellschaft usw.) zur Beförderung übergeben.

SGS · Im Seesengrund 19 · 6900 Heidelberg

SGS
Sport- und
Geländewagen-
Shop

Großhandel
Geländewagenzubehör
Kfz-Spezialteile
Vertretungen/Vertrieb
Bootszubehör

Im Seesengrund 19
6900 Heidelberg
Telefon 0 62 21/23 55-67
Telex 4 19 13 42 sgs

Autohaus
Franz Schollmer

Luchtenbergstr. 28

5467 Bad Werringen

Datum 22/11/..
Lief. Nr. 90118
Kunden Nr. 99998

**LIEFERSCHEIN**

| ARTIKEL-NR. | BEZEICHNUNG | MENGE | ME | Berechn Einheit |
|---|---|---|---|---|
| 60070600 | Kotflügelverbreiterung PU-RIM ORC Nissan PickUp MD 21/Terrano schwarz | 1 | | |
| 15706005 | Mangels RT 7x15JJ RT1570555C chrom Suzuki/Daihatsu | 4 | | |
| 41072004 | Reifen Kelly Charger 60 P 255/60 R 15 | 4 | | |
| 3 | Versand per Bahnfracht | 1 | | |
| 10 | Montage und Wuchten | 4 | | |
| 10 | ...mehr als off road Zubehörkatalog '90/91 | 1 | | |

*Abb. 3.5.1-1 Lieferschein*

**Ausstellen der Rechnung.** Der Versand wird durch die Lagerabteilung oder eine besondere Versandabteilung mittels einer Versandmeldung der Verkaufsabteilung mitgeteilt. Hier werden die Daten der Lieferung festgehalten und die Rechnung ausgestellt. Das Original wird dem Käufer zugeschickt, nachdem es auf sachliche Richtigkeit und – bei manueller Ausstellung – auch auf rechnerische Richtigkeit geprüft ist.

Je nach betrieblichen Anforderungen werden von den Rechnungen Kopien (oder Durchschläge) erstellt, oft in verschiedenen Farben. Diese können z. B. bearbeitet oder abgelegt werden in den

Abteilungen Verkauf, Buchhaltung und Statistik. Teilweise wird auch dem Vertreter oder dem Reisenden eine Kopie zugeleitet. Je stärker die EDV eingesetzt wird, desto weniger Kopien werden benötigt und verteilt.

Die weitere Bearbeitung des Verkaufsvorganges besteht in der Sicherung und Überwachung des Zahlungseinganges (vgl. Abschnitt 3.6) und in der Behandlung von Mängelrügen. Im letzten Falle ist z. B. bei berechtigten Mängelrügen die Ausstellung von Gutschriften erforderlich.

## 3.5.2 Der EAN-Strichcode zur Kennzeichnung der Ware

Seit 1977 ist es üblich, auf allen Konsumartikeln einen Strichcode anzubringen, der es ermöglicht, die Kassenzonen im Selbstbedienungsgroßhandel und im Einzelhandel zu automatisieren.

Im Lebensmittelsektor sind beispielsweise bereits 90 Prozent aller Waren mit dem EAN-Strichcode versehen. Die Verbreitung von Scanner-Kassen, die allein diesen Strichcode nutzen können, setzt sich mehr und mehr durch.

Voraussetzung für das Anbringen des EAN-Strichcodes ist, daß Hersteller und Lieferer von Konsumartikeln EAN[1]-Artikelnummern für ihre Produkte und Waren festlegen lassen. Diese Festlegung wird im Rahmen der Europäischen Artikelnumerierung von der Centrale für Coorganisation in Köln vorgenommen.

Die EAN hat in ihrer 13stelligen[2] Normalversion den folgenden Aufbau:

| Länderkennzeichen | | Bundeseinheitliche Betriebsnummer „bbn" | | | | | individuelle Artikelnummer des Herstellers | | | | | Prüfziffer |
|---|---|---|---|---|---|---|---|---|---|---|---|---|
| 4 | 0 | 1 | 2 | 3 | 4 | 5 | 0 | 0 | 3 | 1 | 5 | 4 |
| Centrale für Coorganis. für die Bundesrepublik Deutschland | | FRANZ SCHUSTER KG Travestr. 20 2400 Lübeck | | | | | Lübecker Edelmarzipan Geschenkpackung 100 g | | | | | 99 % Sicherheit |

*Abb. 3.5.2-1 Aufbau des EAN-Codes*

– Die ersten beiden Stellen dieser EAN kennzeichnen (nicht unbedingt das Herkunftsland) die EAN-Organisation, von der die Herstellnummer vergeben wurde. Jede Mitgliedsgesellschaft der EAN-Organisation verfügt über eines oder mehrere solcher Kennzeichen. Der Centrale für Coorganisation wurden die Kennzeichen 40, 41, 42 und 43 zugeteilt.

1 EAN = Europäische Artikelnumerierung

2 Bei kleineren Artikeln, die den 13stelligen EAN-Code nicht aufnehmen können, wird die 8stellige EAN-Kurznummer verwandt. Hierbei werden die Nullen unterdrückt und die Prüfziffer fortgelassen.

- Die nächsten 5 Stellen kennzeichnen denjenigen Teilnehmer, der die EAN vergibt. Dies wird in den meisten Fällen der Hersteller sein. Generell vergibt derjenige die Artikelnummer, der als erster den Artikel in das EAN-System einbringt und möglicherweise das Lesesymbol aufdruckt. Ein Lieferant, der Produkte eines anderen Herstellers verteilt, übernimmt die vom eigentlichen Hersteller (Markengeber) festgelegten EAN.
- Die folgenden 5 Stellen kennzeichnen die individuelle Artikelnummer des Herstellers. Für diese Artikelnummer kann der Hersteller / Lieferant seine eigene Artikelnummer benutzen, wenn diese nicht mehr als 5 Stellen lang ist. Andernfalls hat er eine neue Zählnummer zu konstruieren bzw. für externe Zwecke seine bisherige interne Artikelnummer in der Stellenzahl zu reduzieren. Normalerweise kann man davon ausgehen, daß die Kapazität der 5stelligen Zählnummer (= 100 000 Artikel) ausreicht, um alle Artikel eines Herstellers - zählend, nicht klassifizierend - zu numerieren. Führt ein Hersteller / Lieferant mehr als 100 000 Artikel in seinem Sortiment, kann er eine weitere Betriebsnummer (bbn) ausschließlich für die Zwecke der Artikelnumerierung bei der CCG beantragen.

4 006508 200870

*13stelliges EAN-Symbol*

- Die Prüfziffer wird nach einem für EAN einheitlichen Algorithmus errechnet, der auch mit dem amerikanischen UPC-System abgestimmt ist.

Bei dieser Europäischen Artikelnumerierung ist es gelungen, eine Form zu finden, die eine lage- und richtungsunabhängige Lesung erlaubt. Die Artikel werden (in den Lägern oder in den Verkaufsräumen der verschiedenen Handelsstufen) über ein Förderband durch die Lesezone geschoben, um dort automatisch erfaßt zu werden.

**Vorteile der Europäischen Artikelnumerierung**

- Jeder Artikel wird unverwechselbar nach Herkunftsland, Hersteller und Art der Ware erfaßbar. Dies ermöglicht eine reibungslose und fehlerfreie Bearbeitung durch Computer.
- Weil die Artikelnummern auf der Ware mit denen auf Bestellkopie, Lieferschein, Kommissionszettel usw. übereinstimmen, wird die Lagerorganisation ungemein erleichtert; dies ermöglicht einen umfassenden Datenaustausch.
- An den Ladenkassen sind die Artikelnummern von automatischen Lesegeräten, den Scannern, einlesbar. Vom Zentralcomputer werden sodann die Preise abgerufen und zusammen mit der Artikelbezeichnung auf den Kassenzetteln ausgedruckt. Eine Einzelpreisauszeichnung entfällt damit. Fehler durch das manuelle Eingeben der Preise können nicht auftreten.
- Durch den Einsatz von Datenkassen und Lesesystemen ist das artikelweise Erfassen der Umsätze möglich (= Dispositionen in der Lagerhaltung, im Nachbestellen und in der Werbung; andauernde Inventur).

## Der EAN-Code macht Datenkassen möglich

**Preise im Speicher.** Die Datenkasse sorgt für eine zügige Abwicklung am Verkaufspunkt (Point of Sales - POS). Diese Datenkassen, die vor allem bei den großen Einzelhandelsunternehmen immer mehr verbreitet sind, können Daten über einen längeren Zeitraum sammeln und an einen zentralen Computer weiterreichen. Über ein sogenanntes Price-Look-Up (PLU - Preisabruf) gibt die Datenkasse nach der Eingabe der Artikelnummer oder eben des EAN-Codes die entsprechenden gespeicherten Preise an. Auf diese Weise ist es jederzeit möglich (z. B. bei Sonderangeboten), die Preise zu ändern und neuen Gegebenheiten anzupassen.

**Der Rechner im Hintergrund.** Ruft die Datenkasse die Preise jeweils aus dem Computer ab, ist eine Einzelpreisauszeichnung nicht mehr erforderlich (zur Kundeninformation genügt z. B. eine große Preisangabe am Regal). So entsteht eine Art Regelkreis. Die Daten über Warenausgang und Verkauf führen über die gespeicherten Mindestbestände und Lieferbedingungen automatisch zur nächsten Bestellung. Aufgrund der beim Wareneingang bestätigten oder auch berichtigten Daten verändert der Computer den Bestand. Beim Verkauf schließt sich dann wieder der Kreis.

Bei diesem Vorgang können noch weitere wichtige Daten über das Unternehmen anfallen. Störfaktoren, wie zu hohe Lagerkosten, zu geringer Lagerumschlag oder zu geringer Lagerraum lassen sich so rechtzeitig erkennen und ausschalten.

## 3.5.3 Der Verkauf in verschiedenen Wirtschaftsbereichen

Sie haben bereits erkannt, daß es mehrere Arten des Verkaufes gibt. Für die einzelnen Wirtschaftsbereiche spielen die verschiedenen Arten des Verkaufes eine unterschiedliche Rolle.

So steht beispielsweise im **Einzelhandel** der *Verkauf* an den Kunden *vor Ort* im Mittelpunkt. Beim **Großhandel** erlangt der *Verkauf durch Zustellung oder Versand* vorhandener Lagerware die größte Bedeutung. Bei der **Industrie** jedoch ebenso wie bei den meisten Dienstleistungsbetrieben handelt es sich vielfach um den *Verkauf noch herzustellender Waren*, die entweder standardmäßig lieferbar sind oder teilweise erst entsprechend dem speziellen Kundenauftrag zu fertigen sind.

### 3.5.3.1 Der Verkauf im Einzelhandel

Die drei wichtigsten Verkaufsformen im Einzelhandel sind:

- **Das Einzelhandelsfachgeschäft** (Bedienungsgeschäft), bei dem häufig die Kundenberatung die entscheidende Rolle spielt;
- **das Selbstbedienungsgeschäft** (Supermärkte usw.), bei dem der Kunde die Ware selbst zusammenstellt und an einer Kasse bezahlt. Diesem Verkaufstyp entsprechen auch die Selbstbedienungsbetriebe des Großhandels:
- **die Versandgeschäfte,** deren Verkaufsorganisation im wesentlichen der der Großhandelsbetriebe entspricht.

Eine wesentliche Rolle spielt schon im Bedienungsgeschäft, noch mehr aber beim Selbstbedienungegeschäft, das Auszeichnen der Ware. Darunter versteht man, daß im Einzelhandel die zum Verkauf bereitgehaltenen Waren im allgemeinen unter Angabe der handelsüblichen Gütebezeichnung und der handelsüblichen Verkaufseinheit zum Bruttopreis, also einschließlich Umsatzsteuer, ausgezeichnet werden. Der neue EAN-Code oder maschinenlesbare Etiketten erleichtern diese Arbeiten.

**Die Auszeichnung sollte mindestens enthalten:**

- die handelsübliche Gütebezeichnung (Verarbeitung),
- Verkaufseinheit (Menge, Stück, Länge, Breite, Größe),
- Verkaufspreis (einschließlich Umsatzsteuer).

Insbesondere in Selbstbedienungsgeschäften wird es zunehmend üblich, nicht mehr die einzelne Verpackung (Verkaufseinheit) auszuzeichnen, sondern nur noch an den Regalplätzen die aktuellen Preise der einzelnen Warenarten anzugeben. Die Preisermittlung des Einzelartikels „übernimmt" die Ladenkasse mit Hilfe des EAN-Strichcodes oder einer anderweitig vergebenen Artikelnummer (vgl. Abschnitt 3.5.2).

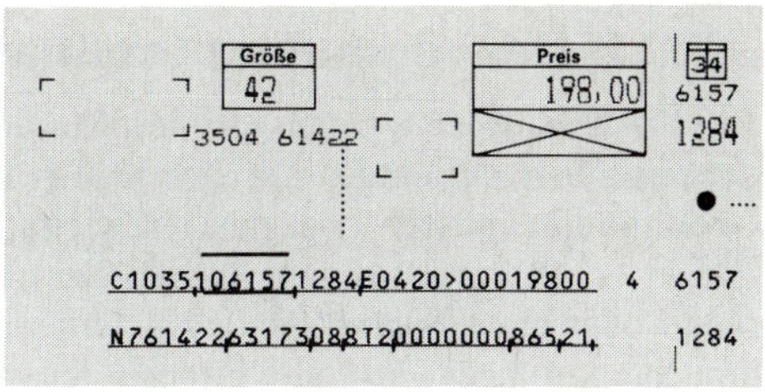


*Abb. 3.5.3.1-1 Musteretikett*

Beim Bedienungsgeschäft spielt sich fast der ganze Verkauf über den Ladentisch ab. Der Verkäufer kann den Kunden nicht aufsuchen und – im Gegensatz zu Versandgeschäften – nur in geringem Maße schriftlich umwerben. Der Erfolg des Verkaufsgeschäftes hängt daher, außer von Preis und Qualität der Ware, von den Eindrücken ab, die der Käufer im Laden gewinnt.

Deshalb kommt es, insbesondere in einem Bedienungsgeschäft, in erster Linie darauf an, ob es dem Verkäufer (der Verkäuferin) durch das äußere Erscheinungsbild (Kleidung, Sauberkeit), gute Umgangsformen (Höflichkeit, Geduld, Takt), Menschenkenntnis (verschiedene Kundentypen), Einfühlungsvermögen in die jeweilige Stimmung des Kunden und gründliche *Warenkenntnisse* gelingt, das Vertrauen des Kunden zu gewinnen und die Verkaufshandlung erfolgreich abzuschließen.

Nach dem Verkauf wird ein *Kassenzettel* geschrieben, der in der Regel dem Käufer ausgehändigt wird. Der Kunde zahlt den Betrag an der Kasse und kann dann gegen Abgabe des quittierten Kassenzettels[1] die Ware am Packtisch in Empfang nehmen. Registrierkassen beschleunigen den Zahlungsvorgang und erleichtern gleichzeitig die spätere Kontrolle mit Hilfe des Kontrollstreifens, der sämtliche Kassenvorgänge festhält.

*Abb. 3.5.3.1-2 Kassenbon*

Der Einzelhändler verkauft in der Regel nur gegen bar bzw. Euroscheck oder gegen Kreditkartenbeleg. Jedoch hat sich in den letzten Jahren ein Wandel in der Einstellung zum „Schuldenmachen" des Konsumenten vollzogen, indem *Teilzahlungskredite* (Ratenkäufe) und Kleinkredite (bis zu 2000,00 DM) sowie Anschaffungsdarlehen (bis zu 30000,00 DM und mehr) von Banken und Sparkassen zur Anschaffung von längerlebigen Wirtschaftsgütern immer mehr in Anspruch genommen werden.

1 Kassenzettel werden vom Finanzamt als Beleg für Betriebsausgaben / Werbungskosten anerkannt. Kein handgeschriebener Beleg mehr erforderlich.

### 3.5.3.2 Der Verkauf im Großhandel

**Die Einzelhändler** werden von den Kunden (Verbrauchern) aufgesucht. Ausnahme ist der reine Versandhandel, der sich jedoch immer häufiger eigene Verkaufstätten zulegt. **Großhändler** müssen dagegen, wie vielfach auch die Industrie, auf unterschiedlichen Wegen (z. B. durch umfangreichen Schriftwechsel, durch Handelsvertreter oder Reisende oder auch durch eigene Niederlassungen) einen verhältnismäßig kleinen Kreis branchenkundiger Fachleute intensiv „bearbeiten", um Aufträge hereinzuholen.

Eine wesentliche Rolle spielt beim Verkauf im Großhandel auch *das gut sortierte und schnell lieferbereite Lager.* Gerade diese Funktion ist es, die in vielen Wirtschaftszweigen die besondere Rolle des Großhandels ausmacht (Beispiele: Arzneimittelgroßhandel, Lebensmittelgroßhandel).

Im Großhandel sind – wie auch in der Industrie – die Vertriebsformen (Absatzwege) immer wieder auf ihre Wirtschaftlichkeit (Kosten-/Erlösvergleich) zu überprüfen.

**Der Großhandel** verkauft in der Regel über eine besondere Verkaufsabteilung, die die Bestellungen entweder unmittelbar von den Kunden oder über Reisende und Vertreter erhält. Oft ist der Inhaber der Firma auch sein eigener Reisender.

### 3.5.3.3 Der Verkauf in der Industrie

**Der Industriebetrieb** setzt seine Erzeugnisse entweder *direkt* ab, d. h., ohne selbständige Zwischenglieder einzuschalten, *oder indirekt* über den selbständigen Handel (Großhandel und Einzelhandel) und selbständige *Absatzvermittler,* wie Handelsvertreter und Kommissionäre.

**Der direkte Vertrieb der Industriebetriebe** erfolgt über:

- die Verkaufsabteilung,
- Reisende und Vertreter,
- Fabrikfilialen, d. h. Verkaufsstellen für den Verkauf an den Verbraucher,
- selbständige Verkaufsbüros, denen bestimmte Absatzgebiete zugewiesen sind,
- Werkhandelsgesellschaften,
- Automaten.

Wenn ein dichtes Verkaufsnetz besteht, sind eine eingehende Bearbeitung der Kundschaft und ein weitgehender *Kundendienst* möglich. Daher ist der *direkte Absatz* verbreitet bei Investitionsgütern und technisch komplizierten Gütern, die der Hersteller dem Kunden erklären muß, für die er Garantie leistet und den Kundendienst übernimmt. Außerdem ist eine solche Organisation ein ausgezeichneter Nachrichtenapparat, der über die Verkaufsmöglichkeiten gut unterrichten und der Verkaufs- und Werbeabteilung wertvolle Anregungen geben kann. Besonders wichtig ist die Auswahl der Kunden, da hier so gut wie keine Bargeschäfte vorkommen.

## Aufgaben

1. Nennen Sie je drei Beispiele zu folgenden Verkaufsarten:
   a) Verkauf an den Kunden vor Ort (Groß- und Einzelhandel);
   b) Verkauf an Kunden auf Bestellung (je ein Beispiel für Großhandel, Industrie, Dienstleistungsbetrieb);
   c) Verkauf vorhandener Lagerware (ein Beispiel sollte aus dem Bereich Dienstleistungen gefunden werden);
   d) Verkauf von Waren, die erst nach der Bestellung beschafft oder erstellt werden (Großhandel, Industrie, Dienstleistungsbetrieb);
   e) Verkauf standardisierter Waren;
   f) Verkauf von Waren/Dienstleistungen, die im Kundenauftrag erstellt werden.
2. Erklären Sie anhand von Beispielen, welche Voraussetzungen für einen sinnvoll gestalteten Verkauf erforderlich sind.
3. Ein Kunde hat beim Großhändler folgende Waren bestellt:
   - 10 Plastikbehälter, Bestell-Nummer 438 701 à 12,00 DM
   - Bestell-Nummer 57 16 23; Einzelpreis 4,20 DM; Formwannen; 25 Stück

   Er will schnellstens ab Lager beliefert werden.
   Schreiben Sie hierzu eine Auftragsbestätigung. Es wird volle Mehrwertsteuer berechnet; Bahnexpreß unfrei; Zahlungsbedingungen 10 Tage 2 %, 30 Tage netto.
4. Welche Aufgaben der bürotechnischen Behandlung des Verkaufes können beim Barverkauf entfallen?
5. EAN-Strichcode:
   a) Welche Voraussetzungen müssen erfüllt sein, bevor ein Unternehmen den EAN-Strichcode sinnvoll nutzen kann?
   b) Nennen und erläutern Sie drei Vorteile dieser Artikelnumerierung für das Unternehmen.
   c) Nennen und erläutern Sie einen Vorteil der Artikelnumerierung für den Konsumenten.
6. Weshalb enthält der EAN-Strichcode eigentlich nicht den Preis der Ware?
7. Bei welcher Verkaufsart des Einzelhandels spielt der Besuch der Kunden vor Ort keine oder nur eine untergeordnete Rolle?
8. Wie kann man im Einzelhandel, z. B. im Lebensmitteleinzelhandel, das Auszeichnen der einzelnen Warenpackungen vermeiden?
9. Welche Anforderungen werden an das Verkaufspersonal im Bedienungsgeschäft (Fachgeschäft) gestellt?
10. Können Sie auch in einem Einzelhandelsgeschäft mit Ladenkassen eine Warenrechnung erhalten oder müssen Sie sich mit dem Kassenzettel begnügen? Erkunden Sie die richtige Antwort bei verschiedenen Einzelhandelsgeschäften. (Lebensmittelsupermarkt, Radiofachgeschäft, sonstiges Einzelhandelsgeschäft).
11. Welche Irrtümer können bei telefonischen oder schriftlichen Verkaufsverhandlungen auftreten? Wie verhalten Sie sich in einem solchen Fall?
12. Wann gilt eine in einem Ladengeschäft gekaufte Ware als übergeben?
13. Welche Absatzwege gibt es zwischen Herstellern und Verbrauchern? Nennen und beschreiben Sie bitte *drei* davon.

## Zusammenfassung

- **Rationeller Verkauf** setzt eine gute Verkaufsorganisation voraus. Diese richtet sich nach der Art des Verkaufsbetriebes. Zu unterscheiden sind:
  - Verkauf vor Ort oder Verkauf mit Versand/Zustellung
  - Verkauf vorhandener Lagerware oder Verkauf zu beschaffender bzw. zu fertigender Ware
  - Verkauf standardisierter Waren oder Verkauf von Gütern, die erst im Kundenauftrag individuell erstellt werden.

- **Die wesentlichen Belege,** die bei der bürotechnischen Behandlung einer Bestellung entstehen, sind
  - *die Auftragsbestätigung*
  - *der Lieferschein*
  - *die Rechnung*
  - *die Versandpapiere*
- **Der EAN-Strichcode** ermöglicht es, alle Waren einheitlich zu kennzeichnen und für die Abwicklung des Verkaufes. die Lagerorganisation und das Bestellwesen die Datenverarbeitung umfassend einzusetzen.
- Bei den verschiedenen Wirtschaftsbereichen stehen unterschiedliche **Verkaufsformen** im Vordergrund:
  - **beim Einzelhandel** der *Verkauf vor Ort* (Ausnahme: Versandhandel)
  - **beim Großhandel** vorwiegend *Zustellung bzw. Versand* (Ausnahme Cash-and-Carry-Großhandel)
  - **bei der Industrie** der *direkte Absatz* und der *indirekte Absatz* über Absatzvermittler.

## 3.6 Die Sicherung des Zahlungseinganges

Wenn sofort beim Verkauf bezahlt wird, braucht sich der Kaufmann um den Zahlungseingang nicht zu kümmern. Anders sieht es aus, wenn Waren für den Kunden erst bestellt werden müssen. Um hier zumindest eine gewisse Sicherheit zu haben, wird vielfach bei der Bestellung eine Anzahlung verlangt.

Bei den Maßnahmen, die zur Sicherung des Zahlungseinganges getroffen werden, ist zu unterscheiden zwischen Maßnahmen, die vor Lieferung der Waren getroffen werden:

- vorbeugende Maßnahmen zur Sicherung des Zahlungseinganges

und Maßnahmen, die ergriffen werden, wenn die Zahlung tatsächlich nicht pünktlich erfolgt oder - zumindest zunächst - ganz ausbleibt:

- Maßnahmen zur Überwachung und zum Einziehen der Außenstände

### 3.6.1 Vorbeugende Maßnahmen zur Sicherung des Zahlungseinganges

In allen Branchen, in denen das Zielgeschäft einen bedeutenden Teil des Absatzes ausmacht, wird der Kaufmann versuchen, sich vor der Lieferung und sogar noch vor der Annahme einer Bestellung von der Zahlungsfähigkeit *(Bonität)* des Kunden zu überzeugen. Nur in bescheidenem Umfang reicht dazu im allgemeinen die persönliche Kenntnis oder der Ruf der Kunden aus. Die meisten Kaufleute versuchen deshalb, insbesondere vor größeren Abschlüssen, eine Auskunft sowohl über neue Kunden als auch von Zeit zu Zeit über Dauerkunden einzuholen.

**Auskünfte werden erteilt** von:

- **gewerbsmäßigen Auskunfteien,** wie z. B.: Auskunftei W. Schimmelpfeng, Deutsche Auskunftei GmbH in Hamburg, Verein Creditreform, Vereinigte Auskunfteien Bürgel GmbH in Aachen, Dun-Europa u. a.;
- **Geschäftsfreunden** bzw. Vertretern, die den Kunden kennen und mit seinen Verhältnissen wirklich vertraut sind;
- **Kreditinstituten,** die der Kunde als Referenz angegeben hat;

– **der eigenen Hausbank**[1], die über verschiedene Möglichkeiten verfügt, Auskünfte zu erlangen.
– **öffentlichen Registern,** wie Handelsregister, Grundbuch, Schuldnerverzeichnis des Amtsgerichts (d. i. ein Verzeichnis aller Schuldner, die eine „eidesstattliche Versicherung" über ihr Vermögen abgegeben haben);
– **Industrie- und Handelskammern, Handwerkskammern** und Konsulaten.

**Inhalt der Auskünfte.** Die Auskunft sollte sich erstrecken auf persönlichen Ruf, Tüchtigkeit, Vermögensverhältnisse (bei Eheleuten auch auf den Güterstand)[2], Zahlungsweise, Kreditwürdigkeit, Rechtsverhältnisse bei mehreren Inhabern.

**Haftung für Auskünfte.** Auskünfte werden in der Regel „ohne Verbindlichkeit" erteilt. Wer aber, wie die Auskunfteien, gewerbsmäßig Auskünfte erteilt, haftet für vorsätzlich oder fahrlässig unrichtig erteilte Auskünfte.

Insbesondere **drei vorbeugende Maßnahmen** sollen dafür sorgen, daß die Zahlung bereits bei Auslieferung der Ware sichergestellt ist:

- die Zahlung durch **Vorauskasse.** Hierbei zahlt der Kunde den Betrag der Warenlieferung oder zumindest einen Teil (Anzahlung) bereits im voraus;
- der Zahlungseinzug durch **Nachnahme.** Dieses Verfahren, das früher im Versandhandel fast ausschließlich angewandt wurde, hat inzwischen nur noch eine relativ untergeordnete Bedeutung. Bei unsicheren Zahlern empfiehlt sich dieses Verfahren jedoch, das praktisch bei allen Versandarten angewandt werden kann;
- die Zahlung durch **Bankeinzugsverfahren** (vgl. Abschnitt 11.3.3). Hierbei wird dem Lieferer vom Kunden die Ermächtigung erteilt, vom Bankkonto des Kunden abzubuchen. Dieses Verfahren hat jedoch einen schwerwiegenden Nachteil. Zwar wird die Abbuchung zunächst beim Kunden durchgeführt und der Betrag dem Lieferer gutgeschrieben. Aber der Kunde kann 6 Wochen lang die Abbuchung widerrufen. Dann erfolgt beim Lieferer eine Lastschrift, und er muß außerdem die Kosten der Abbuchung und der Rückbuchung tragen.

**Der Eigentumsvorbehalt.** Häufig, insbesondere bei Abzahlungsgeschäften, behält sich der Lieferer das Eigentum an der gelieferten Ware bis zur vollständigen Bezahlung des Kaufpreises vor. Wird die Ware nicht bezahlt und kommt der Käufer mit der Zahlung in Verzug, so kann der Lieferer vom Vertrag zurücktreten und die Ware zurückverlangen (§ 455 BGB).

Außer diesem Rücktrittsrecht hat er noch zwei weitere Rechte:

- **das Aussonderungsrecht** für den Fall, daß der Käufer in Konkurs gerät (§ 43 KO), und
- **den Anspruch auf Freigabe,** falls die Ware durch Dritte, z. B. durch Gläubiger des Kunden, gepfändet wurde (sog. Widerspruchsklage nach § 771 ZPO).

**Eine unbedingte Sicherheit** bietet der Eigentumsvorbehalt aber nicht. Wenn die Ware inzwischen verbraucht, abgenutzt (Kleider, Teppiche) oder vernichtet ist (Motorrad), besteht keinerlei Sicherheit mehr.

Der normale Eigentumsvorbehalt schützt außerdem nicht, wenn der Käufer

– die Sache vor der Bezahlung *verarbeitet* (wie Rohstoffe oder unfertige Erzeugnisse im Handwerks- oder Industriebetrieb) oder
– an einen „gutgläubigen" Dritten *weiterverkauft* (wie im Handel).

1 Als Hausbank bezeichnet man die Bank, mit der ein Unternehmen überwiegend oder ausschließlich zusammenarbeitet.
2 Durch Gütertrennung kann beispielsweise erreicht werden, daß ein Einzelkaufmann praktisch mittellos ist, weil die wertvollen Gegenstände der Firma (Grundstücke, Gebäude, Maschinen, Lagerbestände) der Ehefrau gehören.

In diesen Fällen wird sich der Lieferer zweckmäßigerweise die aus der Weiterveräußerung der gelieferten Ware entstehenden Forderungen im voraus abtreten lassen oder mit dem Kunden vereinbaren, daß das Eigentum an dem hergestellten Erzeugnis auf ihn übergehen soll, d. h. daß juristisch gesehen der Käufer die Verarbeitung für den Verkäufer übernimmt – sog. *verlängerter Eigentumsvorbehalt* (§§ 932, 950, 1207 BGB).

Um eine möglichst große Sicherheit zu erreichen, haben sich in der Praxis insgesamt drei Formen des Eigentumsvorbehaltes durchgesetzt:

| gewöhnlicher Eigentumsvorbehalt (§ 455 BGB) | verlängerter Eigentumsvorbehalt | erweiterter Eigentumsvorbehalt |
|---|---|---|
| Erwerber wird zunächst nur Besitzer der Sache, Eigentümer wird er erst nach vollständiger Zahlung des Kaufpreises | Die aus dem Weiterverkauf entstandenen Forderungen werden an den Lieferer abgetreten.<br>Der Verkäufer erwirbt Miteigentum an der neuen Sache, die der Käufer hergestellt hat, im Verhältnis der Vorbehaltsware zu den anderen verarbeiteten Sachen. | Die Vorbehaltsrechte beziehen sich auf alle Lieferungen des Veräußerers an denselben Erwerber, soweit sie noch nicht vollständig bezahlt worden sind. |

**Das Akzept des Kunden** verbessert die Stellung des Lieferers nur insofern, als er seine Forderung im Wechselprozeß leichter und schneller geltend machen kann. Doch scheuen sich viele Kaufleute vor Wechselklagen.

## 3.6.2 Maßnahmen zur Sicherung des Zahlungseinganges

**Pünktliche Zahlung** ist ein alter, bewährter Grundsatz kaufmännischer Praxis, dessen Befolgung von jedem Käufer, insbesondere aber von jedem Kaufmann, gefordert werden muß. Nur pünktliche Erfüllung der übernommenen Zahlungsverpflichtungen gewährleistet den reibungslosen Ablauf des Wirtschaftslebens und die planmäßige Nutzung aller Mittel durch jeden Betrieb.

### 3.6.2.1 Das außergerichtliche Mahnverfahren

Der Lieferer muß darauf sehen, daß seine Forderungen pünktlich eingehen,

- damit er nicht unnötig Bankkredite aufnehmen muß;
- damit er kein Geld durch Verschlechterung der geschäftlichen Lage der Kunden oder Zahlungseinstellung (Konkurs) verliert;
- damit ihm keine Verluste durch „Verjährung“ entstehen (siehe Abschnitt 3.6.3).

**Das Überwachen der Außenstände** ist im allgemeinen Aufgabe der Buchhaltungsabteilung (Kundenbuchhaltung) oder einer besonderen Mahnabteilung.

Dazu gehört in allen Fällen eine genaue Terminverfolgung (vgl. Abschnitt 3.7.4), die z. B. auf einer EDV-Datei beruhen kann. In einem kleineren Betrieb kann auch eine nach Fälligkeiten geordnete Ablage der Rechnungskopien diese Aufgabe erfüllen.

**Reihenfolge der Mahnungen.** Wenn ein Schuldner nicht pünktlich zahlt, so wird der Kaufmann nicht gleich von den gesetzlichen Rechten Gebrauch machen, um sein Geld einzutreiben. Er legt in der Regel Wert darauf, mit dem Kunden auch weiterhin in Geschäftsverbindung zu bleiben. Zunächst versucht er daher, auf gütliche Weise zum Ziel zu kommen. Bei passender Gelegenheit erinnert er in höflicher Form an die unbezahlte Rechnung, z. B. in Verbindung mit dem Zusenden einer Preisliste, eines Angebotes oder eines Kontoauszuges (Überweisungsträger beilegen).

Der weitere Gang des außergerichtlichen Mahnverfahrens ist nicht bei allen Betrieben gleich. Am häufigsten findet man jedoch, wenn die Zahlungserinnerung erfolglos geblieben ist, nachstehende Reihenfolge:

- ein erster ausgesprochener Mahnbrief oder Vordruck **„1. Mahnung“** mit der Angabe einer Frist, bis zu der die Zahlung erwartet wird;
- eine **„2. Mahnung“**, in der häufig schon weitere Maßnahmen – wie beispielsweise Übergabe der Rechnung an ein Inkassoinstitut[1] oder gerichtliches Mahnverfahren – angekündigt werden;
- eine **„3. Mahnung“** oder **„letzte Mahnung“** mit einer letzten, sehr kurzen Frist, in der ebenfalls auf das weitere Verfahren bei Nichtzahlung hingewiesen wird.

Bei vielen Betrieben endet das außergerichtliche Verfahren schon bei der „1.“ oder „2. Mahnung“. Bleiben die Mahnungen erfolglos, kann man versuchen, die Außenstände durch „Nachnahme“ (weniger empfehlenswert) oder durch ein Inkassoinstitut (teuer) einziehen zu lassen. Deshalb wählen die meisten Unternehmen den Weg in das gerichtliche Mahnverfahren, wobei zu diesem Zeitpunkt oft schon ein Rechtsanwalt eingeschaltet wird. Es besteht aber auch die Möglichkeit, direkt vor Gericht zu klagen.

### 3.6.2.2 Das gerichtliche Mahnverfahren (Mahnbescheid)

Durch das gerichtliche Mahnverfahren kommt der Gläubiger oft schneller zu seinem Geld als durch eine Klage. Hierbei erwirkt er beim zuständigen Amtsgericht einen Mahnbescheid gegen den Schuldner. Der Mahnbescheid fordert den Schuldner auf, innerhalb der angegebenen Frist den geschuldeten Betrag zuzüglich Zinsen und Kosten zu zahlen oder Widerspruch zu erheben (vgl. Schaubild Seite 120).

**Wo wird der Mahnbescheid beantragt?** Bei dem (örtlich) zuständigen Amtsgericht, d. h., bei dem Gericht, in dessen Bezirk der Antragsteller (Gläubiger) seinen Wohnsitz bzw. Firmensitz hat (sog. allgemeiner Gerichtsstand). (Vgl. dazu Abschnitt 3.1.3.2.)

**Wie wird der Mahnbescheid beantragt?** Der Antragsteller (Gläubiger) füllt den „Vordruck für den Mahn- und Vollstreckungsbescheid“ aus und schickt ihn an das zuständige Amtsgericht, das ist das Gericht, in dessen Bezirk *der Antragsteller* seinen Wohnsitz bzw. Firmensitz hat (§ 13 ZPO). Der Vordrucksatz besteht aus dem *Antrag* auf Erlaß eines Mahnbescheides, dem *Mahnbescheid* selbst, dem Antrag auf Zustellung des Vollstreckungsbescheides und dem *Vollstreckungsbescheid.*

Die Gerichtskosten und die Kosten für die Zustellung des Mahnbescheides sind im voraus zu entrichten, am besten durch Verwendung von Kostenmarken.

1 Inkasso-Institute werden entweder im Auftrag des Kunden tätig – gegen relativ hohe Gebühren, die allerdings vom Kunden zu tragen sind – oder sie kaufen die Rechnung dem Gläubiger zu einem niedrigeren Preis ab und tragen selbst das Risiko, evtl. erfolglos den Betrag eintreiben zu wollen.

Der Antrag wird gerichtet an das

**Amtsgericht**

Plz, Ort

① 6000 Frankfurt

Geschäftsnummer des Amtsgerichts
**Bei Schreiben an das Gericht stets angeben**

② **Antragsgegner**/ges. Vertreter

Heinrich Keller
Textileinzelhändler
Moselring 123

5400 Koblenz
Plz Ort

Raum für Kostenmarken/Freistempler (falls nicht ausreichend, unteres Viertel der Rückseite benutzen)

## Mahnbescheid

Datum des Mahnbescheids

③ **Antragsteller,** ges. Vertreter, Prozeßbevollmächtigte(r); Bankverbindung

Jürgen Kaufmann, Textilgroßhändler
Weserstraße 6, 6000 Frankfurt

Stadtsparkasse Frankfurt
Konto-Nr. 640 312
(BLZ 500 501 02)

④ **macht gegen –Sie–** ☐ **als Gesamtschuldner**

⑤ **folgenden Anspruch geltend** (genaue Bezeichnung, insbes. mit Zeitangabe): Geschäftszeichen des Antragstellers: K/S

Warenkauf wie Rechnung vom 15.10.19..

⑥ Hauptforderung DM 1 250,00 | Zinsen 6 % aus 1 256,00 seit 01.11.19..

⑦ Vorgerichtliche Kosten DM 6,00

⑧ Kosten dieses Verfahrens (Summe 1 bis 5) DM 28,00

| 1 Gerichtskosten | 2 Auslagen d. Antragst. | 3 Gebühr d. Prozeßbev. | 4 Auslagen d. Prozeßbev. | 5 MWSt. d. Prozeßbev. |
|---|---|---|---|---|
| 27,00 DM | 1,00 DM | DM | DM | DM |

⑨ **Gesamtbetrag DM** 1 284,00 **zuzügl. der Zinsen**

Der Anspruch ist nach Erklärung des Antragstellers von einer Gegenleistung ☐ nicht abhängig. ☐ abhängig; diese ist aber bereits erbracht.

**Das Gericht hat nicht geprüft, ob dem Antragsteller der Anspruch zusteht. Es fordert Sie hiermit auf, innerhalb von zwei Wochen seit der Zustellung dieses Bescheids entweder die vorstehend bezeichneten Beträge, soweit Sie den geltend gemachten Anspruch als begründet ansehen, zu begleichen oder dem** (oben bezeichneten) **Gericht auf einem Vordruck der beigefügten Art** (s. Hinweis dazu auf der Rückseite) **mitzuteilen, ob und in welchem Umfang Sie dem Anspruch widersprechen.**

Werden die geforderten Beträge nicht beglichen und wird auch nicht Widerspruch erhoben, kann der Antragsteller nach Ablauf der Frist einen Vollstreckungsbescheid erwirken, aus dem er die Zwangsvollstreckung betreiben kann. Ein streitiges Verfahren in Ihrem allgemeinen Gerichtsstand wäre nach Angabe des Antragstellers durchzuführen vor dem

⑩ [X] Amtsgericht ☐ Landgericht ☐ Landgericht -Kammer für Handelssachen- in Plz, Ort 5400 Koblenz

An dieses Gericht, dem eine Prüfung seiner Zuständigkeit vorbehalten bleibt, wird die Sache im Falle Ihres Widerspruchs abgegeben.

Rechtspfleger

## Antrag

Ort, Datum 6000 Frankfurt, 08.12.19..

⑪ Anschrift des Antragstellers/Vertreters/Prozeßbevollmächtigten

Jürgen Kaufmann
Textilgroßhändler
Weserstraße 6

6000 Frankfurt

Eingangsstempel des Gerichts

**Es wird beantragt, aufgrund der vorstehenden Angaben einen Mahnbescheid zu erlassen.**

⑫ [X] Im Falle des Widerspruchs wird die Durchführung des streitigen Verfahrens vor dem vorstehend bezeichneten Gericht beantragt.

⑬ ☐ Ordnungsgemäße Bevollmächtigung wird versichert.

⑭ ☐ Hier die Zahl der ausgefüllten Vordrucke angeben, falls sich der Antrag gegen mehrere Antragsgegner richtet.

Blatt 1: Antrag und Urschrift

Jürgen Kaufmann
Unterschrift des Antragstellers/Vertreters/Prozeßbevollmächtigten

*Abb. 3.6.2.2-1 Der Mahnbescheid*

**Wann wird ein Mahnbescheid beantragt?**

- Wenn der Käufer böswillig nicht zahlt;
- wenn Gefahr droht, daß die Forderung verjährt (vgl. Abschnitt 3.6.3);
- wenn Gefahr droht, daß er bald überhaupt nicht mehr zahlen kann.

**Wie verhält sich der Schuldner bei Eingang eines Mahnbescheides?**

- Er zahlt, nur an den Gläubiger, oder
- er erhebt binnen 2 Wochen *Widerspruch,* oder
- er unternimmt gar nichts.

**Bei Widerspruch** wird der Antragsteller (Gläubiger) durch das Amtsgericht benachrichtigt. Er kann nun einen Antrag auf mündliche Verhandlung vor dem für das *Streitverfahren* zuständigen Gericht (Amtsgericht oder Landgericht) stellen. Das ist das Gericht, bei dem der Antragsgegner (Schuldner) seinen allgemeinen Gerichtsstand hat. Wird kein Antrag gestellt, so geschieht nichts.

*Unternimmt der Antragsgegner* nichts, kann der Antragsteller binnen 6 Monaten beim Amtsgericht den Erlaß des Vollstreckungsbescheides beantragen. Ist diese Frist abgelaufen, so wird der Mahnbescheid wirkungslos.

### 3.6.2.3 Der Vollstreckungsbescheid

Die Geschäftsstelle des Gerichts stellt dem Schuldner auf Antrag des Gläubigers den Vollstreckungsbescheid durch den zuständigen Gerichtsvollzieher zu. Auf Grund dieses *„vollstreckbaren Titels“* kann der Gläubiger nunmehr die Zwangsvollstreckung betreiben. Der Schuldner kann allerdings *binnen zwei Wochen* nach Zustellung des Vollstreckungsbescheides *Einspruch* erheben. Dann mündet das Mahnverfahren in das ordentliche Klageverfahren ein wie beim Widerspruch gegen einen Mahnbescheid.

### 3.6.2.4 Die Klage (Der Zivilprozeß)

**Örtlich zuständig** für die Klage ist das Gericht des vereinbarten oder des gesetzlichen Erfüllungsortes. Haben die Parteien nichts vereinbart, so ist das Gericht (Amtsgericht bzw. Landgericht) zuständig, in dessen Bezirk der *Schuldner* seinen Wohnsitz bzw. Firmensitz hat. Bei Klagen aus *Abzahlungsgeschäften* ist *ausschließlich* das Gericht im Bezirk des Schuldners zuständig.

**Sachlich zuständig ist in erster Instanz** für bürgerlich-rechtliche Streitigkeiten über vermögensrechtliche Ansprüche bis zu einem *Streitwert* von 5000,00 DM das *Amtsgericht,* bei höheren Streitwerten das *Landgericht.* Bei Klagen vor dem Landgericht herrscht Anwaltszwang, d. h., die Parteien müssen sich vor Gericht durch einen Rechtsanwalt vertreten lassen.

**Ohne Rücksicht auf den Streitwert** ist das Amtsgericht zuständig bei einer Reihe von Streitigkeiten (aus einem Miet- oder Pachtverhältnis, aus der gesetzlich begründeten Unterhaltspflicht von Eltern und Verwandten u. a.), ferner für das Mahnverfahren, das Zwangsvollstreckungs-, Konkurs- und Vergleichsverfahren.

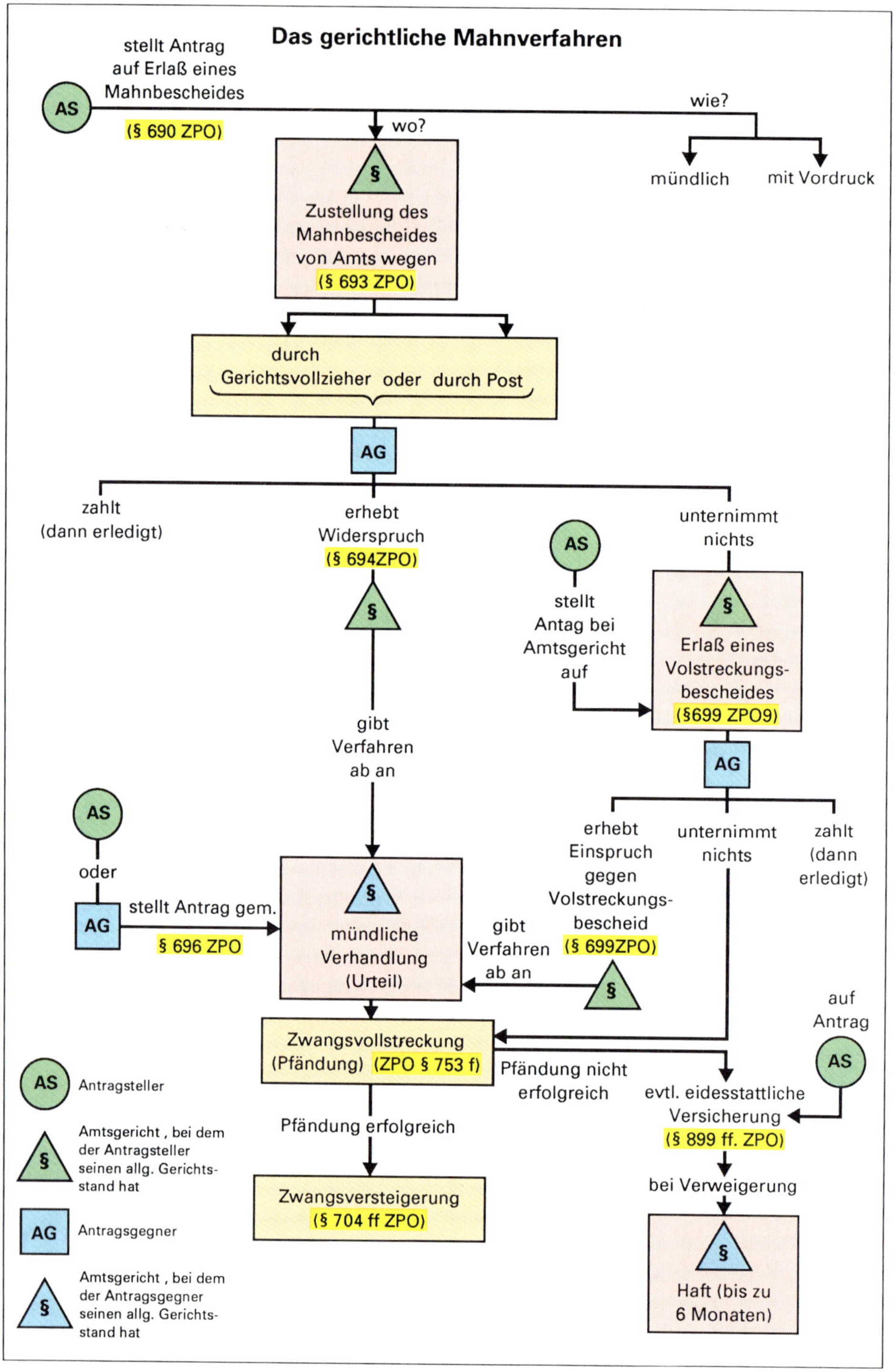


*Abb. 3.6.2.4-1 Das gerichtliche Mahnverfahren*

**Berufungsinstanz** gegen Urteile des Amtsgerichts (Beschwerdegegenstand über 700,00 DM) ist das Landgericht, gegen Urteile des Landgerichts, die dieses als 1. Instanz gefällt hat, das Oberlandesgericht.

**Der Bundesgerichtshof** entscheidet über die gegen Berufungsurteile der Oberlandesgerichte eingelegte *Revision.* Dabei können, im Gegensatz zur Berufung, keine neuen Tatsachen mehr vorgebracht werden.

**Kammer für Handelssachen.** Wenn beide Parteien Kaufleute sind und eine Partei den Antrag stellt, werden Handelsstreitigkeiten von der „Kammer für Handelssachen" entschieden.

**Die Klage** kann schriftlich in einer Klageschrift, dem sog. Schriftsatz, oder mündlich – zu Protokoll der Geschäftsstelle – erhoben werden. Das Gericht prüft den Antrag, verlangt einen Gerichtskostenvorschuß, stellt dem Beklagten die Klage zu und setzt einen Termin zur mündlichen Verhandlung oder für ein schriftliches Verfahren fest. Die sog. *Einlassungsfrist* – das ist die Frist zwischen Zustellung der Klage und dem Gerichtstermin (mündliche Verhandlung oder schriftliches Verfahren) – wird vom Gericht festgelegt.

Die Verhandlung vor dem Gericht beginnt damit, daß die Parteien ihre Anträge stellen, und endet mit einem Vergleich oder mit einem Urteil. *Beweismittel* sind: Zeugenvernehmung, Urkunden (z. B. Kaufvertrag), Sachverständigengutachten, Augenschein, uneidliche oder eidliche Parteivernehmung. Gegen das Urteil, das den Beteiligten zugestellt wird, kann Berufung eingelegt werden.

### 3.6.2.5 Die Zwangsvollstreckung (§§ 704 ff. ZPO)

Wenn das Gericht einen Zahlungsbefehl oder ein Urteil für vollstreckbar erklärt, so hat der Gläubiger damit einen *„vollstreckbaren Titel".* Er kann dann den zuständigen Gerichtsvollzieher mit der Zwangsvollstreckung beauftragen. Diese besteht in der *Pfändung* (staatliche Beschlagnahme) und Verwertung der Pfandsache zugunsten des Gläubigers.

**Bewegliche Gegenstände** nimmt der Gerichtsvollzieher entweder an sich (Geld, Schmuck, Wertpapiere) oder kennzeichnet sie durch Aufkleben von Pfandsiegelmarken als gepfändet. Später – aber nicht vor Ablauf einer Woche – werden sie dann zugunsten des Gläubigers öffentlich versteigert. *Unpfändbar* sind Gegenstände, die für eine der Verschuldung angemessene bescheidene Lebensführung und für die Berufsausübung notwendig sind (Möbel, Hausgeräte, Schwarz-Weiß-Fernsehgerät u. a.).

**Forderungen** (Bankguthaben, Lohn, Gehalt) werden durch *Pfändungs- und Überweisungsbeschluß* des Amtsgerichtes (Vollstreckungsgerichtes) bei dem Drittschuldner, d. i. bei Lohnpfändungen der Arbeitgeber, beschlagnahmt und an den Gläubiger überwiesen. Um dem Arbeitnehmer ein Existenzminimum zu sichern, unterliegt sein Arbeitseinkommen einem besonderen Pfändungsschutz. *Unpfändbar* ist vom Netto-Arbeitseinkommen der Betrag, der für den notwendigen Unterhalt des Schuldners und zur Erfüllung seiner gesetzlichen Unterhaltspflichten notwendig ist. Vgl. dazu das Gesetz zur Änderung der Pfändungsfreigrenzen vom 01.03.1972.

**Die Zwangsvollstreckung in das unbewegliche Vermögen** erfolgt durch Eintragen einer Sicherungshypothek, durch Zwangsverwaltung (die Mieten werden z. B. an einen vom Gericht bestellten Verwalter abgeführt) oder durch Zwangsversteigerung.

**Wird der Gläubiger durch die Pfändung nicht befriedigt,** so kann er durch das Amtsgericht, in dessen Bezirk der Schuldner seinen Wohnsitz hat, diesen zur Abgabe einer eidesstattlichen Versicherung über sein Vermögen laden lassen. Der Schuldner muß ein Verzeichnis seiner Vermögenswerte beim Amtsgericht einreichen und eidesstattlich erklären, daß es richtig und vollständig ist. Die Abgabe dieser Erklärung wird bei dem betreffenden Gericht in ein Verzeichnis eingetragen, in das jedermann Einblick nehmen kann. Weigert sich der Schuldner, die eidesstattliche Versicherung abzugeben, kann er auf Antrag des Gläubigers bis zu 6 Monaten in Haft genommen werden.

## 3.6.3 Die Verjährung einer Forderung

Wenn der Gläubiger seinen Anspruch lange Zeit nicht geltend macht, läuft er Gefahr, ihn nach Ablauf einer gewissen Frist zu verwirken.

„Die Forderung ist verjährt" bedeutet, daß der Schuldner berechtigt ist, die Zahlung unter Hinweis auf den Ablauf der Verjährungsfrist zu verweigern *(„Einrede der Verjährung")*. Der Gläubiger kann den Schuldner nicht mehr mit gerichtlicher Hilfe zur Zahlung zwingen.

**Die regelmäßige Verjährungsfrist beträgt 30 Jahre** (§ 195 BGB); sie gilt für Darlehen, ferner für alle Ansprüche aus rechtskräftigen Urteilen, unerlaubter Handlung[1] und Schutzrechtsverletzungen, für Vollstreckungsbefehle usw.

**In 4 Jahren** verjähren Ansprüche auf Zinsen und alle regelmäßig wiederkehrenden Leistungen, ferner die Ansprüche der Kaufleute und Handwerker aus Leistungen für den Gewerbebetrieb eines Schuldners (§§ 196 Abs. 2, 197 BGB).

**In 2 Jahren** verjähren die Ansprüche aus Geschäften des täglichen Rechtsverkehrs (Ansprüche der Kaufleute an Nichtkaufleute, der Gastwirte, der Lohn- und Gehaltsempfänger, der freien Berufe usw. lt. § 196 BGB).

**Beginn der Verjährungsfrist.** Die 30jährige Verjährungsfrist beginnt mit dem Tage der Entstehung des Anspruchs (§ 198 BGB). Die zwei- und die vierjährige Verjährungsfrist beginnen erst mit dem Schluß des Jahres (31.12., 24 Uhr) zu laufen, in dem die Schuld fällig war (§ 201 BGB). Die Verjährung kann unterbrochen oder gehemmt werden.

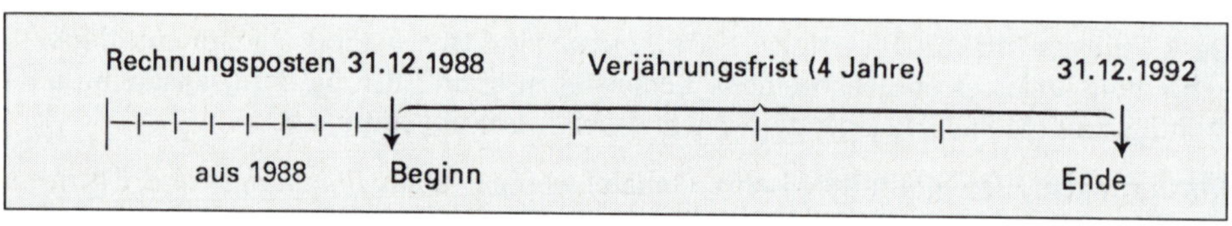


*Abb. 3.6.3-1 Beispiel der Verjährung*

**Die Verjährung wird unterbrochen** (§§ 208 ff. BGB):

- durch Zustellen eines Mahnbescheides;
- durch Erheben einer Klage;
- durch Anmelden einer Forderung im Konkurs;
- durch eine Teilzahlung oder Zinsenzahlung des Schuldners;
- durch ein sonstiges Schuldanerkenntnis, z. B. durch die Bitte um Stundung.

1 Die erwähnte Frist gilt nur dann, wenn der Ersatzpflichtige nicht bekannt ist.

Durch die Unterbrechung beginnt die Verjährungsfrist (2 bzw. 4 Jahre) vom Tage der Beendigung der Unterbrechung wieder neu zu laufen (§ 217 BGB).

**Die Verjährung wird gehemmt** (§§ 202 ff. BGB)

- wenn der Gläubiger dem Schuldner die Forderung gestundet hat,
- wenn der Schuldner berechtigt ist, die Zahlung aus irgendeinem Grunde zu verweigern (berechtigter, nicht erfüllter Gegenanspruch),
- wenn ein Stillstand der Rechtspflege eintritt (Krieg),
- solange eine Geschäftsaufsicht über das Vermögen des Schuldners besteht (Konkurs, Vergleich).

Bei einer Hemmung verlängert sich die Verjährungsfrist um die Zeitspanne der Hemmung.

## Aufgaben

1. Warum muß sich der Kaufmann darum kümmern, daß seine Rechnungen bezahlt werden? Begründen Sie Ihre Aussage.
2. Bei welchen Verkaufsarten spielt die Sorge um den Zahlungseingang keine Rolle? Nennen Sie mindestens drei Arten von kaufmännischen Betrieben, für die diese Aussage zutrifft.
3. Wie kann sich ein Lieferer gegen Zahlungsausfälle schützen? Nennen Sie zwei mögliche Wege.
4. Über welchen Betrag stellen sie eine Nachnahmekarte aus, wenn Sie einen seit 20 Tagen überfälligen Betrag von 270,00 DM durch die Post einziehen wollen?
5. Bitten Sie den Ihnen bekannten Großhändler Meier schriftlich um Auskunft, ob Sie dem neuen Kunden Freihuber einen Kontokorrentkredit von 25 000,00 DM einräumen können.
6. Wie ist es zu erklären, daß sich im Dezember die Anträge auf Erlaß von Mahnbescheiden häufen?
7. Beschaffen Sie sich die Checkliste einer Auskunftei zur Prüfung der Kreditwürdigkeit eines Betriebes, und füllen Sie diese aus. (Branchen-Telefonbuch befragen, wo nächste Auskunftei ist.)
8. Entwerfen Sie einen Schriftsatz, mit dem Sie Ihre Forderung gegenüber dem Kunden Obermeier auf Zahlung einer seit 4 Monaten fälligen Rechnung begründen.
9. Der Kunde Obermaier hat Ihren Schriftsatz (Begründung Ihres Anspruches) erhalten. Da er Mängel an den Waren festgestellt hat, glaubt er sich berechtigt, die Zahlung zu verweigern. Entwerfen Sie die Stellungnahme der Firma Obermeier.
10. Am 08.06.1989 führte ein Installateur im Sprechzimmer eines Arztes – in dessen Wohnung – eine Reparatur durch. Wann ist die Forderung verjährt?
11. Am 15.03.88 hat der Großhändler A gegen einen Kunden einen Vollstreckungsbescheid erwirkt. Wann verjährt dieser?
12. Warum sind im Gesetz bestimmte Verjährungsfristen festgelegt?
13. Unterbricht eine gewöhnliche Mahnung die Verjährung? Begründen Sie Ihre Antwort.
14. Entwerfen Sie einen Mahnbrief an einen Kunden, der mehrere Mahnungen nicht beachtet und auch eine Nachnahme nicht eingelöst hat.
15. Lesen Sie nochmals sorgfältig die Regelungen zur Verjährung in Abschnitt 3.6.3 durch, und entscheiden Sie in den folgenden Fällen (Ihr JA oder NEIN muß begründet werden.):

    FALL A: Familie Lehmann ließ sich am 14.10.1988 eine neue Couch liefern. Die Rechnung wurde bei der Lieferung zugestellt. Aus Versehen vergaß Frau Lehmann, den Betrag zu überweisen. Mitte Mai 1991 entdeckt Möbelhändler Bollmann per Zufall, daß die Rechnung Lehmann noch immer nicht beglichen wurde. Müssen die Lehmanns zahlen?

FALL B: Die Druckerei Drucks druckte Visitenkarten für das Modehaus Chic. Die Rechnung darüber wurde schon vor zweieinhalb Jahren ausgestellt. Kann die Druckerei nach dieser Zeit noch auf Zahlung bestehen?

FALL C: Kurt Müller (18 Jahre) verkauft seinem Klassenkameraden seinen Kassettenrecorder zum Freundschaftspreis von 65,00 DM. Beiden gerät der Fall in Vergessenheit. Kann Kurt nach fünf Jahren noch sein Geld verlangen?

FALL D: Der Bauunternehmer Bimms ging in Konkurs. Nach 18 Jahren bringt er es wieder als Baustoffhändler zu Ansehen und Vermögen. Beim Konkurs seinerzeit waren einige seiner Gläubiger leer ausgegangen oder nur teilweise befriedigt worden. Können sie jetzt erneut ihre Ansprüche geltend machen? (Lesen Sie auch zum Konkurs [vgl. Sachwortregister] nach.)

## Zusammenfassung

Jeder Kaufmann muß darauf achten, daß er selbst pünktlich zahlt und daß seine Forderungen ebenfalls pünktlich bezahlt werden. Wenn gegen Rechnung verkauft wird, dann muß man bereits vorbeugende Maßnahmen zur Sicherung des Zahlungseinganges ergreifen. Solche Maßnahmen sind:

- die *Kreditwürdigkeit des Kunden überprüfen*, z. B. durch Einholen von Auskünften;
- die *Lieferung gegen Vorauskasse oder gegen Nachnahme*;
- das *Anwenden des Bankeinzugsverfahrens*;
- die *Lieferung gegen Wechselakzept*.

- Wird nicht pünktlich gezahlt, dann muß zum richtigen Zeitpunkt das **Mahnverfahren** einsetzen. Der Kaufmann wird im allgemeinen versuchen, durch das **außergerichtliche Mahnverfahren** mit einer 1., 2. und 3. Mahnung
  den Schuldner zur Zahlung zu bewegen.
- Bleiben außergerichtliche Mahnungen erfolglos, wird man entweder das **gerichtliche Mahnverfahren** mit
  - *Mahnbescheid* und
  - *Vollstreckungsbescheid*

  betreiben oder sofort die **Klage** bei Gericht einreichen.

  Mit einem vollstreckbaren Titel als Ergebnis des gerichtlichen Mahnverfahrens oder der Klage kann die *Zwangsvollstreckung* gegen den Schuldner eingeleitet werden.
- Rechtzeitiges Eintreiben von Außenständen schützt vor Verlusten durch **Verjährung.** Denn alle Forderungen verjähren:
  - nach **2 Jahren** alle Ansprüche aus Geschäften des täglichen Rechtsverkehrs;
  - nach **4 Jahren** alle Ansprüche zwischen Kaufleuten sowie Ansprüche aus Zinsen und wiederkehrende Leistungen;
  - nach **30 Jahren** alle übrigen Forderungen (z. B. aus rechtskräftigen Urteilen, vollstreckbaren Titeln).
- **Die Verjährung** kann *unterbrochen* oder *gehemmt* werden.

# 3.7 Die Organisation des Betriebes

## 3.7.1 Organisatorische Grundfragen

Die Organisation dient dem Unternehmen und steht wie alle anderen Betriebsfunktionen im Dienste der Unternehmensziele. Die Ziele der Betriebsorganisation sind deshalb abgeleitete Ziele. Sie dürfen nicht im Widerspruch zu den Unternehmenszielen stehen.

**Das Ziel der Organisation** des Betriebes ist im allgemeinen der reibungslose Ablauf des Betriebsgeschehens, erhöhte Wirtschaftlichkeit und die Steigerung der Arbeitsleistung. Durch die betriebliche Organisation soll die betriebliche Arbeit so geregelt werden, daß der Betriebszweck mit dem geringstmöglichen Aufwand verwirklicht wird.

Deutlicher wird die Vielfalt der Organisationsüberlegungen, wenn man die Einzelziele der Organisation betrachtet. Sie lassen sich in den folgenden Fragen zusammenfassen:

- **Was** ist zu tun?
  Ziel ist, die Einzelaufgaben festzulegen, die durchzuführen sind *(Aufgabenbestimmung)*.
- **Wie** ist zu arbeiten?
  Ziel ist, die Art der Arbeitsdurchführung festzulegen *(Verrichtungsbestimmung)*.
- **Woran** ist zu arbeiten?
  Ziel ist, den Gegenstand der geforderten Tätigkeit festzulegen *(Gegenstandsbestimmung)*.
- **Womit** ist zu arbeiten?
  Ziel ist, die Sach- und Arbeitsmittel festzulegen, mit deren Hilfe die Aufgabe zu erledigen ist *(Bestimmung der Sach- und Arbeitsmittel)*.
- **Wer** ist für die Aufgaben vorgesehen?
  Ziel ist, die Aufgaben den richtigen Mitarbeitern zuzuordnen *(Bestimmung des Mitarbeitereinsatzes)*.
- **Wo** soll die Arbeit erledigt werden?
  Ziel ist, die Aufgaben am richtigen Ort durchzuführen *(Standortbestimmung)*.
- **Wann** soll die Aufgabe erfüllt werden?
  Ziel ist, die richtige zeitliche Einordnung der Einzelaufgabe festzulegen *(Zeitbestimmung)*.

Die Organisation ist aber nicht Selbstzweck, sondern neben der dienenden Aufgabe für die Erfüllung der Betriebsziele ist sie auch eingebettet in die sozialökonomischen Zusammenhänge.

Man muß sich darüber in klaren sein, daß der Betrieb sowohl ein statisches[1] (ruhendes, dauerhaftes) Gebilde ist, als auch ein dynamischer[2] (in Bewegung befindlicher) Prozeß[3]. Man unterscheidet deshalb bei der Organisation zwischen der

- **Aufbauorganisation** (Organisation des Betriebes als statisches Gebilde) und der
- **Ablauforganisation** (Organisation des Betriebes als dynamischer Prozeß).

**Die Aufbauorganisation** (statische Organisation) legt fest, wie die Aufgaben des Betriebes auf einzelne Abteilungen verteilt werden. Sie wird im allgemeinen im Organisationsplan (Organisationsdiagramm) festgehalten. Aus der Aufbauorganisation ergeben sich auch die Aufgaben der einzelnen Stellen (Mitarbeiter) des Betriebes. Diese Aufgaben werden in Stellenbeschreibungen festgelegt.

1 lateinisch stare, status = stehen, bleiben
2 griechisch für: in Bewegung sein, voll innerer Kraft
3 lateinisch procedere, processus = fortschreitend; Prozeß = ein Fortschreitendes

**Die Stelle** ist die unterste Gliederungsstufe der Aufbauorganisation. Sie stellt die Zusammenfassung von Teilaufgaben zum Arbeitsgebiet einer Person dar.

**Stab und Linie.** Bei der Aufbauorganisation, die im Organisationsplan festgehalten ist, werden zwei verschiedene Arten von Abteilungen unterschieden. *Linienabteilungen* erhalten Anweisungen von den jeweils über ihnen stehenden Abteilungen (z. B. die Verkaufsabteilung von der Geschäftsleitung) und geben ihrerseits Anweisungen an die unter ihnen stehenden Abteilungen (z. B. die Verkaufsabteilung an den Versand). *Stabsabteilungen* arbeiten nur mit der Abteilung zusammen, der sie zugeordnet sind, und erhalten von dieser ihre Anweisungen. Sie haben selbst keine Anweisungsbefugnis, sondern erarbeiten Vorschläge und beraten und unterstützen die Linienabteilungen.

**Funktionsorganisation und Matrixorganisation** sind Formen der betrieblichen Aufbauorganisation, bei denen es nicht eine einfache Anweisungs- und Berichtsstruktur gibt wie bei der Linien- oder Stab/Linienorganisation. Bei ihnen wird vielmehr eine Aufgabenordnung nach funktionellen Kriterien verwirklicht.

**Die Arbeitsteilung** bringt es mit sich, daß nicht alle Teilbereiche einer Aufgabe von einem Mitarbeiter ausgeführt werden. Die Arbeit wird vielmehr auf spezialisierte Mitarbeiter aufgeteilt. Teilweise werden einzelne Funktionen auch von Maschinen übernommen. Die moderne Arbeitsorganisation führt teilweise zu einer Aufhebung der Arbeitsteilung und zum Zusammenfassen mehrerer Funktionen an einer Arbeitsstelle.

**Die Stellenbildung und Stellengliederung** im Betrieb kann verschienenen Gliederungsprinzipien folgen. Dabei ist zunächst zu unterscheiden nach

- **aufgaben- bzw. sachorientierter** und
- **personenorientierter Stellenbildung.**

Unter rein technologischen Gesichtspunkten hat die aufgaben-(sach-)orientierte Stellenbildung eigentlich absoluten Vorrang.

Besondere Fähigkeiten einzelner Personen, die Humanisierung des Arbeitsplatzes und andere Erwägungen können jedoch dazu führen, daß die Stellenbildung mehr oder minder stark personenorientiert ist.

**Das Objekt- und das Verrichtungsprinzip** sind ein weiterer Gliederungsgesichtspunkt bei der Stellenbildung und Abteilungsorganisation. Unterschiede der Gliederung zeigt nachstehende Skizze.

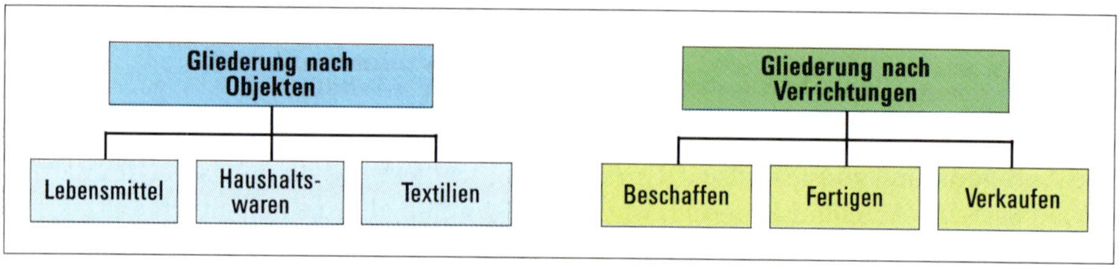


*Abb. 3.7.1-1*

**Die Ablauforganisation** (dynamische Organisation) regelt das tägliche Erledigen der Arbeitsaufgaben und das Zusammenwirken der verschiedenen Abteilungen und der einzelnen Mitarbeiter. Sie legt fest, wie die einzelnen *Funktionen*, die zur Erfüllung der

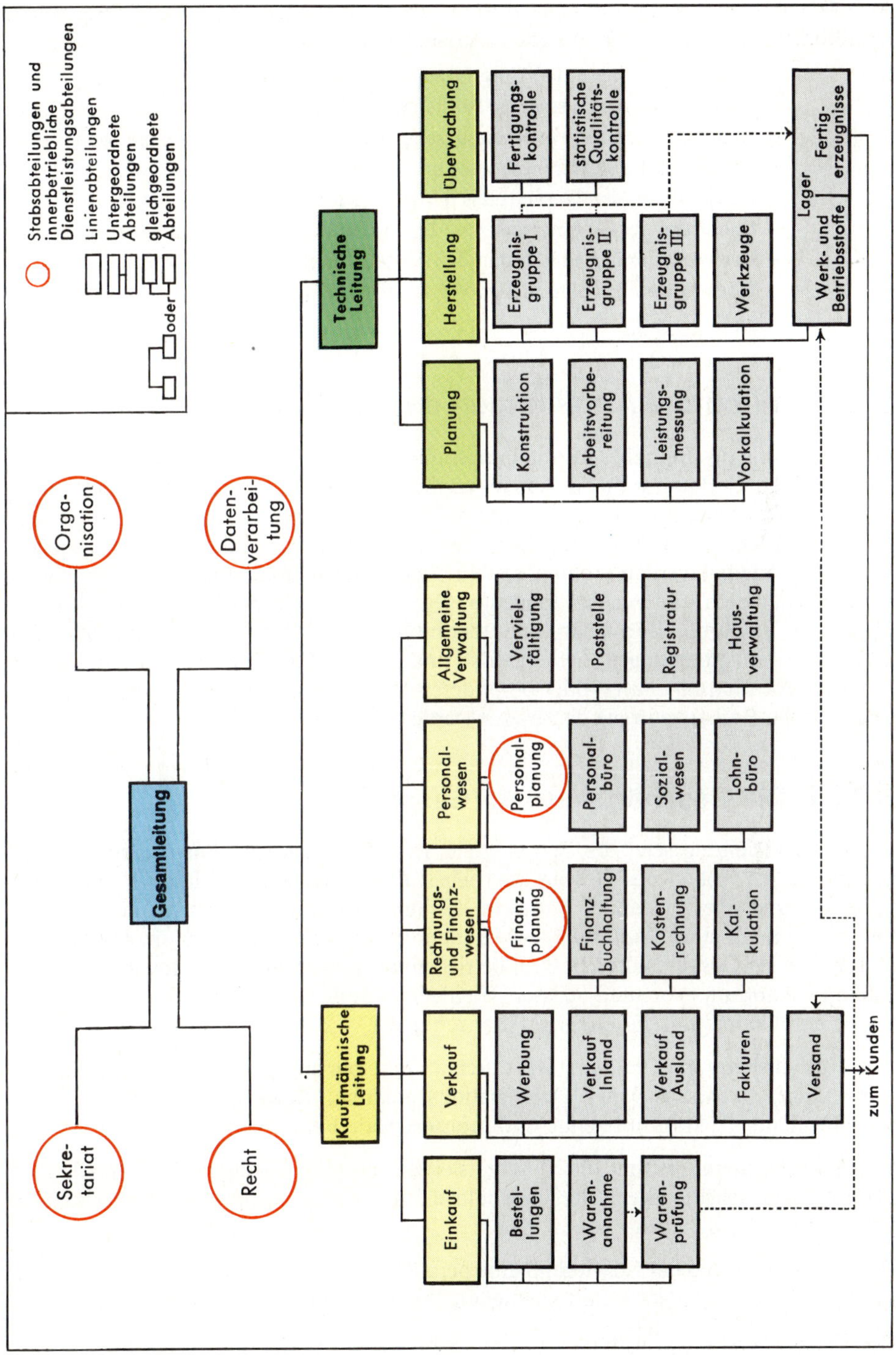


*Abb. 3.7.1-2 Der Organisationsplan eines Industriebetriebes (Beispiel)*

Aufgaben notwendig sind, durchgeführt werden. Betrachten wir beispielhaft, welche Funktionen zur Erfüllung der Aufgabe „Ausstellen einer Rechnung“ notwendig sind:

- **Lesen** der vorliegenden Unterlagen (Bestellung, Lieferschein);
- **Prüfen** auf ordnungsmäßige Auslieferung;
- **Ordnen** der einzelnen Rechnungsangaben in der richtigen Reihenfolge;
- **Schreiben** des Rechnungskopfes und der Artikelzeilen;
- **Rechnen,** um den Gesamtpreis je Artikel zu ermitteln;
- **Speichern** der Gesamtpreise und Errechnen des Bruttorechnungsbetrages;
- **Rechnen,** um den Rabatt und den Nettorechnungsbetrag zu ermitteln;
- **Überwachen** des pünktlichen Versandes der Rechnung.

## 3.7.2 Wichtige Abteilungen des Betriebes

Die Gliederung des Betriebes in Abteilungen muß sich nach den betrieblichen Erfordernissen richten. So kann z. B. die Abteilungsgliederung eines Mittelbetriebes der grundsätzlichen Darstellung in der Abbildung 3.7.1-2 entsprechen. Während aber in einem kleinen Betriebe sogar die Aufgaben mehrerer Abteilungen durch einen einzigen Mitarbeiter erledigt werden können, sind in *Großbetrieben* diese Abteilungen oft Hauptabteilungen, denen weitere Abteilungen angegliedert sind. In der Verwaltung führt der Einsatz der modernen Bürotechnik darüber hinaus dazu, daß einzelne Funktionen aus den bisherigen Abteilungen herausgelöst und neuen Abteilungen (Rechenzentrum, Datenverarbeitungsabteilung) oder besonderen Dienstleistungsbetrieben (Servicebüros, gewerblichen Rechenzentren) übertragen werden.

### 3.7.2.1 Die Geschäftsleitung (Gesamtleitung)

Die Geschäftsleitung setzt die Betriebsziele, trifft alle wichtigen Entscheidungen und überwacht den Ablauf des Geschäftsbetriebes. Ihre Aufgaben sind folglich planender, führender und überwachender Natur. Im Kleinbetrieb und Mittelbetrieb liegt die Leitung entweder in einer Hand oder – wie in den Personengesellschaften – in den Händen einiger weniger Gesellschafter. In Großbetrieben führt die Vielfalt der Aufgaben meist zu einem Direktorium (Vorstand), dessen Mitglieder sich in die Gesamtleitung teilen (technische und kaufmännische Leitung, Finanzen usw.).

Die Geschäftsleitung wird unterstützt durch unmittelbar angegliederte Stabsabteilungen (Sekretariat, Rechtsabteilung, Organisationsabteilung, Revisionsabteilung), die beratende, planende, koordinierende und informierende Funktionen ausüben.

**Das Sekretariat** unterstützt die Geschäftsleitung bei der Erledigung der anfallenden Arbeiten wie Schriftverkehr der Geschäftsleitung, Vorbereitung von Besprechungen, Empfang von Besuchern usw.

**Die Rechtsabteilung** hat vorwiegend eine beratende Funktion. Ihr obliegt es, bei Rechtsgeschäften (Verträge, Patentangelegenheiten, Prozesse und dergleichen) tätig zu werden.

**Die Organisationsabteilung** ist für die Gesamtheit der organisatorischen Regelungen, insbesondere im Verwaltungsbereich, zuständig.

## 3.7.2.2 Die kaufmännischen Abteilungen[1]

### Die Einkaufsabteilung (Beschaffung)

Den Anstoß zum Einkauf bildet in der Regel die *Bedarfsmeldung* des Lagers oder – bei Industriebetrieben – des technischen Büros. Sie löst dann eine Reihe von Arbeiten aus:

- Einholen von Angeboten;
- Angebotsvergleich durch geordnetes Zusammenstellen der verschiedenen Angebote, die bei unterschiedlichen Bedingungen auf eine einheitliche Grundlage zu bringen sind;
- Ausschreiben der Bestellungen;
- Überwachen der Bestellungen;
- Anmahnen überfälliger Lieferungen;
- Eintragen der eingegangenen Lieferungen;
- Prüfen der Rechnungen;
- Abwickeln von Mängelrügen.

### Die Lagerverwaltung (vgl. Abschnitt 3.2)

Die Lagerverwaltung ist verantwortlich für alle Aufgaben, die mit der Lagerung und Pflege der Waren zusammenhängen:

- ordnungsmäßige Einlagerung und Ausgabe der Waren und Stoffe;
- wert- und mengenmäßige Aufzeichnung aller Eingänge und Ausgänge;
- regelmäßige Bestandskontrollen und
- die Pflege des Warenbestandes.

Ist keine besondere *Warenannahmestelle* eingerichtet, gehört die Prüfung der eingehenden Waren zu den Aufgaben der Lagerverwaltung.

### Marketing und Vertrieb (vgl. Abschnitt 3.3.4)

Die Bereiche Marketing und Vertrieb können je nach der betrieblichen Organisation und den Aufgaben des Betriebes sowohl kaufmännische Abteilungen sein, als auch selbständige Einheiten bilden, wie etwa die technischen Abteilungen. In jedem Falle müssen Marketing und Vertrieb, zuständig für alle einschlägigen Arbeiten, eng mit den kaufmännischen Abteilungen zusammenarbeiten, insbesondere jedoch mit der Verkaufsabteilung (Auftragsbearbeitung).

Zu den Aufgaben von Marketing und Vertrieb gehören neben den direkten Kundenkontakten auch das Planen, Durchführen und Überwachen von Werbemaßnahmen.

### Die Verkaufsabteilung (Auftragsbearbeitung)

Die Verkaufsabteilung hat dafür zu sorgen, daß alle eingehenden Bestellungen sach-und termingemäß bearbeitet werden. Zu ihren Aufgaben gehören:

- Bearbeiten von Kundenanfragen;
- Ausarbeiten von Angeboten;
- Festhalten des Auftrags unter einer laufenden Nummer;
- Bestätigung der Bestellungen;
- Versandanweisung an das Lager;
- Überwachen der Ausführung von Aufträgen;
- Erstellen der Lieferscheine, Versandpapiere und Rechnungen;
- Bearbeiten von Beanstandungen.

1 Abteilungen, deren Aufgaben an anderen Stellen ausführlich behandelt sind, werden hier nur kurz erwähnt.

## Die Versandabteilung

Die Versandabteilung, die in vielen Betrieben dem Lager angegliedert ist, hat

- die zu einem Versandauftrag (Lieferschein bzw. Packzettel) gehörenden Waren vom Lager, wo sie zusammengestellt wurden, zu übernehmen;
- die Sendung zu verpacken und zu signieren;
- die Waren zu versenden, wobei sie die besonderen Wünsche und Versandvorschriften des Kunden beachten muß;
- der Verkaufsabteilung den Versand mitzuteilen.

## Die Buchhaltungsabteilung

Die Buchhaltungsabteilung (vielfach zusammen mit Kostenrechnung und Kalkulation auch als „Rechnungswesen" bezeichnet) zeichnet alle „Bewegungsvorgänge" des Betriebes lückenlos auf und stellt periodisch den Stand des Vermögens (Bilanz) und den Erfolg (Verlust oder Gewinn) fest. Zu ihren Aufgaben gehören im einzelnen:

- das Buchen der eingegangenen und der ausgehenden Belege (Rechnungen, Quittungen, Zahlungsabschnitte usw.);
- die Kontrolle der zu leistenden Zahlungen und ganz besonders auch der Außenstände (Mahn- und Klagewesen, Kreditkontrolle);
- das Durchführen der Kassengeschäfte;
- das Aufbereiten der Unterlagen für die Kalkulation und das Auswerten ihrer Zahlen für die Betriebsstatistik und Unternehmensplanung;
- der Verkehr mit dem Finanzamt;
- die monatlichen, vierteljährlichen und jährlichen Abschlußarbeiten.

**Die Buchführungspflicht** ist im §§ 238 ff. HGB und in der Abgabenordnung (§§ 140 ff. AO 77) festgelegt. Darüber hinaus enthält das AktG weitergehende Vorschriften für den Jahresabschluß der Aktiengesellschaften, die teilweise auch von Betrieben in anderer Rechtsform beachtet werden müssen.

**Der Grundsatz der „Ordnungsmäßigkeit der Buchführung"** verlangt u. a., daß die Eintragungen vollständig und richtig sind, daß sie fortlaufend erfolgen, nicht nachträglich unleserlich gemacht werden, daß für jede Buchung ein Beleg vorhanden ist (vgl. §§ 239 ff. HGB, §§ 145, 146 AO 77 und die Grundsätze für das Rechnungswesen von 1957). Wenn ein Kaufmann seine Bücher nicht ordnungsmäßig führt, kann das Finanzamt die Buchführung verwerfen und den Gewinn auf andere Weise ermitteln.

**In der Buchführungsorganisation** hat sich in den letzten Jahrzehnten ein ständiger Wandel vollzogen. Dabei spielten insbesondere eine Rolle:

- die Einführung der Durchschreibebuchführung in den zwanziger Jahren, die die chronologische Buchung der Geschäftsfälle im Grundbuch mit der systematischen (kontenmäßigen) Buchung im Hauptbuch verband,
- die in den dreißiger Jahren vollzogene Umstellung auf Standardkontenrahmen, der zwischenbetriebliche Vergleiche erst ermöglichte und in besonderem Maße förderte,
- der Einsatz von Buchungsmaschinen und
- der Einsatz der elektronischen Datenverarbeitung, die heute – für kleinere und mittlere Betriebe insbesondere auch im Wege der Datenverarbeitung außer Haus – die frühere manuelle Buchhaltung fast ganz ersetzt hat.

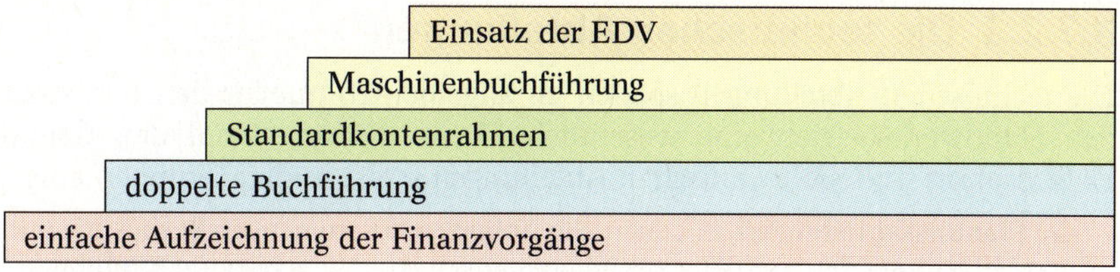


*Abb. 3.7.2.2-1 Die Entwicklungsstufen der Buchführungsorganisation*

Bei der Umstellung auf EDV wurde das System der doppelten Buchführung beibehalten. Die Durchschreibebuchführung gehört jedoch für die meisten Betriebe der Vergangenheit an.

## Kostenrechnung und Kalkulation

Die Ermittlung und Überwachung der Kosten ist eine Aufgabe, die in allen Betrieben anfällt. Während diese Aufgabe bei Handelsbetrieben in vielen Fällen relativ einfach ist, führt sie bei Industriebetrieben oft zu sehr umfangreichen Aufgaben. Der Händler kennt seine Einkaufspreise und hat damit eine sichere Kalkulationsgrundlage. Beim Industriebetrieb muß jedoch zunächst durch eine *Vorkalkulation* der voraussichtliche Kostenpreis geschätzt werden, während erst eine genaue *Nachkalkulation* echte Kostenwerte liefert.

## Die Personalabteilung

Soweit die Personalabteilung nicht als Stabsstelle, sondern als Linienabteilung in den Betrieb eingegliedert ist, sind bei ihr alle Aufgaben zusammengefaßt, die sich auf die Beschäftigten beziehen. Dazu gehören:

- **Die Personalplanung,** die als Stabsstelle *alle* Aufgaben der kurz, mittel- und langfristigen Personaldisposition, also Einstellung, Entlassung, Ausbildung, Weiterbildung usw. festlegt;
- **die Personalverwaltung,** die die Einzelmaßnahmen durchführt. Dazu gehören neben Einstellungen und Entlassungen die ständige Betreuung der Mitarbeiter und auch die Führung der Personalakten;
- **das Sozialwesen,** insbesondere Verwaltung der sozialen Einrichtungen wie Kantinen, Sportstätten, Erste Hilfe usw.
- **das Lohn- und Gehaltsbüro,** das für alle Aufgaben zuständig ist, die mit der Entlohnung zusammenhängen (vgl. zur Entlohnung auch den Abschnitt 7.2.5.2).

## Die allgemeine Verwaltung

In der allgemeinen Verwaltung ist eine Reihe von Hilfsfunktionen für die innerbetriebliche Organisation zusammengefaßt. Sie arbeitet als Dienstleistungsabteilung für den gesamten Betrieb. Wichtige Aufgaben sind:

- *Bearbeitung der ein-* und ausgehenden *Post,*
- *Bereitstellung der* erforderlichen *Hilfsmittel für alle Verwaltungsaufgaben* (Maschinen, Vordrucke usw.)
- *Organisieren und Durchführen von Vervielfältigungen* (Kopien, Drucke usw.)
- *allgemeine Hausverwaltung.*

3802131

### 3.7.2.3 Die technischen Abteilungen

Die technischen Abteilungen spielen im allgemeinen nur für den Industriebetrieb und den Handwerksbetrieb eine wesentliche Rolle. Entsprechend den Grundsätzen der Organisation sind die technischen Abteilungen meist in drei Gruppen aufgegliedert:

- **die Planungsabteilungen,** in denen alle Aufgaben zusammengefaßt sind, die mit der Planung und Verwaltung der Fertigung zusammenhängen. Hierzu gehört die Produktplanung und die Konstruktion einschließlich Zeichenbüro, die Arbeitsvorbereitung und Fertigungsplanung, die Leistungsmessung und – soweit nicht dem Finanz- und Rechnungswesen angegliedert – die Vorkalkulation;
- **die Durchführungsabteilungen,** die für die Herstellung verantwortlich sind. Bei den Durchführungsabteilungen werden oft mehrere Abteilungen für einzelne Erzeugnisgruppen gebildet. Weitere besondere Abteilungen können sein der Werkzeugbau und eine Versuchsabteilung;
- **die überwachenden Abteilungen.** Hierzu gehört insbesondere die Fertigungskontrolle und die statistische Qualitätskontrolle.

## 3.7.3 Hilfsmittel der Organisation[1]

Mit der zunehmenden Bedeutung der kaufmännischen Organisation für die wirtschaftliche Arbeit aller Betriebe haben auch die Hilfsmittel der kaufmännischen Organisation einen ständig wichtigeren Platz eingenommen. Bei der Betrachtung der Hilfsmittel der Büroorganisation müssen wir grundsätzlich unterscheiden:

- **Hilfsmittel für den Menschen im Büro.**Dazu gehören zunächst einmal die Büroräume mit den Teilbereichen: *Art des Büros* (z. B. Kleinbüro oder Großraumbüro), Raumgestaltung und insbesondere die *Umweltfaktoren* des Büroraumes. Zu den Umweltfaktoren zählen die Lüftung, Heizung und Klimatisierung, Beleuchtung, Farbe und Ausmaß der Geräusche (Lärmbekämpfung). (Maßstäbe setzt hier die Arbeitsstättenverordnung vom 20.03.1975.) Weitere Hilfsmittel, die sowohl an die zu erledigende Arbeit als auch an den Menschen angepaßt sein müssen, sind die *Büromöbel,* als Schreibtische, Sitzmöbel (z. B. Stühle, Drehsessel) und die sonstige Möblierung. Bei ihnen gilt, wie auch für die von den Menschen zu bedienenden und zu beachtenden Geräte (wie z. B. Bildschirme), daß sie nach ergonomischen[2] Gesichtspunkten gestaltet sein sollten. Nur dann ist eine optimale Arbeit möglich. Optimal heißt in diesem Falle: so wenig anstrengend wie möglich, nicht gesundheitsschädlich, aber gleichzeitig für Höchst- und Dauerleistungen geeignet.
- **Hilfsmittel für die Durchführung der Arbeiten im Büro.** Diese wollen wir im folgenden etwas näher betrachten.

Neben die seit vielen Jahren benannten *Hilfsmittel,* wie Karteien, Vordrucken, Schreibmaschinen, Rechenmaschinen, sind in den letzten Jahrzehnten auch *Mehrzweckmaschinen* (z. B. Textverarbeitungsanlagen, Postbearbeitungsmaschinen) und *elektronische Datenverarbeitungsanlagen* (insbesondere PCs, die Personalcomputer) getreten.

**Schriftverkehr und Rechnen** zählen zu den betrieblichen Gebieten, in denen zuerst Organisationshilfsmittel eingesetzt wurden. Deshalb sind für diese Gebiete auch viele unterschiedliche Hilfsmittel entwickelt worden. Der Schriftverkehr wurde außerdem weitgehend durch Normen vereinheitlicht, während das Rechnen schon seit langem strengen Regeln unterliegt.

1 Das umfangreiche Gebiet der Hilfsmittel der Büroorganisation wird hier nur gestreift. Ausführlich wird es in besonderen Lehrbüchern behandelt, z. B. Hambusch, Organisationslehre, Darmstadt.

2 ergonomisch bedeutet: dem Menschen angepaßt.

**Vordrucke** sind ein wichtiges Hilfsmittel des Schriftverkehrs. Die Vordrucke, die zwischen den Betrieben ausgetauscht werden, sind überwiegend genormt, allen voran das Briefblatt (DIN 676). Aufbauend auf der grundlegenden Einteilung des Briefblattes bestehen auch Normen für die Rechnung (DIN 4991), die Bestellung, die Bestellungsannahme und den Lieferschein sowie für weitere Vordrucke. Soweit Vordrucke selbst erstellt werden, muß darauf geachtet werden, daß sie einfach und schnell ausgefüllt werden können.

**Die Organisation des Schreibdienstes** – man spricht heute im allgemeinen von *Textverarbeitung* – ist eine weitere wesentliche Aufgabe der Betriebsorganisation. Es muß z. B. festgelegt werden, ob die Post in einem zentralen Schreibzimmer oder bei den einzelnen Betriebsabteilungen geschrieben wird. Es ist aber auch zu überlegen, wie die Sachbearbeiter die Post „diktieren“: durch handschriftliche Aufzeichnungen, durch Diktat in die Maschine, ins Stenogramm oder mit Hilfe eines Diktiergerätes.

**Für das Rechnen** sind ebenfalls viele Hilfsmittel verfügbar. Neben den klassischen Rechentabellen und dem Rechenstab (Rechenschieber) gibt es praktisch für jeden Verwendungszweck geeignete Rechenmaschinen, insbesondere Taschenrechner.

**EDV-Anlagen** (Großanlagen und PCs) haben inzwischen die beherrschende Rolle bei der Durchführung von Rechenaufgaben übernommen. Das gilt für nahezu alle Bereiche der kaufmännischen Arbeit, also z. B. für das Ausstellen von Rechnungen, für die Berechnung von Zahlenkolonnen in Texten (Rechnen ist eine Funktion der meisten Textverarbeitungsprogramme), für die Durchführung von Planungsrechnungen (mit sog. Tabellenkalkulationsprogrammen) usw.

**Karteien** und vor allem maschinell geführte Dateien haben die früher in den kaufmännischen Betrieben überwiegend verwendeten Bücher ersetzt. Jede Kartei oder *Blattei* (von Blattei spricht man, wenn statt der festen Karten dünnere Blätter verwendet werden) besteht aus folgenden drei Teilen: Behälter, (vorgedruckte) Karten und Leitmittel. Mit Hilfe verschiedener Ordnungsmittel und durch Einsatz unterschiedlicher Arten ist es möglich, für jeden Verwendungszweck die geeignete Kartei auszuwählen. Die maschinell geführte Kartei (Magnetband, Magnetplatte) nennt man Datei.

**Dateien,** die auf elektronischen Speichermedien geführt werden, erlangen nach wie vor wachsende Bedeutung in der modernen Büroorganisation. Sie bieten eine Reihe von Vorteilen gegenüber der herkömmlichen Kartei:

- **Das Suchen** nach Informationen (Einholen von Auskünften aus der Datei) kann *meist mehrdimensional* erfolgen. Während eine Kartei immer nur eindimensional nach einem einzigen Suchbegriff geordnet sein kann (z. B. Kundenname *oder* Kundennummer *oder* Postleitzahl), können bei Dateien verschiedene sogenannte *Schlüsselbegriffe* zum Aufsuchen von Informationen verwendet werden.
- **Der Zugriff** auf die gespeicherten Informationen ist in den meisten Fällen schneller als bei herkömmlichen Karteien.
- Wenn ein *vernetztes EDV-System* eingeführt ist[1], kann oft von allen Arbeitsplätzen auf die gleichen Dateien zugegriffen werden. *Zugreifen heißt:* Über die Tastatur am Arbeitsplatz Informationen auf den Bildschirm holen oder ausdrucken lassen.

1 Die Einführung eines vernetzten Systems ist heute vielfach schon in kleineren Mittelbetrieben (ab 3 bis 4 Mitarbeitern im Büro) sinnvoll. Beim vernetzten System haben mehrere oder alle Computerarbeitsplätze Zugriff auf die zentral gespeicherten Daten und Programme.

**Kopien und Vervielfältigungen** werden mit Hilfe moderner Geräte einfach und schnell hergestellt. Dabei erlangten *Trockenkopiergeräte* in den letzten Jahren zunehmende Bedeutung. Sie weisen vielfältige Arbeitsmöglichkeiten auf:

- 1 : 1 Kopien
- Vergrößerung oder Verkleinerung von Vorlagen
- Sortieren
- automatischer Papiereinzug
- Buchkopien
- doppelseitiges Kopieren
- farbiges Kopieren
- mehrfarbiges Kopieren
- Erstellen von Transparentfolien usw.

Durch diese Vielfalt haben die anderen Kopier- und Vervielfältigungsverfahren weitgehend an Bedeutung verloren.

**Naßkopiergeräte** spielen eigentlich nur noch für Kleinbetriebe eine Rolle.

**Lichtpausgeräte** werden insbesondere dort eingesetzt, wo großformatige Vorlagen zu kopieren sind, z. B. bei Bauplänen.

Neben den Kopiergeräten muß sich der Kaufmann auch grundsätzlich mit den Vervielfältigungsmaschinen befassen, deren Technik auch für Adressiermaschinen benutzt wird oder wurde:

- **Das Umdruckverfahren.** Bei diesem Verfahren wird auf die Rückseite des Vervielfältigungsblattes durch Unterlegen eines Farbblattes einmalig Farbe beim Beschriften aufgebracht. Wird das Vervielfältigungsblatt in ein Vervielfältigungsgerät eingelegt, dann können davon bis zu 300 Vervielfältigungen gewonnen werden.
- **Die Bürodruckverfahren.** Diese Verfahren gleichen in der Arbeitsweise den Druckverfahren der gewerblichen Druckereien. Am häufigsten wird die Offsetvervielfältigung angewendet, für die beschriftete Metallplatten als Schriftträger verwendet werden. Von einem Schriftträger können bis zu 50 000 saubere Vervielfältigungen gewonnen werden.
- **Das Schablonenverfahren.** Es spielt nur noch eine untergeordnete Rolle, weil mit modernen Kopiergeräten bessere und nur unwesentlich teuerere Vervielfältigungen erstellt werden können. Beim Beschriften wird die Schablone farbdurchlässig. Wenn sie in den Schablonendrucker eingespannt ist, wird die Farbe durch die Schablone auf die Vervielfältigungen übertragen.

**Fernsprecher, Fernschreiber und Fernkopiergeräte** (Telefax)[1] gehören ebenso zu den Hilfsmitteln der kaufmännischen Organisation wie die Einrichtungen der Datenfernübertragung einschl. Btx[2].

Sie dienen überwiegend dem Verkehr mit der Außenwelt, den Lieferern und Kunden. Allerdings wird der Fernsprecher auch innerbetrieblich eingesetzt, ebenso wie Fernsehanlagen (z. B. bei Banken), Wechsel- und Gegensprechanlagen oder Personensuchanlagen einschl. Euroruf[3].

Das öffentliche Fernschreibnetz wird wie das Fernsprechnetz von der Deutschen Bundespost unterhalten und zur Verfügung gestellt. Fernschreib- und Fernsprechleitungen können auch benutzt werden, um verschlüsselte Zeichen für die maschinelle Datenverarbeitung zu übermitteln.

---

1 Vergleichen Sie zu diesen Fragen auch Kapitel 13.
2 Btx = Bildschirmtext (vgl. Abschnitt 13.3.6)
3 vgl. Abschnitt 13.3.2

**Postbearbeitungsmaschinen** erleichtern die Arbeit der Poststelle. Je nach dem täglichen Arbeitsanfall wird man neben den Freistemplern auch Brieföffner, Briefschließgeräte, Kuvertiermaschinen, Sortierregale und andere Hilfsmittel einsetzen. Bei räumlich ausgedehnten Betrieben findet man ferner häufig Rohrpostanlagen, die dem innerbetrieblichen Versand von Unterlagen dienen.

## Aufgaben

1. Nennen Sie die wichtigsten Hilfsmittel der Organisation im Büro.
2. Aus welchen Gründen sollen Arbeitsplätze und Arbeitsmittel ergonomisch gestaltet sein?
3. Was müssen Sie besonders beachten, wenn Sie Vordrucke selbst erstellen?
4. Stellen Sie in einer Übersicht die wichtigsten Schreibmaschinentypen zusammen.
5. Welche Vorteile bieten Dateien gegenüber herkömmlichen Karteien? Zeigen Sie dies an Beispielen auf.
6. Nennen Sie die wichtigsten Arbeitsmöglichkeiten moderner Kopiergeräte und erklären Sie, wofür sie diese Fähigkeiten nutzen können.
7. Wodurch unterscheiden sich die verschiedenen Vervielfältigungsverfahren?
8. Ermitteln Sie die Kosten für ein 4 Minuten dauerndes Ferngespräch nach England.
9. Sammeln Sie mindestens 5 Vordrucke und stellen Sie durch praktische Erprobung fest, ob sich diese gleich gut mit der Hand und mit der Schreibmaschine ausfüllen lassen.
10. Beschaffen Sie sich Unterlagen der Bundespost, und stellen Sie in einer Übersicht die Datenübertragungsmöglichkeiten über Fernsprech- und Fernschreibleitungen einschließlich der jeweiligen Kosten zusammen.
11. Erklären Sie: Dateien und Karteien. Erläutern Sie die Anwendungsmöglichkeiten.

## Zusammenfassung

Die Organisation steht im Dienste der Unternehmensziele. Man unterscheidet:

- **die Aufbauorganisation,** die festlegt, wie die Aufgaben des Betriebes auf die einzelnen Abteilungen und Stellen verteilt werden und
- **die Ablauforganisation,** die regelt, wie die Arbeitsaufgaben im zeitlichen und räumlichen Zusammenhang durchzuführen sind.

- Die Aufbauorganisation wird in *Organisationsplänen* und *Stellenbeschreibungen* festgehalten, während für die Ablauforganisation *Ablaufdiagramme* und *Arbeitsanweisungen* typisch sind.
- **Wichtige kaufmännische Abteilungen** des Betriebes sind:
  - die Geschäftsleitung,
  - die Einkaufsabteilung (Beschaffung),
  - die Verkaufsabteilung (Auftragsbearbeitung),
  - Marketing und Vertriebsleitung,
  - die Lagerverwaltung,
  - die Buchhaltung,
  - Kostenrechnung und Kalkulation,
  - die Personalverwaltung und
  - die allgemeine Verwaltung.
- Zur Durchführung der organisatorischen Arbeiten werden vielfältige Hilfsmittel eingesetzt:
  - **für das Rechnen:** Rechenmaschinen, EDV-Anlagen, PCs;
  - **für das Schreiben:** Schreibmaschinen, Textverarbeitungssysteme, PCs;
  - **für das Ordnen:** Karteien und Dateien (auf EDV-Anlagen und PCs);
  - **für das Vervielfältigen:** Kopierer, Vervielfältigungsgeräte, Drucker;
  - **für die Übermittlung von Nachrichten:** Fernsprecher, Fernschreiber und Fernkopiergeräte sowie die Datenfernübertragung.

## 3.7.4 Terminplanung und Terminüberwachung

FALL: In seinem „elektronischen Briefkasten“[1] fand Herr Schirmer folgende Nachricht:

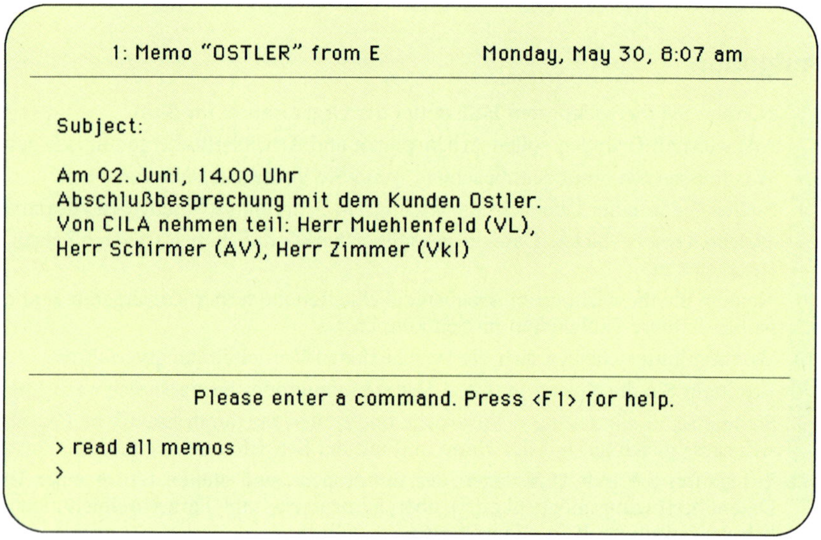


*Abb. 3.7.4-1 Bildschirmpost*

Diese Mitteilung des Sekretariats enthält bereits einen festen Termin, der geplant sein muß, damit alle vorgesehenen Herren an der Besprechung teilnehmen können. Diese Besprechung wird aber noch Anlaß für weitere Termine sein:

- **Liefertermin** für die an Ostler zu liefernden Waren;
- **Einkaufstermine** für die zur Herstellung notwendigen Waren;
- **Herstellungstermine** für die einzelnen Abteilungen.

Das Beispiel zeigt bereits deutlich, daß Terminplanung und Terminüberwachung für die Organisationsarbeit aller Betriebe eine wesentliche Aufgabe darstellen. Eine der entscheidenden Aufgaben für jeden Kaufmann ist es, darauf zu achten, daß *Fristen (Zeiträume)* und *Termine (Zeitpunkte)* genau eingehalten werden. Nur dann können befristete Angebote rechtzeitig angenommen, Kredite bei Banken termingerecht bereitgestellt, Besprechungstermine eingehalten werden.

Die vereinbarten oder festgelegten *Termine* müssen *regelmäßig überwacht* werden. Das kann täglich, wöchentlich oder in anderen Zeitabständen geschehen, je nach Art der Termine. Durch den Einsatz aufgabengerechter Hilfsmittel und durch klare Festlegung der verantwortlichen Abteilungen und Personen für die einzelnen Gebiete kann diese wichtige Aufgabe gelöst werden.

1 In allen Betrieben, deren EDV-Anlagen (auch PCs) durch ein Netzwerk mehrere oder viele Arbeitsplätze miteinander verbinden, kann die sogenannte „Electronic Mail“ (= elektronische Post oder elektronischer Briefkasten) eingesetzt werden. Sie erlaubt es, entweder dem einzelnen angeschlossenen Mitarbeiter gezielt Nachrichten zukommen zu lassen, oder gleich eine Gruppe oder alle angeschlossenen Mitarbeiter über besonders wichtige Vorgänge zu unterrichten. „Electonic Mail“ kann auch über Datenfernverarbeitung eingesetzt werden.

**Hilfsmittel der Terminüberwachung** sind vor allem:

- **EDV-Anlagen und Mikrocomputer.** Entsprechende Programme werden von verschiedenen Firmen angeboten. Einsatzgebiete z. B. im Mahnwesen, als persönlicher Kalender usw.
- **Elektronische Notizbücher** in Form von Taschenrechnern, tragbaren EDV-Geräten, PCs bis hin zum Einsatz der Groß-EDV.
- **Terminkalender** in Buch- oder Loseblattform.
- **Terminmappen** oder Ordner mit Tageseinteilung. Dazu gehört auch das termingerechte Bereithalten der *Wiedervorlagemappen*.
- **Terminkarteien.** Mit Hilfe der verschiedenen Karteiordnungsmittel (Reiter, Farbstreifen, Kerben, Tabe usw.) am Rand der Karteikarten ist eine einfache und sichere Terminüberwachung möglich.
- **Plantafeln.** Durch Streifen, Bänder oder ähnliche Hilfsmittel können Termine (z. B. Maschinenbelegungszeiten) festgehalten werden.
- **Planungstechniken.** Hierzu gehören einfache Planungshilfsmittel, wie z. B. *Balkendiagramme* (Gantt-Diagramme), aber auch der Einsatz der *Netzplantechnik*.

## 3.7.4.1 Netzplantechnik

**Die Netzplantechnik** ist eine *Ablaufdarstellung*, um komplexe Aufgaben (Projekte) mit einer größeren Anzahl von auszuführenden Teilvorgängen (z. B. Fertigungs- und Verkaufsvorgänge) zu planen, zu steuern und ihren Ablauf zu überwachen.

**Voraussetzung für die Anwendung der Netzplantechnik** ist es,

- daß sich das Projekt in einzelne Vorgänge (klar abgrenzbare Tätigkeiten) zerlegen läßt;
- daß sich Vorgänge zu mehreren Wegen zusammenfassen lassen, die gleichzeitig durchgeführt werden können, und
- daß die Wege auf ein gemeinsames Ziel bezogen sind.

Beispiele für Projekte sind u. a.

- Entwicklung eines neuen Erzeugnisses,
- Bauvorhaben,
- Einführung der EDV,
- Planungsaufgaben (Finanz-, Produktions- und Werbepläne) und
- Wartung und Reparatur von Großanlagen (Raffinerien, Flugzeuge).

Die auf der stark gezeichneten Linien liegenden Tätigkeiten sind bestimmend für den zeitlichen Ablauf und die Dauer des Projekts („Kritischer Weg")[1].

Die auf der dünn gezeichneten Linie liegenden Tätigkeiten sind nicht zeitbestimmend.

Gestrichelte Linien sind sogenannte Scheintätigkeiten. Hier werden keine Arbeiten durchgeführt. Sie zeigen lediglich an, daß der vorhergehende Zustand (Knoten) erreicht sein muß, bevor die folgenden Tätigkeiten beginnen können.

**Der Netzplan** (grafisches Modell) stellt die einzelnen Arbeitsgänge (Aktivitäten) und die Zeitpunkte, an denen diese Tätigkeiten (Ereignisse) beginnen oder enden, in ihrer logischen Aufeinanderfolge übersichtlich und eindeutig dar.

1 Diese Netzplantechnik heißt im englischen Critical Path Method (Methode des kritischen Weges) und ist deshalb auch als CPM-Netzplantechnik bekannt.

**Beispiel:**

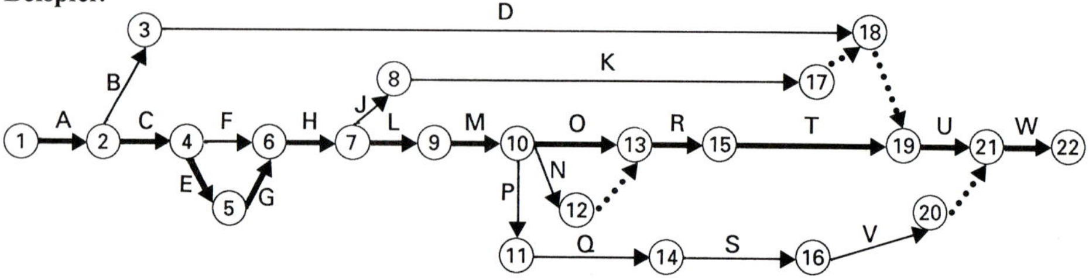


| *Tätigkeit / Vorgang* | | *Zeitbedarf in Tagen* |
|---|---|---|
| *A* | *Planung der Ziele der Fertigung* | *2* |
| *B* | *Auswahl und Bestellung des Grundfahrzeuges (Chassis und Motor)* | *5* |
| *C* | *Planung des Aufbaues* | *7* |
| *D* | *Lieferung des Grundfahrzeuges* | *60* |
| *E* | *Bestellung und Lieferung der Anbauteile* | *2* |
| *F* | *Einrichtung des Montageplatzes* | *4* |
| *G* | *Lieferung der Anbauteile* | *10* |
| *H* | *Herstellen der Bodenplatten und Seitenwände* | *20* |
| *I* | *Bestellung der Reifen und Felgen* | *2* |
| *K* | *Lieferung der Reifen und Felgen* | *30* |
| *L* | *Erstellen des Aufbaues im Rohbau* | *25* |
| *M* | *Schneiden der Öffnungen im Aufbau* | *5* |
| *N* | *Installation der elektrischen Ausrüstung* | *4* |
| *O* | *Einbau der Spezialinstallation* | *12* |
| *P* | *Grundieren der Außenwände* | *2* |
| *Q* | *1. Lackierung der Außenwände* | *5* |
| *R* | *1. Lackierung der Innenwände* | *5* |
| *S* | *2. Lackierung der Außenwände* | *5* |
| *T* | *2. Lackierung der Innenwände* | *8* |
| *U* | *Funktionstest der Inneneinrichtung* | *5* |
| *V* | *Anbringen der Sonderbeschriftung an den Außenwänden* | *3* |
| *W* | *Montage des gesamten Fahrzeuges* | *10* |

Ein Zustand wird im Netz z. B. als *Kreis (Knoten)* , Vorgänge werden z. B. durch *Pfeile* dargestellt, wobei die Länge des Pfeils in keinem Zusammenhang mit der zeitlichen Ausdehnung der Tätigkeit steht. Die Zeitdauer wird zusammen mit der Tätigkeit an den Pfeil geschrieben. Hat man den Netzplan aufgestellt, ist bereits ein wesentlicher Teil der Arbeit erledigt. Diese Darstellung läßt den Zusammenhang zwischen den einzelnen Vorgängen erkennen, denn um sie aufstellen zu können, mußte man das Projekt in allen Einzelheiten genau durchdenken.

Jetzt ist man in der Lage, schnell die folgenden Fragen zu beantworten,

- wann z. B. eine neue Anlage in Betrieb genommen werden kann,
- zu welchen Zeitpunkten die einzelnen Vorgänge begonnen bzw. abgeschlossen werden können oder müssen, und
- welche Vorgänge besonders zu beachten sind, damit sich die Durchführung des gesamten Projektes nicht verzögert (*kritische Wege*).

## 3.7.5 Meßzahlen des Betriebes

In welcher wirtschaftlichen Lage sich ein Betrieb befindet, läßt sich oft anhand einiger weniger aussagekräftiger Meßzahlen im Überblick ermitteln. Dabei ist jedoch zu beachten, daß die meisten dieser Meßzahlen erst dann eine sinnvolle Aussage ermöglichen, wenn sie zu gleichartig gewonnenen Meßzahlen in Beziehung gesetzt werden. Das kann geschehen im

- **Zeitvergleich.** Die gleichen Meßzahlen werden für zwei oder eine Reihe von Perioden (Tag, Dekade, Monat, Jahr) ermittelt und miteinander verglichen;
- **Zwischen-/überbetrieblicher Vergleich.** Die Meßzahlen gleichartiger Betriebe oder die eines Betriebes mit einer Gruppe von Betrieben (z. B. beim Branchenvergleich) werden einander gegenübergestellt.

Der Erfolg der betrieblichen Arbeit zeigt sich sowohl in dem Ergebnis der Aufwands- und Ertragsrechnung, dem Gewinn oder Verlust, wie auch in dem *mengenmäßigen Ergebnis* (Ausbringung, Erzeugungsmenge). Die absoluten Zahlen besagen, für sich allein betrachtet, noch nicht viel. Sie werden aufschlußreicher, wenn man sie zu den anderen Größen in Beziehung setzt, z. B. zum eingesetzten Kapital, zum Materialeinsatz, zur Zahl der geleisteten Arbeitsstunden, wenn man also Verhältniszahlen bildet.

Oberster Grundsatz betrieblicher Tätigkeit sollte die **Wirtschaftlichkeit** sein. Deshalb versucht man auch, diese mit Meßzahlen zu ermitteln. Ein Betrieb arbeitet wirtschaftlich, wenn er eine bestimmte Leistung mit dem geringsten Aufwand an Zeit, Kraft und Stoffen erstellt (wirtschaftliches Prinzip, Rationalprinzip). Man kann das wie folgt darstellen:

$$\textbf{Wirtschaftlichkeit} = \frac{\text{Gesamtergebnis}}{\text{Gesamtmitteleinsatz}} = \frac{\text{Wert der Leistung}}{\text{Kosten des Einsatzes}} = \frac{\text{Ertrag}}{\text{Aufwand}} = \frac{\text{Output}}{\text{Input}}$$

Ausgehend von dieser Grundformel kann man weitere Wirtschaftlichkeits-Kennzahlen bilden.

Weitere wichtige Meßzahlen werden ermittelt für die

- **Produktivität** und die
- **Rentabilität.**

**Produktivität.** Vom Standpunkt des Technikers ist es zunächst interessant, den Grad der Ergiebigkeit des Herstellungsverfahrens zu ermitteln und mit den Ergebnissen früherer Zeitabschnitte zu vergleichen. Die Ergiebigkeit ist hier mengenmäßig zu verstehen und wird als *technische Produktivität* bezeichnet. Sie ist das Verhältnis von Erzeugungsmenge zur Menge der dafür eingesetzten Mittel.

$$\textbf{Produktivität} = \frac{\text{erbrachte Leistung}}{\text{eingesetzte Mittel}} = \frac{\text{Ausbringungsmenge}}{\text{Einsatzmenge}}$$

In der Praxis werden mehrere Teilproduktivitäten ermittelt, um etwas über die Produktivität der verschiedenen Produktionsfaktoren zu erfahren. Es läßt sich hier eine Reihe sinnvoller Meßzahlen bilden. Eine der wichtigsten ist die Arbeitsproduktivität.

$$\textbf{Arbeitseffizienz} \text{ (Wirkungsgrad der Arbeit)} = \frac{\text{Einsatzmenge}}{\text{Fertigungslohn-Stunden}}$$

Sie gibt Aufschluß darüber, wieviel Arbeitsstunden für die Herstellung einer Produkteinheit nötig sind. Entsprechend kann man etwa die Förderleistung je Schicht im Bergbau oder den Ernteertrag je Hektar in der Landwirtschaft errechnen. Vergleiche solcher Ziffern über mehrere Rechnungsperioden zeigen, ob die im Betrieb durchgeführten Rationalisierungsmaßnahmen den Ertrag der eingesetzten menschlichen Arbeitskraft gesteigert, d. h. ergiebiger gestaltet haben.

**Rentabilität.** Setzt man den Gewinn ins Verhältnis zu dem aufgewandten Kapital, so erhält man die Rentabilität. Dabei unterscheidet man die Unternehmerrentabilität (Rentabilität des Eigenkapitals) und die Unternehmungsrentabilität (Rentabilität des Gesamtkapitals).

Die Berechnungsformeln für die Ermittlung der Rentabilität lauten:

$$\textbf{Unternehmerrentabilität} = \frac{\text{Gewinn} \cdot 100}{\text{Eigenkapital}}$$

$$\textbf{Unternehmungsrentabilität} = \frac{(\text{Gewinn} + \text{Fremdkapitalzinsen}) \cdot 100}{\text{Gesamtkapital}}$$

**Beispiel:** *Eigenkapital 150 000,00 DM, Fremdkapital 50 000,00 DM, Gewinn 20 000,00 DM. Unternehmerrentabilität: $13\frac{1}{3}$ %. Unternehmungsrentabilität: 11,25 %.*

**Wirtschaftlichkeit.** Die Rentabilität zeigt also lediglich an, welche Rente auf das investierte Kapital erzielt wurde. Sie sagt aber nichts darüber aus, wie sie erzielt wurde, ob das Ziel des Betriebes, die Bedarfsdeckung, auf die sparsamste Weise erreicht wurde. Sie ist daher, für sich allein genommen, kein Maßstab für die richtige Beurteilung der Betriebsleistung und darf insbesondere nicht mit Wirtschaftlichkeit verwechselt werden.

Aber solche Zahlen sind alleinstehend noch nicht aussagefähig.

**Beispiel:** *Bei zwei Betrieben, die Handschuhe herstellen, wurde die Arbeitsproduktivität miteinander verglichen. Bei Betrieb A beträgt die Fertigungsmenge je 10 Arbeitsstunden 25 Handschuhe, bei Betrieb B 150 Handschuhe. Der scheinbar offensichtliche Produktivitätsunterschied erklärt sich jedoch daraus, daß Betrieb A rein handwerklich arbeitet und hohe Stückerlöse erzielt, während Betrieb B industriell fertigt und durch niedrige Preise einen Massenabsatz anstrebt.*

**Die Liquidität** (Zahlungsbereitschaft) ist für die Beurteilung der wirtschaftlichen Lage besonders wichtig. Die Kennzahlen sagen aus, in welchem Umfang flüssige Mittel zur Verfügung stehen, um den finanziellen Verpflichtungen nachzukommen (vgl. Abschnitt 4.1.4).

## Aufgaben

1. Nennen Sie je zwei Gründe, weshalb Terminplanung und Terminüberwachung für einen Betrieb bedeutsam sind.
2. Welche Hilfsmittel der Terminüberwachung halten Sie für besonders wirkungsvoll? (Nennen und begründen Sie mindestens drei davon.)
3. Berechnen Sie die Gesamtdauer des kritischen Weges bei dem Netzplan in Abschnitt 3.7.4.1.

4. Nennen Sie
   – Anliegen,
   – Voraussetzung,
   – Beispiele (zwei)

   für die Netzplantechnik.
5. Nennen und erläutern Sie Vorteile von Verhältniszahlen als Meßzahlen der betrieblichen Leistung.
6. Aus einem Betrieb liegen für das abgelaufene Geschäftsjahr folgende Daten vor: Gesamtkapital 6,8 Mio. DM, Eigenkapital 2,5 Mio. DM, Gewinn 800 000,00 DM, durchschnittliche Fremdkapitalzinsen 9,5 %, Umsatz 32 Mio. DM. Ermitteln Sie die Unternehmungsrentabilität und die Unternehmerrentabilität. Welche Verhältniszahl kann man zwischen Gewinn und Umsatz zusätzlich bilden?
7. Berechnen Sie den Liquiditätsgrad 1, 2 und 3 für die Firma Loturno GmbH. Ihnen stehen folgende Zahlen zur Verfügung (alle Angaben in TDM):

   Kassenbestand: 5; Barguthaben: 35; Wechselforderungen: sofort fällig: 15, danach innerhalb 3 Monaten: 120, noch später fällig: 10; Wechselverbindlichkeiten in den nächsten 2 Monaten: 20; Liefererverbindlichkeiten sofort fällig: 60, innerhalb eines Monats: 80, im zweiten Monat: 50, im dritten Monat: 60, für die weiteren Monate durchschnittlich erwartet: 55. Forderungen an Kunden: sofort fällig: 30, innerhalb der nächsten drei Monate: 200, für die weiteren Monate erwartet je 50.

   Wertpapiere: 10. Zu zahlende Gehälter: sofort: 20, in den nächsten drei Monaten: 30, dann je Monat: 15.
8. Meßzahlen für die Wirtschaftlichkeit, Produktivität und Rentabilität können auch für die öffentliche Verwaltung ermittelt werden. Welche dieser Kennzahlen sind für diesen Bereich wenig aussagefähig? Begründen Sie Ihre Entscheidung.

## Zusammenfassung

**Termine** sind ein wichtiger Bestandteil der Arbeit nicht nur im kaufmännischen Bereich. *Planung und Überwachung von Terminen* ist deshalb auch eine entscheidende Organisationsaufgabe.

- **Hilfsmittel** der Terminplanung und -überwachung sind:
  – Terminkalender,
  – Terminmappen,
  – Terminkarteien,
  – Plantafeln,
  – elektronische Notizbücher und
  – in EDV-Programme eingebaute Terminüberwachungsfunktionen (z. B. automatisches Mahnwesen oder zumindest Mahnvorschlagsliste).
- **Techniken** der Planung und Überwachung von Terminen sind *Balkendiagramme* und *Netzpläne.*
- **Meßzahlen** sind nur aussagefähig, wenn sie im
  – *Zeitvergleich* oder
  – *zwischen-/überbetrieblichen Vergleich*

  mit anderen, gleichartig ermittelten Meßzahlen ausgewertet werden können.
- **Die wichtigsten betrieblichen Meßzahlen** werden ermittelt für
  – die *Wirtschaftlichkeit,*
  – die *Produktivität,*
  – die *Rentabilität* und
  – die *Liquidität.*

# 4 Das Unternehmen

## Worum geht es?

Ein Kaufmann will ein Unternehmen gründen.

Wer ist Kaufmann?

Was ist bei der Gründung eines Unternehmens zu beachten in
- persönlicher,
- rechtlicher und
- finanzieller Hinsicht?

Welche Rechtsform kann ein Unternehmen haben?

Wie unterscheiden sich die einzelnen Rechtsformen?

Können sich Unternehmen „zusammenschließen“?

Können Unternehmen auch „sterben“?

Was versteht man unter Vergleich, was unter Konkurs?

## Lernziele

Sie sollten ...
- die Kaufmannseigenschaften erklären können;
- die Voraussetzungen erläutern können, die einer Unternehmensgründung vorhergehen;
- Arten der Finanzierung unterscheiden können;
- Rechtsformen aufzählen, deren Besonderheiten nennen und erklären können;
- imstande sein, Gemeinsamkeiten und Unterschiede der Rechtsformen zu erläutern;
- Notwendigkeiten und Gefahren von Unternehmenszusammenschlüssen aufzählen und begründen können;
- erklären können, wann ein Unternehmen „notleidend“ ist;
- Sanierung, Vergleich und Konkurs unterscheiden können.

## 4.1 Gründung eines Unternehmens

Vor der Errichtung eines Unternehmens müssen eine Reihe von Überlegungen angestellt und Planungen durchgeführt werden. Dazu gehören neben den in den folgenden Kapiteln behandelten Voraussetzungen insbesondere auch die Marktanalyse (vgl. Abschnitt 3.3.1). Unter *Unternehmen* wird – in Anlehnung an M. Lohmann[1] – die juristisch-finanzielle und planende Seite einer wirtschaftenden Einheit verstanden, während mit Betrieb der technisch-produktionswirtschaftliche Teil gemeint ist.

1 Lohmann, M.: Einführung in die Betriebswirtschaftslehre, 4. Aufl., Tübingen 1964, S. 12 ff.

## 4.1.1 Persönliche und rechtliche Voraussetzungen

Wer ein Unternehmen gründen will, muß geschäftsfähig sein, solide Fachkenntnisse sowie gründliche allgemeinwirtschaftliche Kenntnisse besitzen und sich in seinem Geschäftszweig gut auskennen. Hinzukommen müssen jene Eigenschaften, die den erfolgreichen Unternehmer auszeichnen: der Wille zum persönlichen Einsatz, schnelle Entschlußkraft, klares Urteilsvermögen, Wagemut, Wendigkeit und gute Menschenkenntnis.

Grundsätzlich kann jeder einen Gewerbebetrieb eröffnen (Grundsatz der Gewerbefreiheit, festgelegt in Grundgesetz und Gewerbeordnung), sofern nicht der Gesetzgeber zum Schutze der Allgemeinheit für bestimmte Gewerbezweige, z. B. für den Einzelhandel mit Lebensmitteln, Arzneien und ärztlichen Hilfsmitteln der Nachweis der Sachkunde (mehrjährige praktische Tätigkeit und Fachprüfung) und der persönlichen Zuverlässigkeit verlangt. Der Betrieb von Anlagen, die gefährlich sein können (z. B. Dampfkessel, Druckbehälter u. a.) bedarf im Regelfall einer behördlichen Genehmigung. Hinzuweisen ist noch darauf, daß nach der Gewerbeordnung unzuverlässigen Personen bei Mißbrauch der Gewerbefreiheit die Ausübung des Gewerbes zu versagen ist.

## 4.1.2 Örtliche Voraussetzungen (Standort)

**Die Wahl des Standortes** muß reiflich überlegt werden. Er kann den Erfolg des Betriebes entscheidend beeinflussen, unter Umständen die erzielbaren Preise, aber auch die Kosten bestimmen.

**Die wesentlichen Orientierungsmerkmale** für die Entscheidung über den Standort sind:

**Absatzorientierung.** Hierbei wird der Standort von der räumlichen Nähe zum Abnehmer bestimmt. Diese kann sowohl in einer engen räumlichen Verbindung (Beispiel: Einzelhandel) als auch nur in der räumlichen Nähe in einem geographischen Großraum (Beispiel: Vertriebsniederlassung eines Unternehmens in Südamerika) bestehen.

**Materialorientierung,** d. h. im allgemeinen Orientierung an den Rohstoffen oder Hilfs- und Betriebsstoffen. Dieser Gesichtspunkt kann auch kombiniert auftreten mit der Verkehrsorientierung (z. B. Stahlwerke an der Küste).

**Arbeitskraftorientierung.** Dabei stehen nicht allein die Kosten der Arbeitskräfte im Vordergrund; größere Bedeutung hat die Qualifikation oder überhaupt das Vorhandensein von Arbeitskräften.

**Verkehrsorientierung,** die abhängig von der Betriebsart auf verschiedene Verkehrsformen gerichtet sein kann (z. B. Wasserwege, Eisenbahn, Flugzeuge).

**Energieorientierung.** Sie ist um so stärker, je stärker der relative Energieeinsatz ist.

**Umweltorientierung,** die eine zunehmende Rolle spielt.

**Abgabenorientierung,** d. h. die Belastung der Unternehmen mit Realsteuern (Gewerbesteuer, Grundsteuer). Vor allem die Gewerbesteuer, die wesentlich durch die Höhe des von der Gemeinde festzulegenden sog. Hebesatzes (siehe Abschnitt 14.7) bestimmt wird, kann die Unternehmung stark belasten.

**Sonstige Gesichtspunkte,** wie

- gesetzliche Vorschriften,
- Tradition,
- Zufall (beispielsweise, weil der Gründer der Firma in dem Ort geboren wurde).

Die Standortfrage ist häufig nicht für das gesamte Unternehmen einheitlich zu lösen.

Dies kann dann führen zu:

- **Betriebsspaltung,** d. h. einzelne Teilbereiche eines Unternehmens haben unterschiedliche Standorte, und zur
- **Unternehmensspaltung,** d. h. zentrale Unternehmensfunktionen werden auf mehrere Standorte verteilt (z. B. mehrere Verwaltungsstellen, mehrere Einkaufsstellen usw.).

**Einzelhandelsgeschäfte** sind *absatzorientiert*, wobei Geschäfte für Güter des täglichen Bedarfs (Metzgereien, Bäckereien, kleinere Lebensmittelgeschäfte) dem Verbraucher folgen (Wohnviertel), während die Fachgeschäfte für den periodisch (Kleidung, Schuhe usw.) oder aperiodisch (Möbel, Bücher, Teppiche, Lampen) wiederkehrenden Bedarf die Hauptgeschäftsstraßen der Innenstadt bevorzugen.

Unter dem Druck von Raumenge und Parkplatznot haben sich Verbrauchermärkte am Rande der Großstädte „auf der grünen Wiese" angesiedelt. Sie machen den „Tante-Emma-Läden" und Fachgeschäften starke Konkurrenz, haben jedoch zu einer für den Verbraucher im allgemeinen günstigen Entwicklung geführt.

**Der Großhandel** ist vielfach besonders auf die Nähe günstiger Verkehrsmöglichkeiten (Bahnhöfe, Häfen) angewiesen, also *verkehrsorientiert.*

**Die Industriebetriebe** suchen ihren Standort im allgemeinen in der Nähe ihrer Rohstoffe (Betriebe des Bergbaus sind an das Vorkommen von Kohle, Erzen, Mineralien gebunden), der benötigten Facharbeiter oder ihres Absatzgebietes (Großstädte), sind also *rohstoff-, arbeitskraft- oder absatzorientiert.*

Daneben können aber auch noch *andere Erwägungen* die Entscheidung für einen bestimmten Standort beeinflussen, wie Grundstückspreise, Bereitstellung von erschlossenem Industriegelände mit guten Verkehrsverbindungen, unterschiedliche steuerliche Belastung, besondere Förderungsmaßnahmen der Gemeinden, des Bundes und der Länder (Finanzbeihilfen, steuerliche Erleichterungen für Zonengrenzbetriebe und Berlin [West]).

**Umweltschutz und Standortwahl.** In den letzten Jahren wurde unsere Umwelt immer stärker geschädigt. Deshalb ist das Bewußtsein in der Bevölkerung für das Problem der *Umweltverschmutzung* stark gestiegen und hat zu einer Reihe von Gesetzesinitiativen des Bundes geführt. Daher muß bei der unternehmerischen Entscheidung für einen bestimmten Standort auch die Umweltschutzgesetzgebung, in der Grenzen der Umweltbelastung festgelegt sind, berücksichtigt werden. Betriebliche Umweltmaßnahmen zählen zu den Aufwendungen, die vielfach dem kurzfristigen Gewinnstreben entgegenstehen.

## 4.1.3 Kapital, Kapitalbeschaffung (Finanzierung) und Kapitalverwendung

Jeder Betrieb benötigt ein bestimmtes Kapital, um seine Aufgabe erfüllen zu können.

**Die Höhe des Kapitalbedarfs** hängt ab:

- von der Art und der technischen Ausrüstung des Betriebes (Industrie, Handels-, Bankbetrieb usw.);
- von der Größe des Betriebes (ein Warenhaus benötigt ein größeres Kapital als ein gewöhnliches Einzelhandelsgeschäft);
- von der Schnelligkeit des Lagerumschlages (je größer die Umschlagsgeschwindigkeit, desto geringer das betriebsnotwendige Kapital);
- von der Dauer des Produktionsprozesses sowie von den Zahlungsgepflogenheiten in dem betreffenden Geschäftszweig. Ist es z. B. in einem Geschäftszweig allgemein üblich, den Kunden ein längeres Ziel einzuräumen, so ist der Kapitalbedarf natürlich entsprechend größer.

Bei der Gründung eines Unternehmens besteht das Kapital in der Regel aus *Geldkapital* und nimmt dann durch die Verwendung (Investition) die Form von Betriebsgebäuden, Betriebs- und Geschäftsausstattung, Vorräten u. a. an. Ein Teil des Gründungskapitals bleibt in Geldform im Unternehmen, um die unvermeidbaren zeitlichen Abstände zwischen Einnahmen und Ausgaben zu überbrücken. In der Bilanz erscheinen die Vermögensgegenstände als Aktiva. Die Summe der ausgewiesenen Vermögenswerte ist das „Kapital" des betreffenden Unternehmens (Passiva).

*Kapital* im betriebswirtschaftlichen Sinne, d. h. aus der Sicht des Unternehmers, ist demnach der *Gesamtwert der Vermögensteile*, die in einem Unternehmen zum Zwecke des Erwerbs angelegt sind.

**Die Bilanz** (als „Jahresbilanz" vom Gesetzgeber zwingend vorgeschrieben) zeigt in der Gegenüberstellung von Aktiva und Passiva deutlich den Zusammenhang zwischen Vermögensaufbau (linke Seite) und Kapitalbeschaffung = Finanzierung einer Unternehmung (rechte Seite).

| Aktiva — Bilanz | — Passiva |
|---|---|
| Anlagevermögen<br>(z. B. Grundstücke, Fahrzeuge, Maschinen) | Eigenkapital |
| Betriebs- oder Umlaufvermögen<br>(z. B. Kasse, Bank, Waren) | Fremdkapital |
| Wie ist das Kapital angelegt?<br>(Kapitalformen = Vermögensaufbau) | Woher stammt das Kapital?<br>(Kapitalquellen = Kapitalbeschaffung) |

*Abb. 4.1.3-1 Grundsatzaufbau der Bilanz*

**Das Eigenkapital** (= haftendes Kapital). Das zur Gründung notwendige Kapital wird der Unternehmer bzw. werden die Unternehmer (bei Gesellschaftsunternehmen, z. B. bei der OHG, also die Gesellschafter = Teilhaber) in erster Linie selbst aufbringen. Es wird im Regelfalle erspartes Geld sein; oft jedoch auch Geld, das geschenkt oder geerbt wurde. Dieses Eigenkapital des Inhabers (bzw. der Inhaber) steht zeitlos zur Verfügung, macht das Unternehmen von fremden Geldgebern unabhängig und belastet es nicht mit einer Zinslast, die es bei rückläufigen Umsätzen unter Umständen in eine schwierige Lage bringen kann. Das Eigenkapital muß im allgemeinen so groß sein, daß damit das Anlagevermögen finanziert werden kann. Darüber hinaus sollten auch die dauernd gebundenen Teile des Umlaufvermögens – die eisernen Bestände an Rohstoffen, Hilfsstoffen, Fertigwaren – aus eigenen Mitteln gedeckt werden, damit der Unternehmer in den betrieblichen Dispositionen größere Bewegungsfreiheit hat und nicht zu sehr von fremden Mitteln abhängig ist (sog. goldene Bilanzregel).

Großunternehmen (des Bergbaus, der Industrie, der Bankwirtschaft, der Versicherungswirtschaft usw.) können sich das erforderliche Kapital in der Regel nur über den „Kapitalmarkt" – das ist der Markt, auf dem langfristiges Kapital angeboten und nachgefragt wird – durch die Ausgabe *(Emission)* von Aktien oder Schuldverschreibungen (Obligationen), d. h. börsenmäßig gehandelten Wertpapieren, beschaffen.

**Das Fremdkapital.** Das Eigenkapital kann durch *langfristiges* (Darlehen von Verwandten, Freunden oder Bekannten, Hypothekenkredite) oder *kurzfristiges* Fremdkapital (Liefererkredite, Anzahlungen von Kunden, eigene Akzepte, Bankkredite) ergänzt werden. *Kurzfristige Kredite* der Banken und Lieferer erlauben es dem Kaufmann, seine Betriebsmittel vorübergehend zu erhöhen (Saisonkredite). Sie dürfen aber keinesfalls in Anlagen des Betriebes, z. B. in Grundstücken, angelegt und damit festgelegt werden. Denn das langfristig im Unternehmen festgelegte Anlagevermögen wird erst viel später (über die Verkaufserlöse) in Geldform in das Unternehmen zurückfließen. Die kurzfristigen Kredite jedoch sind schon viel früher an die Banken zurückzuzahlen.

Die Kapitalquellen des Unternehmens stellen sich schematisiert wie folgt dar:

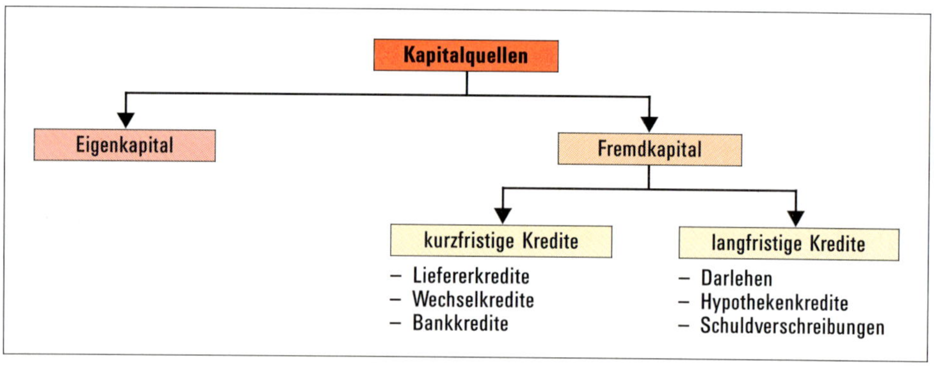


*Abb. 4.1.3-2 Kapitalquellen*

**Leasing.** Diese Möglichkeit, langfristig Maschinen oder Gebäude zu mieten oder zu pachten, gewinnt als „Finanzierungsersatz" mehr und mehr an Bedeutung (s. dazu auch Abschnitt 4.1.4.2).

**Kapitalverwendung** (Investierung). Wie das aufgebrachte Eigen- bzw. Fremdkapital in den Unternehmen eingesetzt wird, hängt von der jeweiligen Branche ab. So brauchen Verkehrsunternehmen ca. 80 % des eingesetzten Kapitals als Anlagevermögen, ca. 20 % als Umlaufvermögen. Im Großhandel liegt die Relation bei 20–30 % Anlagevermögen: 70–80 % Umlaufvermögen.

## 4.1.4 Betriebliche Finanzpolitik

Von einer geordneten Finanzierung ist die Erfüllung der Ziele der betrieblichen Finanzpolitik abhängig. Dabei muß man folgende Aufgabenstellungen klar voneinander unterscheiden:

**Die laufende Finanzierung.** Sie umfaßt die Bereitstellung der erforderlichen Mittel für die laufende Betriebstätigkeit oder periodisch auftretenden Finanzbedarf. Hierbei geht es im wesentlichen um die Beschaffung von flüssigen Mitteln für die jeweils fälligen Zahlungen, wie beispielsweise Löhne und Gehälter, Wareneinkauf, Steuern usw.

**Die besondere Finanzierung** ist im allgemeinen einmalig. Hierzu gehören beispielsweise die Gründungsfinanzierung, Kapitalerhöhungen, Fusionen, Sanierung (Kapitalherabsetzung, Zuführung neuer Mittel, Stundung), Rationalisierung u. a.

Grundsätzlich lassen sich folgende Ziele der betrieblichen Finanzpolitik bestimmen:

- *Bereitstellen* eines ausreichenden Kapitals für alle laufenden und außergewöhnlichen Betriebszwecke (Finanzierung im engeren Sinne),
- *Überwachen* aller Kapitalbewegungen und Vermögensveränderungen,
- *Sicherung* einer ständigen Zahlungsbereitschaft (Liquidität).

**Die Liquidität** steht dabei im Vordergrund der laufenden Finanzierung. Der störungsfreie Ablauf des bestrieblichen Leistungsprozesses zwischen den Polen „Beschaffung“ der benötigten Betriebsmittel und „Absatz“ der erstellten Leistungen – *das finanzielle Gleichgewicht* – ist ja nur gesichert, wenn jeweils die erforderlichen flüssigen Mittel bereitstehen, um fällige Zahlungsverpflichtungen (Liefererschulden, Löhne, Gehälter, Steuern, Zinsen usw.) erfüllen und andere nötige Ausgaben – Beschaffung von Anlagen, Kauf von Rohstoffen u. a.) – finanzieren zu können.

Diese Fähigkeit einer Unternehmung, allen Zahlungsverpflichtungen fristgerecht nachzukommen, bezeichnet man als *Liquidität.*

Durch einen *Liquiditätsstatus* – eine nach Terminen und Fälligkeiten geordnete Übersicht über die Finanzmittel – kann man sich einen ständig aktualisierten Überblick über die Liquidität verschaffen. Diese wird im allgemeinen in Liquiditätsgraden ausgedrückt, die die Beziehungen zwischen Verbindlichkeiten und deren Deckung aufzeigen.

Man unterscheidet:

- **Liquidität 1. Grades** $= \dfrac{\text{flüssige Mittel (Bank, Postgiro, Bargeld)} \cdot 100}{\text{sofort fällige Verbindlichkeiten}}$
- **Liquidität 2. Grades** $= \dfrac{\text{flüssige Mittel + kurzfristige Forderungen} \cdot 100}{\text{kurzfristige Verbindlichkeiten}}$
- **Liquidität 3. Grades** $= \dfrac{\text{Summe der verfügbaren Mittel} \cdot 100}{\text{gesamte Verbindlichkeiten}}$

Eine optimale laufende Finanzierung wird erreicht, wenn der *Liquiditätsgrad* ständig nur geringfügig von 100 abweicht. Durch entsprechende Maßnahmen muß der Betrieb dafür sorgen, daß entweder die Liquidität verbessert wird (z. B. Eintreiben von Forderungen, Aufnahme eines Bankkredits, Diskontierung von Wechseln, Factoring[1]) oder bei Überliquidität vermindert wird (z. B. Bareinkauf statt Zieleinkauf, Kürzung von Krediten, kurzfristige Geldanlage).

---

1 vgl. Abschnitt 4.1.4.2

### 4.1.4.1 Finanzierungsarten

Die Arten der Finanzierung lassen sich a) unter dem Gesichtspunkt der Mittelherkunft, b) nach der Rechtsstellung der Kapitalgeber gliedern. Im ersten Fall unterscheidet man Innen- und Außenfinanzierung, im zweiten Fall Eigen- und Fremdfinanzierung:

- **Innenfinanzierung** liegt vor, wenn die finanziellen Mittel aus dem Umsatzprozeß stammen. Sie stellen Rückfluß aus investierten Mitteln oder aus Umsatzgewinnen dar.
- **Außenfinanzierung** ist Finanzierung aus Kapitaleinlagen oder Kredit. Das Kapital wird dem Betrieb also von außen zugeführt.
- **Eigenfinanzierung** ist Finanzierung durch Eigenkapital. Es kann
  - *von „außen"* durch Einlagen oder Beteiligungen oder
  - *von „innen"* durch a) Selbstfinanzierung (Rücklagenbildung) und b) Abschreibungsgegenwerte im Umsatzprozeß geschaffen werden.
- **Fremdfinanzierung** ist die Finanzierung durch Fremdkapital, also durch Kreditaufnahme.

<table>
<tr><td colspan="5">Eigenfinanzierung</td><td>Fremdfinanzierung</td></tr>
<tr><td colspan="3">Selbstfinanzierung</td><td>Einlagenfinanzierung</td><td>Beteiligungsfinanzierung</td><td rowspan="2">Kredite der Gläubiger</td></tr>
<tr><td>Offene Rücklagen (unverteilte Überschüsse)</td><td>Stille Rücklagen (durch Unterbewertung von Aktiva und Überbewertung von Passiva)</td><td>Finanzierung durch Abschreibungen</td><td>Einlagen der Inhaber oder Teilhaber der Personengesellschaften</td><td>Kapitaleinlagen bei Kapitalgesellschaften</td></tr>
<tr><td colspan="3">Innenfinanzierung</td><td colspan="3">Außenfinanzierung</td></tr>
</table>

*Abb. 4.1.4.1-1 Arten der Finanzierung*

Die Selbstfinanzierung zählt zur **Eigenfinanzierung** und beruht darauf, daß Gewinne (Überschüsse) nicht ausgezahlt werden.

Bei der *offenen Selbstfinanzierung* sind die nicht ausgeschütteten Gewinne den Kapitalkonten von Einzelunternehmen und Personengesellschaften zu entnehmen, bei der AG, die ein festes Nominalkapital aufweist, sind sie auf Rücklagenkonten ausgewiesen.

Liegt *verdeckte Selbstfinanzierung* vor, werden stille Reserven gebildet, die aus der Bilanz nicht ersichtlich sind. Dies kann z. B. durch überhöhte Abschreibungen geschehen.

Von *Finanzierung aus Abschreibungen* spricht man, wenn die im Verkaufspreis einkalkulierten Abschreibungen, die über den Verkaufspreis vom Kunden „vergütet" werden, dazu verwendet werden, um Anlagegüter zu beschaffen.

Die zur Eigenfinanzierung zählende *Einlagenfinanzierung* ist bei Einzelunternehmen und Personengesellschaften dann gegeben, wenn das Eigenkapital durch Einlagen oder durch die Aufnahme neuer Gesellschafter erhöht wird.

Bei Kapitalgesellschaften kann aufgrund gesetzlicher Vorschriften das Grund- oder Stammkapital erhöht werden; bei Genossenschaften kann das Kapital z. B. erhöht werden, wenn Mitglieder zusätzliche Anteile übernehmen. Man spricht dann von einer *Beteiligungsfinanzierung*.

**Fremdfinanzierung** bedeutet Kapitalbeschaffung durch Aufnahme von Krediten.

Die langfristige Fremdfinanzierung, z. B. durch Ausgabe von Schuldverschreibungen, Aufnahme von Schuldscheindarlehen u. a., ist im allgemeinen nur größeren Kapitalgesellschaften möglich. Die Laufzeiten betragen im allgemeinen vier Jahre und mehr.

Die mittelfristige Fremdfinanzierung ist dagegen in bestimmtem Umfang auch anderen Betrieben möglich, z. B. bei der Finanzierung von Anschaffungen wie Geschäftswagen, Büroeinrichtungen usw. Hier kommt auch das *Leasing* (vgl. dazu Abschnitt 4.1.4.2) in Frage.

Die kurzfristige Fremdfinanzierung mit einer Laufzeit bis zu 12 Monaten steht jedem Betrieb mit einem geordneten Geschäftsgebaren zur Verfügung. Wichtigste Kreditgeber sind Lieferanten, Banken, aber auch Kunden. Man unterscheidet:

- **den Liefererkredit,** bei dem die Ware auf Ziel geliefert wird. Er kostet zwar keinen Zins, ist jedoch, weil die Vorteile des Skontoabzugs verlorengehen, meist teurer als andere Kredite;
- **den Bankkredit,** die wichtigste Form kurzfristiger Kredite, und
- **die Anzahlungen von Kunden.** Sie sind – z. B. im Maschinenbau – eine weitere Quelle der kurzfristigen Fremdfinanzierung und im allgemeinen zinsfrei.

## 4.1.4.2 Besondere Finanzierungsformen

Die Struktur unserer Wirtschaft hat sich in den letzten Jahrzehnten stark verändert. So führte etwa der Mangel an Arbeitskräften in den sechziger Jahren zu einem verstärkten Einsatz an Kapital, d. h. der Kapitalbedarf der Unternehmen stieg. Diese Strukturwandlungen haben dazu geführt, daß zum einen der Staat sich zwecks Förderung der Betriebe mit sog. „Finanzierungsprogrammen" hilfreich eingeschaltet hat, zum anderen neue Finanzierungsformen von der Wirtschaft entwickelt worden sind.

Die – auch für kleinere und mittelgroße Unternehmen – wichtigsten Programme bzw. Finanzierungsformen sind

- *Langfristige Darlehen* oder *Zinszuschüsse aus öffentlichen Mitteln,*
- *Kapitalbeteiligungsgesellschaften,*
- *Leasing,*
- *Factoring.*

### Langfristige Darlehen oder Zinszuschüsse

werden seit einigen Jahren von staatlicher Seite für Investitionsvorhaben bereitgestellt. Diese Förderung ist jedoch auf besondere Schwerpunkte konzentriert.

Zu den Förderungsschwerpunkten gehören:

- die Gründung der ersten selbständigen Existenz;
- die Errichtung von Betrieben in neuen Wohngebieten, um die Versorgung der Einwohnerschaft zu gewährleisten (z. B. Lebensmittel-Einzelhändler, Bäcker usw.);
- Betriebsverlagerungen oder die Durchführung von Investitionsvorhaben, um schädigende Umwelteinflüsse wie Lärm oder Luftverschmutzung zu beseitigen (Beispiel: Ein Beton-Mischwerk wird verlagert, um die angrenzende Wohnsiedlung vor Lärm zu schützen);
- die Ansiedlung, Erweiterung oder Leistungssteigerung von Betrieben in förderungsbedürftigen Gebieten, um die Wirtschaftskraft einzelner Gebiete zu stärken.

Die öffentlichen Mittel für die oben angeführten Förderungsprogramme werden zum Teil vom Bund (aus dem sogenannten ERP-Sondervermögen, den ehemaligen Marshall-plan-Mitteln), zum Teil aus Mitteln der Länder gewährt. Da die Bestimmungen der Länder hinsichtlich Darlehenshöhe, Zinslast und Beantragungsverfahren unterschiedlich sind, wird hier darauf verzichtet, die einzelnen Konditionen aufzuführen. Auskünfte darüber geben dem Interessierten die Banken sowie die zuständigen Berufsorganisationen (Einzelhandelsverband, Industrie- und Handelskammer, Handwerkskammer).

## Finanzierung über Kapitalbeteiligungsgesellschaften

Moderne Produktionsverfahren, neue Vertriebsformen, aber auch der Mangel an Arbeitskräften lassen den Kapitalbedarf vieler Unternehmen größer werden. Die Folge kann sein, daß die „Eigenkapitaldecke" mancher Unternehmen zu kurz wird. Dies wiederum birgt die Gefahr der Beeinflussung durch die „Fremdkapitalgeber" (Banken usw.) in sich. Dieser Gefahr kann man begegnen, indem das Eigenkapital erhöht wird – z. B. über Kapitalbeteiligungsgesellschaften (KBG).

Kapitalbeteiligungsgesellschaften arbeiten vielfach mit staatlicher Unterstützung, um – wie es in den Richtlinien heißt, – die „Schaffung oder Sicherung nachhaltig wettbewerbsfähiger selbständiger Existenzen durch Erweiterung der Eigenkapitalgrundlage" zu ermöglichen.

Im allgemeinen tritt das Unternehmen über seine Hausbank an eine KBG heran. Diese prüft die Erfolgsaussichten des antragstellenden Unternehmens anhand ähnlich strukturierter, bereits existierender Betriebe. Fällt die Prüfung positiv aus, beteiligt sich die KBG im Regelfalle als stiller Gesellschafter. Sie hat damit kein unternehmerisches Mitspracherecht, jedoch ein Kontrollrecht insofern, als sie sich durch die Anforderung regelmäßiger Berichte, aber auch durch Einsichtnahme in zu erstellende Zwischenbilanzen einen Überblick über die Situation des Unternehmens verschaffen kann.

Aus der Sicht des Kapitalnehmers hat die Beteiligung durch die Gesellschaft folgende Vorteile:

- Erhöhung des Eigenkapitals,
- weitgehende Sicherung der unternehmerischen Entscheidungsfreiheit,
- für die Gesellschaftereinlage braucht keine Sicherheit hinterlegt zu werden.

## Leasing[1]

Man versteht darunter die langfristige Vermietung oder Verpachtung von Maschinen (besonders häufig bei EDV-Anlagen) und Gebäuden durch die Leasinggesellschaft, die also als Finanzierungsgesellschaft auftritt.

Die Miet- bzw. Pachthöhe für die überlassene Anlage richtet sich nach dem Wert des Leasingobjektes und der Vertragsdauer; die Laufzeit von Leasingverträgen reicht von drei Jahren (z. B. Büromaschinen, Kraftfahrzeuge, Baumaschinen) bis zu dreißig Jahren (z. B. Fabrikgebäude).

1 engl. to lease = vermieten

**Die Kosten des Leasing** liegen im allgemeinen höher als bei einer Eigenfinanzierung. Sie werden in monatlichen Miet- oder Pachtraten erhoben und umfassen

- **den Abschreibungsbetrag** (Anschaffungswert abzüglich Restwert, verteilt auf die Laufzeit des Vertrages),
- **die Verzinsung** des von der Leasinggesellschaft eingesetzten Kapitals,
- **den anteiligen Verwaltungsaufwand** der Leasinggesellschaft,
- **eine Risikoprämie,**
- **den Gewinn** der Leasinggesellschaft.

Trotz der höheren Kosten kann Leasing aus folgenden Gründen wirtschaftlich sein:

- Der Unternehmer kann Anlagegüter ohne Eigenkapitaleinsatz erhalten; seine Zahlungsfähigkeit wird dadurch positiv beeinflußt.
- Der Kreditspielraum des Unternehmens wird nicht eingeschränkt, da für den Erwerb des Leasingobjektes keine Fremdmittel aufgenommen werden müssen.
- Das Unternehmen befindet sich hinsichtlich seines technischen Standards immer auf dem neuesten Stand.
- Die Mietzahlungen sind – entsprechende Vertragsgestaltung vorausgesetzt – in voller Höhe steuerlich absetzbar.

## Factoring

Als Factoring bezeichnet man den Kauf von Kundenforderungen. Käufer dieser Forderungen sind Finanzierungsgesellschaften (auch „Factor“ genannt), die überwiegend in der Form von Bankinstituten organisiert sind. Der Zweck des Factoring besteht also in der Finanzierung der in einem Unternehmen anfallenden Forderungen bis zu ihrer Fälligkeit. Gleichzeitig übernimmt der Factor die Debitorenbuchhaltung sowie das Mahnwesen.

Die Beziehungen zwischen den am Factoring beteiligten Partnern können wie folgt dargestellt werden:

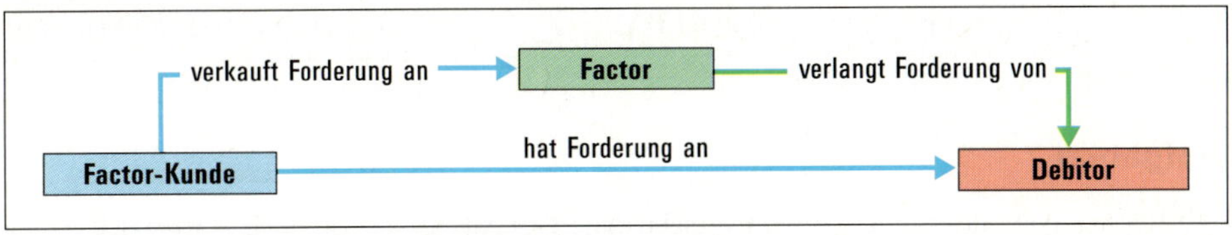


*Abb. 4.1.4.2-1 Factoring*

**Die Kosten des Factoring** setzen sich zusammen aus den Zinsen für die Vorschüsse und Gebühren für die erbrachten Dienstleistungen. Die Zinsen liegen geringfügig über den üblichen Bankzinsen, die Gebühren betragen 1–2 % des Wertes der Forderungen.

Der größte Vorteil des Factoring ist wohl darin zu sehen, daß die Liquidität des Unternehmens steigt und damit z. B. Skontierungsmöglichkeiten ausgenutzt werden können, die vorher mangels Liquidität nicht in Anspruch genommen werden konnten. Aber auch die mit der Debitorenbuchhaltung vom Factor übernommene Überwachung der Außenstände wirkt sich für das Unternehmen günstig aus.

### 4.1.4.3 Investitionsplanung

Die sich verändernden wirtschaftlichen Verhältnisse zwingen fast jeden Betrieb dazu, von Zeit zu Zeit den eigenen Maschinenpark (Maschinen für Betrieb und Lager, aber auch Büromaschinen) daraufhin zu überprüfen, ob die einzelnen Maschinen nicht aus Rationalisierungsgründen durch neue und moderne ersetzt werden müssen[1]. Solche Ersatzinvestitionen kosten viel Geld, und es ist daher notwendig, genau zu überlegen, welche Vorteile eine neu anzuschaffende Maschine im Vergleich zu einer vorhandenen hat.

Folgende allgemeinen Grundsätze sollten bei Investitionen gelten:

- **Investitionen müssen sinnvoll sein;** d. h. eine neue Maschine soll nur angeschafft werden, weil z. B. Arbeitskräfte schwer zu bekommen sind. Falsch wäre es, die Maschine zu kaufen, weil der Konkurrenzbetrieb auch eine solche hat.
- **Investitionen müssen im betrieblichen Zusammenhang gesehen werden;** d. h. die Maschine muß in den Betriebsablauf ohne Schwierigkeiten integriert werden können, es müssen z. B. geeignete Arbeitskräfte zu ihrer Bedienung vorhanden sein usw.
- **Investitionen müssen wirtschaftlich sein;** d. h. bei Ersatzinvestitionen dürfen die laufenden Kosten der neu anzuschaffenden Maschine – gleiche Ausbringungsmenge vorausgesetzt – die der vorhandenen nicht übersteigen.

**Beispiel** *für eine einfache Investitionsrechnung bei einer Ersatzinvestition:*

| | *alte Maschine* | *neue Maschine* | *Mehrkosten (+)* | *Minderkosten (–)* |
|---|---|---|---|---|
| *Anschaffungswert* | *12 000,00 DM* | *15 000,00 DM* | | |
| *Kosten je Jahr:* | | | | |
| *Löhne* | *20 000,00 DM* | *16 000,00 DM* | | *4 000,00 DM* |
| *Betriebsstoffe* | *1000,00 DM* | *1 100,00 DM* | *100,00 DM* | |
| *Energie (Strom)* | *800,00 DM* | *900,00 DM* | *100,00 DM* | |
| *Instandhaltung* | *1 200,00 DM* | *600,00 DM* | | *600,00 DM* |
| *Abschreibungen (16,66 %, linear)* | *2 000,00 DM* | *2 500,00 DM* | *500,00 DM* | |
| **Ersparnis pro Jahr:** | **3 900,00 DM** | | *700,00 DM* | *4 600,00 DM* |

## Aufgaben

1. Bei der Wahl des Standorts sind verschiedene Gesichtspunkte (je nach Unternehmen) zu beachten.
   a) Nennen und erklären Sie mindestens vier solcher Gesichtspunkte (vgl. Abschnitt 4.1.2).
   b) Welche dieser Gesichtspunkte sind zu beachten bei
   – einem Verbrauchermarkt,
   – einem Stahlwerk,
   – einer Zementfabrik,
   – einem Autoverleih,
   – einer Textilfabrik (Herrenoberhemdenfertigung mit hohem Anteil von Handarbeit)?

1 Investitionsplanungen werden selbstverständlich nicht nur bei Ersatzinvestitionen, sondern auch bei Erweiterungsinvestitionen (z. B. Erweiterung des Betriebsgebäudes) gemacht. Aus Gründen der Übersichtlichkeit wird darauf hier nicht eingegangen.

2. Erklären Sie kurz die Begriffe: Bilanz, Liquidität, Außenfinanzierung, Innenfinanzierung, Selbstfinanzierung, Leasing.
3. Benennen Sie die Folgerungen, die aus der Berechnung des Liquiditätsgrades zu ziehen sind.
4. Ordnen Sie die Vermögensteile der Bilanz den Begriffen Liquidität 1., 2. und 3. Grades zu.
5. Welche Möglichkeiten einer kurzfristigen Fremdfinanzierung kennen Sie? Benennen Sie dazu jeweils die Vor- und Nachteile. (Sie sollten hierzu eine Tabelle anlegen.)
6. Sie wollen einen LKW anschaffen. Erkundigen Sie sich schriftlich bei Leasingunternehmen nach den Möglichkeiten der Finanzierung.
7. Erklären Sie an einem Beispiel den Unterschied zwischen offener und verdeckter Selbstfinanzierung.
8. Ein Unternehmen hat vier Maschinen.

| | Kaufwerte | Abschreibungsdauer |
|---|---|---|
| A | 100 000,00 DM | 10 Jahre |
| B | 30 000,00 DM | 5 Jahre |
| C | 40 000,00 DM | 8 Jahre |
| D | 180 000,00 DM | 12 Jahre |

Die Abschreibungen werden durch die Verkaufspreise gedeckt. Stellen Sie in einer Tabelle die in den nächsten acht Jahren aus den Abschreibungen zufließenden Finanzierungsmittel zusammen. Die Anlage B wird nach fünf Jahren durch eine neue Anlage mit gleicher Abschreibungsdauer, aber einem Kaufpreis von 45 000,00 DM ersetzt.

9. Entscheiden Sie, ob die folgenden Aussagen auf Leasing oder auf Factoring zutreffen.
   a) Der Unternehmer kann Anlagegüter ohne Eigenkapitaleinsatz erhalten.
   b) Die Liquidität des Unternehmens steigt.
   c) Das Unternehmen befindet sich technisch immer auf dem neuesten Stand.
   d) Der Unternehmer braucht sich nicht mehr um die Debitoren-Buchhaltung zu kümmern.
10. Welche der folgenden Überlegungen sind bei einer *Ersatzinvestition* (Maschinenkauf) richtig?
    a) Die Maschine wird gekauft, weil die Konkurrenz auch eine hat.
    b) Der Anschaffungspreis spielt keine Rolle.
    c) Es muß um jeden Preis eine modernere Maschine her.
    d) Es sollten Arbeitskräfte eingespart werden.
11. Legen Sie eine dreispaltige Tabelle mit je einer Pro- und Kontra-Unterspalte an.
    FALL: Die Bauunternehmung Schmitz & Co. KG benötigt eine zusätzliche Baumaschine, Wert 85 000,00 DM. Wie soll sie diese finanzieren? Stellen Sie tabellarisch das Pro und Kontra zu den folgenden drei Verfahren dar:
    a) Die Gesellschafter erhöhen ihre Einlage um 85 000,00 DM (=...finanzierung). (Füllen Sie bitte die Wortlücke.)
    b) Das Unternehmen nimmt einen Bankkredit von 85 000,00 DM (=...finanzierung).
    c) Die Baumaschine wird bei einem entsprechenden Unternehmen gemietet (= L...verfahren).
    
    Überlegen Sie in der Klasse, was Sie für besonders vorteilhaft halten. Günstig wäre, wenn eine Arbeitsgruppe die Tabelle auf Folie für den Tageslichtprojektor erstellte.
12. Eine (halb) ernst gemeinte Frage: Bei den Verkehrsbetrieben unserer Stadt laufen 37 Busse. Gehören diese Fahrzeuge zum Anlage- oder zum Umlaufvermögen?

## 4.1.5 Die rechtliche Stellung des Kaufmanns

Das Handelsgesetzbuch (HGB)[1], das einen – und zwar den wesentlichen – Teil des vom Gesetzgeber geschaffenen *Sonderrechts für Kaufleute* darstellt (zu diesem gehören u. a. auch das Wechselgesetz, das Scheckgesetz, das Aktiengesetz, das Gesetz gegen den unlauteren Wettbewerb, das Depotgesetz), nennt den *selbständig wirtschaftenden* Unternehmer in Übereinstimmung mit dem allgemeinen Sprachgebrauch „Kaufmann". Der kaufmännische Angestellte ist demnach kein Kaufmann im Sinne des HGB. Auch Unternehmen wie die AG, die OHG u. a. gelten als Kaufleute.

Das HGB unterscheidet folgende Arten von Kaufleuten:

**Kaufmann ist nach § 1 HGB, wer ein Handelsgewerbe betreibt** (Gewerbe meint, eine dauernde selbständige Tätigkeit mit der Absicht, einen Gewinn zu erzielen), d. h. eine der in § 1 HGB aufgezählten Tätigkeiten gewerbsmäßig ausübt (sog. *Mußkaufleute*). Zu diesen „Grundhandelsgewerben" gehören:

Warenhandelsgeschäfte; Fabrikbetriebe; fabrikmäßig betriebene Großwäschereien, Färbereien, Reinigungsanstalten, Reparaturwerkstätten usw.; Versicherungsbetriebe; Bankbetriebe; Verkehrsbetriebe; Geschäfte der Kommissionäre, Spediteure und Lagerhalter; Geschäfte der Handelsvertreter und Makler; Verlagsgeschäfte; Geschäfte des Buch- und Kunsthandels; Geschäfte der Druckereien, sofern diese nicht handwerksmäßig betrieben werden.

**Voll- und Minderkaufleute.** Sofern dabei der Geschäftsbetrieb nach Art und Umfang eine kaufmännische Organisation erforderlich macht[2], gelten die betreffenden Kaufleute als *Vollkaufleute* (Gegensatz: Minderkaufleute, § 4 HGB). Die Bestimmungen des HGB treffen für die Vollkaufleute in vollem Umfang zu. Der *Minderkaufmann* dagegen kann keine Firma führen, keinen Prokuristen bestellen, keine OHG gründen, sich nur durch schriftliche Erklärung verbürgen, braucht andererseits keine Handelsbücher nach §§ 238 ff. HGB zu führen (dagegen muß er die steuerlichen Vorschriften beachten: Buchung der täglichen Umsätze, Führen eines Wareneingangsbuches, Mindestbuchführung mit Inventar und Bilanz).

**Die Kaufmannseigenschaft wird erworben durch Eintragung in das Handelsregister** (§ 2 HGB). Das gilt für alle Betriebsinhaber, die zwar nicht eine der in § 1 HGB aufgeführten Tätigkeiten ausüben, deren Betrieb aber wegen seines Umfanges kaufmännisch organisiert ist, z. B. für Bauunternehmen, Ziegeleien, Steinbruchbetriebe, Auskunfteien und handwerkliche Großbetriebe (vgl. das „Gesetz über die Kaufmannseigenschaft von Handwerkern" vom 31.03.1953). Sie sollen (und müssen!) sich in das Handelsregister eintragen lassen (sog. *Sollkaufleute*). Sie werden erst durch die Eintragung in das Handelsregister zu Kaufleuten (konstitutive = rechtsbegründete Wirkung der Eintragung).

**Durch Eintragung in das Handelsregister können** nach § 3 HGB auch Landwirte und Forstwirte für ihren Betrieb sowie für einen Nebenbetrieb (Mühle, Brennerei, Sägewerk u. ä.) Kaufleute werden (sog. *Kannkaufleute*), wenn dieser nach Art und Umfang einen kaufmännischen Geschäftsbetrieb erfordert.

**Kaufleute auf Grund der Rechtsform** sind nach § 6 HGB schließlich alle Kapitalgesellschaften (die Aktiengesellschaft, die Kommanditgesellschaft auf Aktien, die Gesellschaft

1 vgl. Abschnitt 2.1

2 Dies kann man vermuten, wenn Angestellte beschäftigt werden, die Unternehmung mehrere Abteilungen hat, Bilanzen erstellt werden u. a.

mit beschränkter Haftung) und die Genossenschaften (man nennt sie *Formkaufleute*). Auch sie müssen in das Handels- bzw. Genossenschaftsregister eingetragen werden. *Kaufmann* kann also nicht nur eine Einzelperson, sondern auch eine AG oder GmbH, eine von der Rechtsordnung künstlich geschaffene Person = *juristische Person* sein. Soll-, Kann- und Formkaufleute sind in jedem Fall Vollkaufleute.

**Nach dem Umfang der Rechte und Pflichten** unterscheidet man Kaufleute

<table>
<tr><td rowspan="2">kraft<br>**Grundhandelsgewerbe**<br>Mußkaufleute<br>(§ 1 HGB)</td><td colspan="2">kraft<br>pflichtgemäßer/freiwilliger<br>**Eintragung**</td><td rowspan="2">kraft<br>**Rechtsform**<br>Formkaufleute<br>(§ 6 HGB)</td></tr>
<tr><td>Sollkaufleute<br>(§ 2 HGB)</td><td>Kannkaufleute<br>(§ 3 HGB)</td></tr>
<tr><td>**Minderkaufleute**<br>(§ 4 HGB)</td><td colspan="3">**Vollkaufleute**</td></tr>
</table>

*Abb. 4.1.5-1 Kaufleute*

## 4.1.6 Die Firma des Unternehmens

Die Firma[1] ist der *Geschäftsname eines Vollkaufmanns*, unter dem er seine Handelsgeschäfte betreibt und seine Unterschrift abgibt. Der Kaufmann kann unter seiner Firma Prozesse führen, d. h. die Firma kann klagen und verklagt werden (§ 17 HGB).

Man unterscheidet:

- **Personenfirma.** Sie besteht aus einem oder mehreren Namen („Karl Meier", „Müller und Meier");
- **Sachfirma.** Sie ist abgeleitet vom Gegenstand des Unternehmens („Molkereigenossenschaft Nord-Eifel e. G.").

Formal beinhaltet die Firma einen sog. Firmenkern; er enthält den Personen- oder Sachnamen und einen Hinweis auf die Art der Firma (z. B.: Meyer OHG) sowie einen sog. *Firmenzusatz*; er unterscheidet das Unternehmen von anderen (z. B. *Karl* Meyer OHG, *Holzgroßhandlung)*.

Unter seiner Firma wird ein Unternehmen bekannt, erwirbt es im Laufe der Jahre seinen Ruf und wird auch beim Wechsel des Inhabers oft weitergeführt. Der Gesetzgeber hat aus diesem Grunde (Firmenschutz), aber auch im Interesse der Öffentlichkeit, bestimmte Grundsätze für die Wahl der Firma aufgestellt.

**Firmenwahrheit und Firmenklarheit.** Die neue Firma muß wahr und klar sein (§§ 18/19 HGB), d. h. aus ihr muß klar ersichtlich sein, wer hinter ihr steht. Sie muß sich ferner von den bereits bestehenden Firmen am gleichen Ort unterscheiden (§ 30 HGB).

Die Firma eines *Einzelkaufmanns* muß aus mindestens einem ausgeschriebenen Vornamen und dem Zunamen bestehen. Es sind Zusätze gestattet (zur Unterscheidung!), jedoch nicht solche, die geeignet sind, Außenstehende über Art und Umfang des Geschäftes zu täuschen. Ein Buchhändler darf z. B. nicht den Zusatz „Weltweiter Zeitungsvertrieb" führen.

1 Firma: lat. firmare = befestigen. Man meinte hiermit ursprünglich, daß vor dem „Geschäft" eines Unternehmens ein Schild mit dessen Namen stand.

Die Firma einer *Offenen Handelsgesellschaft* enthält die Namen aller Teilhaber oder den Namen eines Teilhabers mit einem Zusatz, der das Gesellschaftsverhältnis andeutet (z. B. Schneider &[1] Keller oder Schneider & Co. oder Franz Schneider OHG, Gebrüder Korn, Geschwister Erdmann u. a.).

Die Firma einer *Kommanditgesellschaft* unterscheidet sich rein äußerlich oft nicht von der OHG, es sei denn, sie nimmt einen Zusatz „KG“ in die Firmenbezeichnung auf. Sie darf aber nur die Namen der Vollhafter enthalten (z. B. Schneider & Co. oder „& Cie.“[2], wenn Keller nur Teilhafter ist).

Eine *Aktiengesellschaft* ist erkennbar an dem Zusatz „AG“. Ihre Firma soll den Gegenstand des Unternehmens kennzeichnen (z. B. Motorenfabrik Oberursel AG), kann aber auch den Namen des Gründers bzw. der Gläubiger enthalten – das ist häufig der Fall bei Umwandlung bestehender Firmen in Aktiengesellschaften – (z. B. Adam Opel AG).

Die *Gesellschaft mit beschränkter Haftung* kann eine Sachfirma (Steingutfabrik Staffel GmbH) oder Personenfirma (Hugo Stinnes GmbH, Mühlheim) wählen.

Die Firma einer *Genossenschaft* muß eine Sachfirma sein, d. h. dem Gegenstand des Unternehmens entlehnt sein. Sie muß außerdem einen Zusatz enthalten, der sie als Genossenschaft ausweist – „Eingetragene Genossenschaft“ oder „e. G.“.

**Ausschließlichkeit der Firma.** Die Firma eines neugegründeten Geschäftes muß sich von den bereits bestehenden Firmen *am selben Ort* (nicht im gleichen Handelskammerbezirk) unterscheiden (§ 30 HGB). Die Unterscheidung erfolgt durch die Wahl eines anderen Vornamens, die Angabe des Geschäftszweiges u. a.

**Beispiel:** *In Aachen gibt es:*
Konrad Meyer und Konrad Meyer, Tuch-Großhandlung

Der Firmenschutz des Gesetzes gegen den unlauteren Wettbewerb (§ 16 UWG) geht aber wesentlich weiter, indem es die mißbräuchliche Benutzung oder Nachahmung einer bereits eingetragenen Firma überhaupt, d. h. für die ganze Bundesrepublik Deutschland untersagt. Ein Kaufmann W. Kaiser, der ein Kaffeegeschäft neu eröffnet, dürfte es also nicht „Kaiser's Kaffeegeschäft“ nennen.

**Beständigkeit der Firma.** Geht ein bereits bestehendes Geschäft durch Verkauf, Schenkung oder Erbschaft in andere Hände über, so darf der neue Inhaber die *bisherige Firma fortführen*, wenn der bisherige Inhaber oder dessen Erben ausdrücklich darin einwilligen. So entsteht eine „unwahre“ Firma. Hinter der Firma Simon & Co. kann also der Einzelhandelskaufmann Hartmann stehen. Der neue Inhaber kann die Firma mit oder ohne Beifügung eines Zusatzes, der das Nachfolgeverhältnis andeutet, übernehmen. Der neue Inhaber haftet bei Fortführung der Firma, wenn keine abweichende Regelung im Handelsregister eingetragen ist – gleichgültig ob mit oder ohne Zusatz –, für alle Geschäftsverbindlichkeiten des früheren Inhabers (§ 25 HGB). Daneben haftet auch der *frühere Inhaber* den Gläubigern noch fünf Jahre für die von ihm eingegangenen Verpflichtungen (§ 26 HGB).

**Öffentlichkeit der Firma.** Jeder Vollkaufmann muß seine Firma in das Handelsregister seines Niederlassungsortes eingetragen lassen, ebenso spätere Veränderungen. Für Endverbraucher offene Ladengeschäfte, Gaststätten u. a. müssen nach § 15 a der Gewerbeordnung

1 Das Zeichen „&“ bedeutet „und“.
2 „Co.“ und „Cie.“ sind Abkürzungen aus dem Französischen.

ihren Familiennamen mit mindestens einem ausgeschriebenen Vornamen an der Außenseite oder am Eingang des Geschäftes deutlich sichtbar anbringen. Sind bürgerlicher Name und Firma nicht identisch, muß kenntlich gemacht werden, wer Inhaber des Geschäftes ist:

**Tee-Spezialhandlung**
Frank Röhlings
Inh. Günter Hilgers

## 4.1.7 Eintragung der Firma in das Handelsregister

Das Handelsregister ist ein *amtliches Verzeichnis aller Vollkaufleute* eines Amtsgerichtsbezirks (§§ 8–16 HGB). Es wird beim zuständigen Amtsgericht (Registergericht) geführt, und zwar in zwei Abteilungen:

- **Abteilung A:** für Einzelkaufleute und Personengesellschaften (OHG, KG);
- **Abteilung B:** für Kapitalgesellschaften (AG, GmbH, KGaA).

Für Genossenschaften wird ein besonderes *Genossenschaftsregister* geführt.

**Die Anmeldung zum Handelsregister** erfolgt schriftlich mit öffentlich beglaubigter Unterschrift beim Registergericht.

**Eingetragen werden** z. B. die Firma, der Zuname und Vorname des Inhabers bzw. der Gesellschafter, der Ort der Niederlassung, die Art des Geschäfts, die Erteilung und Entziehung der Prokura, die Eröffnung des Konkurses, Wechsel des Inhabers, Löschung der Firma. Die Unterschriften der zeichnungsberechtigten Personen (Inhaber, Geschäftsführer einer GmbH, Vorstandsmitglieder und Prokuristen) werden beim Amtsgericht hinterlegt.

**Amtsgericht** Darmstadt — In das Handelsregister Abteilung B ist unter Nr. 3625 eingetragen worden:

| Nr. der Eintragung | a) Firma b) Sitz c) Gegenstand des Unternehmens | Grund- oder Stammkapital DM | Vorstand Persönlich haftende Gesellschafter Geschäftsführer Abwickler | Prokura | Rechtsverhältnisse | a) Tag der Eintragung und Unterschrift b) Bemerkungen |
|---|---|---|---|---|---|---|
| 1 | 2 | 3 | 4 | 5 | 6 | 7 |
| 14 | b) Weiterstadt | 250 000,00 | | Hans Fischer | | a) 16.11.89 b) gem. Vertrag vom 23.08.89 |
| 15 | | | | Rita Funke | | a) 25.04.90 |
| 16 | | 500 000,00 | | | | a) 17.09.90 b) Gesellschafterversammlung vom vom 20.04.90 |

*Abb. 4.1.7-1 Handelsregisterauszug (rot unterstrichene Eintragungen sind gelöscht)*

**Der Zweck des Handelsregisters.** Das Handelsregister soll die Öffentlichkeit, vor allem die Geschäftswelt, über bestimmte Sachverhalte und Rechtsverhältnisse der Kaufleute und Handelsgesellschaften unterrichten. Deshalb werden die Eintragungen öffentlich bekanntgemacht (im Bundesanzeiger und in dem jeweiligen Verkündungsblatt des betreffenden Bezirks, meist einer Tageszeitung). Jeder kann Einsicht in das Handelsregister nehmen und Abschriften von Eintragungen und den zum HR eingereichten Schriftstücken gegen Erstattung der Kosten verlangen.

**Wirkung der Eintragungen.** Die Eintragungen haben meist nur rechtsbekundende (deklaratorische) Wirkung. Prokurist wird z. B. jemand durch die Bestellung durch einen Geschäftsinhaber, nicht aber erst durch die Eintragung, Wer eines der in § 1 HGB aufgeführten Grundhandelsgewerbe betreibt, ist Kaufmann und wird Vollkaufmann, wenn sein Geschäftsbetrieb einen bestimmten Umfang überschreitet, also nicht erst durch Eintragung. Andererseits haben die Eintragungen in einer Reihe von Fällen rechtsbegründende (konstitutive) Wirkung.

So entsteht eine Aktiengesellschaft oder GmbH erst durch die Eintragung. Auf die gleiche Weise erwerben Soll- und Kannkaufleute die Kaufmannseigenschaft, so z. B. eine OHG oder KG, die beide kein Handelsgewerbe betreiben, deren gewerblicher Betrieb aber nach Art und Umfang eine kaufmännische Organisation erfordert.

**Vermutung der Richtigkeit des Handelsregisters.** Das HR genießt keinen öffentlichen Glauben, hat jedoch eine gewisse Vermutung der Richtigkeit für sich, d. h., eingetragene und bekanntgemachte Tatsachen (z. B. Entziehung der Prokura) muß ein Dritter gegen sich gelten lassen. Das gilt nicht für Rechtshandlungen innerhalb von 15 Tagen nach der Bekanntmachung, sofern der Dritte beweist, daß er die Tatsachen weder kannte noch kennen mußte. Sind umgekehrt eintragungspflichtige Tatsachen nicht eingetragen und bekanntgemacht, so können sie einem Dritten gegenüber nicht geltend gemacht werden, es sei denn, daß sie diesem bekannt waren. Sind Eintragungen im HR richtig, werden aber unrichtig bekanntgemacht, kann sich ein Dritter darauf berufen, daß die Tatsachen unrichtig bekanntgemacht worden sind, es sei denn, er kannte die Unrichtigkeit (§ 15 HGB).

**Beispiele:** *Ein Prokurist, dem die Prokura entzogen wurde, nimmt die Darlehnsrückzahlung eines Kunden entgegen. Da das Erlöschen der Prokura aber noch nicht im HR eingetragen und bekanntgemacht war, braucht der Kunde nicht nochmals an den Firmeninhaber zu zahlen, wenn der Prokurist den Betrag unterschlagen hat; es sei denn, daß ihm das Erlöschen der Prokura bekannt war.*

*Der Kaufmann Wilhelm Merken hat sein Geschäft mit Firma an Karl Bürger verkauft. Dabei wurde vereinbart, daß Merken für die beim Firmenübergang bestehenden Verbindlichkeiten nicht haften solle. Man versäumte aber, den Ausschluß der Haftung in das Handelsregister eintragen zu lassen. Dann kann ein früherer Lieferer von Merken von diesem Zahlung verlangen; es sei denn, daß ihm der Verkauf bekannt war.*

## 4.1.8 Anmeldung des Unternehmens

Jedes kaufmännische Unternehmen muß bei folgenden Behörden angemeldet werden:

- bei der Stadt- oder Gemeindebehörde (dem Gewerbeamt) in einfacher schriftlicher Form;
- beim Amtsgericht (Registergericht) zur Eintragung in das Handelsregister, sofern die Unternehmung von einem Vollkaufmann geführt wird;
- beim zuständigen Finanzamt in mündlicher oder schriftlicher Form;
- bei der zuständigen Krankenkasse wegen der etwa eingestellten Arbeiter und Angestellten;
- bei der zuständigen Berufsgenossenschaft (Unfallversicherung);
- bei der zuständigen Industrie- und Handelskammer bzw. der Handwerkskammer;
- beim Gewerbeaufsichtsamt;
- beim Statistischen Landesamt;
- beim Eichamt.

Der Kaufmann gehört zwangsläufig der Industrie- und Handelskammer (oder der Handwerkskammer) des betreffenden Bezirks als Mitglied an. Die Industrie- und Handelskammern sowie die Handwerkskammern sind Körperschaften des öffentlichen Rechts und haben das Gesamtinteresse der Kaufleute ihres Bezirks wahrzunehmen, insbesondere durch Gutachten und Vorschläge die Behörden zu unterstützen.

## Aufgaben

1. Listen Sie in Tabellenform auf und vervollständigen Sie:
   - Mußkaufmann ist ...
   - Kannkaufleute können sein ...
   - Sollkaufmann wird man durch ...
   - Formkaufmann nennt man Kaufleute, die ...
2. In der Umgangssprache wird der Begriff „Firma“ häufig falsch verwendet:
   a) Definieren Sie exakt, was der Kaufmann mit diesem Begriff meint.
   b) Entscheiden Sie (mit Begründung), ob in den folgenden beiden Aussagen der Begriff „Firma“ richtig angewandt wird:
   - „Das neue Unternehmen in Neustadt wurde unter der Firma ‚Nordwest Metall‘ ins Handelsregister eingetragen.“
   - „Herr Müller ist nicht mehr zu Hause. Er ist schon unterwegs in die Firma.“
3. Sie lesen das Firmenschild „Rumms & Co.“. Welche Unternehmungsform kann es meinen?
4. Nennen Sie Gründe: Warum sollte sich ein Kaufmann über die Eintragungen im Handelsregister informieren?
5. Wer ein Unternehmen gründet, muß Entscheidungen treffen und Aufgaben erfüllen:
   - Standortwahl,
   - Wahl der Firma,
   - Eintragung ins Handelsregister,
   - Anmeldung des Unternehmens bei verschiedenen Behörden und Instanzen.

   Behandeln Sie in einem kurzgefaßten Aufsatz die angesprochenen Punkte, indem Sie einem Ratsuchenden
   a) beschreiben, worauf es bei den einzelnen Punkten ankommt;
   b) Ratschläge geben, was er bei der geplanten Gründung eines Speditionsunternehmens bei jedem der Punkte besonders zu beachten hat.

## Zusammenfassung

- Bei der Gründung eines Unternehmens müssen **persönliche** (z. B. Zuverlässigkeit), **rechtliche** (z. B. Geschäftsfähigkeit) und **örtliche Voraussetzungen** (z. B. richtige Standortwahl) vorliegen.
- Bei der **Gründungs-Finanzierung** ist darauf zu achten, daß vor allem das Eigenkapital ausreicht. Fremdkapital, das z. B. in Form von Krediten usw. dem Unternehmen zur Verfügung steht, schmälert oft die Entscheidungsfreiheit des Unternehmens.
- Unter **Liquidität** versteht man die Fähigkeit eines Unternehmens, seinen Zahlungsverpflichtungen termingerecht nachzukommen.
- Bei der **Finanzierung** unterscheidet man die
  - Innenfinanzierung (Mittel stammen aus dem Umsatzprozeß);
  - Außenfinanzierung (Mittel werden durch Kapitaleinlagen oder Kredite beschafft).
- Der selbständig wirtschaftende Unternehmer ist **Kaufmann.** Das HGB unterscheidet Muß-, Soll-, Kann- und Formkaufleute. Nur ein Mußkaufmann kann Minderkaufmann sein.
- **Firma ist der Geschäftsname eines Vollkaufmannes.** Man unterscheidet Personen- („Müller & Meier“) und Sachfirmen (Holz Vertriebs GmbH). Die Firma muß ins Handelsregister eingetragen werden, das beim zuständigen Amtsgericht geführt wird.

## 4.2 Rechtsformen des Unternehmens

Nach außen tritt das Unternehmen in einer bestimmten Rechtsform auf:

- als **Einzelunternehmen** (mit einem Inhaber),
- als **Personengesellschaft** (mehrere Personen betreiben ein Handelsgewerbe unter gemeinsamer Firma),
- als **Kapitalgesellschaft** (Aktiengesellschaft, Kommanditgesellschaft auf Aktien oder Gesellschaft mit beschränkter Haftung),
- als **Genossenschaft** oder in einer anderen Rechtsform.

Kapitalgesellschaften - auch Genossenschaften - sind juristische (durch die Rechtsordnung geschaffene) Personen. Sie entstehen mit der Eintragung in das Handelsregister bzw. Genossenschaftsregister und handeln durch ihre Organe (Vorstand), die sie vertreten.

**Die verschiedenen Unternehmensformen** unterscheiden sich durch

die Zahl der an dem Unternehmen beteiligten Personen;
die Leitungsbefugnis der Teilhaber;
die Haftung der Inhaber gegenüber Dritten;
Art und Umfang der Beteiligung der Inhaber am Gewinn;
die Art der Aufbringung des Kapitals (Einlagen der Teilhaber oder Ausgabe von Anteilsscheinen auf das „Grundkapital").

Häufig entsteht ein Unternehmen als Einzelunternehmen und wird später bei *wachsender Betriebsgröße* und dadurch *wachsendem Kapitalbedarf* in ein Gesellschaftsunternehmen umgewandelt. Als weitere Gründe für eine Umwandlung kommen in Frage: Gewinnung eines hervorragenden Fachmannes als mitverantwortlichen Gesellschafter, Risikoverteilung, Haftungsbeschränkung, steuerliche Vorteile, persönliche Gründe (Alter, Krankheit, Erbfall).

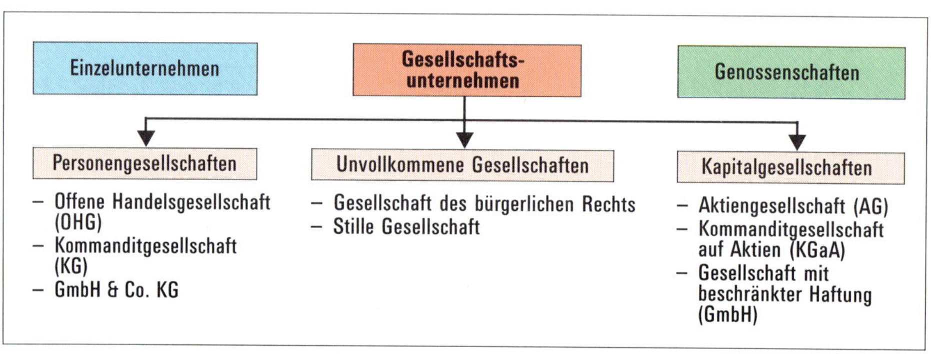


*Abb. 4.2-1 Übersicht über die Unternehmensformen*

### 4.2.1 Das Einzelunternehmen

Das Einzelunternehmen ist die am weitesten verbreitete Rechtsform bei Klein- und Mittelbetrieben, insbesondere des Handels. Bei der Neugründung sind Eigentümer und Unternehmer in einer Person vereint. Die Firma muß gemäß § 18 Abs. 1 HGB mit dem Namen des Gründers übereinstimmen.

**Das Einzelunternehmen unterscheidet sich** von den anderen Unternehmensformen durch eine Reihe von Merkmalen, die zugleich seine Stärken wie Schwächen offenbaren:

- Der Inhaber bringt allein das gesamte Geschäftskapital auf.
- Er trägt allein das Risiko. Wenn auch das Privatvermögen meist getrennt verwaltet wird, haftet es doch unbeschränkt für die Geschäftsschulden.
- Er ist in seinen betrieblichen Entscheidungen völlig frei. Das Schicksal des Unternehmens, Erfolg oder Mißerfolg, sind an seine Person gebunden.
- Die Vererbung eines Einzelunternehmens von Generation zu Generation begegnet daher natürlichen Schwierigkeiten - der Sohn oder Schwiegersohn des Unternehmers braucht nicht unbedingt die Qualifikation für die Nachfolge zu besitzen - und führt häufig zur Umwandlung in eine Gesellschaft (eine OHG, GmbH oder KG).
- Die Kreditbasis ist im allgemeinen schmal, weil sich das haftende Kapital auf das Vermögen des Inhabers beschränkt. Damit sind auch einer Erweiterung des Unternehmens durch Aufnahme langfristiger Kredite Grenzen gesetzt.

**Die Bedeutung** des Einzelunternehmens liegt vor allem darin, daß es demjenigen, der sich selbständig machen will, ermöglicht wird, auch mit relativ geringen Mitteln ein Unternehmen zu gründen. Zudem ist das Einzelunternehmen sozusagen die „Ausgangsbasis" für andere Unternehmensformen (z. B. OHG oder KG), in die es oft umgewandelt wird.

### 4.2.2 Gesellschaftsunternehmen

#### 4.2.2.1 Warum Gesellschaftsunternehmen?

In der Praxis gibt es eine Vielzahl von Gründen, die zur Gründung eines Gesellschaftsunternehmens führen können. Die in der Wirtschaftspraxis wichtigsten Gründe werden nachstehend kurz besprochen:

**Erhöhter Kapitalbedarf.** Der Einzelunternehmer kommt häufig an eine Grenze, bei der sein Geschäfts- und Privatvermögen nicht mehr ausreicht, um notwendige Wareneinkäufe, Investitionen oder ähnliches zu finanzieren.

**Verbesserung der Kreditbasis.** Für das Einzelunternehmen haftet nur das Vermögen des Inhabers. Durch Hinzunahme von Gesellschaftern kann diese Basis oft erheblich vergrößert werden.

**Risikostreuung und Risikobegrenzung.** Bei Gesellschaftsunternehmen ist das Risiko auf mehrere Schultern verteilt. Dazu kommt noch, daß eine Begrenzung des Risikos, insbesondere der Haftung, auf das Geschäftsvermögen bei Einzelunternehmen gesetzlich nicht möglich ist. Nur bestimmte Gesellschaftsformen, insbesondere die Kapitalgesellschaften, können die Haftung auf das Firmenkapital beschränken.

**Krankheit, Alter, Tod** und Veränderungen der Familienverhältnisse (z. B. Scheidung). Das Einzelunternehmen lebt weitgehend von der Persönlichkeit des Unternehmers. Eine Fortführung als Einzelunternehmen ist in den vorgenannten Fällen oft schwierig.

**Verbreiterung der fachlichen Basis.** Anlaß für die Umgründung in ein Gesellschaftsunternehmen ist oft der Wunsch, die fachliche Basis des Unternehmens zu stärken. So nehmen z. B. oft Kaufleute Techniker als Mitgesellschafter auf und umgekehrt.

**Gewinnen weiterer Führungskräfte.** Viele Führungskräfte sind bereit, ein persönliches Risiko zugunsten höherer Gewinnerwartung zu übernehmen. Oft sind das Kräfte, die dem Betrieb bereits angehören und deren langfristige Bindung durch eine Aufnahme als Gesellschafter erreicht wird.

**Beteiligung der Arbeitnehmer.** In zunehmendem Maße hat sich in den letzten Jahren erwiesen, daß die Beteiligung der Arbeitnehmer am Unternehmen ein wesentlicher Grund für die Schaffung neuer Gesellschaftsformen oder für die Gründung besonderer Formen der Gesellschaftsunternehmen wurde.

**Verbesserung der Angebotsbreite.** In vielen Branchen zeigt sich, daß ein eng begrenztes Angebot für den Markt nicht mehr ausreicht. Manche Firmen wollen sich auch ein zweites oder drittes Bein schaffen (Diversifikation, indem z. B. ein Bauunternehmer sich einen Betrieb für Büromöbel angliedert). Diese Ausweitung erfordert meist neues Kapital oder ein Zusammengehen mehrerer Firmen.

**Auswertung von Patenten oder sonstigen Schutzrechten.** Auch hier wird häufig eine Kapitalzuführung oder eine sonstige Ausweitung der Geschäftstätigkeit notwendig, die nur durch ein Gesellschaftsunternehmen zu erreichen ist.

**Ausschaltung der Konkurrenz durch Zusammenschluß.**

**Steuerliche Vorteile bestimmter Unternehmensformen.** Das Steuerrecht mit seinen vielen Einzelregelungen bietet häufig auch Anlaß, Gesellschaftsunternehmen zu gründen oder bestimmte Gesellschaftsformen auszuwählen.

## 4.2.3 Die offene Handelsgesellschaft (OHG)

(§§ 105–159 HGB)

### 4.2.3.1 Begriff

Die OHG ist eine Vereinigung von mindestens zwei Personen, die unter gemeinschaftlicher Firma ein Handelsgewerbe betreiben. Die Gesellschafter haften den Gesellschaftsgläubigern mit ihrem ganzen Vermögen (§ 105 HGB). Die OHG ist die am weitesten verbreitete und nach der AG die wirtschaftlich wichtigste Form der Handelsgesellschaften.

### 4.2.3.2 Die Gründung der OHG

Die OHG entsteht durch einen gewöhnlich schriftlich abgeschlossenen Vertrag zwischen den Gesellschaftern. Aus ihm bestimmen sich in erster Linie die Rechtsverhältnisse der Teilhaber. Er enthält u. a. Bestimmungen über die Höhe der Einlagen der Gesellschafter, das Recht der Geschäftsführung und Vertretung, die Höhe der möglichen Privatentnahmen, die Art der Gewinnverteilung und über die Frage der Fortführung der Firma, wenn ein Gesellschafter stirbt oder seine Teilhaberschaft aufkündigt.

Bringt ein Gesellschafter an Stelle einer Bareinlage *Sachwerte*, z. B. Grundstücke oder Gebäude, in die Gesellschaft ein, bedarf der Vertrag der notariellen Beurkundung. Bei der Wahl der Firma müssen die Vorschriften des **§ 19 HGB** beachtet werden (Grundsatz der Firmenwahrheit). Die Gesellschaft ist von allen Gesellschaftern zum Handelsregister anzumelden.

> HRA 3636 – 5. April 1988 – **Conceptfilm Boss + Schumacher,** Düsseldorf (Holzhofallee 88; Übernahme von Tätigkeiten aller Art im Bereich der Film- und Fernsehproduktion einschließlich aller vor- und nachgelagerten Dienstleistungen, die sich aus diesem Geschäft ergeben, sowie die Tätigkeit als Werbe- und Marketing-Agentur). Offene Handelsgesellschaft. Beginn: 5. April 1988. Gesellschafter: Harald Friedrich Boss, Diplombetriebswirt, Ratingen, Günther Schumacher, Diplomingenieur, Neuss.

Wenn die Gesellschafter keine anderen Vereinbarungen getroffen haben, gelten die etwas allgemein gehaltenen Bestimmungen der **§§ 110–112 HGB**: Danach haben alle Gesellschafter die gleichen Pflichten und Rechte.

## 4.2.3.3 Pflichten der Gesellschafter

**Einlagepflicht.** Wenn nichts über die Höhe der Einlage vereinbart ist, hat jeder Gesellschafter den gleichen Betrag zu leisten (Geld oder Sachen).

**Haftpflicht** (§§ 128–130 HGB). Alle Gesellschafter haften den Gesellschaftsgläubigern gegenüber unbeschränkt, unmittelbar und solidarisch.

- **„Unbeschränkt“** bedeutet: Die Haftung erstreckt sich auf das gesamte Geschäfts- und Privatvermögen der einzelnen Gesellschafter.
- **„Unmittelbar“** heißt: Jeder Gesellschafter kann von Gesellschaftsgläubigern unmittelbar in Anspruch genommen werden (z. B. Zahlungsbefehl direkt gegen einen Gesellschafter, ohne daß vorher die Beitreibung des Schuldbetrages gegenüber der Gesellschaft versucht worden ist).
- **„Solidarisch“** besagt: „Einer für alle und alle für einen.“ Jeder einzelne Gesellschafter haftet zugleich für alle anderen. Ein Gesellschaftsgläubiger kann sich also den zahlungsfähigsten Gesellschafter heraussuchen, um durch Zustellung eines Mahnbescheides oder auf dem Klageweg schnell zu seinem Geld zu kommen.

**Beispiel:** *Wenn der Gesellschafter Meyer der Meyer & Müller OHG einen Firmenwagen ohne Wissen des anderen Gesellschafters gekauft hat, kann der Kraftfahrzeughändler die Begleichung der Schuld auch von Müller verlangen, den er für den zahlungskräftigsten Gesellschafter hält.*

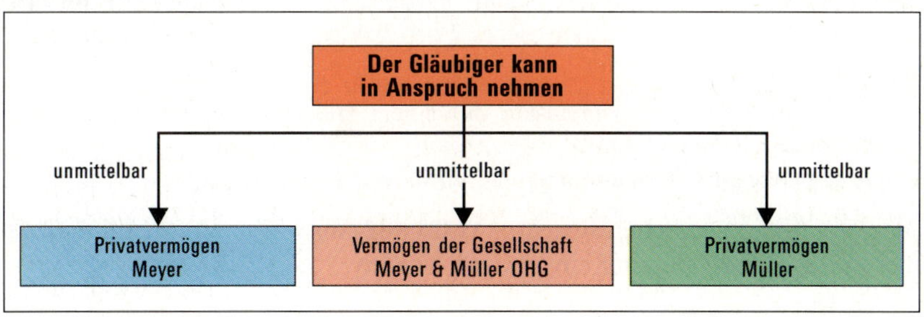

**Haftung neu eintretender Gesellschafter** (§ 130 HGB). Wer in eine bereits bestehende Gesellschaft als neuer Teilhaber eintritt, haftet mit den übrigen Gesellschaftern auch für die vor seinem Eintritt entstandenen Schulden, dies selbst dann, wenn mit Eintritt des neuen Gesellschafters die Firma abgeändert wird.

**Haftung ausscheidender Gesellschafter.** Scheidet ein Gesellschafter aus, so haftet er *noch fünf Jahre* für alle vor seinem Ausscheiden entstandenen Schulden (§ 159 HGB). Dieselbe Haftung besteht bei der Auflösung der Gesellschaft.

**Pflicht zur Mitarbeit** (§ 114 HGB). Meist sind alle Gesellschafter an der Ausführung der leitenden Arbeiten gleichmäßig beteiligt.

**Wettbewerbsverbot** (§ 112 HGB). Kein Gesellschafter darf ohne Einwilligung der anderen im Handelszweig der Gesellschaft für sich selbst Geschäfte machen. Auch darf er nicht an einer anderen gleichartigen Handelsgesellschaft als *persönlich haftender Gesellschafter* beteiligt sein. Wenn ein Gesellschafter das Wettbewerbsverbot übertritt, ist er den anderen Gesellschaftern gegenüber zum Schadenersatz verpflichtet; außerdem kann er auch aus der Gesellschaft ausgeschlossen werden.

### 4.2.3.4 Rechte der Gesellschafter

**Recht zur Geschäftsführung** (Innenverhältnis). Nach der gesetzlichen Regelung, *ist jeder Gesellschafter* einzeln zur Geschäftsführung, d. h. zur Erledigung der laufenden Geschäftsangelegenheiten (Anschaffung von Waren, Einstellen von Arbeitskräften, Führung der Bücher, Aufstellung der Bilanz, Verkauf, Erledigen des Zahlungsverkehrs, Schriftverkehr usw.) berechtigt, sofern nicht im Einzelfall ein anderer Gesellschafter widerspricht. Dann müßte die beabsichtigte Maßnahme unterbleiben.

Abweichend von dem Geschäftsführungsrecht jedes Gesellschafters (gemäß § 115 HGB) kann der Gesellschaftsvertrag nur eine Gesamtgeschäftsführung aller Gesellschafter oder von je zwei Gesellschaftern vorsehen. Einzelne Gesellschafter können von der Geschäftsführung ganz ausgeschlossen werden. Bei *außergewöhnlichen Geschäften* ist die Zustimmung aller Gesellschafter notwendig, z. B. bei Aufnahme größerer Kredite. Dagegen bedarf die Erteilung der Prokura nur der Zustimmung aller geschäftsführenden Gesellschafter.

**Recht zur Vertretung** (Außenverhältnis). Grundsätzlich kann *jeder Gesellschafter allein* die Firma *nach außen*, also dritten Personen (Lieferern, Kunden, Banken usw.) gegenüber, vertreten, d. h. die Gesellschaft verpflichten und Rechte für sie erwerben. Der Gesellschaftsvertrag kann aber dieses *Einzelvertretungsrecht* beschränken und bestimmen, daß

- ein Gesellschafter nur gemeinsam mit einem anderen oder mit einem Prokuristen[1] die Gesellschaft vertreten kann;
- nur alle Gesellschafter zusammen die Firma vertreten können.

Diese von der gesetzlichen Regelung (§ 125 HGB) abweichenden Vereinbarungen müssen aber in das Handelsregister eingetragen werden.

1 vgl. dazu Abschnitt 5.3.2.2

**Beispiel:** *Wenn ein Gesellschafter, der vertretungsberechtigt ist, einem Angestellten die Prokura erteilt, ohne daß ein Gesamtbeschluß der Gesellschafter vorliegt, so ist die Erteilung der Prokura nach außen hin rechtsgültig. Der Gesellschafter kann wegen Pflichtverletzung von den anderen Gesellschaftern belangt werden. Wenn Einzelvertretung der Gesellschafter besteht, kann jeder Gesellschafter die Prokura widerrufen.*

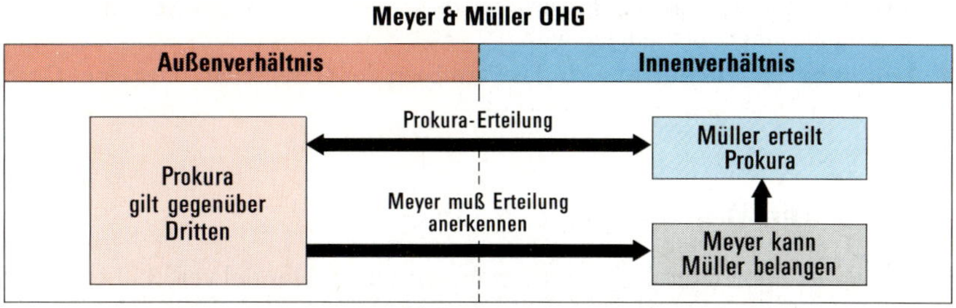


*Abb. 4.2.3.4 Prokura-Erteilung durch OHG-Gesellschafter*

**Recht der Einsichtnahme in die Bücher** und in den Geschäftsbetrieb (§ 118 HGB: Kontrollrecht). Dieses Recht gilt für die nicht geschäftsführenden Gesellschafter, damit sie sich über die Lage der Gesellschaft unterrichten können.

**Recht auf Privatentnahmen** (§ 122 HGB). Jeder Gesellschafter kann zur Bestreitung seines Lebensunterhaltes während des Geschäftsjahres Privatentnahmen bis 4 % seines für das letzte Geschäftsjahr festgestellten Kapitalanteils vornehmen.

**Recht auf Gewinnanteil** (§ 121 HGB). Jeder Gesellschafter erhält vom Jahresreingewinn 4 % auf seinen Kapitalanteil, der restliche Reingewinn wird nach Köpfen verteilt. Reicht der Jahresgewinn zur Verteilung von 4 % nicht aus, wird ein entsprechend niedrigerer Prozentsatz zugrunde gelegt.

Ein Verlust wird auf alle Gesellschafter nach Köpfen verteilt.

**Beispiel** *einer Gewinnverteilung: Der Gewinn der Firma Arnold & Becker in Höhe von 124 000,00 DM soll nach dem Gesetz verteilt werden.*

| | *Einlage* | *4 %* | *½ v. Rest* | *Gesamtgewinn* | *Entnahme* | *Neues Kapital* |
|---|---|---|---|---|---|---|
| *A* | *100 000,00* | *4 000,00* | *57 000,00* | *61 000,00* | *51 000,00* | *110 000,00* |
| *B* | *150 000,00* | *6 000,00* | *57 000,00* | *63 000,00* | *48 000,00* | *165 000,00* |

Es steht natürlich den Gesellschaftern frei, die Gewinnverteilung im Vertrag anders zu regeln, z. B. derart, daß der nach Abzug der Kapitalverzinsung und eines „Gehaltes“ verbleibende Gewinnrest im Verhältnis der Kapitalkonten verteilt wird. Der nicht entnommene Gewinn wird den Kapitalkonten der Gesellschafter zugebucht.

**Recht auf Kündigung** (§ 132 HGB). Wenn die Gesellschaft für eine unbestimmte Zeit eingegangen ist, kann ein Gesellschafter mit einer Frist von 6 Monaten auf den Schluß eines Geschäftsjahres kündigen. Die Gesellschaft wird dadurch aufgelöst, sofern nicht der Gesellschaftsvertrag eine andere Regelung vorsieht.

3802165

**Die OHG wird aufgelöst** durch (§ 131 HGB):

- **Ablauf** der vertraglich vereinbarten Zeit oder Beschluß sämtlicher Gesellschafter;
- **Tod** eines Gesellschafters, wenn der Gesellschaftsvertrag für diesen Fall nicht eine andere Regelung vorsieht;
- **Kündigung** eines Gesellschafters und Kündigung der Gesellschaft seitens eines Privatgläubigers eines Gesellschafters, der sich auf diese Weise aus dem Auseinandersetzungsguthaben seines Schuldners befriedigen will;
- **Eröffnung des Konkurses** über das Vermögen der Gesellschaft oder eines Gesellschafters.

## 4.2.3.5 Die Bedeutung der OHG

Die OHG ist neben den Einzelunternehmen die im Handel verbreitetste Unternehmensform. Der Erfolg des Unternehmens hängt in erster Linie von der Tüchtigkeit der Gesellschafter und ihrer engen, harmonischen Zusammenarbeit ab. Ihre Gründung ist einfach, nennenswerte Gründungskosten entstehen nicht. Sie kann schon mit geringen Kapitaleinlagen gegründet werden, da ein Mindestgeschäftskapital nicht vorgeschrieben ist. Die unbeschränkte Haftung der Gesellschafter erhöht ihre Kreditwürdigkeit.

## Aufgaben

1. Wie wäre im Beispiel auf der Vorseite der Gewinn zu verteilen, wenn nur Arnold geschäftsführender Gesellschafter wäre und für seine Arbeitsleistung 30 000,00 DM erhielte?
2. Welcher Zusammenhang besteht zwischen Kapitalbedarf, Finanzierung und Rechtsform eines Unternehmens?
3. Nehmen Sie Stellung zu der Frage, ob die Gewinnverteilung nach § 121 HGB gerecht erscheint.
4. Bei welcher Gesellschaftsform gibt es die solidarische, unmittelbare und unbeschränkte Haftung? Erklären Sie diese Begriffe.
5. Nennen Sie drei Auflösungsgründe für die OHG.
6. Nennen Sie in einer Übersicht je einen Vorteil und einen Nachteil für Einzelunternehmen und OHG, die ein Ehepaar zu erwägen hätte, das zwischen der Gründung eines Einzelunternehmens (z. B. auf den Namen des Mannes) und einer OHG schwankt. (Den steuerlichen Aspekt können Sie hier unbeachtet lassen.)
7. 3 Kaufleute, A, B und C, gründen eine Vertriebsgesellschaft für Software. A bringt 60 000,00 DM, B $\frac{1}{3}$ und C $\frac{1}{4}$ des Gesamtkapitals auf.
   a) Wie hoch ist das Gesamtkapital?
   b) Wieviel Gewinnanteil erhält jeder (Gesamtgewinn: 210 000,00 DM), wenn nach Kapitalanteilen verteilt wird und A für die Geschäftsführung vorab 60 000,00 DM erhält?
8. Schulze & Co. soll die Firma eines Gesellschaftsunternehmens (OHG) der beiden Inhaber Fritz Schulze und Otto Müller heißen. Die Inhaber haben am 01.10. den Gesellschaftsvertrag abgeschlossen und den Geschäftsbetrieb aufgenommen. Eintragung der Firma ins Handelsregister erfolgte am 1. November.
   a) Gilt die Firma am 15.10. als OHG?
   b) Kann Müller ohne Zustimmung von Schulze einem Angestellten die Prokura rechtswirksam erteilen?

## 4.2.4 Die Kommanditgesellschaft (KG)
(§§ 161–177 HGB)

### 4.2.4.1 Begriff

Die Kommanditgesellschaft ist wie die OHG eine Gesellschaft, die unter gemeinschaftlicher Firma ein Handelsgewerbe betreibt. Sie unterscheidet sich von der OHG dadurch, daß nur die tätigen Teilhaber, die *Komplementäre*, voll haften, während die *Kommanditisten* nur mit ihrer Einlage haften und nicht zur Mitarbeit im Betrieb verpflichtet sind. Die Firma der KG besteht aus den Namen aller Vollhafter, mindestens jedoch aus dem Namen eines Vollhafters sowie einem Zusatz, der auf ein Gesellschaftsverhältnis hinweist.

Bei der Gründung haben sämtliche Gesellschafter die Gesellschaft zum Handelsregister anzumelden. Falls keine besonderen Vereinbarungen in dem Gesellschaftsvertrag getroffen werden, gelten die Bestimmungen des HGB. Die Höhe der Kommanditisten-Einlagen wird nicht veröffentlicht, wohl die Anzahl der Kommanditisten.

### 4.2.4.2 Die rechtliche Stellung der Teilhafter

**Pflichten.** Die Teilhafter haben ihre Einlage gemäß dem Gesellschaftsvertrag zu leisten und *haften unmittelbar* bis zur Höhe der Einlage (§ 171 HGB). Solange die Gesellschaft noch nicht in das Handelsregister eingetragen ist, haften auch die Teilhafter mit ihrem gesamten Geschäfts- und Privatvermögen (§ 176 HGB), soweit nicht dem Gläubiger die Beteiligung als Kommanditist bekannt war.

**Beim Eintritt** in eine bereits bestehende Gesellschaft haftet der Teilhafter auch für die vor seinem Eintritt entstandenen Verbindlichkeiten der Gesellschaft in Höhe seiner Einlage (§ 173 HGB).

**Ein ausscheidender Kommanditist** haftet noch fünf Jahre für die Verbindlichkeiten, die zur Zeit seines Ausscheidens bestanden.

**Rechte.** Die *Teilhafter* sind nach der gesetzlichen Regelung von der Geschäftsführung ausgeschlossen. Sie haben nur ein

- **Recht auf Gewinnanteil** (§ 168 HGB). Nach dem Gesetz erhalten sie vom Jahresgewinn zunächst 4 % ihrer Kapitaleinlage. Der über 4 % hinausgehende Gewinnrest wird unter Vollhafter und Teilhafter in einem *angemessenen* Verhältnis verteilt. Am Verlust nehmen die Teilhafter (neben den Vollhaftern) ebenfalls in einem angemessenen Verhältnis teil. Sie haften aber nur bis zur Höhe ihrer Einlage.
- **Kontrollrecht** (§ 166 HGB). Die Teilhafter sind berechtigt, am Schluß des Geschäftsjahres die abschriftliche Mitteilung der Bilanz zu verlangen und zur Prüfung der Bilanz die Bücher einzusehen. Auch während des Jahres kann ihnen auf Antrag die Einsichtnahme in die Bücher durch Entscheid des Amtsgerichts gestattet werden.
- **Recht auf Widerspruch** (§ 164 HGB). Jeder Teilhafter kann bei *außergewöhnlichen Geschäftshandlungen* der Komplementäre widersprechen (auch bei Prokuraerteilung).
- **Recht auf Kündigung.** Jeder Teilhafter kann zum Ende eines Geschäftsjahres unter Einhaltung einer sechsmonatigen Frist kündigen (§§ 133, 161 HGB).

Die **Auflösungsgründe** bei der KG entsprechen denen der OHG; allerdings löst der Tod eines Kommanditisten die KG nicht auf.

### 4.2.4.3 Bedeutung der KG

Die KG eignet sich nach ihrer Struktur besonders für Familiengesellschaften, indem etwa ein Vater einen Sohn als vollberechtigten Partner in die Firma aufnimmt, während die übrigen Kinder Kommanditisten werden. So kann auch der Tod eines Gesellschafters einer OHG zu einer Umwandlung der Firma in eine KG führen, wenn der Erbe wohl seinen Kapitalanteil in der OHG belassen, aber nicht als Vollhafter in das Unternehmen eintreten will.

## 4.2.5 Die GmbH & Co. KG

Die GmbH & Co. KG ist eine Kommanditgesellschaft, deren *einziger Komplementär* eine GmbH, d. h. eine *juristische Person*, ist. Die Kommanditisten sind in der Regel *gleichzeitig* die Gesellschafter der GmbH.

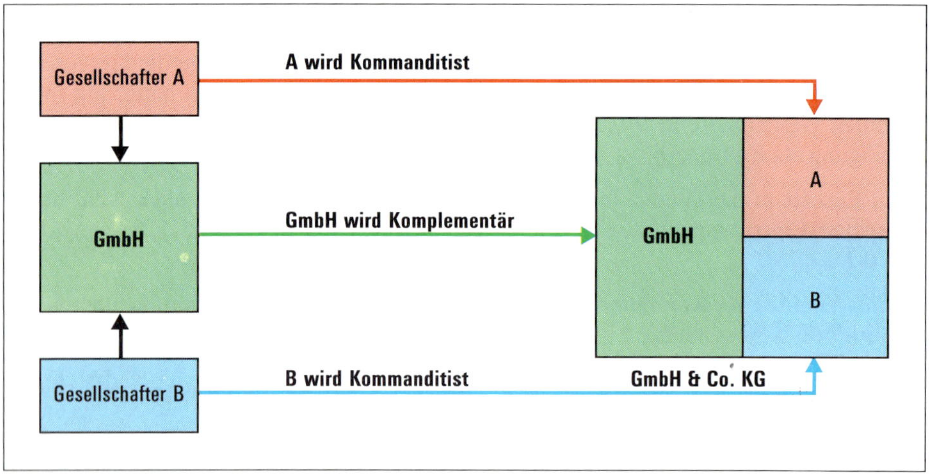


*Abb. 4.2.5-1 Struktur der GmbH & Co. KG*

Die *Rechtsgrundlagen* bzgl. Firma, Geschäftsführung und Vertretung entsprechen denen der KG.

Ein besonderer Vorzug der GmbH & Co. KG aus der Sicht der Gesellschafter ist die Haftungsbeschränkung, denn der „Vollhafter" GmbH haftet nur mit dem Vermögen der GmbH. Dieser Vorteil der Inhaber kann jedoch leicht zum Nachteil der Gläubiger werden; denn im Extremfall kann eine GmbH in mehrere „& Co. KG" eintreten, haftet jedoch insgesamt nur mit ihrem Stammkapital, u. U. deshalb nur mit 50 000,00 DM. Außerdem muß in der Firma kein persönlicher Name erscheinen. Zudem ist – und dies kann für Familienunternehmen wichtig sein – die Nachfolge geregelt; denn die GmbH als Vollhafter ist „unsterblich".

## 4.2.6 Die Gesellschaft des bürgerlichen Rechts

Die BGB-Gesellschaft (§§ 705–740 BGB) ist eine Vereinigung von Personen, die sich durch den *formlos* abgeschlossenen Gesellschaftsvertrag zur Förderung eines gemeinsamen Zweckes verpflichten. Dieser Zweck kann sowohl wirtschaftlicher (wie bei Kartellen und Syndikaten) als auch karitativer, religiöser, künstlerischer, politischer, kultureller oder wissenschaftlicher Art sein. Die BGB-Gesellschaft wird nicht in das Handelsregister eingetragen und häufig auch nur vorübergehend als *Gelegenheitsgesellschaft* (Bankkonsortium, Arbeitsgemeinschaften von Baufirmen usw.) gegründet.

**Die Geschäftsführung** steht allen Gesellschaftern zu; häufig werden jedoch durch Vertrag bestimmte Gesellschafter mit der Geschäftsführung beauftragt, andere ausgeschlossen.

**Die Gewinnverteilung** erfolgt nach Köpfen; es sei denn, die vertragliche Regelung sieht etwas anderes vor.

**Auflösungsgründe** sind: Ablauf der Vertragsdauer, Erreichung des vereinbarten Zwecks, Konkurs oder Tod eines Gesellschafters, Kündigung durch einen Gesellschafter.

Die **Bedeutung** der BGB-Gesellschaft besteht in der Möglichkeit, größere Gelegenheitsgeschäfte (z. B. Übernahme eines großen Bauauftrages) durchzuführen, wenn der Auftrag für den einzelnen Gesellschafter zu groß ist.

## 4.2.7 Die stille Gesellschaft

**Bei der stillen Gesellschaft** geht die Einlage eines Kapitalgebers durch vertragliche Vereinbarung in das Vermögen des Kapitalnehmers über (§ 230 HGB), ohne daß dies Dritten gegenüber erkennbar wird.

Durch die Beteiligung des stillen Gesellschafters entsteht ein Gläubigerverhältnis, kein echtes Gesellschaftsverhältnis.

Eine stille Gesellschaft ist aus der *Firma* einer Unternehmung nicht zu ersehen, da der Name des stillen Gesellschafters in ihr nicht erscheinen darf.

Ist nichts anderes vereinbart, nimmt der stille Gesellschafter nicht an der *Geschäftsführung* teil. Er hat allerdings ein Kontrollrecht, d. h. er kann Einsicht in die Bilanz verlangen (§ 233 HGB).

Der stille Teilhaber nimmt am Gewinn teil, am Verlust nur bis zum Betrag seiner Einlage. Er kann aber auch vom Verlust ausgeschlossen werden.

**Auflösungsgründe** sind: Ablauf der Vertragsdauer, Kündigung durch einen Gesellschafter, Tod des Firmeninhabers (nicht Tod des stillen Gesellschafters!), Konkurs eines Gesellschafters. (Im Konkursfalle meldet der stille Gesellschafter seine Einlage als Konkursforderung an.)

Die **Bedeutung** der stillen Gesellschaft besteht hauptsächlich darin, daß sie es einem Kaufmann ermöglicht, Kapital aufzunehmen, ohne in seiner Geschäftsführung eingeschränkt zu werden.

## Aufgaben

1. Übernehmen Sie die folgende Tabelle, und füllen Sie sie aus:

| **Regelungen bei:** | Einzelunternehmen | OHG | KG |
|---|---|---|---|
| **für:** Gewinnverteilung | | | |
| Haftung | | | |
| Firma | | | |
| Geschäftsführung | | | |

2. Nennen und beschreiben Sie mögliche Gründe, die für die Umwandlung einer OHG in eine KG sprechen.
3. Welche Unterschiede sehen Sie in der rechtlichen Stellung von: Gesellschafter in einer OHG, Kommanditist, Komplementär?
4. Nennen Sie zwei Unterschiede zwischen einem stillen Gesellschafter und einem Kommanditisten.
5. Der Kommanditist Müller in der Firma Schulze & Co. (Lebensmittelgroßhandlung) wird Vollhafter in der Krüger OHG (Textilgroßhandlung), ohne seinen Teilhaber Schulze zu informieren. Ist die Beteiligung Müllers in der OHG rechtswirksam?
6. Es gibt Kritiker, die die Rechtsform der GmbH & Co. KG für recht fragwürdig halten. Welche Gründe könnten diese Kritiker wohl anführen?

## Zusammenfassung

In der Öffentlichkeit tritt das Unternehen in einer bestimmten Rechtsform auf.

**Die Rechtsformen unterscheiden sich** durch Teilhaberzahl, Haftung, Kapital-Aufbringung, Leitungsbefugnis.

- **In der Einzelunternehmung** liegen alle Rechte und Pflichten in der Hand des Unternehmers.
- **Eine OHG** besteht aus mindestens zwei Personen, die unter einer gemeinsamen Firma und unbeschränkter Haftung ein Handelsgewerbe betreiben.

  *Pflichten der Gesellschafter:*
  - Einlagepflicht,
  - Haftpflicht (unbeschränkt, unmittelbar, solidarisch),
  - Pflicht zur Mitarbeit,
  - Wettbewerbsverbot;

  *Rechte der Gesellschafter:*
  - Recht auf Geschäftsführung,
  - Vertretungs-Recht (kann eingeschränkt werden),
  - Recht auf Privatentnahmen (bis zu 4 % der Einlage),
  - Recht auf Gewinn (4 % der Einlage, Rest nach „Köpfen"),
  - Recht auf Kündigung.
- **Die KG** entspricht weitgehend in Aufbau und rechtlicher Stellung der OHG. Allerdings haften die Kommanditisten nur mit ihrer Einlage, können aber zu einer Verlustbeteiligung herangezogen werden.

  Neben Kontrollrecht und Widerspruchsrecht (nur bei außergewöhnlichen Geschäften) haben die Kommanditisten ein Gewinnrecht (4 % der Einlage, Rest in angemessenem Verhältnis).

- **Die GmbH & Co. KG** ist eine Kommanditgesellschaft, deren Vollhafter eine GmbH ist, die nur mit ihrem Stammkapital (50 000,00 DM) haftet.
- **Die Gesellschaft des bürgerlichen Rechts** („BGB"-Gesellschaft) ist eine Gelegenheitsgesellschaft, die nicht im Handelsregister eingetragen wird. Die Geschäftsführung steht allen Gesellschaftern zu, der Gewinn wird nach Köpfen verteilt.
- **Für die stille Gesellschaft** ist typisch, daß die Einlage des stillen Gesellschafters in das Vermögen des Kapitalnehmers eingeht. Es entsteht also kein echtes Gesellschaftsverhältnis. Der stille Gesellschafter hat ein beschränktes Kontrollrecht.

## 4.2.8 Die Aktiengesellschaft (AG)

(Aktiengesetz vom 06.09.1965)[1]

### 4.2.8.1 Begriff

Die Aktiengesellschaft ist eine Gesellschaft mit eigener Rechtspersönlichkeit, deren Teilhaber (Aktionäre) nur mit bestimmten, auf runde Beträge lautenden Anteilen an dem in Aktien zerlegten Grundkapital beteiligt sind, ohne persönlich für die Schulden der AG zu haften. Sie sind in der Regel nur *Geldgeber* (sofern sie nicht als Mehrheitsaktionäre auch Einfluß auf die Geschäftsführung haben), während die Leitung des Unternehmens in den Händen des Vorstandes liegt.

### 4.2.8.2 Die Gründung

Zur Gründung einer AG sind mindestens *fünf* Gründer erforderlich. Bei der seltenen *Bargründung* übernehmen die Gründer sämtliche Aktien gegen Bareinlagen. Bei der *Sachgründung* bringen die Gründer Sachen, z. B. Grundstücke, Maschinen, oft ein ganzes Unternehmen mit allen Aktiven und Passiven, gegen Übernahme von Aktien in die AG ein. Das ist regelmäßig der Fall bei Umwandlung eines bereits bestehenden Unternehmens in eine AG. Die AG entsteht erst mit der Eintragung in das Handelsregister als eigene Rechtsperson.

### 4.2.8.3 Die Firma

Die Firma soll in der Regel dem Gegenstand des Unternehmens entnommen werden (z. B. Bayerische Motorenwerke AG); es können aber auch andere Namen fortgeführt werden (z. B. Philipp Holzmann AG). Der Zusatz „Aktiengesellschaft" ist jedoch in beiden Fällen notwendig (§ 4 AktG).

### 4.2.8.4 Das Grundkapital

Das Grundkapital muß mindestens 100 000,00 DM betragen.

Das Kapital wird in Teilbeträge = Anteile zerlegt, über die Urkunden (Aktien) ausgestellt werden. Der Mindestnennbetrag einer Aktie ist 50,00 DM. Höhere Nennbeträge müssen auf volle hundert DM lauten.

1 einschließlich der Änderungen durch das Bilanzrichtlinien-Gesetz vom 19.12.1985

**Die Aktie ist das in einer Urkunde verbriefte Anteilsrecht** an einer AG. Sie gewährt ihrem Inhaber, dem Aktionär:

- Anspruch auf Gewinnanteil (Dividende);
- Stimmrecht und Auskunftsrecht in der Hauptversammlung;
- Anteil am Liquidationserlös bei der Auflösung der Gesellschaft;
- Recht auf Bezug junger Aktien bei einer Kapitalerhöhung (Bezugsrecht).

**Nach ihrer Übertragbarkeit unterscheidet man:**

**Inhaberaktien** (das sind die meisten Aktien); sie werden *formlos* durch einfache Übergabe übertragen;

**Namensaktien;** sie sind auf den Namen eines Aktionärs ausgestellt und in das Aktienbuch der Gesellschaft eingetragen. Sie können nur mit einem Indossament weitergegeben werden; der Übergang ist der Gesellschaft zu melden und muß in das Aktienbuch eingetragen werden (§§ 67, 68 AktG);

**gebundene (vinkulierte) Namensaktien;** sie können nur mit Zustimmung der Gesellschaft auf andere Personen übertragen werden.

**Nach den mit ihnen verbundenen Rechten** teilt man die Aktien ein in:

- **Stammaktien** (gewöhnliche Aktien, Aktien ohne Vorrechte) und
- **Vorzugsaktien.** Sie räumen dem Inhaber bestimmte Vorrechte ein, insbesondere bei der Gewinnverteilung.

Oft wird den Vorzugsaktionären eine Dividende in bestimmter Höhe garantiert. Erst wenn der ausschüttungsfähige Gewinn größer ist als der auf die Vorzugsaktien entfallende Dividendenbetrag, darf auch an die Stammaktionäre ein Dividende gezahlt werden. Es gibt aber auch Vorzugsaktien mit Nachzahlungsverpflichtung.

**Nach dem Zeitpunkt der Ausgabe** unterscheidet man

- **alte** Aktien – das sind solche, die vor einer Kapitalerhöhung vorhanden sind – und
- **junge** Aktien, die bei Kapitalerhöhungen ausgegeben werden.

Die Summe der Nennwerte sämtlicher Aktien macht das Grundkapital aus. Wer also bei einem Grundkapital von 100 000,00 DM 10 Aktien zu je 100,00 DM besitzt, ist mit $^1/_{100}$ am Vermögen der AG beteiligt. Der Nennwert einer Aktie sagt nichts aus über den sog. Kurswert, der an der Börse ermittelt wird, und den tatsächlichen Wert des „Anteilscheines“ ausweist.

Aktien können an der Börse gehandelt werden; sie sind zudem vererbbar. Da das Grundkapital nominell gebunden ist, werden Gewinne bzw. Rücklagen in der Bilanz *gesondert* ausgewiesen. Das Eigenkapital der AG wächst also in der Regel von Jahr zu Jahr, ohne daß sich das Grundkapital ändert.

Das Grundkapital muß in der Bilanz der AG als sog. gezeichnetes Kapital ausgewiesen werden (§ 152 AktG). Das gezeichnete Kapital haftet gegenüber den Gläubigern (§ 272 HGB).

### 4.2.8.5 Die Aktionäre

Die Aktionäre sind mit einem ihrem Aktienbesitz entsprechenden Bruchteil am Vermögen und Ertrag der betreffenden AG beteiligt. Sie können jederzeit ihre Anteile wieder veräußern, haben Anspruch auf einen Gewinnanteil, die sog. Dividende, und werden in der Regel jährlich einmal zur Hauptversammlung eingeladen.

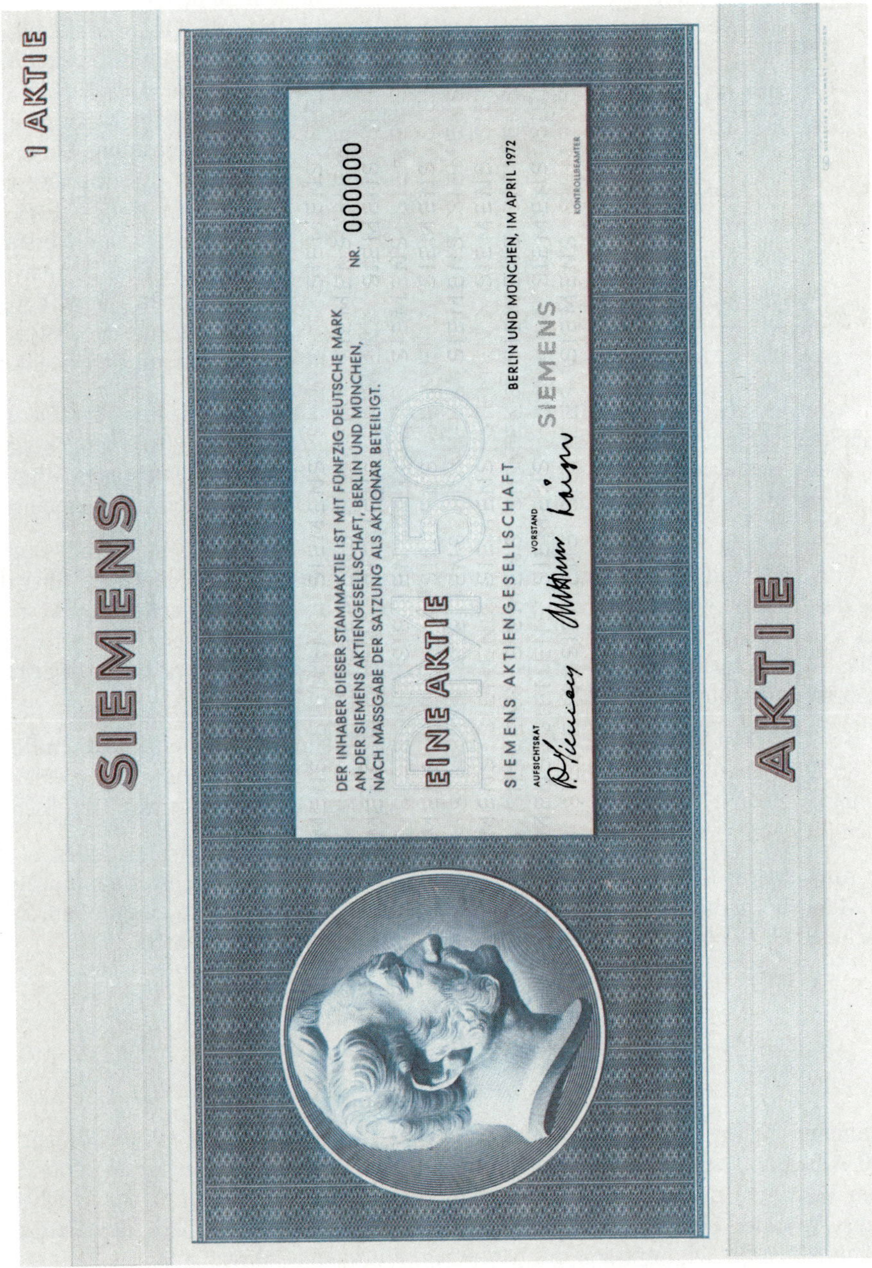

1 AKTIE

SIEMENS

DER INHABER DIESER STAMMAKTIE IST MIT FÜNFZIG DEUTSCHE MARK AN DER SIEMENS AKTIENGESELLSCHAFT, BERLIN UND MÜNCHEN, NACH MASSGABE DER SATZUNG ALS AKTIONÄR BETEILIGT.

NR. 000000

EINE AKTIE

SIEMENS AKTIENGESELLSCHAFT

BERLIN UND MÜNCHEN, IM APRIL 1972

AUFSICHTSRAT

VORSTAND

SIEMENS

KONTROLLBEAMTER

AKTIE

3802173

### 4.2.8.6 Die Organe der AG

Die AG hat drei Organe:

*Abb. 4.2.8.6-1 Organe der AG*

**Der Vorstand,** das ausführende und leitende Organ der AG (§§ 76–94 AktG), hat unter eigener Verantwortung die Gesellschaft zu leiten. Seine Pflichten (Geschäftsführung und Vertretung, Sorgfalts- und Haftpflicht, Wettbewerbsverbot) sind in den §§ 77, 78, 88, 92, 93 AktG festgelegt. Der Vorstand besteht aus einer Person oder aus *mehreren* Personen; er wird vom Aufsichtsrat für eine Höchstdauer von jeweils fünf Jahren bestellt.

Dem Vorstand gehört in der Montanindustrie nach dem Mitbestimmungsgesetz von 1951 und in Kapitalgesellschaften, die regelmäßig mehr als 2000 Arbeitnehmer beschäftigen, nach dem Mitbestimmungsgesetz von 1976 auch ein *Arbeitsdirektor* als gleichberechtigtes Mitglied an. Ist nichts anderes bestimmt, können die Vorstandsmitglieder nur gemeinsam handeln.[1]

Der Vorstand muß dem Aufsichtsrat regelmäßig, mindestens vierteljährlich, über die Lage des Unternehmens berichten. Außerdem muß er innerhalb der ersten drei Monate eines Geschäftsjahres die Gewinn- und Verlustrechnung sowie den Lagebericht erstellen. Seine Aufgabe ist es ebenfalls, bei Überschuldung das Konkurs- oder Vergleichsverfahren zu beantragen.

Für seine Tätigkeit kann der Vorstand neben seinem Gehalt noch einen Anteil am Reingewinn *(Tantieme)* beziehen. Seine Gesamtbezüge sollen aber in einem angemessenen Verhältnis zu den Aufgaben des Vorstandsmitgliedes und zur Lage der Gesellschaft stehen (§ 87 AktG).

**Der Aufsichtsrat** (überwachendes Organ nach §§ 95–116 AktG) besteht aus mindestens drei Mitgliedern, die nicht Aktionäre sein müssen. Die Satzung kann eine höhere Zahl vorsehen. Die *Höchstzahl*[2] richtet sich nach dem Grundkapital und beträgt

- bis zu 3 Mio. DM = 9,
- bis zu 20 Mio. DM = 15,
- über 20 Mio. DM = 21 Mitglieder.

**Zusammensetzung des Aufsichtsrates.** Bei den Aktiengesellschaften mit nicht mehr als 2000 Arbeitnehmern gehören dem AR nach dem *Betriebsverfassungsgesetz* von 1952 neben Vertretern der Aktionäre auch *Vertreter der Arbeitnehmer* an. $^2/_3$ der Mitglieder werden von der Hauptversammlung und $^1/_3$ von den Arbeitnehmern des Betriebes gewählt (§ 96 AktG). Die Amtszeit des AR beträgt höchsten 4 Jahre.

1 vgl. dazu auch Abschnitt 5.5.2

2 Zur Zusammensetzung des Aufsichtsrates bei Unternehmen mit mehr als 2000 Beschäftigten nach dem Mitbestimmungsgesetz von 1976 sowie bei Unternehmen der Montanindustrie vergleiche Abschnitt 5.5.2.

**Aufgaben des Aufsichtsrates.** Der Aufsichtsrat hat:

- die Geschäftsführung zu überwachen;
- die Rechte der Gesellschaft gegenüber dem Vorstand zu wahren;
- den Jahresabschluß, den Vorschlag für die Gewinnverteilung und den Lagebericht zu prüfen und der Hauptversammlung zu berichten;
- entsprechend dem Vorstand eine Sorgfalts- und Haftpflicht wahrzunehmen.

Für seine Tätigkeit kann der Aufsichtsrat eine Vergütung erhalten, die in der Satzung festgelegt oder jeweils in der Hauptversammlung beschlossen wird. Sie kann in einem Anteil am Reingewinn (Tantieme) bestehen. Mitglied des Aufsichtsrates kann nur eine natürliche, unbeschränkt geschäftsfähige Person sein, die höchstens 10 Aufsichtsratssitze innehaben darf.

**Die Hauptversammlung** (beschließendes Organ nach §§ 118–147 AktG). Die Hauptversammlung (HV) besteht aus den Aktionären oder deren Vertretern. (Depotstimmrecht der Banken! Dies bedeutet, daß Geldinstitute für die in ihrem Depot befindlichen Aktien das Stimmrecht ausüben können, sofern Vollmachten der Aktionäre vorliegen.) Jährlich, in den ersten acht Monaten des Geschäftsjahres, findet eine „ordentliche" Hauptversammlung statt. Die Abstimmung erfolgt nach Aktiennennwerten. Die HV beschließt in den im Gesetz und in der Satzung ausdrücklich bestimmten Fällen, über Fragen der Geschäftsführung aber nur dann, wenn es der Vorstand verlangt.

**Zu den Aufgaben und Rechten der Hauptversammlung** gehören (§§ 119 AktG):

- die Entlastung von Vorstand und Aufsichtsrat;
- die Beschlußfassung über die Verwendung des Bilanzgewinnes;
- die Bestellung der Abschlußprüfer;
- die Beschlußfassung über Satzungsänderungen, z. B. Kapitalerhöhung;
- die Auflösung der Gesellschaft.

### 4.2.8.7 Rechnungslegung und Gewinnverwendung

Seit dem 01.01.1986 werden Kapitalgesellschaften nach Größenklassen unterteilt (§ 267 HGB). Man unterscheidet kleine, mittelgroße und große Kapitalgesellschaften.

| | Bilanzsumme | Umsatzerlöse | Zahl der Arbeitnehmer |
|---|---|---|---|
| Kleine Kapitalgesellschaften | bis 3,9 Mio. DM | bis 8,0 Mio. DM | bis 50 |
| Mittelgroße Kapitalgesellschaften | von 3,9 Mio. DM<br>bis 15,5 Mio. DM | von 8,0 Mio. DM<br>bis 32,0 Mio. DM | von 51<br>bis 250 |
| Große Kapitalgesellschaften | mehr als 15,5 Mio. DM | mehr als 32,0 Mio. DM | mehr als 250 |

*Abb. 4.2.8.7-1 Größenklassen bei Kapitalgesellschaften (AG, KGaA, GmbH)*

Einer Größenklasse zugeordnet wird eine Kapitalgesellschaft, wenn sie mindestens zwei der genannten Merkmale aufweist.

Die Zuordnung zu den Größenklassen hat wesentliche Konsequenzen für die Gewinn- und Verlustrechnung, die Prüfung des Jahresabschlusses und die Offenlegungspflicht.

### Der Jahresabschluß

Nach § 264 HGB hat der Vorstand mittelgroßer und großer Kapitalgesellschaften in den ersten drei Monaten eines Jahres den Jahresabschluß (Schlußbilanz und Gewinn- und Verlustrechnung nebst Anhang und Lagebericht) aufzustellen. Kleine Kapitalgesellschaften können ihn auch später erstellen.

Der Anhang enthält erläuternde Angaben zu Bilanz und Gewinn- und Verlustrechnung. Im Lagebericht wird auf Geschäftsverlauf, Lage und voraussichtliche Entwicklung der Gesellschaft eingegangen.

**Die Prüfung** des Jahresabschlusses erfolgt bei mittelgroßen und großen Kapitalgesellschaften durch einen Abschlußprüfer (Wirtschaftsprüfer) § 316 HGB.

Nach Eingang des Prüfungsberichts des Abschlußprüfers beim Vorstand legt dieser den Bericht dem Aufsichtsrat vor (§ 170 AktG). Billigt der Aufsichtsrat den Jahresabschluß, so ist dieser festgestellt. Unter Umständen kann auch die Hauptversammlung den Jahresabschluß feststellen.

**Gewinnverwendung.** Der Jahresüberschuß wird wie folgt verwendet:

- **Ausgleich eines Verlustvortrages**
- **Gesetzliche Rücklage:** Mindestens 5 % des Jahresüberschusses müssen jährlich der gesetzlichen Rücklage zugeführt werden, bis diese $^1/_{10}$ oder den in der Satzung bestimmten höheren Teil des Grundkapitals erreicht hat (§ 150 AktG).
- **Freiwillige Rücklagen:** Daneben können freiwillige Rücklagen gebildet werden. Vorstand und Aufsichtsrat können Beträge bis zur Hälfte des Jahresüberschusses, der nach Abzug der gesetzlichen Rücklage und eines evtl. Verlustvortrages verbleibt, in freie Rücklagen einstellen, wenn die Satzung es vorsieht.
- **Bilanzgewinn.** Der verbleibende Restgewinn des Jahresüberschusses (Bilanzgewinn) wird gemäß Beschluß der HV verteilt. Sie ist dabei an den vom Aufsichtsrat festgestellten Jahresabschluß gebunden. Die HV beschließt über die Gewinnanteile der Aktionäre (Dividende), die Bildung weiterer Rücklagen und den Gewinnvortrag auf neue Rechnung.

### Offenlegungsvorschriften

Kleine und mittelgroße Aktiengesellschaften haben den Jahresabschluß beim für sie zuständigen Handelsregister einzureichen. Daneben müssen sie unverzüglich im Bundesanzeiger bekanntgeben, bei welchem Handelsregister sie den Jahresabschluß eingereicht haben (§ 325 HGB).

Große Aktiengesellschaften müssen den Jahresabschluß zuerst im Bundesanzeiger veröffentlichen, dann die Veröffentlichung mit dem Jahresabschluß dem zuständigen Handelsregister einreichen (§ 325 HGB).

## 4.2.8.8 Auflösung der AG

Die AG wird aufgelöst (§ 262 AktG) durch Ablauf der in der Satzung bestimmten Zeit, Beschluß der Hauptversammlung mit $^3/_4$ Mehrheit des Grundkapitals, Eröffnung des Konkurses bei Überschuldung oder Zahlungsunfähigkeit, Ablehnung des Konkursantrages mangels Masse, staatliche Auflösung, wenn die AG das Gemeinwohl gefährdet.

## 4.2.8.9 Bedeutung der Aktiengesellschaft

Die Aktiengesellschaft ist die für Großbetriebe geeignetste Unternehmungsform. Sie macht es möglich, große Kapitalien verhältnismäßig leicht einzubringen.

Die Trennung von Unternehmungsleitung (durch Vorstand und Aufsichtsrat) und Kapitalaufbringung ermöglicht die Zusammenfassung vieler Kapitalteile unter einer einheitlichen Leitung und *begünstigt* die breite *Streuung* des Eigentums an industriellen Großunternehmen. Die beschränkte Haftung – der Aktionär haftet nur mit seiner „Einlage" – sowie die Leichtigkeit, mit der Aktien gekauft und verkauft werden können, haben die Aktie zu einem beliebten Anlagemittel werden lassen.

### Aufgaben

1. Die größeren Unternehmen in der Bundesrepublik Deutschland sind in aller Regel Aktiengesellschaften (vgl. dazu die folgende Grafik). Welche Gründe kann dies haben?

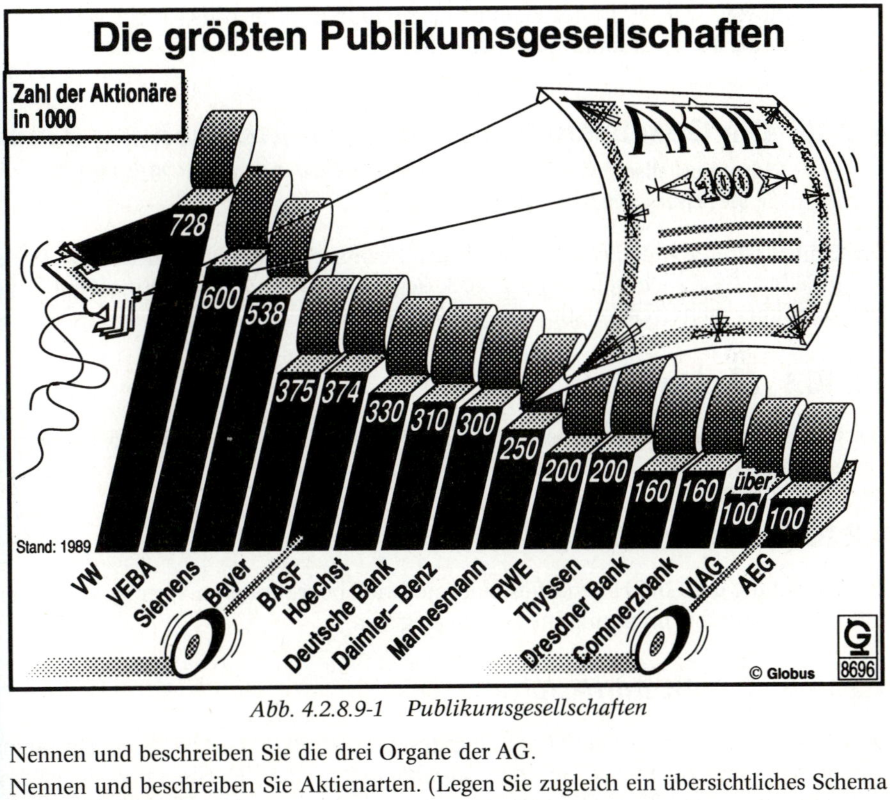


*Abb. 4.2.8.9-1 Publikumsgesellschaften*

2. Nennen und beschreiben Sie die drei Organe der AG.
3. Nennen und beschreiben Sie Aktienarten. (Legen Sie zugleich ein übersichtliches Schema zu den Aktienarten an.)
4. Versuchen Sie, am Bankschalter oder aus der Zeitung die Bilanzen von Aktiengesellschaften zu erhalten. Erfassen Sie daraus: Anlage-, Betriebs- oder Umlaufvermögen, Eigenkapital und Fremdkapital.
5. Lesen Sie im Aktiengesetz (AktG): Welche Rechte hat die Hauptversammlung? In welchem Paragraphen finden diese Rechte ihre Regelung?

6. Müller und Meiderer wollen einen SB-Markt gründen. Beide können je 200 000,00 DM einbringen und denken an die Rechtsform einer AG. Können die beiden ihr Vorhaben in dieser Form verwirklichen? (Begründen Sie.)
7. Welche Arten von Rücklagen gibt es in der AG?
8. Welcher Unterschied besteht zwischen Jahresüberschuß und Bilanzgewinn bei einer AG?
9. Muß oder sollte ein Aktionär an der Hauptversammlung seiner AG teilnehmen? (Begründung)

## 4.2.9 Die Kommanditgesellschaft auf Aktien (KGaA)

Die KGaA ist eine Gesellschaft mit wenigstens einem Vollhafter (Komplementär) und Kommanditisten, deren Einlagen das in Aktien zerlegte Grundkapital ausmachen. Sie ist gesetzlich geregelt in den Vorschriften über die KG und AG (§§ 278–290 AktG). Die Vollhafter sind die Geschäftsführer, sie sind unabsetzbarer Vorstand. Die Interessen der Kommanditisten werden in der Hauptversammlung und im Aufsichtsrat vertreten. Die Rechtsform der KGaA kommt nur noch selten vor.

## 4.2.10 Die Gesellschaft mit beschränkter Haftung (GmbH)

(Gesetz betreffend die Gesellschaften mit beschränkter Haftung vom 20.04.1892 in der Fassung vom 04.07.1980)[1]

Die GmbH ist eine Gesellschaft mit eigener Rechtspersönlichkeit (juristische Person), die zu jedem gesetzlich zulässigen Zweck gegründet werden kann. Eine GmbH kann von einer oder mehreren Personen gegründet werden.

### 4.2.10.1 Die Firma

Die Firma der GmbH kann eine Sach- oder Personenfirma sein. In jedem Fall muß die Firma den Zusatz „mit beschränkter Haftung" aufweisen.

### 4.2.10.2 Die Gründung

Zur Errichtung der GmbH bedarf es eines notariell beurkundeten Vertrages. Die GmbH entsteht erst durch Eintragung ins Handelsregister.

### 4.2.10.3 Das Stammkapital

Das *Stammkapital*[2] einer GmbH muß mindestens *50 000,00 DM* betragen. Das Stammkapital setzt sich zusammen aus den *Stammeinlagen* der Gesellschafter. Jeder Anteil muß auf mindestens 500,00 DM lauten und durch 100 teilbar sein. Die Höhe der Stammeinlage je Gesellschafter kann unterschiedlich sein, jeder Gesellschafter darf nur eine Stammeinlage (= Geschäftsanteil) erwerben.

1 Einschließlich der Änderungen durch das Bilanzrichtlinien-Gesetz vom 19.12.1985
2 Das Stammkapital ist in der GmbH-Bilanz als gezeichnetes Kapital auszuweisen. Vgl. dazu das Stichwort „Grundkapital" bei der AG.

Vom Stammkapital sind mindestens 25 %, jedoch niemals weniger als 25000,00 DM, vor der Anmeldung zum Handelsregister einzuzahlen. Wird die Gesellschaft von einem einzigen Gesellschafter gegründet, hat er für alle nicht eingezahlten Teile des Stammkapitals eine Sicherung (z. B. eine Bankbürgschaft) zu bestellen. Die Gesellschafter der GmbH haften nur mit ihrer Stammeinlage, d. h. beschränkt. Im Gesellschaftsvertrag kann eine *Nachschußpflicht* der Gesellschafter vereinbart werden. Diese kann auf einen bestimmten Betrag beschränkt sein oder unbeschränkt festgelegt werden.

### 4.2.10.4 Organe der GmbH

**Geschäftsführung.** Die Gesellschaft kann einen oder mehrere Geschäftsführer bestellen. Die Pflichten und Rechte der Geschäftsführer ähneln denen des Vorstandes der Aktiengesellschaft. Alljährlich im Januar müssen sie dem Registergericht eine Liste der Gesellschafter nach dem Stand vom Januar einreichen.

**Aufsichtsrat.** Er ist durch § 77 des Betriebsverfassungsgesetzes für Gesellschaften mit mehr als 500 Arbeitnehmern zwingend vorgeschrieben. Seine Zusammensetzung sowie seine Rechte und Pflichten regeln sich nach den entsprechenden Bestimmungen des AktG und BetrVG. Werden mehr als 2000 Mitarbeiter beschäftigt, gelten die Bestimmungen des Gesetzes über die Mitbestimmung der Arbeitnehmer vom 04.05.1976.

**Versammlung der Gesellschafter.** Sie entspricht der Hauptversammlung der Aktiengesellschaft. Abgestimmt wird nach Geschäftsanteilen, nicht nach Köpfen. Je 100,00 DM Geschäftsanteil gewähren eine Stimme.

Das Protokoll über den Verlauf der Versammlung bedarf keiner notariellen Beurkundung; es braucht auch nicht zum Handelsregister eingereicht zu werden. Eine Versammlung ist nicht notwendig, wenn sämtliche Gesellschafter den zu fassenden Beschlüssen schriftlich zugestimmt haben.

### 4.2.10.5 Gewinnverteilung bei der GmbH

Der Jahresabschluß (Schlußbilanz, Gewinn- und Verlustrechnung nebst Anhang und Lagebericht) ist nach den für die AG geltenden Grundsätzen aufzustellen.

Mittelgroße und große GmbHs[1] müssen den Jahresabschluß durch einen Abschlußprüfer prüfen lassen (§ 316 HGB). Die Publikationspflicht bei der GmbH richtet sich ebenfalls nach den für die AG geltenden Gesetzen.

Wenn nichts anderes vereinbart ist, wird der Gewinn im Verhältnis zu den Geschäftsanteilen verteilt. Rücklagen sind gesetzlich nicht vorgeschrieben.

Bei Verlusten werden die freiwilligen Rücklagen ausgewertet, d. h. aufgelöst, oder von den Gesellschaftern Nachschüsse gefordert, wenn dies die Satzung vorsieht. Nachschüsse dienen nicht zur Sicherung der Gläubiger.

**Bei unbeschränkter Nachschußpflicht** kann ein Gesellschafter auf seinen Anteil verzichten (Abandonnierung) und sich dadurch von der Nachschußpflicht befreien. Der Verzicht ist nur innerhalb eines Monats möglich.

1 vgl. Abschnitt 4.2.8.7

**Bei beschränkter Nachschußpflicht** kann ein Gesellschafter auf seinen Anteil nicht verzichten, dagegen kann der Gesellschafter seines Kapitalanteils und der geleisteten Teilzahlungen zugunsten der Gesellschaft für verlustig erklärt werden (Kaduzierung), wenn er seiner Nachschußpflicht nicht nachkommt (§ 28 GmbHG).

#### 4.2.10.6 Bedeutung der GmbH

Die GmbH ist gewissermaßen eine AG im kleinen; sie vereinigt die Vorzüge der OHG mit denen der AG und unterscheidet sich häufig nach ihrer inneren Struktur kaum von einer Personengesellschaft. Sie ist leichter und mit geringeren Kosten zu gründen, unterliegt nur - wie die AG - unter bestimmten Voraussetzungen der Publikationspflicht[1]; daneben ist sie als juristische Person geeignet, ein Unternehmen, unabhängig von Einzelpersonen, fortzuführen.

### 4.2.11 Die Genossenschaft

(Gesetz betr. die Erwerbs- und Wirtschaftsgenossenschaften vom 01.05.1889 mit Änderungen)

Die Genossenschaft ist eine Gesellschaft von mindestens sieben Personen (Genossen) zur leichteren Erreichung gemeinsamer wirtschaftlicher Ziele. Kleingewerbetreibende, Handwerker, Kaufleute, Bauern, Verbraucher schließen sich - bei kleineren Geschäftsanteilen - in der Genossenschaft zum Zwecke der Selbsthilfe zusammen, um sich so gewisse Vorteile des Großbetriebes (z. B. Großeinkauf, Absatzorganisation) zunutze zu machen.

#### 4.2.11.1 Mitgliedschaft

Der Eintritt in eine Genossenschaft ist jederzeit möglich. Die Zahl ihrer Mitglieder ist also nicht begrenzt. Der Beitritt wird dadurch erleichtert, daß das Gesetz keinen Mindestbetrag für die Einlage der Genossen verlangt. Die schriftliche Beitrittserklärung muß vom Vorstand zum Registergericht eingereicht werden.

Das Ausscheiden ist nur möglich:

- durch Kündigung zum Schluß des Geschäftsjahres mit mindestens dreimonatiger Frist;
- durch Ausschluß (z. B. bei Verlust der bürgerlichen Ehrenrechte);
- durch Tod. Dann geht die Mitgliedschaft bis zum Schluß des Geschäftsjahres auf die Erben über, u. U. auch über diesen Zeitpunkt hinaus;
- durch Übertragung des Geschäftsguthabens (das ist der auf den Geschäftsanteil eingezahlte Betrag) auf einen Genossen, wenn dies im Statut vorgesehen ist.

#### 4.2.11.2 Die Firma

**Die Firma** jeder Genossenschaft muß die Bezeichnung *„eingetragene Genossenschaft“* (Abkürzung „eG“) enthalten. Die Satzung kann vorsehen, daß die Mitglieder bei Konkurs der Genossenschaft Nachschüsse zur Masse unbeschränkt oder beschränkt auf die Haftsumme oder auch überhaupt nicht zu leisten haben.

1 vgl. dazu Abschnitt 4.2.8.7

### 4.2.11.3 Arten der Genossenschaft

Nach dem von ihnen verfolgten wirtschaftlichen Zweck unterscheidet man:

**Einkaufsgenossenschaften** des Handwerks und des Einzelhandels, Bezugsgenossenschaften der Landwirtschaft;

**Absatzgenossenschaften** (z. B. Molkereigenossenschaften, Obst- und Gemüseverwertungsgenossenschaften, Winzergenossenschaften);

**Betriebsgenossenschaften** (Beschaffung von Maschinen und Anlagen zur gemeinschaftlichen Benutzung; z. B. Dreschgenossenschaften);

**Kreditgenossenschaften** (Spar- und Darlehnskassen, Volksbanken);

**Baugenossenschaften** (Bau von Wohnungen und Eigenheimen);

**Verbrauchergenossenschaften** (Konsumgenossenschaften).

### 4.2.11.4 Die Organe der Genossenschaft

**Vorstand** (ausführendes Organ). Seine Pflichten und Rechte entsprechen denen des Vorstandes einer AG. Er besteht aus mindestens zwei Personen. Er wird durch die Generalversammlung gewählt oder durch den Aufsichtsrat bestellt. Die Vertretung der Genossenschaft durch den Vorstand kann in der Satzung weitgehend frei geregelt werden. Eine Genossenschaft kann auch Prokuristen und Handlungsbevollmächtigte bestellen.

**Aufsichtsrat** (Kontrollorgan). Er besteht aus mindestens drei Personen. Seine Aufgaben entsprechen denen des Aufsichtsrates einer AG. Für seine Tätigkeit darf er jedoch keine Tantieme beziehen, höchstens ein festes Gehalt.

**Generalversammlung.** Sie wird mindestens einmal im Jahr vom Vorstand einberufen; sie kann aber auch durch den Aufsichtsrat oder auf Verlangen von $^1/_{10}$ der Genossen einberufen werden. Ihre Aufgaben sind u. a.: Wahl und Entlastung des Aufsichtsrates und des Vorstandes, Genehmigung der Bilanz. Jeder Genosse hat eine Stimme. Mitgliedern, die ihre Genossenschaft besonders fördern, kann aber ein Mehrstimmrecht (bis zu drei Stimmen) gewährt werden.

Bei Genossenschaften mit mehr als 3000 Mitgliedern besteht die Generalversammlung aus den von den Mitgliedern gewählten Vertretern *(Vertreterversammlung)*; bei mehr als 1500 Mitgliedern kann eine Vertreterversammlung die Rechte der GV wahrnehmen.

**Pflichtprüfung.** Mindestens in jedem zweiten Jahr findet eine Prüfung der Geschäftsführung und der Vermögenslage durch den zuständigen *Prüfungsverband* statt, dem jede Genossenschaft angehören muß. Über das Ergebnis der Prüfung wird ein schriftlicher Bericht erstattet, der der Generalversammlung vorzulegen ist.

Für die Genossenschaften gelten bei der Offenlegungspflicht die gleichen Erleichterungen wie bei der AG (vgl. Abschnitt 4.2.8.7).

### 4.2.11.5 Bedeutung der Genossenschaft

Die Genossenschaft ist im allgemeinen im Gegensatz zu den anderen Unternehmensformen *kein Erwerbsunternehmen*, das einen Gewinn erstrebt. Ihr beherrschender Grundsatz ist die Solidarität (einer für alle, alle für einen). Indem kleinere und mittlere Betriebe bestimmte Teilfunktionen, wie Einkauf, Verarbeitung oder Absatz, auf die gemeinschaftlich betriebene Genossenschaft übertragen, werden sie leistungsfähiger, verbessern sie ihre Existenzgrundlage und können sich im Wettbewerb mit den Großbetrieben eher behaupten. Dem gleichen Ziel dienen die Kreditgenossenschaften, die Bausparkassen und die Verbrauchergenossenschaften.

## Aufgaben

1. Eine KG wird in eine GmbH umgegründet. Was könnte der Anlaß gewesen sein?
2. Lesen Sie im GmbH-Gesetz nach: Wo und wie ist dort die Auflösung der Gesellschaft geregelt?
3. Eine Möbelspedition wird unter der Firma „Egon Blitz & Co. GmbH" geführt. Herr Blitz ist der alleinige Eigentümer. Ist das möglich? Begründen Sie Ihre Ansicht.
4. Nennen Sie Genossenschaften aus Ihrer näheren Umgebung, und begründen Sie, weshalb für diese die Rechtsform der Genossenschaft sinnvoll ist.
5. Ungefähr 80 % aller Genossenschaften trifft man auf dem Land an. Geben Sie mögliche Gründe hierfür an.
6. Legen Sie ein Schema an, in dem Sie die Haftung aller behandelten Unternehmensformen kurz beschreiben. (Haftung bei: Einzelunternehmen, OHG, KG, GmbH, AG, Genossenschaft)
7. Wie erklären Sie sich, daß man einen Teil der behandelten Unternehmensformen „Personengesellschaften" und einen anderen Teil „Kapitalgesellschaften" nennt?

## Zusammenfassung

- **Die Aktiengesellschaft** ist eine Gesellschaft mit eigener Rechtspersönlichkeit (juristische Person).

  Das *Grundkapital* muß wenigstens 100 000,00 DM betragen; es sind 5 Gründer erforderlich.

  Das Grundkapital ist in Aktien (Mindestnennbetrag 50,00 DM) zerlegt.

  Die *Aktie* stellt das in Urkundenform verbriefte Anteilsrecht an einer AG dar. Aktien haben in der Regel einen Kurswert, der den Nennwert übersteigt.

  Der *Aktionär* hat
  - einen Anspruch auf Dividende;
  - Stimmrecht in der Hauptversammlung;
  - Anteilsrechte am Liquidationserlös (bei Auflösung der AG);
  - Recht auf den Bezug junger Aktien.

  Der *Vorstand* ist leitendes und ausführendes Organ der AG.

  Der *Aufsichtsrat* stellt das überwachende Organ dar.

  Die *Hauptversammlung* besteht aus der Versammlung der Aktionäre. Sie beschließt über die Verwendung des Bilanzgewinnes, wählt die AR-Mitglieder u. a.

- **Die Gesellschaft mit beschränkter Haftung** ist ebenfalls eine juristische Person.

  Ihr *Stammkapital* macht mindestens 50 000,00 DM aus.

  Die *Geschäftsführung* wird von einem oder mehreren Geschäftsführern wahrgenommen.

  Die *Gesellschafter-Versammlung* entspricht der Hauptversammlung der AG.

  Einen Aufsichtsrat braucht die GmbH bei mehr als 500 Arbeitnehmern.

- **Die Genossenschaft** besteht aus mindestens 7 Mitgliedern.

  Es gibt Einkaufs-, Absatz-, Kreditgenossenschaften u. a., deren Ziel die Erreichung gemeinsamer wirtschaftlicher Ziele ist.

  Der Vorstand der Genossenschaft ist das leitende Organ; der Aufsichtsrat stellt das Kontrollorgan der Genossenschaft dar; die Generalversammlung wählt und entlastet den Vorstand und genehmigt die Bilanz.

## 4.3 Die Zusammenschlüsse von Unternehmen

In der Marktwirtschaft stehen die einzelnen Unternehmen in einem mehr oder minder scharfen Wettbewerb um den Abnehmer, der sie zwingt, ihre Leistung ständig zu verbessern und zu verbilligen, um ihre Stellung am Markt zu sichern. Von diesem kostenverbilligenden Leistungswettbewerb vieler voneinander unabhängiger Unternehmen leitet sich ja gerade der Anspruch der Marktwirtschaft her, die bestmögliche Versorgung der Verbraucher zu gewährleisten.

Dieser ständige Kampf um den Kunden führt zu *Kooperation und Konzentration*.

**Kooperation** ist gekennzeichnet durch freiwillige Zusammenarbeit von Unternehmen, die rechtlich - weitgehend auch wirtschaftlich - selbständig bleiben (Beispiel: Bildung von Kartellen).

**Konzentration** liegt vor, wenn Unternehmen wirtschaftlich unselbständig sind (z. B. Konzerne) oder außerdem ihre rechtliche Selbständigkeit aufgeben. (Beispiel: Trusts)

### 4.3.1 Kartelle

**Kartelle** sind vertragsmäßige Zusammenschlüsse *selbständig bleibender Unternehmen* des gleichen Wirtschaftszweiges (z. B. der Tafelglasfabriken oder der Seifenindustrie), die den Zweck haben, den Wettbewerb auf dem Absatzmarkt zu beschränken oder ganz auszuschließen.

**Konditionenkartelle** verpflichten ihre Mitglieder, zu gleichen Lieferungs- und Zahlungsbedingungen zu liefern.

**Gebietskartelle** teilen den Kartellmitgliedern ein bestimmtes Absatzgebiet zu, das nur sie beliefern dürfen.

**Produktionskartelle** legen für jedes Mitglied eine bestimmte Produktionsmenge (Produktionsquote) fest.

**Preiskartelle** verpflichten ihre Mitglieder, einen bestimmten einheitlichen Verkaufspreis nicht zu unterschreiten.

**Exportkartelle** wollen durch entsprechende Absprachen über Preise und Verkaufsbedingungen die Wettbewerbsfähigkeit deutscher Firmen auf den Auslandsmärkten stärken.

**Rationalisierungskartelle** wollen durch einheitlich durchgeführte betriebliche Maßnahmen (Typenbeschränkung, Normung und andere Maßnahmen) eine Kostensenkung und Steigerung der Leistungsfähigkeit der zusammengeschlossenen Unternehmen erreichen.

**Krisenkartelle** sollen während einer vorübergehenden wirtschaftlichen Krise eines Industriezweiges dessen Bestand sichern.

**Syndikate** sind Kartelle mit gemeinsamer *Verkaufsorganisation*[1]. Ein Verkaufskontor – etwa in der Rechtsform der GmbH – nimmt die Aufträge entgegen und verteilt sie nach einem bestimmten Schlüssel auf die angeschlossenen Unternehmen, die die Kunden beliefern. Die Zahlungen erfolgen dagegen direkt an das Syndikat.

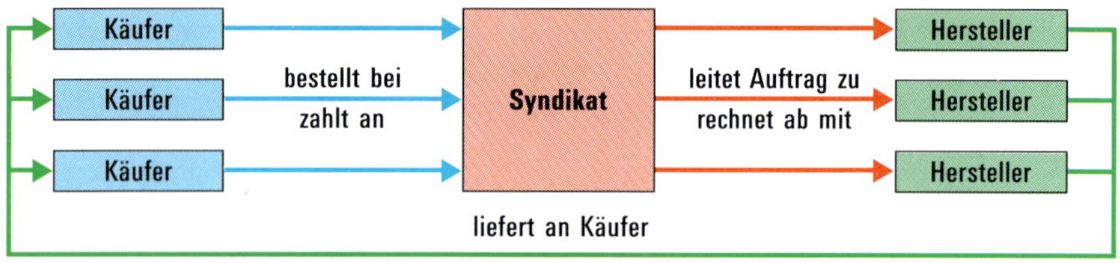


*Abb. 4.3.1-1 Funktionen eines Verkaufssyndikats*

## 4.3.2 Arbeitsgemeinschaften

Hierunter versteht man Zusammenschlüsse von Unternehmen, die rechtlich und wirtschaftlich selbständig sind und eine bestimmte Aufgabe gemeinsam lösen wollen.

Sehr häufig sind sie im Baugewerbe anzutreffen; etwa dann, wenn ein Unternehmen einen Großauftrag nicht alleine durchführen kann. Es handelt sich bei diesen Arbeitsgemeinschaften um eine horizontale Kooperation, d. h. es sind an ihr Unternehmen desselben Wirtschaftszweiges beteiligt.

## 4.3.3 Konsortien

Auch sie stellen eine Form der horizontalen Kooperation dar und ähneln der Arbeitsgemeinschaft. Daneben ist für das Konsortium typisch, daß es für bestimmte, genau abgegrenzte Aufgaben gebildet und zu bestimmter Zeit aufgelöst wird.

Besonders häufig sind Konsortien im Bankgewerbe zu finden. Sie werden gebildet, um Aktien oder Schuldverschreibungen beim Publikum unterzubringen.

## 4.3.4 Konzern

**Konzerne** (§ 18 AktG) sind Zusammenschlüsse mehrerer *rechtlich selbständig bleibender Unternehmen* unter einheitlicher Leitung zu wirtschaftlichen Zwecken. Sie entstehen meist durch gegenseitige Beteiligung (Aktientausch) bzw. durch Erwerb von *Aktienmajoritäten* anderer Unternehmungen (= Beteiligungskonzerne). Man unterscheidet:

- **Horizontale Konzerne,** die Zusammenfassung von *gleichartigen* Unternehmen, von Unternehmen der gleichen Produktionsstufe (z. B. Warenhauskonzerne, wie die Rudolf Karstadt AG, Versicherungskonzerne).
- **Vertikale Konzerne,** die Zusammenfassung von Unternehmen *aufeinanderfolgender* Produktionsstufen (der Mannesmann-Konzern umfaßt z. B. Bergwerke, Hüttenwerke, Röhrenwerke, Maschinenfabriken, Röhrenhandel).

**Die Gründe zur Bildung von Konzernen** sind mannigfacher Art: Sicherung des Rohstoffbezugs und des Absatzes, Erweiterung des Produktionsprogrammes, gemeinsame

1 Beispiele: Kalisyndikat, Steinzeugsyndikat.

Forschung und Entwicklung, Stärkung der Kapitalbasis, Vergrößerung des Marktanteils, Verbundwirtschaft (z. B. Verbindung von Kohle, Eisen- und Stahlerzeugung wie im Hoesch-Konzern) u. a.

**Durch Fusion** gehen zwei oder mehrere Unternehmen in einem Unternehmen auf (Trust) und verlieren damit ihre rechtliche und wirtschaftliche Selbständigkeit (§§ 339 bis 358 AktG). Diese Fusion vollzieht sich *entweder* so, daß die bisher selbständigen Unternehmen eine neue AG gründen, in die sie ihr Vermögen als Ganzes einbringen, *oder* durch Übertragung des Vermögens der „übertragenden" Gesellschaften auf die „übernehmende" Gesellschaft, die deshalb vielfach ihr Grundkapital erhöhen muß, um ihre Aktien den Aktionären der übertragenden Gesellschaften auszuhändigen.

## 4.3.5 Unternehmenszusammenschlüsse und Wettbewerb

Alle Formen des Zusammenschlusses bergen die Gefahr in sich, mit der Ausschaltung bzw. Beschränkung des Wettbewerbs die wichtigste Voraussetzung für das Funktionieren der Marktwirtschaft zu zerstören. Andererseits können sie auch dem wirtschaftlichen und technischen Fortschritt dienen. Zusammenschlüsse, die eine marktbeherrschende oder stark marktbeeinflussende Stellung gewinnen, widersprechen jedoch den Grundsätzen einer Wettbewerbswirtschaft, in der der Wirtschaftskreislauf durch die Preise gelenkt wird, die sich auf den Märkten im freien Wettbewerb der Marktpartner bilden.

**Das „Gesetz gegen Wettbewerbsbeschränkungen"** (Kartellgesetz, auch GWB genannt) vom 27.07.1957 verbietet grundsätzlich Kartelle[1], sieht aber andererseits Ausnahmen von diesem Verbot vor, indem es *anmeldepflichtige und genehmigungspflichtige Kartelle* unterscheidet.

**Anmeldepflichtig** sind: Konditionenkartelle, Rabattkartelle, Normen- und Typenkartelle sowie reine Exportkartelle. Diese Kartelle werden aber erst wirksam, wenn ihnen die Kartellbehörde nicht binnen drei Monaten widersprochen hat. Kartelle dieser Art werden in das Kartellregister eingetragen *(Mißbrauchsprinzip).*

**Genehmigungspflichtig** sind u. a. Krisenkartelle (die Kapazität eines Wirtschaftszweiges soll im Interesse der Gesamtwirtschaft planmäßig an den Bedarf angepaßt werden), Syndikate, Importkartelle und Rationalisierungskartelle. Sie können erst wirksam werden, wenn das Bundeskartellamt die Genehmigung erteilt *Verbotsprinzip).*

**Die Kartellgesetzgebung** hat folgende Konsequenzen für die Gesamtwirtschaft:

- Ausbau der freien Wettbewerbsordnung, um das mißbräuchliche Ausnutzen von Marktmacht zu verhindern und die wirtschaftliche und gesellschaftliche Freiheit zu sichern;
- für die Verbraucher durch verbesserte Wettbewerbsbedingungen größere Wahlmöglichkeiten und preisgünstigere Angebote;
- bessere Wettbewerbschancen für kleinere und mittlere Unternehmen gegenüber großen Unternehmungen.

1 Nach § 1 des Gesetzes sind alle Verträge und Beschlüsse von Unternehmen oder Unternehmensbeteiligungen unwirksam, wenn sie geeignet sind, die Marktverhältnisse durch Beschränkung des Wettbewerbs zu beeinflussen.

## Marktbeherrschende Unternehmen

Großunternehmungen, Konzerne und Trusts können durch ihre Machtstellung den Wettbewerb maßgeblich beschränken oder sogar aufheben. Das *Kartellgesetz* **(GWB)** enthält deshalb in **§ 22 GWB** eine klare Definition der Marktbeherrschung (Eingriffkriterium):

> Marktbeherrschung ist u. a. anzunehmen, soweit ein Unternehmen „eine im Verhältnis zu seinen Mitbewerbern überragende Marktstellung hat".

Das Gesetz verweist hierbei als Beurteilungsmaßstäbe auf fünf Kriterien, durch die die Marktstruktur gekennzeichnet wird:

- Marktanteil,
- Finanzkraft,
- Zugang zu den Beschaffungs- und Absatzmärkten,
- Verflechtungen mit anderen Unternehmen und
- Schranken für den Marktzutritt anderer Unternehmen.

Das Bundeskartellamt kann einschreiten, wenn diese Unternehmen ihre marktbeherrschende Stellung auf dem Markt mißbräuchlich ausnutzen.

## Zusammenschlußkontrolle von Großunternehmen

Der Zusammenschluß von Großunternehmen oder sonstigen marktbeherrschenden Gruppierungen unterliegt einer vorbeugenden Zusammenschlußkontrolle. Als Kriterien für die *Anzeigepflicht* beim Bundeskartellamt wurden festgelegt: mindestens 20 % Marktanteil oder mindestens 10 000 Beschäftigte oder mindestens 500 Millionen DM Jahresumsatz. Für Handelsunternehmen, Kreditinstitute und Versicherungen gelten besondere Regelungen.

Das Bundeskartellamt kann einen *Zusammenschluß untersagen,* wenn

- eine marktbeherrschende Stellung entsteht oder verstärkt wird und
- die beteiligten Unternehmen nicht nachweisen, daß durch diesen Zusammenschluß auch Verbesserungen der Wettbewerbsbedingungen eintreten und diese die Nachteile der Marktbeherrschung überwiegen.

Der Bundesminister für Wirtschaft kann einen Ablehnungsbescheid des Bundeskartellamtes aufheben, wenn entweder gesamtwirtschaftliche Vorteile oder ein überragendes Interesse der Allgemeinheit (z. B. Sicherung von Arbeitsplätzen) dies rechtfertigen.

**Das Konzernrecht (§§ 290 ff. HGB)** verfolgt ebenfalls das Ziel, die zunehmenden *Unternehmensverflechtungen* (Verschachtelungen) – rund 80 % des Grundkapitals der Aktiengesellschaften sind im Besitz anderer Aktiengesellschaften – sichtbar zu machen (Mitteilungspflicht der herrschenden Unternehmungen), die Vermögens- und Ertragslage des ganzen Konzerns in einer besonderen *Konzernbilanz* zu durchleuchten und die Interessen der außenstehenden Aktionäre (Minderheitsaktionäre) beim Abschluß von Beherrschungs- und Gewinnabführungsverträgen zu schützen.

## Kooperation von Klein- und Mittelbetrieben

Unter der Voraussetzung, daß der Wettbewerb nicht wesentlich beeinträchtigt und die Leistungsfähigkeit der Betriebe gefördert wird, ist die zwischenbetriebliche Zusammenarbeit von Klein- und Mittelbetrieben (Grenze bei etwa 50 Mio. Umsatz) erleichtert worden. Insbesondere gilt:

- **Erlaubt,** aber anmeldepflichtig sind **Kooperationen.** Das gilt z. B. für die Bereiche Produktion, Forschung und Entwicklung, Finanzierung, Verwaltung, Werbung, Einkauf, Vertrieb (z. B. Transportgemeinschaft, Lagergemeinschaft), Kundendienst, Qualitätskontrolle (Gütezeichen);
- **Wettbewerbsregeln,** z. B. gemeinsame Lieferbedingungen, **können vereinbart werden.** Diese Wettbewerbsregeln sind jedoch eintragungspflichtig in das entsprechende Register beim Bundeskartellamt.

## Preisbindung und Preisempfehlung

**Alle Preisbindungen** (sog. Preisbindung der zweiten Hand) sind – mit Ausnahme der Verlagserzeugnisse – verboten.

*Markenwarenhersteller* können jedoch unverbindliche *Preisempfehlungen* aussprechen. Eine Anmeldung beim Bundeskartellamt ist dafür nicht erforderlich. Durch die Neufassung § 38 a GWB 1986 wurde jedoch die Mißbrauchsaufsicht über die unverbindlichen Preisempfehlungen rigoros verschärft. Damit wird den *„Mondscheinpraktiken"* (Empfehlung überhöhter Verkaufspreise, damit die Ladenpreise dann als besonders günstig erscheinen) entschieden entgegengetreten.

## Aufgaben

1. Die Konzentrationsbewegung hat in den letzten Jahren sehr zugenommen. Nennen und beschreiben Sie wenigstens zwei Gründe hierfür.
2. Versuchen Sie bei den angeführten Kartellen eine Beurteilung nach „volkswirtschaftlich vertretbaren" und „volkswirtschaftlich nicht vertretbaren Kartellen". Diskutieren Sie aber auf jeden Fall in der Klasse, inwieweit Ihre Unterscheidung tragfähig erscheint.
3. Jemand sagt: „Das Kartellamt hat nur stumpfe Waffen im Kampf gegen Wettbewerbsbeschränkungen durch Unternehmenskonzentration!" Geben Sie an, ob Sie dieser Aussage ganz, teilweise oder gar nicht zustimmen (begründen Sie Ihre Entscheidung genau).
4. Unterscheiden Sie genau (Begriffsdefinition): Kartelle, Syndikate, Konzerne, Kooperation von Mittelbetrieben.

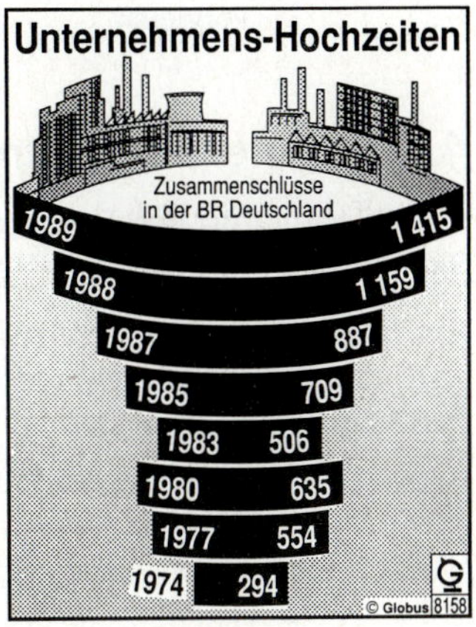


## Zusammenfassung

- Der ständige Kampf um Kunden führt in der Wirtschaft zu Kooperation und Konzentration.
- **Das Kartell** ist eine typische Kooperationsform. Kartelle stellen Zusammenschlüsse selbständig bleibender Unternehmen desselben Wirtschaftszweiges dar.
- **Arbeitsgemeinschaften** und Konsortien sind weitere Formen der horizontalen Kooperation.
- **Der Konzern** stellt eine Konzentrationsform dar. Konzerne sind Zusammenschlüsse rechtlich selbständig bleibender Unternehmen unter einheitlicher Leitung.
- Die Bildung **marktbeherrschender Unternehmen** oder der Zusammenschluß von Großunternehmen (z. B. Konzerne oder Trusts) kann zur Folge haben, daß das Bundeskartellamt einschreitet, um den Wettbewerb – Voraussetzung für das Funktionieren der Marktwirtschaft – zu gewährleisten.

## 4.4 Das notleidende Unternehmen

Auch ein betrieblicher Organismus kann wie ein Lebewesen plötzlich Krankheitserscheinungen zeigen. Sie äußern sich im Mangel an flüssigen Mitteln, rückläufigen Umsätzen, Verlusten, zunehmender Verschuldung und können zu Zahlungsstockungen und schließlich zur Zahlungsunfähigkeit führen.

Die Gründe einer solchen Entwicklung können wie folgt dargestellt werden:

| innerbetriebliche Ursachen | außerbetriebliche Ursachen |
|---|---|
| Mangel an Kapital<br>falsche Finanzierung<br>Fehlinvestitionen<br>betriebliche Überalterung<br>Organisationsmängel<br>hohe Privatentnahmen | Änderung der Verbrauchergewohnheiten<br>rückläufige Konjunktur<br>zu hohe Forderungsausfälle<br>starke Konkurrenz |

Maßnahmen zur Gesundung des notleidenden Unternehmens sind

- **Sanierung**
- **Vergleich**

### 4.4.1 Die Sanierung

Eine Gesundung des Unternehmens ohne Hilfe von Gläubigern bezeichnet man als Sanierung.

Eine Sanierung im weiteren Sinne verlangt die Beseitigung von innerbetrieblichen Mängeln, damit das Unternehmen erfolgreich arbeiten kann. Maßnahmen zur Beseitigung von Mängeln können sein:

- Änderung des Produktionsprogrammes,
- Rationalisierung des Produktionsablaufs,
- Maßnahmen zur Absatzsteigerung,
- Umbesetzung des Mitarbeiterstabes,
- finanzielle Maßnahmen.

Unter finanzieller Sanierung sind alle Maßnahmen zu verstehen, die der Beseitigung von Illiquidität oder einer Verlustsituation dienen. Eine Sanierung ist bei Kapitalgesellschaften nur möglich, solange die Verluste nicht höher als das Eigenkapital sind, d. h. die Schulden nicht das Vermögen übersteigen (Überschuldung).

### 4.4.2 Der Vergleich

Beim Vergleich versucht der Schuldner, mit Hilfe seiner Gläubiger oder des Gerichts den Konkurs abzuwenden. Wir unterscheiden

- den **außergerichtlichen Vergleich** und
- den **gerichtlichen Vergleich.**

### 4.4.2.1 Der außergerichtliche (freiwillige) Vergleich (Akkord)

Der Schuldner versucht, ohne das Gericht in Anspruch zu nehmen, in Verhandlungen mit den Gläubigern einen Zahlungsaufschub (Stundungsvergleich) oder einen teilweisen Erlaß der Forderungen (Erlaßvergleich) zu erreichen. Er braucht dabei durchaus nicht alle Gläubiger gleichmäßig zu behandeln. Er wird z. B. die kleinen Gläubiger voll befriedigen, während sich die größeren Gläubiger damit zufriedengeben, nur einen Teil ihrer Forderung zu bekommen. Diese werden sich aber nur unter der Bedingung zu einem Forderungsverzicht bereit finden, daß auch alle übrigen großen Gläubiger die gleichen Zugeständnisse machen.

| Vorteile | Nachteile |
|---|---|
| geringe Kosten<br>unauffällige Durchführung<br>unterschiedliche Befriedigung der Gläubiger | Gläubiger, die auf einen Teil ihrer Forderungen verzichtet haben, können bei nachfolgendem Konkurs nur ihre Restforderung geltend machen. |

### 4.4.2.2 Der gerichtliche Vergleich (zur Abwendung des Konkurses)

(Vergleichsordnung [VerglO] vom 26.02.1935)

Der gerichtliche Vergleich ist ein Verfahren, das einen drohenden Konkurs abwenden soll.

**Der zahlungsunfähige Schuldner** beantragt beim zuständigen Amtsgericht die Eröffnung des Vergleichsverfahrens. Er muß den nicht bevorrechtigten[1] Gläubigern im Vergleichsvorschlag *mindestens 35 %* auf ihre Forderungen anbieten. Wenn der Schuldner eine Zahlungsfrist von mehr als einem Jahr beansprucht, erhöht sich der Mindestsatz auf 40 %.

**Das Gericht** bestellt einen vorläufigen Vergleichsverwalter, holt ein Gutachten der Industrie- und Handelskammer oder der Handwerkskammer ein und entscheidet über die Eröffnung oder Ablehnung des Vergleichsverfahrens. In dem letzten Falle hat das Gericht zugleich über die Eröffnung des Konkursverfahrens zu entscheiden (Anschlußkonkurs).

**Der Eröffnungsbeschluß** und der Vergleichstermin, der innerhalb eines Monats stattfinden muß, werden bekanntgemacht und in das Handelsregister eingetragen. Das Gericht fordert die nicht bevorrechtigten Gläubiger auf, ihre Forderungen anzumelden. Zwangsvollstreckungen dürfen von nun ab bis zur Beendigung des Verfahrens nicht mehr vorgenommen werden. Das Gericht ernennt den endgültigen Vergleichsverwalter und bestimmt den Vergleichstermin.

**Der Vergleichsverwalter** überwacht den Schuldner, der das Recht der Geschäftsführung behält. Der Vergleichsverwalter hat ein weitgehendes Einspruchsrecht und kann den gesamten Zahlungsverkehr selbst durchführen. Zur Unterstützung kann ein *Gläubigerrat* bestellt werden.

1 vgl. dazu Abschnitt 4.4.3

**In dem Vergleichstermin** wird über den Vergleichsvorschlag abgestimmt. Der Vergleich kommt nur zustande, wenn die einfache Mehrheit der erschienenen Vergleichsgläubiger[1] zustimmt (Kopfmehrheit), die aber gleichzeitig

- bei einer Quote von mindestens 50 % 75 % der Forderungen vertreten bzw.
- bei einer Quote von weniger als 50 % 80 % der Forderungen vertreten müssen (Stimmenmehrheit).

**Der vom Gericht bestätigte Vergleich** ist für alle am Vergleich beteiligten Gläubiger *verbindlich,* also auch für jene, die dagegen gestimmt haben. Der Vergleich wird in das Handelsregister eingetragen und veröffentlicht.

**Anschlußkonkurs.** Wird der Vergleich abgelehnt, z. B. weil die erforderliche Mehrheit für den Vergleichsvorschlag nicht erreicht wurde, so beschließt das Gericht über die Eröffnung des Konkurses (§ 102 VerglO).

Das Vergleichsverfahren wird überhaupt nicht eröffnet, wenn

- im Laufe der letzten 5 Jahre bereits ein Konkurs- oder Vergleichsverfahren über das Vermögen des Schuldners eröffnet oder mangels Masse abgelehnt wurde;
- der Schuldner innerhalb derselben Frist eine eidesstattliche Versicherung abgegeben hat;
- der Schuldner den Vermögensverfall durch Leichtsinn oder Unredlichkeit herbeigeführt hat.

### 4.4.3 Die unfreiwillige Auflösung des Unternehmens (Konkurs)

(Konkursordnung [KO] vom 10.02.1877 in der Fassung der Bekanntmachung vom 20.05.1898)

Unter Konkurs versteht man die zwangsweise Auflösung eines Unternehmens wegen Zahlungsunfähigkeit des Inhabers. Das Gericht entzieht dem „Gemeinschuldner" das Verfügungsrecht über sein Vermögen, um eine anteilsmäßige, gleichmäßige Befriedigung der Gläubiger sicherzustellen.

**Den Antrag auf Eröffnung des Konkursverfahrens** bei dem zuständigen Amtsgericht (Konkursgericht) erfolgt entweder durch

- den **Gemeinschuldner** selbst; er muß gleichzeitig ein Vermögens-, Gläubiger- und Schuldnerverzeichnis einreichen oder
- **einen oder mehrere Gläubiger** durch Nachweis der Zahlungsunfähigkeit des Schuldners.

Das Gericht prüft, ob das Vermögen des Gemeinschuldners noch so groß ist, daß *mindestens die Kosten* des Verfahrens (Gerichtskosten u. a.) gedeckt werden. Andernfalls wird der Konkurs *„mangels Masse"* abgelehnt.

**Die Konkurseröffnung** wird öffentlich bekanntgemacht und in das Handelsregister eingetragen. Gleichzeitig werden die Gläubiger aufgefordert, ihre Forderungen anzumelden. Mit der Eröffnung des Konkurses verliert der Gemeinschuldner das Recht, über sein Vermögen zu verfügen. Diese Verfügungsmacht geht auf den vom Gericht bestellten *Konkursverwalter* über. Er hat die Interessen aller Gläubiger zu wahren. Die Schuldner des in Konkurs geratenen Unternehmens verlieren von diesem Zeitpunkt an das Recht, an den Gemeinschuldner Zahlungen zu leisten; die einzelnen Gläubiger verlieren zudem das Recht auf Zwangsvollstreckung.

1 Vergleichsgläubiger sind solche Gläubiger, die nicht bevorrechtigte Forderungen haben. Vgl. dazu die Ausführungen weiter unten.

Eine der Hauptaufgaben des Konkursverwalters besteht zunächst in der Errechnung der Konkursmasse. Darunter versteht man das gesamte unter die Zwangsvollstreckung fallende Vermögen des Gemeinschuldners.

**Nicht in die Konkursmasse fallen** (§ 1 KO): notwendige Kleidungsstücke des Gemeinschuldners sowie Betten, Haus- und Küchengeräte, Lebensmittel, Feuerungs- und Beleuchtungsmittel für den Bedarf von vier Wochen, zur Fortsetzung der Erwerbstätigkeit nötige Gegenstände, das Vermögen der Ehefrau - wenn die Eheleute in Gütertrennung oder in dem gesetzlichen Güterstand der Zugewinngemeinschaft leben - und außerdem noch das Vermögen der Kinder.

Von dem Vermögen, das zum Zeitpunkt der Konkurs-Antragstellung vorhanden war, werden zwecks Ermittlung des zu verteilenden Restvermögens Gegenstände ausgesondert bzw. Forderungen abgesondert.

**Ausgesondert** werden (§§ 43-46 KO) Gegenstände, die bei der Konkurseröffnung im Besitz des Gemeinschuldners sind, ihm aber nicht gehören (z. B. unter Eigentumsvorbehalt gekaufte Sachen).

**Abgesondert** werden (§§ 47-52 KO) Gläubigerforderungen, die durch eine Hypothek, ein Pfandrecht oder eine Sicherungsübereignung besonders gesichert sind. Die betreffenden Gläubiger können sich „abgesondert" aus dem Pfandstück befriedigen. Sie werden aber trotzdem ihre Forderung im Konkurs anmelden, um mit *dem* Teil der Forderung, der durch den Erlös aus der Verwertung des Pfandgegenstandes nicht gedeckt wurde, an der Konkursdividende teilzunehmen.

**Aufgerechnet** werden (§§ 53-56 KO) Forderungen, bei denen der Schuldner (z. B. bei Lieferung auf Gegenrechnung) gleichzeitig Gläubiger des Gemeinschuldners ist. Er braucht also eine Forderung nicht zum Konkurs anzumelden, bei dem er nur die Konkursdividende erhalten würde.

**Angefochten** können Rechtshandlungen werden (§§ 29-42 KO), die vor der Konkurseröffnung liegen, wenn dadurch *Gläubiger benachteiligt* werden und die *Konkursmasse verringert* wird (z. B. Verkauf von Vermögensteilen unter ihrem Wert, Verpfändung eines Gegenstandes, Bezahlung noch nicht fälliger Schulden, Schenkungen, die der Schuldner im letzten Jahr vor Konkurseröffnung vorgenommen hat, und Schenkungen, die er in den letzten beiden Jahren zugunsten seines Ehegatten vorgenommen hat).

**Bei der Verteilung der Konkursmasse** (§§ 57-60 KO) **werden vorweg befriedigt:** die *Masseschulden* (das sind Schulden, die erst nach der Konkurseröffnung durch die technische Abwicklung des Verfahrens entstehen, auch rückständige Löhne und Gehälter der letzten 6 Monate vor dem Konkurs) und *Massekosten* (das sind Gerichts-, Verwaltungs- und Verwertungskosten, ferner die dem Gemeinschuldner und seiner Familie bewilligte Unterstützung).

**Die übrigen Gläubigerforderungen** werden in 6 Rangklassen eingeteilt:

1. Lohn- und Gehaltsforderungen sowie Ansprüche auf betriebliche Altersversorgung, soweit nicht Masseschulden;
2. Forderungen öffentlicher Kassen;
3. Forderungen der Kirchen und Schulen;
4. Forderungen der Ärzte, Apotheker u. dgl.;

} für das letzte Jahr vor Konkurseröffnung (gilt für 1.–4.)

5. Forderungen der Kinder, der Mündel und Pflegebefohlenen des Gemeinschuldners;
6. gewöhnliche Forderungen, z. B. der Warenlieferer.

*Bevorrechtigt* sind dabei die ersten 5 Klassen. Die einzelnen *Rangklassen* werden nacheinander befriedigt. Die nachfolgende Rangklasse kommt also erst dann an die Reihe, wenn die vorhergehende voll befriedigt ist. In der Regel werden die bevorrechtigten Gläubiger damit rechnen können, daß sie voll ausbezahlt werden. Die *gewöhnlichen Konkursgläubiger* erhalten dagegen nur einen Bruchteil ihrer Forderungen, die sog. *Konkursquote*. Sie wird in Prozenten aus dem Verhältnis der Restmasse zu den gewöhnlichen Forderungen (§ 61 KO) berechnet.

**Das Gericht beruft eine Gläubigerversammlung** zur Entgegennahme der *Schlußabrechnung* ein. Die Aufhebung des Konkursverfahrens wird in das HR eingetragen und veröffentlicht. Die Firma des Gemeinschuldners ist erloschen. Den nicht befriedigten Teil der Forderungen können die Gläubiger noch 30 Jahre lang geltend machen.

---

**Beispiel:** *Der Konkursverwalter M. Korn ermittelt aus den Büchern der Firma Max Müller folgende Aktiva:*

| | | frei für Masse DM |
|---|---|---|
| *1. Grundstück, Buchwert 140 000,00 DM, Hypothek 110 000,00 DM, geschätzter Veräußerungswert 130 000,00 DM* | | *20 000,00* |
| *2. Geschäftsausstattung lt. Verzeichnis 10 000,00 DM, 1 Maschine zur Sicherheit übereignet 5 000,00 DM* | | *5 000,00* |
| *3. Waren, bewertet mit 60 000,00 DM, davon unter Eigentumsvorbehalt geliefert 9 000,00 DM* | | *51 000,00* |
| *4. Forderungen, bewertet mit 60 000,00 DM* | | *60 000,00* |
| *5. Bargeld und Bankguthaben 7000,00 DM* | | *7000,00* |
| **Konkursmasse** | | **143 000,00** |

*Dieser Konkursmasse stehen als Passiva gegenüber:*

| | | |
|---|---|---|
| *1. Masseschulden und Massekosten, geschätzt auf* | | *10 000,00* |
| *2. Bevorrechtigte Gläubiger: Löhne, Gehälter, Sozialabgaben* | *4 000,00* | |
| *Steuern* | *2 100,00* | |
| *Arztkosten* | *400,00* | *6 500,00* |
| *3. sonstige Gläubiger* | | *322 000,00* |
| **Konkursforderungen** | | **338 500,00** |

*Nach Befriedigung der Massegläubiger und der bevorrechtigten Gläubiger bleiben für die sonstigen Gläubiger noch 126 500,00 DM übrig. Das ergibt eine Konkursquote von rund 39 %.*

---

Das Gesetz über Konkursausfallgeld vom 17.07.1974 sichert die Lohn- und Gehaltsansprüche von Arbeitnehmern aus den letzten drei Monaten des Arbeitsverhältnisses, die der Eröffnung des Konkursverfahrens vorausgehen,

- wenn der Arbeitgeber in Konkurs fällt,
- wenn ein Konkursverfahren mangels Masse nicht eröffnet wird oder
- die Betriebstätigkeit beendet wird.

Das Konkursausfallgeld wird vom Arbeitsamt gezahlt.

**Bankrott** (§§ 283, 283 a StGB). Hat der Gemeinschuldner in betrügerischer Absicht vorsätzlich seine Zahlungsunfähigkeit herbeigeführt oder durch Fahrlässigkeit, Verschwendung oder Leichtsinn verursacht, so wird er mit Freiheitsstrafen bedroht. Diese reichen von 2 Jahren bis 10 Jahren (bei vorsätzlichem Handeln).

## 4.4.4 Zwangsvergleich zur Aufhebung des Konkurses

(Konkursordnung §§ 173–201)

Der Zwangsvergleich ist ein gerichtliches Verfahren, das dazu dient, einen bereits *eröffneten Konkurs* aufzuheben und das Unternehmen unter weitgehender Befriedigung der Gläubiger zu erhalten.

**Durchführung.** Der Gemeinschuldner unterbreitet den *nicht bevorrechtigten* Gläubigern einen Vergleichsvorschlag, der unter bestimmten Umständen nicht unter 20 % liegen darf. Der Gläubigerausschuß, sofern ein solcher bestellt ist, prüft den Vorschlag. Dieser ist angenommen, wenn in dem vom Konkursgericht anberaumten Vergleichstermin die Mehrheit der anwesenden Gläubiger zustimmt und diese Mehrheit mindestens 75 % des Gesamtbetrages der festgestellten Forderungen vertritt. Der vom Konkursgericht *bestätigte Vergleich* ist für alle Gläubiger bindend (daher „Zwangsvergleich"). Der Konkurs wird aufgehoben. Die Restforderungen sind erlassen.

**Bedeutung.** Die nicht bevorrechtigten Gäubiger erhalten durch Einspringen von Geldgebern (Geschäftsfreunde, Verwandte) mehr, als sie bei Durchführung des Konkursverfahrens bekämen. Vermögenswerte werden nicht verschleudert. Der Gemeinschuldner kann sein Geschäft weiterführen und versuchen, sich wieder hochzuarbeiten.

## 4.4.5 Die freiwillige Auflösung des Unternehmens (Liquidation)

**Die Gründe** für die Liquidation eines Unternehmens können persönlicher oder sachlicher Art sein, wie:

- Arbeitsunfähigkeit, hohes Alter oder Tod des Inhabers;
- Fehlen von Nachfolgern bei Einzelfirmen;
- Streitigkeiten zwischen den Gesellschaftern oder den Erben;
- Strukturänderungen in der betreffenden Branche (Einzelhandelsgeschäfte);
- Verschlechterung der Geschäftslage durch erdrückenden Wettbewerb;
- Rückständigkeit des Betriebes infolge des technischen Fortschritts.

**Die Liquidation** wird durch den Liquidator (meist der Geschäftsinhaber selbst) durchgeführt. Die Firma führt den Zusatz „i. L.". Zu Beginn und am Ende der Liquidation sind Liquidationsbilanzen aufzustellen. Beginn und Ende der Liquidation werden im Handelsregister eingetragen und veröffentlicht.

### Aufgaben

1. Man unterscheidet: Vergleich, Konkurs, Liquidation. Erklären und unterscheiden Sie diese Begriffe.
2. Was könnte dazu veranlassen, von einem Vergleichsverfahren abzusehen und einen Konkurs zu eröffnen?

3. Versuchen Sie zu begründen,
   a) weshalb gewisse Vermögensteile nicht in die Konkursmasse fallen bzw. ausgesondert oder abgesondert werden;
   b) weshalb wohl die Konkursordnung (KO) die Befriedigung besonderer Gläubigerforderungen (1 bis 6, vgl. Abschnitt 4.4.3) in der angegebenen Reihenfolge vorsieht.
4. Beschreiben Sie die Aufgaben eines Konkursverwalters.
5. Entwerfen Sie ein Rundschreiben an Gläubiger, in dem Sie die Finanzlage Ihres Unternehmens schildern (80 % der nicht besonders gesicherten Forderungen können binnen 6 Monaten, aber nur 50 % sofort bezahlt werden), und bitten Sie um Teilnahme an einer Besprechung.
6. Die Firma Lothar Zenker KG bietet einen gerichtlichen Vergleich an. Es bestehen folgende Forderungen: rückständige Löhne 15 000,00 DM, Lieferer Meyer 40 000,00 DM, Steuerschulden 12 000,00 DM, Lieferer Abelein 35 000,00 DM, Lieferer Mora KG 20 000,00 DM, Handwerksrechnung 5 000,00 DM; Rechnung Werksarzt Dr. Müller 4 000,00 DM, Darlehen Dr. Schulz 20 000,00 DM.

   Die Vergleichsquote soll 50 % betragen. Dem Vergleich stimmen nur die Lieferer Meyer und Abelein sowie Dr. Schulz zu. Ermitteln Sie, ob der Vergleich vom Gericht bestätigt werden kann, und begründen Sie Ihre Entscheidung.
7. Sammeln Sie aus den Handelsregisterveröffentlichungen der letzten Zeit Beispiele von Konkurseröffnungen. (Kleben Sie ein Beispiel davon in Ihre Arbeitsmappe und kommentieren Sie.)
8. Das Einzelhandelsunternehmen Findeisen & Sohn muß Konkurs anmelden. Für die „sonstigen Gläubiger“ bleibt eine Konkursquote von 62 %.
   a) Ermitteln Sie mit Hilfe Ihrer Kenntnisse aus der Buchführung: Wie buchen die Gläubiger ihren Verlust von 38 % ihrer Forderungen?
   b) Der in Konkurs gegangene Herr Findeisen kommt nach 13 Jahren wieder zu einem beachtlichen Vermögen. Können sich die Gläubiger von einst wieder an ihn wenden? (Lesen Sie im Buch über Verjährungsfristen nach.)

## Zusammenfassung

Auch ein Unternehmen kann „krank“ werden.

Rettung kann dann eine **Sanierung** bringen. Damit ist die Gesundung eines Unternehmens durch innerbetriebliche (organisatorische und/oder finanzielle) Maßnahmen gemeint.

- Durch einen **Vergleich** soll mit Hilfe der Gläubiger, die dem Gemeinschuldner einen Teil seiner Verbindlichkeiten erlassen, der Konkurs abgewendet werden (sog. *freiwilliger Vergleich*).

  Nimmt man beim Zustandekommen eines Vergleichs die Hilfe des Gerichts in Anspruch, handelt es sich um einen **gerichtlichen Vergleich**.

  Wird ein bereits eröffnetes Konkursverfahren durch das Gericht beendet, spricht man von einem **Zwangsvergleich**.

  Schließlich kann ein Unternehmen auch freiwillig aufgelöst werden **(Liquidation).**
- **Konkurs** meint die zwangsweise, gerichtliche Auflösung eines Unternehmens, wenn das Unternehmen zahlungsunfähig ist. Nach der Eröffnung des Konkursverfahrens (beim Amtsgericht) wird die Konkurs-Eröffnung öffentlich bekanntgemacht sowie ein Konkursverwalter bestellt. Dieser ermittelt die Konkursquote, also den Prozentsatz, mit dem die nicht bevorrechtigten Forderungen befriedigt werden.
- Arbeitnehmer werden durch ein *Konkurs-Ausfallgeld* geschützt. Nicht befriedigte Forderungen können durch die Gläubiger noch 30 Jahre lang geltend gemacht werden.

# 5 Arbeits- und Sozialwelt

## Worum geht es?

Welche Bedeutung hat der arbeitende Mensch im Betrieb?
Wie unterscheiden sich leitende und ausführende Arbeit?
Wie „bewertet" man einen Arbeitsplatz?
Welche Beurteilungsmaßstäbe gibt es in einem Betrieb?
Welche betrieblichen Führungsprinzipien unterscheidet man?
Welche leitenden und ausführenden Mitarbeiter helfen dem Unternehmer bei der gemeinsamen Aufgabe?
Wer zählt zu den Sozialpartnern, welche Funktionen haben sie?
Was ist mit Mitbestimmung im Unternehmen im einzelnen gemeint?
Welche Schutzgesetze gibt es für den Arbeitnehmer?

## Lernziele

Sie sollten ...

- die Merkmale leitender und ausführender Arbeit unterscheiden und erklären können;
- Merkmale der Arbeitsplatzbewertung und Personalbeurteilung erläutern können;
- Führungsprinzipien beschreiben können;
- Tätigkeitsmerkmale der Mitarbeiter eines Unternehmens beschreiben und erläutern können;
- die wesentlichen gesetzlichen Regelungen zur Mitbestimmung aufzählen können;
- die wichtigsten gesetzlichen Schutz-Bestimmungen (Sozialversicherung und Arbeitsschutz) für den Arbeitnehmer kennen und erläutern können.

## 5.1 Die Arbeit als Produktionsfaktor

Neben dem Boden (Landwirtschaft, Bergbau) und dem Kapital ist die Arbeit in volkswirtschaftlicher Sicht der dritte Produktionsfaktor, der für jede Produktion erforderlich ist.

**Arbeit im wirtschaftlichen Sinne** ist jede Tätigkeit des Menschen, um Güter und Dienstleistungen bereitzustellen, die menschliche Bedürfnisse befriedigen.

Die menschliche Arbeit ist keine Ware, obgleich man sie bewerten und entlohnen kann. Als ein Ausdruck der Persönlichkeit ist sie untrennbar mit dem arbeitenden Menschen verbunden.

Man kann die **Arbeit aus der humanen Perspektive** ansehen als ein

- Handeln des Menschen für seine Existenzsicherung,
- Handeln des Menschen für die Befriedigung seiner Bedürfnisse,
- Ausdruck der Daseinserfüllung des Menschen.

Aus dem Blickwinkel der Betriebswirtschaftslehre ist Arbeit ein Produktionsfaktor.

Die Arbeit kann wie folgt gegliedert werden:

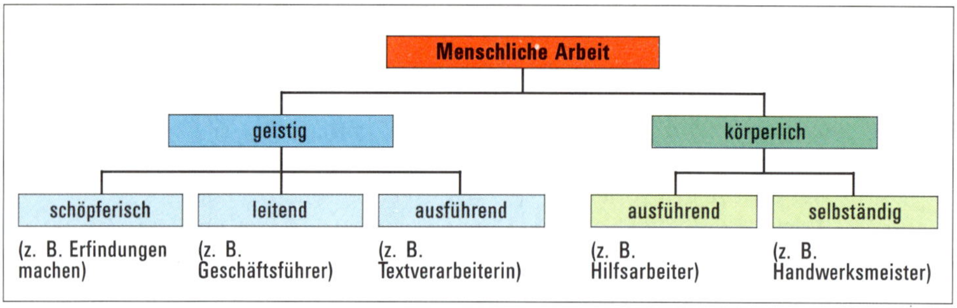


*Abb. 5.1-1 Gliederung der menschlichen Arbeit*

In unserem Zusammenhang soll vor allem die ausführende und die leitende Arbeit interessieren.

## 5.1.1 Die leitende Arbeit

Hiermit ist die Arbeit des Unternehmers oder eines leitenden Angestellten gemeint. Sie ist durch einen hohen Grad von Verantwortung gekennzeichnet. Planung des Produktionsverlaufs, Kombination der Produktionsfaktoren, Fürsorgepflicht für die Arbeitnehmer sind Merkmale leitender Arbeit. Es sind gleichzeitig die Merkmale, die einen Angestellten zu einem leitenden Angestellten machen, der dann eher zum Lager der Arbeitgeber zu zählen wäre (auf Einzelheiten hierzu wird bei der Behandlung der Mitbestimmung im Unternehmen eingegangen).

## 5.1.2 Die ausführende Arbeit

Der Unternehmer oder die leitenden Angestellten geben Anweisungen an ihre Mitarbeiter. Die betriebliche Organisationspyramide mit Ranghöheren und Rangniederen (auch Hierarchie genannt) ist für ein Wirtschaftsunternehmen unerläßlich. Die große Zahl der in der Wirtschaft tätigen Menschen führt Arbeiten aus, die von übergeordneter Stelle angeordnet wurden.

Bei der ausführenden Arbeit lassen sich

○ ungelernte, ○ angelernte, ○ gelernte Arbeit

unterscheiden.

## 5.1.3 Die Arbeitsplatzbewertung

Die einzelnen Positionen (Stellen) innerhalb der Organisationspyramide eines Betriebes (vgl. Abschnitt 3.7.1) werden als Arbeitsstellen in den meisten Betrieben genau beschrieben (Stellenbeschreibung) und in ihrem Wert eingestuft.

Bei der **Arbeitsplatzbewertung** geht es um den Stelleninhalt und den Stellenwert, die das Unternehmen mit einer bestimmten Position verbindet.

Wenn also ein Mitarbeiter eine in der Stellenbeschreibung festgelegte Position einnimmt und die dort beschriebenen Funktionen (Aufgaben) ausübt und wahrnimmt, hat er Anspruch auf das gleichfalls festgelegte Entgelt (Gehalt, Zahlung von Aufwandsentschädigungen, Dienstwagen u. ä.).

**Vorgehensweise bei der Arbeitsplatzbewertung**

- Ermitteln, welches Aufgabenfeld die (zu bewertende) Abteilung hat.
- Feststellen, welche Stellen (Tätigkeitsbereiche) die Abteilung umfaßt.
- Auflösen der Gesamtaufgabe der Abteilung in Einzeltätigkeiten (Frage: Wer macht was und in welchem Umfang?) und Weisungsbefugnisse.
- Bewerten der gefundenen Arbeitsplätze (Positionen) nach den Merkmalen des Tarifrechts[1] (was in den meisten Branchen möglich ist).
- Zuordnung der Mitarbeiter auf die so beschriebenen Arbeitsplätze.

Bei notwendig gewordenen Neueinstellungen kann die Stellenbeschreibung ggf. in den Anzeigentext der entsprechenden Zeitungsanzeige („Mitarbeiter gesucht") aufgenommen werden.

Hier bietet die Stellenbeschreibung den Vorteil, daß der neue Mitarbeiter sofort und sehr genau über die Weisungsbefugnis ihm gegenüber informiert ist. Er kennt zudem seinen Aufgabenbereich mit seinen Funktionen. (Vgl. hierzu Aufgabe 7 nach Abschnitt 5.2.)

# 5.2 Personalbeurteilung und Führungsprinzipien

## 5.2.1 Personalbeurteilung

Versetzungen innerhalb des Betriebes oder mögliche Beförderungen (Aufstieg in eine höhere Position) machen es erforderlich, einen Mitarbeiter zu beurteilen.

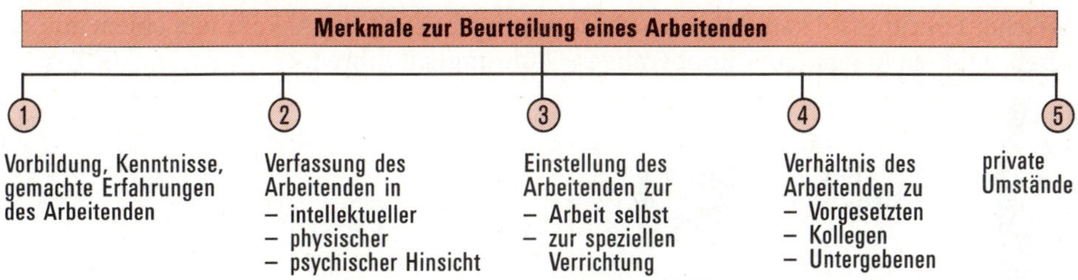


**Zu 1:** Hier sind die in der Personalakte enthaltenen Zeugnisse von Schulen, Kammern und vorherigen Arbeitgebern gemeint. Hinzu kommen nachgewiesene zusätzliche Kenntnisse (z. B. Kurs in Datenverarbeitung, Ausbilderlehrgang u. ä.) und Erfahrungen, die der / die Betreffende in diesem oder anderen Betrieben sammeln konnte.

**Zu 2:** Wenn jemand durch seine Arbeit intellektuell (= verstandesmäßig), physisch (= körperlich) und psychisch (= seelische Beanspruchbarkeit) überfordert wird, kann das Wirkungen auf Leistung und Arbeitsfreude haben.

1 vgl. dazu Abschnitt 5.5

3802197

**Zu 3:** Es ist wichtig, wie jemand zu seiner Arbeit eingestellt ist. Ist sie ihm Beruf oder Job? Das eine ist Erfüllung, Selbstverwirklichung. Das andere ist eher lästige Pflicht, um Geld zum Leben zu verdienen.

**Zu 4:** In zweifacher Hinsicht ist das Verhältnis zu den Mitarbeitern (den ranghöheren, den gleichgestellten und den untergebenen) bedeutsam: Der Arbeitende muß fachlich / betrieblich gut mit ihnen zusammenarbeiten können. Und er muß menschlich reibungslos mit ihnen leben und auskommen können. Schließlich erstreckt sich eine Zusammenarbeit oft über viele Jahre.

**Zu 5:** Grundsätzlich ist das Privatleben des Berufstätigen ein Schutzraum. Es ist hier nicht daran gedacht, das private Leben des Arbeitenden zu begutachten. Nur muß beachtet werden, daß z. B. Sorgen und Schwierigkeiten im Privatleben (schwere Krankheit des Ehepartners, Wohnungssorgen, Probleme mit den Kindern) Einflüsse und Auswirkungen auf die berufliche Arbeit haben können.

(Das Schema ist angelehnt an eine Darstellung in: Wolff (Hrsg.), Wirtschafts- und Soziallehre, Winklers Verlag, Gebrüder Grimm, Darmstadt, S. 19.)

## 5.2.2 Führungsprinzipien

Je mehr der in einem Betrieb Tätige seine Persönlichkeit sowie sein Können und seine Erfahrungen bei der Arbeit einbringen und entfalten kann, um so positiver ist seine Einstellung zur Arbeit und damit seine Leistungsfähigkeit. Der gute Vorgesetzte weiß dies und führt entsprechend.

Im Rahmen einer Befragung wurde von der Zeitschrift „Capital" die Frage gestellt: „Für welche Ziele sind Sie bereit, sich anzustrengen?" 85 % der Befragten gaben zur Antwort: „Für persönliche Unabhängigkeit." Und die Verfasser der Capital-Umfrage kommentierten: „Das Verlangen nach einem individuellen Freiraum und das Bedürfnis, sinnvoll tätig zu sein, ist den meisten Deutschen noch weitaus wichtiger, als der Wunsch nach sozialer Sicherheit … Konsum- und freizeitbezogene Ziele nehmen erst die dritte Position in der Rangliste ein …"

Wenn dies so ist, so kann das für den Vorgesetzten nur heißen, bei der Menschenführung darauf zu achten, daß Freiräume für Eigenverantwortung und selbständiges Handeln bleiben. Autoritäres Kommandieren von oben einerseits und unterwürfiges Gehorchen andererseits gehören der Vergangenheit an.

Die stärkeren Antriebe zur Leistung liegen in den Bedürfnissen des Menschen nach Anerkennung, Erfolg, Sicherheit der sozialen Position und dem Wunsch nach Freiheit und Entwicklungschancen.

Welcher Führungsstil kann dem am ehesten entsprechen? Die Abkehr von einem autoritären[1] muß zu einem mehr kooperativen[2] Führungsstil führen.

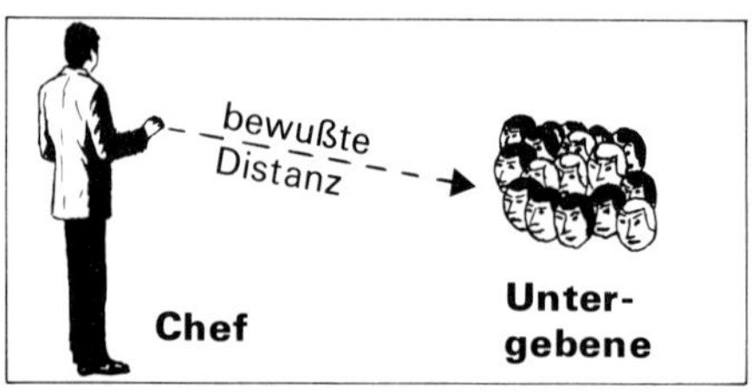


*Abb. 5.2.2-1 Autoritärer Führungsstil*

schafft bewußte Distanz (Abstand) zwischen Vorgesetztem und Geführten (Untergebenen).

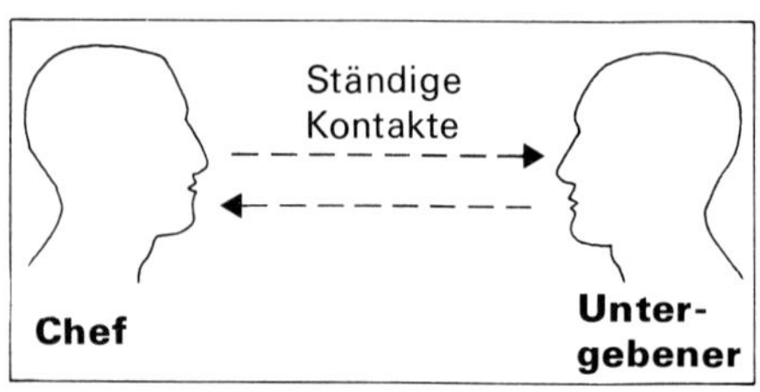


*Abb. 5.2.2-2 Kooperativer Führungsstil*

bemüht sich um den ständigen Kontakt in Aktion und Reaktion (auch Rückkopplung) mit den Untergebenen. Es geht um ein bewußtes Zusammenarbeiten.

1 mit überlegener Macht ausgestattet; auf Durchsetzung des eigenen Willens, auch gegen den anderer, bedacht

2 kooperieren = zusammenarbeiten

Bei dem Willen zur Kooperation ist aber zu beachten:

So wie es beispielsweise in der Beziehung Lehrer → Schüler oder Meister → Auszubildender die persönliche und fachliche Autorität des einen aufgrund eines Vorsprungs an Alter, Lebenserfahrung und Fachwissen gibt, so gibt es im Betrieb die natürliche Autorität des in der betrieblichen Hierarchie höher Gestellten mit dessen Weisungsbefugnis.

Für einen Wirtschaftsbetrieb kann es keine sinnvolle Gliederung ohne über- und untergeordnete Funktionen geben. Dies soll aber nicht ausschließen, daß die negativen, unwürdigen und autoritären Begleiterscheinungen dieser organisatorischen Gliederung auszuschalten sind.

Umgesetzt in Führungsmittel muß man daher von autoritativen Führungsmitteln (Gegensatz: kooperative Führungsmittel) sprechen. Besonders zu bemerken ist dabei allerdings, daß der Begriff „autoritativ" (nicht „autoritär") neutral verstanden sein will. Er enthält keinerlei Werturteil.

Ein Vorgesetzter, der seine Untergebenen menschlich und fachlich überzeugt, besitzt eine Autorität, der sich die Mitarbeiter gerne unterordnen. Dieser Vorgesetzte verfügt über autoritative Führungsmittel, er muß nicht auf sein „amtliches" Weisungsrecht, seine Funktion als Chef, zurückgreifen.

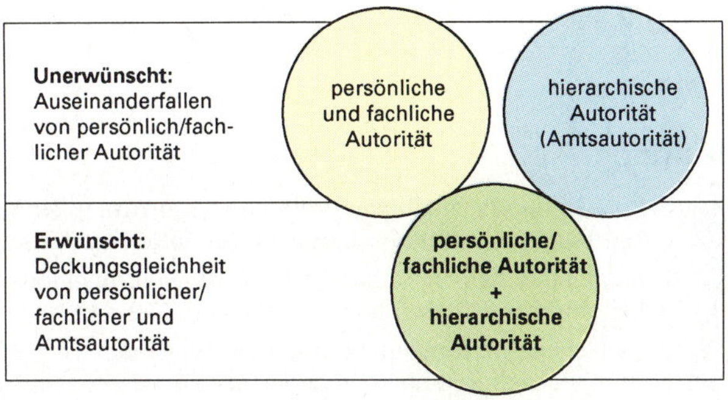


*Abb. 5.2.2-3 Autorität*

Probleme und Konflikte in der Führung gibt es, wenn sich ein Vorgesetzter nur auf seine offizielle Amtsautorität berufen kann.

**Autoritative** und **kooperative** Führung sind in gleicher Weise berechtigt. Die folgende Aufstellung zeigt einen Übergang von autoritativen zu kooperativen Führungsmitteln.

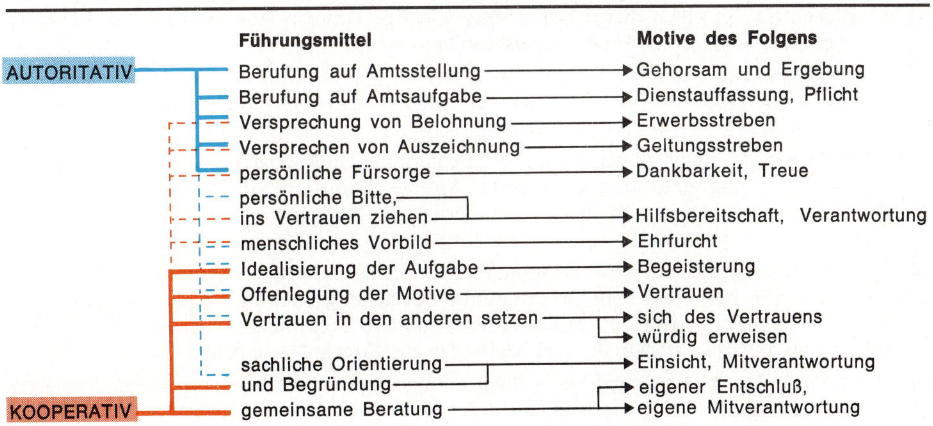


(Aus: Bornemann, Ernst, *Betriebspsychologie*, Wiesbaden 1967, S. 98.)

3802199

Mit Recht wird heute eine autoritäre Führung, die ihre Weisungen lediglich mit der von oben verliehenen Amtsautorität durchsetzen kann, abgelehnt. Führung durch Überzeugung der Mitarbeiter und Kooperation stehen im Vordergrund. Dieser Führungsstil baut die Distanz zwischen Vorgesetzten und Untergebenen ab.

Maßnahmen, die eine derartige Kooperation unterstützen, könnten sein:

- die regelmäßige Betriebsbegehung durch die Betriebsführung, die nicht der Kontrolle dient, sondern den persönlichen Kontakt zum Arbeitnehmer an seinem Arbeitsplatz fördern soll,
- die Einrichtung von Sprechstunden, die der Belegschaft Gelegenheit gibt, „höheren Orts" Sorgen, Beschwerden oder Anregungen vorzubringen,
- die Einrichtung eines Tages der offenen Tür, den die Familienengehörigen der Arbeitnehmer nutzen können, einmal selbst den Arbeitsplatz des Ehemannes oder Vaters bzw. der Ehefrau oder Mutter in Augenschein zu nehmen,
- die kontinuierliche Information der Belegschaft über wichtige betriebliche Probleme durch Anschläge am Schwarzen Brett, Betriebsversammlungen, persönliche Briefe oder eine Werkszeitung[1].

## Aufgaben

1. Sie haben unterschiedliche Sichtweisen von Arbeit kennengelernt. Welcher würden Sie den ersten Rang einräumen? Begründen Sie bitte Ihre Entscheidung.
2. Jemand baut sich in seiner Freizeit ein Flugzeugmodell. Würden Sie seine Tätigkeit als Arbeit ansehen? (Lesen Sie nochmals die Definition von Arbeit nach.)
3. An welchen Merkmalen könnten Sie in einem großen Produktions- oder auch Dienstleistungsbetrieb erkennen, ob einer der Mitarbeiter ein leitender Angestellter ist? Beschreiben Sie wenigstens zwei dieser Merkmale.
4. Könnten Sie einen Grund angeben, wieso ein Betrieb nur als eine Organi... (vervollständigen Sie das Wort) geführt werden kann? (Das Buch gibt an anderer Stelle dazu Auskunft. Ermitteln Sie das entsprechende Kapitel.)
5. (Gruppenarbeit, arbeitsteilig) Beschreiben Sie kurz (Merkmale und / oder Arbeitsbereiche nennen) ungelernte, angelernte, gelernte Arbeit. Versuchen Sie auch, je eine Berufsbezeichnung dazu anzuführen.
6. Versuchen Sie, in einer Zusammenfassung wichtige Unterschiede zwischen ungelernter, angelernter und gelernter Arbeit herauszustellen.
7. Suchen Sie in der Wochenendausgabe Ihrer lokalen Tageszeitung ein längeres Stellenangebot aus. Kleben Sie es in Ihre Arbeitsmappe ein, und beschreiben Sie genau, inwiefern hier von uns genannte Merkmale einer Stellenbeschreibung enthalten sind.
8. „Der hat mir gar nichts zu sagen", war die Bemerkung eines jungen Angestellten. Und dies wurde der Anfang eines lang anhaltenden Streites. Kann eine Stellenbeschreibung Konflikte zwischen den Mitarbeitern verhindern / abschwächen / fördern? Nehmen Sie Stellung.
9. Im Betrieb X tritt der Leiter des Personalbüros in den Ruhestand. Es geht um die Neubesetzung dieser Position. Welchem der genannten Beurteilungsmerkmale (vgl. Abschnitt 5.2.1) würden Sie bei der Auswahl der Bewerber besondere Bedeutung zumessen? Nennen Sie mindestens zwei der Merkmale, und begründen Sie Ihre Auswahl genau.
10. Zu welchen Merkmalen der Personalbeurteilung könnten Sie über sich selbst Aussagen machen? Geben Sie zu wenigstens einem der Merkmale genaue Hinweise.

1 Diese Maßnahmenbeispiele sind entnommen aus: Wolff (Hrsg.), Wirtschafts- und Soziallehre, a. a. O., S. 239.

11. Wir haben bei den Merkmalen zur Personalbeurteilung keine Unterscheidung von männlich/weiblich vorgenommen.

    FALL: In einem Betrieb bewerben sich für eine leitende Tätigkeit ein Mann und eine Frau. Beide haben bereits 10 Jahre im Betrieb gearbeitet und erfüllen die Merkmale 1, 2 und 3 (vgl. unser Schema) in gleicher Weise. Bei Merkmal 4 ist zu sagen, daß die Frau ein „netteres" Verhältnis zu den Mitarbeitern hat. Beide Bewerber sind verheiratet (Ehepartner auch berufstätig) und haben ein schulpflichtiges Kind.

    a) Entscheiden und begründen Sie: Der Mann wird befördert.
    b) Entscheiden und begründen Sie: Die Frau wird befördert.
    c) Schreiben Sie kurz Ihre eigene Meinung zu a) und b) auf.

12. Die folgende Grafik zeigt, daß immer weniger männliche und weibliche Arbeitnehmer mit der Herstellung von Waren befaßt sind. Dafür ist jedoch z. B. der Anteil derjenigen Arbeitnehmer gestiegen, die sich mit Büroarbeiten beschäftigen. Können Sie diesen Tatbestand erklären?

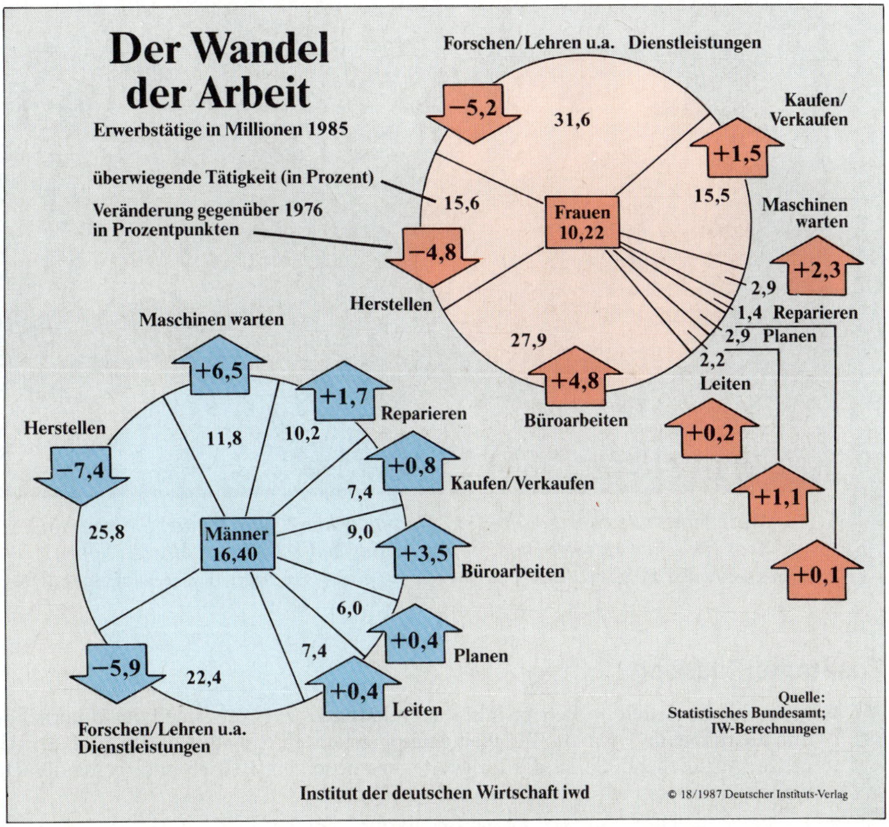


*Abb. 5.2.2-4*

aus: Informationsdienst des Instituts der deutschen Wirtschaft

13. Beurteilen Sie die im Schema auf S. 199 aufgeführten Führungsmittel, und geben Sie an, welche Sie mit dem (negativ belasteten) Begriff autoritär belegen können.

14. Unterscheiden Sie autoritative und kooperative Führung. Gehen Sie dabei besonders auch auf die Frage ein, ob auf autoritative Führung verzichtet werden kann.

15. Muß es in Betrieben eigentlich über- und untergeordnete Funktionen geben?
Beginn Ihrer Antwort: „Ein Industriebetrieb mit z. B. 800 Beschäftigten kann nur funktionieren, wenn sowohl in der Produktion als auch ...“ (Bitte führen Sie die Antwort weiter.)

16. Entnehmen Sie unserem Schema Führungsmittel und Motive des Folgens, die zur folgenden Zeichnung eines Fabrikherrn und seiner Untergebenen aus der Zeit der Jahrhundertwende passen.

*„Wat? Fünfundzwanzig Jahre sind Sie schon hier? Nun denken Sie mal bloß, was für einen Haufen Geld Sie uns in der Zeit schon weggetragen haben!“*

Zeichnung des Berliner Arbeiterzeichners H. Zille (um 1900), aus: Otto Nagel, H. Zille, Berlin 1989, S. 151

## Zusammenfassung

- **Menschliche Arbeit** im Betrieb läßt sich in **leitende** (z. B. die Arbeit des Unternehmers) und **ausführende** (etwa die Tätigkeit eines angelernten Arbeiters) unterteilen. Die Übergänge sind fließend. So ist die Tätigkeit eines in seinem Betrieb mitarbeitenden Handwerksmeisters sowohl leitend als auch ausführend.
- Bei der **Arbeitsplatzbewertung** geht es darum, eine betriebliche Arbeitsstelle hinsichtlich ihres Wertes für den Betrieb zu erfassen.
- Die **Personalbeurteilung** will im Betrieb den richtigen Mann an den richtigen Platz setzen. Dabei wird der Mitarbeiter nach folgenden Merkmalen beurteilt: Vorbildung und Vorkenntnisse, körperliche und geistige Verfassung, Einstellung zur Arbeit, Verhältnis zu den Mitarbeitern, privates Verhalten.
- Bei den Führungsprinzipien unterscheidet man den **autoritativen** und den **kooperativen Führungsstil.**

3802202

# 5.3 Mitarbeiter des Unternehmens

Von der sinnvollen Kombination der betriebswirtschaftlichen Produktionsfaktoren Betriebsmittel, Werkstoffe und Arbeit hängt die Leistung eines Unternehmens ab.

Dabei muß der Produktionsfaktor Arbeit quantitativ und qualitativ gesehen werden.

Bei quantitativer Betrachtungsweise zeigt sich, daß der Faktor Arbeit gegenüber den anderen Produktionsfaktoren an Bedeutung verloren hat. Deutlich wird dies, wenn man bedenkt, daß in bestimmten Industriezweigen (z. B. der chemischen Industrie) die Investitionen je Arbeitsplatz leicht mehrere Millionen DM betragen können.

Qualitativ gesehen hat der Produktionsfaktor Arbeit an Bedeutung zugenommen, denn die qualitativen Anforderungen an die Arbeitskräfte (lange Ausbildung, intensive und ständige Fortbildung) sind gestiegen. Dies trifft für die Mitarbeiter eines Unternehmens, aber auch für den Unternehmer zu.

## 5.3.1 Der Unternehmer

Der Unternehmer ist in der Marktwirtschaft der Leiter des Unternehmens. Im *Einzelunternehmen* und in der OHG bringt er auch das Kapital auf, *trägt das ganze Risiko* und haftet den Gläubigern für die Verbindlichkeiten, vereinigt also die Funktionen der Kapitalaufbringung und der Leitung in seiner Person. Dieser Unternehmertyp ist heute seltener geworden und vorwiegend in Klein- und Mittelbetrieben anzutreffen.

Anders bei *Kapitalgesellschaften.* Hier bringen im allgemeinen außenstehende Gesellschafter (Aktionäre) das Kapital auf und tragen das Kapitalrisiko, während Angestellte – meist ein aus mehreren Personen bestehender Vorstand – das Unternehmen leiten. Die *Vorstandsmitglieder* teilen sich in die Gesamtleitung und sind jeweils für ein bestimmtes Sachgebiet (technische Leitung, kaufmännische Leitung, Finanzen usw.) verantwortlich. In diesem Falle übt also ein Team von qualifizierten Fachleuten, die Angestellte des Unternehmens sind, die Unternehmerfunktion aus (Geschäftsführer-Unternehmer = *Manager*).

**Der Unternehmer** bzw. die Unternehmensleitung trifft die wesentlichen Entscheidungen über die Zielsetzung des Unternehmens, die angestrebte Marktposition, die Finanzierung, Erschließung neuer Absatzmärkte, Einführung neuer Produktionsverfahren, Investitionen, die Personalpolitik im allgemeinen und die Anstellung besonders wichtiger Mitarbeiter.

Zur Unternehmensleitung gehören auch die „leitenden Angestellten“, die der Geschäftsleitung direkt unterstehen und einen Teilbereich des Unternehmens selbständig führen.

**Soziale Aufgaben.** Darüber hinaus erwartet man heute von einem modernen Unternehmer, daß er einen kooperativen Führungsstil zeigt, die *Kunst der Menschenführung* und der Menschenbehandlung beherrscht und in dem Mitarbeiter mehr den Partner (Mitbestimmung und Mitwirkung) als den bloßen Lohn- und Gehaltsempfänger sieht. Solche Partnerschaft kann sich nur entwickeln in einem gesunden *„betrieblichen Klima“*, in einer guten, menschlichen Atmosphäre, die entscheidend geprägt wird durch die Sicherheit des Arbeitsplatzes, Anerkennung, gerechte Entlohnung und Behandlung, Aufstiegsmöglichkeiten, Delegation von Verantwortung und Befugnissen, verstärkte Information der Mitarbeiter.

Zu den sozialen Aufgaben gehören auch Maßnahmen *betrieblicher Sozialpolitik* (betriebliche Altersversorgung, Beteiligung der Arbeitnehmer am Betriebsergebnis und am Kapital des Unternehmens, Werkswohnungen usw.).

## 5.3.2 Leitende Mitarbeiter

Die Gesamtheit der leitenden Mitarbeiter wird häufig als das Management eines Betriebes bezeichnet. Dazu gehören nicht nur die Unternehmensleiter, sondern alle anordnungsberechtigten Personen innerhalb des Unternehmens.

Wir müssen deshalb klar unterscheiden:

- **das Spitzenmanagement** (Topmanagement), in dessen Händen die eigentliche Unternehmensleitung (Geschäftsführung) liegt,
- **das mittlere Management** (Middlemanagement), dem die Betriebsleiter sowie Abteilungs- und Unterabteilungsleiter angehören,
- **das untere Management** (Lowermanagement), d. h. die Gruppenleiter, Vorarbeiter usw.

Dabei muß die Gruppe der leitenden Mitarbeiter im Sinne des Betriebsverfassungsgesetzes nochmals untergliedert werden in sog. *„leitende Angestellte“*, die eine Sonderstellung innehaben, und *andere Angestellte mit Führungsaufgaben.*

### 5.3.2.1 Vorstandsmitglieder/Geschäftsführer

Bei einer rein juristischen Betrachtungsweise müssen wir die *Vorstandsmitglieder* und die *Geschäftsführer* von Kapitalgesellschaften zu den leitenden Angestellten rechnen. Sie üben eine Doppelfunktion aus. Einerseits nehmen sie die Aufgabe eines Unternehmers wahr, andererseits sind sie Angestellte der jeweiligen Firma.

Vorstandsmitglieder und Geschäftsführer werden im allgemeinen von den zuständigen Gremien der Gesellschaft (Aufsichtsrat, Beirat, Gesellschafterversammlung) für eine bestimmte Amtsperiode bestellt, z. B. für drei Jahre. Eine wiederholte Bestellung ist meistens möglich und üblich.

### 5.3.2.2 Der Prokurist

Die Prokura ist ein in einem Handelsgewerbe *ausdrücklich erteiltes Vertretungsrecht* großen Umfangs (§§ 48–53 HGB).

**Umfang der Prokura.** Der Prokurist kann alle gewöhnlichen und außergewöhnlichen Geschäfte und Rechtshandlungen vornehmen, die überhaupt in irgendeinem Handelsgewerbe vorkommen können.

Er kann z. B. Wechsel akzeptieren, Darlehen aufnehmen oder kündigen, Bürgschaften eingehen, Personal einstellen und entlassen, Handlungsvollmacht erteilen, den Sitz der Firma verlegen, den Geschäftszweig des Unternehmens ändern.

Der Prokurist darf jedoch keine Rechtshandlungen vornehmen, die wesentliche Belange des Betriebes berühren, also nicht:

- das Geschäft auflösen;
- das Geschäft verkaufen;
- Gesellschafter aufnehmen;
- Prokura erteilen oder übertragen;
- Inventar oder Bilanz unterschreiben;
- Grundstücke veräußern oder belasten, sofern er nicht ausdrücklich dazu bevollmächtigt ist.

## Das Erteilen der Prokura

Nur ein Vollkaufmann oder sein gesetzlicher Vertreter darf Prokura erteilen, also nicht ein Minderkaufmann oder ein Handwerker[1].

Die Prokura kann nur durch ausdrückliche (mündliche oder schriftliche) Erklärung erteilt werden. Wie bei der gewöhnlichen Vollmacht wird die Erteilung den Geschäftsfreunden in der Regel durch Rundschreiben bekanntgemacht. Die Erteilung der Prokura ist beim Handelsregister anzumelden; das Amtsgericht kann die Eintragung durch Ordnungsstrafen erzwingen.

**Der Prokurist unterschreibt,** indem er zu der Firma den Zusatz „per prokura" macht. Es ist üblich, „pp." oder „ppa." vor den Namen des Prokuristen oder vor die Firma zu setzen.

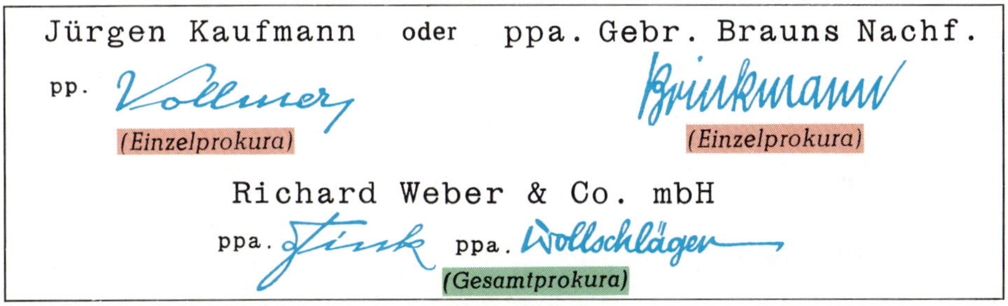


*Abb. 5.3.2.2-1*

## Arten der Prokura

**Einzelprokura.** Der einzelne Prokurist ist ermächtigt, allein die ganze Vertretungsmacht auszuüben. So ist es meist im Klein- und Mittelbetrieb.

**Filialprokura.** Sie ist beschränkt auf den Betrieb einer Zweigniederlassung.

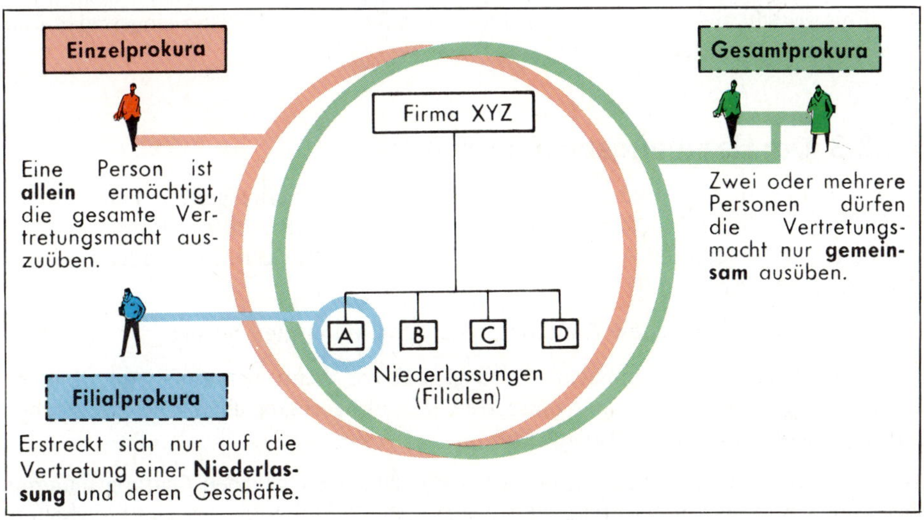


*Abb. 5.3.2.2-2 Arten der Prokura*

1 Es sei denn, es handelt sich um einen handwerklichen Großbetrieb.

**Gesamtprokura.** Zwei oder mehrere Personen können die Vertretungsmacht nur *gemeinsam* ausüben. So unterschreibt bei Aktiengesellschaften der Prokurist in der Regel gemeinsam mit einem Vorstandsmitglied oder einem zweiten Prokuristen.

**Beachte:** Eine darüber hinausgehende Beschränkung der Prokura ist nur im *Innenverhältnis* möglich, *Dritten gegenüber* ist sie aber unwirksam.

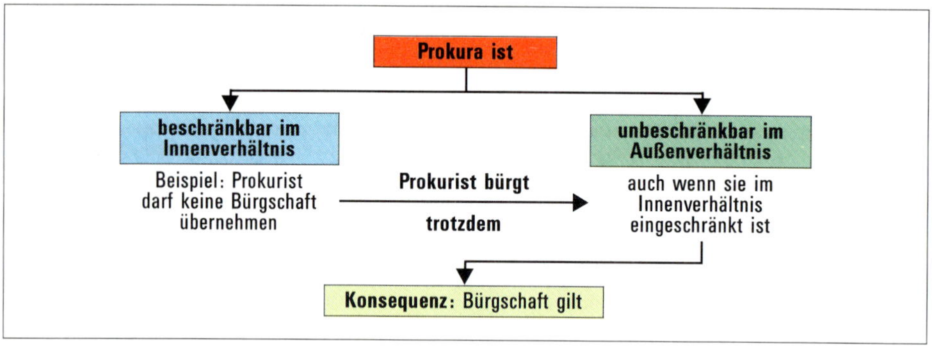


*Abb. 5.3.2.2-3*

## Das Erlöschen der Prokura

Die Prokura erlischt:

- **durch Widerruf** (er ist jederzeit zulässig);
- **mit Beendigung des Rechtsverhältnisses,** auf Grund dessen die Prokura erteilt wurde, z. B. mit dem Ausscheiden des betreffenden Angestellten;
- **mit der Geschäftsauflösung** wegen Konkurses oder Liquidation;
- **bei Veräußerung des Geschäftes,** d. h. bei Aufgabe des Betriebes.

Die Prokura erlischt jedoch nicht mit dem Tode des Inhabers der Firma. Im Außenverhältnis erlischt sie erst, wenn das Erlöschen in das Handelsregister eingetragen und bekanntgemacht worden ist.

## 5.3.2.3 Der Handlungsbevollmächtigte

Welcher Kaufmann wäre in der Lage, alle Arbeiten allein zu erledigen? In einem Kleinbetrieb mag das noch möglich sein. In einem mittleren und größeren Betrieb muß er aber einem oder mehreren Angestellten ein Vertretungsrecht geringeren oder größeren Umfangs übertragen.

Dieses Vertretungsrecht ist die Handlungsvollmacht. Man unterscheidet:

**Sondervollmacht** (Einzelvollmacht). Sie liegt z. B. vor, wenn man einen Auszubildenden beauftragt, den Betrag einer quittierten Rechnung einzuziehen. Die Sondervollmacht gilt also nur *für den einzelnen* Fall.

**Artvollmacht.** Es wird jemand beauftragt, Geschäfte einer gleichen Gattung dauernd abzuschließen. Artbevollmächtigte sind beispielsweise Einkäufer, Verkäufer, Schalterbeamte, Kassierer, Hauptbuchhalter, Lagerverwalter, Reisende. Sie können in dem ihnen zugewiesenen Arbeitsgebiet rechtsgültige Handlungen vornehmen.

**Gesamtvollmacht** (allgemeine Vollmacht, § 54 HGB). Sie ermächtigt zu allen Geschäften und Rechtshandlungen, die der Betrieb eines derartigen Handelsgewerbes gewöhnlich mit sich bringt. Diese Handlungsvollmacht im eigentlichen Sinne haben meist Filialleiter, oft auch Abteilungsleiter. Der Gesamtbevollmächtigte darf keine branchenfremden Geschäfte und keine Geschäfte von außergewöhnlichem Umfang abschließen.

Er darf nur mit ausdrücklicher Erlaubnis für die Firma Grundstücke veräußern und belasten, Darlehen aufnehmen, Wechselverbindlichkeiten eingehen und Prozesse führen. Oft aber hat der *„Gesamtbevollmächtigte“* eine umfassende Vertretungsmacht in allen Geschäften und Rechtshandlungen, die der Vertretene selbst vornehmen könnte.

Der Bevollmächtigte schreibt unter den Namen des Vollmachtgebers seinen Namen. Vor ihn oder den Namen des anderen muß er einen Zusatz setzen, aus dem sich erkennen läßt, daß er in Vollmacht unterschreibt, „i. V.“ oder „für“. Der Sonderbevollmächtigte zeichnet „i. A.“. Der Bevollmächtigte unterschreibt handschriftlich, für die Firma genügt der Stempelaufdruck oder Maschinenschrift.

**Die Erteilung der Vollmacht.** Gewöhnlich werden die allgemein Bevollmächtigten schlechthin als „Bevollmächtigte“ bezeichnet. Von den beiden erstgenannten Arten der Vollmacht wird überhaupt nicht gesprochen; sie können von jedem erteilt werden, der mindestens die gleiche Vollmacht hat. Anders ist es mit der Erteilung der Gesamtvollmacht. Die Gesamtvollmacht können nur Voll- und Minderkaufleute sowie Geschäftsführer und Prokuristen erteilen.

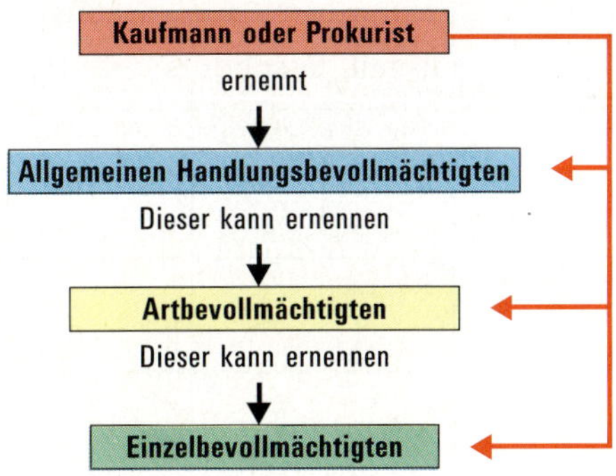


*Abb. 5.3.2.3-1*

Die Erteilung der Vollmacht ist an keine Form gebunden. Sie kann stillschweigend oder durch ausdrückliche Erklärung geschehen. In der Regel wird die Gesamtvollmacht jedoch durch eine ausdrückliche Erklärung erteilt. Das Unternehmen kann den Geschäftsfreunden durch Rundschreiben oder auf einem anderen geeigneten Weg die Erteilung der Vollmacht mitteilen.

### Die Vollmacht erlischt

- **durch Widerruf.** Der Widerruf oder die Entziehung ist jederzeit ohne Rücksicht auf eine Kündigungsfrist zulässig.
- **durch Ausscheiden** aus dem Rechtsverhältnis, das die Vollmacht mit sich brachte (z. B. mit dem Ausscheiden eines Angestellten),
- **durch Geschäftsauflösung** (infolge Liquidation, Konkurses),
- **durch Veräußerung** des Geschäftes.

| **Rechte des Vertreters** der Firma, (Inhaber, Geschäftsführer, Vorstand) | **Prokura**<br>§§ 48–53 HGB<br>Eintragung in HR<br>Fortdauernd bis zur Löschung<br>**ppa.; pp.** | **Gesamtvollmacht**<br>§§ 54–58 HGB<br>Geltend bis zum Widerruf<br>**i. V.** | **Art-Vollmacht**<br>§§ 54–58 HGB<br>Geltend bis zum Widerruf<br>**i. V.** | **Einzel-Vollmacht**<br>§§ 54–58 HGB<br>Geltend für eine einmalige Handlung<br>**i. V.** |
|---|---|---|---|---|
| **Eintragungen** ins Handelsregister anmelden | | | | |
| **Bilanz** unterschreiben | | | | |
| **Änderung** und **Löschung** der Firma | Übertragung dieser Rechte verboten | | | |
| Geschäft **verkaufen** | | | | |
| **Konkurs** anmelden | | | | |
| **Prokura erteilen** und entziehen | | | | |
| **Eid** leisten | | | | |
| Grundstücke **verkaufen** | | Ausübung dieser Rechte | | |
| Grundstücke **belasten** | | nur mit besonders erteilter Ermächtigung | | |
| **Prozesse führen** | | | | |
| **Darlehen** aufnehmen | | | | |
| **Wechsel-**verbindlichkeiten eingehen | | | | |
| **Handlungsvollmacht** erteilen | | | | |
| Grundstücke **kaufen,** mieten oder pachten | | | | |
| Arbeitskräfte **entlassen** | | | | |
| Arbeitskräfte **einstellen** | | | | |
| **Verkaufen** | | | | |
| **Einkaufen** | | | | |
| **Geld einziehen** | | | | |

*Abb. 5.3.2.3-2 Handlungsvollmacht und Prokura*

## 5.3.3 Ausführende Mitarbeiter

### 5.3.3.1 Der kaufmännische Angestellte

Angestellter (Kaufmannsgehilfe) ist, wer in einem Handelsgewerbe zur Leistung kaufmännischer Dienste gegen Entgelt angestellt ist (§ 59 HGB).

Für das Arbeitsverhältnis des Handlungsgehilfen gelten die Bestimmungen der §§ 59–75 HGB, der §§ 611–630 BGB (vor allem über den Dienstvertrag im allgemeinen); der jeweilige Tarifvertrag, Betriebsvereinbarungen und eine Reihe arbeitsrechtlicher Sondergesetze.

#### Pflichten des kaufmännischen Angestellten

**Dienstleistungspflicht und Treuepflicht.** Der Angestellte ist verpflichtet, die Dienste zu leisten, die seinem Angestelltenvertrag entsprechen. Er muß die Interessen des Arbeitgebers nach besten Kräften wahrnehmen, darf keine Geschäftsgeheimnisse verraten und keine Schmiergelder annehmen.

**Wettbewerbsverbot.** Ohne Einwilligung des Arbeitgebers darf er weder ein Handelsgeschäft betreiben noch in dem Geschäftszweig des Arbeitgebers Geschäfte für eigene oder fremde Rechnung betreiben.

Über das gesetzliche Wettbewerbsverbot hinaus wird häufig ein Wettbewerbsverbot bei Kündigung vereinbart. Dieses Wettbewerbsverbot ist jedoch nur gültig, wenn für die vereinbarte Dauer (maximal ein Jahr) ein angemessenes Entgelt gezahlt wird (mindestens 50 % der bisherigen Bezüge) und diese Klausel nicht einseitig vom Arbeitgeber gekündigt werden kann.

#### Pflichten des Arbeitgebers gegenüber dem kaufmännischen Angestellten

**Vergütungspflicht.** Der Arbeitgeber muß dem Angestellten am Ende des Monats das Gehalt zahlen (postnumerando). Das Gehalt muß auch bei unverschuldetem Unglück (z. B. Krankheit) oder sonstiger relativ kurzer Verhinderung (z. B. Ladung als Zeuge vor Gericht oder Berufung als Schöffe) sechs Wochen lang weitergezahlt werden.

**Fürsorgepflicht** (§ 62 HGB). Der Arbeitgeber muß dafür sorgen, daß weder die Gesundheit des Angestellten gefährdet noch dessen Anstandsgefühl verletzt wird. Er hat ferner die Beiträge zur Sozialversicherung den gesetzlichen Vorschriften entsprechend abzuführen.

**Urlaub.** Jeder Arbeitnehmer hat Anspruch auf bezahlten Urlaub (vgl. dazu Abschnitt 5.7.3). Für Erwachsene gilt entweder das Bundesurlaubsgesetz (mindestens 18 Werktage Urlaub) oder ein günstigerer Tarif- oder Arbeitsvertrag. *Jugendliche unter 18 Jahren* erhalten nach dem Jugendarbeitsschutzgesetz einen nach Alter gestaffelten Urlaub, der für 17jährige noch mindestens 25 Werktage beträgt. Im Laufe des Jahres eintretende oder ausscheidende Arbeitnehmer können anteiligen Urlaub beanspruchen.

**Zeugnispflicht** (§ 73 HGB). Der Arbeitgeber muß dem Angestellten beim Ausscheiden aus der Firma ein Zeugnis über Art und Dauer der Beschäftigung ausstellen. Auf seinen Wunsch ist es auch auf Führung und Leistungen auszudehnen. Der Angestellte kann aber dann keine nachträglichen Änderungen verlangen, wenn das Zeugnis wahrheitsgemäß wichtige negative Angaben enthält.

## Beendigung des Dienstverhältnisses

Das Dienstverhältnis der Angestellten kann nach §§ 621, 622, 626, 627 BGB beendigt werden durch:

- **gesetzliche Kündigung.** Sie ist nur zulässig auf das Ende eines Vierteljahres (Quartals); dabei muß eine Kündigungsfrist von 6 Wochen = 42 Tagen eingehalten werden.
- **vertraglich vereinbarte Kündigung.** Sie muß immer auf das Ende eines Kalendermonats lauten. Die vereinbarte Frist kann länger oder kürzer als die gesetzliche Kündigungsfrist sein, darf aber nicht weniger als einen Monat betragen und muß für beide Parteien gleich sein.
- **fristlose Kündigung.** Sie ist möglich, wenn ein wichtiger Grund vorliegt (z. B. Vertrauensbruch, langdauernde Krankheit oder beharrliche Dienstverweigerung des Gehilfen, Pflichtverletzung des Arbeitgebers).

**Die Kündigung** wird erst wirksam, wenn sie dem Vertragspartner (Angestellten) zugegangen ist, in seinen „Machtbereich" gelangt ist. Dies wäre z. B. der Fall, wenn das Kündigungsschreiben zu üblicher Zeit in den Hausbriefkasten geworfen wird. Sie kann auch mündlich ausgesprochen werden.

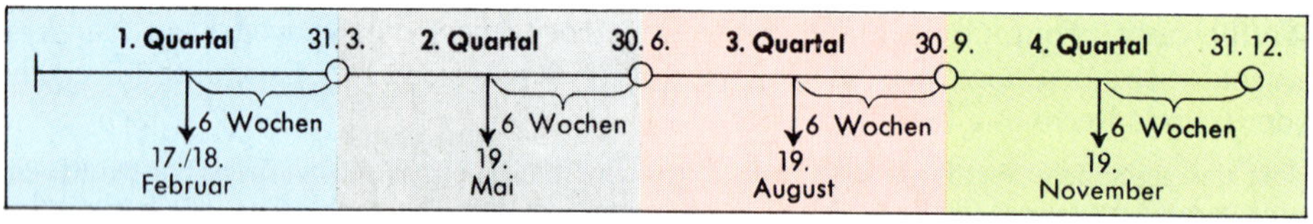


*Abb. 5.3.3.1-1 Kündigungstermine bei gesetzlicher Kündigungsfrist*

Bei Kündigungen sind die Bestimmungen über den Kündigungsschutz zu beachten (vgl. Abschnitt 5.7.4).

Hält der Gekündigte die Kündigung sozial für nicht gerechtfertigt, kann er binnen einer Woche beim Betriebsrat Einspruch einlegen und muß binnen 3 Wochen nach Zugang der Kündigung beim Arbeitsgericht Klage erheben.

**Für langjährige Angestellte,** d. h. solche, die nach dem 25. Lebensjahr mindestens fünf Jahre ununterbrochen in demselben Betrieb tätig waren, beträgt die Kündigungsfrist bei einer Beschäftigungsdauer von mindestens

| | | | |
|---|---|---|---|
| 5 Jahren<br>= 3 Monate | 8 Jahren<br>= 4 Monate | 10 Jahren<br>= 5 Monate | 12 Jahren<br>= 6 Monate |

Die Bestimmungen des Gesetzes über die Kündigung von Angestellten (KschG) vom 09.07.1926 in der Fassung der Bekanntmachung vom 25.08.1969 gelten nur für Unternehmen, die regelmäßig mehr als fünf Angestellte – ohne Auszubildende – beschäftigen. Für den Arbeitnehmer gelten die normalen Kündigungsfristen.

## Aufgaben

1. Entnehmen Sie Ihrer regionalen Tageszeitung (Anzeigenteil!) einen Auszug aus dem Handelsregister, bei dem es um die Erteilung/den Entzug von Prokura geht.
2. Nennen Sie die Unterschiede zwischen Handlungsvollmacht und Prokura.
3. Nennen und beschreiben Sie Pflichten eines kaufmännischen Angestellten.

4. Nennen und beschreiben Sie Rechte und Pflichten des Arbeitgebers gegenüber dem kaufmännischen Angestellten.
5. Nennen Sie drei Ihnen wesentlich erscheinende Aufgaben eines Handlungsreisenden und beschreiben Sie, welche Sie davon besonders interessieren würden.
6. Der Geschäftsinhaber hat seinem Prokuristen M. untersagt, Wechsel für die Firma zu akzeptieren. Wie ist die Rechtslage, wenn M. sich nicht an dieses Verbot hält?
7. Der Geschäftsinhaber hat seinem 17jährigen Sohn Prokura erteilt. Ist das möglich?
8. Warum ist es notwendig, daß der Prokurist seinem Namen einen Zusatz hinzufügt?
9. Sind Vorstandsmitglieder und Geschäftsführer Arbeitgeber oder Arbeitnehmer?
10. Wodurch unterscheidet sich der allgemein Bevollmächtigte vom Prokuristen?
11. Ist folgende Kündigungsklausel rechtens:

    „Für den Arbeitnehmer gilt eine Kündigungsfrist von 6 Monaten zum Halbjahresende. Der Arbeitgeber kann bis spätestens zum letzten Tage jeden Halbjahres auf das Ende des folgenden Halbjahres kündigen."
12. Welche Mindestvorschriften beschränken die freiwillige Urlaubsvereinbarung?
13. Entscheiden Sie in den folgenden Fällen, ob Art-, Sonder- oder Gesamtvollmacht vorliegt:
    a) Ein Auszubildender wird zum Postamt geschickt, um Briefmarken zu kaufen.
    b) Ein Vertrag wird unterzeichnet, der eine ständige Lieferung von Waren gegen Wechsel für zwei Jahre vorsieht.
    c) Ein Angestellter wird beauftragt, den Verkauf der elektrischen Schreibmaschinen selbstverantwortlich durchzuführen.
    d) Ein Kaufvertrag über den Kauf eines Grundstückes wird unterzeichnet.
    e) Ein neuer Mitarbeiter wird eingestellt.
14. Warum kann ein Handlungsbevollmächtigter ohne ausdrückliche Ermächtigung keine Wechselverbindlichkeiten eingehen?
15. Welche Form ist für die Erteilung der Vollmacht a) vorgeschrieben, b) zweckmäßig?
16. Ist in den folgenden Fällen die Vollmacht erloschen?
    a) Ein Filialleiter wird als Abteilungsleiter in die Zentrale versetzt.
    b) Der Inhaber des Unternehmens, bei dem A als Geschäftsführer angestellt war, stirbt.
    c) Die Vollmacht wird ohne angemessene Kündigungsfrist entzogen.

## Zusammenfassung

- Der **Unternehmer** bzw. die Unternehmensleitung trifft die wesentlichen betrieblichen Entscheidungen.
- Ihm bzw. ihr zur Seite stehen **leitende Mitarbeiter:**
  a) **Vorstandsmitglieder** bzw. **Geschäftsführer** bei Kapitalgesellschaften. Sie übernehmen unternehmerische Aufgaben, sind aber gleichzeitig Angestellte des Unternehmens.
  b) Der **Prokurist.** Er hat ein Vertretungsrecht großen Umfangs und kann alle gewöhnlichen und außergewöhnlichen Geschäfte tätigen.

  Rechtshandlungen, die wesentliche Belange des Unternehmens berühren, darf der Prokurist nicht vornehmen (z. B. das Geschäft auflösen u. a.).

  Die Prokura kann mündlich oder schriftlich erteilt werden; Erteilung und Erlöschen der Prokura werden ins Handelsregister eingetragen.

c) Der **Handlungsbevollmächtigte** hat das Recht der Vertretung. Man unterscheidet
*Sondervollmacht:* gilt nur für den einzelnen Fall (Beispiel: Auszubildender holt Briefmarken);
*Artvollmacht:* hier werden dauernd Geschäfte gleicher Art getätigt (etwa: Aufgabenbereich des Einkäufers);
*Gesamtvollmacht:* ermächtigt zu allen Rechtshandlungen, die in einem Unternehmen gewöhnlich anfallen (z. B. Tätigkeit eines Abteilungsleiters).

- Die Erteilung der Vollmacht ist nicht an eine bestimmte Form gebunden.

Ein weiterer wichtiger Mitarbeiter des Unternehmers ist der **kaufmännische** Angestellte.

| Pflichten des Angestellten | Rechte des Angestellten auf |
|---|---|
| Dienstleistungspflicht | Vergütung |
| Treuepflicht | Fürsorge |
| Schweigepflicht | Urlaub |
| Wettbewerbsverbot | Ausstellung eines Zeugnisses |

Das Dienstverhältnis wird beendet durch gesetzliche, vertraglich vereinbarte oder fristlose Kündigung.

Für langjährige Angestellte gibt es besondere **Kündigungsfristen.**

## 5.4 Der kollektive Arbeitsvertrag

Neben dem individuellen Arbeitsvertrag zwischen dem einzelnen Arbeitnehmer und dem Arbeitgeber gibt es auch sog. kollektive Arbeitsverträge (Tarifverträge). Die Bedingungen eines solchen Vertrages, der für große Berufsgruppen gilt, werden von den Gewerkschaften (Arbeitnehmerverbänden) und den Arbeitgeberverbänden festgelegt.

Grundlage für den kollektiven Arbeitsvertrag ist das Tarifvertragsgesetz (TVG) vom 09.04.1949, das den Tarifvertragsparteien das Recht zugesteht, Arbeitsbedingungen für die Mitglieder der Tarifvertragsparteien rechtsverbindlich zu regeln (Tarifautonomie).

### 5.4.1 Die Sozialpartner

**Die Gewerkschaften** sind im 19. Jahrhundert als Selbsthilfeorganisationen der Arbeitnehmer entstanden. Ihre wichtigste Aufgabe ist es, auf dem Wege von Verhandlungen mit den Arbeitgeberverbänden, nötigenfalls auch durch Streiks,

- den Anteil der Arbeitnehmer am „Sozialprodukt", d. h. am Volkseinkommen, zu erhöhen;
- die Arbeitsbedingungen ständig zu verbessern (Arbeitszeit, Urlaub, Kündigungsschutz, Arbeitsschutz im Betrieb) und darüber hinaus
- die staatliche Wirtschafts- und Sozialpolitik im Sinne dieser Zielsetzungen zu beeinflussen;
- die soziale Sicherheit durch Vollbeschäftigung (Sicherung des Arbeitsplatzes) und weiteren Ausbau der staatlichen Sozialversicherung zu erhöhen.

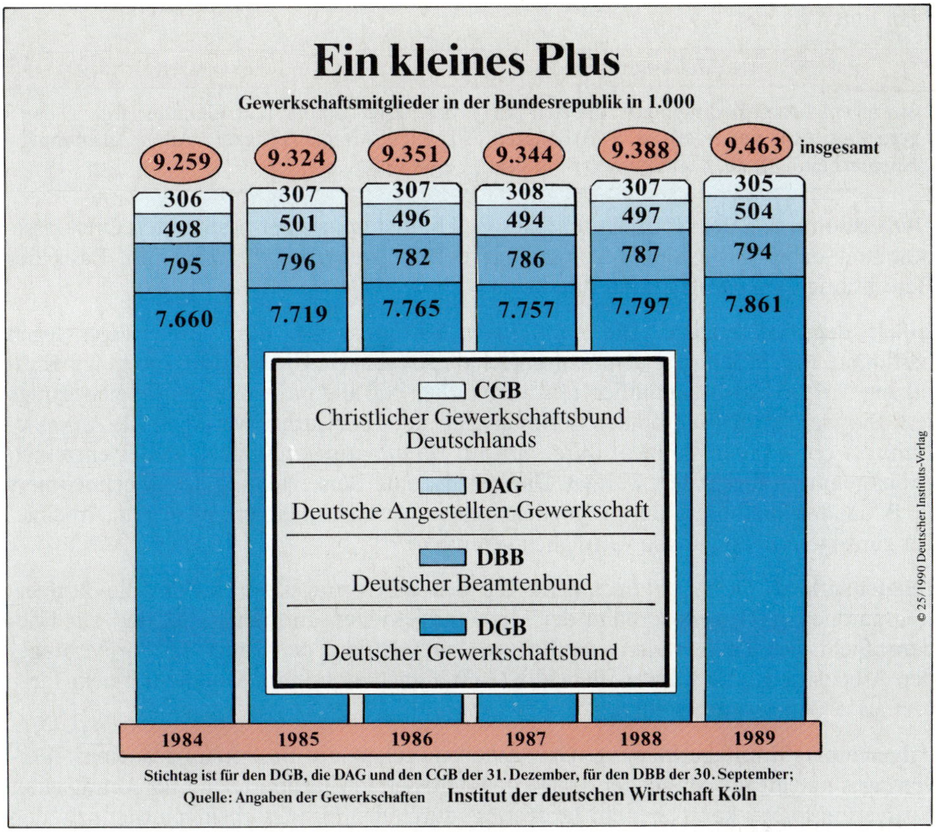


*Abb. 5.4.1-1*

Der Deutsche Gewerkschaftsbund (DGB) umfaßt als Dachorganisation heute 17 Gewerkschaften, die alle organisierten Arbeitnehmer eines bestimmten Wirtschaftszweiges umfassen. Daneben bestehen noch die Deutsche Angestelltengewerkschaft (DAG), die in Fachgruppen aufgegliedert ist (Industrie, Handel, Banken, Versicherungen usw.), der Deutsche Handels- und Industrieangestellten-Verband (DHV), der Verband der weiblichen Angestellten e. V. und die Christliche Gewerkschaftsbewegung Deutschlands (CGB). Über 40 % der Arbeitnehmer gehören einer Gewerkschaft an.

**Die Arbeitgeberverbände.** Den Gewerkschaften stehen als Tarifpartner die Arbeitgeberverbände gegenüber, die in der „Bundesvereinigung der Deutschen Arbeitgeberverbände" (BAA) zusammengeschlossen sind und rd. 90 % aller privaten Unternehmen vertreten.

## 5.4.2 Der Tarifvertrag

Ein Tarifvertrag ist ein zwischen einem einzelnen Arbeitgeber oder einem Arbeitgeberverband und einem Arbeitnehmerverband schriftlich abgeschlossener Kollektivvertrag, der die Arbeitsbedingungen einheitlich für eine bestimmte Zeit für alle Mitglieder der *Tarifverbände* festlegt.

Man unterscheidet:

| Rahmen- oder Manteltarifverträge | Lohn- und Gehaltstarifverträge |
|---|---|
| Sie regeln Arbeitsbedingungen, die sich längere Zeit nicht verändern, z. B. Arbeitszeit, Nachtarbeit, Urlaub, Kündigungsfristen usw. | Sie legen Löhne und Gehälter fest. Dabei spielen Art der Tätigkeit, Alter, Ausbildung eine Rolle. |

**Der Ecklohn,** d. i. der Normallohn eines Beschäftigten in einer bestimmten Ortsklasse, bestimmt dabei das gesamte Lohngefüge des Tarifvertrages. Er bildet die Basis der Berechnung für Zuschläge und Abschläge.

**Inhalt der Tarifverträge.** Die *normativen Bestimmungen* des Tarifvertrages legen bestimmte *Arbeitsbedingungen* (Lohn, Gehalt, Arbeitszeit, Überstundenzuschläge, Kündigung, Urlaub usw.) einheitlich und verbindlich für alle individuellen Arbeitsverträge fest. Sie werden also automatisch Bestandteil der Einzelarbeitsverträge. Als *Mindestbedingungen* können sie nicht durch private Vereinbarung zuungunsten des einzelnen Arbeitnehmers abgeändert werden. Dagegen ist eine Besserstellung des Arbeitnehmers (z. B. übertarifliche Bezahlung) möglich, indem der Arbeitnehmer mit seinem Arbeitgeber günstigere Bedingungen vertraglich vereinbart.

**Friedenspflicht.** Der *schuldrechtliche* Teil des Tarifvertrages verpflichtet die Tarifvertragsparteien (z. B. den Verband der Metallindustriellen und die IG Metall) zur Friedenspflicht. Die Tarifparteien verpflichten sich, während der Dauer des Tarifvertrages den Arbeitsfrieden zu wahren, d. h. alle Maßnahmen zu unterlassen, die mit dem Tarifvertrag in Widerspruch stehen.

**Allgemeinverbindlicherklärung.** Grundsätzlich gelten die Bestimmungen eines Tarifvertrages nur für die Mitglieder der vertragschließenden Tarifparteien. Auf Antrag einer Tarifvertragspartei kann aber ein Tarifvertrag durch den Bundesarbeitsminister bzw. den Arbeitsminister des Landes für allgemeinverbindlich erklärt werden, wenn die tarifgebundenen Arbeitgeber nicht weniger als 50 % der unter den Geltungsbereich des Tarifvertrages fallenden Arbeitnehmer beschäftigen und wenn die Allgemeinverbindlichkeitserklärung im öffentlichen Interesse liegt.

**Ablauf des Tarifvertrages.** Der Tarifvertrag endet durch Zeitablauf oder durch Kündigung. Ein abgeschlossener Tarifvertrag behält seine Gültigkeit bis zum Abschluß eines neuen Tarifvertrages.

## Arbeitskämpfe

Arbeitskämpfe erstreben veränderte Arbeitsbedingungen. Streik und Aussperrung sind die Hauptmittel des Arbeitskampfes.

**Der Streik** ist die gemeinschaftliche vorübergehende Arbeitseinstellung mehrerer Arbeitnehmer. Ihm geht meist eine Meinungsbefragung der Arbeitnehmer durch die Gewerkschaft – die Urabstimmung – voraus.

**Die Aussperrung** ist eine fristlose Massenentlassung der Arbeitnehmer durch den Arbeitgeber. Sie löst im Normalfall das Arbeitsverhältnis ebensowenig auf wie der Streik.

**Das Schlichtungsverfahren** bei Tarifstreitigkeiten ist durch freiwillige Vereinbarungen zwischen den Arbeitgeber- und den Arbeitnehmerorganisationen heute überwiegend eingeführt. Das bedeutet, daß Arbeitskämpfe erst dann eingeleitet werden, wenn unter neutralem Vorsitz Schlichtungsverhandlungen vorangegangen sind. Diese Schlichtungsaufgabe wird zwar häufig von exponierten Persönlichkeiten des staatlichen Lebens (z. B. Landesarbeitsminister) wahrgenommen, sie ist jedoch keine staatliche Aufgabe. Insbesondere bei Uneinigkeit über die Lohntarifverträge werden Schlichtungsverhandlungen geführt.

### Betriebsvereinbarungen

Betriebsvereinbarungen (Betriebssatzungen) sind neben den Tarifverträgen eine weitere Quelle des kollektiven Arbeitsrechts.

Sie beruhen auf der Autonomie von Arbeitgeber und Betriebsrat, d. h. sie werden zwischen den einzelnen Arbeitgebern und dem jeweiligen Betriebsrat abgeschlossen, dürfen den Tarifverträgen nicht entgegenstehen und gelten nur für einen einzelnen Betrieb. Sie regeln z. B. die Gestaltung der Betriebsordnung, Fragen der Lohnzahlung (bargeldlose und monatliche Zahlung), Nachholen ausgefallener Arbeitstage, zusätzliche Sozialleistungen usw.

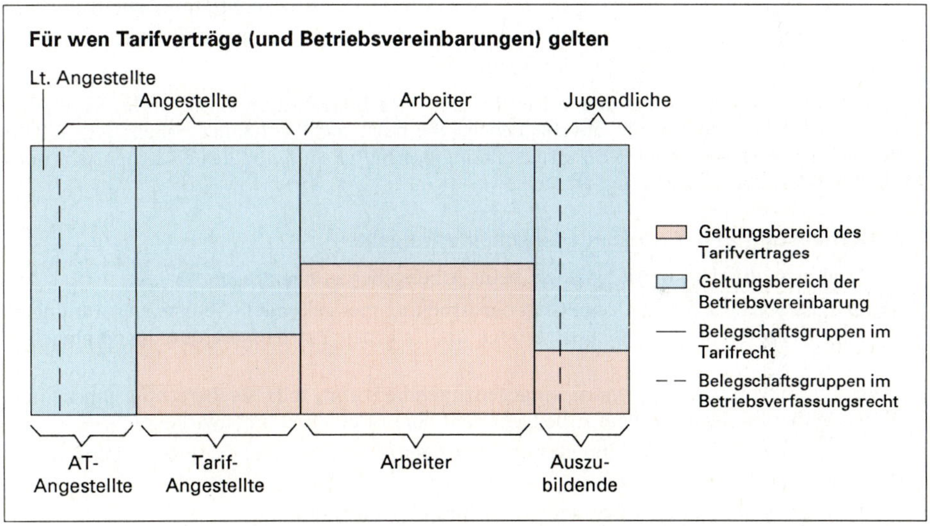


*Abb. 5.4.2-1 Geltungsbereich von Tarifverträgen und Betriebsvereinbarungen*

# 5.5 Die Mitbestimmung

## 5.5.1 Der Betriebsrat: Mitbestimmung im Betrieb

Der Betrieb ist nicht nur eine technisch-wirtschaftliche Einheit, sondern auch ein soziales Gebilde, Lebensraum für den schaffenden Menschen, dessen Schicksal mit dem seines Betriebes eng verbunden ist. Aus dieser Sicht und dem Wandel der gesellschaftlichen Anschauungen über die Stellung des Arbeitnehmers in der modernen Industriegesellschaft findet die Forderung nach Mitbestimmung im Betrieb ihre innere Begründung.

Gesetzliche Regelungen dazu findet man im **Gesetz über die Mitbestimmung der Arbeitnehmer in den Aufsichtsräten und Vorständen der Unternehmen des Bergbaus und der eisen- und stahlerzeugenden Industrie (Montangesetz) vom 21. Mai 1951**.

Nur ein kleiner Teil der Arbeitnehmer kam durch dieses Gesetz in den Genuß der Mitbestimmung.

Wesentlich erweitert wurde die Mitbestimmung durch das **Gesetz über die Mitbestimmung der Arbeitnehmer vom 4. Mai 1976, geändert 1988**, das nun auch Unternehmungen mit mehr als 2 000 Arbeitnehmern erfaßte. Das **Betriebsverfassungsgesetz vom 15. Januar 1972** schließlich gewährt dem Arbeitnehmer eine Reihe von Rechten, die über den sog. Betriebsrat, der die Arbeitnehmer vertritt, geltend gemacht werden können.

**Wahl des Betriebsrates.** Ein Betriebsrat wird in allen Betrieben, die in der Regel mindestens 5 wahlberechtigte Arbeitnehmer ständig beschäftigen, in gleicher, geheimer und unmittelbarer Wahl für 4 Jahre gewählt. Wahlberechtigt sind alle Arbeitnehmer über 18 Jahre, wählbar sind die Wahlberechtigten, die sechs Monate dem Betrieb angehören. Der Betriebsrat besteht *in kleineren Betrieben* mit 5 bis 20 wahlberechtigten Arbeitnehmern aus einer Person *(Betriebsobmann)*, in den größeren Betrieben aus einer nach der Zahl der Betriebsangehörigen gestaffelten Mitgliederzahl.

**Eine Jugend- und Auszubildendenvertretung** gibt es in Betrieben, in denen in der Regel mindestens fünf Arbeitnehmer, die das 18. Lebensjahr noch nicht vollendet haben (jugendliche Arbeitnehmer) oder die zu ihrer Berufsausbildung beschäftigt sind und das 25. Lebensjahr noch nicht vollendet haben, beschäftigt werden.

**Der Betriebsrat** hat u. a. folgende allgemeine Aufgaben:

- Maßnahmen, die dem Betrieb dienen, beim Arbeitgeber zu beantragen;
- darüber zu wachen, daß die zugunsten der Arbeitnehmer geltenden Gesetze, Verordnungen, Unfallverhütungsvorschriften, Tarifverträge und internen Betriebsvereinbarungen eingehalten werden;
- Anregungen von Arbeitnehmern entgegenzunehmen und, falls sie berechtigt erscheinen, durch Verhandlungen mit dem Arbeitgeber auf eine Erledigung hinzuwirken;
- die Eingliederung Schwerbehinderter und sonstiger besonders schutzbedürftiger Personen zu fördern;
- die Beschäftigung älterer Arbeitnehmer im Betrieb zu fördern.

**Ein Mitbestimmungsrecht** hat der Betriebsrat in folgenden sozialen Angelegenheiten:

- Fragen der Ordnung und des Verhaltens der Arbeitnehmer im Betrieb;
- Beginn und Ende der täglichen Arbeitszeit einschließlich der Pausen sowie Verteilung der Arbeitszeit auf die einzelnen Wochentage;
- vorübergehende Verkürzung oder Verlängerung der betriebsüblichen Arbeitszeit;
- Zeit, Ort und Art der Auszahlung der Arbeitsentgelte;
- Aufstellung allgemeiner Urlaubsgrundsätze und des Urlaubsplans;
- Regelungen über die Verhütung von Arbeitsunfällen und Berufskrankheiten sowie über den Gesundheitsschutz;
- Fragen der betrieblichen Lohngestaltung; insbesondere die Aufstellung von Entlohnungsgrundsätzen;
- Festsetzung der Akkord- und Prämiensätze einschließlich der Geldfaktoren;
- Grundsätze über das betriebliche Vorschlagswesen.

**In personellen Angelegenheiten** (bei Einstellungen, Umgruppierungen, Versetzungen, Kündigungen) muß der Arbeitgeber – wenn der Betrieb in der Regel mehr als 20 wahlberechtigte Arbeitnehmer beschäftigt – den Betriebsrat vor jeder solchen Maßnahme unterrichten und die Stellungnahme des Betriebsrates einholen. Der Betriebsrat kann die Zustimmung verweigern und gegebenenfalls das Arbeitsgericht anrufen. In diesem Falle kann der Arbeitgeber beim Arbeitsgericht beantragen, die Zustimmung des Betriebsrates zu ersetzen. (Vgl. dazu § 102 BetrVG.)

**Mitbestimmung in wirtschaftlichen Angelegenheiten.** Bei geplanten Betriebsveränderungen, z. B. bei einer Einschränkung, Stillegung oder Verlegung des Betriebes oder wesentlicher Betriebsteile, bei einem Zusammenschluß mit anderen Betrieben oder bei Einführung neuer Arbeitsmethoden, die wesentliche Nachteile für die Belegschaft haben können, *muß der Unternehmer* (in Betrieben mit in der Regel mehr als 20 ständig beschäftigten Arbeitnehmern) den Betriebsrat frühzeitig informieren und mit ihm über einen Interessenausgleich verhandeln.

**Ein Wirtschaftsausschuß** ist in allen Unternehmen mit mehr als 100 ständig beschäftigten Arbeitnehmern zu bilden und besteht aus 3 bis 7 Mitgliedern, die Betriebsangehörige sind und vom Betriebsrat bestimmt werden. Der Wirtschaftsausschuß hat Anspruch auf rechtzeitige und umfassende Unterrichtung über die wirtschaftlichen Angelegenheiten des Unternehmens, insbesondere über:

- die wirtschaftliche und finanzielle Lage des Unternehmens;
- die Produktions- und Absatzlage, Rationalisierungsvorhaben;
- das Produktions- und Investitionsprogramm;
- Fabrikations- und Arbeitsmethoden;
- die Einschränkung oder Stillegung von Betrieben oder von Betriebsteilen;
- die Verlegung von Betrieben oder Betriebsteilen; den Zusammenschluß von Betrieben.

**Meinungsverschiedenheiten** zwischen Arbeitgebern und Arbeitnehmern sollen durch eine sog. *Einigungsstelle* bereinigt werden. Sie besteht jeweils aus der gleichen Zahl von Mitgliedern, die Arbeitgeber und Betriebsrat vertreten. Auf den Vorsitzenden müssen sich die Parteien einigen. Kommt keine Einigung zustande, bestellt das Arbeitsgericht den Vorsitzenden.

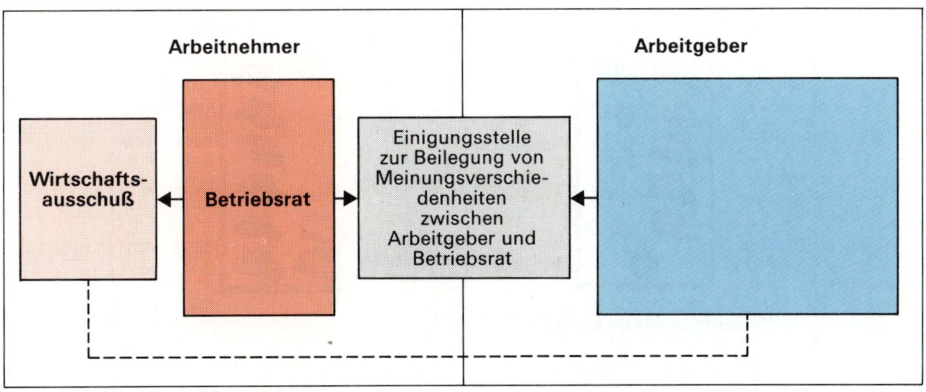


*Abb. 5.5.1-1 Die Einigungsstelle*

## 5.5.2 Die Mitbestimmung im Aufsichtsrat und Vorstand von Unternehmen

Direkten Einfluß auf die Leitung der Unternehmen können die Arbeitnehmer bzw. zum Teil auch hauptamtliche Gewerkschaftsfunktionäre als Mitglieder des Aufsichtsrates und des Vorstandes *nur bei Kapitalgesellschaften* ausüben.

**Nach dem Betriebsverfassungsgesetz** müssen im Aufsichtsrat von Aktiengesellschaften und Kommanditgesellschaften auf Aktien *mit weniger als 2000 Beschäftigten* (ausgenommen Familienaktiengesellschaften mit weniger als 500 Arbeitnehmern), ferner von Gesellschaften mit beschränkter Haftung und Genossenschaften mit mehr als 500 Beschäftigten die Arbeitnehmer *mit einem Drittel* („Drittel-Parität") der Sitze vertreten sein.

**In den Großbetrieben der Montan-Industrie** besitzen die Arbeitnehmer bzw. die Gewerkschaften nach dem Gesetz über die Mitbestimmung der Arbeitnehmer in den Aufsichtsräten und Vorständen bei Unternehmen des Bergbaus und der eisen- und stahlerzeugenden Industrie **(Montangesetz vom 21.05.1951 und Mitbestimmungsergänzungsgesetz in der Fassung der Gesetze vom 27.04.1967 und 21.05.1980)** ein wesentlich umfangreicheres Mitbestimmungsrecht.

Der Aufsichtsrat umfaßt 11 Mitglieder, von denen 5 der Arbeitnehmer- und weitere 5 der Arbeitgeberseite angehören. 1 Mitglied ist neutral. Unter den Arbeitnehmervertretern muß je ein im Betrieb beschäftigter Arbeiter und Angestellter sein, die die Zustimmung der Gewerkschaft finden. Zwei weitere Mitglieder schlägt die im Betrieb vertretene Gewerkschaft im Einvernehmen mit dem Betriebsrat vor. Die sog. „weiteren Mitglieder" dürfen weder der Arbeitgeber- oder Arbeitnehmerseite angehören; sie sollen unabhängig und wirtschaftlich nicht am Unternehmen interessiert sein. Die je 5 Vertreter der Arbeitgeber und Arbeitnehmer werden vom Wahlorgan der Gesellschaft (Hauptversammlung bei der AG) gewählt. *Das 11., neutrale, Mitglied* wird auf Vorschlag der bereits gewählten Aufsichtsratsmitglieder von der HV gewählt, wobei von jeder Seite mindestens drei Mitglieder zustimmen müssen.

Bei größeren Gesellschaften sind ab 20 Mio. Grundkapital 15, ab 50 Mio. Grundkapital 21 Aufsichtsratsmitglieder möglich. Zur Beschlußfähigkeit ist mindestens die Hälfte der Aufsichtsratsmitglieder erforderlich.

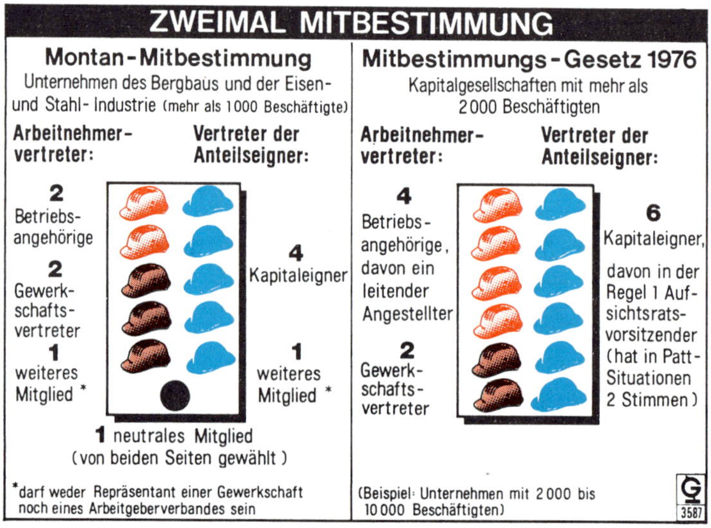


*Abb. 5.5.2-1 Zusammensetzung des Aufsichtsrates (Beispiele)*

Das Gesetz über die Mitbestimmung der Arbeitnehmer vom 04.05.1976 gilt für große Kapitalgesellschaften mit mehr als 2000 Beschäftigten (außerhalb des Montanbereichs).

**Der Aufsichtsrat** wird *paritätisch* mit Vertretern der Anteilseigner und der Arbeitnehmer besetzt. Die Zahl der Mitglieder hängt ab von der Zahl der Beschäftigten: bis 10000 Beschäftigte = 12 Mitglieder; bis 20000 Beschäftigte = 16 Mitglieder; über 20000 Beschäftigte = 20 Mitglieder. Bei 20 Mitgliedern müssen von den zehn Vertretern der Arbeitnehmerseite *3 Gewerkschaftsvertreter* (auch Firmenfremde) sein. Das Vorschlagsrecht haben die im Betrieb vertretenen Gewerkschaften.

**Ein Arbeitsdirektor** ist als gleichberechtigtes Mitglied des Vorstandes durch den Aufsichtsrat zu bestellen. Er kann nicht gegen die Stimmen der Mehrheit der Arbeitnehmervertreter im Aufsichtsrat gewählt bzw. abgewählt werden.

**Beispiel für Unternehmen mit mehr als 20000 Arbeitnehmern**
(Mitbestimmungsgesetz vom 04.05.1976)

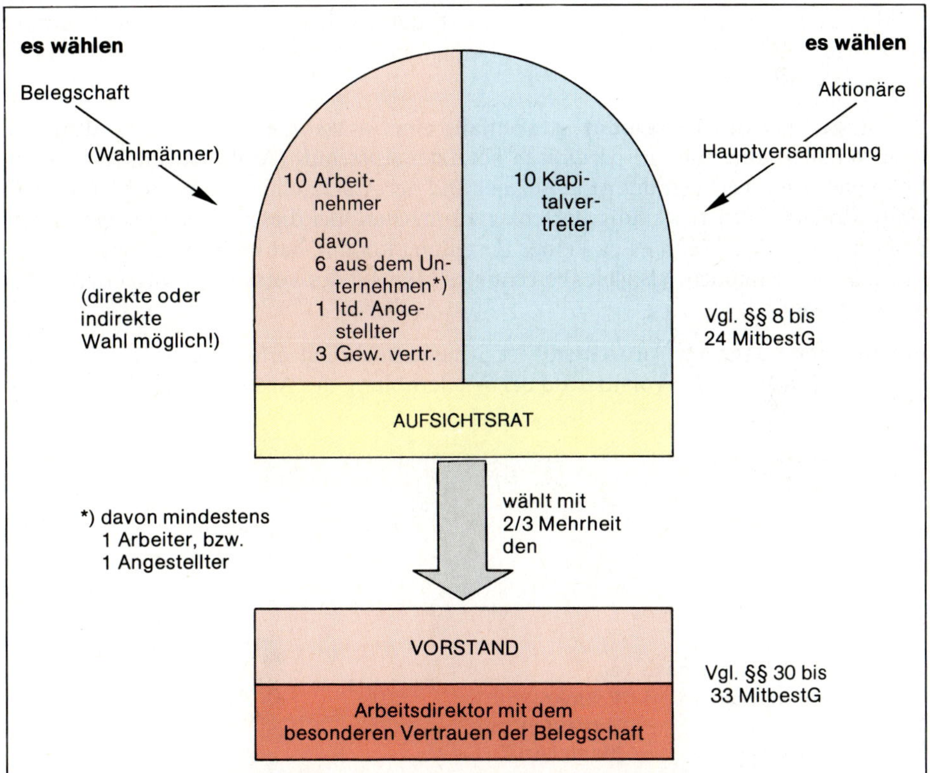


| | Verhältnis im Aufsichtsrat |
|---|---|
| bis 10000 Arbeitnehmer | 6 : 6 |
| bis 20000 Arbeitnehmer | 8 : 8 |
| über 20000 Arbeitnehmer | 10 : 10 |

*Abb. 5.5.2-2 Zusammensetzung des Aufsichtsrates*

Es sind *zwei Wahlverfahren* möglich: bei Betrieben bis zu 8000 Beschäftigten die Direktwahl (Urwahl), bei mehr als 8000 Beschäftigten die *mittelbare* Wahl durch ein Wahlmännergremium. Eine Änderung des Wahlverfahrens ist zulässig, wenn ein entsprechender Antrag von $^1/_{20}$ der Wahlberechtigten unterschrieben ist, 50 % der Wahlberechtigten an der geheimen Wahl teilnehmen und die Mehrheit dafür stimmt. Bei der Wahl des Wahlmännergremiums wählen Arbeiter und Angestellte getrennt ihre Kandidaten. Bei Betrieben bis zu 30000 Wahlberechtigten entfällt auf je 60 wahlberechtigte Arbeitnehmer ein Wahlmann. Die Wahlmänner verteilen sich auf Arbeiter und Angestellte (einschließlich leitende Angestellte) entsprechend ihrer Stärke im Betrieb.

Unter *leitenden Angestellten* versteht man nach **§ 5 (3) BVG** Angestellte, die nach Dienststellung und -vertrag zur selbständigen Einstellung und Entlassung berechtigt sind oder *Generalvollmacht oder Prokura* besitzen oder im wesentlichen eigenverantwortlich besonders bedeutende Aufgaben wahrzunehmen haben.

**Zur Wahl des Vorsitzenden des Aufsichtsrats** und des Stellvertreters ist im 1. Wahlgang $^2/_3$-Mehrheit erforderlich; im 2. Wahlgang soll der Vorsitzende von den Vertretern der Anteilseigner, der Stellvertreter von den Arbeitnehmervertretern jeweils mit Stimmenmehrheit gewählt werden.

**Zur Bestellung des Vorstandes** ist ebenfalls eine $^2/_3$-Mehrheit erforderlich. Wenn sie nicht erreicht wird, hat ein paritätisch besetzter Ausschuß (AR-Vorsitzender, Stellvertreter und je ein Vertreter der Anteilseigner und der Arbeitnehmer im Betrieb) innerhalb eines Monats einen Bestellungsvorschlag zu machen. Bei dieser Bestellung genügt die einfache Mehrheit. Wenn es zu keiner Bestellung kommt, hat im 3. Wahlgang der Vorsitzende zwei Stimmen. Als gleichberechtigtes Mitglied des Vorstandes wird ein Arbeitsdirektor bestellt.

**Bei Abstimmungen im Aufsichtsrat** ist Stimmenmehrheit erforderlich. Bei Stimmengleichheit (Patt) hat der Vorsitzende bei Wiederholung der Abstimmung *Doppelstimmrecht.*

## Aufgaben

1. Was ist der Begriffsinhalt von:
   - Arbeitsvertrag,
   - Tarifvertrag,
   - Tarifparteien,
   - Ecklohn,
   - Tarifautonomie,
   - Manteltarif?

   Formulieren Sie ganz kurz.
2. Nennen Sie wichtige Tarifparteien. Wen vertreten sie?
3. Früher einigten sich Fabrikant (Kaufherr) und Arbeiter (Angestellter) von Fall zu Fall über die Lohn- und Arbeitsbedingungen. Heute sind an die Stelle privater Abmachungen Vereinbarungen getreten, die Gesetzescharakter haben.
   a) Wie heißen derartige Abmachungen?
   b) Welchen Inhalt (was regeln sie?) haben diese Vereinbarungen?
4. Erklären Sie kurz den Sinn der Tarifautonomie.

5. Lesen Sie die folgenden Paragraphen des Tarifvertragsgesetzes, und machen Sie kurze Aussagen über Inhalt, beteiligte Parteien und die Bindung beim Tarifvertrag.

**Tarifvertragsgesetz** vom 25.08.1969

**§ 1**

(1) Der Tarifvertrag regelt die Rechte und Pflichten der Tarifvertragsparteien und enthält Rechtsnormen, die den Inhalt, den Abschluß und die Beendigung von Arbeitsverhältnissen sowie betriebliche und betriebsverfassungsrechtliche Fragen ordnen können.

(2) Tarifverträge bedürfen der Schriftform.

**§ 2 Tarifvertragsparteien**

(1) Tarifvertragsparteien sind Gewerkschaften, einzelne Arbeitgeber sowie Vereinigungen von Arbeitgebern.

(2) Zusammenschlüsse von Gewerkschaften und von Vereinigungen von Arbeitgebern (Spitzenorganisationen) können im Namen der ihnen angeschlossenen Verbände Tarifverträge abschließen, wenn sie eine entsprechende Vollmacht haben.

...

**§ 3 Tarifgebundenheit**

(1) Tarifgebunden sind die Mitglieder der Tarifvertragsparteien und der Arbeitgeber, der selbst Partei des Tarifvertrages ist.

(2) Rechtsnormen des Tarifvertrages über betriebliche und betriebsverfassungsrechtliche Fragen gelten für alle Betriebe, deren Arbeitgeber tarifgebunden sind.

(3) Die Tarifgebundenheit bleibt bestehen bis der Tarifvertrag endet.

6. Erbitten Sie bei der für Ihren Beruf (Betrieb) zuständigen Gewerkschaft schriftlich oder mündlich (aufsuchen) den für Sie geltenden Tarifvertrag.

7. Erstellen Sie eine Tabelle nach folgendem Muster, die die Mitbestimmung im Betrieb und im Unternehmensbereich unterscheidet.

| | Mitbestimmung | |
|---|---|---|
| | im Betrieb (vgl. 5.5.1) | im Unternehmen (vgl. 5.2.2) |
| dazu geltende Gesetze | ? | ? |
| in/mit welchem Gremium wird mitbestimmt? | ? | ? |

8. Unterscheiden Sie: Mitbestimmung im Betrieb (vgl. Abschnitt 5.5.1) und Mitbestimmung im Unternehmensbereich (vgl. Abschnitt 5.5.2). Wo liegen die *zwei* Hauptunterschiede?

9. Welchen Aufgabenbereich hat der Arbeitnehmervertreter üblicherweise im Vorstand (= Unternehmensleitung) eines Großunternehmens, das dem MitbestG von 1976 unterliegt? Erscheint Ihnen diese Aufgabenzuweisung sinnvoll?

10. Rechtliche Fragen:
Welche Unternehmen/Betriebe haben laut Gesetz
– einen Betriebsrat,
– eine betriebliche Jugend- und Auszubildendenvertretung,
– Mitbestimmung nach „Drittel-Parität",
– Mitbestimmung als sog. Montan-Mitbestimmung,
– Mitbestimmung nach dem MitbestG von 1976?

11. Diskutieren Sie das Für und Wider zur folgenden Behauptung: „Zuviel Mitbestimmung der Arbeitnehmer im Unternehmensbereich verwässert die Tarifautonomie. Das Beispiel des Arbeitsdirektors (der als Arbeitnehmervertreter im Unternehmensvorstand sitzt), der ja quasi in beiden Tarifparteien vertreten ist, kann das beweisen."

12. Das Betriebsverfassungsgesetz von 1972, zuletzt geändert am 13.07.1988, regelt auch die betriebliche Jugendvertretung.

Halten Sie eine derartige Vertretung für notwendig? Begründen Sie Ihre Ansicht dazu, und nehmen Sie Aufgaben der Jugendvertretung aus dem folgenden Gesetzestext in Ihre Argumentation auf. (Vgl. folgenden Text.)

## Betriebliche Jugendvertretung

**§ 60 Errichtung und Aufgabe.** (1) In Betrieben mit in der Regel mindestens fünf Arbeitnehmern, die das 18. Lebensjahr noch nicht vollendet haben (jugendliche Arbeitnehmer), oder die zu ihrer Berufsausbildung beschäftigt sind und das 25. Lebensjahr noch nicht vollendet haben, werden Jugend- und Auszubildendenvertretungen gewählt.

(2) Die Jugend- und Auszubildendenvertretung nimmt nach Maßgabe der folgenden Vorschriften die besonderen Belange der in Absatz 1 genannten Arbeitnehmer wahr.

**§ 61 Wahlberechtigung und Wählbarkeit**

(1) Wahlberechtigt sind alle in § 60 Abs. 1 genannten Arbeitnehmer des Betriebs. ...

**§ 62 Zahl der Jugend- und Auszubildendenvertreter, Zusammensetzung der Jugend- und Auszubildendenvertretung**

(1) Die Jugend- und Auszubildendenvertretung besteht in Betrieben mit in der Regel

| | | | | |
|---|---|---|---|---|
| 5– 20 | Arbeitnehmer* | aus | 1 | Jugend- und Auszubildendenvertreter, |
| 21– 50 | „ | „ | 3 | Jugend- und Auszubildendenvertretern, |
| 51– 200 | „ | „ | 5 | „ „ „ , |
| 201– 300 | „ | „ | 7 | „ „ „ , |
| 301– 600 | „ | „ | 9 | „ „ „ , |
| 601–1000 | „ | „ | 11 | „ „ „ , |
| mehr als 1000 | „ | „ | 13 | „ „ „ . |

* der in § 60 Abs. 1 genannten Arbeitnehmer

(2) Die Jugend- und Auszubildendenvertretung soll sich möglichst aus Vertretern der verschiedenen Beschäftigungsarten und Ausbildungsberufe der im Betrieb tätigen, in § 60 Abs. 1 genannten Arbeitnehmer zusammensetzen.

(3) Die Geschlechter sollen entspr. ihrem zahlenmäßigen Verhältnis vertreten sein.

**§ 70 Allgemeine Aufgaben**

(1) Die Jugend- und Auszubildendenvertretung hat folgende allgemeine Aufgaben:

a) Maßnahmen, die den in § 60 Abs. 1 genannten Arbeitnehmern dienen, insbesondere in Fragen der Berufsbildung, beim Betriebsrat zu beantragen;

b) darüber zu wachen, daß die zugunsten der in § 60 Abs. 1 genannten Arbeitnehmer geltenden Gesetze, Verordnungen, Unfallverhütungsvorschriften, Tarifverträge und Betriebsvereinbarungen durchgeführt werden;

c) Anregungen von den in § 60 Abs. 1 genannten Arbeitnehmern, insbesondere in Fragen der Berufsbildung, entgegenzunehmen und, falls sie berechtigt erscheinen, beim Betriebsrat auf eine Erledigung hinzuwirken. Die Jugend- und Auszubildendenvertretung hat die betroffenen in § 60 Abs. 1 genannten Arbeitnehmer über den Stand und das Ergebnis der Verhandlungen zu informieren.

(2) ...

13. Erstellen Sie eine Liste, welche die Aufgaben des Betriebsrates nach (der von Ihnen so gesehenen) Wichtigkeit ordnet.

14. Meinungsumfragen ergaben, daß bei den Arbeitnehmern angeblich nur geringes Interesse an der Mitbestimmung bestehe. Vollbeschäftigung, Altersversorgung, Lohnerhöhung und soziale Sicherung würden im Vordergrund stehen.

a) Sehen Sie das in gleicher Weise? Wie sehen Ihre Freunde das?

b) Was könnten die Ursachen für diese (wenig demokratiebewußte) Einstellung sein?

## Zusammenfassung

- **Sozialpartner** sind Arbeitnehmer und Arbeitgeber. Sie werden vertreten durch *Gewerkschaften* und *Arbeitgeberverbände.*
- **Der Tarifvertrag** ist eine Vereinbarung zwischen Gewerkschaft und Arbeitgeberverband. Man unterscheidet
  - Manteltarif
  - Lohn- und Gehaltstarif.

  Die Tarifverträge legen Mindestbedingungen (z. B. Mindestlöhne) fest, die nicht unterschritten werden dürfen.

  Bei Tarifstreitigkeiten wird eine Schlichtungsstelle eingeschaltet.
- **Betriebsvereinbarungen** werden zwischen einzelnen Arbeitgebern und dem Betriebsrat abgeschlossen.
- **Der Betriebsrat** vertritt die Arbeitnehmer in Betrieben, in denen wenigstens fünf Arbeitnehmer beschäftigt sind.

  Der Betriebsrat hat ein Mitbestimmungsrecht bei gesetzlich genau festgelegten Aufgaben (z. B. soziale Fragen oder personelle Angelegenheiten) sowie ein Informationsrecht in wirtschaftlichen Fragen, die das Wohl der Belegschaft betreffen.
- Für Unternehmen mit mehr als 2000 Beschäftigten ist das *Mitbestimmungsgesetz* maßgebend.

  Bei weniger als 2000 Beschäftigten gilt das Betriebsverfassungsgesetz.

  In Unternehmen der Montanindustrie ist das Montangesetz maßgebend.

# 5.6 Die Sozialversicherung

Arbeiter und Angestellte, die ihren Lebensunterhalt nur durch die Verwertung ihrer Arbeitskraft verdienen (das sind rund 80 % aller Erwerbspersonen), bedürfen in besonderem Maße des Schutzes und der Fürsorge des Staates. Das Arbeitnehmerschutzrecht hat sich seit seinen Anfängen in den achtziger Jahren des 19. Jahrhunderts inzwischen zu einem umfassenden System sozialer Sicherung entwickelt. Es umfaßt heute:

- **die Sozialversicherung** mit ihren Zweigen:
  - Krankenversicherung,
  - Unfallversicherung,
  - Arbeitslosenversicherung,
  - Arbeiterrentenversicherung,
  - Angestelltenrentenversicherung,
  - Knappschaftsversicherung;
- **die Arbeitsschutzbestimmungen:**
  - Unfallverhütung im Betrieb,
  - Arbeitszeitschutz,
  - Mutterschutz,
  - Kündigungsschutz (Sicherung des Arbeitsplatzes),
  - Jugendarbeitsschutz,
  - Schwerbehindertenschutz;
- **den Rechtsschutz durch besondere Gerichte** (Arbeits- und Sozialgerichte).

*Abb. 5.6-1*

Das Werk der Sozialversicherung, eingeleitet 1883/84 mit der Krankenversicherung, soll den arbeitenden Menschen gegen Wechselfälle des Lebens (Krankheit, Unfall, Arbeitslosigkeit und Alter) versichern.[1]

**Der Versicherungspflicht unterliegen:**

| Art der Versicherung | Kranken-versicherung | Renten-versicherung | Arbeitslosen-versicherung | Unfall-versicherung |
|---|---|---|---|---|
| Versicherter Personenkreis | Arbeiter und Angestellte, deren Gehalt eine best. Höhe nicht übersteigt (vgl. Abschn. 5.6.1) | alle Angestellten, alle Arbeiter, Auszubildenden | alle Angestellte, alle Arbeiter, Auszubildende | alle Beschäftigten (Ausnahme: Beamte) Schüler, Studierende u. a. |
| Beitragssätze in % in 1991 | ca. 11–14 % von 4875,00 DM | 18,7 %[2] von 6500,00 DM | 4,3 %[3] von 6500,00 DM | untersch. je nach „Gefahrenhöhe“ |
| Beitragszahler | je zur Hälfte Arbeitgeber und Arbeitnehmer | je zur Hälfte Arbeitgeber und Arbeitnehmer | je zur Hälfte Arbeitgeber und Arbeitnehmer | Arbeitgeber alleine |

Der Arbeitgeber behält bei jeder Lohn- und Gehaltszahlung die Anteile des Arbeitnehmers zu den einzelnen Versicherungszweigen ein und führt sie zusammen mit den eigenen Anteilen an die Krankenkasse des Arbeitnehmers ab, die sie entsprechend aufteilt und an die anderen Versicherungszweige weiterleitet.

Bis zu einem Verdienst von 610,00 DM zahlt der Arbeitgeber die Beiträge allein.

Es kann nicht übersehen werden, daß die soziale Absicherung der Menschen ihren Preis hat. Die folgende Abbildung zeigt, in welchem Maße die Soziallasten in den letzten Jahrzehnten gestiegen sind:

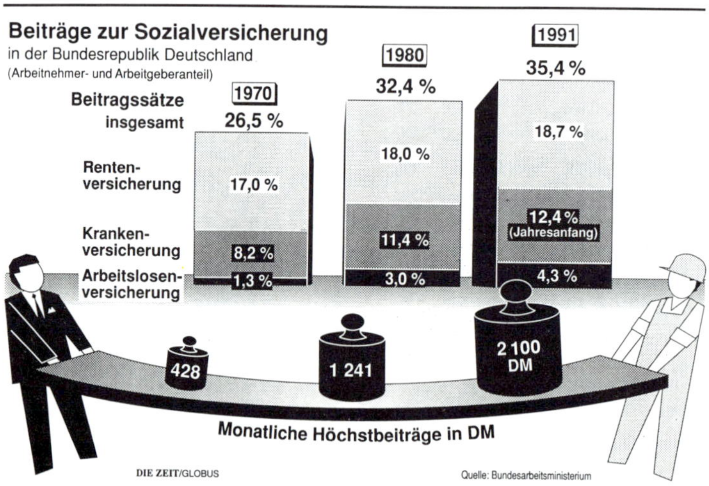


1 Grundlegend für die Durchführung der gesetzlichen Sozialversicherung ist bis heute die Reichsversicherungsordnung (RVO) vom 19.07.1911, die nunmehr im Sozialgesetzbuch V integriert wurde.

2 ab 01.04.1991: 17,7 % 3 ab 01.04.1991: 6,7 %

## 5.6.1 Die Krankenversicherung

(Krankenversicherungsgesetz vom 15.06.1889)

**Versicherungspflichtig sind u. a.**

- **Angestellte und Arbeiter,** deren regelmäßiger Jahresarbeitsverdienst 58 500,00 DM (monatlich 4 875,00 DM brutto in 1991) nicht übersteigt,
- **Auszubildende,**
- **Rentner,** die bestimmte Voraussetzungen erfüllen,
- **Arbeitslose.**

Bei Überschreitung dieses Monatseinkommens sind Angestellte und Arbeiter nicht mehr versicherungspflichtig!

Die Jahresarbeitsentgeltgrenze (JAE) (bis zu der Arbeiter- und Angestellte versicherungspflichtig sind) ist mit der Beitragsbemessungsgrenze der Rentenversicherung (siehe Abschnitt 5.6.3) gekoppelt. Sie macht 75 % der für das jeweilige Jahr geltenden Beitragsbemessungsgrenze aus.

Da die Beitragsbemessungsgrenze in der Rentenversicherung jedes Jahr neu festgelegt wird, verändert sich automatisch auch die Krankenversicherungs-Pflichtgrenze.

**Befreiung von der Versicherungspflicht.** Personen, die durch Erhöhung der Jahresarbeitsverdienstgrenze (und damit der Beitragsbemessungsgrenze) wieder versicherungspflichtig werden, können sich auf Antrag von der Versicherungspflicht befreien lassen, wenn sie eine ausreichende private Krankenversicherung nachweisen.

**Beispiel:** *Der Angestellte Klug verdiente im Jahre 1990 4750,00 DM im Monat. Die Beitragsbemessungsgrenze zur Krankenversicherung lag im erwähnten Jahr bei 4725,00 DM; Klug war damit nicht krankenversicherungspflichtig. In 1991 stieg die Bemessungsgrenze für die Krankenversicherung auf 4 875,00 DM. Klug wurde damit wieder krankenversicherungspflichtig, konnte sich jedoch, da er ausreichend privat versichert war, von der gesetzlichen Krankenversicherung befreien lassen.*

Die privatversicherten Personen erhalten ebenfalls einen Arbeitgeberzuschuß, allerdings nur maximal in Höhe des Beitrages, den der Arbeitgeber zur gesetzlichen Krankenversicherung zahlen müßte. (Dies gilt nur, sofern sie sich im gleichen Leistungsumfang versichern und dem Arbeitgeber einen Beitragsnachweis nach § 257 Sozialgesetzbuch V vorlegen.)

**Träger der gesetzlichen Krankenversicherung** sind die allgemeinen Ortskrankenkassen (AOK), die Land-, Betriebs- und Innungskrankenkassen, die Seekrankenkassen, ferner die zugelassenen Ersatzkassen (Barmer Ersatzkasse, DAK, KKH u. a.). Zur Zeit sind in der sozialen Krankenversicherung etwa 30 Mio. Menschen versichert.

**Die Beiträge** richten sich nach dem Arbeitsentgelt; die Beitragssätze werden durch die jeweils für den Arbeitnehmer zuständige Krankenkasse festgesetzt. Die Arbeitgeber sind verpflichtet, die Beiträge zu berechnen; dies geschieht unter Zuhilfenahme von Tabellen, die von den einzelnen Krankenkassen herausgegeben werden oder durch die Eingabe des Krankenkassen-Prozentsatzes in eine EDV-Anlage.

Für Versicherte, deren monatliches Entgelt 610,00 DM nicht übersteigt, hat der Arbeitgeber die Krankenversicherungsbeiträge allein zu tragen.

**Die Leistungen der Krankenkassen** bestehen im wesentlichen in:

- Maßnahmen zur Früherkennung von Krankheiten, z. B. Krebs;
- Krankenpflege, d. h. freier ärztlicher Behandlung und Versorgung mit Arzneien, Heil- und Hilfsmitteln. Allerdings wird der Patient zur Eigenbeteiligung herangezogen. So zahlt er bei Arzneien 3,00 DM, bei Heilmitteln 10 % der Kosten; bei Fahrtkosten ist ein Eigenanteil von 20,00 DM je Fahrt zu tragen, und bei Hilfsmitteln (z. B. Brille) gilt eine Festbetragsregelung;
- zahnärztlicher Behandlung;
- Krankenhauspflege (Selbstbeteiligung 10,00 DM/Tag für maximal 14 Tage je Jahr);
- Krankengeld;
- Familienhilfe für die mitversicherten Angehörigen;
- Mutterschaftshilfe;
- Sterbegeld;
- häuslicher Pflegehilfe.

**Im Krankheitsfalle** wird allen Beschäftigten (außer Heimarbeitern) für 6 Wochen das bisherige Arbeitsentgelt weitergezahlt (Lohnfortzahlungsgesetz vom 27.07.1969 für Arbeiter und Angestellte, § 63 HGB, § 616 BGB sowie § 133 c Gewerbeordnung). In dieser Zeit ruht der Anspruch auf Krankengeld. Dauert die Krankheit länger als 6 Wochen, so erhält der Versicherte ein Krankengeld, das wie folgt berechnet wird:

- 80 % des Bruttoverdienstes (Regellohn), jedoch höchstens das Nettoeinkommen,
- von diesem Betrag werden Rentenversicherungs- und Arbeitslosenversicherungsbeiträge (Arbeitnehmeranteil) abgezogen.

Krankengeld wird ohne zeitliche Begrenzung gezahlt, jedoch für dieselbe Krankheit nur für maximal 78 Wochen innerhalb von je drei Jahren.

**Besteht kein Anspruch auf Lohnfortzahlung** (z. B. für Heimarbeiter) für die ersten 6 Wochen, so beginnt die Zahlung des Krankengeldes, wenn ein Arbeitsunfall oder eine Berufskrankheit vorliegt, mit dem Tage, an dem der Arzt die Arbeitsunfähigkeit feststellt, in allen übrigen Fällen mit dem darauffolgenden Tag.

**Die Behandlung** geschieht gegen *Krankenschein*. Der Versicherte hat sich an den Kosten für Verbands- und Heilmittel mit 3,00 DM je verordnetes Mittel zu beteiligen.[1] Medizinisch nicht unbedingt erforderliche Mittel, z. B. Kopfschmerztabletten, einfache Erkältungsmittel, Beruhigungstabletten, muß er voll bezahlen. Hier soll jedoch eine Festbetragsregelung eingeführt werden.

**Ein Kinderpflegekrankengeld** wird Frauen bis zu 5 Arbeitstagen je Jahr gewährt, wenn sie wegen Erkrankungen eines Kindes (bis zu 8 Jahren) nicht arbeiten können und kein tariflicher Anspruch darauf besteht.

**Mutterschaftsgeld** erhält die Versicherte für 6 Wochen vor und 8 Wochen nach der Entbindung (bei Früh- und Mehrfachgeburten 12 Wochen); es beträgt bis zu 25,00 DM netto je Kalendertag. Der Arbeitgeber hat den Ausgleich bis zum Nettoverdienst als Zuschuß zu zahlen.

**Das Sterbegeld** an Angehörige beträgt 2100,00 DM für den Versicherten, für mitversicherte Familienangehörige die Hälfte dieses Betrages. Diese Regelung gilt nur für Versicherte, die bereits am 01.01.1989 versichert waren; sonst besteht kein Anspruch.

**Die Anmeldung** zur Krankenkasse muß der Arbeitgeber binnen zwei Wochen nach Beginn des Beschäftigungsverhältnisses vornehmen. Innerhalb 6 Wochen muß die Beendigung des Arbeitsverhältnisses gemeldet werden.

1 Bei Medikamenten mit Festbetragsregelung ist keine Zuzahlung erforderlich.

## 5.6.2 Die Unfallversicherung

(Unfallversicherungsgesetz vom 06.08.1887)

Der gesetzliche Unfallschutz gilt für Unfälle im Betrieb, auf dem Wege zum Betrieb, in der Schule, auf dem Heimweg von Betrieb oder Schule u. a.

**Der Versicherungspflicht** unterliegen alle nicht im Beamtenverhältnis stehenden Arbeitnehmer (Arbeiter, Gesellen, Auszubildende, Angestellte, Werkmeister) und die im § 539 der Reichsversicherungs-Ordnung (RVO) besonders genannten Personen, z. B. Heimarbeiter, aber auch Schüler.

**Träger der Unfallversicherung** sind die Berufsgenossenschaften, das sind Vereinigungen von Unternehmen desselben Gewerbezweiges, z. B. die Bau-Berufsgenossenschaft, der alle Baubetriebe angehören.

**Die Beiträge** werden von den Unternehmen nach dem *Umlageverfahren* allein aufgebracht und richten sich nach der *Gefahrenklasse*, der die Arbeitnehmer in den Unternehmen unterliegen und nach der *Jahreslohnsumme* (bis zu einer Höchstgrenze je Beschäftigten). Die Unternehmen müssen jährlich die Zahl der Beschäftigten und deren Jahresverdienst melden. Hierauf wird die Beitragsrechnung für den Betrieb erstellt.

**Die Berufsgenossenschaften** sind verpflichtet, für die Verhütung von Unfällen alle geeigneten Mittel einzusetzen. Sie erlassen zu diesem Zweck *Unfallverhütungsvorschriften*. Sicherheitsbeauftragte müssen sich ständig davon überzeugen, daß die vorgeschriebenen *Schutzvorrichtungen* vorhanden sind bzw. beachtet werden.

**Die Leistungen** bestehen im wesentlichen in:

- **Heilbehandlung** zur Wiederherstellung der Erwerbsfähigkeit;
- **Verletztengeld** zur wirtschaftlichen Sicherung des Verletzten während der Zeit seiner Arbeitsunfähigkeit;
- **Berufshilfe,** insbesondere in jenen Fällen, in denen der Verletzte seinen bisherigen Beruf nicht mehr ausüben kann;
- **Verletztenrente** (Vollrente in Höhe von zwei Dritteln des Jahresarbeitsverdienstes bzw. Teilrente);
- **Sterbegeld;**
- **Hinterbliebenenrente** (Witwenrente, Waisenrente).

**Die Anmeldung** des Betriebes bei der zuständigen Berufsgenossenschaft – binnen einer Woche – muß die folgenden Angaben enthalten:

- Gegenstand und Art des Unternehmens;
- die Zahl der Versicherten;
- den Eröffnungstag des Unternehmens.

Im **Unglücksfalle** ist innerhalb von drei Tagen eine vom Unternehmer, vom Betriebsrat und vom Sicherheitsbeauftragten unterzeichnete *Unfallanzeige* zu erstatten an

- die Berufsgenossenschaft;
- das Gewerbeaufsichtsamt;
- die Polizeibehörde (wenn der Verletzte stirbt).

## 5.6.3 Die gesetzliche Rentenversicherung

Ihre Aufgabe ist es, die Versicherten im Alter und bei Berufs- bzw. Erwerbsunfähigkeit sowie deren Hinterbliebenen zu versorgen.

**Versicherungspflichtig** sind Arbeiter, Angestellte und Auszubildende ohne Rücksicht auf die Höhe ihres Verdienstes.

**Träger der Rentenversicherung** sind die 18 Landesversicherungsanstalten (für Arbeiter, z. B. „LVA Rheinprovinz"), die Bundesversicherungsanstalt für Angestellte in Berlin-Wilmersdorf, die Bundesknappschaft in Bochum (für Arbeitnehmer im Bergbau), die Seekasse in Hamburg (für Arbeitnehmer in der Seeschiffahrt) sowie die Bundesbahn-Versicherungsanstalt in Frankfurt.

Die **Beitragsbemessungsgrenze,** für 1991 6500,00 DM, wird jährlich neu festgesetzt. Der Beitragssatz beträgt ab 01.01.1987 18,7 %.[1] *Die Beiträge* werden bis zu einem Monatsverdienst von 610,00 DM vom Betrieb allein aufgebracht, sonst nur zur Hälfte.

In einer Art Umlageverfahren werden die Renten durch die Beiträge der erwerbstätigen Versicherten und ihrer Arbeitgeber aufgebracht. Außerdem leistet der Staat Zuschüsse.

**Die Leistungen** bestehen in:

- **Maßnahmen zur Erhaltung, Besserung und Wiederherstellung der Erwerbsfähigkeit** (Heilbehandlung, Berufsförderung und soziale Betreuung);
- **Altersruhegeld** nach Vollendung des 65. Lebensjahres, wenn eine Versicherungszeit von 60 Monaten erfüllt ist; bei Frauen - auf Antrag - bereits nach Vollendung des 60. Lebensjahres, soweit sie in den letzten 20 Jahren überwiegend eine versicherungspflichtige Beschäftigung ausgeübt haben. Vorgezogenes Altersruhegeld erhält auf Antrag auch jeder Versicherte, der das 63. Lebensjahr vollendet hat, wenn er eine Versicherungszeit von 35 anrechnungsfähigen Versicherungsjahren nachweisen kann - Schwerbehinderte bereits nach Vollendung des 60. Lebensjahres;[2]
- **Rente** wegen **Berufsunfähigkeit** und **Erwerbsunfähigkeit,** wenn 5 Jahre Versicherungspflicht nachgewiesen werden können, davon mindestens 36 Pflichtbeiträge in den letzten 3 Jahren;
- **Beiträgen für die Krankenversicherung** der Rentner;
- **Hinterbliebenenrente,** und zwar Witwenrente, Witwerrente[3] und Waisenrente.

In der Bundesrepublik Deutschland gibt es die sog. *dynamische Rente*, d. h. die bereits laufenden Renten sollen regelmäßig durch prozentuale Zuschläge an den gesamtwirtschaftlichen Fortschritt angepaßt werden. Auch der Rentner nimmt auf diese Weise an der Steigerung des Lebensstandards teil. In den Rentenanpassungsgesetzen wird jeweils festgelegt, in welcher Weise die Renten an Verdienste der aktiven Arbeitnehmer angekoppelt werden.

Seit 1973 werden Versicherungsnachweishefte erstellt, die so gestaltet sind, daß die eingetragenen Daten maschinell lesbar sind. Mit Hilfe von EDV-Anlagen kann die Rente sofort berechnet werden. Es ist geplant, jedem Versicherten in bestimmten Zeitabständen die Höhe seiner bisher verdienten Rente mitzuteilen.

1 ab 01.04.1991: 17,7 %

2 Vorzeitiges Altersruhegeld erhält auch der Versicherte, der 60 Jahre alt ist, in den letzten 18 Monaten Arbeitslosengeld erhalten hat und 15 Versicherungsjahre nachweisen kann.

3 Nach dem Hinterbliebenen- und Erziehungszeitengesetz vom 11.07.1985 erhält ab 01.01.1986 auch der Witwer eine Rente. Bei der Ermittlung der Hinterbliebenenrente werden ebenfalls ab 01.01.1986 Zeiten, in denen sich der oder die Versicherte der Erziehung eines Kindes gewidmet haben, berücksichtigt, und zwar mit 12 Monaten je Kind.

Daß die künftige Sicherheit der Renten auch von der Bevölkerungsentwicklung in der Bundesrepublik Deutschland abhängt (also nicht unproblematisch ist), zeigt die nebenstehende Grafik.

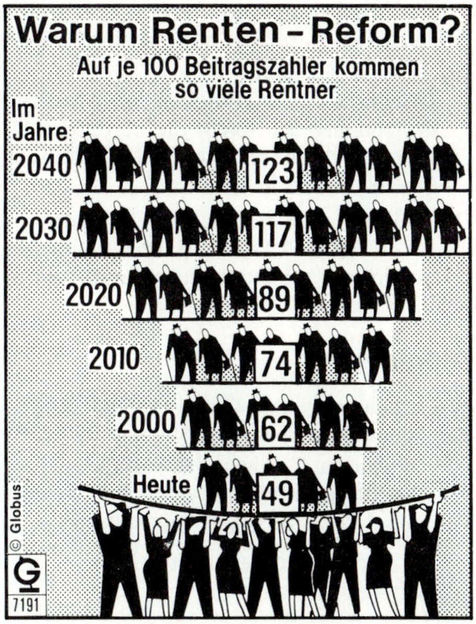


*Abb. 5.6.3-1*

## 5.6.4 Die Arbeitslosenversicherung

**Versicherungspflichtig** sind alle Personen, die als Arbeiter oder Angestellte gegen Entgelt oder zu ihrer Berufsausbildung beschäftigt sind. Die Anmeldung erfolgt in der Regel bei der Krankenkasse mit der Anmeldung zur Kranken- und Rentenversicherung.

**Träger der Arbeitslosenversicherung** ist die „Bundesanstalt für Arbeit" mit dem Sitz in Nürnberg, der durch das Arbeitsförderungsgesetz vom 25.06.1969 ein weiterer wichtiger Aufgabenbereich übertragen wurde.

Durch dieses Gesetz wurden die Vorschriften über die Berufsberatung, die Arbeitsvermittlung, die Förderung der beruflichen Bildung und die Arbeitslosenversicherung neu geordnet.

**Anspruch auf Arbeitslosengeld** hat, wer unverschuldet arbeitslos geworden, aber arbeitsfähig und arbeitswillig ist. Die Anwartschaft ist erfüllt, wenn der Versicherte in den letzten 36 Monaten wenigstens 360 Tage eine versicherungspflichtige Beschäftigung ausgeübt hat. In diesem Fall beträgt die Unterstützungsdauer 156 Tage[1].

**Die finanziellen Leistungen** bestehen aus

- dem **Arbeitslosengeld,** zur Zeit 68 % des durchschnittlichen Nettolohns (mindestens mit 1 Kind);[2]
- dem **Kurzarbeitergeld,** das bis zum 31.03.1991 zwölf Monate, danach 6 Monate gezahlt wird.

1 Sie erhöht sich, wenn längere Beitragszeiten nachgewiesen werden für Arbeitslose bis zum Alter von 41 Jahren auf maximal 12 Monate. Für ältere Arbeitslose (ab 42 Jahre 18 Monate, ab 44 Jahre 22 Monate, ab 49 Jahre 26 Monate und ab 54 Jahre 32 Monate) gelten längere Bezugszeiten.

2 Seit dem 01.01.1984 für kinderlose Empfänger 63 %.

- der **Arbeitslosenhilfe** (in Höhe von 58 % des durchschnittlichen Nettolohns)[1] für Personen, die einen Anspruch auf Arbeitslosengeld noch nicht oder nicht mehr haben, und die mindestens 1 Kind haben.
- **Zuschüssen** und **Darlehen** zur Förderung der beruflichen Ausbildung, Fortbildung und Umschulung. Sie sollen die berufliche Mobilität der Arbeitnehmer stärken, einen Berufswechsel erleichtern bzw. einen beruflichen Aufstieg ermöglichen und zur Verhütung von Arbeitslosigkeit beitragen.

Der Beitragssatz beträgt 4,3 %[2] des Arbeitsentgelts. Die Beiträge werden zur Zeit (1991) höchstens von 6500,00 DM monatlich (Beitragsbemessungsgrenze) erhoben. Für Geringverdiener (monatlicher Verdienst nicht mehr als zur Zeit 610,00 DM) hat der Arbeitgeber den Beitrag allein zu zahlen.

## Aufgaben

1. Erklären Sie kurz die folgenden Begriffe: Sozialversicherung, Versicherungsträger, Beitragsbemessungsgrenze, dynamische Rente, Arbeitslosengeld, Arbeitslosenhilfe.
2. In welchen Zweigen der Sozialversicherung sind Sie oder werden Sie bald Mitglied sein? Wie ist dabei die Beitragszahlung geregelt?
3. Legen Sie eine Tabelle nach folgendem Muster an. Listen Sie auf:
   a) Versicherter Personenkreis, b) Beiträge, c) Leistungen, d) Träger.

| Die Leistungen der Sozialversicherung | | | |
|---|---|---|---|
| Unfall-versicherung | Kranken-versicherung | Rentenversicherung Arbeiter Angestellte | Arbeitslosen-versicherung |
| | | | |

4. Gehen Sie davon aus, daß ein junger kaufmännischer Angestellter für 8 Wochen schwer erkrankt. Er muß ins Krankenhaus. Beschreiben Sie in zeitlicher Reihenfolge, welche Leistungen er von seiner ...versicherung zu erwarten hat (Wortlücke füllen).
5. Der Vater einer Familie mit vier Kindern erleidet einen Betriebsunfall. Er liegt zwei Monate im Krankenhaus und verstirbt dann an den Folgen des Unfalls. Beschreiben Sie in zeitlicher Abfolge, welche Leistungen der Sozialversicherung der Verunglückte und seine schwer getroffene Familie zu erwarten haben.
6. Ein Familienvater wird nach 3 Jahren Berufstätigkeit arbeitslos. Das Bruttogehalt betrug vor der Kündigung 3500,00 DM, das Nettogehalt 2700,00 DM. Er möchte nun von Ihnen wissen:
   a) Wie hoch ist eine zu erwartende Arbeitslosenhilfe oder sein Arbeitslosengeld? (Welcher Begriff ist hier richtig?)
   b) Was und wieviel bekommt er nach einem Jahr, und welche Laufzeiten gelten ab dann?
   c) Der Mann ist erst 42 Jahre alt und fragt, ob er weitere Maßnahmen und Hilfen der Arbeitslosenversicherung erwarten kann. (Lesen Sie – wenn möglich – die §§ 106 und 112 des Arbeitsförderungsgesetzes durch.)
7. Herr M. ist bereits 13 Monate arbeitslos. Sein ehemaliger Nettoverdienst war 1900,00 DM. Die vierköpfige Familie rechnet bei sehr bescheidener Lebensführung mit den folgenden monatlichen Ausgaben: Wohnungsmiete (warm) 350,00 DM, Haushaltsgeld 950,00 DM (Essen, Körperpflege, Sonstiges). Ermitteln Sie, wieviel Arbeitslosenhilfe dieser Familie zusteht, und berechnen Sie, wieviel Geld der Familie über die Befriedigung ihrer Grundbedürfnisse hinaus verbleibt.
8. Man sagt, es gibt Leute, die mißbrauchen die Sozialversicherung (zu Lasten der Beitragszahler). Kennen Sie auch derartige Fälle? Nennen Sie sie. Wie beurteilen Sie dies (mit großer Vorsicht und Zurückhaltung)?

1 Seit dem 01.01.1984 für kinderlose Empfänger 56 %. 2 ab 01.04.1991: 6,8 %

# 5.7 Der Arbeitsschutz

## 5.7.1 Die Unfallverhütung

Alle Betriebe unterliegen nach der Gewerbeordnung vom 21. Juni 1869 in der Fassung der Bekanntmachung vom 01.01.1978 der Aufsicht durch die Gewerbeaufsichtsämter. Durch die zuständigen Berufsgenossenschaften sind Unfall-Verhütungsvorschriften erlassen worden, die von den einzelnen Betrieben gewissenhaft befolgt werden müssen.

Die Gewerbeordnung verlangt z. B. vom Unternehmer, daß er Arbeitsräume, Maschinen und Gerätschaften so gestaltet bzw. auswählt, daß die Arbeitnehmer gegen Gefahren für Leben und Gesundheit geschützt sind.

Auch sind Vorschriften über das Verhalten der Arbeitnehmer zu erlassen, die deren Sicherheit dienen.

Die Gewerbeaufsichtsämter überwachen die Einhaltung der Sicherheitsvorschriften.

Im Betrieb achten Sicherheitsbeauftragte darauf, daß die Unfallverhütungsvorschriften eingehalten werden.

## 5.7.2 Die Regelung der Arbeitszeit

(Arbeitszeitordnung vom 30.04.1938)

Die regelmäßige werktägliche Arbeitszeit, ohne Pausen, beträgt 8 Stunden. Wird in einem Betrieb an einzelnen Werktagen (samstags!) regelmäßig weniger als 8 Stunden gearbeitet, kann die ausfallende Arbeitszeit auf die übrigen Arbeitstage verteilt werden. Die tarifliche Arbeitszeit beträgt für die meisten Arbeitnehmer weniger als 40 Stunden wöchentlich.

**Die Überschreitung der täglichen Arbeitszeit** um werktäglich zwei Stunden auf bis zu zehn Stunden ist zulässig:

- für Vor- und Abschlußarbeiten (Ordnungsarbeiten, Beladen und Entladen, Instandsetzungen, Reinigungen usw.);
- für behördlich genehmigte oder tariflich festgelegte Mehrarbeit;
- für außergewöhnliche Arbeiten in Notfällen (wenn die Gefahr des Verderbs von Rohstoffen, Lebensmitteln oder Arbeitserzeugnissen besteht);
- an 30 Tagen im Jahr, die der Betriebsinhaber bestimmt.

Nach Beendigung der täglichen Arbeitszeit ist den Arbeitnehmern eine ununterbrochene Ruhezeit von mindestens elf Stunden zu gewähren. Das Gewerbeaufsichtsamt kann Ausnahmen zulassen.

**Die Verkaufszeiten im Einzelhandel**[1]**.** Grundsätzlich können die Geschäfte montags bis freitags von 7.00 Uhr bis 18.30 Uhr, donnerstags bis 20.30 Uhr, samstags und am 24.12. nur bis 14.00 Uhr geöffnet sein, am ersten Samstag im Monat und an den vier

1 Ladenschlußgesetz vom 28.11.1956

Samstagen vor dem 24.12. aber bis 18.00 Uhr. Die Polizeibehörde kann für 6 Sonntage, die höhere Verwaltungsbehörde für weitere 4 Sonntage im Jahr eine Beschäftigung bis zu 8 Stunden genehmigen (nach § 105 b GewO).

**Die gleitende Arbeitszeit,** die bereits in vielen Betrieben und Behörden eingeführt ist, gewährt dem Arbeitnehmer mehr Freizügigkeit. Dabei wird im allgemeinen zwischen einer Kernarbeitszeit und der sonstigen *Gleitarbeitszeit* unterschieden. Während der *Kernarbeitszeit* müssen alle Arbeitnehmer anwesend sein, im Rahmen der gleitenden sonstigen Zeiten können sie Arbeitsbeginn und Arbeitsende, teilweise auch die Pausen, selbst bestimmen. Die Gleitzeit beginnt in der Regel zwischen 6.00 und 8.00 Uhr und endet zwischen 16.00 und 18.00 Uhr. Als Kernarbeitszeit für Büroarbeitskräfte werden beispielsweise festgelegt 9.00 bis 12.00 Uhr und 14.00 bis 16.00 Uhr.

**Feiertagsgeld.** Im gesamten Bundesgebiet besteht nach dem Feiertagslohnzahlungsgesetz Lohnzahlungspflicht für gesetzliche Feiertage. Als solche gelten: Neujahr, Karfreitag, Ostermontag, 1. Mai, Christi Himmelfahrt, Pfingstmontag, 3. Oktober, 1. und 2. Weihnachtsfeiertag. Arbeitnehmer sind nach Möglichkeit freizustellen, ausgefallene Arbeitszeit ist zu vergüten.

## 5.7.3 Die Regelung des Urlaubs
(Bundesurlaubsgesetz vom 08.01.1963)

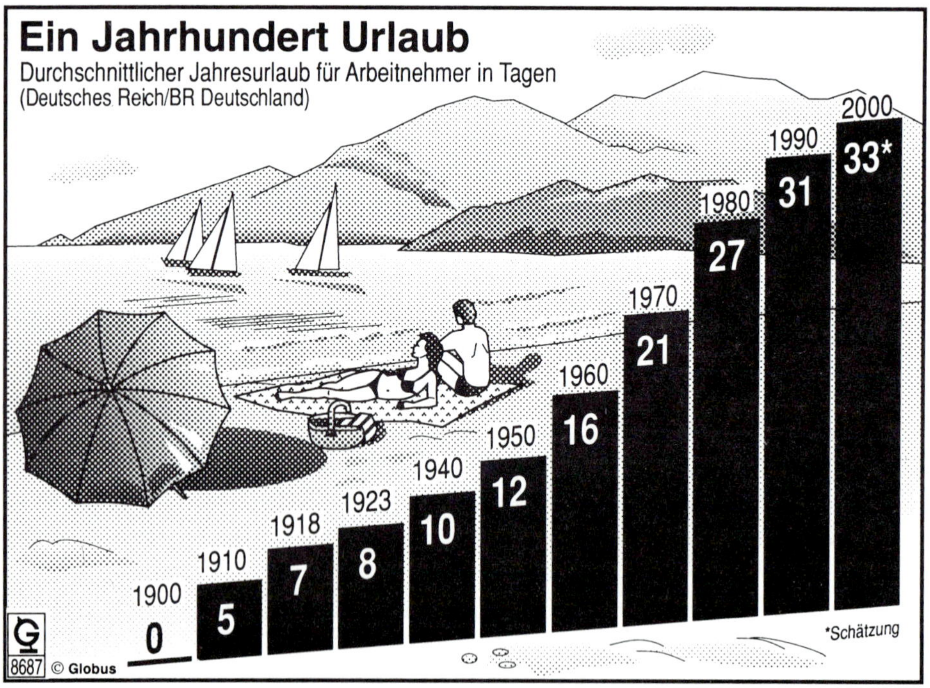


*Abb. 5.7.3-1 Durchschnittlicher Urlaubsanspruch*

Mit den für den heutigen Arbeitnehmer wegen der beruflichen Belastung so wichtigen Urlaubszeiten beschäftigt sich das Bundesurlaubsgesetz.

Wichtige Bestimmungen daraus sind:

– Jeder Arbeitnehmer hat Anspruch auf bezahlten Erholungsurlaub; die Urlaubsdauer beträgt mindestens 18 Werktage;
– der volle Urlaub kann erst nach einer Wartezeit von 6 Monaten (Betriebszugehörigkeit) beansprucht werden;
– Urlaubswünsche des Arbeitnehmers sind zu berücksichtigen;
– Übertragung des Urlaubs auf das nächste Jahr ist nur in Ausnahmefällen möglich;
– das Urlaubsentgelt richtet sich nach dem durchschnittlichen Arbeitsverdienst;
– während des Urlaubs darf keine Erwerbstätigkeit ausgeübt werden.

Durch Tarifverträge wurde die Urlaubsdauer vielfach erheblich verlängert. Wie sich die Urlaubszeiten ausgeweitet haben, zeigt die Abbildung 5.7.3-1.

## 5.7.4 Der Kündigungsschutz

Arbeit ist für den Menschen ein so wichtiges Gut, daß der Staat den arbeitenden Menschen durch Gesetze vor allem vor der sozial ungerechtfertigten Kündigung schützen will. Kündigungsschutzbestimmungen finden sich im

- Kündigungsschutzgesetz vom 10.08.1952,
- Arbeitsplatzschutzgesetz vom 14.04.1980,
- Mutterschutzgesetz vom 24.01.1956,
- Schwerbehindertengesetz vom 08.10.1979,
- Gesetz über die Fristen für die Kündigung von Angestellten vom 09.07.1926,
- Betriebsverfassungsgesetz vom 15.01.1972,
- in **Tarifverträgen,** soweit in ihnen eine Besserstellung gegenüber der gesetzlichen Norm vorgesehen ist.

**Das Kündigungsschutzgesetz** (KSchG) in der Fassung vom 25.08.1969 schützt alle Arbeitnehmer vor einer *sozial ungerechtfertigten Kündigung,* d. h. einer Kündigung, die nicht in der Person oder dem Verhalten des Arbeitnehmers oder in dringenden betrieblichen Erfordernissen begründet ist. Sozial ungerechtfertigt und rechtsunwirksam ist die Kündigung auch, wenn der Arbeitnehmer an einem anderen Arbeitsplatz im selben Betrieb oder in einem anderen Betrieb des Unternehmens beschäftigt werden kann. Voraussetzungen für den Kündigungsschutz sind: das Arbeitsverhältnis bestand länger als 6 Monate; der Betrieb beschäftigt - ohne Auszubildende - mehr als 5 Arbeitnehmer; der Arbeitnehmer steht nicht in einem Berufsausbildungsverhältnis.

**Einen besonderen Kündigungsschutz** genießen bestimmte Personengruppen:

- **werdende Mütter,** deren Kündigung während der Schwangerschaft und bis zum Ablauf von vier Monaten nach der Niederkunft durch das Mutterschutzgesetz verboten ist (eine Kündigung ist in besonderen Fällen nur mit Zustimmung der für den Arbeitsschutz zuständigen obersten Landesbehörde zulässig); beantragt die Mutter den gesetzlichen Erziehungsurlaub - der sich an die gesetzliche Schutzfrist (in der Regel 8 Wochen) anschließt –, verlängert sich die Schutzfrist um 2 Monate. 3 Monate vor Ablauf des Erziehungsurlaubs hat die Arbeitnehmerin das Recht, das Arbeitsverhältnis zu kündigen.
- **Schwerbehinderte,** denen nur mit Zustimmung der Hauptfürsorgestelle gekündigt werden kann;

- **Betriebsratsmitglieder,** deren Kündigung überhaupt unzulässig ist – es sei denn, es liegt ein wichtiger Grund für eine fristlose Kündigung vor. Sie bedarf außerdem der Zustimmung des Betriebsrates;
- **ältere, dem Betrieb längere Zeit angehörende Angestellte und Arbeiter,** für die sich die üblichen Kündigungsfristen verlängern.

| Kündigungsfristen für langjährig beschäftigte<br>Angestellte | Arbeiter |
|---|---|
| Bei einer Beschäftigung im selben Betrieb nach<br>5 Jahren 3 Monate<br>8 Jahren 4 Monate<br>10 Jahren 5 Monate<br>12 Jahren 6 Monate<br>Dienstjahre vor dem 25. Lebensjahr werden nicht berücksichtigt. | Bei einer Beschäftigung im selben Betrieb nach<br>5 Jahren 1 Monat<br>10 Jahren 2 Monate<br>(jeweils zum Monatsende)<br>20 Jahren 3 Monate<br>(jeweils zum Quartalsende)<br>Dienstjahre vor dem 25. Lebensjahr werden nicht berücksichtigt. |

Auch **Massenentlassungen** unterliegen dem KSchG. Von Massenentlassungen spricht man, wenn innerhalb von 4 Wochen entlassen werden sollen bei

- Betrieben mit 20 bis 50 Beschäftigten mehr als 5 Arbeitnehmer;
- Betrieben mit 50 bis 500 Beschäftigten mehr als 25 Arbeitnehmer;
- Betrieben mit mehr als 500 Beschäftigten mehr als 50 Arbeitnehmer.

Dem Arbeitsamt ist bei geplanten Massenentlassungen eine Stellungnahme des Betriebsrates einzureichen. Das Arbeitsamt muß seine Zustimmung zu einer Massenentlassung geben.

## 5.7.5 Frauen- und Mutterschutz

In der Arbeitszeitordnung vom 30. April 1938 (§§ 16 ff.) ist der besondere Schutz der Frauen ausdrücklich geregelt. Danach gibt es eine Reihe von Arbeiten, mit denen Frauen nicht beschäftigt werden dürfen, z. B. die Untertagearbeit im Bergbau. Ferner darf die tägliche Arbeitszeit nicht über 10 Stunden ausgedehnt werden. Verboten ist auch die Beschäftigung in Nachtschichten.

Die Bestimmungen zum Schutz weiblicher Arbeitskräfte sollen der körperlichen Leistungsfähigkeit und den häuslichen Aufgaben der Frauen Rechnung tragen.

**Für werdende und stillende Mütter** gelten die verschärften Bedingungen des Mutterschutzgesetzes vom 24. Januar 1956 in der Fassung vom 18.04.1968. Ihre Arbeitszeit darf max. 8,5 Std. täglich/90 Std. in der Doppelwoche nicht überschreiten. Sie dürfen nicht zu schwerer körperlicher Arbeit, nicht zu Mehrarbeit, Nacht- und Sonntagsarbeit sowie Akkordarbeit herangezogen werden. In den letzten sechs Wochen vor der Entbindung dürfen sie nur auf ausdrücklichen Wunsch beschäftigt werden. Nach der Niederkunft gilt ein Beschäftigungsverbot von 8 Wochen, in Sonderfällen (bei Früh- und Mehrlingsgeburten) von 12 Wochen. Stillenden Müttern ist, wenn gewünscht, die zum Stillen erforderliche Zeit einzuräumen, ohne daß ein Verdienstausfall eintritt.

## 5.7.6 Der Schutz von Schwerbehinderten

Die besonderen Schutzrechte der Schwerbehinderten sind geregelt im Schwerbehindertengesetz vom 8. Oktober 1979. Grundgedanke des Gesetzes ist es, Personen mit einem Grad der Behinderung von wenigstens 50, eine Wiedereingliederung in das Arbeitsleben zu ermöglichen. Deshalb schreibt das Gesetz vor, daß 6 % der Arbeitsplätze in einem Unternehmen mit Schwerbehinderten zu besetzen sind. Soweit dies nicht möglich ist, sind 200,00 DM je Monat je unbesetzten Schwerbehindertenplatz als Ausgleichsabgabe zu erbringen. Besondere Regelungen sind für Schwerbehinderte auch hinsichtlich Kündigung (hier muß die Hauptfürsorgestelle zustimmen), Zusatzurlaub und Arbeitsentgelt getroffen.

## 5.7.7 Das Gesetz zum Schutze der arbeitenden Jugend

Für alle Jugendlichen bis zur Vollendung des 18. Lebensjahres gelten die Bestimmungen des Gesetzes zum Schutz der arbeitenden Jugend (JArbSchG) vom 12.04.1976.

Nach dem Jugendarbeitsschutzgesetz unterscheidet man

- **Kinder** – das sind noch nicht 14 Jahre alte Personen sowie Jugendliche, die zum Vollzeitunterricht verpflichtet sind, und
- **Jugendliche** – das sind alle übrigen Personen ab dem 15. Lebensjahr.

Wichtige Regelungen zum Schutze der arbeitenden Jugend sind:

**Das Mindestalter** für die dauerhafte Beschäftigung beträgt 15 Jahre. Eine leichte Beschäftigung (Handreichung) ist erlaubt für Kinder ab 13 Jahren in der Landwirtschaft, beim Zeitungsaustragen und beim Sport.

**Die 40-Stunden- und 5-Tage-Woche** gilt für alle Jugendlichen. An Samstagen, Sonntagen und gesetzlichen Feiertagen haben Jugendliche grundsätzlich frei, allerdings gelten hier verschiedene Ausnahmen.

**Die Freizeit** muß mindestens 12 Stunden (ununterbrochen) ausmachen.

**Die Nachtruhe** dauert grundsätzlich von 20.00 bis 6.00 Uhr, wenn nicht aus Gründen der Berufsausbildung Ausnahmen notwendig sind (z. B. Bäcker). Auch dürfen Jugendliche über 16 Jahre in Schichtbetrieben bis 23 Uhr beschäftigt werden.

**Ruhepausen** sind vorgeschrieben. Sie betragen (wie auch sonst im Arbeitsleben) bei einer Arbeitszeit von viereinhalb bis sechs Stunden 30 Minuten, bei mehr als sechs Stunden 60 Minuten und werden nicht auf die Arbeitszeit angerechnet. Die Ruhepausen müssen frühestens eine Stunde nach Beginn und spätestens eine Stunde vor Ende der Arbeitszeit gewährt werden.

**Der Urlaubsanspruch** beträgt bis zum 16. Lebensjahr 30, für Sechzehnjährige 27, für Siebzehnjährige 25 Werktage im Jahr. (Maßgebend ist das Lebensalter zu Beginn des Kalenderjahres.)

Berufsschüler sollen den Urlaub in den Berufsschulferien nehmen. Ist dies nicht möglich und besucht der Berufsschüler während seines Urlaubs die Berufsschule, wird ihm für jeden Tag des Schulbesuchs ein weiterer Urlaubstag gewährt.

**Bei Berufsschulbesuch** gilt ein Beschäftigungsverbot an Tagen, an denen der Unterricht einschließlich Pausen mehr als 5 Stunden beträgt (jedoch nur einmal in der Woche).

Ferner dürfen Jugendliche in Berufsschulwochen mit einem planmäßigen Blockunterricht von mindestens 25 Stunden an mindestens 5 Tagen nicht beschäftigt werden. Dies gilt auch für über 18 Jahre alte Auszubildende, wenn sie berufsschulpflichtig sind. Die Jugendlichen sind auch an Prüfungstagen und an Arbeitstagen, die der schriftlichen Abschlußprüfung unmittelbar vorausgehen, von der Arbeit freizustellen.

**Der Gesundheits- und Gefahrenschutz** sowie das **Verbot der Akkord- und Fließarbeit** (Ausnahmen: notwendig aus Gründen der Berufsausbildung) wurden verstärkt. Vor Einstellung des Jugendlichen muß dieser sich einer ärztlichen Untersuchung unterziehen. Eine Nachuntersuchung – spätestens nach einem Jahr – muß ebenfalls erfolgen, soweit der Jugendliche noch keine 18 Jahre alt ist. Weitere jährliche ärztliche Nachuntersuchungen können im Hinblick auf die gesundheitliche Betreuung der Jugendlichen erfolgen.

Die Erteilung des ärztlichen Gesundheitszeugnisses ist für den Jugendlichen kostenfrei.

Auf die Einhaltung der Bestimmungen des Jugendarbeitsschutzgesetzes achten Aufsichtsbehörden, die von der Landesregierung bestellt werden. Die Beauftragten der Aufsichtsbehörde (z. B. das Gewerbeaufsichtsamt) können deshalb die Arbeitsstätten der Auszubildenden während der üblichen Arbeitszeit besichtigen.

## 5.7.8 Die Arbeitsgerichte

Für alle Streitigkeiten aus einem Arbeitsverhältnis sind nach dem Arbeitsgerichtsgesetz in der Fassung der Bekanntmachung vom 02.07.1979 in erster Instanz die **Arbeitsgerichte** zuständig. Das Arbeitsgericht muß innerhalb von 3 Wochen angerufen werden (Ausschlußfrist).

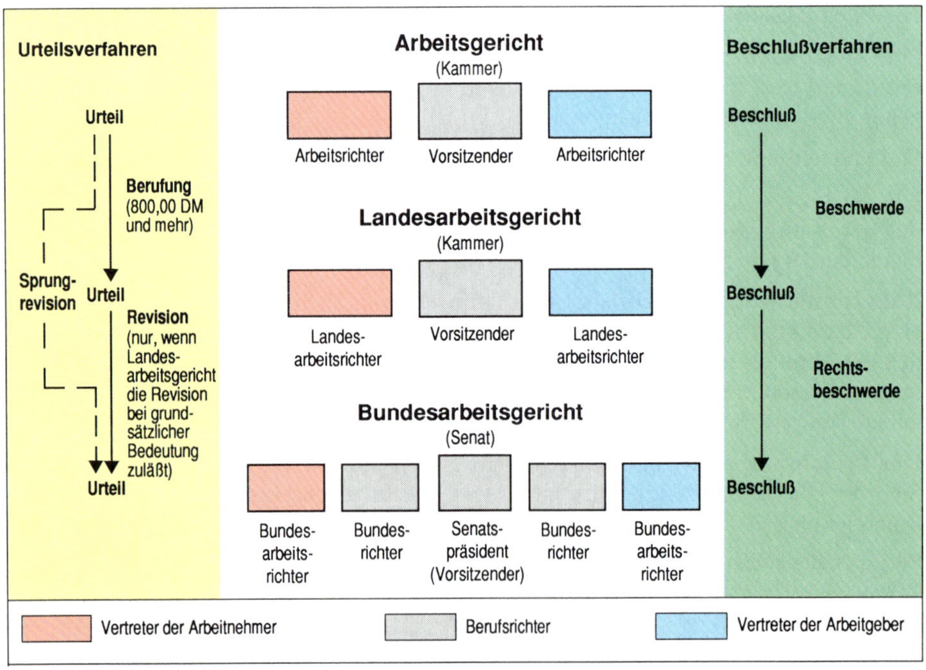


*Abb. 5.7.8-1 Die Arbeitsgerichte*

Jedes Arbeitsgericht besteht aus einem Vorsitzenden und Laienbeisitzern, die sich in gleicher Zahl aus Arbeitgebern und Arbeitnehmern zusammensetzen. Gegen Urteile des Arbeitsgerichtes ist Berufung an das *Landesarbeitsgericht* (LAG) zulässig, wenn der Streitwert mindestens 800,00 DM beträgt oder wenn das Arbeitsgericht (AG) die Berufung wegen der grundsätzlichen Bedeutung des Falles zugelassen hat. Letzte Instanz ist das *Bundesarbeitsgericht* (BAG) in Kassel. Eine Revision beim Bundesarbeitsgericht ist aber nur möglich, wenn das Landesarbeitsgericht die Revision ausdrücklich zugelassen hat.

Vor dem AG *können* sich die Parteien, vor dem LAG *müssen* sie sich durch Vertreter von Arbeitgeber- und Arbeitnehmerverbänden oder durch Rechtsanwälte vertreten lassen. Vor dem BAG herrscht dagegen Anwaltszwang.

## Aufgaben

1. Listen Sie auf:
   a) Vorteile einer gleitenden Arbeitszeit;
   b) Nachteile einer gleitenden Arbeitszeit.
   c) Nehmen Sie Stellung: „Meine Ansicht zur gleitenden Arbeitszeit."
2. Unter welchen Voraussetzungen darf die Arbeitszeit an einem Tag mehr als zehn Stunden betragen?
3. In welchen Gesetzen finden Sie Vorschriften über die Kündigung? Welche halten Sie für besonders bedeutsam? (Begründen Sie.)
4. Kann ein Betriebsratsmitglied fristlos entlassen werden? Begründen Sie Ihre Ansicht, und geben Sie Beispiele an.
5. An wen kann man sich wenden, wenn man glaubt, daß eine Kündigung nicht gerechtfertigt ist? Welche Frist ist zu beachten?
6. In Abschnitt 5.7 sind Schutzgesetze besprochen worden.
   a) Welche Personenkreise schützen sie jeweils, und weshalb haben diese Personen Anrecht auf gesetzlichen Schutz?
   b) Welche Regelungen im JArbSchG finden Sie besonders bedeutsam? (Mindestens drei nennen und begründen.)
7. Wie lange darf eine werdende Mutter vor der Niederkunft beschäftigt werden?
8. Schlagen Sie im Gesetzestext nach (sollte in der Schule greifbar sein), und legen Sie eine Tabelle wie folgt an:

| Frage Nr. | § im JArbSchG | Regelung des Gesetzes zur gestellten Frage |
|---|---|---|
| | | |

   a) Für wen gilt das Gesetz?
   b) Mindestalter für eine Beschäftigung?
   c) Tägliche Arbeitszeit für Jugendliche?
   d) Ruhepausen während des Tages?
   e) Freistellung an Berufsschultagen?
   f) Beschäftigungszeiten (von ... bis)?
   g) Urlaubsregelung?
   h) Gesundheitsschutz?
   i) Staatliche Überwachung?
   k) Jugendarbeitsschutz-Ausschüsse?
   l) Geldbußen?
9. (Vorzugsweise für Berufsschüler) Versuchen Sie durch Fragen an Ausbilder herauszubekommen, welche *beiden* Bestimmungen des Jugendarbeitsschutzgesetzes sie für besonders schwer erfüllbar halten und welche *zwei* Bestimmungen sie andererseits für leichter erfüllbar und recht sinnvoll halten. Schreiben Sie die Begründungen für diese insgesamt *vier Nennungen* kurz auf, bringen Sie sie in den Unterricht mit, und vergleichen Sie sie mit den Ergebnissen Ihrer Mitschüler.

Falls Sie auf Bestimmungen des Jugendarbeitsschutzgesetzes gestoßen sein sollten, die in Ihrem Ausbildungsbetrieb nicht entsprechend beachtet werden: Sprechen Sie mit Ihren Eltern darüber, und diese sollten gemeinsam mit Ihnen ein Gespräch mit dem Ausbilder darüber führen. Ansonsten kann Ihnen der zuständige Beauftragte für Ausbildungsfragen der Kammer helfen. In jedem Fall gibt Ihnen der Klassenlehrer die entsprechenden Tips, was zu tun ist.

10. Warum ist eine ärztliche Untersuchung für Jugendliche vorgeschrieben, und wer muß benachrichtigt werden?
11. Ein Jugendlicher vollendet am 21. Mai das 18. Lebensjahr. Er will im Juli/August Urlaub machen. Welchen Urlaubsanspruch hat er mindestens?
12. In welcher Instanz und aus welchem Grunde wirken bei den Arbeitsgerichten Rechtsanwälte mit?
13. Warum sind Vertreter der Arbeitgeber und der Arbeitnehmer bei der Zusammensetzung der Arbeitsgerichte berücksichtigt worden?
14. Welche Voraussetzungen müssen für die Berufung und die Revision beim Urteilsverfahren an Arbeitsgerichten gegeben sein?

## Zusammenfassung

- Die **Sozialversicherung** umfaßt

  Renten-, Arbeitslosen-, Kranken- und Unfallversicherung. Während die Beiträge zur Unfallversicherung vom Arbeitgeber alleine bezahlt werden müssen, teilen sich Arbeitnehmer und Arbeitgeber die Kosten von Renten-, Arbeitslosen- und Krankenkassen-Beitragszahlungen.
- Gesetzliche Regelungen zu **Arbeitszeit, Urlaub und Kündigung** sorgen dafür, daß dem Arbeitnehmer kein Unrecht geschieht. Notfalls kann er sein Recht mit Hilfe der **Arbeitsgerichte** durchsetzen.
- Die werktägliche **Arbeitszeit** beträgt 8 Stunden. Sie kann um täglich 2 Stunden überschritten werden.
- Jeder Arbeitnehmer hat Anspruch auf **Urlaub.** Die Urlaubsdauer darf 18 Werktage nicht unterschreiten.
- Der **Kündigungsschutz** ist durch verschiedene Gesetze geregelt. Besondere Schutzbestimmungen gelten für werdende Mütter, Schwerbehinderte, Betriebsratsmitglieder und langjährig Beschäftigte.
- Im **Jugendarbeitsschutzgesetz** ist u. a. festgelegt, daß jugendliche Arbeitnehmer
  - mindestens 15 Jahre alt sein müssen,
  - an Samstagen, Sonntagen und Feiertagen nicht arbeiten dürfen,
  - wenigstens 12 Stunden Freizeit nach Arbeitsschluß haben müssen.

# 6 Handelsbetriebe

**Worum geht es?**

Ein Handelsbetrieb wird eröffnet. Welche Funktionen hat der Handel?
Welche Arten des Handels gibt es?
Welche Aufgabe hat hierbei der Markt, welche die Börse?
Was versteht man unter Außen-, Einfuhr- und Durchfuhrhandel?

**Lernziele**

Sie sollten ...
- Aufgaben und Arten des Handels unterscheiden können;
- Markt und Börse in ihren Grundfunktionen beschreiben können;
- Gemeinsamkeiten und Unterschiede bei Außen-, Einfuhr- und Durchfuhrhandel erkennen und erklären können;
- Zölle und Zollverfahren nennen und erläutern können.

## 6.1 Aufgabe und Arten des Handels

### 6.1.1 Aufgabe des Handels

Handelsbetriebe vermitteln Waren zwischen den Herstellungsbetrieben und den Verbrauchern.

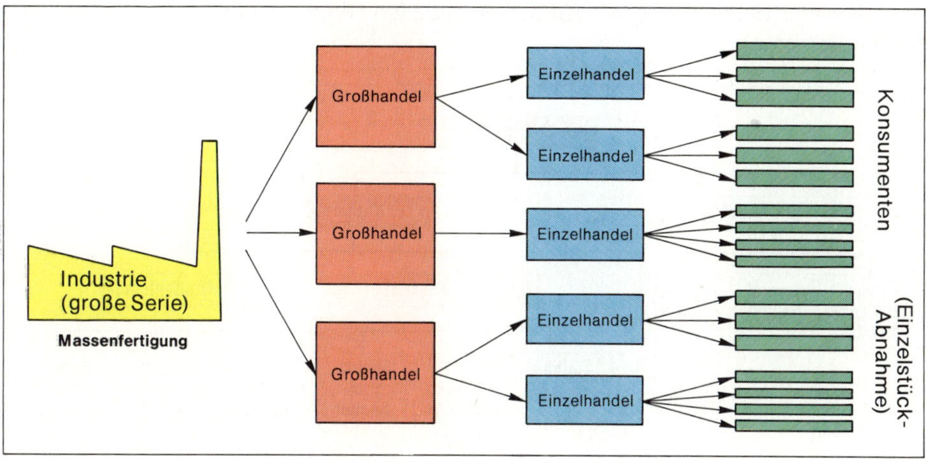


*Abb. 6.1.1-1 Vom Hersteller zum Verbraucher*

Bei der Betrachtung des Handels ist zu unterscheiden zwischen den Betrieben, die den Handel als ihren Geschäftszweck ansehen (sog. institutioneller Handel) und der für den Absatz in allen Fällen erforderlichen Handelsfunktion (funktioneller Handel).

Der Handel hat folgende Aufgaben (Funktionen):

- **Markterschließungsfunktion.** Sie ist die *Hauptaufgabe* des Handels, die durch die anderen Funktionen unterstützt wird. Im Mittelpunkt steht die Erschließung von Absatzmärkten durch das moderne Absatzmarketing. (Vgl. Abschnitt 3.3)
- **Raumfunktion.** Der Handel überbrückt den räumlichen Abstand zwischen Erzeugungsbetrieben und Endverbrauchern. Dazu sind technische und organisatorische Maßnahmen erforderlich, vor allem aber erhebliche Transportleistungen.
- **Zeitfunktion.** Erzeugung und Verbrauch stimmen in ihrem zeitlichen Ablauf meistens nicht überein. Der Handel sorgt für den Zeitausgleich durch Lagerhaltung und Vorausdisposition.
- **Sortimentsfunktion.** Durch die Zusammenfassung der Produktionsprogramme vieler Erzeuger bietet der Handel der nachfolgenden Wirtschaftsstufe eine breitere und tiefere Auswahl.
  - *Die Tiefe des Sortiments* wird durch die mehr oder weniger große Auswahl an Waren mit gleichem Verwendungszweck bestimmt, die sich durch Qualität, Aufmachung und Preise unterscheiden.
  - *Die Breite des Sortiments* wird gekennzeichnet durch die Vielzahl verschiedenartiger Artikel mit unterschiedlichem Verwendungszweck.

  Typische Handelsbetriebe mit breitem, aber flachem Sortiment sind die Verbrauchermärkte, während die Fachgeschäfte ein tiefes, aber schmales Sortiment anbieten.
- **Mengenfunktion.** Die produktionsgerechte Zusammenfassung von Bedarfsmengen durch den Handel ist Voraussetzung für die mit der Massenfertigung verbundenen Rationalisierungseffekte.
- **Beratungsfunktion.** Der Handel informiert und berät nicht nur die Abnehmer. Durch ständige Marktbeobachtung erkennt er Kundenwünsche, Veränderungen der Kaufkraft, verlagerte Kaufgewohnheiten usw. und gibt sie an die Hersteller weiter.

## 6.1.2 Arten des Handels

Kriterien für die Gliederung des Handels sind u. a. der Abnehmerkreis, der räumliche Bereich seiner Tätigkeit oder die Art der gehandelten Objekte (Rohstoffe, Halbfabrikate, Fertigwaren usw.).

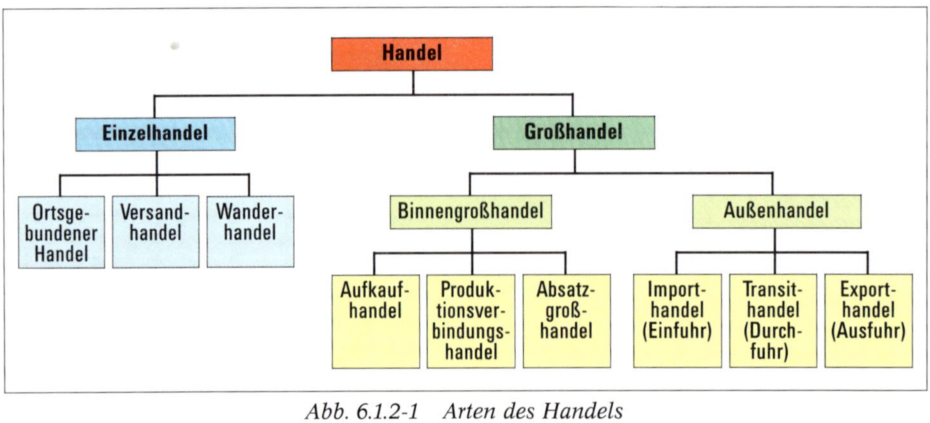


*Abb. 6.1.2-1 Arten des Handels*

**Nach dem Abnehmerkreis** werden unterschieden:

- **Einzelhandel** (Verkauf an Verbraucher),
- **Großhandel** (Verkauf an Wiederverkäufer oder Erzeuger).

**Nach der räumlichen Gliederung** unterscheidet man:

- **Binnenhandel** (alle Handelsgeschäfte im nationalstaatlichen Raum),
- **Außenhandel,** der in Einfuhr- (Import-), Ausfuhr- (Export-) und Durchfuhrhandel (Transithandel) unterteilt wird.

## 6.2 Der Einzelhandel

Der Einzelhandel verkauft seine Waren (ohne weitere Be- oder Verarbeitung) an die Verbraucher.

Er wählt aus der Fülle von Artikeln die für seine Kundschaft nach Preis, Qualität, Form und Farbe geeignetsten aus *(Sortimentsbildung)*. Er kann den Verbraucher dank seiner Warenkenntnisse und seiner Erfahrung sachverständig beraten. Durch die tägliche Berührung mit der Kundschaft lernt er ihren Geschmack und ihre Wünsche kennen und kann daher sowohl dem Großhändler als auch dem Erzeuger wertvolle Hinweise geben.

**Drei Arten der Verkaufsorganisation** bestimmen den Standort der Einzelhandelsbetriebe. Das *Ladengeschäft* befindet sich in der Nähe des Kunden, das *Versandgeschäft* ist vom Wohnsitz des Kunden unabhängig, und der *Wanderhandel* folgt dem Kunden. Von diesen drei Arten überwiegt der Ladenhandel, während der Wanderhandel (auch Straßen- oder Markthandel genannt) nur eine untergeordnete Rolle in entlegenen Gegenden sowie für den Absatz schnell verderblicher Waren oder kleiner, billiger Neuheiten spielt. Für den Versandhandel ist kennzeichnend, daß der Kunde die Ware zugeschickt bekommt, nachdem er sie anhand eines Kataloges ausgesucht hat. Der Versandhandel gliedert sich heute zunehmend Ladengeschäfte an, die wie Kaufhäuser – oder bei Spezialversandgeschäften wie Fachgeschäfte – geführt werden; zumindest werden aber Verkaufsagenturen in größeren Städten unterhalten, bei denen insbesondere erklärungsbedürftige Waren ausgestellt sind.

**Ladengeschäfte** sind u. a.

- **Das Fachgeschäft** (Lebensmittel, Bekleidung, Textilien, Genußmittel) überwiegt als Vertriebsform in der Stadt. Es bietet dem Kunden durch ein tiefgestaffeltes Sortiment eine große Auswahl artverwandter Waren. Im Fachgeschäft entscheidet die persönliche und fachgerechte Bedienung des Kunden.
- **Das Gemischtwarengeschäft** findet man vor allem in ländlichen Gebieten. Neben Lebensmitteln führt es besonders Textilien, Kurzwaren (Bänder, Gummi, Knöpfe), Schreibwaren, Haushaltsgeräte, landwirtschaftlichen Kleinbedarf u. a.
- **Das Warenhaus** hat ein ähnliches Sortiment wie das Gemischtwarengeschäft. Es ist überwiegend in großen Städten zu finden. Das Warenhaus bietet in vielen Abteilungen Waren in mittleren und niedrigeren Preislagen an. Eine Sonderform des Warenhauses sind Kleinpreisgeschäfte, die nur Waren der niedrigsten Preislagen führen.

- **Das Kaufhaus** ist dagegen eine Zusammenfassung mehrerer Fachgeschäfte zu einem einheitlichen großen Betrieb. Vielfach sind Kaufhäuser aus dem Textilhandel entstanden. Deshalb überwiegt oft das Angebot an Textilwaren. Weitere Warengruppen sind: Lebensmittel, Schuhe, Spielwaren, Wohnungsausstattung, Haushaltswaren und Elektrogeräte.
- **Einkaufszentren** sind die Zusammenfassung selbständiger Einkaufsbetriebe an einem Platz. Große Parkplätze und Zusatzeinrichtungen (Kindergärten, Friseur, Bank) erleichtern den Einkauf.
- **Verbrauchermärkte** (Selbstbedienungswarenhäuser) haben ein Sortiment gängiger Waren. Ihre Stadtrandlage bietet gute Parkmöglichkeiten.
- **Supermärkte** sind Einzelhandelsunternehmen, die Nahrungs- und Genußmittel und sog. „non-food"-Artikel (= Nichtlebensmittel) anbieten. Auch hier herrscht das Prinzip der Selbstbedienung.
- **Discountgeschäfte** unterscheiden sich von den anderen Betrieben vor allem durch ein sehr schmales und besonders preisgünstiges Sortiment, das kostensparend aus Kisten und Kartons verkauft wird.
- **Filialgeschäfte** sind Betriebsstätten von Einzelhandelsunternehmen mit mehreren oder vielen Ladengeschäften. Sie sind besonders im Lebensmittelhandel zu finden (z. B. Kaffeegeschäfte). Typisch für sie ist das gleiche Angebot und die einheitliche Gestaltung der Verkaufsräume.
- **Shop in Shop** ist ein Einzelhandelsbetrieb, der auf eigene Rechnung auf gemietetem Standplatz eines anderen Einzelhandelsgeschäftes seine Artikel verkauft.
- **Kiosk** ist ein kleiner Laden, der in guter Lage schnell Verkaufbares anbietet (Zigaretten, Zeitungen).

Im Einzelhandel zeigt sich in den letzten Jahren ein Umbruch: Die kleinen Einzelhandelsläden (sog. Tante-Emma-Läden) verlieren zugunsten größerer Betriebsstrukturen an Bedeutung. Die folgende Grafik läßt dies deutlich erkennen:

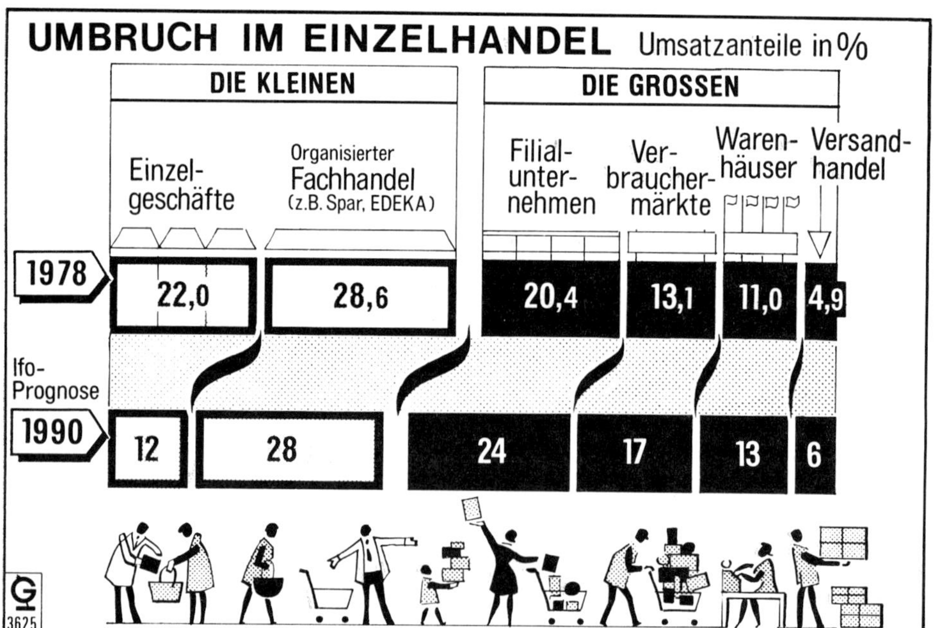


*Abb. 6.2-1 Veränderungen im Einzelhandel*

## 6.2.1 Die Organisation des Einzelhandelsbetriebes

Die Organisation eines Einzelhandelsbetriebes wird einerseits durch seine Funktionen – Beschaffung, Vorratshaltung und Absatz –, andererseits durch die Betriebsgröße (Fachgeschäft oder Warenhaus) bestimmt. Immer aber lassen sich drei verschiedene Arbeitsgebiete erkennen:

| Lager | Verkaufsraum | Büro |
|---|---|---|
| Warenübernahme | Verkaufsdurchführung | Einkauf |
| Warenkontrolle | Kassieren | Werbung |
| Lagerkartei | Warenübergabe | Schriftwechsel |
| Warenauslieferung | Kontrolle | Buchhaltung |
| Versand von Waren | Aufsicht | Kalkulation |
| Fuhrpark | Dekoration | Statistik |
| Reparaturen | Kundendienst | Registratur |

Das Schwergewicht liegt notwendigerweise auf dem Verkaufsraum und dem Warenlager, während das Büro nur eine Hilfsfunktion ausübt. Auch im Einzelhandel bestimmt die Betriebsgröße die Arbeitsteilung, die bis zur Einrichtung von vielen Betriebsabteilungen (Warenhaus) führen kann. Der Geschäftsleitung unterstehen dann Abteilungsleiter, Substitute, Einkäufer, Verkäufer, Werbegestalter u. a.

Der Erfolg und die Werbekraft des Ladengeschäftes hängen von mehreren Faktoren ab: der Verkehrslage (dem Standort), der Schaufenstergestaltung, dem Verkaufsraum und der „individuellen" Bedienung des Kunden:

- **Das Schaufenster** ist die Visitenkarte des Einzelhändlers. Es soll die Aufmerksamkeit der Passanten auf das Geschäft lenken, schlummernde Bedürfnisse wecken und die Kunden zum Betreten des Ladens veranlassen.
- **Der Verkaufsraum** muß so übersichtlich gegliedert und so zweckmäßig und geschmackvoll ausgestattet sein, daß er den eintretenden Kunden in Kaufstimmung versetzt. Dabei spielen richtige Beleuchtung und psychologisch richtige Reihenfolge der Anordnung der Waren eine nicht zu unterschätzende Rolle.
- **Die Bedienung** schließlich muß rasch, freundlich, zuvorkommend und fachkundig sein, um den Käufer möglichst als Dauerkunden zu gewinnen.

**Die Ware** gehört in Sichtnähe, d. h. in das Blickfeld des Kunden. Das Sortiment muß eine reiche Auswahl bieten, also neben hochkalkulierten Waren auch solche mit niedrigen Handelsspannen, neben Waren mit schnellem Lagerumschlag auch solche mit geringer Umschlagsgeschwindigkeit enthalten. Eine gewissenhaft nach Warengruppen, Sorten, Größen, Preislagen geführte Umsatzstatistik liefert hier dem Kaufmann die unentbehrlichen Unterlagen für richtige Einkaufsdispositionen.

## 6.3 Der Großhandel

Von Großhandel spricht man, wenn Ware unbearbeitet an Produktionsbetriebe (Weiterverarbeiter) oder Einzelhändler (Wiederverkäufer) verkauft wird. (Lieferungen eines Großhändlers an den Endverbraucher zählen dabei nicht zu den Großhandelsleistungen.)

Während der Einzelhandel das letzte Glied in der Kette ist, die Produktion und Konsum miteinander verbindet, schaltet sich der Großhandel zwischen die verschiedenen Stufen der Herstellung – vom Rohstoff über die halbfertigen Erzeugnisse bis zum Fertigerzeugnis – (als Produktionsverbindungshandel) ein und bildet schließlich die vorletzte Stufe auf dem Weg der Ware zum Verbraucher, indem er die Fertigwarenindustrie mit dem Einzelhandel verbindet. Die von ihm gehandelten Waren umfassen daher sowohl Rohstoffe wie halbfertige und fertige Erzeugnisse.

**Seine Lieferer** sind: Fabriken, andere Großhändler (etwa Importeure), land- und forstwirtschaftliche Betriebe sowie der Bergbau.

**Seine Abnehmer** sind: Einzelhandelsbetriebe, andere Großhändler (z. B. der Binnengroßhandel als Abnehmer eines Importeurs), Industrie- und Handwerksbetriebe (denen er Rohstoffe, halbfertige Erzeugnisse und Hilfsmittel liefert) und Großverbraucher (z. B. Krankenhäuser, Hotels, Werkskantinen, Wohnheime). Das Sortiment eines Großhändlers umfaßt manchmal Tausende von Artikeln, beim Papiergroßhandel bis zu 3000 Artikel, beim Eisenwarengroßhandel sogar bis 200000!

## 6.3.1 Arten des Großhandels

**Der Aufkaufgroßhandel** befaßt sich mit dem Aufkauf der Rohstoffe aus Landwirtschaft, Forstwirtschaft und Bergbau (Eier, Getreide, Wolle, Baumwolle, Holz, Erze usw.), sammelt aber auch Altmaterial und Abfallstoffe (Altpapier, Schrott, Altmetalle usw.), um sie, sortiert und aufgearbeitet, wieder dem entsprechenden Industriezweig als Rohstoff zuzuführen.

*Abb. 6.3.1-1 Aufkaufgroßhandel*

**Der Produktionsverbindungshandel** schaltet sich zwischen die verschiedenen Stufen der Herstellung, zwischen Industrie und Industrie, ein und versorgt z. B. als Großhandel mit Metallhalbfabrikaten die metallverarbeitenden Industrien und Handwerker mit Blechen, Bändern, Drähten, Röhren usw.

Häufig kommt im Produktionsverbindungshandel das sog. *Streckengeschäft* vor. Dabei liefert der Hersteller auf Anweisung des Großhändlers direkt an den Käufer, ohne daß die Ware beim Großhändler gelagert wird.

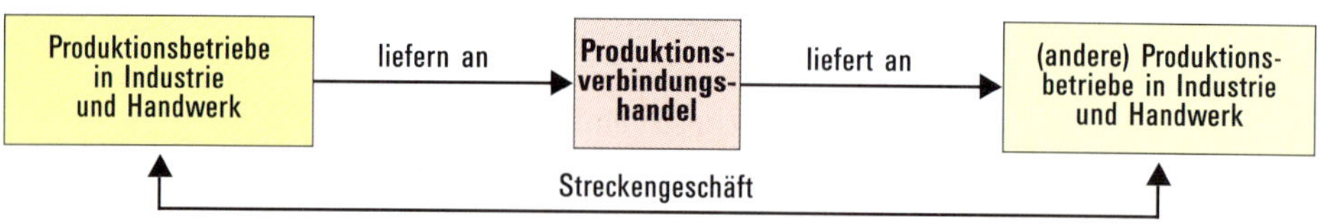


*Abb. 6.3.1-2 Produktionsverbindungshandel*

**Der Absatzgroßhandel** (Konsumgütergroßhandel) schließlich ist ein Handel mit Fertigwaren, die für den Konsum bestimmt sind. Sein Arbeitsgebiet umfaßt praktisch alles, was der Verbraucher benötigt:

- **Er übernimmt die Lagerhaltung** und ermöglicht es so seinen Abnehmern, ihr Lager klein zu halten und nicht unnötig Kapital festzulegen;

- **er wählt aus** der Fülle der Erzeugnisse vieler Fabrikanten die für seine Abnehmer in Frage kommenden aus (Sortimentsbildung) und erspart ihnen damit den Verkehr mit Hunderten von spezialisierten Lieferern;
- **er finanziert** einerseits die Herstellerbetriebe, denen er durch Abnahme großer Posten das Absatzrisiko abnimmt, andererseits die Einzelhandelsbetriebe, denen er in der Regel ein Ziel von 30 bis 90 Tagen gewährt.

*Abb. 6.3.1-3 Absatzgroßhandel*

Der Absatzgroßhandel wird unterteilt in

- **Sortimentsgroßhandel:** Das breite Sortiment umfaßt verschiedene Warengruppen (z. B. Lebensmittelgroßhandel);
- **Spezialgroßhandel:** Das tiefe Sortiment umfaßt unterschiedliche Qualitäten einer bestimmten Ware (z. B. Weingroßhandel).

Betriebsformen des Absatzgroßhandels sind:

- **Zustellgroßhandel.** Der Großhändler beliefert die Einzelhandelsbetriebe.
- **Das Cash-and-Carry-System (zahle und trage weg).** Hierbei handelt es sich um Großhandelsbetriebe, bei denen das Prinzip des Discountgeschäfts mit Selbstbedienung nach dem Vorbild des Lebensmitteleinzelhandels übernommen wurde. Allerdings werden diese Betriebe weniger von den Lebensmitteleinzelhändlern aufgesucht, sondern vor allem vom Gaststättengewerbe und dem Lebensmittelhandwerk. Eine Reihe von Cash-and-Carry-Betrieben hat in den letzten Jahren die ursprüngliche Zielsetzung aufgegeben und wurde zu unmittelbar dem Letztverbraucher zugänglichen Verbrauchermärkten.
- **Die Rack-Jobber-Methode** gewinnt in letzter Zeit größere Bedeutung. Die Aufgabe des Rack Jobbers ist es, Supermärkte, Verbrauchermärkte und andere Einzelhandelsunternehmen mit Waren des Ergänzungssortiments zu beliefern. Rack Jobber liefern dieses Ergänzungssortiment - meist mit den zugehörigen Werbemitteln - in Kommission. Dieses Sortiment wird ständig gewechselt, um den Käufern neue Kaufanreize zu bieten.

## 6.3.2 Zusammenarbeit im Handel

Das Bestreben, die optimale Organisationsform des Absatzes zu finden, hat sowohl im institutionellen Handel als auch im funktionellen zu einer Fülle von Formen der Zusammenarbeit (Kooperation) als auch zu vielfachen Abhängigkeiten geführt. Aus der Fülle dieser Formen sind nachstehend nur die wichtigsten genannt.

**Einkaufsgenossenschaften** sind eine Form der Kooperation von Einzelhandelsbetrieben. Bekanntes Beispiel ist die Edeka (Einkaufsgenossenschaft Deutscher Kaufhäuser.).

**Freiwillige Ketten** verdanken ihre Entstehung, im Gegensatz zu den Einkaufsgenossenschaften, der Initiative des Großhandels. Ein Großhändler gewinnt eine Anzahl leistungsfähiger Einzelhandelsbetriebe zur Mitarbeit. Die Einzelhändler decken einen möglichst großen Teil ihres Warenbedarfs bei dem Großhändler, der durch die Massierung der Aufträge als Großabnehmer gegenüber seinen Lieferern entsprechende Mengenrabatte und Sondervergünstigungen erzielen kann, die er zum Teil an die Einzelhändler weitergibt. Als weitere Vorteile ergeben sich für den Einzelhändler die Führung der Bücher, Übernahme der Betriebsstatistik u. a. durch eine zentrale Stelle.

## Zusammenfassung

- **Handelsunternehmen** sind Vermittler zwischen Urerzeugern, Herstellern, Weiterverarbeitern und Endverbrauchern. Sie haben folgende Aufgaben:
  - Erschließung des Marktes,
  - Warenverteilung,
  - Beratung,
  - Lagerhaltung,
  - Sortimentsgestaltung,
  - Finanzierung.
- **Einzelhandelsunternehmen** verkaufen Ware an den Letztverbraucher.
  Ladengeschäfte (z. B. das Fachgeschäft, das Kaufhaus, Verbrauchermärkte u. a.) suchen die Kundennähe.
  Schaufenster und Verkaufsräume des Einzelhandelsgeschäftes sind seine „Visitenkarte".
- **Der Versandhandel** liefert Ware per Bahn oder Post ins Haus.
- **Großhandelsunternehmen** verkaufen Waren an Produktionsbetriebe oder Einzelhändler. Man unterscheidet:
  - Aufkaufgroßhandel (kauft z. B. landwirtschaftliche Erzeugnisse),
  - Produktionsverbindungshandel (versorgt z. B. Industrie- und Handwerksbetriebe mit Halbfabrikaten),
  - Absatzgroßhandel (beliefert z. B. Lebensmittel-Einzelhandelsgeschäfte).
- Neuere Kooperationsformen im Handel sind:
  Einkaufsgenossenschaften, freiwillige Ketten.

# 6.4 Markt und Börse

Märkte, die den Ort des Zusammentreffens von Angebot und Nachfrage darstellen, können unterteilt werden in:

- **Allgemeine Märkte** (Großmarkt, Wochenmarkt) und
- **Spezielle Märkte** (Börse, Messe, Ausstellung, Versteigerung).

Zu den **Allgemeinen Märkten** zählen der

**Großmarkt** – überwiegend in Groß- und Hafenstädten zu finden – beliefert Großverbraucher und Einzelhändler mit landwirtschaftlichen Produkten (z. B. Fleisch, Gemüse, Eier usw.).

Der **Wochenmarkt** bietet dem Verbraucher die Möglichkeit, direkt vom Erzeuger frische, preiswerte Ware zu kaufen.

## 6.4.1 Spezielle Märkte

### 6.4.1.1 Die Börse

Rohstoffgeschäfte, die besonders im Großhandel eine Rolle spielen, werden in den sog. Warenbörsen abgewickelt. Man schließt dort Kaufverträge über vertretbare (fungible) Waren. Das bedeutet, daß die gehandelten Waren nach Zahl, Maß und Gewicht untereinander austauschbar sind. Die Vertretbarkeit wird bei den Waren auch erreicht durch die Festlegung von Mustern, Typen Standards[1], die den Geschäftsabschlüssen zugrunde gelegt werden. Die gehandelten Waren (z. B. Baumwolle, Wolle, Getreide, Kaffee,

1 Standards sind Güteklassen, Qualitätstypen bestimmter börsenmäßig gehandelter Waren (Baumwolle, Kaffee, Getreide u. a.).

Ölfrüchte, Metalle, Jute, Sisal, Kautschuk) sind also an der Börse nicht vorhanden, sind oft noch unterwegs oder noch gar nicht lieferbar. Das Getreide, das an der Warenbörse gehandelt wird, steht vielleicht noch auf dem Feld oder schwimmt noch auf dem Ozean.

**Nach dem Gegenstand des Börsenhandels** unterscheidet man:

- **Waren- oder Produktenbörsen,** z. B. die Getreidebörse in Duisburg, die Bremer Baumwollbörse, die Kaffeebörse in Hamburg, die Produkten- und Warenbörse in Köln, die New Yorker Metallbörse;
- **Wertpapierbörsen**[1] (Effektenbörsen) für Anleihen, Aktien, Pfandbriefe usw. in Bremen, Düsseldorf, Frankfurt (Main), Hannover, Hamburg, München, Stuttgart und Berlin (West);
- **Devisenbörsen** (sie sind meist mit den Effektenbörsen verbunden);
- **Versicherungsbörsen** für Versicherungsverträge (Überseetransporte: Bremen, Hamburg);
- **Frachtenbörsen** für Versandvereinbarungen zwischen Absendern und Frachtführern sowie über Speditionen und Versicherungen.

**Der Kaufabschluß an der Warenbörse erfolgt**

- in vorrätiger oder sofort lieferbarer, prompter Ware *(Lokoware)*;
- in rollender oder schwimmender Ware, die also schon auf dem Transport ist;
- in Ware „auf Verladung" innerhalb einer bestimmten Zeit *(Abladegeschäft)*;
- in Ware „auf Lieferung". Dann spricht man von einem Termingeschäft.

**Das Termingeschäft** oder Zeitgeschäft[1] spielt an der Warenbörse eine besonders wichtige Rolle. Zwischen dem Geschäftsabschluß und seiner Erfüllung (Lieferung und Abnahme der Ware) liegt oft eine Frist von mehreren Monaten.

Ein Händler kauft z. B. zum heutigen Preis einen bestimmten Warenposten, der erst in vier Monaten geliefert werden muß. Wenn nun der Preis bis zum Liefertermin steigt, hat er einen Gewinn erzielt. Er kann ihn realisieren, indem er am Liefertag den Warenposten zum höheren Preis verkauft. Er hat, wie man sagt, *„à la hausse"*, auf eine Preissteigerung spekuliert. Umgekehrt kann der Händler auch auf eine Preissenkung, *„à la baisse"*, spekulieren und heute einen Warenposten auf Termin verkaufen, den er noch gar nicht auf Lager hat. Er hofft, sich bis zum Liefertag zu einem niedrigeren Preis eindecken zu können.

Ein Landwirt kann daran interessiert sein, Getreide vor der Ernte auf Termin zu verkaufen, wie sich umgekehrt die Mühlen auf Termin eindecken. Zur Sicherung der Abwicklung der Termingeschäfte bestehen an den Börsen Abrechnungs- und Liquidationskassen.

**Kassageschäfte,** auch Sofort-, Effektiv- oder Lokogeschäfte genannt, werden sofort oder nach kurzer Zeit erfüllt, Termingeschäfte dagegen zu den im sog. Schlußschein festgelegten Zeiten.

**Die Abschlüsse** werden mit oder ohne Mitwirkung von Maklern getätigt und durch den Austausch von *Schlußnoten* festgelegt. Die Preise (Kurse) werden durch von der Landesregierung bestellte, vereidigte Kursmakler auf Grund der vorliegenden Kauf- und Verkaufsanträge amtlich festgesetzt und von den größeren Tageszeitungen im Wirtschaftsteil veröffentlicht.

1 In der Bundesrepublik Deutschland gibt es drei Warenterminbörsen, die Zucker- und die Kaffeebörse in Hamburg und die Baumwollbörse in Bremen.

**Der Kurs,** zu dem die Ware angeboten wird (Angebotskurs), ist der *Briefkurs*, der Nachfragekurs heißt Geldkurs. Beide Kurse werden durch Hinzusetzen von B (= Brief) oder W (= Ware) und G (= Geld) gekennzeichnet. Bei stark steigenden Kursen spricht man von einer „Hausse", bei fallenden Kursen von einer „Baisse".

**Die Wertpapierbörse** ist ein regelmäßig an den Börsentagen (von Montag bis Freitag) stattfindender Markt für Wertpapiere. Ihre Bedeutung für die Wirtschaft beruht auf drei wichtigen Funktionen:

- Sie erleichtert die *Unterbringung neuer Emissionen* von Aktien und Schuldverschreibungen im anlagesuchenden Publikum;
- sie ermöglicht den späteren *Personenwechsel* der jeweiligen Eigentümer der Papiere, die ihre Papiere jederzeit wieder über die Börse veräußern können;
- sie liefert durch die *regelmäßige Kursfeststellung* und die in dem Steigen und Fallen der Kurse sich spiegelnde *„Börsentendenz"* Maßstäbe für die Beurteilung der wirtschaftlichen Lage und einzelner Unternehmen.

**Art und Technik der Kursfeststellung** sind in Abschnitt 8.7.2 dargestellt.

Die an einem Börsentag ermittelten Kurse werden in dem amtlichen Kursblatt veröffentlicht. Die hinter den Kursen stehenden Kurzzeichen dienen der Orientierung über die Marktlage in dem betreffenden Papier. Es bedeutet z. B.:

b = bezahlt = zu diesem Kurs glichen sich Angebot und Nachfrage aus;

bG = bezahlt Geld = zum notierten Kurs fanden Umsätze statt, es blieb aber zu diesem Kurs Nachfrage übrig;

G = es lag nur Nachfrage vor. Keine Umsätze;

— = gestrichen. Es wurde kein Kurs festgesetzt.

**Effektentermingeschäfte** sind seit 1970 in beschränktem Umfang an den deutschen Börsen wieder erlaubt.

**Die Börsenordnung** regelt den Geschäftsverkehr an der Börse und sichert durch die Festlegung allgemeinverbindlicher Regeln, der sog. Usancen, die rasche und reibungslose Abwicklung der Geschäfte.

### 6.4.1.2 Messen und Ausstellungen

**Die Mustermessen** bieten eine Übersicht über den neuesten Stand der Erzeugung und dienen der Anbahnung und dem Abschluß von Kaufverträgen.

Wichtige Messen gibt es u. a. in:

| Messeort | Name der Messe |
|---|---|
| Frankfurt/Main | „IAA" – Internationale Automobilausstellung |
| Hannover | „Hannover-Messe" |
| Leipzig (DDR) | Leipziger Frühjahrs- und Herbstmesse |
| München | „IHM" – Internationale Handwerksmesse München |
| Nürnberg | Internationale Spielwarenmesse |
| Offenbach | Internationale Lederwarenmesse |

**Die Ausstellung** ist der Messe ähnlich; bei ihr steht jedoch die Zurschaustellung zu einem bestimmten Zweck (Landwirtschaftliche Ausstellung!) oder unter einem einheitlichen Gedanken im Vordergrund, während sich die Messe hauptsächlich an den sachverständigen Interessenten wendet.

**Messen und Ausstellungen,** diese „Schaufenster der Industrie", kommen in erster Linie für Produzenten und Großhändler in Betracht. Ihre Bedeutung besteht u. a. darin, daß der Käufer an Ort und Stelle Vergleichsmöglichkeiten zwischen den Erzeugnissen der verschiedenen Hersteller hat.

### 6.4.1.3 Großhandelsversteigerungen und Sondermärkte

**Die Versteigerungen (Auktionen)** spielen bei manchen Waren (Südfrüchten, Fellen, Häuten, Pelzen, Holz) eine große Rolle. Es kommt ihnen wirtschaftlich die gleiche Bedeutung wie den Börsen zu. Lediglich die Kauftechnik weicht ab, weil der Käufer (Einkaufskommissionär, Verarbeiter, Großhändler) auf die vorliegende Ware bieten muß. Meist sind vor der Versteigerung Proben zu haben. Die Waren sind in Teilmengen („Lose") eingeteilt.

Der Abschluß des Geschäftes erfolgt Zug um Zug nach Zuschlag durch den Versteigerer (meist Makler). Besonders häufig sind Fischversteigerungen (schneller Verkauf großer Fänge); üblich sind ferner Versteigerungen von Baumwolle in Liverpool, Antwerpen, London; von Tabak und Tee in Amsterdam, von Kaffee in Rotterdam usw. In der Bundesrepublik Deutschland sind die Weinversteigerungen der Winzergenossenschaften von großer Bedeutung.

**Die Sondermärkte** dienen in erster Linie dem Absatz landwirtschaftlicher Erzeugnisse. Solche Sondermärkte gibt es z. B. für Hopfen, Vieh, Wolle, Fisch.

### Aufgaben

1. Von 1962 bis heute ist die Zahl der Einzelhandelsunternehmen um mehr als 200 000 zurückgegangen.
   Nennen Sie drei Gründe, die zu dieser Entwicklung geführt haben. Welches ist der wichtigste der von Ihnen genannten Faktoren? (Begründen Sie Ihre Ansicht.)
2. Schneiden Sie aus Ihrer Tageszeitung je eine Anzeige eines Kaufhauses und eines Fachgeschäftes aus, vergleichen Sie diese, und zeigen Sie auf, inwieweit sich die Anzeigen nach Form und Inhalt unterscheiden.
3. Sie sind Großhändler und sollen einem Ihrer Kunden, der Einzelhändler ist, klarmachen, daß er sich langfristig an Ihr Unternehmen binden soll. Nennen Sie ihm drei Gründe.
4. Ergänzen Sie den folgenden Satz:
   Der institutionelle Handel überbrückt … zwischen Hersteller und …; er überbrückt weiterhin die Zeit zwischen … und Verbrauch.
5. Man hört häufig, daß das Schaufenster die Visitenkarte des Einzelhändlers ist.
   a) Was ist mit dieser Aussage gemeint?
   b) Stimmen Sie ihr zu (begründen Sie)?
6. Entwerfen Sie ein Rundschreiben an Ihre Dauerkunden, in dem Sie diese auf zwei besonders günstige Angebote aufmerksam machen.
7. Welche Überlegungen veranlassen den Kaufmann, eine Umsatzstatistik zu führen?

8. Nennen Sie Städte in der Bundesrepublik Deutschland, die durch ihre Messen bekannt sind. Welche Warengruppen sind dort vertreten?
9. Wie unterscheiden sich Börse, Messe, Ausstellung und Auktion voneinander? Nennen Sie wichtige Unterscheidungsmerkmale.
10. Nennen Sie zwei wichtige Funktionen, die die Warenbörse für die Wirtschaft hat.

## Zusammenfassung

- **Am Markt** treffen sich Angebot und Nachfrage. Es gibt allgemeine (Großmarkt, Wochenmarkt) und spezielle Märkte.
- **Die Warenbörse** ist ein spezieller Markt. Dort werden Kaufverträge über fungible (vertretbare) Güter getätigt.
- **Bei Termingeschäften** liegen zwischen Geschäftsabschluß und Lieferung der Ware längere Zeiträume. Sie eignen sich deshalb gut als Spekulationsgeschäft.
- **Messen, Ausstellungen und Versteigerungen** geben dem Händler wichtige Hinweise.

# 6.5 Der Außenhandel

Unter Außenhandel versteht man den (gewerbsmäßigen) Austausch von Waren mit anderen Volkswirtschaften. Man unterscheidet:

- **Ausfuhrhandel** (Export) (Abschnitt 6.5.1),
- **Einfuhrhandel** (Import) (Abschnitt 6.5.2),
- **Durchgangshandel** (Transit) (Abschnitt 6.5.2).

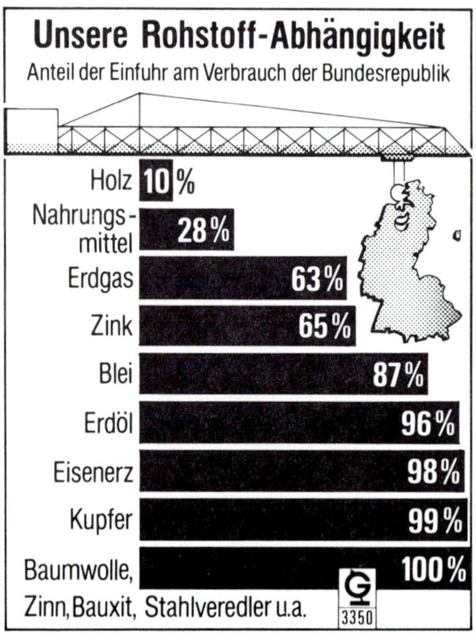


*Abb. 6.5-1 Rohstoff-Einfuhr der Bundesrepublik Deutschland*

**Aufgabe des Außenhandels** ist es in erster Linie, jene Güter zu beschaffen, die die einheimische Wirtschaft nicht oder nicht in ausreichendem Maße liefern kann – Nahrungs- und Genußmittel, Rohstoffe (Erze, Erdöl, Wolle, Baumwolle), unfertige Erzeugnisse, aber auch Fertigerzeugnisse, in deren Herstellung das Ausland besonders leistungsfähig ist. Zur Bezahlung dieser Einfuhren exportieren wir Güter, die bei uns kostengünstiger hergestellt oder wegen ihrer besonderen Vorzüge im Ausland geschätzt werden.

Wie abhängig die Wirtschaft der Bundesrepublik Deutschland hinsichtlich der Rohstoffversorgung ist, zeigt die nebenstehende Grafik.

**Die Bedeutung** des Außenhandels für die Wirtschaft der Bundesrepublik Deutschland zeigt sich deutlich in dem hohen Grad der außenwirtschaftlichen Verflechtung, insbesondere mit den Ländern des EG-Raumes.

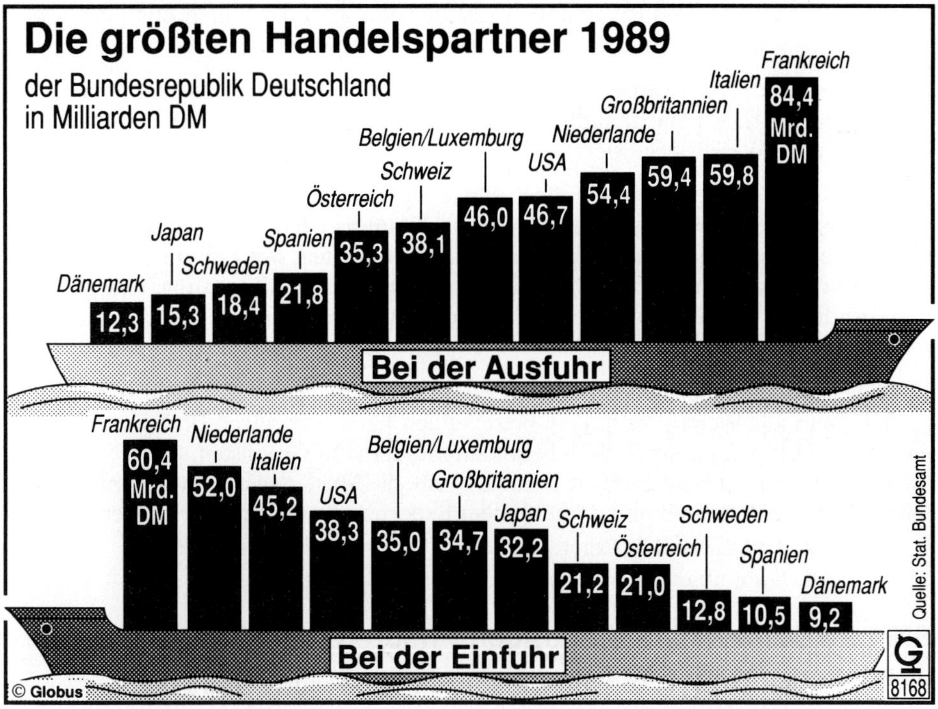


*Abb. 6.5-2 Große Handelspartner der Bundesrepublik Deutschland*

## 6.5.1 Der Ausfuhrhandel (Export)

**Bedeutung der Ausfuhr.** Sie ist in weitgehendem Maße die Voraussetzung für die Einfuhr. Förderung der Ausfuhr bedeutet gleichzeitig Erweiterung der Einfuhrmöglichkeiten. Das gilt insbesondere für ein rohstoffarmes Land wie die Bundesrepublik Deutschland, die die Erzeugnisse ihrer Arbeit und ihres Erfindergeistes ausführen muß, um die fehlenden Rohstoffe und Nahrungsmittel einführen, die vorhandenen Produktionskapazitäten ausnutzen und ihrer Bevölkerung einen hohen Lebensstandard sichern zu können.

1987 wurden aus dem Gebiet der Bundesrepublik Deutschland für rund 525 Milliarden DM Waren ausgeführt, darunter rund 85 % Fertigwaren, Erzeugnisse der Grundstoff-, Produktionsgüter- und Investitionsgüterindustrie (Maschinenbau, Feinmechanik, Chemie u. a.). Nahezu $^2/_3$ der Ausfuhr entfallen auf die Länder der EG und der EFTA (Europäische Freihandelszone).

**Die Erkundung des Marktes** erfolgt in der dem Inlandsgeschäft entsprechenden Weise. Wertvolle Anhaltspunkte bieten insbesondere der Handelsteil in- und ausländischer Zeitungen, die Berichte der Auslandshandelskammern und Konsulate, das Hamburger Weltwirtschaftsarchiv, Exportzeitschriften.

### 6.5.1.1 Vertriebsformen

Man unterscheidet im Exportgeschäft zwischen *direktem* und *indirektem* Export.

Beim *direktem Export* treten die deutschen Industriefirmen mit den ausländischen Kunden unmittelbar in Geschäftsverbindung, schalten also den Großhandel aus. Häufig werden auch Reisende oder Handelsvertreter als Vermittler eingesetzt.

Beim *indirekten Export* bedient sich das ausführende Unternehmen der Dienste eines Exporthändlers. Die Exporthändler haben sich häufig auf ein bestimmtes Land oder eine bestimmte Ware spezialisiert.

Die Einschaltung eines Exporthändlers ist wichtig, weil der Verkauf nach dem Ausland, besonders nach Übersee nicht nur die genaue Kenntnis der zu bearbeitenden Gebiete, ihrer Bevölkerung, der Gesetze und Handelsgewohnheiten, der Zoll- und Devisenvorschriften verlangt, sondern auch die Vertrautheit mit den politischen, wirtschaftlichen und rechtlichen Verhältnissen, die man aus der oft großen Entfernung schwer beurteilen kann.

Das Sortiment eines solchen Exporteurs, der sich auf ein bestimmtes Land spezialisiert, umfaßt dann alle Waren, die in dem betreffenden Land abzusetzen sind. Er bezieht sie entweder direkt vom inländischen Fabrikanten oder vom Grossisten. Oft schalten sich dabei sog. Exportvertreter (z. B. in Hamburg) ein, die Musterlager der von ihnen vertretenen Firmen unterhalten und dadurch dem Exporteur den Einkauf erleichtern.

### 6.5.1.2 Lieferungsbedingungen (Incoterms)

Bei Auslandsgeschäften müssen die Kaufverträge, insbesondere hinsichtlich der Vereinbarungen über die Übernahme der Transportkosten und den Gefahrenübergang, so eindeutig formuliert sein, daß keine Mißverständnisse über ihre Auslegung möglich sind. Diesem Zweck dienen die von der Internationalen Handelskammer in Paris ausgearbeiteten Vertragsformeln *(Incoterms)*, die Käufer und Verkäufer ihren Abschlüssen zugrunde legen können. Die wichtigsten sind folgende:

**ex works** (ab Werk): Der Käufer übernimmt sämtliche Kosten und Risiken von dem Zeitpunkt an, zu dem ihm die Ware beim Lieferer zur Verfügung gestellt wird.

**free on rail** (frei Waggon): Der Käufer trägt die Kosten und das Risiko von dem Zeitpunkt an, an dem die Ware verladen oder dem Frachtführer übergeben wird.

**fas** (= free alongside ship): Der Verkäufer muß die Ware bis an die Verladeeinrichtungen der Schiffe im Verschiffungshafen auf seine Kosten und Gefahr liefern. Der Käufer trägt das Verladerisiko.

**fob** (= free on board) Verschiffungshafen, z. B. fob Hamburg, fob Lübeck: Der Lieferer liefert die Ware frei an Bord des Seeschiffes, hat also die Kosten der seemäßigen Verpackung, die Transport- und Verladekosten bis aufs Seeschiff einschließlich aller damit verbundenen Gebühren und Abgaben zu tragen.

**cf:** Der Exporteur trägt Kosten und Fracht bis zum Bestimmungshafen. Die Versicherung übernimmt der ausländische Käufer (Importeur).

**cif** (= cost, insurance, freight) Bestimmungshafen, z. B. cif New York: Der Lieferer trägt „Kosten, Versicherung und Fracht" bis zum Bestimmungshafen. Er hat den Frachtraum zu mieten, die Ware zu verladen und die erforderlichen Verschiffungsdokumente zu besorgen.

**cif verzollt:** Der Preis schließt auch noch Zoll und Kosten der Verzollung ein.

**cif & i** (= cif and interest): In dem Verkaufspreis sind bereits die Zinsen vom Tage der Absendung bis zur Bezahlung der Ware, d. h. dem voraussichtlichen Eingang des Gegenwertes, mit eingeschlossen.

**cific** (= cif and interest, commission): Der Preis schließt außerdem noch die Provision für den Kommissionär mit ein.

**„frei Haus verzollt“:** Der Preis schließt sämtliche Kosten bis ins Lager des Kunden ein (für diesen die angenehmste Vertragsklausel).

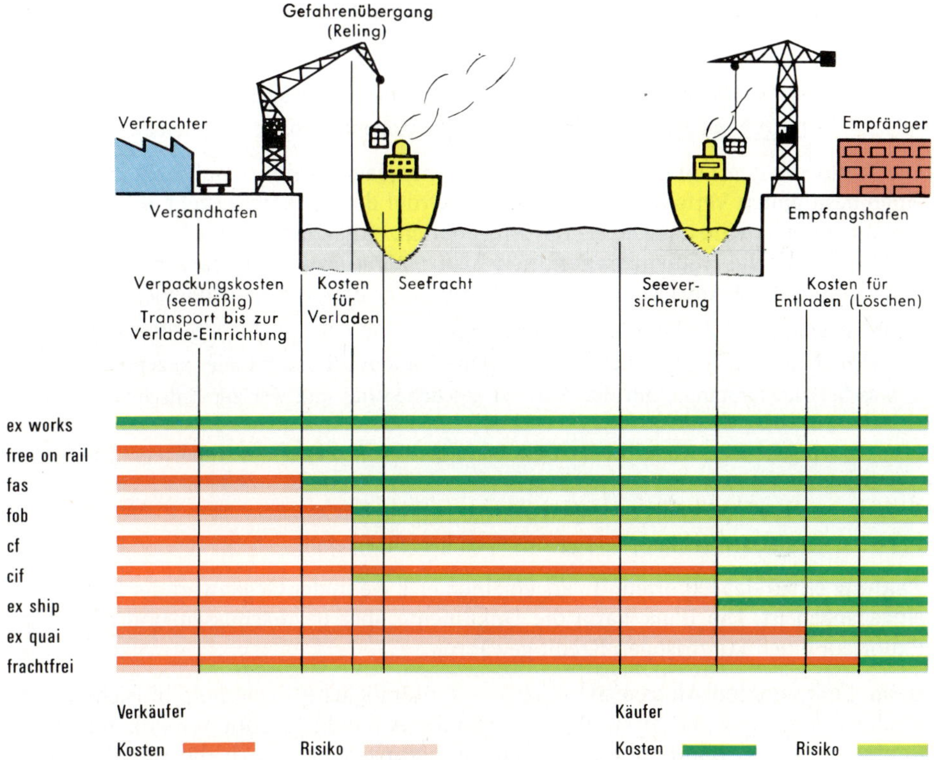


*Abb. 6.5.1.2-1 Lieferbedingungen im Außenhandel*

## 6.5.1.3 Zahlungsbedingungen

Welche Zahlungsbedingungen im einzelnen Falle mit dem ausländischen Kunden vereinbart werden, hängt von dessen Bonität, von der Marktlage, von den Währungsverhältnissen, von den im Empfangsland oder im Ausfuhrland geltenden Bestimmungen und den herrschenden Gepflogenheiten ab.

Zwischen Verkäufer und Käufer sind folgende Zahlungsformen möglich:

- Vorauszahlung oder Anzahlung
- Dokumente gegen Kasse
- Dokumente gegen Bankakzept
- Zahlung durch Dokumentenakkreditiv
- Offenes Ziel

**Vorauszahlungen** werden verlangt bei erstmaligem Kontakt mit einem fremden Geschäftspartner. Sie spielen auch dann eine Rolle, wenn der Kunde ungünstig beurteilt wird oder in einem Land seinen Betriebssitz hat, dessen politische oder wirtschaftliche Verhältnisse unsicher sind.

**Anzahlungen** sind im Außenhandel üblich, wenn es sich um sehr teure Spezialanfertigungen handelt, deren Herstellung lange dauert. Sie erleichtern dem Hersteller die Finanzierung.

**Beim Dokumenten-Inkasso** erhält der Käufer die Dokumente und damit die Verfügung über die Ware nur Zug um Zug gegen Zahlung oder Akzeptierung einer Tratte.

Je nachdem lautet die Zahlungsbedingung im Kaufvertrag:

- *Dokumente gegen Bezahlung* (D/P = Documents against payment),
- *Dokumente gegen Akzept* (D/A = Documents against acceptance).

Die Tratte, die den Dokumenten beigegeben wird, lautet bei D/P auf Sicht, bei D/A auf einen bestimmten Verfalltag. Sie wird an die Order der Bank ausgestellt, die sie mit den Dokumenten an eine ausländische Korrespondenzbank zum Inkasso gibt. Für den Fall, daß der Käufer die Tratte nicht honoriert (d. h. einlöst) bzw. akzeptiert, müssen der Auslandsbank genaue Anweisungen erteilt werden. Der Exporteur entscheidet,

- ob die akzeptierte Tratte bis zur Fälligkeit bei der ausländischen Bank bleiben soll,
- welche Maßnahmen zu treffen sind, wenn die Tratte nicht bezahlt oder akzeptiert wird,
- was bei Nichtannahme mit der Ware zu geschehen hat und wer zur Entscheidung heranzuziehen ist (Auslandsvertreter),
- wie vorzugehen ist, wenn bei D/A die Ware bereits im Besitz des Importeurs ist (Protesterhebung),
- zu wessen Lasten die Inkassospesen gehen,
- ob bei verspäteter Zahlung Verzugszinsen zu berechnen sind.

**Zahlung** erhält der Exporteur im allgemeinen erst, wenn der Gegenwert der Dokumente eingegangen ist. Die Bank kann die Dokumente aber bevorschussen und damit dem Exporteur einen kurzfristigen Kredit gewähren.

**Beim Dokumenten-Akkreditiv**[1] wird die größtmögliche Sicherheit hinsichtlich des Zahlungseinganges erreicht, weil sich neben der Akkreditiveröffnungsbank eine zweite Bank mit Sitz im Lande der Verkäufer (Avisierungsbank) durch die Bestätigung fest verpflichtet, Zahlung zu leisten (abstraktes Schuldversprechen nach § 780 BGB). Das Akkreditiv muß bei der vom Verkäufer bezeichneten Bank gestellt werden, und zwar mangels anderer Vereinbarung erst dann, wenn dem Käufer die Versandbereitschaft des Gutes mitgeteilt worden ist.

### 6.5.1.4 Das Ausfuhrverfahren

Die Ausfuhr ist grundsätzlich frei. Der Exporteur kann, sofern es sich nicht etwa um genehmigungspflichtige Ausfuhren handelt, frei mit ausländischen Kunden Geschäfte abschließen, in jeder beliebigen Währung oder in DM fakturieren und die üblichen Zahlungsbedingungen frei vereinbaren.

1 vgl. dazu Abschnitt 8.6.3

**Die Ausfuhr** unterliegt der Kontrolle durch die Zollbehörden und die Deutsche Bundesbank. Diesem Zweck dient die Ausfuhrerklärung. Sie besteht aus zwei Ausfertigungen. Das Original dient als Ausfuhrerklärung, während die Durchschrift - zu Umsatzsteuerzwecken - beim Exporteur verbleibt.

Der Exporteur legt die Ausfuhrerklärung der zuständigen Binnenzollstelle vor. Sie prüft die Papiere auf Vollständigkeit der Eintragungen sowie auf Zulässigkeit der Ausfuhr. Das Original begleitet die Sendung bis zur Grenze und wird - mit dem Ausfuhrstempel der Grenzzollstelle versehen - an das Statistische Bundesamt geschickt.

### 6.5.1.5 Transportdokumente, Versanddokumente

Shipper
A. Hardtrodt, Hamburg 1
SA 71/250/159 Ha

ELLERMAN

B/L No.
Shippers Ref.
F/Agents Ref.

Consignee (If 'Order' state Notify Party)
--- O r d e r ---

**ELLERMAN & BUCKNALL STEAMSHIP CO. LTD.**
12-20 Camomile Street, London, EC3A 7EX

Notify Party (ONLY if not stated above; otherwise leave blank)
Educational Toy Centre
P.O.Box 64082
Johannesburg / S.A.

The Vessel's Agent at port of destination is desired to notify the above mentioned firm the arrival of the Vessel. But it is agreed that no responsibility shall attach to the Vessel or Owners should there be any failure to make such notification.

**TO SOUTHERN AFRICA**

AGENTS

| | |
|---|---|
| BEIRA .. .. .. .. | Cory, Mann, George (Beira) Ltd. |
| CAPE TOWN .. .. .. | Ellerman & Bucknall (Pty.) Ltd. |
| DURBAN .. .. .. .. | Ellerman & Bucknall (Pty.) Ltd. |
| EAST LONDON .. .. .. | Ellerman & Bucknall (Pty.) Ltd. |
| PORT ELIZABETH .. .. | Ellerman & Bucknall (Pty.) Ltd. |
| WALVIS BAY .. .. .. | Cory, Mann, George (S.W.A.) Ltd |

(Ocean) vessel: City of Cape Town
Port of loading: HAMBURG
Port of Discharge: Port Elizabeth
* Final destination (if on-carriage)
Freight payable at: Port Elizabeth
Number of original Bs/L: 3/three

| Marks and Numbers | Number and kind of packages; description of goods | Gross Weight | Measurement |
|---|---|---|---|
| UP 350<br>TOY CENTRE<br>JOHANNESBURG<br>SOUTH AFRICA VIA<br>PORT ELIZABETH | 1 cartons toys<br>=========<br><br>" freight payable at destination " | 34,5 kos<br>======== | |

APPROVED G. W. SANNE

Particulars of goods are those supplied by Shippers.

COPY - NOT NEGOTIABLE

**SHIPPED** in apparent good order and condition (unless otherwise stated herein) in or upon the vessel named at or off the port mentioned and bound therefrom on a voyage, whether via Suez or via the Cape of Good Hope or via Panama or otherwise, as described and agreed by Clauses 8, 9, 10, 11 and 12 of this Bill of Lading the pieces and/or packages described above said to contain goods (hereinafter called "the goods") specified above warranted lawful merchandise here, throughout the voyage and at the port of discharge, to be carried and to be delivered (such carriage and delivery being always subject to the exceptions, limitations, conditions and liberties hereinafter agreed) in like order and condition at the port of delivery named above or as near thereunto as she may safely get always afloat (where the Carrier's responsibility in all cases and in all circumstances shall finally cease) unto the Consignee mentioned or his or their assigns.

**FREIGHT** on the goods shall be deemed earned on shipment, and shall be paid vessel and/or goods lost or not lost. The freight, together with Primage and Charges, shall be due and paid to the Carrier at the port of shipment (unless otherwise agreed) at the time of shipment in exchange for this Bill of Lading. Interest at 5% per annum shall be paid on any freight, primage and charges remaining unpaid after due date of payment. Full freight is due on damaged or unsound goods and on packages, barrels or containers received part full or empty.

IN WITNESS whereof the Master of the Vessel or the Agent on his behalf has affirmed signed the number of Bills of Lading, stated above all of this tenor and date, one of which being accomplished the others to stand void.

Number of Packages (in words): o n e

Dated in HAMBURG
this day of 19

**GEORG-WILHELM SANNE**
Schiffsmakler Luftfahrtmakler

For the MASTER

• Applicable only when document used as a Through Bill of Lading (see clauses 19, 20 and 21).

*Abb. 6.5.1.5-1 Konnossement*

- **Das Konnossement** (B/L = Bill of Lading) ist das wichtigste Versanddokument beim Seetransport. Es stellt eine vom Verfrachter (Reeder) ausgefertigte Empfangsbestätigung und ein Auslieferungsversprechen an den berechtigten Inhaber dieser Urkunde dar. Konnossemente sind *Wertpapiere* und können, soweit „an Order" ausgestellt, durch Indossament übertragen werden.
- **Der internationale Frachtbrief** (Lettre de voiture, Way bill) ist das Begleitpapier für die Ware beim Bahnversand. Sein Duplikat bildet die Empfangsbestätigung der Bahn und gibt zugleich dem Absender das Recht, über die rollende Ware noch anderweitig zu verfügen. Sobald er das Frachtbriefduplikat aus der Hand gibt (z. B. an eine Bank zum Inkasso), entfällt auch das Verfügungsrecht für ihn.
- **Der Luftfrachtbrief** entspricht im wesentlichen dem Bahnfrachtbrief. Er ist auf einen bestimmten Empfänger der Ware ausgestellt und nicht übertragbar.
- **Die Postquittung** ist die Empfangsbestätigung (Einlieferungsschein) des Versandpostamts.
- **Die internationale Spediteur-Übernahmebescheinigung** wird ausgestellt, wenn ein Spediteur mit dem Versand der Ware betraut wurde.

### 6.5.1.6 Zollpapiere

**Zollpapiere** dienen im Einfuhrland als Unterlagen für die Verzollung. Sie sollen verhindern, daß die Vertragspartner falsche Zollwerte angeben oder andere Zollbestimmungen umgehen. Die Industrie- und Handelskammern geben darüber Auskunft, welche Zolldokumente jeweils von den Importländern verlangt werden.

- **Die Handelsrechnung** enthält genaue Angaben über die Art der Waren, Verpackung, Zeichen, Gewichte, Wert, Preisbasis (fob, cif), Zahlungsbedingungen, Empfänger, Absender und Frachtführer sowie Datum und Ausstellungsort. Verschiedene Länder verlangen eine Erklärung des Exporteurs über das Ursprungsland und die fakturierten Preise (Marktpreise) sowie eine Beglaubigung durch die Industrie- und Handelskammer.
- **Die Konsulatsfaktura** (consular invoice) ist eine vom Konsulat des Bestimmungslandes beglaubigte Rechnung auf besonderen, bei den Konsulaten erhältlichen Formularen. Der Vermerk des Konsulats bestätigt das Ursprungsland der Ware und den Warenwert.
- **Die Zollfaktura** ist eine vereinfachte Art der Konsulatsfaktura. Sie gilt als Bemessungsgrundlage bei den Wertzöllen.
- **Der Versandschein T 2** gilt als Nachweis dafür, daß es sich um EG-Ware handelt.
- **Das Ursprungszeugnis** (certificate of origin) ist eine von der Industrie- und Handelskammer beglaubigte Urkunde über Herkunft und Menge der exportierten Ware.
- **Die Warenverkehrsbescheinigung** bewirkt bei Lieferungen innerhalb der EG, daß die Ware unter die Zollbestimmungen des „Gemeinsamen Marktes" fällt. Sie erfüllt die Funktion des Ursprungszeugnisses.

### 6.5.1.7 Versicherungspapiere

**Versicherungspapiere** bestätigen den Abschluß einer Transportversicherung in Form einer Versicherungspolice. Im allgemeinen wird die Ware mit dem Fakturenwert plus Fracht, Zoll, Versicherungskosten und einem Zuschlag von 10 % Gewinn versichert.

## 6.5.2 Der Einfuhrhandel (Import)

Die Bundesrepublik Deutschland ist als rohstoffarmes Land auf die Importe von Rohstoffen (z. B. Öl und Erdgas) angewiesen. Doch auch die Einfuhr von technischen und sonstigen Produkten ist beachtlich, wie die nachfolgende Grafik zeigt:

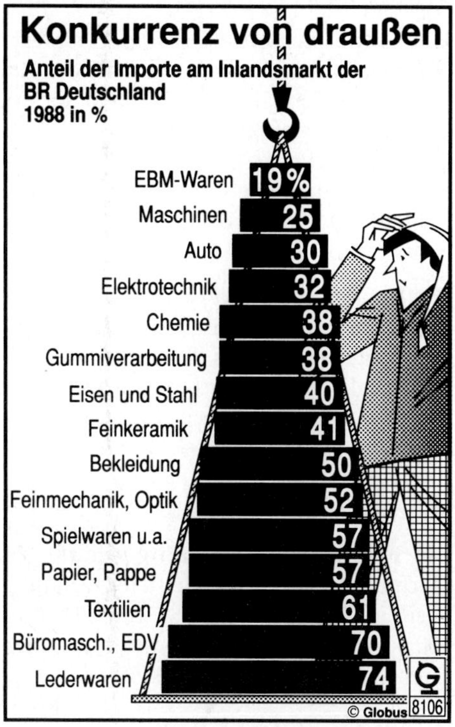


*Abb. 6.5.2-1*
*Import-Anteile des Inlandsmarktes*

Die Einfuhr von Waren verlangt vom Kaufmann neben gründlichen Warenkenntnissen vor allem die genaue Kenntnis der gesetzlichen Bestimmungen des Lieferlandes.

**Das Einfuhrverfahren** ist verschieden, je nachdem, ob es sich um genehmigungsfreie oder um genehmigungsbedürftige Waren handelt, d. h. um solche, für die, wie für viele landwirtschaftliche Produkte, eine mengenmäßige Beschränkung gilt. Aus der Einfuhrliste ist zu ersehen, ob die Einfuhr einer bestimmten Ware genehmigungsfrei oder genehmigungspflichtig ist.

**Genehmigungsfreie Waren[1].** Für diese gilt eine allgemeine Genehmigung grundsätzlich als erteilt. Der Importeur muß innerhalb 14 Tagen nach Abschluß des Kaufvertrages, aber noch vor der Einfuhr der Ware, eine Einfuhrerklärung in zwei Ausfertigungen bei der zuständigen Landeszentralbank abgeben. Diese stempelt beide Ausfertigungen ab und gibt eine wieder an den Importeur zur Zollabfertigung zurück[2].

**Genehmigungsbedürftige Waren.** Für diese muß der Importeur eine Einfuhrgenehmigung auf besonderem Vordruck in drei Ausfertigungen bei dem „Bundesamt für gewerbliche Wirtschaft“

1 Die Exporte aus EG-Ländern sind schon heute fast ausnahmslos genehmigungsfrei. Völlig frei werden sie ab 1992 sein, wenn es zum Europäischen Binnenmarkt kommt.

2 Eine Ausfertigung ist zur Weiterleitung über die Deutsche Bundesbank an das Bundesamt für gewerbliche Wirtschaft oder die Außenhandelsstelle für Erzeugnisse der Ernährung und Landwirtschaft bestimmt, die andere für den Importeur.

bzw. bei der „Außenhandelsstelle für Erzeugnisse der Ernährung und Landwirtschaft" in Frankfurt (Main) beantragen. Die Einfuhrmöglichkeiten für diese Waren werden in Form von Ausschreibungen im Bundesanzeiger bekanntgegeben.

**Die Einfuhr der Ware.** Der Importeur legt die 1. Ausfertigung der Einfuhrerklärung (EE) oder der Einfuhrbewilligung (EB) der Zollstelle vor. Diese prüft, ob die Sendung den Angaben in der EE oder EB und in der Rechnung oder in den sonstigen Unterlagen entspricht. Sie vermerkt die Vorlage der EE oder EB in dem Zollbefund und stempelt gleichzeitig die Rechnung und die sonstigen Unterlagen ab. Der Importeur stellt für jede eingeführte Sendung eine Einfuhrmeldung aus und legt sie der Zollstelle gleichzeitig mit der EE und EB vor. Sie ist als statistischer Anmeldeschein für das Statistische Bundesamt bestimmt.

**Die Bezahlung der Ware.** Die eingeführte Ware wird *meist über eine Bank* bezahlt. Der Importeur erteilt dieser einen entsprechenden Zahlungsauftrag unter Verwendung eines bestimmten Vordrucks. Er hat jede Zahlung selbst auf der Rückseite der EE oder EB unverzüglich zu vermerken. Die Zahlung kann erfolgen:

- durch briefliche (in der Regel durch Luftpost), fernschriftliche oder telegrafische *Auszahlung* (TT = Telegraphic Transfer, CT = Cable Transfer),
- durch *Wechsel* (Akzepte) und *Schecks,* die je nach den Vereinbarungen auf DM oder auf ausländische Währung lauten.

**Die Erfassung der Einfuhrgeschäfte.** Die aus Einfuhrgeschäften entstehenden Verpflichtungen und die geleisteten Zahlungen werden von der Deutschen Bundesbank über die Geschäftsbanken oder die Postanstalten erfaßt. Soweit Zahlungen von mehr als 500,00 DM nicht über Geldinstitute oder Postanstalten geleistet werden, muß sie der Importeur der zuständigen LZB melden.

## Transithandel

Von Transithandel spricht man, wenn ein inländisches Unternehmen Waren im Ausland kauft, sie aber gleichzeitig wieder einem Abnehmer in einem anderen Land verkauft. Dabei muß die Ware nicht in jedem Falle das inländische Zollgebiet berühren.

*Abb. 6.5.2-2 Transitverkehr*

Als Transitverkehr bezeichnet man die Beförderung von Waren durch das inländische Zollgebiet. Beispiel: Ein dänischer Exporteur liefert Ware per LKW über deutsche Autobahnen in die Schweiz.

## 6.5.3 Die Verzollung[1]

Zölle sind Abgaben, die der Staat bei der Einfuhr/Ausfuhr von Waren bei Überschreiten der Zollgrenzen erhebt. Sie dienen entweder dem Schutz der einheimischen Wirtschaft vor dem Druck der ausländischen Konkurrenz (Schutzzölle) oder werden als reine Finanzzölle auf bestimmte Genußmittel erhoben, die im Inland nicht erzeugt werden.

1 Zollgesetz vom 18.05.1970; Allgemeine Zollordnung vom 18.05.1970

### 6.5.3.1 Zollverfahren

Die eingeführte Ware wird Zollgut, wenn sie die Zollgrenze überschritten hat. Nicht immer entspricht die Zollgrenze der politischen Grenze eines Landes. Zollausschlußgebiete sind z. B. die *Freihäfen,* in denen Güter gelagert oder bearbeitet werden können, ohne daß sie „zollanhängig" werden.

Man unterscheidet

Zölle nach der Art der Warenbewegung:

- **Einfuhr- und Ausfuhrzölle.** Die Einfuhrzölle spielen gegenüber den Ausfuhrzöllen, die nur auf wenige Waren erhoben werden, die weitaus größte Rolle. Sie sind als Schutzzölle geeignet, einerseits die Einfuhr bestimmter Erzeugnisse zu drosseln und andererseits, wenn sie entsprechend gesenkt werden, steigenden Preistendenzen auf dem Inlandsmarkt entgegenzuwirken.

Zölle nach der Art der Erhebung:

- **Wertzöllen** unterliegt die weitaus überwiegende Anzahl von eingeführten Waren. Bemessungsgrundlage ist in diesem Falle der Normalpreis, den die betreffende Ware bei einem Verkauf zum freien Marktpreis erzielen würde. Der Einfachheit halber wird in den meisten Fällen der Rechnungspreis als Zollwert zugrunde gelegt.
- **Spezifische Zölle** sind solche, deren Bemessungsgrundlage das Gewicht, die Stückzahl, der Rauminhalt (z. b. bei Wein) oder die Länge (z. B. bei Filmen) ist.
- **Mischzölle** bestehen aus einem Wertzollsatz und einem Gewichtszollsatz als Mindestzollsatz. Es heißt dann z. B. bei der Tarifnummer Weintrauben: „25 % des Wertes, jedoch mindestens für 100 kg 30,00 DM".

**Das Zollverfahren** wird von dem Zollbeteiligten durch einen Zollantrag bestimmt. Die zunächst beim Grenzzollamt „gestellte" Ware wird dort geprüft und dann auf folgende Arten abgefertigt:

- die Ware wird zum *freien Verkehr* abgefertigt, nachdem sie endgültig untersucht, der Zoll dort festgestellt und bezahlt worden ist;
- die Ware wird zum *Zollgutversand* abgefertigt, d. h. von dem Grenzzollamt mit einem Begleitschein im sog. Zollgutversand einem Binnenzollamt, evtl. auch in einem anderen EG-Land, zugeleitet. Dort erst wird sie untersucht, d. h. einer Zollbeschau unterzogen, und der Zoll berechnet. Die „Nämlichkeit" der Ware wird durch Zollverschluß (Plombierung) gesichert.

  Sofern die Bundesbahn den Transport durchführt (Eisenbahnzollgut), kann die Importware ohne Gestellung (Vorführung) an der Zollgrenze unmittelbar bis zum Bestimmungsbahnhof durchlaufen und dort erstmalig der Zollbehörde gestellt werden.
- die Ware wird zur *Zollgutlagerung* abgefertigt (besonderer Zollverkehr). Die Ware kann auf Antrag in einem öffentlichen oder privaten Zollager unter Zollverschluß oder Zollmitverschluß gelagert werden. Häufiger aber sind offene Zollager (oZL) bei vertrauenswürdigen Firmen, wo das Zollgut nicht unter amtlichen Verschluß steht. Die Zollschuld entsteht in diesen Fällen erst bei der Entnahme der Waren zur weiteren Verwendung.
- *Veredelung.* Zollgut, das mit Bearbeitung (Veredelung) oder ohne Bearbeitung zur späteren Wiederausfuhr bestimmt ist, wird von der Zollbehörde als zollfrei vorgemerkt.

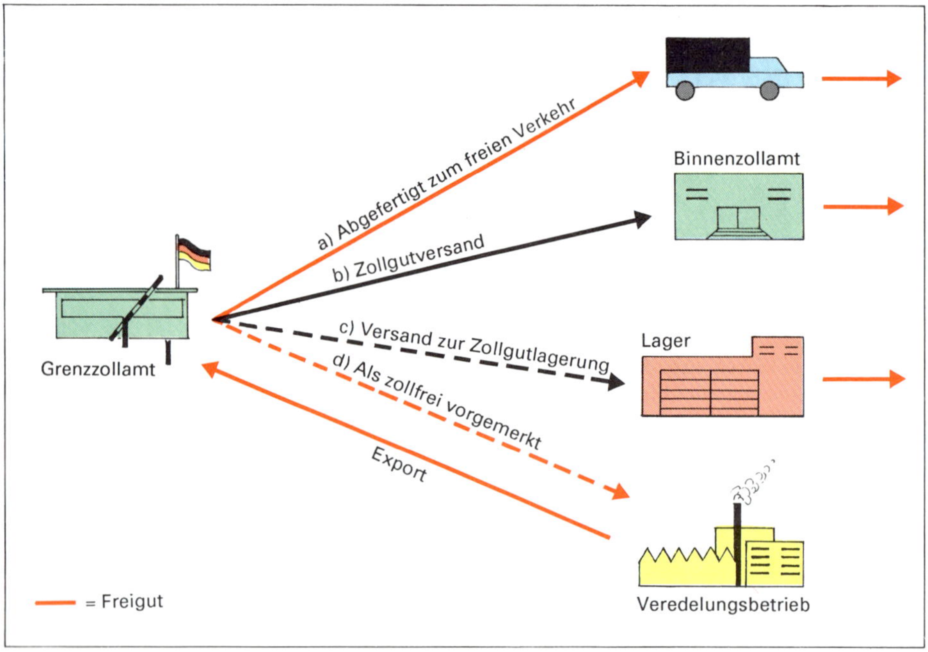


*Abb. 6.5.3.1-1 Verzollungsverfahren*

## 6.5.3.2 Die Einfuhrumsatzsteuer

Neben dem Zoll erhebt die Zollbehörde die Einfuhrumsatzsteuer. Sie ist erforderlich, weil inländische Erzeugnisse durch die Umsatzsteuer (Mehrwertsteuer) belastet sind, während die importierten Güter im Herkunftsland von dieser Steuer entlastet werden. Die Einfuhrumsatzsteuer entspricht in ihrer Höhe der Mehrwertsteuer und ist als Vorsteuer abzugsfähig. Grundlage für die Berechnung ist der Einfuhrwert zuzüglich der Beförderungs-, Versicherungs-, Kommissions- und Verpackungskosten sowie des Zollbetrags.

## Aufgaben

1. Ergänzen Sie: „Unter Außenhandel versteht man den Handel, der …"
2. Erläutern Sie die Begriffe „direkter Export" und „indirekter Export".
3. Dem Schaubild 6.5-2 kann man z. B. entnehmen, daß die Bundesrepublik Deutschland in 1987 weniger Waren nach Japan aus- als eingeführt hat. Der umgekehrte Sachverhalt gilt für die USA.
   Haben Sie dafür eine begründete Erklärung?
4. In einem Kaufvertrag heißt es: „Preise in US-$ cif Boston".
   a) Welche Versandkosten und welche Risiken trägt der deutsche Exporteur?
   b) Welche der folgenden Incoterms wäre für den erwähnten Exporteur günstiger: fas oder fob?
5. Erklären Sie, wie mit Hilfe der Dokumente der Zahlungseinzug im Export gesichert werden kann.
6. Wie unterscheidet sich die Zahlungsform D/P vom Akkreditiv?

7. Welche Unterschiede / Gemeinsamkeiten haben der internationale Frachtbrief und der Luftfrachtbrief?
8. Erklären Sie im Zusammenhang mit der Bezahlung von importierter Ware die Begriffe
   – TT (Telegraphic Transfer),
   – CT (Cable Transfer).
9. Eine Warensendung soll verzollt werden. Wertzollsatz: 30 % des Wertes; Mindestzollsatz: 140,00 DM für 50 kg.
   Errechnen Sie den Zoll für eine Sendung von
   a) 50 kg Gewicht, Wert: 900,00 DM,
   b) 50 kg Gewicht, Wert: 450,00 DM.

## Zusammenfassung

- **Der Außenhandel** läßt sich unterteilen in: Ausfuhrhandel, Einfuhrhandel und Transithandel.
  Beim *Ausfuhrhandel* (Export) unterscheidet man *direkten* Export (Beispiel: Eine deutsche Unternehmung tritt mit dem ausländischen Kunden unmittelbar in Kontakt) und *indirekten* Export (hier schaltet man einen Exporthändler ein).
- **Incoterms** regeln im Auslandsgeschäft die Transport- und Versicherungskosten.
- **Zahlungsbedingungen** sind:
  – Vorauszahlung, Anzahlung
  – Dokumente gegen Kasse
  – Dokumente gegen Bankakzept
  – Zahlung gegen Dokumentenakkreditiv.
- Die Ausfuhr von Waren ist grundsätzlich frei. Allerdings unterliegt sie der Kontrolle des Zolls.

| Transportpapiere bei der Ausfuhr | Zollpapiere |
|---|---|
| Konnossement | Handelsrechnung |
| Internationaler Frachtbrief | Konsulatsfaktura |
| Luftfrachtbrief | Zollfaktura |
| Speditions-Übernahmebescheinigung | Ursprungszeugnis |
| Postquittung | Versandschein |

- Bei der *Einfuhr* kennt man genehmigungsfreie und genehmigungsbedürftige Waren.
- **Zölle** sind Abgaben, die bei Einfuhr und Ausfuhr zu zahlen sind.
  Man unterscheidet
  a) nach der Warenbewegung
     – Einfuhrzölle
     – Ausfuhrzölle
  b) nach der Art der Erhebung
     – Wertzölle
     – Spezifische Zölle
     – Mischzölle
- **Das Zollverfahren** wird vom Zollbeteiligten selbst bestimmt.
  Die Ware kann
  – zum freien Verkehr abgefertigt
  – als Zollgutversand
  – als Zollgutlagerung
  – zur Veredelung
  abgefertigt werden.

# 7 Industriebetriebe

## Worum geht es?

Was ist eigentlich ein Industriebetrieb?
Welche Arten industrieller Betriebe unterscheidet man?
Wie ist die Fertigung in einem Betrieb organisiert?
Welche Aufgabe haben Buchführung und Kostenrechnung im Betrieb?

## Lernziele

Sie sollten ...

- Industriebetriebe von Handelsbetrieben abgrenzen können;
  Arten industrieller Betriebe unterscheiden und deren wesentliche Merkmale nennen können;
- Grundsätze industrieller Fertigung sowie Fertigungsverfahren erklären können;
  Fertigungsplanung und Fertigungsverlauf beispielhaft darlegen können;
- Buchführung und Kostenrechnung als Kontroll- und Hilfsmittel der Betriebsleitung in den Grundzügen darstellen können;
- Kostenstellenrechnung und Kostenträgerrechnung unterscheiden können.

Der Industriebetrieb (Fabrikbetrieb) hat die Aufgabe, Rohstoffe und Grundstoffe (Stahl, Zement, Kunststoffe, Kunstleder u. a.) durch Bearbeitung und Verarbeitung, durch mechanische oder chemische Umwandlung (Veredlung) zu unfertigen und fertigen Erzeugnissen umzugestalten.

Die charakteristischen Merkmale der industriellen Produktion sind:

- hoher Kapitaleinsatz,
- weitgehende Verwendung von Maschinen und maschinellen Anlagen,
- weitgehende Arbeitsteilung,
- Beschäftigung einer großen Zahl angelernter und ungelernter Arbeiter,
- ein gut ausgebautes betriebliches Rechnungswesen.

**Die Programm- und Produktplanung** steht bei der speziellen Planung im Industriebetrieb im Mittelpunkt. Dabei ergibt sich im typischen Industriebetrieb folgender Zusammenhang:

**Das langfristige Programm** legt fest, welche betrieblichen Leistungen in 3 bis 5 Jahren angeboten werden sollen *(Leistungsprogramm)*. Es setzt eine entsprechende Ausstattung mit häufigen Veränderungen voraus (Investitionen).

**Das mittelfristige Programm** erstreckt sich über einen Zeitraum von 1 bis 2 Jahren. Es legt fest, welche Produkte mit der vorhandenen Ausstattung hergestellt werden können *(Produktionsprogramm)*.

**Das kurzfristige Programm** (für Tage, Wochen oder andere kurzfristige Perioden) bestimmt, welche Produkte in nächster Zeit hergestellt werden *(Fertigungsprogramme)*.

**Das Produktionsprogramm** wird in Anlehnung an das Absatzprogramm geplant. Es berücksichtigt

- die vorhandene eigene Kapazität des Betriebes aus bestehenden Fertigungsmöglichkeiten und im Planungszeitraum verfügbaren Fertigungsmöglichkeiten aus Erweiterungsinvestitionen,
- die mögliche Fremdkapazität durch Auftragsvergabe an andere Betriebe.

Bei der Erstellung des Produktionsprogrammes ist auch zu entscheiden über die

- **Produktionsbreite,** d. h. ob viele verschiedene Produktarten oder wenige Produktarten hergestellt werden sollen, und die
- **Produktionstiefe,** d. h. in welchem Umfang die für das Endprodukt erforderlichen Bearbeitungen im eigenen Betrieb erfolgen sollen (Extremfall geringer Produktionstiefe: reine Endmontage).

## 7.1 Arten industrieller Betriebe

Man unterscheidet

**nach der Verarbeitungsstufe:**

- Betriebe der **Urerzeugung** (Bergbau, Steinbruch, Bohrbetrieb);
- Betriebe der **Grundstofferzeugung** (synthetischer Gummi, Zellwolle, Faserstoffe, Kunstleder, Plexiglas u. a.);
- Betriebe der **Halbstückerzeugung** (Eisen- und Stahlguß);
- Betriebe der **Fertigwarenerzeugung** (Maschinen, Stoffe, Lebensmittel, Lederwaren, Möbel, Papierwaren u. a.);

**nach der Art des verarbeiteten Materials:**

- chemische Industrie,
- Metallindustrie,
- Holzindustrie,
- Glas- und Porzellanwarenindustrie,
- Lederindustrie,
- Gummiindustrie,
- Tabakindustrie,
- Leinenindustrie,
- Wollindustrie,
- Baumwollindustrie,
- Seidenindustrie,
- Papierindustrie,
- Nahrungsmittelindustrie u. a.;

**nach der Kostenstruktur:**

- **materialintensive Betriebe,** das sind solche, bei denen der Materialkostenanteil an den betrieblichen Kosten überwiegt;
- **arbeitsintensive Betriebe,** das sind solche, bei denen der Lohnkostenanteil an den betrieblichen Kosten überwiegt (Bergwerke, optische Industrie u. a.);
- **kapitalintensive Betriebe,** wie Werften, Maschinenfabriken, Wasserwerke und dergleichen. Sie erfordern die Anlage eines sehr großen Kapitals und haben dadurch eine umfangreiche Zins- und Tilgungslast zu tragen;

**nach der Herstellungsweise:**

- Betriebe mit einheitlicher **Massenfertigung,** z. B. Gaswerke, Ziegeleien mit einer Steinsorte, Brauereien mit einer Biersorte, Elektrizitätswerke;
- Betriebe mit **Sortenfertigung,** z. B. Blechwalzwerke mit Blechen verschiedener Stärke, Kohlenbergwerke mit verschiedenen Kohlensorten, Spinnereien, Webereien;
- Betriebe mit **Serienfertigung,** z. B. Automobilindustrie, Maschinenfabriken mit bestimmten Typen, Textilindustrie (Konfektion);
- Betriebe mit **Einzelfertigung,** z. B. Spezialmaschinen, Brücken.

## 7.2 Die Fertigung

### 7.2.1 Grundsätze industrieller Fertigung

Ziel jedes Wirtschaftsbetriebes muß es – vor allem in einer marktwirtschaftlichen Ordnung der Wirtschaft – sein, die betreffende Leistung mit dem geringstmöglichen Aufwand an Material und Arbeit zu erstellen. Den vielfältigen *Rationalisierungsmaßnahmen* ist es mit zu verdanken, daß die Produktivität (die Ergiebigkeit) der Wirtschaft ständig verbessert wurde, der Wohlstand der Bevölkerung ständig gewachsen ist. Diese Rationalisierung (von lat. ratio = Vernunft) des Arbeitsprozesses erstreckt sich sowohl auf den *Arbeitsstoff* (Wahl der geeignetsten Werkstoffe) als auch die *Arbeitsmittel* (Schaffung zweckmäßiger Werkzeuge und Maschinen) und die menschliche *Arbeitskraft* (Beobachtung und Zerlegung des Arbeitsvorganges, bessere Arbeitsplatzgestaltung u. a.). Ihr Ziel ist es, die menschliche Arbeit zu erleichtern.

**Wissenschaftliche Betriebsführung.** Darunter versteht man Vorschläge und Empfehlungen, die das Ergebnis jahrzehntelanger gründlicher Untersuchungen sind, wie z. B. Zeitstudien, Ermüdungsstudien, Auswahl der geeigneten Arbeitskräfte durch psychotechnische Eignungsprüfungen, zweckmäßige Gestaltung des Arbeitsplatzes usw. In Deutschland wurde dieses System einer „wissenschaftlichen" Betriebsführung 1924 durch den „Reichsausschuß für Arbeitszeitermittlung" (Refa) eingeführt (seit 1945 „Verband für Arbeitsstudien" in Darmstadt).

**Die Spezialisierung** hat die Beschränkung des Herstellungsprogramms auf wenige Erzeugnisarten zum Ziel. Damit ist die Einführung der Massen-, Serien- oder Sortenfertigung möglich, die zu großen Kostensenkungen führt. Die Aufnahmefähigkeit des Marktes setzt jedoch einer zu großen Spezialisierung eine Grenze.

Außerdem werden stark spezialisierte Betriebe gegenüber Wirtschaftskrisen und Wandel des Käuferverhaltens anfälliger.

**Normung** bedeutet Festlegen einheitlicher Größen, Maße, Bezeichnungen von Einzelteilen oder Vorrichtungen (Gewinde, Fassungen, Schrauben, Glühbirnen, Karteikarten, Papierformate usw.) und Beschränkungen einer Vielzahl von Formen, Größen und Arten. Das „Deutsche Institut für Normung“ (DIN) hat bisher über 8000 Normblätter (DIN-Blätter) fertiggestellt, die sich mit allen Gebieten der Wirtschaft und der Verwaltung befassen. Neben den deutschen Normen gibt es oft gleichlautende internationale Normen). Sie werden festgelegt von der International Standardization Organisation (ISO).

**Die Typisierung** bedeutet die Übertragung des Gedankens der Normung auf zusammengesetzte Erzeugnisse, auf Enderzeugnisse, wie Automobile, Motorräder, Schreibmaschinen, Rechenmaschinen u. a.

**Die Fließbandfertigung** ist in den Großbetrieben allgemein üblich. Das Werkstück „kommt“ zum Arbeitsplatz. Die sinnvolle Anordnung von Arbeitsplätzen (Maschinen und Apparaten), die durch Haupt- und Zubringerbänder miteinander verbunden sind, ermöglicht ein reibungsloses, zeitlich genau aufeinander abgestimmtes Ineinandergreifen der einzelnen Fertigungsstufen bzw. Arbeitsvorgänge.

Nachteile der Fließbandfertigung – Monotonie der Arbeit, höherer Krankenstand, erhöhter Ausschuß, Unzufriedenheit der Mitarbeiter – zeigen sich immer deutlicher. Moderne Verfahren der Fertigungsorganisation konzentrieren wieder vielfältigere Aufgaben auf den einzelnen Mitarbeiter (z. B. Volvo, Grundig). Man unterscheidet in diesem Zusammenhang:

- **Job rotation** (Wechsel des Aufgabenbereichs). Damit soll der Monotonie am Arbeitsplatz entgegengewirkt werden.

  Beispiel: In der Fließbandfertigung werden Arbeitsgruppen gebildet. Jeder Arbeitnehmer der Gruppe übernimmt in bestimmter Reihenfolge eine andere Aufgabe.
- **Job enlargement** (Erweiterung des Aufgabenbereichs). Die für die Fließbandfertigung typische Zerlegung in kleinste Arbeitsschritte wird rückgängig gemacht.

  Beispiel: Ein Arbeitnehmer in der Möbelindustrie setzt aus vorgefertigten Teilen einen Schrank zusammen, statt – wie vielleicht bisher – nur die Schranktür einzupassen.
- **Job enrichment** (Aufgabenbereicherung). Hierbei sollen Selbständigkeit und Verantwortung des Arbeitnehmers gestärkt werden.

  Beispiel: Der Arbeitnehmer aus dem vorigen Beispiel kontrolliert zusätzlich, ob der gefertigte Schrank bestimmten Qualitätsansprüchen genügt.

**Automatisierung.** Von der Fließbandfertigung bis zur Automatisierung ist nur noch ein kleiner Schritt. Die Automatisierung ist die letzte Stufe auf dem Wege der vollständigen Mechanisierung der Arbeitsvorgänge. Die technische Entwicklung führte von der handwerklichen Fertigung an der Werkbank zur maschinellen Produktion mit Hilfe von Werkzeugmaschinen; zur Fließbandfertigung, bei der auch die Transportvorgänge mechanisiert und automatisiert werden, und schließlich zur Übertragung der Steuerungs- und Kontrollvorgänge auf Maschinen. Dem Menschen fällt lediglich noch eine überwachende Funktion zu. Die Arbeiten werden ohne menschliches Eingreifen durchgeführt. Komplizierte maschinelle Werkzeuge führen mehrere Arbeitsvorgänge (Funktionen) gleichzeitig aus und befördern selbständig das Werkstück von einer Bearbeitung zur anderen. Diese „Roboter“ werden – wie die Transportbänder – von Automaten elektronisch gesteuert und kontrolliert.

## 7.2.2 Fertigungsverfahren

Für die Einteilung der Fertigungsverfahren können verschiedene Unterscheidungskriterien zugrunde gelegt werden. Die wichtigsten Einteilungskriterien sind:

**Die Menge je Produktionsgang.** Man unterscheidet:

- *die Einzelfertigung* (es wird jedes Stück einzeln hergestellt, z. B. ein Schiff, ein Anzug) und
- *die Mehrfachfertigung* mit der weiteren Unterteilung in Serienfertigung, Sortenfertigung und Massenfertigung (vgl. dazu Abschnitt 7.1).

| | Einzelfertigung | Serienfertigung | Sortenfertigung | Massenfertigung |
|---|---|---|---|---|
| kennzeichnendes Merkmal | Herstellung in je einer Produktionseinheit | kleine bis mittlere Losgrößen bei unterschiedlichen Produkten | (kleine bis) mittlere Losgrößen nur geringfügig unterschiedlicher Produkte | ununterbrochene Fertigung einheitlicher Produkte über einen längeren Zeitraum |
| Anwendungsbeispiele | Handwerk, Spezialmaschinenbau, Schiffsbau | Möbelindustrie, Textilindustrie | Stahlwerke, Walzwerke, Automobilproduktion | Gas-, Wasser-, Elektrizitätswerke, Tabakwaren |
| Auftrags- oder Programmorientierung | auftragsorientiert | auftrags- oder programmorientiert | auftrags- oder programmorientiert | programmorientiert |
| Anpassung an Marktschwankungen | große Unelastizität | relative Anpassungsfähigkeit | geringere Anpassungsfähigkeit | unelastisch |
| Arbeitskräftebedarf | Facharbeiter | Facharbeiter + angelernte Arbeiter | | ungelernte und angelernte Arbeiter neben Facharbeitern |
| Maschineneinsatz | Mehrzweckmaschinen | vorwiegend Mehrzweckmaschinen | starker Einsatz von Einzweckmaschinen | vorwiegend Einzweckmaschinen |
| Stückkosten | hohe Stückkosten | niedrige Stückkosten durch Losgrößendegression | | niedrige Stückkosten |
| Kalkulationsformen | Zuschlags- und Divisionskalkulation | Serienzuschlagskalkulation | Divisionskalkulation u. Äquivalenzziffernrechnung | Divisionskalkulation |

**Die Anordnung der Betriebsmittel.** Man unterscheidet:

- *handwerksmäßige Fertigung,*
- *Gruppenfertigung,*
- *Werkstattfertigung,*
- *Reihenfertigung,*
- *Baustellenfertigung.*

**Die dominierende (beherrschende) Kostenart.** Man unterscheidet:

- *arbeitsintensive Fertigung* (z. B. Reparaturen, Einzelfertigung) und
- *kapitalintensive Fertigung* (z. B. Elektrizitätserzeugung, Raffinerien).

**Die angewandte Technologie.** Man unterscheidet:

- *physikalische*, vor allem mechanische *Verfahren* (z. B. Metallbau, Textilindustrie),
- *chemische Verfahren* (z. B. chemische Industrie, Glasherstellung) und
- *biologische Verfahren* (z. B. Käse, Teile der pharmazeutischen Industrie).

Einen Überblick über die wichtigsten Entscheidungskriterien für die Auswahl des geeigneten Produktionsverfahrens nach der Menge je Produktionseinheit vermittelt die voranstehende Übersicht.

Besondere Formen der Serien- und Sortenfertigung sind die Partie- und Chargenfertigung:

- **Bei der Partiefertigung** wird die Serie oder Sorte aus einem einheitlichen Ausgangsmaterial hergestellt, z. B. eine Partie Stoff, Federn oder Leder;
- **bei der Chargenfertigung** wird eine Erzeugnismenge aus einem einmaligen Material hergestellt. Typische Beispiele der Chargenfertigung sind die Stahlindustrie (ein Hochofenabstich), die Landwirtschaft (Ernte eines Weinberges).

## 7.2.3 Fertigungsplanung und Fertigungsablauf

Die Planungs- und Steuerungsvorgänge bei der Fertigung lassen sich oft nur theoretisch unterscheiden, in der Praxis aber nicht eindeutig voneinander abgrenzen. Die Gesamtheit von Fertigungsplanung und Fertigungssteuerung wird Arbeitsvorbereitung genannt.

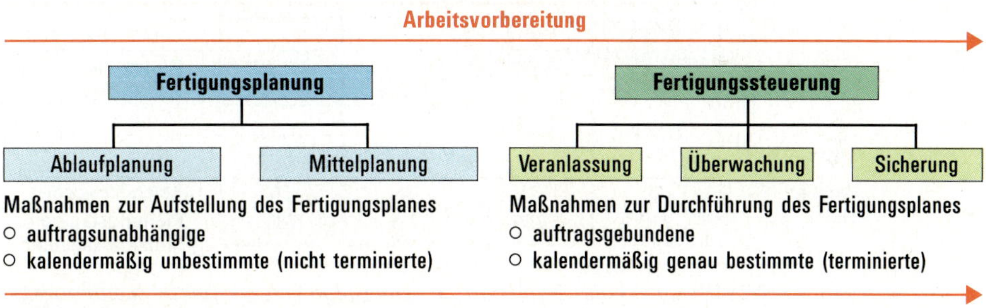


*Abb. 7.2.3-1 Arbeitsvorbereitung* nach: Zschenderlein, Wirtschaftslehre, Fachstufe Industrie, Darmstadt 1978

**Den Anstoß zur Fertigung** gibt der vom Betriebsbüro erteilte Fertigungsauftrag.

Er kann veranlaßt sein durch einen

- **Kundenauftrag** (Bestellung von Einzelstücken);
- **Lagerauftrag** (typisierte Artikel des gegenwärtigen Verkaufsprogramms);
- **Anlagenauftrag** (Maschinen, Werkzeuge usw. für den eigenen Betrieb);
- **Reparaturauftrag** (Ausführung in besonderen Reparaturwerkstätten für Kundendienst oder eigene Reparaturen).

**Aufgabe der Arbeitsvorbereitung** ist es, die Aufträge „produktionsreif" zu machen. Dazu gehören im einzelnen die folgenden Arbeiten (Beispiel einer elektronischen Fabrik, die einen Kundenauftrag über eine Serie Spezialverstärker auszuführen hat):

- **Konstruktionspläne und -zeichnungen anfertigen** (hier Schaltplan, Chassiszeichnung);

3802267

- **Stückliste aufstellen** (Art und Menge des erforderlichen Materials; hier: Chassis- und Gehäusewerkstoff, Transistoren, Widerstände, Schaltdraht, Buchsen usw.). Ein Durchschlag geht an das Materiallager und löst dort die Maßnahmen zur Materialbeschaffung aus.
- **Arbeitszeitvorgabe ermitteln** (Zeitstudien – „REFA“). Die Akkordsätze für die einzelnen Arbeiten werden festgelegt und eine Terminliste aufgestellt.
- **Fertigungslisten aufstellen.** Sie enthalten Anweisungen und Termine für die Meister der einzelnen Werkstätten (hier: Stanzerei, Bohrerei, Montage).
- **Laufkarte (Arbeitsbegleitkarte) anfertigen.** Sie gibt die Reihenfolge der verschiedenen Arbeitsvorgänge an und begleitet das Werkstück durch den gesamten Fertigungsprozeß.
- **Vorkalkulation aufstellen lassen.** Stückliste und Arbeitszeitvorgabe geben die erforderlichen Einzelkosten an. Die Gemeinkosten werden durch Normalzuschläge (aus früheren Kostenrechnungen ermittelt) berücksichtigt.

Zu den Aufgaben der Arbeitsvorbereitung gehört auch zu planen, wie die Arbeiten auf die Betriebsmittel, insbesondere die verschiedenen Maschinen, verteilt werden. Hierzu erstellt die Arbeitsvorbereitung bei der Fertigungsplanung und -steuerung

– **Kapazitätsbelegungsübersichten,** die die Gesamtkapazität einplanen und auf die einzelnen Maschinen oder Maschinengruppen beziehen, und
– **Maschinenbelegungspläne,** in denen je Einzelmaschine oder zusammengehörige Maschinengruppe die Belegung vorgeplant wird.

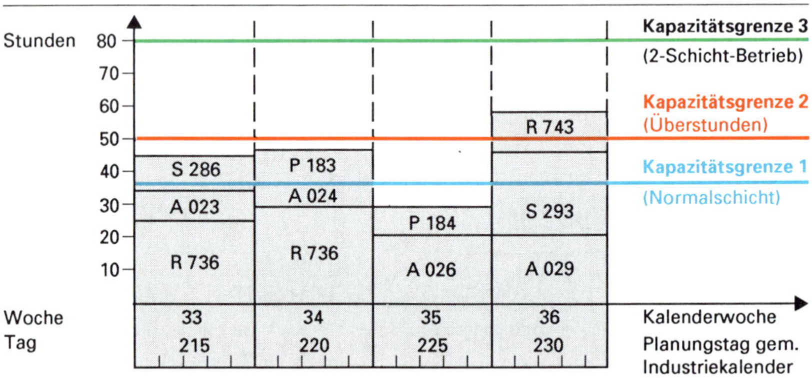


*Abb. 7.2.3-2 Beispiel eines Kapazitätsbelegungsplanes (einzelmaschinenbezogen)*

Das Beispiel zeigt die geplante Belegung einer Maschine während des Zeitraumes 33. bis einschließlich 36. Kalenderwoche. Die einzelnen Blöcke sind Einzelaufträge, die gemäß ihrem Zeitbedarf eingeplant werden (z. B. R 736, gesamt 53 Std., davon 33. KW 23 Std., 24. KW 30 Std.).

Wenn der Betrieb nicht in 2 Schichten arbeiten will, muß einer der Aufträge für die 36. KW entweder ganz oder zumindest teilweise in die 37. KW verlagert werden. Das Grundschema kann auch für die tageweise Einplanung verwendet werden.

## 7.2.4 Qualitätskontrolle

Die Qualität des Erzeugnisses ist für den wirtschaftlichen Erfolg eines Unternehmens von ausschlaggebender Bedeutung. Dabei spielen verschiedene Faktoren zusammen:

○ Die Wertschätzung der Produkte des gesamten Unternehmens kann bereits durch wenige schlechte Produkte entscheidend beeinflußt werden.

- Die durch Verbrauchertests kritische Öffentlichkeit reagiert zunehmend stärker auf mangelnde Qualität.
- Die immer mehr verschärfte Produzentenhaftung zwingt den Betrieb zur Einhaltung und gegebenenfalls zum Nachweis der Qualitätsprüfung.
- Die sehr arbeitsintensive Nachbesserung erfordert eine möglichst mangelfreie Produktion.

Die Qualitätskontrolle hat die Aufgabe, auf allen Stufen des betrieblichen Leistungsprozesses entsprechende Qualitätsprüfungen vorzunehmen. Dazu gehört die *Wareneingangsprüfung und Liefererkontrolle*, die *Materialprüfung* für Rohstoffe und Halbfertigerzeugnisse, die Teilefertigungsprüfung, die *Aggregate- und Zusammenbauprüfung* und die Funktionsprüfung mit *Zuverlässigkeitsprüfung und Dauerbelastung*. Als Kontrolle der Kontrollen gehört dazu schließlich noch die Überwachung der Meß- und Prüfgeräte selbst.

Für die Qualitätskontrolle, unter der in Fertigungsbetrieben vielfach vor allem die Qualitätskontrolle der Fertigung verstanden wird, lassen sich keine einheitlichen Richtlinien angeben. Sie ist in besonderem Maße abhängig von den angewandten Fertigungsverfahren. Während es beispielsweise bei einer Großserienfertigung genügen kann, eine begrenzte Anzahl von Erzeugnissen mit Methoden der *statistischen Qualitätskontrolle* zu untersuchen, wird bei der Einzelfertigung fast immer auch eine Kontrolle des Einzelstücks erforderlich sein. Daneben ist, abhängig von den Fertigungsverfahren, zu entscheiden, ob während oder erst nach Abschluß des Fertigungsvorgangs Prüfungen erforderlich sind.

Allen Maßnahmen der Qualitätskontrolle ist gemeinsam, daß innerhalb einer vorgegebenen Toleranz Abweichungen vom Sollwert erkannt werden sollen.

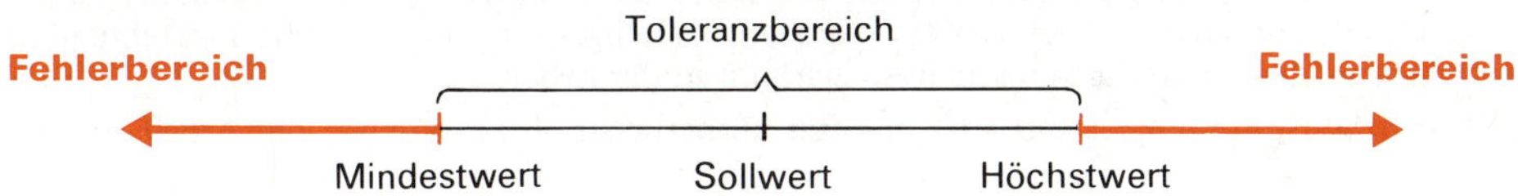


## 7.2.5 Besondere Organisationsfragen des Industriebetriebes

In den organisatorischen Grundfragen unterscheidet sich der Industriebetrieb nur unwesentlich von den anderen Betrieben. Wie bei allen Betrieben gilt es auch im Industriebetrieb, eine *optimale Kombination der betrieblichen Produktionsfaktoren* zu erreichen.

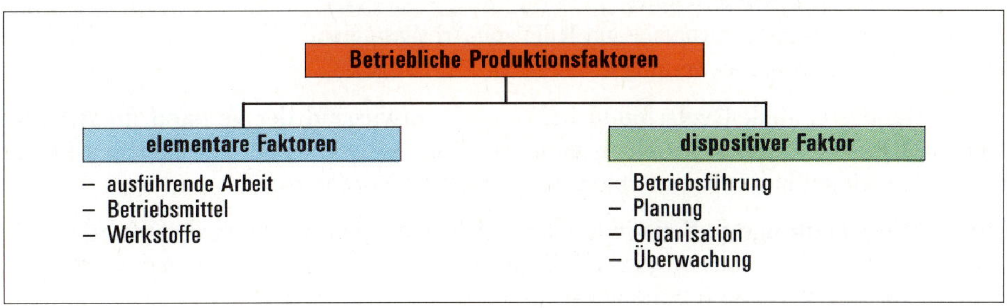


*Abb. 7.2.5-1 Betriebliche Produktionsfaktoren*

Diese Übersicht zeigt bereits, welche bedeutsame Rolle im Industriebetrieb trotz des oft sehr hohen Einsatzes von Anlagekapital (Betriebsmitteln) und Umlaufkapital (Werkstoffe, unfertige und fertige Erzeugnisse) der Mensch spielt. Er ist Träger der ausführenden Arbeit und des dispositiven Faktors.

Ein Hauptanliegen der Organisation des Industriebetriebes ist deshalb die **Arbeitsorganisation.** Sie hat die Aufgabe,

- **die Arbeitsbedingungen** optimal zu gestalten. Diesem Zweck dienen Arbeitsstudien und Arbeitsvorbereitung;
- **das Arbeitsentgelt** leistungsgerecht zu ermitteln.

### 7.2.5.1 Arbeitsstudien

**Die Arbeitsstudien** haben sich aus Bewegungs- und Zeitstudien entwickelt. Diese hatten zunächst das alleinige Ziel, eine maximale Arbeitsleistung zu erreichen, ohne auf den Menschen und seine langfristige Leistungsfähigkeit Rücksicht zu nehmen. Der Vater dieser Methode, der amerikanische Ingenieur Frederik W. *Taylor*, untersuchte lediglich Körperbewegungen und deren Zeitdauer. Er vernachlässigte die seelischen und körperlichen Wirkungen der Arbeit auf den Menschen (Ermüdung, Arbeitsfreude).

Erst mit der Weiterentwicklung der Arbeitswissenschaften war es möglich, Arbeitsstudien zu erstellen, die den Menschen in seiner Gesamtheit berücksichtigen. Heute werden für Arbeitsstudien Ergebnisse folgender *Arbeitswissenschaften* eingesetzt:

- **Die Arbeitspsychologie** befaßt sich mit den seelischen Auswirkungen der Arbeit. Sie untersucht die Anlagen der Arbeitskräfte (Begabung, Intelligenz, Charakter), ihre Einstellung zu Arbeitsaufgaben und die seelischen Auswirkungen der Arbeit.
- **Die Arbeitsphysiologie** setzt sich mit den körperlichen Auswirkungen der Arbeit auseinander.
- **Die Arbeitssoziologie** beschäftigt sich mit dem Zusammenleben der Menschen bei der Arbeit.
- **Die Arbeitsmedizin** befaßt sich mit der Gesunderhaltung und der Wiederherstellung der Gesundheit der in den Arbeitsprozeß eingegliederten Menschen.
- **Die Arbeitspsychotechnik** untersucht die Möglichkeit, Maschinen und Werkzeuge dem Menschen anzupassen.

Die Erkenntnisse dieser Wissenschaften werden bei den *Arbeitsstudien* berücksichtigt, die praktische Verfahren für folgende Teilbereiche umfassen:

- die Arbeitsgestaltung,
- die Leistungsvorgabe mit Hilfe von Arbeitsstudien,
- die Arbeitsbewertung.

In der Bundesrepublik Deutschland befaßt sich vorwiegend der Verband für Arbeitsstudien, **REFA,** mit diesen Problemstellungen. Dabei stehen in der betrieblichen Praxis die Arbeitszeitstudien und die Arbeitswertstudien im Vordergrund.

**Die Arbeitsgestaltungsstudien** dienen dazu, Arbeitsplätze und Arbeitsabläufe zu untersuchen, damit die organisatorischen Voraussetzungen und Bedingungen geschaffen werden können, die eine rationelle Zusammenarbeit von Arbeitenden, Betriebsmitteln, Betriebsstoffen und Werkstoffen erlauben.

Arbeitsgestaltungsstudien ermitteln, wie die Arbeitsplätze und ihre Reihenfolge sinnvoll angeordnet werden, wie die Werkstücke von Arbeitsplatz zu Arbeitsplatz zu befördern sind und wie die einzelnen Arbeitsplätze und Arbeitsmittel zu gestalten sind.

**Die Arbeitszeitstudien** sollen die Zeit erfassen, die ein Arbeiter bei durchschnittlicher Leistung benötigt, um eine bestimmte Arbeitsaufgabe ordnungsgemäß zu erledigen. Die ermittelte Zeit für einen Auftrag, die Auftragszeit, setzt sich zusammen aus

- der **Ausführungszeit** für die Bearbeitung des Werkstückes und
- der **Rüstzeit,** die erforderlich ist für die Vorbereitung am Arbeitsplatz und Wiederherstellung des ursprünglichen Zustandes.

Sowohl bei der Ausführungszeit als auch bei der Rüstzeit sind dabei zu unterscheiden:

- die **Grundzeiten,** die für die regelmäßige Durchführung erforderlich sind,
- die **Erholungszeiten,** die benötigt werden, um die Ermüdung zu überwinden,
- die **Verteilzeiten,** die für unregelmäßig auftretende Verzögerungen (z. B. Stromausfall, Reißen von Fäden usw.) hinzugerechnet werden müssen.

**Als Stückzeit** bezeichnet man die Zeit, die ein Arbeiter für die Ausführung einer Arbeitseinheit benötigt. Die Zeiten werden durch Beobachtung am Arbeitsplatz ermittelt.

---

**Beispiel:** *In den Unterlagen der Arbeitsvorbereitung sind für die Bearbeitung des Kolbens Typ 13710 C folgende Werte festgehalten:*

- *Werkzeugbereitstellung 11 Min.,*
- *Einbau Werkzeug 18 Min.,*
- *Probelauf 4 Min.,*
- *Bearbeitungszeit je Kolben 2,5 Min.,*
- *Werkzeugwechsel nach 50 Bearbeitungsvorgängen – Ausbau Werkzeug 5 Min.,*
- *Maschinenreinigung nach je 100 Bearbeitungsvorgängen und nach Arbeitsende je 12 Min.*

*Bei einem Zuschlag für Erholungszeiten von 5 % und Verteilzeiten von 2 % ergibt sich der Zeitaufwand für die Bearbeitung von 220 Kolben wie folgt:*

| | | |
|---|---|---|
| *Werkzeugbereitstellung* ............ | *11 Min.* | |
| *Werkzeugeinbau 5 · 18 Min. =* ............ | *90 Min.* | |
| *Probelauf* ............ | *4 Min.* | |
| *Werkzeugausbau 5 · 5 Min. =* ............ | *25 Min.* | |
| *Maschinenreinigung 3 · 12 Min. =* ............ | *36 Min.* | |
| *Bearbeitungszeit 220 · 2,5 Min. =* ............ | *550 Min.* | |
| | *716 Min.* | |
| *2 % Verteilzeit und 5 % Erholungszeit = 716 · 0,07 Min.* . . | *50 Min.* | |
| | *766 Min.* | *oder 12 Std., 40 Min.* |

---

Bei der automatisierten Erfassung der Arbeitszeiten, wie sie insbesondere für die Gleitzeitabrechnung sinnvoll ist, werden die Mitarbeiterdaten bereits maschinell lesbar festgehalten. Jeder Mitarbeiter hat z. B. eine Plastikkarte mit Magnetstreifen, der u. a. seine Personalnummer enthält. Wenn er diese Karte in das Erfassungsgerät steckt, wird registriert: seine Personalnummer (von der Plastikkarte), die aktuelle Uhrzeit (vom EDV-System), der Vorgang (durch entsprechenden Tastendruck). Bei reinen Zeiterfassungssystemen ist es auch möglich, mittels eines Anzeigefeldes dem Mitarbeiter seinen aktuellen Zeitstand (Zeitguthaben oder Nachholbedarf) anzuzeigen.

3802271

**Die Arbeitsbewertung** ist von der Arbeitszeitmessung unabhängig. Sie muß alle für die Beurteilung der Arbeit wesentlichen Faktoren umfassen. Dabei muß unterschieden werden zwischen

- **objektiven Faktoren,** die die Schwierigkeit der Arbeit bewerten, und
- **subjektiven Faktoren,** die in der Person des Arbeitenden begründet sind.

Für die Bewertung der objektiven Faktoren wird vielfach das sogenannte „Genfer Schema" angewandt, das 1950 bei der Tagung des Internationalen Arbeitsamtes in Genf festgelegt wurde. Es umfaßt 6 Anforderungsgruppen:

| Gruppenzahl | Gruppenanforderungen |
|---|---|
| I | 1. Fachkönnen = geistige Anforderungen<br>2. Fachkönnen = körperliche Anforderungen |
| II | 3. Belastung = geistige Beanspruchung<br>4. Belastung = körperliche Beanspruchung |
| III | 5. Verantwortung |
| IV | 6. Arbeitsbedingungen (Umgebungseinflüsse) |

Neben der objektiven Arbeitsbewertung (Aufgabenbewertung) steht die Beurteilung der subjektiven Arbeitsleistung. Diese setzt sich zusammen aus

- ○ dem Arbeitseinsatz und dem damit häufig in Verbindung stehenden
- ○ Leistungsgrad der Arbeit.

## 7.2.5.2 Die Arbeitsentgelte

Das Arbeitsentgelt ist durch zwei Gesichtspunkte bestimmt:

- **die relative Höhe** des Arbeitsentgeltes im Vergleich zu anderen Beschäftigten und
- **die absolute Höhe,** die im allgemeinen durch die Festlegung des Entgeltes für eine bestimmte Arbeitsleistung als Lohn festgelegt wird (z. B. Leistung eines 21jährigen Facharbeiters mit Aufgaben, die durchschnittliche Anforderungen an Fachkönnen, Belastung, Verantwortung und Arbeitsbedingungen mit sich bringen).

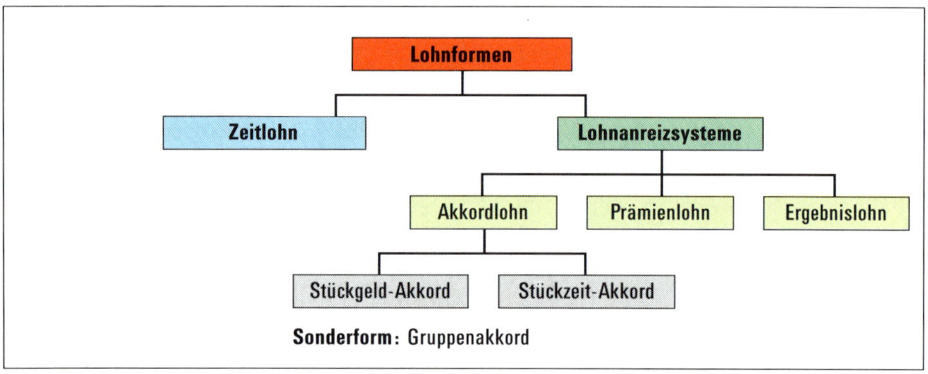


*Abb. 7.2.5.2-1 Lohnformen*

Die absolute Höhe des Arbeitsentgeltes festzulegen (Lohntarif), ist ebenso Aufgabe der Tarifvertragsparteien wie die Bestimmung der relativen Höhe und der Bewertungen (Manteltarifvertrag). Zusätzlich wird das Arbeitsentgelt bestimmt durch soziale Überlegungen (Staffelung nach Familienstand, Lebensalter, Urlaubsanspruch, Urlaubsgeld, garantierter Mindestlohn bei Akkordarbeiten usw.). Der Anspruch „gleicher Lohn für gleiche Leistung" gilt deshalb nur bedingt. Der reine Leistungslohn wird zugunsten des Soziallohnes geändert.

**Der Zeitlohn** (Stunden-, Tages-, Wochen- oder Monatslohn) wird nach der Dauer der Arbeitszeit berechnet. Er ist besonders geeignet für

- Arbeiten, bei denen der Arbeitende keinen Einfluß auf die Leistungsmenge hat (keine Abhängigkeit der Leistungsmenge von der Maschinengeschwindigkeit, Tätigkeit als Pförtner, Bote usw.);
- Arbeiten, in die der Arbeiter sich erst einarbeiten muß;
- Arbeiten mit sehr hohen Qualitätsansprüchen, die besondere Aufmerksamkeit und Sorgfalt verlangen.

Der Zeitlohn wird im allgemeinen in der Form errechnet, daß ein aus sozialen Gründen notwendiges Mindestentgelt festgelegt (Basislohn) und dazu je nach dem Wert der Arbeit ein Zuschlag ermittelt wird.

---

**Beispiel:** *Mindeststundensatz 9,00 DM; höchster Stundensatz bei Tätigkeitswert 100 26,00 DM. Weist der Arbeitsplatz einen Arbeitswert von 45 auf, dann beträgt der Stundenlohn 16,65 DM (9,00 DM + 45 % von 17,00 DM).*

---

**Beim Akkordlohn** besteht ein unmittelbarer Zusammenhang zwischen Leistung und Entgelt. Er wird im allgemeinen so festgelegt, daß die Berechnungsbasis der vergleichbare Zeitlohn bildet. Da Akkordarbeit stärker beansprucht und auch kurzfristige Ausfälle sofort zu einer Verminderung des Lohnes führen, wird diesem Zeitlohn ein Akkordzuschlag (im allgemeinen zwischen 15 und 25 %) hinzugerechnet und der Akkordrichtsatz ermittelt. Der Akkordrichtsatz ist der Stundenverdienst eines Arbeiters bei normaler Leistung.

**Der Stückgeldakkord** wird ermittelt, indem man den Akkordrichtsatz durch die Anzahl der Arbeitseinheiten je Stunde teilt.

**Beim Stückzeitakkord** wird der Zeitbedarf je Arbeitseinheit festgelegt. Die ermittelte Gesamtstückzeit eines Arbeiters wird dann mit seinem Lohnsatz multipliziert.

---

**Beispiel:** *Je Stunde können bei Normalleistung 50 Arbeitseinheiten gefertigt werden.*

*Der Zeitlohn für diese Tätigkeit beträgt 12,00 DM.*

*Stückgeldakkord: Akkordzuschlag 20 %, Akkordrichtsatz 14,40 DM, Stückgeldsatz je Arbeitseinheit 0,288 DM.*

*Stückzeitakkord: Normaler Zeitbedarf je Stück 1,2 Minuten. Der Akkordzuschlag wird durch Erhöhung der Stückzeit berücksichtigt, deshalb Stückzeit 1,44 Minuten.*

*Ergebnis der Berechnung bei Fertigung von 60 Stück/Stunde:*

- *Arbeiter A (Stückgeldakkord): 60 · 0,288 = 17,28 DM*
- *Arbeiter B (Stückzeitakkord): 60 · 1,44 Minuten = 86,40 Min.*<br>*12,00 DM : 60 = 0,20 DM*<br>*86,40 · 0,20 = 17,28 DM*

---

**Beim Gruppenakkord** wird nicht die Leistung des einzelnen Arbeiters, sondern die Leistung einer Arbeitsgruppe der Lohnberechnung zugrunde gelegt.

Allen Akkordsystemen ist heute gemeinsam, daß ein **garantierter Mindestlohn** gezahlt wird. Dieser entspricht im allgemeinen dem Akkordrichtsatz, sollte jedoch niemals den Zeitlohn unterschreiten. Um eine übermäßige Belastung der Arbeiter zu vermeiden, werden teilweise auch Höchstmengen der Vergütung festgelegt.

**Der Prämienlohn** kann bei Zeitlohn und bei Akkordlohn gezahlt werden. Prämien haben die Zielsetzung, den Arbeiter an Ersparnissen teilhaben zu lassen, die aus seiner Leistung dem Betrieb zugute kommen. Prämien werden gezahlt, wenn

- Vorgabezeiten unterschritten werden,
- die zulässige Ausschußquote unterschritten wird,
- Material oder Hilfs- und Betriebsstoffe eingespart werden,
- die Betriebsmittel besser ausgenutzt werden.

**Die Erfolgsbeteiligung** der Arbeitnehmer soll den Anteil berücksichtigen, den die Arbeitnehmer an dem Ertrag des Unternehmens erwirtschaftet haben. Da die Gesamtleistung des Betriebes sich nicht eindeutig den einzelnen Faktoren zurechnen läßt, ist die Erfolgsbeteiligung niemals völlig objektiv. Außerdem wird sie durchweg so gehandhabt, daß der Arbeitnehmer nur am positiven Ertrag (Gewinnbeteiligung), nicht aber am negativen Ertrag (Verlustbeteiligung) beteiligt wird. Die Erfolgsbeteiligung verfolgt sowohl betriebliche Ziele (Verbesserung des Betriebsklimas, Verringerung der Fluktuation) als auch gesellschaftspolitische Ziele (Mitbestimmung, vgl. Abschnitt 5.5).

### 7.2.5.3 Die Lohnabrechnung

Die Vielfalt der möglichen Lohnabrechnungsformen erlaubt es jedem Betrieb, die seinen organisatorischen Gegebenheiten entsprechende Form zu finden. Das in früheren Zeiten bekannte Lohnbüro wird heute vielfach durch die vollautomatische Lohnabrechnung ersetzt.

Die grundsätzliche Arbeitsgänge bleiben jedoch die gleichen:

- **Stammdaten** müssen zunächst für jeden Mitarbeiter vorhanden sein. Dabei ist es gleichgültig, ob diese Daten auf einem *Personalstammblatt,* einer *Personalstammkarte* oder in einer maschinell geführten *Personalstammdatei* gespeichert sind.
- **Die Arbeitszeitnachweise** oder die *Leistungsnachweise* (Akkorddaten), bilden den zweiten wesentlichen Teil der Daten, die für die regelmäßige – heute meist monatliche – Lohnabrechnung vorhanden sein müssen (vgl. z. B. Abb. 7.2.5.3-1 Stempelkarte).
- **Die Bruttolohnerfassung und -abrechnung** erfolgt anhand der Lohnstammdaten und der Lohnbewegungsdaten (Stundennachweise oder Leistungsnachweise). Zu den Lohnbewegungsdaten gehören auch besondere Daten, wie Urlaubszeit, Krankheit, Prämienlohn usw.
- **Die Nettolohnabrechnung** ist der nächste Schritt, um zu ermitteln, welche Beträge
  - *auszuzahlen* sind an die Mitarbeiter (sog. Nettolohn). Eventuelle Lohnpfändungsbeträge werden von diesem Betrag einbehalten und dem Empfänger dieser Abzüge direkt zugeleitet;
  - *abzuführen* sind an den zuständigen Sozialversicherungsträger (AOK, Betriebskrankenkasse oder Ersatzkasse) für die Kranken-, Renten- und Arbeitslosenversicherung;
  - *weiterzuleiten* sind an das Finanzamt, nämlich die entsprechend der Steuerklasse, den Freibeträgen und dem Bruttolohn gestaffelten Lohn- und Kirchensteuern.

Die monatliche Lohnabrechnung ist heute die Regel. Unterschiedlich gehandhabt werden die Abschlagszahlungen (wöchentlich, 2 x monatlich, monatlich). Zunehmend wird die monatliche Zahlung eingeführt.

Für die Erfassung der geleisteten Arbeitszeiten werden in zunehmendem Maße automatisierte Geräte eingesetzt. Insbesondere in Betrieben, die ein <u>*Gleitzeitsystem*</u> eingeführt haben (innerhalb bestimmter Grenzen kann der Mitarbeiter Beginn und Ende der Arbeitszeit frei wählen), hat sich die <u>*automatisierte Zeiterfassung*</u> bewährt. Sie erfolgt meist mittels codierter Plastikkarten über sog. Gleitzeitterminals. Diese sind an eine EDV-Anlage angeschlossen.

Da in zunehmenden Maße auch die Fertigung in das automatisierte System des Betriebes eingebunden ist, werden überwiegend auch die Leistungsdaten (Akkorddaten) bereits bei ihrem Anfallen maschinell ermittelt und in die Lohndaten-Bewegungsdatei überspielt. Dort können sie bei der Durchführung der Lohnabrechnung direkt abgerufen und weiterverarbeitet werden.

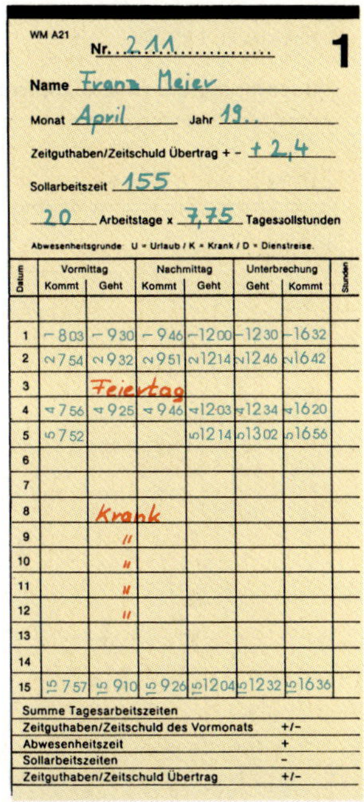

WM A21 Nr. 211 **1**

Name Franz Meier

Monat April Jahr 19..

Zeitguthaben/Zeitschuld Übertrag + – +2,4

Sollarbeitszeit 155

20 Arbeitstage x 7,75 Tagessollstunden

Abwesenheitsgründe U = Urlaub / K = Krank / D = Dienstreise.

| Datum | Vormittag Kommt | Vormittag Geht | Nachmittag Kommt | Nachmittag Geht | Unterbrechung Geht | Unterbrechung Kommt | Stunden |
|---|---|---|---|---|---|---|---|
| | | | | | | | |
| 1 | 8 03 | 9 30 | 9 46 | 12 00 | 12 30 | 16 32 | |
| 2 | 7 54 | 9 32 | 9 51 | 12 14 | 12 46 | 16 42 | |
| 3 | | Feiertag | | | | | |
| 4 | 7 56 | 9 25 | 9 46 | 12 03 | 12 34 | 16 20 | |
| 5 | 7 52 | | | 12 14 | 13 02 | 16 56 | |
| 6 | | | | | | | |
| 7 | | | | | | | |
| 8 | | Krank | | | | | |
| 9 | | " | | | | | |
| 10 | | " | | | | | |
| 11 | | " | | | | | |
| 12 | | " | | | | | |
| 13 | | | | | | | |
| 14 | | | | | | | |
| 15 | 7 57 | 9 10 | 9 26 | 12 04 | 12 32 | 16 36 | |

| | |
|---|---|
| Summe Tagesarbeitszeiten | |
| Zeitguthaben/Zeitschuld des Vormonats | +/– |
| Abwesenheitszeit | + |
| Sollarbeitszeiten | – |
| Zeitguthaben/Zeitschuld Übertrag | +/– |

*Abb. 7.2.5.3-1 Stempelkarte*

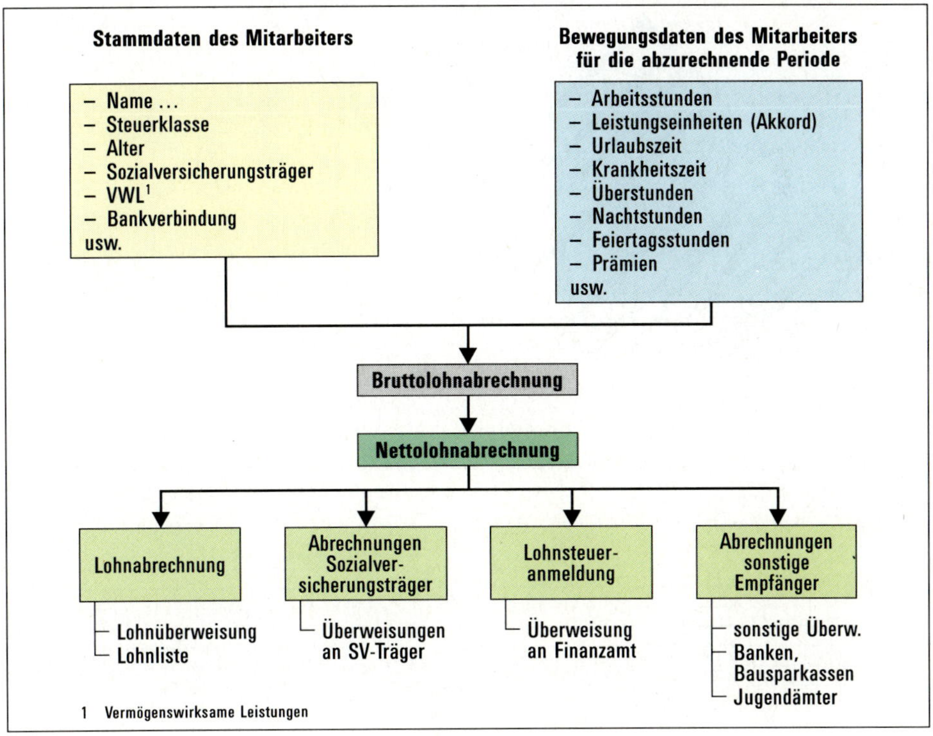


*Abb. 7.2.5.3-2 Schematische Darstellung der Lohnabrechnung*

Kontrollzahl: 12929 / 550 RRV - GmbH 6108 Lehndorf

**Abrechnung der Brutto-Netto-Bezüge** Monat: NOVEMBER 19.. 5Q Datum: 18.11... Blatt: 1

| Personal-Nr. | Name, Vorname | Eintritt | Abt.-Nr. | St.-Tg. | SV-Tg. | KK-Nr. | St.-Kl. | Kinderzahl | Konf. | KV | RV | AV | GV | UM | Arb. Ang. Ausz. | Freibetrag |
|---|---|---|---|---|---|---|---|---|---|---|---|---|---|---|---|---|
| 1022 | Rolf Reimann | 010488 | 0000 | | | 01 | 3 | 2 | 1 | 1 | 1 | 1 | 0 | 2 | 1 | 4800 00 |

| LA | | Bezahlte Zeit Stunden Tage | %-Zuschlag | Faktor | Brutto-Betrag |
|---|---|---|---|---|---|
| 01 | Stundenlohn | 168 | | 15,20 | 2553,60 |
| 08 | Überstunden | 8 | 2[illegible] % | 15,20 | 30,40 |
| 09 | Nachtarbeit | 72 | 25 % | 15,20 | 273,60 |
| 10 | Sonntagsarbeit | 16 | 5[illegible] % | 15,[illegible]0 | 121,60 |
| 11 | Feiertagsarbeit | 8 | 100 % | 15,2[illegible] | 121,60 |
| 32 | Auslösung | 12 | | [illegible] | 36,00 |
| 35 | Fahrtkostenerstattung | | | | 123,00 |
| 42 | VWL | | | | [illegible]2,00 |

[Ges]amt-Brutto: 3190,20

MUSTER

| Steuer-Brutto | Sozialvers.-Brutto | Lohnsteuer | Kirchensteuer | | Krankenvers. | Rentenvers. | Arbeitsl.-vers. | Gesetzl. Abzüge |
|---|---|---|---|---|---|---|---|---|
| 2827 20 | 2979 20 | 280 60 | [illegible] 45 | | [illegible]9 60 | 278 50 | 70 00 | 851,15 |

550

Herrn/Frau/Fräulein

| Nr. | Netto-Bezüge/Netto-Abzüge Bezeichnung | | Netto-Verdienst |
|---|---|---|---|
| | | | 2339,05 |
| 2 | Darlehnsrate | ./. 100,00 | |

Verdienstbescheinigung

Bank: SPARKASSE DARMSTADT Konto-Nr.: 55607 Bankleitzahl: 50850150 Auszahlung: 2239,05

Arbeitgeber:

Zahlen der abgerechneten Monate

| Steuer-Brutto | Sozialvers.-Brutto | Lohnsteuer | Kirchensteuer | | Krankenvers. | Rentenvers. | Arbeitsl.-vers. | Gesetzl. Abzüge ges. |
|---|---|---|---|---|---|---|---|---|
| 32123 80 | 32978 20 | 3[illegible]24 30 | 249 80 | | 2209 50 | 3083 40 | 775 00 | 9442,00 |

| Steuerfreie Bezüge | Gesamt-Brutto | VWL m. Sparzul. | Sparzulage |
|---|---|---|---|
| 3784 20 | 35908 00 | 572 00 | |

Sonstige Werte der Abrechnung

| Std.-Lohn 1 | Std.-Lohn 2 | Std.-Lohn 3 | Lohn-Gr. | Pers.-Zuschl. | Durchschn. 1 | Durchschn. 2 | Durchschn. 3 | Akk-Faktor | Akk-Gr. | Akkord-Min. | Gebr.-Min. | Zeitgrad | Url.-Anspr. | Rest-Url. | gen. Url. | Anw.-Tg. | Krh.-Tg. | Fehl-Tg. |
|---|---|---|---|---|---|---|---|---|---|---|---|---|---|---|---|---|---|---|
| | | | | | | | | | | | | | 280 | 60 | 22 | 216 | 4 | 0 0 |

| Anw.-Std. | Bezahlte Std. | Zeitlohn-Std. | Über-Std. | Krh.-Std. | Url.-Std. | Fehl-Std. | 1 | 2 | 3 | 4 | 5 | 6 |
|---|---|---|---|---|---|---|---|---|---|---|---|---|
| 1761 00 | 1761 00 | 1761 00 | 32 00 | 32 00 | 176 00 | 0 00 | | | | | | |

1. D U P L I K A T 12929 / 550 / 5Q *00047*

*Abb. 7.2.5.3-3 Lohnabrechnung*

Berechnung der effektiven Monatsarbeitszeit der Arbeiter

| | | | | | |
|---|---|---|---|---|---|
| Name: | Franz Meier | Gesamtstunden: | 85,95 | Krankheit: | 39 |
| Monat: | April | | | Urlaub Stunden | 0 |
| | | Mehrarbeit | | Urlaub Tage: | 0 |
| | | (Überstunden): | 0,7 | Feiertage: | 1 |

| Tag | An-fang Std | Min | 1. Pause Anfang Std | Min | Ende Std | Min | 2. Pause Anfang Std | Min | Ende Std | Min | Schluß Std | Min | ges in Stunden | Mehr Stunden | Krankh Std | Urlaub Std | Feiertag Std |
|---|---|---|---|---|---|---|---|---|---|---|---|---|---|---|---|---|---|
| 1 | 8 | 3 | 9 | 30 | 9 | 46 | 12 | 0 | 12 | 30 | 16 | 32 | 7,72 | -0,03 | 0,0 | 0,0 | 0,0 |
| 2 | 7 | 54 | 9 | 32 | 9 | 51 | 12 | 14 | 12 | 46 | 16 | 42 | 7,95 | 0,20 | 0,0 | 0,0 | 0,0 |
| 3 | 0 | 0 | 0 | 0 | 0 | 0 | 0 | 0 | 0 | 0 | 0 | 0 | 7,75 | 0,00 | 0,0 | 0,0 | 7,8 |
| 4 | 7 | 56 | 9 | 29 | 9 | 46 | 12 | 3 | 12 | 34 | 16 | 20 | 7,60 | -0,15 | 0,0 | 0,0 | 0,0 |
| 5 | 7 | 52 | 0 | 0 | 0 | 0 | 12 | 14 | 13 | 2 | 16 | 56 | 8,27 | 0,52 | 0,0 | 0,0 | 0,0 |
| 6 | 0 | 0 | 0 | 0 | 0 | 0 | 0 | 0 | 0 | 0 | 0 | 0 | 0,00 | 0,00 | 0,0 | 0,0 | 0,0 |
| 7 | 0 | 0 | 0 | 0 | 0 | 0 | 0 | 0 | 0 | 0 | 0 | 0 | 0,00 | 0,00 | 0,0 | 0,0 | 0,0 |
| 8 | 0 | 0 | 0 | 0 | 0 | 0 | 0 | 0 | 0 | 0 | 0 | 0 | 7,75 | 0,00 | 7,8 | 0,0 | 0,0 |
| 9 | 0 | 0 | 0 | 0 | 0 | 0 | 0 | 0 | 0 | 0 | 0 | 0 | 7,75 | 0,00 | 7,8 | 0,0 | 0,0 |
| 10 | 0 | 0 | 0 | 0 | 0 | 0 | 0 | 0 | 0 | 0 | 0 | 0 | 7,75 | 0,00 | 7,8 | 0,0 | 0,0 |
| 11 | 0 | 0 | 0 | 0 | 0 | 0 | 0 | 0 | 0 | 0 | 0 | 0 | 7,75 | 0,00 | 7,8 | 0,0 | 0,0 |
| 12 | 0 | 0 | 0 | 0 | 0 | 0 | 0 | 0 | 0 | 0 | 0 | 0 | 7,75 | 0,00 | 7,8 | 0,0 | 0,0 |
| 13 | 0 | 0 | 0 | 0 | 0 | 0 | 0 | 0 | 0 | 0 | 0 | 0 | 0,00 | 0,00 | 0,0 | 0,0 | 0,0 |
| 14 | 0 | 0 | 0 | 0 | 0 | 0 | 0 | 0 | 0 | 0 | 0 | 0 | 0,00 | 0,00 | 0,0 | 0,0 | 0,0 |
| 15 | 7 | 57 | 9 | 10 | 9 | 26 | 12 | 4 | 12 | 32 | 16 | 36 | 7,92 | 0,17 | 0,0 | 0,0 | 0,0 |
| 16 | 0 | 0 | 0 | 0 | 0 | 0 | 0 | 0 | 0 | 0 | 0 | 0 | 0,00 | 0,00 | 0,0 | 0,0 | 0,0 |

*Abb. 7.2.5.3-4 Zeiterfassung mit Multiplan (Auszug)*

## 7.3 Das industrielle Rechnungswesen

Das Rechnungswesen des Industriebetriebes umfaßt:

**Buchhaltung und Bilanz** (Zeitrechnung),
**Kostenrechnung** (Kostenarten-, Kostenstellen-, Kostenträgerrechnung),
**Statistik** (Vergleichsrechnung) und
**Planung** (Vorschaurechnung).

Die Buchhaltung liefert die zahlenmäßigen Unterlagen für die übrigen Zweige des Rechnungswesens, insbesondere für die Kostenrechnung und Statistik.

### Die Buchführung

Wesentliches Merkmal des Industriebetriebes ist es, daß zwischen die kaufmännischen Funktionen Beschaffung und Absatz die Fertigung als wichtige betriebliche Funktion eingeschaltet ist. Damit hat die Buchführung eines Industriebetriebes eine doppelte Aufgabe zu erfüllen.

**Die Geschäftsbuchführung** hat die Beziehungen des Unternehmens zur Außenwelt (zu Kunden, Lieferern, Banken usw.) rechnerisch zu erfassen und aus dem so gewonnenen Zahlenmaterial periodisch den Abschluß (Bilanz und Gewinn- und Verlust-Rechnung) zu erstellen (Rechnungskreis 1).

**Die Betriebsbuchführung** (Kosten- und Leistungsrechnung) zeichnet die Fertigungsvorgänge vom Einsatz der Rohstoffe, Hilfs- und Betriebsstoffe, der Arbeitskräfte und Betriebsmittel bis zum Fertigfabrikat, also die *inneren Betriebsvorgänge,* mengen- und wertmäßig auf mit dem Ziel, den Kostenwert der fertigen und unfertigen Erzeugnisse zu ermitteln und ständig die Wirtschaftlichkeit der betrieblichen Arbeit zu überwachen.

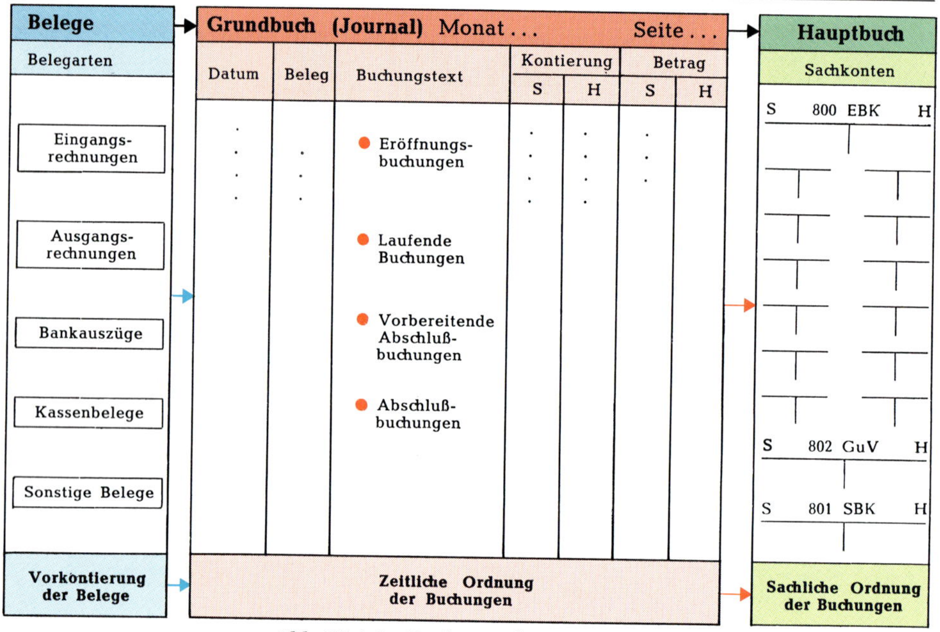


*Abb. 7.3.1-1 Rechnungskreise des IKR*

Um die Vergleichbarkeit der Buchhaltungen unterschiedlicher Betriebe zu gewährleisten, bemüht man sich seit langem um einheitliche Kontenrahmen. Der **Industrie-Kontenrahmen (IKR)** soll für die Industrie diesen Zweck erfüllen. Es wurde erstmals 1971 vom Bundesverband der Deutschen Industrie (BDI) herausgegeben und 1986 dem Bilanzrichtliniengesetz angepaßt.

**Der IKR** ist wie alle Kontenrahmen dekadisch[1] aufgebaut und umfaßt die Kontenklassen 0–9. Dabei wurde beim Industrie-Kontenrahmen eine strenge Trennung eingeführt zwischen der Geschäftsbuchführung (Rechnungskreis I mit den Kontenklassen 0–8) und der Kosten- und Leistungsrechnung (Rechnungskreis II mit der Kontenklasse 9). Diese Trennung ist auch deshalb durchgeführt worden, weil die Kosten- und Leistungsrechnung in den meisten Industriebetrieben nicht kontenmäßig, sondern statistisch-tabellarisch durchgeführt wird.

| Geschäftsbuchführung | | | | | | | | | Kosten- und Leistungsrechnung |
|---|---|---|---|---|---|---|---|---|---|
| Bestandskonten | | | | | Erfolgskonten | | | Abschluß-konten | Kosten-/Ertrags-konten |
| Klasse 0 | Klasse 1 | Klasse 2 | Klasse 3 | Klasse 4 | Klasse 5 | Klasse 6 | Klasse 7 | Klasse 8 | Klasse 9 |
| Immaterielle Vermögensgegenstände und Sachanlagen | Finanzanlagen | Umlaufvermögen und aktive Rechnungsabgrenzung | Eigenkapital, Wertberichtigungen u. Rückstellungen | Verbindlichkeiten und passive Rechnungsabgrenzung | Erträge | betriebliche Aufwendungen | weitere Aufwendungen | Ergebnisrechnungen, u. a. Schlußbilanzkonto, GuV-Konto usw. | meist nicht in Kontenform, sondern statistische Kosten- und Leistungsrechnung einschl. BAB |
| Aktiva | | | Passiva | | Erträge | Aufwendungen | | | |

*Abb. 7.3.1-2 Gliederung des Industriekontenrahmens (IKR)*

1 vom griechischen deka = zehn; dekadisch = dem Zehnersystem entsprechend

Aus dem Kontenrahmen entwickelt jeder Betrieb seinen individuellen **Kontenplan.** Der Kontenrahmen gibt hierfür eine zwei- bis dreistellige Gliederung vor. Die individuelle Kontonummer des Betriebes setzt sich dann beispielsweise wie folgt zusammen:

| | | | | |
|---|---|---|---|---|
| *Beispiel:* | **Kontonummer** | **1321** | | |
| | *Kontenklasse* | *1* | *Finanzanlagen* | Kontenrahmen |
| | *Kontengruppe* | *13* | *Beteiligungen* | Kontenrahmen |
| | *Konto* | *132* | *stille Beteiligungen* | Kontenplan |
| | *Unterkonto* | *1321* | *Beteiligung an der Schmidt und Kramer GmbH* | Kontenplan |

**Der Kontenplan** entsteht aus dem Kontenrahmen wie folgt:

- dem Kontenrahmen werden die Konten entnommen, die für den einzelnen Betrieb aus wirtschaftlichen oder rechtlichen Gründen erforderlich sind;
- zusätzlich können, um einen besseren Überblick über die finanzielle Lage des Betriebes zu gewährleisten, weitere Untersuchungen einzelner Kontengruppen oder Konten vorgenommen werden.

Das Betriebsergebnis wird in der Kosten- und Leistungsrechnung ermittelt. Dabei unterscheidet man zwischen dem Gesamtkostenverfahren und dem Umsatzkostenverfahren.

**Beim Gesamtkostenverfahren** werden die gesamten Kosten der während eines Abrechnungszeitraumes hergestellten Erzeugnisse des Betriebes nach einer Korrektur um die Bestandsveränderungen (Zugang oder Abgang) den gesamten Leistungen (Umsatzerlöse, Eigenleistungen des Betriebes) gegenübergestellt. Der Erfolg des Betriebes wird also wie folgt berechnet:

$$\text{Erlöse} - \text{Gesamtkosten} \pm \text{Bestandsveränderungen} = \text{Erfolg.}$$

**Beim Umsatzkostenverfahren** werden dagegen die Selbstkosten der abgesetzten Erzeugnisse ermittelt. Ihnen stellt man die Verkaufserlöse im Abrechnungszeitraum gegenüber. Weil fertige und unfertige Erzeugnisse im Bestand geführt werden und damit unmittelbar die Bilanz beeinflussen, ist keine Bestandskorrektur erforderlich. In diesem Fall wird der Erfolg wie folgt berechnet:

$$\text{Betriebserlöse} - \text{Kosten der abgesetzten Erzeugnisse} = \text{Erfolg.}$$

Sowohl beim Gesamtkostenverfahren als auch beim Umsatzkostenverfahren wird vorwiegend die *statistische Kostenrechnung* eingesetzt. Mit Hilfe verschiedener Verfahren – das bekannteste Instrument ist der **Betriebs-Abrechnungs-Bogen (BAB)** – wird eine möglichst exakte Kostenermittlung, bis hinunter zum einzelnen Erzeugnis, angestrebt.

## Aufgaben

1. Ergänzen Sie bitte den folgenden Satz:
   Man kann Industriebetriebe unterscheiden nach
   der ... (Beispiel: ...) der ... (Beispiel: ...)
   der ... (Beispiel: ...) der ... (Beispiel: ...)
2. Sie haben gehört (siehe Abschnitt 7.2.1), daß das Festlegen von Normen für Betriebe außerordentlich wichtig ist. Versuchen Sie festzustellen, welche Normen für Ihren (oder einen Ihnen bekannten) Betrieb wichtig sind. (Hinweis: Normen findet man nicht nur in der Fertigung, sondern auch im Büro, im Lager usw.)

## Aufgaben

3. Geben Sie je zwei Beispiele für Einzelfertigung und Serienfertigung.
4. Kann eine Mehrfachfertigung (z. B. Serienfertigung) arbeitsintensiv sein? Versuchen Sie, Ihre Auffassung anhand eines Beispieles zu begründen.
5. Welche Aufgaben hat die Arbeitsvorbereitung?
6. Nennen Sie zwei Gründe, weshalb ein Unternehmen nicht auf die Qualitätskontrolle verzichten kann.
7. Welche Unterschiede bestehen zwischen Ausgaben, Aufwand und Kosten?
8. Welche Verbindung besteht zwischen Kosten und Beschäftigung eines Betriebes?
9. Ermitteln Sie, welche Teile der Fertigungsgemeinkosten und der Materialgemeinkosten variable Kosten und welche fixe Kosten sind.
10. Woraus können sich Unterschiede zwischen der Vorkalkulation und der Nachkalkulation ergeben?
11. Bei Arbeitsstudien wird vielfach kritisiert, der Arbeiter werde ohne Rücksicht auf seine Gesundheit ausgenutzt. Nehmen Sie zu dieser Aussage Stellung.
12. Warum müssen bei der Arbeitsgestaltung Erkenntnisse der Arbeitswissenschaft zu Rate gezogen werden? (Nennen Sie mindestens 2 Gründe.)
13. Das „Genfer Schema“ ist Ihnen bekannt. Versuchen Sie an zwei Beispielen aufzuzeigen, wie man die einzelnen Gruppenanforderungen unterteilen kann.
14. Sie sollen darüber entscheiden, ob als garantierter Mindestlohn der normale Zeitlohn oder der Akkordrichtsatz zugrunde gelegt werden soll. Begründen Sie Ihre Entscheidung ausführlich.
15. Warum ist die Lohnabrechnung bei Akkordarbeit besonders aufwendig?

## Zusammenfassung

- **Industriebetriebe** verarbeiten (bearbeiten) Roh- und Grundstoffe zu Halb- und Fertigerzeugnissen. Industriebetriebe können unterteilt werden nach der
  **Verarbeitungsstufe** (z. B. Urerzeugung),
  **Art des zu verarbeitenden Materials** (z. B. Holzindustrie)
  **Kostenstruktur** (z. B. materialintensive Betriebe),
  **Herstellungsweise** (z. B. Sortenfertigung).
- **Grundsätze** industrieller Fertigung sind u. a. Normung, Typisierung, Fließbandfertigung und Automatisierung.
- **Fertigungsverfahren** lassen sich nach den kennzeichnenden Merkmalen der Produktion unterteilen (z. B. Einzelfertigung, Mehrfachfertigung u. a.).
- **Die Arbeitsvorbereitung** setzt sich zusammen aus Fertigungsplanung und Vorbereitung der Fertigungssteuerung.
- **Arbeitsstudien** und Arbeitsgestaltungsstudien haben das Ziel, ein optimales Zusammenarbeiten von Mensch und Betriebsmitteln zu gewährleisten.
- Zum **industriellen Rechnungswesen** gehören Buchhaltung, Kostenrechnung, Statistik und Planung.
- Aufgabe der **Buchführung** ist u. a., Überwachungs- und Steuerungsinstrument der Betriebsleitung zu sein.
- **Die Arbeitsentgelte** lassen sich u. a. in Zeitlohn (Stunden-, Tages-, Wochen-, Monatslohn) und Akkordlohn (hier wird die erzeugte Menge bezahlt) unterteilen.

# 8 Banken

## Worum geht es?

Weil eine arbeitsteilig organisierte Wirtschaft nicht ohne Geld funktionieren kann, kommt den Banken, die alle Geldgeschäfte abwickeln, eine entscheidende Bedeutung im Wirtschaftsablauf zu. Zu klären ist vor allem:

Welche Aufgaben haben die Banken?

Wodurch unterscheiden sich die Banken:
- durch Spezialisierung auf bestimmte Aufgaben,
- durch den Kundenkreis oder
- durch die Eigentumsverhältnisse?

Welche Geschäfte betreiben die Banken im einzelnen?

Warum beschäftigen sich Banken auch mit Wertpapieren?

Wie errechnet sich der Wert eines Wertpapiers?

Wie können die Banken den Kunden beim Handel und bei der Aufbewahrung von Wertpapieren unterstützen?

Welche Wege können Firmen beschreiten, um Kredite zu erhalten?

Wie kann eine Bank sicher sein, ausgeliehenes Geld zurückzuerhalten?

Warum spielt die Deutsche Bundesbank eine besondere Rolle in der gesamten Geldwirtschaft?

## Lernziele

Sie sollten …
- begründen können, welche Aufgaben die Banken erfüllen;
- die verschiedenen Bankarten nennen und kurz erläutern;
- wissen und beschreiben, in welcher Form Geld bei Banken kurz-, mittel- und langfristig angelegt werden kann;
- einen Kreditvertrag erläutern und die Bedeutung der Kreditsicherungen erklären können;
- begründen können, warum die Banken auch im Zahlungsverkehr mit dem Ausland und damit im internationalen Warenverkehr eine wesentliche Rolle spielen;
- den Wert von Wertpapieren berechnen können;
- die wichtigsten Arten von Wertpapieren kennen und ihre Unterschiede beschreiben können;
- die Aufgaben der Bundesbank als Hüter der Währung kennen und in ihrer Bedeutung erklären können.

# 8.1 Aufgaben der Banken

Die gesamten Rechtsverhältnisse des Bankwesens regelt das **Gesetz über das Kreditwesen (KWG) in der Fassung vom 03.05.1976**.

Banken sind Betriebe, die gewerbsmäßig das Kreditgeschäft betreiben sowie den Zahlungs- und Kapitalverkehr mit den dazugehörigen Nebengeschäften durchführen. Sie stellen die *Geld- und Kapitalleitungen* im Wirtschaftskörper dar.

**Ihre Hauptaufgabe** besteht darin, brachliegende Gelder in vielen kleineren und größeren Beträgen zu sammeln und dorthin zu leiten, wo sie im Rahmen der Gesamtwirtschaft den größten Nutzen stiften. Diese Geldkapitalien fließen den Kreditbanken als Spargelder, als vorübergehend nicht benötigte *Betriebsmittel* von Unternehmen, als Erlöse aus Verkäufen von Grundstücken, Effekten usw. zu und stehen ihnen für längere oder kürzere Zeit zur Verfügung[1]. Die Banken legen diese „Einlagen", die sie je nach Art und Fälligkeit (ob täglich fällige Gelder, Spargelder usw.) unterschiedlich verzinsen, wieder an, d. h. gewähren Kredite. Die Differenz zwischen den *Habenzinsen* und den höheren Sollzinsen, die sog. Zinsspanne, ist wesentlicher Bestandteil des *Bruttoertrages*[2] der Banken, aus dem die Kosten zu decken sind und ein Nettoertrag erwirtschaftet werden soll.

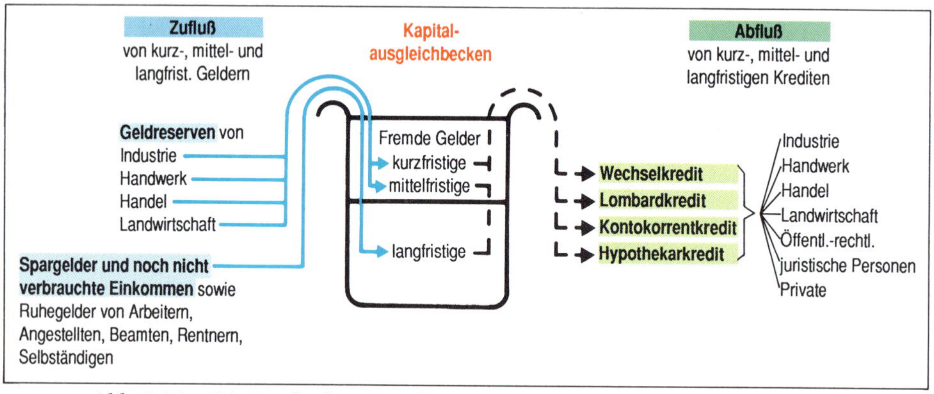


*Abb. 8.1-1 Die Bank als Vermittler zwischen Geldgebern und Geldnehmern*

Die Banken erfüllen folgende wichtige Aufgaben in der Volkswirtschaft:

**die Sammlung von brachliegenden Geldern** (Passivgeschäft);

**die Versorgung der Wirtschaft mit Krediten** (Aktivgeschäft);

**die Abwicklung des Zahlungsverkehrs** mit dem In- und Ausland (Scheck- und Giroverkehr, Inkasso von Schecks, Wechseln, Lastschriften, Zinsscheinen, Dividendenscheinen usw.);

**den Kauf und Verkauf von Wertpapieren,** ihre Aufbewahrung und Verwaltung (Wertpapiergeschäft);

**die Unterbringung (= Placierung) von Neu-Emissionen**[3], von Anleihen und Aktien im Publikum (Emissionsgeschäft).

1 Diese „fremden Gelder" machen regelmäßig das 10- bis 20fache des Eigenkapitals der Banken aus.
2 Weitere Einnahmen der Banken sind Gebühren und Provisionen.
3 vgl. Abschnitt 8.2.4

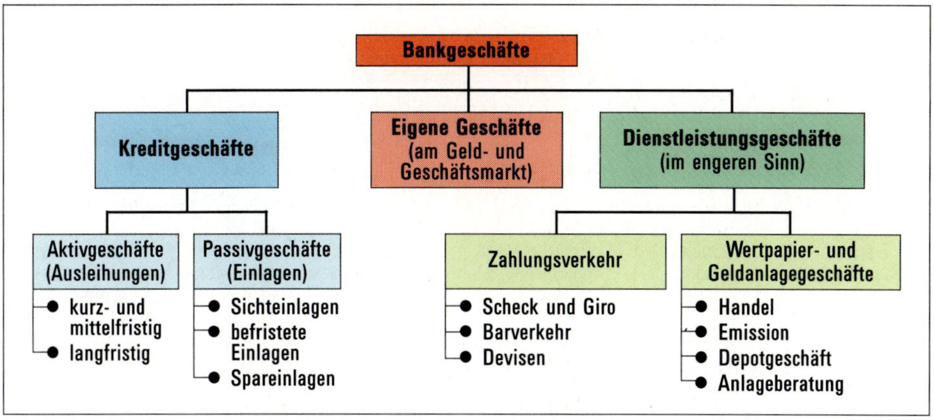


*Abb. 8.1-2 Übersicht über die Bankgeschäfte*

## 8.2 Arten von Banken

Man kann die Banken unter verschiedenen Gesichtspunkten einteilen:

- **nach der Größe** (Großbanken, deren Geschäfte im gesamten Bundesgebiet getätigt werden; Regionalbanken, die z. B. nur im Bereich eines Landes oder Landesteiles tätig werden; Lokalbanken, die ihre Tätigkeit auf eine Stadt beschränken);
- **nach der Rechtsform** (Privatbankierfirmen, Aktienbanken = Filialgroßbanken, Genossenschaftsbanken = gewerbliche und ländliche Kreditgenossenschaften und öffentlich-rechtliche Banken, d. h. vom Staat, von Ländern und Gemeinden errichtete Banken: Deutsche Bundesbank, Bayerische Landesbank; die von Gemeinden und Gemeindeverbänden gegründeten öffentlichen Sparkassen; Realkreditinstitute);
- **nach dem Hauptgeschäftszweig,** d. h. nach der Art der von ihnen vorwiegend betriebenen Geschäfte.

Nach dem zuletzt genannten, wichtigsten Merkmal unterscheidet man:

- **Notenbanken, Zentralbanken,** wie die Deutsche Bundesbank (sie regelt den Geldumlauf und die Kreditversorgung der Wirtschaft), haben die Aufgabe, die Stabilität der Währung zu sichern und sorgen für die bankmäßige Abwicklung des Zahlungsverkehrs im Inland und mit dem Ausland;
- **Geschäftsbanken** (Universalbanken), die alle Arten von Bankgeschäften mit Ausnahme des Pfandbriefgeschäftes betreiben;
- **Realkreditinstitute** (Private Hypothekenbanken und öffentlich-rechtliche Grundkreditanstalten). Sie gewähren langfristige Kredite und beschaffen sich die hierzu benötigten Mittel durch Ausgabe von Pfandbriefen und Kommunalobligationen;
- **Sparkassen.** Sie sind in erster Linie Sammelbecken für Spargelder, die sie u. a. in Hypotheken, langfristigen Kommunaldarlehen und „mündelsicheren" Wertpapieren anlegen. Für ihre Verbindlichkeiten haftet der Gewährsträger, d. h. meistens Kommunen.
- **Spezialbanken,** wie die Kreditanstalt für Wiederaufbau, die Lastenausgleichsbank, die Industriekreditbank, die Deutsche Verkehrskreditbank AG (die Hausbank der Bundesbahn) und die Teilzahlungsbanken.

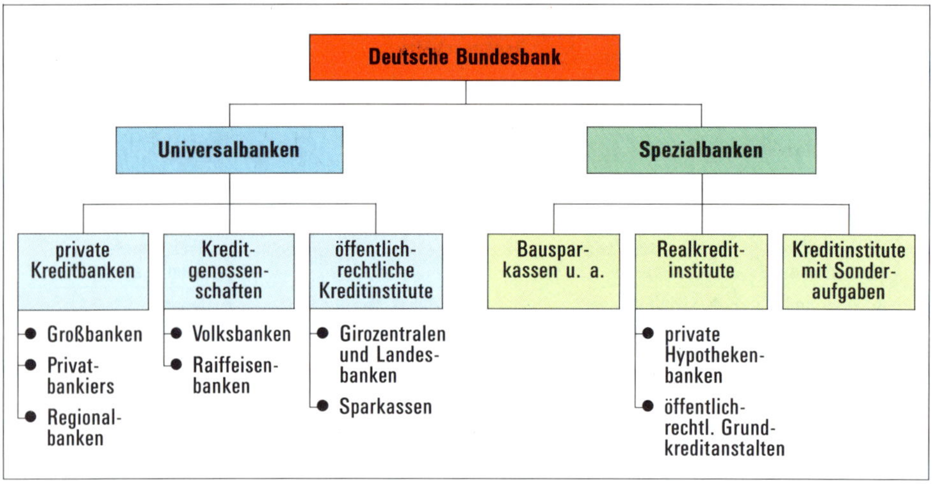


*Abb. 8.2-1 Das Bankwesen in der Bundesrepublik Deutschland*

## 8.3 Das Bankkonto

Voraussetzung für den Geschäftsverkehr mit einer Bank ist die Eröffnung eines Kontos. Um zu verhindern, daß sich jemand unter einem falschen Namen ein Konto eröffnet, ist die Bank nach § 154 der Abgabenordnung (AO) vom 16.03.1976 verpflichtet, sich durch Vorlage eines amtlichen Ausweises mit Lichtbild über die Person des Antragstellers zu vergewissern.

Grundsätzlich ist nur der Kontoinhaber über sein Konto verfügungsberechtigt. Neben dem Kontoinhaber können gesetzliche Vertreter (z. B. die Eltern über Konten Minderjähriger) und vertragliche Vertreter (z. B. Prokuristen bei Firmenkonten) zur Verfügung über das Konto berechtigt sein. Juristische Personen, z. B. Kapitalgesellschaften, werden im Verkehr mit den Banken durch ihre Organe (den Vorstand oder den bzw. die Geschäftsführer) vertreten.

### 8.3.1 Das Kontokorrentkonto

**Ein Kontokorrent** ist eine laufende Rechnung zwischen Kaufleuten allgemein, insbesondere aber auch zwischen Bank und Kunden, bei der sich beide Parteien ihre Forderungen gegenseitig stunden und in regelmäßigen Zeitabschnitten, meist halbjährlich, gegeneinander aufrechnen. Kontokorrentkonten können debitorisch oder kreditorisch, d. h. mit Schuldsalden oder Habensalden, geführt werden.

Der Saldo, der sich durch Aufrechnung ergibt, wird auf neue Rechnung vorgetragen.

Während zuvor Einzelforderungen und -verbindlichkeiten bestanden, die getrennt geltend gemacht werden konnten, entsteht mit der Saldierung ein einheitlicher Forderungs- bzw. Schuldbetrag. D. h. *in dem Saldo gehen die einzelnen Forderungen und Verbindlichkeiten unter* (§ 355 HGB).

**Beispiel:** Kontokorrentkonto K. Korn, hier

| *Lastschriften* | *Gutschriften* |
|---|---|
| *Abhebungen gegen Quittung* | *Bare Einzahlungen* |
| *Einlösen eigener Schecks* | *Gutschriften fremder Schecks* |
| *Überweisungen an Lieferer u. a.* | *Überweisungen von Kunden* |
| *Einlösung von Wechseln* | *Inkasso von Wechseln* |
| *Kreditbriefe / Akkreditive* | *Diskontierung von Wechseln* |
| *Kauf von Wertpapieren* | *Verkauf von Wertpapieren* |
| *Kauf von Devisen und Sorten* | *Umwechslung von Devisen und Sorten* |
| *– Depotgebühren* | *Zinsgutschriften (Habenzinsen)* |
| *– Umsatzprovision* | Saldo |
| *– Kreditprovision* | *(zu Lasten des Bankkunden)* |
| *– Porti und Spesen* | |
| *– Zinslastschriften (Sollzinsen)* | |
| Saldo | |
| *(zugunsten des Bankkunden)* | |

*Das Girokonto* unterscheidet sich von dem Kontokorrentkonto dadurch, daß es in der Regel ein Guthaben, einen Habensaldo, aufweist und grundsätzlich provisionsfrei geführt wird. Dafür werden die Guthaben nur niedrig verzinst. Girokonten sind auch die Gehaltskonten. Sie können nur innerhalb bestimmter Grenzen überzogen werden.

## 8.3.2 Festgeld- und Kündigungsgeldkonten

Die auf diesen Konten verbuchten Gelder dienen nicht dem laufenden Zahlungsverkehr, sondern der Anlage vorübergehend nicht benötigter Geldmittel, die deshalb von den Banken höher verzinst werden.

**Auf Festgeldkonten** werden Gelder gebucht, die der Bank für einen im voraus bestimmten Zeitraum überlassen werden.

**Kündigungsgeldkonten** nehmen Beträge auf, die der Kunde auf unbestimmte Zeit anlegt, über die er erst nach Ablauf einer mit der Bank vereinbarten Kündigungsfrist verfügen kann und die zur Zahlung fällig werden, nachdem sie vorher rechtzeitig gekündigt worden sind.

## 8.3.3 Das Sparkonto

Das Sparkonto dient der Anlage von freien Geldmitteln, insbesondere von Ersparnissen (bereits von 1,00 DM an). Seiner Zweckbestimmung nach kann über das Guthaben nur unter Vorlage des Sparbuches, also nicht durch Scheck oder Überweisung verfügt werden (§ 21/4 KWG). Die Sparkasse (Bank) kann an jeden, der das Sparbuch vorlegt, Zahlung leisten, braucht also nicht zu prüfen, ob er rechtmäßiger Eigentümer ist. Der Kontoinhaber kann aber zur Sicherheit mit der Bank ein geheimes Kennwort vereinbaren.

**Die Zinsen** werden jährlich berechnet und zugeschrieben. Die Verzinsung beginnt mit dem Tage nach der Einzahlung und endet mit dem Tage vor der Abhebung.

**Der Zinssatz** (Zinsfuß) richtet sich im allgemeinen nach der Kündigungsfrist und der Höhe der Einlage. Er wird durch Aushang im Kassenraum der Kreditinstitute bekanntgegeben. Bei höheren Einlagen kann er frei vereinbart werden. Als *Eckzins* wird der Zinsfuß für Spareinlagen mit gesetzlicher Kündigungsfrist bezeichnet. Er richtet sich nach der Kapitalmarktlage.

**Abhebungen** vom normalen Sparkonto (mit gesetzlicher Kündigungsfrist) sind ohne Kündigung monatlich nur bis 2000,00 DM möglich. Höhere Abhebungen müssen rechtzeitig gekündigt werden. Andernfalls können Vorschußzinsen berechnet werden.

**Freizügiger Sparverkehr.** Inhaber von Sparbüchern einer Sparkasse oder einer Kreditgenossenschaft können auf ihr Sparbuch innerhalb 30 Tagen Beträge bis zu 2000,00 DM bei allen Sparkassen bzw. Genossenschaftsbanken der Bundesrepublik Deutschland abheben.[1] Das gilt auch für Postsparer, denen rund 34000 Zahlstellen zur Verfügung stehen. Postämter in Bahnhofsnähe sind Tag und Nacht geöffnet.

**Steuer- und prämienbegünstigte Sparformen** bieten dem Sparer die Möglichkeit, einen höheren Ertrag seiner Spareinlagen als üblich zu erreichen. Und zwar durch

- Bausparen und
- Sparen nach den Vermögensbildungsgesetzen.

Voraussetzung für das Sparen nach dem Vermögensbildungsgesetz ist, daß das zu versteuernde Einkommen 27000,00 DM für Ledige bzw. 54000,00 DM für Verheiratete nicht überschreitet. Diese Grenze erhöht sich je Kind um 1800,00 DM.

**Die Arbeitnehmersparzulage beträgt**

- 20 %, wenn die vermögenswirksamen Leistungen angelegt werden für Belegschaftsaktien oder im Rahmen eines Wertpapiersparvertrages für den Erwerb von Wertpapier- oder Investmentanteilen an Aktienfonds; gleiches gilt auch für die Anlage in Kapitalbeteiligungen und Arbeitnehmerdarlehen[2];
- 10 % bei der Anlage für Zwecke des Wohnungsbaues.

Die Arbeitnehmersparzulage wird nach Ablauf des Kalenderjahres, in dem die vermögenswirksamen Leistungen angelegt worden sind, vom Finanzamt gezahlt. Für den Empfänger ist sie kein Einkommen, d. h. es sind weder Steuern noch Sozialversicherungsbeiträge zu entrichten. Sind beide Ehegatten berufstätig, steht die Arbeitnehmersparzulage jedem Ehegatten zu.

**Das Bausparen** ist ein Sparen für einen bestimmten Zweck: für den geplanten Bau eines Hauses, den Erwerb von Grundstücken zwecks Errichtung eines Wohngebäudes, den Umbau oder die Verbesserungen eines Hauses, die Ablösung von Grundstücksbelastungen u. ä.

**Der Bausparer** schließt mit einer Bausparkasse einen Bausparvertrag über eine bestimmte Bausparsumme ab und verpflichtet sich darin zu bestimmten monatlichen Sparleistungen, die verzinst werden.

---

1 Die ehemals große Bedeutung der Sparkonten und der Sparbücher wegen der Freizügigkeit ist durch die Instrumente Euroscheck und Kreditkarten immer mehr geschwunden.

2 Arbeitnehmerdarlehen werden gefördert, wenn sie bei Konkurs oder Zahlungsunfähigkeit des Unternehmens durch Versicherung oder Bankbürgschaft auf Kosten des Arbeitgebers abgesichert sind.

**Die Bausparkasse** verpflichtet sich, dem Sparer – frühestens nach Ablauf von 18 Monaten nach Vertragsabschluß – ein Baudarlehen zu gewähren, sobald er einen bestimmten Prozentsatz der Vertragssumme (z. B. 40 %) angespart hat. Dann ist der Vertrag „zuteilungsreif".

**Das Darlehen** errechnet sich als Differenz zwischen der Vertragssumme (z. B. 80 000,00 DM) und dem angesparten Betrag (z. B. 32 000,00 DM), würde also in diesem Falle 48 000,00 DM betragen. Es ist vom Bausparer zur Zeit mit 4,5–5 % zu verzinsen und in 11 Jahren mit gleichbleibender *Annuität* (Zinsen + Tilgung) zu tilgen. Als Sicherheit für das Darlehen verlangen die Bausparkassen die Eintragung einer Hypothek oder Grundschuld im zweiten Rang, so daß es dem Sparer möglich ist, ein Darlehen gegen Eintragung einer erstrangigen Hypothek[1] oder Grundschuld[1] bei einem Kreditinstitut zu erhalten.

**Die auf Bausparverträge eingezahlten Beträge** können entweder bei der Einkommensteuererklärung mit bestimmten Höchstbeträgen als *Sonderausgaben* abgesetzt werden, oder der Bausparer erhält auf begünstigte Sparleistungen von maximal 800,00 DM für Alleinstehende und 1600,00 DM für Eheleute eine *Prämie* von 10 %.

Für die Gewährung von Sparprämien gelten die oben genannten Einkommensgrenzen. Dagegen können Bausparbeiträge als Sonderausgaben unabhängig von der Höhe des Einkommens im Rahmen der geltenden Höchstbeträge steuerlich berücksichtigt werden.

## Aufgaben

1. Erklären Sie einem Freund die Unterschiede zwischen Sparkonto, Girokonto und Kontokorrentkonto.
2. Bankfachleute sprechen häufig vom „Aktivgeschäft" und vom „Passivgeschäft" der Banken. Was meinen sie damit?
3. Sie haben 10 000,00 DM geerbt. Wie (Sparkonto, Wertpapiere, Bausparen usw.) würden Sie dieses Geld „anlegen"?
4. Nach welchen Erwägungen würden Sie bei Aufgabe 3 vorgehen? Ordnen Sie die in Frage kommenden Gesichtspunkte nach ihrer Wichtigkeit.
5. Herr Müller hat einen Gebrauchtwagen gekauft und hebt von seinem Sparbuch ohne vorherige Kündigung 8 000,00 DM ab. Welcher Betrag an Vorschußzinsen wird seinem Sparkonto belastet, wenn die gesetzliche Kündigungsfrist 3 Monate beträgt und als Vorschußzinssatz 4,5 % berechnet werden?
6. Beschreiben Sie den Unterschied der Aufgaben von Zentralbanken, Universalbanken und Realkreditinstituten.
7. Beschaffen Sie sich bei Ihrer Bank alle für die Eröffnung eines Girokontos erforderlichen Unterlagen (Eröffnungsantrag, Unterschriftsblatt, Geschäftsbedingungen der Bank) und füllen Sie die Vordrucke vollständig aus. Außer Ihnen sollen noch zwei andere Personen – aber nur gemeinschaftlich – über das Konto verfügungsberechtigt sein.
8. Wer kann über ein Bankkonto verfügen? Begründen Sie Ihre Aussage.
9. Das Kontokorrentkonto von A gegenüber B weist am 30.06. folgende Einzelpositionen auf:
   - Gutschrift vom 03.04. . . . . . . . . . . . . . . . 400,00 DM
   - Rechnung vom 04.04. . . . . . . . . . . . . . . . 700,00 DM
   - Gutschrift vom 28.06. . . . . . . . . . . . . . . . 300,00 DM

   Zum 30.06. wurde der Saldo zugunsten von B mit 20,00 DM ermittelt. Am 05.07. widerruft B die Gutschriften vom 03.04. und vom 28.06., weil erst jetzt erkannt wurde, daß diese irrtümlich erteilt wurden. Er verlangt deshalb von A die Zahlung der Rechnung über 720,00 DM. Wie ist die Rechtslage? Begründen Sie Ihre Entscheidung.

1 vgl. Abschnitt 8.5.5

## Zusammenfassung

**Die Banken** betreiben den Zahlungs- und Kapitalverkehr und das Kreditgeschäft gewerbsmäßig. Sie sind *Vermittler zwischen Geldgebern und Geldnehmern.*

Die Banken unterscheidet man

- **nach der Größe:** Großbanken, Regionalbanken und Lokalbanken;
- **nach der Rechtsform:** Privatbanken, genossenschaftliche Banken, öffentlich-rechtliche Banken;
- **nach dem Hauptgeschäftszweig:** Universalbanken, Realkreditinstitute, Spezialbanken, Noten- und Zentralbanken.
- Voraussetzung für das Einlegen von Geldern und die Inanspruchnahme von Krediten ist ein **Bankkonto.** Man unterscheidet:
  - *Girokonten,* die in der Regel ein Guthaben aufweisen (z. B. Gehaltskonto, Postgirokonto);
  - *Kontokorrentkonten,* die sowohl kreditorisch als auch debitorisch sein können;
  - *Festgeld- und Kündigungskonten* und
  - *Sparkonten.*

  Banken dienen insbesondere auch der Anlage steuer- und prämienbegünstigter Formen der Vermögensbildung, vor allem dem Bausparen.

# 8.4 Das Einlagengeschäft der Banken (Passivgeschäft)

Das Einlagengeschäft ist die Voraussetzung für das Kreditgeschäft der Banken. In den Bankbilanzen werden die Einlagen unter den Passiven ausgewiesen und nach ihrer Fälligkeit gegliedert in:

- **täglich fällige Gelder** (Sichteinlagen), über die der Kunde jederzeit durch Scheck oder Überweisung verfügen kann;
- **feste Gelder,** die der Bank für eine bestimmte Zeit – mindestens für 30 Tage – zur Verfügung stehen (z. B. Ein-, Zwei- oder Dreimonatsgelder); } befristete Einlagen
- **Kündigungsgelder,** für die eine bestimmte Kündigungsfrist von 1 bis 12 Monaten und darüber vereinbart ist; } befristete Einlagen
- **Spareinlagen,** und zwar:
  - mit gesetzlicher Kündigungsfrist,
  - mit vereinbarter Kündigungsfrist,
  - prämienbegünstigte Einlagen.

**Beispiel:** **Verkürztes Bild einer Bankbilanz (in Mrd. DM)**

| *Aktiva* | | *Passiva* | |
|---|---|---|---|
| *Barreserve* | *1,5* | *Sichteinlagen* | *5,7* |
| *Guthaben bei Kreditinstituten* | *1,1* | *befristete Einlagen* | *6,3* |
| *Wechsel* | *4,7* | *Spareinlagen* | *2,9* |
| *Schatzwechsel*[1] | *1,7* | *usw.* | |
| *Debitoren* | *6,7* | | |
| *langfristige Anlagen* | *1,0* | | |
| *usw.* | | | |
| | *21,4* | | *21,4* |

1 Schatzwechsel sind Solawechsel mit dreimonatiger Laufzeit, die vom Bund, von der Bundesbahn und Bundespost ausgegeben und von den Banken zur kurzfristigen Geldanlage über die Bundesbank angekauft werden.

**Einlagen** entstehen nicht nur dadurch, daß die Kunden einer Bank Geld einzahlen, sondern paradoxerweise auch durch die Kreditgewährung der Banken, nämlich durch die Schaffung von Buchgeld *(Kreditschöpfung).* Diskontiert z. B. eine Bank Wechsel oder gewährt sie einen Kontokorrentkredit, so erhöhen sich - zunächst vorübergehend - durch die Gutschrift des Kreditbetrages ihre Sichteinlagen.

Da die Bankkunden in der Regel bargeldlos über ihr Guthaben verfügen, können die Banken auf ihren flüssigen Mitteln das Mehrfache an Krediten aufbauen.

**Nach der goldenen Bankregel** sollen die Fälligkeiten der Einlagen mit denen der gewährten Kredite übereinstimmen, d. h., die Banken dürften täglich fällige Gelder nur ganz kurzfristig ausleihen. Da aber Abhebungen von Kunden regelmäßig durch Einzahlungen anderer Kunden kompensiert werden, verbleibt den Banken ein relativ konstanter *„Bodensatz“* an Einlagen. Sie sind dadurch in der Lage, aus nur kurzfristig zur Verfügung stehenden Geldern auch längerfristige Kredite zu geben.

**Die Sicherheit der Einlagen.** Die Notwendigkeit, mit den anvertrauten Geldern zu arbeiten, birgt für die Banken viele Risiken. In dem Bestreben, möglichst hohe Erträge zu erzielen, können sie u. U. die Sicherheit der Einlagen und ihre Liquidität vernachlässigen bzw. gefährden. Die Banken wurden daher 1931 einer staatlichen Aufsicht unterstellt. Sie wird durch das Bundesaufsichtsamt für das Kreditwesen - gemeinsam mit der Deutschen Bundesbank - ausgeübt.

## 8.5 Das Kreditgeschäft der Banken (Aktivgeschäft)

### 8.5.1 Der Geld- und Kapitalmarkt

Der große Kapitalbedarf von Unternehmen und öffentlicher Hand (Bund, Länder und Gemeinden) verlangt ein leistungsfähiges Kreditsystem, das aus vielen Quellen fließendes Geldkapital sammelt und jenen Stellen zuleitet, wo es am dringlichsten benötigt wird bzw. die größte gesamtwirtschaftliche Wirkung erzielt.

Diese Funktion erfüllen neben den anderen *Kapitalsammelstellen* (Bausparkassen, Lebensversicherungen, Sozialversicherungen) vornehmlich die Banken. Sie sind der Mittelpunkt des „Kreditmarktes“. Auf ihm bilden sich wie auf jedem anderen Markt die Preise (= Zinssätze) für die teilweise Überlassung von Geldkapital.

**Der Kreditmarkt** gliedert sich in den

- **Geldmarkt,** d. i. der Markt für kurz- und mittelfristige Kredite - er ist „die Domäne“ der Geschäftsbanken[1] - und den
- **Kapitalmarkt,** das ist der Markt für langfristige Kredite und Beteiligungen (Beteiligungskapital wie Einlagen bei Personengesellschaften oder Übernahme von Aktien bei Aktiengesellschaften). *Im engeren Sinne* versteht man unter „Kapitalmarkt“ den Markt für Aktien und festverzinsliche Wertpapiere, weil sie auf einem Markt, der Börse, gehandelt werden.

1 Der Geldmarkt im eigentlichen Sinne dient dem Liquiditätsausgleich der Banken untereinander (Tagesgeld, Monatsgeld, Ultimogeld).

| Nach der Laufzeit | Nach dem Verwendungszweck | Nach der Kreditsicherung |
|---|---|---|
| kurzfristig (bis 6 Monate)<br>mittelfristig (bis 4 Jahre)<br>langfristig (über 4 Jahre) | Anlagekredite<br>Betriebsmittelkredite<br>Saisonkredite<br>Zwischenkredite<br>Überbrückungskredite<br>Konsumkredite | Blankokredite<br>– einfache Personalkredite<br>– verstärkte Personalkredite<br>gesicherte Kredite<br>– grundbuchlich gesichert<br>– durch sonstige Sachwerte gesichert |

*Abb. 8.5.1-1 Einteilung der Kredite*

Im einzelnen sollte man zu den Kreditarten noch wissen:

- **Anlagekredite** dienen der Erweiterung von Unternehmen, Bauvorhaben u. a.;
- **Betriebsmittelkredite** werden zur Ergänzung der Betriebsmittel (für Wareneinkauf, Zahlung von Löhnen usw.) verwendet;
- **Saisonkredite** werden vor allem vom Handel und der Landwirtschaft in Anspruch genommen, um die vorübergehend hohe Finanzbelastung zu mildern;
- **Zwischenkredite** dienen der Vorfinanzierung, z. B. von Bauvorhaben, und werden später durch langfristige Kredite abgelöst.
- **Überbrückungskredite** werden benötigt, um vorübergehende Zahlungsausfälle oder die Zeitspanne zwischen Auftragseingang und Geldeingang zu überbrücken.
- **Blankokredite** (ungedeckte Kredite) werden ohne besondere Sicherheitsleistung nur mit Rücksicht auf den Ruf und die Kreditwürdigkeit des Kreditnehmers gewährt. Ein *verstärkter Personalkredit* liegt vor, wenn sich eine Person oder mehrere Personen für die Rückzahlung des Darlehens verbürgen *(Bürgschaftskredit)*.
- **Gesicherte Kredite** (Sachkredite, gedeckte Kredite) *im engeren Sinne* sind durch Grundpfandrechte (Hypothek, Grundschuld) gesicherte langfristige Kredite[1]. Zu den gesicherten Krediten *im weiteren Sinne* gehören auch sonstige dinglich gesicherte Kredite (z. B. durch Faustpfand oder Sicherungsübereignung).

## 8.5.2 Der Kreditvertrag

Jede Kreditgewährung setzt einen Kreditantrag (Vordruck) des Bankkunden voraus, der alle für die Beurteilung seiner Kreditwürdigkeit wichtigen Angaben enthalten sollte, insbesondere über

- seine wirtschaftlichen und rechtlichen Verhältnisse,
- die Höhe und den Verwendungszweck des gewünschten Kredites,
- die Sicherheiten, die eventuell gestellt werden können.

Gewinnt die Bank nach Prüfung der Unterlagen (Bilanzen, Gewinn- und Verlustrechnungen, Umsatzzahlen) und auf Grund der Kreditverhandlungen mit dem Kunden den Eindruck, daß der Kredit gewährt werden kann, erteilt sie dem Kunden eine Kreditzusage (Höhe des Kredites, zu stellende Sicherheiten, Laufzeit, Rückzahlung, Kosten wie Zinssatz und Provision). Im Kreditvertrag wird außerdem auf die allgemeinen Geschäftsbedingungen der Bank hingewiesen.

1 vgl. Abschnitt 8.5.4

Stadt- und Kreissparkasse

01.03.19..

Darlehen über DM 200 000,00

Sehr geehrter Herr **Braun**

wir sind bereit, Ihnen ein Darlehen in Höhe von

DM 200 000,00

zu gewähren. Die Voraussetzungen und Bedingungen, unter denen wir das Darlehen gewähren, wollen Sie bitte aus den beigefügten Anlagen entnehmen.

Der/~~Die~~ unterzeichnende ~~(n)~~ **Wilhelm Braun,** bestätigt/~~bestätigen~~ hiermit,

ein Darlehen im Betrag von

DM 200 000,00

(in Worten: **zweihunderttausend** Deutsche Mark)

zu folgenden Bedingungen erhalten zu haben.

1. Für das Darlehen sind vom Tage der Auszahlung an Zinsen in der von der Sparkasse jeweils festgesetzten Höhe, gegenwärtig **6 *)** v.H. pro Jahr, nachträglich in vierteljährlichen Raten, jeweils am 1. jeden Kalendervierteljahres, spätestens bei Fälligkeit des Kapitels, zu zahlen.
2. Das Darlehen ist in **viertelj.** Raten, jeweils am 1. jeden **Quartals** ,erstmals am **01.07.** mit ~~DM~~ / **1** v.H. pro Jahr des ursprünglichen Darlehensvertrages zuzüglich der durch die Tilgung ersparten Zinsen zu tilgen.
   ~~Das Darlehen ist bis zum~~ ~~zu tilgen.~~

...

7. Ergänzend gelten die Allgemeinen Geschäftsbedingungen der Sparkasse.

*Abb. 8.5.2-1 Auszug aus einem Kreditvertrag*

## 8.5.3 Die wichtigsten Bankkredite

### 8.5.3.1 Der Kontokorrentkredit

Der Kontokorrentkredit (Kredit in laufender Rechnung) ist der wichtigste Bankkredit. Er wird in der Form gewährt, daß die Bank ihrem Kunden einen bestimmten Betrag zur Verfügung stellt, über den er innerhalb der Laufzeit beliebig entsprechend seinen Bedürfnissen verfügen, den er ganz oder teilweise wieder abdecken und wieder neu in Anspruch nehmen kann. Der Kredit hat im allgemeinen eine *Laufzeit* bis zu einem Jahr, wird aber in der Praxis häufig um jeweils weitere drei Monate bis zu einem Jahr verlängert, sofern die Bonität des Kunden außer Frage steht.

Wenn der Bankkunde sein Konto nur vorübergehend über sein Guthaben hinaus belastet („überzieht"), spricht man von einem *Überziehungskredit.*

Der Kontokorrentkredit kann verschiedenen Zwecken dienen:

- **als Betriebsmittelkredit** der zeitweiligen Verstärkung der Betriebsmittel (zum Einkauf von Waren oder Rohstoffen, zur Zahlung von Löhnen oder für andere Betriebszwecke);
- **als Saisonkredit** in Zeiten besonderer finanzieller Anspannung (z. B. Haupteinkaufszeit); durch den Verkauf der Waren werden die investierten Mittel frei, so daß der Kaufmann den Kredit wieder abdecken kann;
- **als Zwischenkredit** zur Vorfinanzierung von Anlagen und Bauvorhaben; er wird später, wenn der Bau eine bestimmte Fertigungsreife erreicht hat, durch langfristige Kredite, z. B. Hypothekarkredite, abgelöst.

Der Kontokorrentkredit wird entweder als *ungedeckter* (= Blankokredit) oder als *gedeckter Kredit* gewährt. In den meisten Fällen verlangen die Banken Sicherheiten. Hierfür kommen in Frage:

- die Stellung eines oder mehrerer Bürgen,
- die Abtretung von Forderungen,
- die Verpfändung beweglicher Gegenstände (Faustpfand),
- die Sicherungsübereignung oder
- die dingliche Belastung von Grundstücken durch Hypothek oder Grundschuld.

**Die Kosten** eines Kontokorrentkredites setzen sich aus den Sollzinsen, aus der Kreditprovision - soweit der eingeräumte Kredit nicht voll in Anspruch genommen wurde -, der Umsatzprovision und den Spesen zusammen.

## 8.5.3.2 Der Diskontkredit

Unter Diskontkredit versteht man den Ankauf von Wechseln[1] unter Abzug von Zinsen (Diskont) bis zum Fälligkeitstag.

**Das Wechselmaterial.** In der Regel kaufen Banken von ihren Kunden Warenwechsel (von anderen Firmen) nur an, wenn die Gesamtsumme einen vereinbarten Gesamtbetrag *(Wechselobligo)* nicht überschreitet. Dieses Wechselobligo wird vorweg zwischen der Bank und dem Kunden vereinbart. Seine Höhe richtet sich nach der Kreditwürdigkeit des Kunden.

**Zentralbankfähige Wechsel** müssen dem Wechselgesetz und den Vorschriften der Deutschen Bundesbank entsprechen; sie dürfen beim Ankauf nur noch eine Laufzeit von höchstens drei Monaten haben, müssen in der Regel die Unterschriften von mindestens drei als zahlungsfähig bekannten Verpflichteten tragen, sollen gute Handelswechsel sein und müssen an einem Bankplatz fällig sein.

**Privatdiskonten** sind erstklassige Bankakzepte, die der Finanzierung von Außenhandelsgeschäften dienen. Sie werden zu einem Vorzugssatz, dem Privatdiskontsatz, abgerechnet. Sie müssen eine Laufzeit von mindestens 30, höchstens 90 Tagen haben, über mindestens 100 000,00 DM und höchstens über 1 000 000,00 DM lauten und jeweils durch 5 000 teilbar sein.

**Die Diskontnota.** Der Kunde reicht seiner Bank die Wechsel zusammen mit einem ausgefüllten Vordruck ein. Die Bank prüft die Wechsel (Güte der Unterschriften) und erteilt dem Kunden Abrechnung. Vom Wechselbetrag werden Diskont und gegebenenfalls Sonderauslagen (für den Einzug von Wechseln auf Nicht-Bankplätze) abgezogen. Durch den Wechselverkauf kann ein Kaufmann später fällige Forderungen flüssig machen; es ist die bequemste und billigste Art der Inanspruchnahme von Kredit.

**Die Bank** legt durch Ankauf von Wechseln einen Teil ihrer flüssigen Mittel kurzfristig (höchstens für 3 Monate), gewinnbringend und verhältnismäßig sicher (Wechselstrenge) an. Zur Verbesserung ihrer Liquidität lassen die Banken diskontierte Wechsel bei der Landeszentralbank *rediskontieren.* Die Landeszentralbanken verlangen, daß ihnen die Wechsel mit vollständig ausgefüllten Ankaufsrechnungen (Formblätter) eingereicht werden.

---

1 vgl. zum Wechsel Abschnitt 11.9

## 8.5.3.3 Der Akzeptkredit

**Akzeptkredit** wird gewährt, indem die Bank Wechsel akzeptiert, die der Kreditnehmer auf sie zieht. Sie übernimmt als Hauptschuldnerin die volle wechselrechtliche Haftung. Der Kunde ist aber verpflichtet, der Bank die Wechselbeträge rechtzeitig vor Verfall zur Verfügung zu stellen.

Mit einem **Bankakzept** verfügt der Kunde über ein erstklassiges Kreditmittel. Er kann es

- **einem Gläubiger in Zahlung geben** oder
- **bei einer Bank diskontieren lassen.**

Teilweise führt die Akzeptbank auch gleichzeitig selbst die Diskontierung durch. Dieser kombinierte Akzept- und Diskontkredit wird - trotz des hohen Risikos der Bank - zu Vorzugssätzen abgerechnet. Nur Firmen von ausgezeichneter Bonität kommen als Kreditnehmer in Frage.

Ein Akzeptkredit liegt vor, wenn eine Bank den von einem Kunden auf sie gezogenen Wechsel mit ihrem Annahmevermerk versieht. Sie berechnet für diese „Kreditleihe" eine Akzeptprovision von etwa $^1/_4$ % je Monat. Solche *Bankakzepte* sind Kreditmittel ersten Ranges und werden daher zu einem günstigeren Satz diskontiert. Der Bankkunde muß spätestens einen Werktag vor Verfall Deckung beschaffen. Die Bank setzt also in der Regel keine eigenen Mittel ein, wenn sie nicht das Akzept selbst diskontiert. Der Akzeptkredit ist für den Kunden billiger als der Kontokorrentkredit.

## 8.5.3.4 Der Lombardkredit

Lombardkredite sind kurzfristige Darlehen gegen Verpfändung von Waren oder Wertpapieren, die mit einem bestimmten Prozentsatz ihres Wertes beliehen werden.

Der Beleihungssatz hängt von der Güte des Pfandes bzw. von dem Ausmaß der möglichen Preisschwankungen ab.

Man kann beispielhaft mit folgenden Beleihungssätzen - ausgehend vom jeweiligen Tageswert (Kurs- oder Börsenwert) - rechnen:

- Pfandbriefe und Schuldverschreibungen öffentlich-rechtlicher Körperschaften: 75–80 %
- Aktien und Industrieobligationen: 50–60 %
- Waren: 50–66$^2/_3$ %
- Forderungen an Lebensversicherungen (Rückkaufswert): 80 %

## 8.5.3.5 Der Rembourskredit

Der Rembourskredit besteht darin, daß die Bank des Importeurs (z. B. in Hamburg) eine von dem ausländischen Exporteur auf sie gezogene Tratte gegen Aushändigung der Verschiffungsdokumente (Konnossement[1], Versicherungspolice, Konsulatsfaktura) akzeptiert. Der Exporteur (in Übersee) kann dieses Bankakzept durch Diskontierung sofort verwerten, während die Bank des Importeurs durch den Besitz der Dokumente gesichert ist. Sie händigt diese dem Importeur nur gegen anderweitige Sicherstellung aus, z. B. gegen Zahlung, Akzept oder Lagerschein. Der Rembourskredit ermöglicht auf diese Weise die finanzielle Überbrückung der Transportdauer.

1 vgl. Abschnitt 12.2.5.2

## 8.5.4 Die Kreditsicherung

Die Frage der Kreditsicherung spielt für die Banken, die große Teile des Volksvermögens treuhänderisch verwalten, eine besondere Rolle. Bevor die Bank einen Kontokorrentkredit gewährt, muß sie gewissenhaft prüfen, ob der Kreditnehmer nach seinen persönlichen Eigenschaften und den materiellen Verhältnissen seines Unternehmens (Ertragskraft des Unternehmens) auch in der Lage ist, den Kredit fristgemäß zurückzuzahlen.

**Der reine Blankokredit** ist in der Bankpraxis zwar verbreitet, aber nur für relativ kleine Beträge. In der Regel muß der Bankkunde *zusätzliche* Sicherheiten stellen.

**Die Bürgschaft** (§ 765 BGB), die ein Bekannter oder Verwandter des Kreditnehmers durch eine schriftliche Erklärung übernimmt, berechtigt den Gläubiger

- entweder den Bürgen sofort in Anspruch nehmen, wenn der Hauptschuldner seinen Verpflichtungen nicht nachkommt **(selbstschuldnerische Bürgschaft),**
- oder erst, nachdem die Zwangsvollstreckung gegen den Schuldner erfolglos betrieben wurde **(Ausfallbürgschaft).**

Die Banken verlangen im allgemeinen die selbstschuldnerische Bürgschaft.

**Die Abtretung von Forderungen** (Zession) räumt der Bank das Recht ein, eine oder mehrere Forderungen ihres Kunden einzuziehen. Man unterscheidet

- **die offene Zession** und
- **die stille Zession.**

Bei der *offenen Zession* teilt der Kreditnehmer den betreffenden Kunden (Schuldnern) die Tatsache der Abtretung mit; sie dürfen den geschuldeten Betrag dann nur noch an den neuen Gläubiger (z. B. eine Bank) zahlen.

Bei der *stillen Zession* erfahren dagegen die Schuldner nichts von der Abtretung. Es besteht daher die Gefahr, daß der Zedent (= Kreditnehmer) die Forderung ein zweites Mal abtritt.

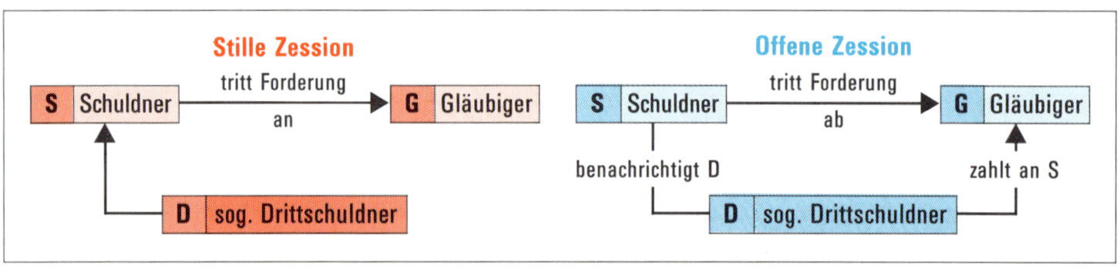


*Abb. 8.5.4-1 Die Zession (Forderungsabtretung)*

**Die Verpfändung beweglicher Gegenstände** (§ 1204 BGB) vollzieht sich in der Weise, daß Waren, Wertpapiere oder andere leicht veräußerliche Werte der Bank als *Faustpfand* übergeben werden. Die Übergabe der Ware selbst kann auch durch die Übergabe der entsprechenden, vorher indossierten Verfügungspapiere (Ladeschein, Lagerschein, Konnossement) oder durch „Lagerung unter Mitverschluß" ersetzt werden. Kommt der Schuldner seiner Zahlungsverpflichtung nicht nach, so kann sich die Bank aus dem Pfand befriedigen. Zahlt der Schuldner fristgemäß, so erlischt das Pfandrecht.

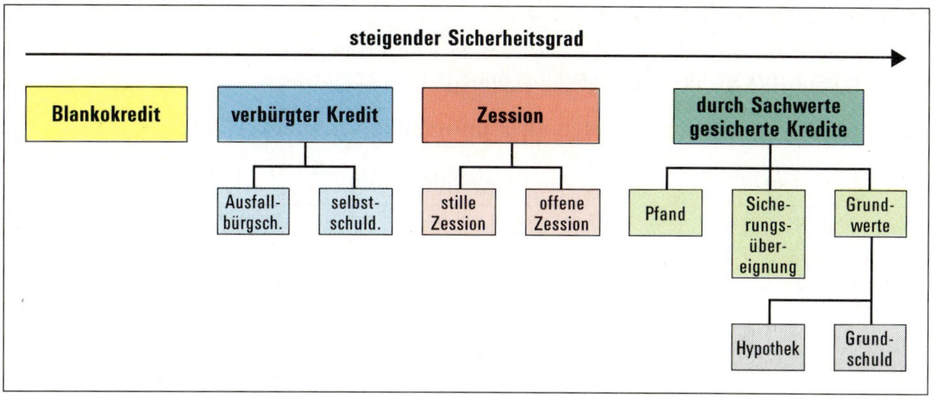


*Abb. 8.5.4-2 Kreditsicherung*

**Die Sicherungsübereignung** kommt als Ersatz für die Verpfändung dann in Frage, wenn der Schuldner die betreffenden Gegenstände (Maschinen, Kraftwagen) zur Fortführung seines Geschäftsbetriebes unbedingt benötigt. Bank und Kreditnehmer schließen einen Vertrag ab, durch den der Kreditnehmer vorübergehend das Eigentum an genau bezeichneten Gegenständen auf die Bank überträgt, während diese ihm gleichzeitig die übereigneten Gegenstände zur Miete, Leihe oder Pacht überläßt. Die Bank muß darauf achten, daß die übereigneten Sachen nicht schon anderweitig belastet oder unter Eigentumsvorbehalt geliefert sind. Bei einem Konkurs ist die Bank hinsichtlich der übereigneten Gegenständen *absonderungsberechtigt.*

## 8.5.5 Grundschuld und Hypothek

**Immobilien** (bebaute und unbebaute Grundstücke) können der Absicherung eines *langfristigen* Kredites dienen. Da bei ihnen die körperliche Übergabe des Pfandes unmöglich ist, wird sie durch die Eintragung eines Pfandrechtes in einem öffentlichen Register, dem Grundbuch, ersetzt.

Für jedes Grundstück wird im Grundbuch ein eigenes Grundbuchblatt angelegt, das folgendermaßen gegliedert ist:

- **Abteilung I:** Eigentümer, Änderungen, Umschreibungen
- **Abteilung II:** Eintragung von Reallasten (z. B. Wohnrecht, Erbpachtrecht, Vorkaufsrecht)
- **Abteilung III:** Grundpfandrechte (Hypotheken, Grundschulden)

Die *Eintragungen* erfolgen in der Regel nur auf Antrag des Berechtigten (z. B. des Eigentümers, der eine Hypothek zugunsten einer Bank eintragen läßt) und in der Reihenfolge ihres Einganges beim Grundbuchamt. Danach bestimmt sich ihr Rang als 1., 2. oder 3. Hypothek und damit ihre Sicherheit.

**Die Hypothek,** eine Form des Grundpfandrechtes, ist die im Grundbuch eingetragene dingliche Belastung eines Grundstücks zur Sicherung der Forderung eines Gläubigers (§§ 1113 ff. BGB).

Dem Kreditgeber haften in diesem Falle:

- **der Kreditnehmer** mit seinem ganzen Vermögen (persönliche Haftung);
- **das Grundstück** als Pfand (dingliche Haftung).

Die Forderung ist also mit der Hypothek untrennbar verbunden.

**Amtsgericht** Darmstadt **Grundbuch von** Pfungstadt **Band** 157 **Blatt** 6849 **Bestandsverzeichnis**

| Laufende Nummer der Grundstücke | bisherige laufende Nummer d. Grundstücke | Bezeichnung der Grundstücke und der mit dem Eigentum verbundenen Rechte | | | | | Größe | | |
|---|---|---|---|---|---|---|---|---|---|
| | | Gemarkung (Vermessungsbezirk) | Karte: Flur | Karte: Flurstück | Liegenschaftsbuch | Wirtschaftsart und Lage | ha | a | qm |
| | | a | | b | c/d | e | | | |
| 1 | 2 | 3 | | | | | 4 | | |
| 1 | | Pfungstadt | | 366 | | Hof- und Gebäudefläche, Bauplatz, Adolf-Damaschke-Straße 10 | | 5 | 92 |
| 2 | | Pfungstadt | 8 | 535 | 4115 | Bauplatz, Freiligrathstraße 67, 69 | | 19 | 60 |
| 3 | | Pfungstadt | 8 | 535 | 4115 | Bauplatz, Freiligrathstraße 67, 69 | | 19 | 60 |
| | | Pfungstadt | 8 | 538/1 | 4115 | Freiligrathstraße, Bauplatz | | | 41 |
| 4 | 3 | Pfungstadt | 8 | 535/1 | 4115 | Bauplatz, Freiligrathstraße | | 20 | 01 |
| 5 | T. v. 4 | Pfungstadt | 8 | 535/2 | 4115 | Gebäude- und Freifläche, Freiligrathstraße 69 | | 3 | 52 |

*Abb. 8.5.5-1 Grundbuchauszug*

**Arten von Hypotheken.** Man unterscheidet:

- **Verkehrshypothek:** sie ist die übliche, am häufigsten vorkommende Form der Hypothek. Der Gläubiger kann sich stets auf die Eintragung im Grundbuch berufen und braucht nicht die Höhe seiner Forderung nachzuweisen, wenn er in das Grundstück vollstrecken will.
- **Sicherungshypothek:** der Gläubiger kann sich nicht auf die Eintragung berufen, sondern muß das Bestehen einer persönlichen Forderung nachweisen. Die Sicherungshypothek ist immer eine „Buchhypothek".
- **Höchstbetragshypothek:** sie ist eine besondere Form der Sicherungshypothek. Bei ihr haftet das Grundstück nur bis zu dem im Grundbuch eingetragenen Höchstbetrag.
- **Brief- oder Buchhypothek:** von einer *Briefhypothek* spricht man, wenn – und das ist bei der Verkehrshypothek immer der Fall – eine Urkunde über die Hypothekenbestellung, der *Hypothekenbrief*, ausgestellt wird. Die Hypothek kann dann ohne Eintragung im Grundbuch durch Übergabe des Hypothekenbriefes nebst einer Abtretungserklärung übertragen werden.

  Bei der sog. *Buchhypothek* wird dagegen kein Brief ausgestellt. Die Hypothek kann daher nur durch Eintragung im Grundbuch übertragen werden.

**Die Grundschuld** ist die im Grundbuch eingetragene Belastung eines Grundstücks mit einer Geldsumme (§ 1191 BGB).

3802296

Die Grundschuld unterscheidet sich dadurch von der Hypothek, daß

- kein Schuldverhältnis vorzuliegen braucht;
- für den Betrag nur das Grundstück, nicht aber der Grundstückseigentümer persönlich haftet (also nur dingliche Haftung).

Sie ist gleichsam eine „Hypothek ohne Forderung", eine lediglich *abstrakte* Belastung eines Grundstücks mit einer Geldsumme.

Eine besondere Art der Grundschuld ist die *Eigentümergrundschuld.* Der Eigentümer kann für sich selbst eine Grundschuld eintragen lassen und sichert sich dadurch für künftige Kreditaufnahmen die erste Stelle im Grundbuch. Gegen Verpfändung oder Abtretung der Grundschuld (Aushändigung des Grundschuldbriefes an die Bank) kann er - beliebig oft - einen plötzlich auftretenden Geldbedarf decken. Man unterscheidet auch hier Buch- und Briefgrundschuld.

**Das Grundbuch** ist ein öffentliches Register, das beim zuständigen Amtsgericht geführt wird und über die Rechtsverhältnisse eines Grundstücks (Lage, Größe, Eigentümer, auf dem Grundstück ruhende Lasten und Beschränkungen, wie Vorkaufsrechte, Nießbrauch u. a., sowie auf dem Grundstück ruhende Hypotheken und Grundschulden) verbindlich Auskunft gibt.

**Hypothekenkredite** werden besonders von den Realkreditinstituten (Hypothekenbanken, öffentlich-rechtliche Grundkreditanstalten) und Sparkassen gegeben. Sie sind ein wichtiges Mittel zur Finanzierung des Wohnungsbaus und von Eigenheimen.

**Die Laufzeit von Hypothekendarlehen** ist *entsprechend* der *Lebensdauer* und *Werthaltigkeit von Immobilien* vielfach sehr lange. Während bei Bausparkassen eine Laufzeit von 8–14 Jahren üblich ist, werden erststellige Hypothekenkredite häufig über eine Laufzeit von bis zu 30 Jahren (meist 27 Jahre) vergeben.

Vielfach zahlt der Schuldner *gleichbleibende Tilgungsraten* (sog. Annuitäten). Dabei verkürzen die in dem Annuitätsbetrag enthaltenen (und jährlich steigenden) Tilgungsbeträge die Rückzahlungsdauer.

## Aufgaben

1. Man hört im Geschäftsleben öfter den Satz: „Das Kontokorrentkonto ist ein Spiegelbild des Geschäftsverkehrs zwischen Bank und Kunden." Wie kann das wohl gemeint sein?
2. Sie wollen für Ihren Betrieb eine neue Maschine kaufen. Entwerfen Sie einen Brief an Ihre Bank mit der Bitte um die Gewährung eines Kredites von 60 000,00 DM. Schlagen Sie der Bank auch vor, wie Sie sich die Absicherung des Kredites denken.
3. Warum gewähren Geschäftsbanken grundsätzlich nur kurz- und mittelfristige Kredite?
4. Wie unterscheiden sich Akzeptkredit und Diskontkredit?
5. Schreiben Sie an eine Bank, und erkundigen Sie sich nach den Kosten eines Kontokorrentkredites.
6. Welcher Unterschied besteht zwischen Grundschuld und Hypothek?
7. Ein Bekannter soll für Sie eine Bürgschaft übernehmen, will sich jedoch nur zu einer Ausfallbürgschaft bereiterklären. Grund?
8. Sie wollen ein bebautes Grundstück im Wert von 250 000,00 DM kaufen, haben jedoch nur Eigenmittel in Höhe von 90 000,00 DM. Wie könnte der Finanzierungsplan aussehen, den Ihnen die Bank vorlegt?

9. Sie haben gegenüber der Firma Gröninger eine offene Forderung über 18000,00 DM. Diese haben Sie an Herrn Kurt Feldmann zur Abdeckung eines Kredites abgetreten. Benachrichtigen Sie die Firma Gröninger, und bitten Sie um direkte Zahlung an Feldmann (genaue Anschrift, Konto mit üblichen Angaben nicht vergessen).
10. Welche Bedeutung hat die Rangfolge der Hypotheken?

## Zusammenfassung

Das klassische und eigentliche Geschäft der Banken ist das Entgegennehmen von Kundengeldern, das *Passivgeschäft*, und das Ausleihen von Geldern in Form von Krediten, das *Aktivgeschäft*.

- Beim **Passivgeschäft** unterscheidet man
  - *täglich fällige Gelder*,
  - *Festgelder*,
  - *Kündigungsgelder*, und
  - *Spareinlagen*.
- Beim **Aktivgeschäft** werden die Kredite unterteilt nach
  - *Laufzeiten* (kurz-, mittel-, langfristig),
  - *Verwendungszweck* (Anlage-, Betriebs-, Betriebsmittel-, Saison-, Zwischen-, Überbrückungs- und Konsumkredite),
  - *Sicherheiten* (Blankokredite und gesicherte Kredite),
  - *Abwicklungsformen* (Kontokorrent-, Diskont-, Akzept-, Lombard-, Rembours- und Hypothekenkredit).
- Voraussetzung für die Kreditgewährung durch eine Bank ist ein **Kreditvertrag.**
- Die **Kreditsicherung** ist für die Banken, die letztlich überwiegend treuhänderisch mit Kundengeldern arbeiten, eine besonders wichtige Aufgabe. Nach der Art der Sicherung unterscheidet man:
  - *Blankokredite*, und zwar reine Personalkredite oder verstärkte Personalkredite mit Ausfallbürgschaft oder selbstschuldnerischer Bürgschaft,
  - *Forderungsabtretung* als stille oder offene Zession,
  - *Sicherungsübereignung*,
  - *Einräumen von Grundpfandrechten* (Hypothek, Grundschuld).

# 8.6 Die Zahlungsgeschäfte der Banken

Im Gegensatz zu den Kreditgeschäften, bei denen die Bank immer ein Risiko eingeht, handelt es sich hierbei um reine Dienstleistungsgeschäfte der Bank, für die sie bestimmte Gebühren berechnet (sog. indifferente Bankgeschäfte).

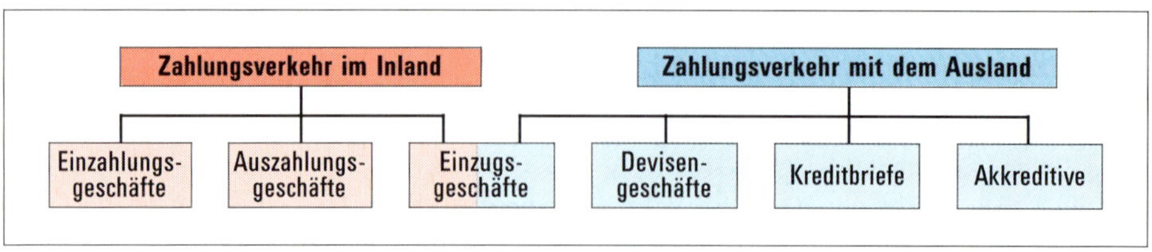


*Abb. 8.6-1 Zahlungsgeschäfte der Banken*

## 8.6.1 Zahlungsgeschäfte im Inland

### Das Einzahlungsgeschäft

Banken nehmen an ihren Kassenschaltern auch Bargeld entgegen, das auf ein Konto des Begünstigten überwiesen werden soll. Dieses Geschäft wird jedoch insbesondere vom Postgirodienst (Einzahlung per Zahlkarte) betrieben. Bei den Banken verwendet man den sog. Zahlschein.

### Das Girogeschäft (Umbuchungsgeschäft)

Während sich der bare Zahlungsverkehr an den Kassenschaltern der Banken abwickelt, werden Überweisungsaufträge der Kontoinhaber und Überweisungsgutschriften in der Giroabteilung bearbeitet und durch bargeldlose Verrechnung erledigt.

### Das Einzugsgeschäft (Inkassogeschäft)

Unter Inkassogeschäft versteht man das Einziehen von in- und ausländischen Wechseln, Schecks, Anweisungen, Zins- und Dividendenscheinen, Dokumenten usw. Die Bank berechnet dafür dem Kunden eine Inkassoprovision. Platzschecks und Lastschriften werden über die jeweilige örtliche Abrechnungsstelle der Landeszentralbank eingezogen und von dieser einen Tag nach Einlieferung gutgeschrieben.

## 8.6.2 Zahlungsgeschäfte im Verkehr mit dem Ausland

### Das Einzahlungsgeschäft

Es folgt im wesentlichen den gleichen Grundsätzen wie das Einzahlungsgeschäft im Inland.

### Das Sortengeschäft

Zur Durchführung des Reiseverkehrs unterhalten die Banken in den wichtigsten Auslandswährungen Barbestände an Münzen und Banknoten (Sorten) und verkaufen diese zum *Briefkurs*, der für den Bankkunden oft wesentlich günstiger ist als der Abgabekurs für Reiseschecks. Umgekehrt wechseln sie fremde Sorten zu dem niedrigeren *Geldkurs* in Deutsche Mark um. Große Bedeutung hat dieses Geldwechselgeschäft in Grenzorten (Wechselstuben) und Orten mit internationalem Verkehr.

### Devisengeschäfte

Devisen sind ausländische Zahlungsmittel in Form von Schecks, Wechseln, brieflichen und telegrafischen Auszahlungen, die auf fremde Währungen lauten. Unter Auszahlung versteht man die in der Regel fernschriftlich, telegrafisch oder mittels SWIFT[1] übermittelte Anweisungen einer inländischen Bank an ihre ausländische Korrespondenzbank, einen bestimmten Betrag zu Lasten ihres Guthabens an einen bestimmten Empfänger auszuzahlen oder ihm gutzuschreiben.

1 vgl. Abschnitt 11.3.2

**Der Devisenkurs.** Die Abrechnung der Devisen erfolgt zu den an der Frankfurter Devisenbörse täglich auf Grund der jeweiligen Marktlage amtlich festgestellten Kursen. Die Makler notieren für die einzelnen Währungen Geld-, Mittel- und Briefkurse.

**Der Devisenhandel.** Die Banken kaufen von ihren Kunden Devisen zu dem niedrigeren *Geldkurs* an und geben umgekehrt aus den Guthaben, die sie bei ausländischen Banken unterhalten, Devisen in der gewünschten Form (als Schecks, telegrafische Auszahlungen, Akkreditive, Reiseschecks) zu dem höheren *Briefkurs* an Importeure usw. ab. Voraussetzung für diesen freien Devisenhandel ist die *Konvertibilität* (freie Austauschbarkeit) der Währungen.

**Das Termingeschäft.** Während im „Kassahandel" Abschlüsse sofort oder kurzfristig nach zwei Börsentagen erfüllt werden müssen, kaufen im Termingeschäft *Importeure,* die später einen größeren Betrag in ausländischer Währung zu zahlen haben, schon jetzt den benötigten Währungsbetrag per Termin, um sich gegen das Kursrisiko (Paritätsänderungen durch Aufwertung oder Abwertung einer Währung oder starke Schwankungen der Devisenkurse) zu schützen. Umgekehrt verhält sich der *Exporteur.* Er verkauft schon heute zum Tageskurs per Termin den Devisenbetrag, den er erst später erhält. Damit haben also Importeure und Exporteure die Möglichkeit, sich des Kursrisikos zu entledigen und gleichzeitig eine feste Kalkulationsgrundlage zu gewinnen.

### Kreditbriefe

In dem Kreditbrief weist die ausstellende Bank eine andere Bank oder eine Reihe von Banken = Zahlstellen an, an den Vorzeiger des Kreditbriefes den in dem Kreditbrief genannten Betrag auf einmal oder in Teilbeträgen auszuzahlen (Ausweis!). Dadurch wird das Mitführen größerer Geldbeträge bei Reisen überflüssig. Man unterscheidet den *Spezialkreditbrief,* der nur an einige wenige Banken gerichtet ist, die deshalb auch von der Ausstellung des Kreditbriefes benachrichtigt werden, und den *Zirkularkreditbrief* („Rundreise-Kreditbrief"), bei dem eine solche Benachrichtigung nicht möglich ist.

**Die sog. Reiseschecks** oder Travellerschecks sind eine Sonderform des Kreditbriefes.[1]

## 8.6.3 Das Akkreditiv

Auch beim Akkreditiv handelt es sich – wie bei den Reisezahlungsmitteln – um eine Zahlungsanweisung, die in der Form des Barakkreditivs auch als Reisezahlungsmittel benutzt werden kann, aber in der besonderen Form des Dokumentenakkreditivs ihre eigentliche Bedeutung gefunden hat.

**Barakkreditiv.** Beim Barakkreditiv beauftragt der Kunde seine Bank, ihm oder einem anderen Begünstigten, z. B. dem Einkäufer der Firma, der sich ausweisen muß (Lichtbild), eine bestimmte Geldsumme bei einer Bank zur Verfügung zu stellen. Dieses Akkre-

1 vgl. Abschnitt 11.7

ditiv ist an keine weitere Bedingung geknüpft. Es wird heute weitgehend durch *Reisekreditbriefe* verdrängt.

**Dokumentenakkreditiv.** Beim Dokumentenakkreditiv vereinbaren Käufer und Lieferer, daß der Rechnungsbetrag an den Lieferer, den Akkreditierten, erst dann ausgehändigt bzw. ihm gutgeschrieben wird, wenn er der Zahlstelle, der auszahlenden Bank, bestimmte Verladepapiere = Dokumente aushändigt. Der Exporteur, zu dessen Gunsten ein Akkreditiv bei der Bank des ausländischen Käufers (Importeurs) eröffnet worden ist, hat also die Gewißheit, daß er gegen Aushändigung der Dokumente - die ja den Versand der Ware beweisen - Zahlung erhalten wird.

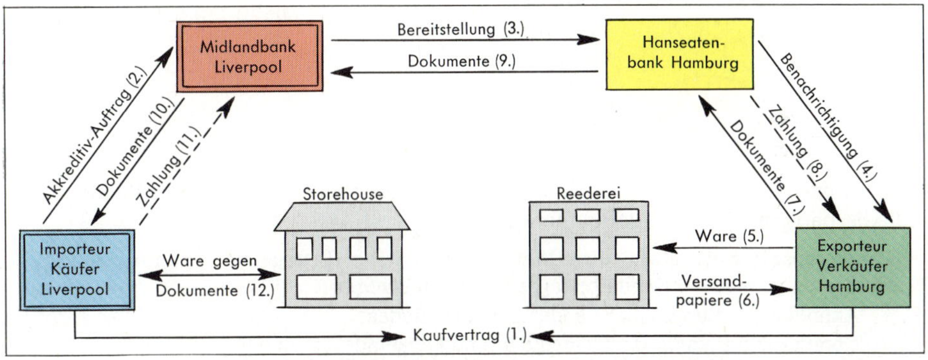


*Abb. 8.6.3-1 Die Abwicklung des Dokumenten-Akkreditivs*

Der Importeur in Liverpool beauftragt als *Akkreditivsteller* seine Bank (die Midlandbank in L.), dem Exporteur in Hamburg (dem Begünstigten) ein Akkreditiv zu eröffnen. Diese bedient sich ihrerseits zur Abwicklung des Zahlungsauftrags = Akkreditivs einer sog. Korrespondenzbank am Platz des Exporteurs (der Hanseatenbank in Hamburg).

**Widerrufliches oder unwiderrufliches Akkreditiv.** Das Akkreditiv kann widerruflich oder unwiderruflich sein. Das widerrufliche Akkreditiv kann jederzeit durch den Auftraggeber oder seine Bank widerrufen oder abgeändert werden, bietet also dem Exporteur keine unbedingte Sicherheit. - Das unwiderrufliche Akkreditiv muß als solches bezeichnet sein und kann nur mit Zustimmung aller vier Beteiligten während seiner Laufzeit abgeändert und widerrufen werden. Es ist stets befristet.

**Bestätigtes Akkreditiv.** Wenn die Korrespondenzbank (in Hamburg) im Auftrag der Akkreditivbank dem Exporteur das Akkreditiv ausdrücklich bestätigt, so ist damit neben der eröffnenden Bank auch die zweite Bank aus dem Akkreditiv zur Zahlung verpflichtet. Dieses bestätigte unwiderrufliche und stets befristete Akkreditiv bietet dem Exporteur die denkbar größte Sicherheit.

**Das Akkreditivgeschäft** ist eine Art Treuhandgeschäft der Bank. Es ermöglicht eine Abwicklung „Zug um Zug“ auch im Fernhandel. Es spielt eine große Rolle im Außenhandel, wo es dem Verkäufer (Exporteur) gestattet, sofort nach Absendung der Ware gegen Aushändigung der Dokumente (Konnossement, Versicherungspolice u. a.) an die Bank über den geldlichen Gegenwert zu verfügen.

# 8.7 Das Wertpapiergeschäft

## 8.7.1 Arten der Wertpapiere

**Wertpapiere** sind Urkunden über Vermögensrechte, deren Inanspruchnahme an den Besitz des Papieres gebunden ist (Beispiele: Scheck, Wechsel, Konnossement). Vertretbare (fungible), börsenmäßig gehandelte Wertpapiere, die ihrem Inhaber einen Ertrag (Zinsen, Dividende) abwerfen, nennt man **Effekten.** Sie sind ein hervorragendes Mittel zur Deckung des langfristigen Kapitalbedarfs der Unternehmen und der „öffentlichen Hand" (siehe auch Abschnitt 8.8).

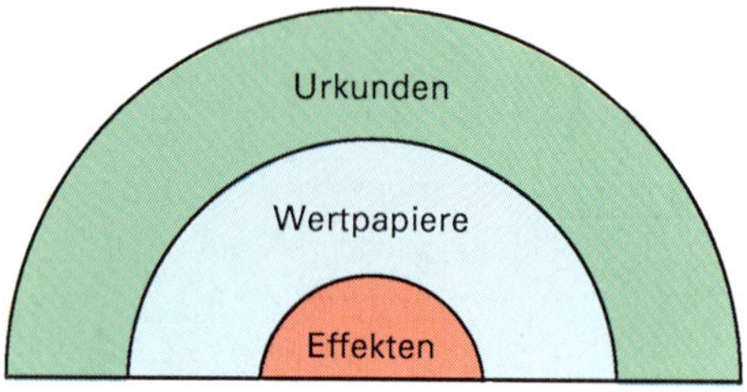


*Abb. 8.7.1-1*

**Man unterscheidet** Effekten nach Gläubigerpapieren (festverzinsliche Effekten) und Teilhaberpapieren (Dividendenpapiere).

- **Gläubigerpapiere** gewähren dem Inhaber einen festen Ertrag und Anspruch auf Rückzahlung des geliehenen Kapitalbetrages. Zu ihnen gehören:
  - **Anleihen** des Bundes, der Länder und Gemeinden;
  - **Kommunalanleihen** von Gemeinden und Gemeindeverbänden;
  - **Pfandbriefe** der privaten Hypothekenbanken und bestimmter öffentlich-rechtlicher Kreditanstalten (Girozentralen, Landesbanken u. a.);
  - **Kommunalobligationen,** die von den gleichen Institutionen wie die Pfandbriefe ausgegeben werden. Der Erlös aus ihrem Verkauf fließt den Gemeinden für Zwecke des außerordentlichen Haushaltes zu.
  - **Bankobligationen,** ausgegeben als Teilschuldverschreibungen von großen Geschäftsbanken.
  - **Industrieobligationen,** die in Form von Teilschuldverschreibungen von bedeutenden Industrieunternehmen ausgegeben werden.
- **Teilhaberpapiere** werfen einen schwankenden Ertrag (Dividende = Gewinnanteil) ab; hierbei unterscheidet man Stammaktien, Vorzugsaktien (Prioritätsaktien) und Genußscheine (lediglich Recht auf Dividende).

**Wandelanleihen** sind festverzinsliche Wertpapiere mit Umtauschrecht in Aktien[1]. Der Inhaber hat das Recht, sie nach Ablauf einer bestimmten Sperrfrist (z. B. 5 Jahre) unter Zuzahlung eines Aufgeldes in einem bestimmten Umtauschverhältnis (z. B. 4 : 1, d. h. 4 Anleihestücke zu je 100 für 1 Aktie zu 100) in Aktien umzutauschen. Zu dem *Vorzug der festen Verzinsung* und dringlichen Sicherheit (die Anleihe ist durch Eintragung einer Grundschuld gesichert) kommen die Möglichkeiten einer *Beteiligung am Ertrag* und die Substanzsicherung (Aktien verbriefen einen Anteil am Vermögen eines Unternehmens) hinzu.

**Bei der Optionsanleihe** erhält der Anleihegläubiger das Recht, nach Ablauf einer vorher bestimmten Frist zu den übernommenen Obligationen zusätzlich Aktien in einer bestimmten Menge zu beziehen. Man spricht deshalb auch von Bezugsrechtsobligationen.

1 Das AktG (§ 192) kennt daneben auch Anleihen mit einem Bezugsrecht auf Aktien (Optionsanleihen).

HESSISCHE LANDESBANK
-GIROZENTRALE-
FRANKFURT (MAIN)
PFANDBRIEF
EINHUNDERT
DEUTSCHE MARK
6%
AUSGABE 50
DM 100.-
100

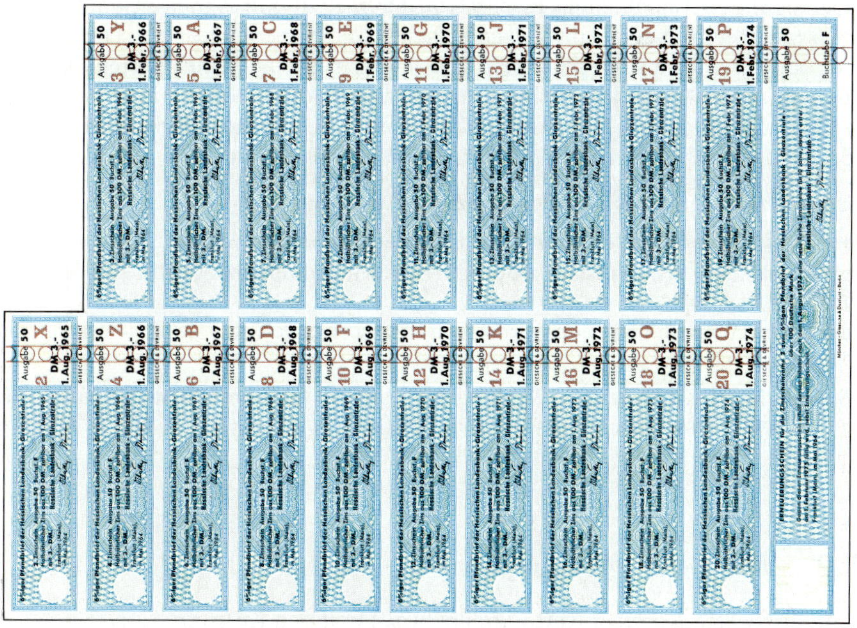

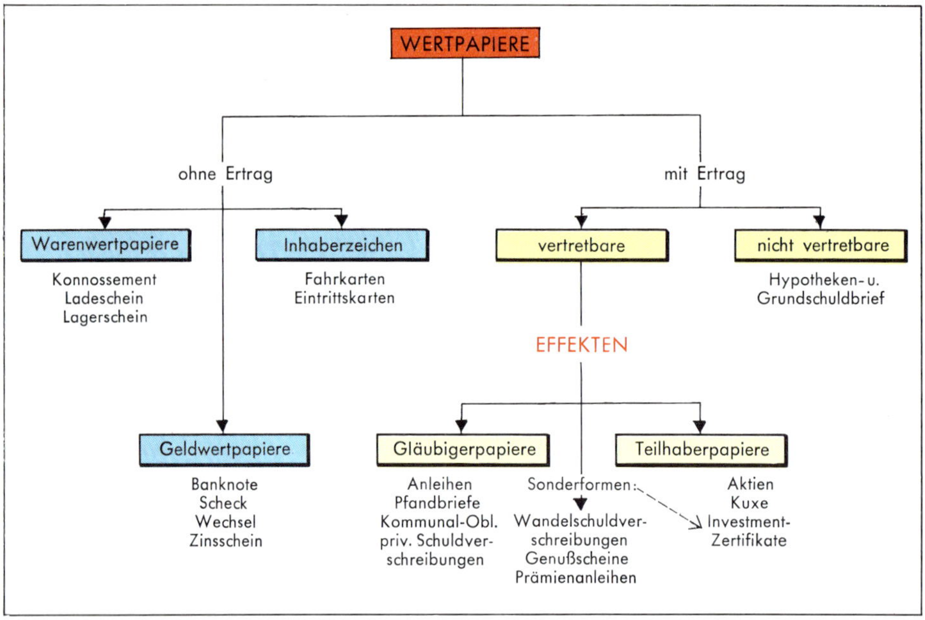


*Abb. 8.7.1-2 Wertpapiere (Übersicht)*

**Investmentzertifikate** sind Anteilscheine an einem Wertpapierfonds, den eine Investmentgesellschaft = Kapitalanlagegesellschaft durch Kauf von Aktien bekannter Unternehmen (aber vielfach auch von festverzinslichen Papieren) gebildet hat. Die *Zertifikate* werden nicht börsenmäßig gehandelt. Sie lauten nicht auf einen festen Nennwert, sondern auf einen Anteil oder mehrere Anteile am Fondsvermögen. Sie kosten bei Ausgabe 50,00 DM bis 200,00 DM je Anteil. Wer solche Zertifikate erwirbt, ist dadurch am Fondsvermögen und dessen Erträgen beteiligt (Risikomischung).

**Äußeres der Wertpapiere.** Die Wertpapiere bestehen aus:

**dem Mantel** oder dem Stück; das ist die Urkunde = Aktie oder Anleihe;

**dem Dividenden- bzw. Zinsscheinbogen.** Dividenden und Zinsen werden gegen Abtrennung eines fälligen Abschnittes ausgezahlt;

**dem Erneuerungsschein** (Talon). Er ist dem Zinsscheinbogen oder dem Dividendenscheinbogen angeschlossen.

**Die Sparbriefe** der Kreditinstitute (Mindestbetrag 1000,00 DM) bringen bei längerer Laufzeit eine relativ hohe Verzinsung, sind kursunabhängig (keine Kursnotierung), beiderseits unkündbar, aber voll beleihbar. Ähnliches gilt für die Bundesschatzbriefe.

## 8.7.2 Wert der Wertpapiere

Man unterscheidet den Nennwert (Nominalwert) und den Kurswert.

**Der Nennwert** (Nominalwert) ist der dem Wertpapier (der Aktie oder der Anleihe) aufgedruckte Geldbetrag (50 DM, 100 DM, 1000 DM oder ein Vielfaches davon).

**Der Kurswert,** wirkliche Wert, weicht oft stark vom Nennwert ab (insbesondere bei Aktien) und wird beeinflußt:

- von der Sicherheit der Anlage;
- von der Höhe der Zinsen bzw. bei Dividendenpapieren von dem voraussichtlichen Gewinn, d. h. von dem Ergebnis des Geschäftsjahres;
- von dem inneren Wert der Unternehmung, besonders von der Höhe der offenen und stillen Rücklagen;
- von der Konjunktur des betreffenden Gewerbezweiges;
- von der allgemeinen Wirtschaftslage und von politischen Ereignissen;
- von der Lage des Geld- und Kapitalmarktes.

**Der jeweilige Preis der Wertpapiere, der Kurs,** wird täglich an der *Effektenbörse,* dem Markt für Wertpapiere, nach Angebot und Nachfrage vom amtlichen Kursmakler festgestellt, notiert. Wird das Wertpapier unter seinem Nennwert bewertet, so steht es „unter pari" (z. B. 98); stimmen Nennwert und Kurswert überein, so steht es „pari"; ist der Kurswert höher als der Nennwert, so steht es „über pari" (z. B. 250).

**Nach der Art der Kursnotierung** unterscheidet man:

**Prozentkurse.** Sie verstehen sich für 100,00 DM Nennwert und werden bei Gläubigerpapieren notiert.

**Stückkurse.** Sie geben den Preis für ein Stück an. Unter Stück versteht man die Aktie mit dem kleinsten Nennwert, das ist 50,00 DM. Stückkurse (je 50,00 DM Nennwert) werden jetzt für die meisten Aktien notiert. Auch die Dividende versteht sich für 50,00 DM Nennwert.

**Die Rendite** (wirkliche Verzinsung). Der Zinssatz (bei festverzinslichen Papieren) oder die Dividende (bei Aktien) sagt allein noch nichts aus über die Rendite. Um sie zu berechnen, muß man kennen:

- bei Aktien den Kaufkurs und die voraussichtliche Dividende;
- bei festverzinslichen Papieren den Kaufkurs, Zinssatz, Rückzahlungskurs (er liegt unter Umständen über 100 %) und die durchschnittliche Laufzeit der Anleihe.

**Kurse der Frankfurter Wertpapierbörse (Einheitskurse)**

| Industrieaktien | Div. | 25.01.91 | 24.01.91 |
|---|---|---|---|
| ABB | 17.50 | 790.00 | 785.00bG |
| Agiv | 10.00 | 738.50 | 740.00 |
| AEG | 2.50 | 193.00 | 193.00 |
| Altana | 11.00 | 472.00 | 464.50 |
| Andr.-Noris Zahn | 6.00 | 235.00B | 240.00bB |
| ASKO St. | 15.00 | 839.00 | 838.00 |
| ASKO Vz. | 17.00 | 725.00 | 745.00 |
| Badenwerk | 7.00 | 219.00 | 219.00 |
| BASF | 13.00 | 205.40 | 203.00 |
| Bayer | 13.00 | 224.10 | 222.00 |
| Binding Brauerei | 10.00 | 585.00 | 585.00bG |
| Bilfinger + Berg. | 10.00 | 742.00 | 750.00 |
| BMW | 12.50 | 383.00 | 381.50 |
| Boss Vz. | 21.50 | 563.00 | 570.00bG |
| Continental AG | 8.00 | 230.00 | 222.50 |
| Coop | 0.00 | 840.00 | 855.00 |
| Daimler-Benz | 12.00 | 541.00 | 543.00 |
| Degussa | 11.00 | 305.60 | 299.50 |
| Didier | 6.00 | 164.30 | 160.00bG |
| Dt. Babcock St. | 0.00 | 141.00bG | 141.50 |

**Börsentendenz:** *zurückhaltend*

**Aktienmärkte:** Trotz freundlicher Vorgaben aus Tokio und New York prägte Zurückhaltung den Handel an den deutschen Aktienmärkten. Bei geringen Umsätzen betrugen die Kursgewinne der meisten Standardwerte ein bis drei Mark. Der Golfkrieg überschattete nach wie vor das Geschehen am Markt.

**Rentenmärkte:** Feste Tendenz. Bei guten Umsätzen waren keine Minuskorrekturen zu verzeichnen. Die Durchschnittsrendite fiel weiter auf 8,94 (8,99) Prozent.

**Deutscher Aktienindex (DAX)**
1 382,05 (plus 6,89)

*Abb. 8.7.2-1 Auszug Kurszettel*

3802305

Während bei **Dividendenpapieren** viele zusätzliche Erwägungen den Kurswert bestimmen (allgemeine Wirtschaftslage, besondere Erwartungen in der Branche, geschätzter Substanz- und Ertragswert der Firma, politische Einflüsse usw.), sind es bei **Gläubigerpapieren** eigentlich nur *drei Faktoren*, die den Kurs beeinflussen: *Rückzahlu gskurs, Laufzeit* und *Abweichung* des *Nominalzinses vom Marktzins*. Wie sich diese Faktoren auf den Kurs auswirken, zeigt modellhaft die vorstehende Abbildung.

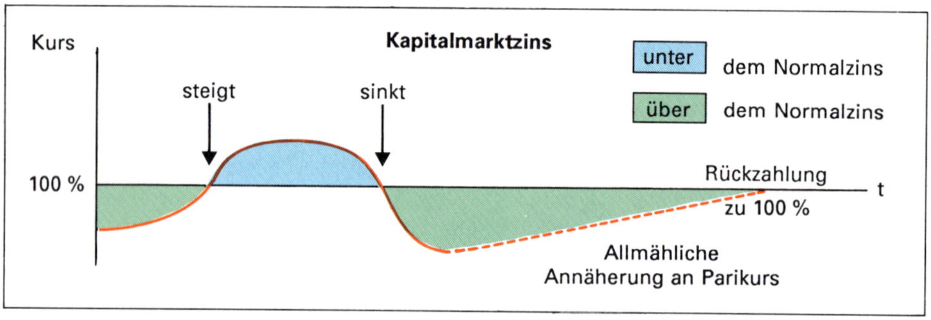


*Abb. 8.7.2-2 Kursbildung bei Rentenpapieren (Beispiel)*

**Renditeberechnung einer Aktie:** $\frac{\text{Dividende} \cdot 100}{\text{Aktienkurs}}$

**Renditeberechnung eines festverzinslichen Wertpapiers:**

$$\text{Nominalzins} + \frac{\text{Rückzahlungsgewinn/-verlust}}{\text{Restlaufzeit in Jahren}} : \text{aktueller Kurswert}$$

**Was muß der Käufer wissen** bei der Geldanlage in *Aktien* oder ein *Anleihen*?

| | **Aktien** | **Anleihen** |
|---|---|---|
| **Verzinsung** | jährliche Dividenden pro Aktie; sind variabel, können auch ganz wegfallen. | fester Zinssatz über die ganze Laufzeit |
| **Risiko**<br>Zinsrisiko | unterschiedlich, weil variabel | Zins unter Umständen vergleichsweise niedrig; im Regelfall aber über Sparbuchzinsen. |
| Kursrisiko | Stark schwankende Kurse (z. B. 1982 bis April 1986 überwiegend Aufwärtsbewegung; dann langsamer Abstieg mit Kursverfall ab 19. Oktober 1987). | Im Regelfall nur ganz geringfügige Kursschwankungen nach oben und unten. |
| Verlustrisiko | Im Konkursfall (bislang allerdings selten) ist ein Totalverlust des Aktienkapitals denkbar. | Wegen der meist bestehenden Verpflichtung zu hohen Sicherheiten (z. B. Grundpfandrechte) ist im allgemeinen bei Konkursen kein Verlustrisiko gegeben. |

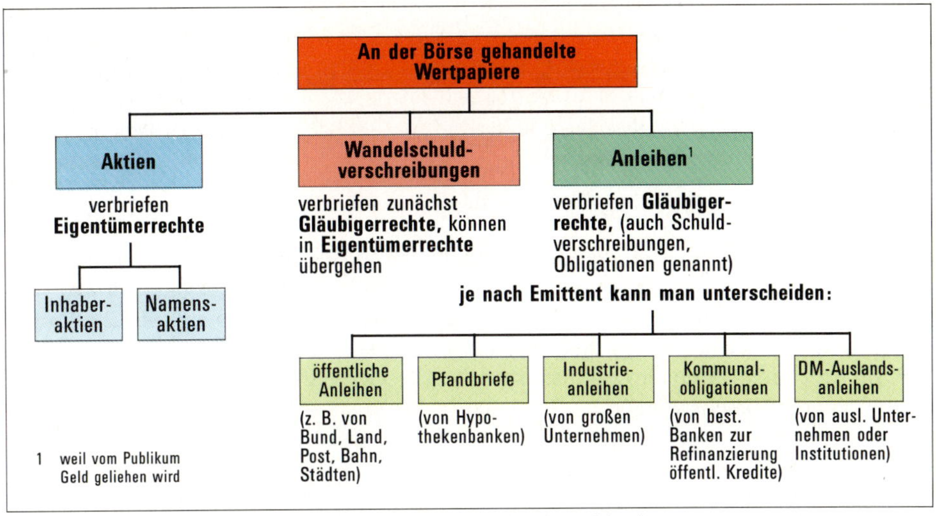


*Abb. 8.7.2-3 Wertpapiere als Geldanlage*

## 8.7.3 Der Handel mit Wertpapieren (Effektenkommissionsgeschäft)

**Der Auftrag.** Wer Wertpapiere kaufen oder verkaufen will, muß einer Bank einen entsprechenden Auftrag geben. Der Auftrag kann *limitiert* (Limit = Preisgrenze) oder bestens erteilt werden. Bei *limitierten Aufträgen* darf die Bank den vorgeschriebenen Kurs, das Limit, bei Käufen nicht überschreiten, bei Verkäufen nicht unterschreiten. *„Bestens"-Aufträge* dagegen sollen zu jedem beliebigen Kurs ausgeführt werden.

**Die Ausführung des Auftrages.** In der Regel führt die Bank den Auftrag als Kommissionär aus, d. h. sie handelt im eigenen Namen, aber für fremde Rechnung. Sie gibt den Auftrag gewöhnlich zur *Börse, dem Markt für Effekten,* an dem sich täglich in der Zeit von 11.30 bis 13.30 Uhr die Bankenvertreter (Börsenhändler) treffen, um Geschäfte abzuschließen. Die Geschäfte werden durch die *amtlichen Kursmakler* vermittelt. Sie errechnen auf Grund der ihnen übermittelten Kauf- und Verkaufsaufträge an jedem Börsentag die Kurse. Dabei unterscheidet man:

- **Den Einheitskurs,** der so festgesetzt werden muß, daß alle nicht limitierten Aufträge nach Möglichkeit in vollem Umfang zur Ausführung gelangen, ferner alle Kaufaufträge, die höher, und alle Verkaufsaufträge, die niedriger als der Einheitskurs limitiert sind. Der sog. Mittelkurs ist so zu ermitteln, daß der größte Teil der vorliegenden Aufträge ausgeführt werden kann.
- **Variable Kurse** (fortlaufende Kurse, Schwankungskurse). Sie werden für Aktien, in denen regelmäßig größere Umsätze stattfinden, notiert. Für den Einzelumsatz in diesen Papieren ist ein bestimmter Mindestumsatz vorgeschrieben.

**Die Abrechnung der Bank.** Die für den betreffenden Börsentag ermittelten Kurse werden in dem amtlichen *Kursblatt* veröffentlicht. Zu diesen Kursen muß die Bank mit ihrem Auftraggeber abrechnen, so daß dieser die Abrechnung kontrollieren kann. Für ihre Bemühungen erhält sie eine Provision; außerdem hat der Kunde die Courtage (Maklergebühr) und die Börsenumsatzsteuer zu bezahlen.

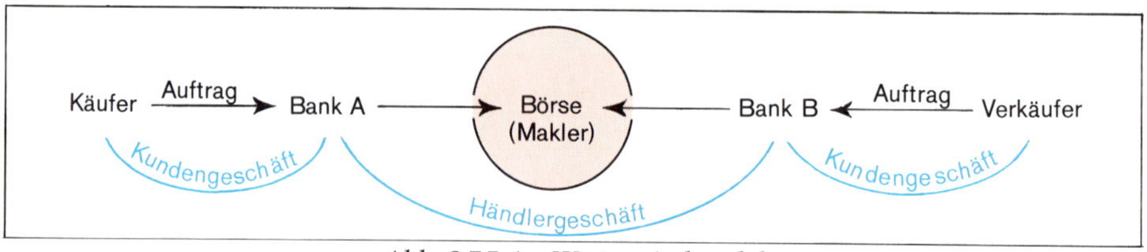


*Abb. 8.7.3-1 Wertpapierhandel*

**Selbsteintritt.** Wenn die betreffenden Wertpapiere an der Börse notiert werden (amtliche Werte), kann die Bank auch von ihrem Selbsteintrittsrecht nach **§ 400 HGB** Gebrauch machen und bei einem Kaufauftrag die Wertpapiere aus eigenen Beständen liefern oder bei einem Verkaufsauftrag in eigene Bestände übernehmen. Dadurch verliert sie aber nicht ihren Provisionsanspruch. Alle Geschäfte sind jedoch über Makler abzuwickeln („Börsenzwang").

## 8.7.4 Die Ausgabe neuer Wertpapiere (Emissionsgeschäft)

Unter Emission versteht man die Erstausgabe bzw. Unterbringung von neuen Wertpapieren (Schuldverschreibungen oder Aktien) bei dem anlagesuchenden Publikum (Privatpersonen, Unternehmungen usw.).

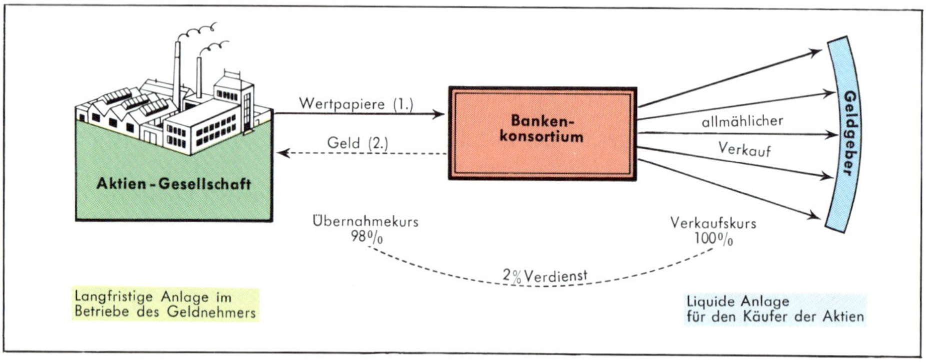


*Abb. 8.7.4-1 Emmission von Aktien*

**Bei der Emission (von lat. emittere = ausgeben) wirken mit:**

- der Emittent, d. h. der Kredit- bzw. Geldnehmer (Unternehmungen, Staat, die einzelnen Bundesländer, Städte);
- die zwischen Geldgeber und Geldnehmer vermittelnde Bank oder Gruppe von Banken, die sich zu einem sog. *Konsortium* zusammenschließen;
- der Käufer, d. h. das anlagesuchende Publikum, der Geldgeber, der sein Geld in den Wertpapieren anlegt (Privatleute, Wirtschaftsunternehmen, öffentliche und private Versicherungen).

Die Bank bzw. das Bankenkonsortium übernimmt die Effekten ganz oder teilweise zu einem festen Kurs (Übernahmekonsortium) oder nur kommissionsweise (Begebungskonsortium).

**Nach der Art, wie die Wertpapiere untergebracht werden, unterscheidet man:**

- Auflegung zur Zeichnung von Anleihen bei Banken;
- den freihändigen Verkauf. Die Effekten werden zu einem freibleibenden Abgabekurs zum Kauf angeboten, insbesondere Aktien neugegründeter Aktiengesellschaften;
- den börsenmäßigen Verkauf. Hier geht die Zulassung der Effekten zum Börsenhandel voraus (von Realkreditinstituten bevorzugt).

Emittent und Konsortialbanken sind insbesondere bei festverzinslichen Papieren daran interessiert, daß sich die Kursschwankungen der neu ausgegebenen Effekten in angemessenen Grenzen halten. Sie werden daher bei starkem Angebot Material (Wertpapiere) aufnehmen (= selbst ankaufen), um den Kurs zu halten. Diese *Kurspflege* betreiben Emittenten, die häufiger Papiere auf den Markt bringen, auch für ältere Wertpapiere.

| **Aktie** | | **Obligation** | |
|---|---|---|---|
| Vorteile | Nachteile | Vorteile | Nachteile |
| **Vom emittierenden Unternehmen (Schuldner) aus gesehen:** | | | |
| 1. Hohes Agio bei der Ausgabe.<br>2. Selbst festzulegende Dividende (notfalls keine). | 1. Neue Aktien erhöhen das Eigenkapital. (Teilen der Macht mit neuen Miteigentümern.)<br>2. Höhere Körperschaftsteuern (bei nicht ausgeschütteter Dividende. Im Regelfall 53 %). | 1. Obligationen sind Fremdkapital, man bleibt „Herr im Haus".<br>2. Geringere Steuerbelastung. | 1. Disagio bei der Ausgabe (1–2 %).<br>2. Dauerhafte starre Zinsbelastung (nachteilig in Krisenzeiten). |
| **Vom Erwerber (Gläubiger) aus gesehen:** | | | |
| 1. Mögliche Kursgewinne.<br>2. Kaum Währungsrisiko, da es sich um Sachwerte handelt.<br>3. Mitsprache bei der Hauptversammlung bei hohem Kapitalanteil. | 1. Mögliche Kursverluste.<br>2. Meist geringere Realverzinsung.<br>3. Kaum Mitsprachemöglichkeiten auf der HV bei wenig Aktien.<br>4. Möglicher Totalverlust bei Konkurs. | 1. Gleichbleibende, manchmal vergleichsweise hohe Verzinsung.<br>2. Risiko sehr gering wegen der hypothekarischen Absicherung.<br>3. Vorteile durch die vorzeitige Auslosung bei der Rückzahlung. | 1. Kein nennenswerter Kursgewinn, eher Kursverluste zu erwarten.<br>2. In Inflationszeiten ein erhebliches Wertrisiko. |

*Abb. 8.7.4-2 Vergleichsübersicht: Aktie/Obligation*

(Die Besteuerung und vor allem die Möglichkeit der Liquidierbarkeit über die Börse ist für beide Wertpapiere gleich.)

## 8.7.5 Das Hypotheken- und Pfandbriefgeschäft

**(Hypothekenbank-Gesetz in der Fassung vom 05.02.1963)**

Unter dem Hypothekengeschäft versteht man die Beleihung von bebauten und unbebauten Grundstücken auf längere Zeit.

Das Hypothekengeschäft wird meist in Verbindung mit dem Pfandbriefgeschäft betrieben. In dieser Verbindung darf es nur von den zugelassenen privaten Hypothekenbanken in der Rechtsform einer AG oder KGaA und den öffentlich-rechtlichen Realkredit-Instituten (z. B. Landesbanken) durchgeführt werden.

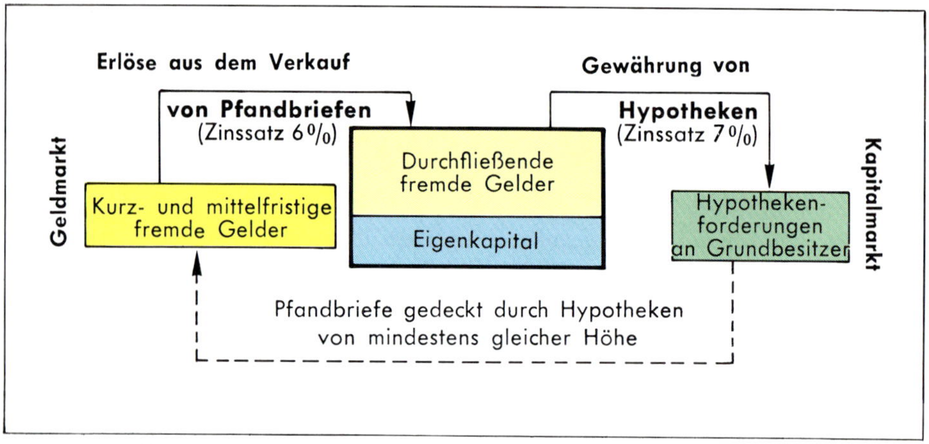


*Abb. 8.7.5-1 Die Hypothekenbank als Umformer von Geld in Kapital*

Nach der Ermittlung des Beleihungswertes gewährt die Hypothekenbank ein Darlehen bis zu 60 % des Wertes. Für den ihr durch die Hypothek verpfändeten Grundbesitz gibt sie *Pfandbriefe* aus (kleinster Abschnitt 100,00 DM). Aus dem Erlös kann sie neue Hypothekendarlehen gewähren. Die gewährten Darlehen bilden also die Deckungsunterlage für die auszugebenden Pfandbriefe. Hypothekenbanken dürfen Pfandbriefe bis zum 20fachen und Kommunalobligationen bis zum 15fachen Betrag ihres Grundkapitals und bestimmter Rücklagen ausgeben. Der Hypothekenzinssatz ist höher als der Pfandbriefzinssatz. Hypothekenpfandbriefe sind seitens des Inhabers unkündbar und werden nach Auslosung zurückgezahlt; sie sind an der Börse verkäuflich.

Durch Vermittlung der Hypothekenbanken werden kleinere Beträge, die Sparer in Pfandbriefen anlegen, in *langfristigen Grundkredit* umgewandelt. Die Hypothekenbanken finanzieren auf diese Weise – neben den Sparkassen und öffentlich-rechtlichen Grundkreditanstalten – den Hypothekenmarkt. Die Pfandbriefe besitzen für den Sparer viele Vorzüge: hohe Sicherheit, gute Verzinsung, leichte Verwertbarkeit und stabile Kurse.

## 8.7.6 Die Aufbewahrung von Wertpapieren (Das Depotgeschäft)

Der Wertpapierbesitzer wird meist seine Papiere nicht zu Hause aufbewahren oder sie als sog. *geschlossenes Depot* in einem Schließfach bei einer Bank hinterlegen, sondern sie unverschlossen einer Bank zur Aufbewahrung und Verwaltung übergeben (sog. *offenes Depot*).

Die Bank übernimmt dann für den Kunden den Einzug fälliger Zins- und Dividendenscheine, beschafft neue Bogen, überwacht die Auslosung von Anleihestücken, übt nach seiner Weisung Bezugsrechte und das Stimmrecht bei Aktien aus.

Das Depotgeschäft unterscheidet zwei Grundformen der Verwahrung:

- **die Sonderverwahrung** (Streifbanddepot),
- **die Sammelverwahrung** (Girosammeldepot).

**Bei der Sonderverwahrung** bewahrt die Bank die fremden Wertpapiere getrennt von den eigenen Beständen auf und kennzeichnet sie äußerlich mit dem Namen des betreffenden Hinterlegers (*Streifbanddepot*). Sie muß diesem ein sog. Stückeverzeichnis oder Nummernverzeichnis zusenden.

**Bei der Sammelverwahrung** werden die Wertpapiere bei einer der sieben *Wertpapiersammelbanken* (z. B. bei der Frankfurter Kassenvereine AG, Frankfurt) aufbewahrt. In diesem Falle verliert der Hinterleger das Eigentumsrecht an bestimmten Wertpapieren und erwirbt statt dessen ein *Miteigentumsrecht* an dem Sammelbestand. Er kann also nicht dieselben, sondern nur gleiche Stücke (Wertpapiere der gleichen Gattung) zurückverlangen. Dadurch wird der Effektenverkehr wesentlich erleichtert; die Banken können mittels sog. Effektenschecks über die Papiere verfügen (stückloser Effektenverkehr = *Effektengiroverkehr*).

Für die Sammelverwahrung muß aber eine ausdrückliche und schriftliche Ermächtigung des Hinterlegers vorliegen.

**Von einer Drittverwahrung** spricht man, wenn z. B. eine Provinzbank die ihr anvertrauten Wertpapiere an eine größere Bank, z. B. eine Wertpapiersammelbank an einem Börsenplatz, also an einen „Dritten", zur ufbewahrung weitergibt.

**Die Schrankfachvermietung** (abgeschlossenes Depot). Die Bank stellt gegen Zahlung einer „Miete" ihren Kunden feuer- und diebessichere Fächer („Safes") in ihren Tresoranlagen zur Verfügung. Der Kunde kann in einer Kassette, die sich in dem Schließfach befindet, seine Wertpapiere, Dokumente und Wertsachen aufbewahren. Er vereinbart mit seiner Bank ein Stichwort, erhält einen Ausweis und einen Schlüssel zu einem bestimmten Schließfach, das unter Mitverschluß der Bank steht.

## 8.8 Die Deutsche Bundesbank

Die Deutsche Bundesbank in Frankfurt bildet die Spitze des deutschen Banksystems. Sie hat als Zentralnotenbank (Währungsbank) allein das Recht, Banknoten – das sind, neben den vom Bund geprägten Münzen, die einzigen gesetzlichen Zahlungsmittel im Bundesgebiet – auszugeben. Sie entstand auf Grund des **Gesetzes über die Deutsche Bundesbank vom 26.07.1957** durch die Verschmelzung der nach dem 2. Weltkrieg in den Bundesländern errichteten Landeszentralbanken mit der Bank deutscher Länder. Die Landeszentralbanken wurden dadurch unselbständige „Hauptverwaltungen" der Bundesbank.

**Rechtsstellung.** Die Deutsche Bundesbank ist bei der Ausübung der Befugnisse, die ihr nach dem Gesetz zustehen, von Weisungen der Bundesregierung unabhängig. Sie ist jedoch verpflichtet, unter Wahrung ihrer Aufgabe die allgemeine Wirtschaftspolitik der Bundesregierung zu unterstützen.

**Aufgaben.** Die Deutsche Bundesbank hat als Währungs- und Notenbank die folgenden Aufgaben:

- den Geldumlauf zu steuern und zu überwachen (die Bundesbank hat u. a. das alleinige Recht zur Ausgabe von Banknoten),
- die Kreditversorgung der Wirtschaft zu regeln,
- die Stabilität der Währung zu sichern,
- für die bankmäßige Abwicklung des Zahlungsverkehrs im Inland und mit dem Ausland zu sorgen.

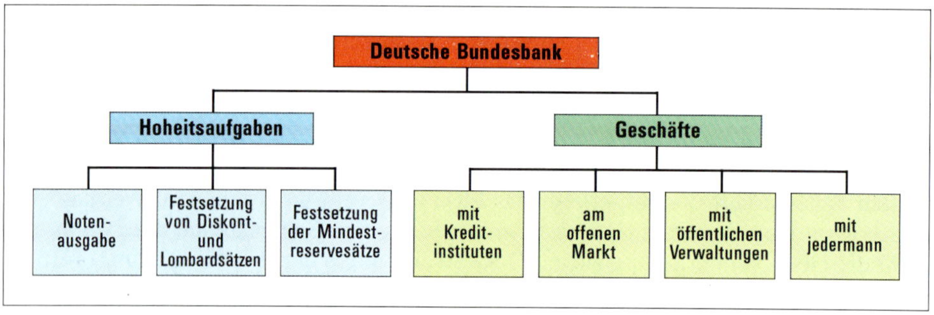


*Abb. 8.8-1 Tätigkeitsbereich der Deutschen Bundesbank*

**Geschäfte.** Die Bundesbank ist darüber hinaus durch das Bundesbankgesetz ermächtigt, Geschäfte zu betreiben. Diese sind:

- **Geschäfte nur mit Kreditinstituten:** Ankauf, Beleihung (Lombardierung) und Verkauf von Wechseln und Wertpapieren
- **Geschäfte mit jedermann:** unverzinsliche Giroeinlagen, Depotgeschäfte, Edelmetall- und Devisengeschäfte, alle Bankgeschäfte im Verkehr mit dem Ausland
- **Kreditgewährung an öffentliche Verwaltungen**
- **sog. Offen-Markt-Geschäfte:** Kauf und Verkauf von Wechseln, Schatzwechseln, Schatzanweisungen und von börsengehandelten Schuldverschreibungen

**Organe.** Die Bundesbank hat drei Organe: Zentralbankrat, Direktorium und Vorstände der 11 Landeszentralbanken.

- **Der Zentralbankrat** bestimmt die Währungs- und Kreditpolitik der Bank und erläßt Richtlinien für die Geschäftsführung. Er besteht aus dem Präsidenten und dem gesamten Direktorium der Bundesbank sowie aus den Präsidenten der Landeszentralbanken (unselbständige Hauptverwaltungen der Bundesbank in den einzelnen Bundesländeren).
- **Das Direktorium** verwaltet und leitet die Bank und führt die Beschlüsse des Zentralbankrates aus. Es besteht aus dem Präsidenten, dem Vizepräsidenten und bis zu acht weiteren Mitgliedern.
- **Die Vorstände der Landeszentralbanken** sind für die Durchführung aller Beschlüsse und Geschäfte verantwortlich, die den Bereich ihrer Hauptverwaltung betreffen.

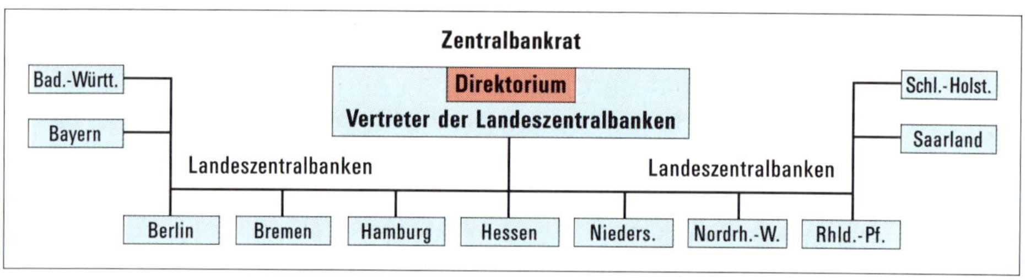


*Abb. 8.8-2 Aufbau der Deutschen Bundesbank*

**Geschäfte der Bundesbank/Landeszentralbanken.** Die Bundesbank ist in erster Linie eine *„Bank der Banken“* und der „Bankier“ des Bundes und der Länder, die ihre flüssigen Mittel bei ihr anlegen müssen und in gewissen Grenzen (der Bund bis 6 Mrd. DM) kurzfristige Kassenkredite (Überbrückungskredite) in Anspruch nehmen können.

**Für die Kreditinstitute ist sie die letzte Liquiditätsquelle,** indem sie

– bundesbankfähige Wechsel ankauft (Rediskontgeschäft),
– kurzfristige Darlehen gegen Verpfändung von Wechseln und Wertpapieren gewährt (Lombardkredite) und
– Schatzwechsel ankauft, die vom Bund, von der Bundesbahn, der Bundespost, dem Lastenausgleichsfonds oder einem Land ausgestellt sind.

**Ihre wichtigste Aufgabe** ist aber die Sicherung der Stabilität der Währung durch die Regulierung bzw. Beeinflussung des Geld- und Kreditvolumens. *Ziel dieser Notenbankpolitik* ist es, die Geldmenge (Bargeld und Giralgeld) über die Geschäftsbanken zu regulieren, d. h. den Banken je nach der Wirtschaftslage flüssige Mittel zu entziehen und damit ihren Kreditspielraum einzuengen oder ihnen umgekehrt die Beschaffung von Zentralbankgeld zu erleichtern und so ihren Kreditspielraum zu erweitern.

**Das „kreditpolitische" Instrumentarium** der Bundesbank umfaßt:

- **die Diskontpolitik** (durch Erhöhung des Diskontsatzes werden Kredite verteuert, durch Senkung verbilligt);
- **die Politik der Rediskontkontingente** (die Bundesbank kann die den einzelnen Banken eingeräumten Kontingente kürzen oder erhöhen);
- **die Mindestreservepolitik** (die Geschäftsbanken müssen bei der Bundesbank zinslose Mindestguthaben unterhalten, die sich nach der Höhe der Einlagen der betreffenden Bank bemessen; eine Erhöhung der Mindestreserven *entzieht* den Banken flüssige Mittel und beschneidet so ihr Kreditvolumen. Eine Herabsetzung der Reserven wirkt umgekehrt);
- **die Offenmarktpolitik** (verkauft die Bundesbank vom Staat ausgegebene Schatzwechsel und Schatzanweisungen - sie haben eine relativ kurze Laufzeit - an die Banken, so entzieht sie dem „Markt" Geld; kauft sie diese „Geldmarktpapiere" von den Banken an, fließt diesen Geld zu).

**In einem „Wochenausweis"** veröffentlicht die Bundesbank zum 07., 15., 23. und Letzten jedes Monats ihre Aktiva und Passiva.

## Aufgaben

1. Ein Schüler definiert den Nennwert wie folgt: „Der Nennwert einer Aktie entspricht ihrem Kurswert." Korrigieren Sie.
2. Berechnen Sie, welche Rendite die Aktien der Edelstahl AG erbringen. Der Kurswert je Aktie à 50,00 DM beträgt z. Z. 326,50 DM; die Dividende je Aktie 26,00 DM.
3. Ergänzen Sie die folgende Aussage um wenigstens zwei Gesichtspunkte:
   Der Kurswert einer Aktie wird beeinflußt von
   – der allgemeinen Wirtschaftslage,
   – politischen Ereignissen,
   – dem voraussichtlichen Gewinn.
4. Beschreiben Sie den wesentlichen Nachteil eines widerruflichen Akkreditivs und begründen Sie Ihre Aussage.
5. Wie unterscheiden sich Aktien von Obligationen?
6. Ein 7%ige Anleihe wird zu 99 %, Laufzeit 12 Jahre, emittiert. Berechnen Sie die Rendite.
7. Begründen Sie, wem Namensaktien Vorteile bringen.

8. Berechnen Sie den Wert des Bezugsrechtsverkaufes bei einer Wandelanleihe unter folgenden Voraussetzungen:
   - das Bezugsrecht ist heute fällig
   - Nominalzins 6 %
   - Restlaufzeit 3 Jahre
   - Kapitalmarktzins 7,5 %
   - Bezugsrecht eine Aktie je 300,00 DM Nominalwert Anleihe
   - Aktienkurswert 380,00 DM je Aktie à 50,00 DM
   - Aktueller Kurswert der Wandelanleihe 120
9. M. könnte eine neue 10%ige Anleihe zum Kurse von 100 % kaufen oder eine ältere 6%ige Anleihe zum Tageskurs 62 %. Wie wird er sich entscheiden?
10. Entscheiden Sie, ob die folgenden Aussagen richtig sind. Berichtigen Sie falsche Aussagen.
    a) Die Deutsche Bundesbank muß sich nach den Weisungen der Bundesregierung richten.
    b) Die Bundesbank hat drei Organe: den Aufsichtsrat, das Direktorium, die Vorstände der Landeszentralbanken.
    c) Die wichtigste Aufgabe der Bundesbank besteht darin, Wertpapiergeschäfte zu tätigen.
11. Banken sichern Kredite im allgemeinen lieber durch die Eintragung eines Pfandrechtes im Grundbuch als durch eine Sicherungsübereignung ab. Warum wohl?
12. Beschreiben sie mindestens je 2 kurz-, mittel- und langfristige Kredite.
13. Welche Vorteile bietet der Diskontkredit und wie wird er abgerechnet?
14. Wo kann man Hypothekenkredite aufnehmen?

## Zusammenfassung

Neben den klassischen Bankgeschäften (Aktiv- und Passivgeschäft) üben die Banken vielfältige *Dienstleistungen* auf dem Geld- und Kapitalmarkt aus. Die wichtigsten sind die *Zahlungsgeschäfte* und das *Wertpapiergeschäft*. Dabei umfassen diese Dienstleistungen sowohl das Geschäft im Inland als auch mit dem Ausland.

- **Zu den Zahlungsgeschäften** der Banken gehören:
  - *der bargeldlose Zahlungsverkehr* über Umbuchungen (Girogeschäft);
  - *der halbbare Zahlungsverkehr* (Einzahlungen auf Konten, Auszahlungen von Konten und Inkasso);
  - *das Sorten- und Devisengeschäft* mit ausländischen Zahlungsmitteln;
  - die Ausstellung und Einlösung von *Kreditbriefen und Reiseschecks;*
  - die Ausstellung und Einlösung von *Akkreditiven,* insbesondere Dokumentenakkreditiven.
- **Im Wertpapiergeschäft** werden die Banken tätig
  - *im Handel mit Wertpapieren* (Effektenkommissionsgeschäft);
  - bei der *Ausgabe neuer Wertpapiere* im Kundenauftrag (Emissionsgeschäft);
  - im *Hypotheken- und Pfandbriefgeschäft* und
  - bei der *Aufbewahrung von Wertpapieren* (Depotgeschäft).
- **Wertpapiere** sind Urkunden über Vermögensrechte. An der Börse gehandelte Wertpapiere bezeichnet man als *Effekten.* Bei diesen Papieren ist zu unterscheiden zwischen dem
  - *Nennwert* (Nominalwert), das ist der aufgedruckte Geldbetrag und dem
  - *Kurswert,* das ist der aktuelle an der Börse zu zahlende bzw. zu erlösende Betrag für ein Wertpapier.
- **Bank der Banken** ist die Deutsche Bundesbank mit ihren Landeszentralbanken. Sie hat alleine das Recht, Banknoten auszugeben. Ihre Aufgaben sind vorwiegend finanzpolitischer Art. Allerdings übt die Bundesbank auch viele bankübliche Geschäfte aus.

# 9 Versicherungen

### Worum geht es?

Gefahren und Risiken sind die unerwünschten Begleiter der Menschen. Das gilt für den privaten und selbstverständlich auch für den betrieblichen Bereich.

Andererseits haben wir aber alle das starke Bedürfnis, uns vor diesen Gefahren abzuschirmen. Dieses Bedürfnis führte zur Gründung von Versicherungen, denn Schadenfälle treten immer wieder auf.

- Wie funktionieren eigentlich Versicherungen?
- Woher nehmen die Versicherungen die hohen Beträge, die für die Schadenregulierung ausgeschüttet werden?
- Welche Versicherungsarten gibt es?
- Welche Vereinbarungen enthält ein Versicherungsvertrag?

### Lernziele

Sie sollten ...

- den Grundgedanken einer Versicherung nennen und erläutern können;
- die Grundidee der Versicherung an Beispielen aus der betrieblichen Praxis und aus dem Privatbereich darstellen (veranschaulichen) können;
- den Zusammenhang von Beitragszahlungen und Schadenregulierung erklären können;
- die wichtigsten Versicherungsarten auflisten und kurz erläutern können;
- die Bestandteile eines Versicherungsvertrages nennen und in ihrer Bedeutung erklären können.

## 9.1 Die Aufgabe der Versicherung

Das Bedürfnis, die Lebensrisiken durch eine Versicherung zu mildern, liegt im Menschen[1]. Nur die Funktionsweise und die Bezeichnungen für diese Absicherung waren unterschiedlich. Versicherungsgesellschaften in unserem heutigen Sinne gibt es erst seit rund 200 Jahren.

Ende des 17. Jahrhunderts entstanden die ersten Versicherungsunternehmen, z. B. als Feuerkassen oder Hagelversicherungen. Die Mitglieder dieser Versicherungsgesellschaften zahlten Beiträge, und wenn einem Mitglied das Haus abbrannte oder die Ernte verhagelte, erhielt es von seiner Versicherung den Schaden vergütet.

Der Grundgedanke der Versicherung liegt darin, daß mehrere Personen oder Personengruppen, die von der gleichen Gefahr bedroht sind (z. B. Brand, Diebstahl, Unfall, Schadenersatzansprüchen usw.) das finanzielle Risiko im Fall des Gefahreneintritts auf die Versicherung übertragen und dieser hierfür einen Versicherungsbeitrag zahlen.

1 Schon im Mittelalter gab es sogenannte Schutzgemeinschaften.

Da sich nun aber der versicherte Gefahrenfall nach dem Gesetz der Wahrscheinlichkeit (innerhalb eines bestimmten Zeitraums) nicht bei allen Versicherten ereignet, kann die Versicherung über die Beiträge vieler im einzelnen Schadensfall auch hohe Beträge auszahlen.

**Für den betrieblichen wie für den privaten Bereich gilt darum in gleicher Weise:**

- Einerseits sind Gefahren und Risiken die unerwünschten ständigen Begleiter der Menschen.
- Andererseits haben aber alle Menschen das starke Bedürfnis, sich vor diesen Gefahren und Risiken zu sichern.

Und dieses Einerseits / Andererseits führt zum Abschluß eines Versicherungsvertrages:

*Abb. 9.1-1 Aufgabe der Versicherung*

Mehrere Personen, die von ein und derselben Gefahr bedroht sind, übertragen das finanzielle Risiko des Gefahreneintritts auf den Versicherten. Dafür bezahlen sie ihm ein Entgelt, den Versicherungsbeitrag. Im Schadenfall ersetzt die Versicherung vertragsgemäß den entstandenen Verlust.

## 9.2 Wie funktioniert eine Versicherung?

Man kann der Geschichte des Versicherungswesens entnehmen, daß erst die Entwicklung der Wahrscheinlichkeitsrechnung zur Gründung größerer Versicherungsunternehmen geführt hat. Das ist nicht weiter verwunderlich. Die Versicherungen finanzieren einen Schadenausgleich über die Beiträge ihrer Mitglieder. Es ist darum wichtig, daß die Versicherungsgesellschaften die Beitragshöhe richtig berechnen. Die Beiträge richten sich nach der wahrscheinlichen Schadenhäufigkeit und nach der zu erwartenden Schadenhöhe.

---

**Beispiele:** *Im Juli 1987 raste in Herborn (Hessen) ein Tanklastzug in eine Wohnstraße. Fünf Menschen starben, viele wurden verletzt, elf Häuser wurden total zerstört. Der Verursacher mußte für einen Schaden von über 15 Millionen DM aufkommen. Kann einer allein das zahlen?*

*Das größte Schadensereignis überhaupt war für die Versicherungen das Hagelunwetter vom Sommer 1984 in der Umgebung von München. Sie mußten hier 1,4 Milliarden DM auszahlen.*

---

Nun können aber auch die Versicherungen nicht hellseherisch in die Zukunft schauen. Sie fanden deshalb Verfahren, um zumindest einen kleinen Blick in die Zukunft werfen zu können.

Aufgrund langjähriger Beobachtungen von Unfall- oder Schadensverläufen wird mit Hilfe statistischer und mathematischer Methoden die ungefähre Schadensentwicklung recht genau vorausberechnet.

3802316

### Das Gesetz der großen Zahl

Dieses Gesetz ist hierbei von besonderer Wichtigkeit. Der Zufall spielt nämlich bei Massenbeobachtungen eine um so geringere Rolle, je größer die untersuchte Menge ist.

Das läßt sich mit einem Würfelexperiment leicht nachvollziehen. Nehmen Sie einmal drei oder fünf Würfel und notieren Sie, wie oft jede Punktzahl „oben" erscheint. Je häufiger Sie würfeln, desto eher werden Sie feststellen, daß jedes „Auge" gleich oft erscheint. Obgleich das Ergebnis eines Wurfes zufällig erscheint, ist bei hinreichend häufigem Würfeln jede Punktzahl zu einem Sechstel (16,67 Prozent) an der Gesamtzahl aller Würfe beteiligt.

Durch dieses „Gesetz der großen Zahl" wird der Zufall für die Versicherungen kalkulierbar. Die Versicherungsmathematiker können so vorausberechnen, in welcher Höhe Schäden auf die Versicherungen zukommen werden.

### Wie wird der Versicherungsbeitrag festgelegt?

Als Beispiel kann hier die Lebensversicherung dienen. So weiß eine Versicherung, daß von 1000 Männern im Alter von 30 Jahren rund 946 das 50. Lebensjahr erreichen werden. Diese Werte gehen aus sogenannten Sterbetafeln hervor. Das Versicherungsrisiko ist also vergleichsweise gering. Man muß in 20 Jahren ja nur 54 Sterbefälle regulieren. Entsprechend kann nun der Beitrag festgelegt werden.

Das Beispiel zeigt, daß zweierlei erfolgen muß:

- Man erfaßt das Wagnis (hier: Sterbewahrscheinlichkeit) und
- man bildet Gefahrengemeinschaften (hier: die 30jährigen).

In gleicher Weise geht man bei den anderen Versicherungsarten vor.

**Die wesentlichen Merkmale** einer Versicherung sind also:

- Der Eintritt des Versicherungsfalles ist *zufällig*. Es ist für den einzelnen Versicherten nicht vorweg zu bestimmen, wann der Schaden eintritt.
- Die für die Gesamtheit der Versicherten eintretenden Schadensfälle müssen zur rechtzeitigen und richtigen Bereitstellung der erforderlichen Mittel *schätzbar* sein. Im allgemeinen wird diese Vorausschau durch eine mathematische Wahrscheinlichkeitsrechnung ermöglicht.
- Normalerweise werden die Risiken von einer *Vielzahl von Personen* (natürlichen Personen und juristischen Personen, z. B. Firmenversicherungen) gemeinsam getragen. Durch die Verteilung auf eine größere Zahl wird die Belastung des einzelnen geringer und die Genauigkeit der Vorausberechnung erhöht.

## 9.3 Versicherungsunternehmen und Versicherungsarten

**Versicherungsunternehmen** sind in der Bundesrepublik Deutschland vorwiegend privatwirtschaftliche Betriebe. Lediglich die Sozialversicherungsträger und die Brandversicherungskassen sind öffentlich-rechtliche Institutionen. Für die übrigen Versicherungen werden zwischen den Versicherungsunternehmen und den Versicherungsnehmern privatrechtliche Verträge abgeschlossen. Als Rechtsformen der privaten Versicherungen haben sich durchgesetzt:

- **Aktiengesellschaften.** Bei ihnen sind die Versicherungsnehmer nicht am Unternehmen beteiligt. Sie werden jedoch teilweise durch besondere Regelungen (Prämienrückvergütung) an einem günstigen Versicherungsverlauf beteiligt.
- **Versicherungsvereine auf Gegenseitigkeit** (VVaG). Die Versicherungsnehmer sind zugleich Mitglieder und haben eine ähnliche Rechtsstellung wie die Genossen einer Genossenschaft. Sie sind am Gewinn unmittelbar beteiligt.

**Auf dem Kapitalmarkt** spielen die Versicherungen eine bedeutsame Rolle. Sie legen ihr erforderliches *Deckungskapital* auf dem Kapitalmarkt an (z. B. in festverzinslichen Wertpapieren oder als gesicherte Darlehen an Großbetriebe).

**Der staatlichen Aufsicht** unterliegen alle privaten Versicherungsunternehmen. Diese Aufsicht obliegt nach dem Versicherungsaufsichtsgesetz (VAG) vom 12.05.1901, in der Fassung vom 13.10.1983, dem *Bundesaufsichtsamt für das Versicherungswesen* in Berlin. Zu dessen Pflichten gehören u. a. die Prüfung und Genehmigung von Tarifen und die Überwachung der Geldanlage der Versicherungen.

## Gegenstand der Versicherungen

Man unterteilt Versicherungen in *Sozialversicherung* und *Individualversicherung* (Vertragsversicherung). Während die erste auf gesetzlichem Zwang beruht, also eine Pflichtversicherung der Arbeitnehmer ist, kommt die letzte durch Vertrag zustande und beruht meist auf freiwilliger Grundlage.

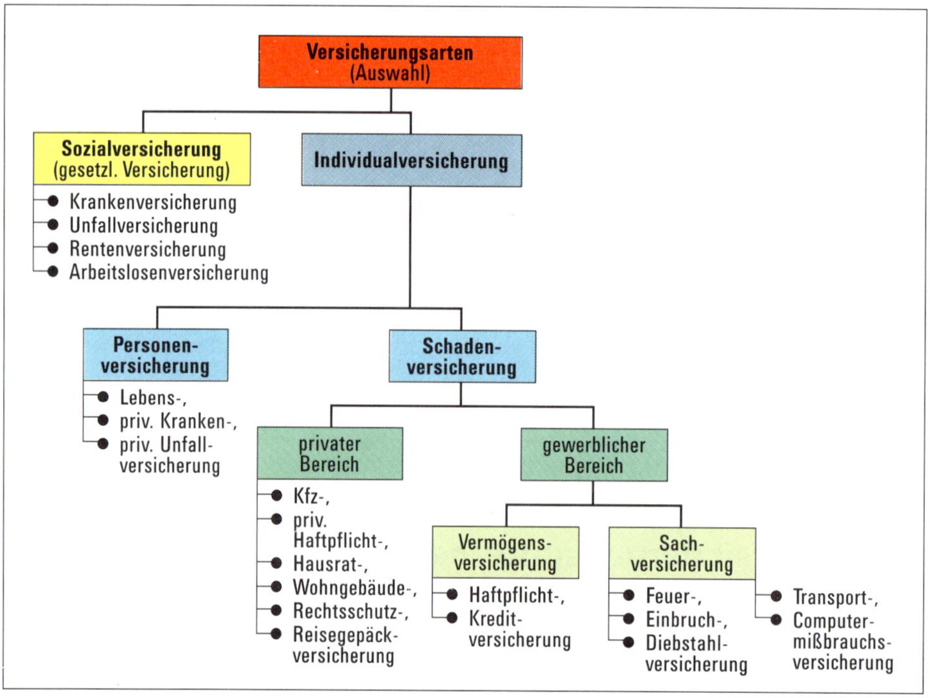


*Abb. 9.3-1 Versicherungsarten*

Die richtige Auswahl der Versicherungsarten und der Versicherungssumme ist sowohl für den kaufmännischen Betrieb als auch für die Einzelperson eine wichtige Aufgabe. Dabei ist zu beachten, daß eine zu niedrige Versicherungssumme nur einen unzureichenden Versicherungsschutz bietet. Das kann der Fall sein bei Personen- und Vermögensversicherungen, wenn die Versicherungssumme niedriger ist als der eingetretene Schaden. Eine Besonderheit ist die *Unterversicherung* bei Vermögensversicherungen. Ist die Versicherungssumme geringer als der Gesamtwert der versicherten Sachen, ersetzt der Versicherer den Schaden nur im Verhältnis der Versicherungssumme zum Versicherungswert (Beispiel: Gesamtwert des Hausrates 30000,00 DM, Versicherungssumme 10000,00 DM, Schaden 1200,00 DM, Schadenersatz 400,00 DM).

Die meisten Versicherungen dienen dem Schutz des Versicherten bei eingetretenen Schäden, z. B. Unfallschaden in der Kraftfahrzeugversicherung, Heilkosten bzw. Renten bei der Unfallversicherung. Neben diesen *Schadenversicherungen* gibt es noch die *Summenversicherung*. Sie ist gekennzeichnet durch eine festgelegte Versicherungssumme, die bei Eintreten eines bestimmten Ereignisses zu zahlen ist. Beispiele sind die private Lebensversicherung (Fälligkeit der Summe z. B. im Todesfalle oder bei Erreichen einer bestimmten Altersgrenze) und die Aussteuerversicherung (Fälligkeit der Versicherungssumme bei Heirat).

Die wichtigste Unterteilung der Versicherungen ist die nach dem Gegenstand. Danach unterscheidet man:

- **Personenversicherungen,** die einzelne Personen in persönlichen Belangen versichern;
- **Vermögenssicherungen,** die dem Schutz des Vermögens dienen, und
- **Sachversicherungen,** bei denen ein bestimmter Schaden ersetzt wird. Vermögens- und Sachversicherungen werden in der Versicherungswirtschaft zusammgefaßt als *Schadenversicherung* bezeichnet.

## 9.3.1 Personenversicherungen

(Vgl. Abb. 9.3-1. Zur Sozialversicherung wird hier nicht Stellung genommen. Vgl. dazu Abschnitt 5.8.)

Wer durch die Sozialversicherung nicht oder nicht ausreichend versichert ist, kann darüber hinaus private Personenversicherungen abschließen.

### Die private Lebensversicherung

Die Versicherungssumme wird hierbei fällig, wenn das im Vertrag vereinbarte Ereignis eintritt - auch wenn erst eine Prämie gezahlt ist. Die wichtigsten Formen sind:

- **die Versicherung auf den Todesfall.** Sie wird bei Eintritt des Todes während der Versicherungsdauer fällig;
- **die Versicherung auf den Erlebensfall.** Die Versicherung wird fällig, wenn der Versicherte das vereinbarte Lebensalter erreicht;
- **die gemischte Versicherung** auf den Todes- und den Erlebensfall. Sie wird normalerweise fällig, wenn der Versicherte das vereinbarte Lebensalter erreicht hat. Stirbt er vorher, erhalten die Angehörigen oder sonstige Erben die volle Versicherungssumme;
- **die Zusatz-Unfallversicherung.** Sie wird mit der Lebensversicherung gekoppelt. Im Falle eines Unfalltodes wird die doppelte Versicherungssumme fällig.

Die meisten Lebensversicherungen sehen vor, daß statt der normalen Auszahlung der Versicherungssumme auch eine Rente gezahlt werden kann.

## Die Unfallversicherung

Eine Unfallversicherung kann auch unabhängig von einer Lebensversicherung abgeschlossen werden. Unfallversicherungen sehen durchweg vor, daß die abgeschlossene Versicherungssumme sich bei Unfällen, die eine Invalidität (Arbeitsunfähigkeit) zur Folge haben, verdoppelt.

Unfallversicherungen werden vielfach von Firmen als *Gruppenunfallversicherungen* zugunsten der Mitarbeiter abgeschlossen als Ergänzung zur gesetzlichen Berufsunfallversicherung.

## Die private Krankenversicherung

Die private Krankenversicherung dient einmal dem Schutz nicht versicherungspflichtiger Personen. Sie kann aber auch als Zusatzversicherung (z. B. Krankenhaustagegeld) zur gesetzlichen Krankenversicherung abgeschlossen werden.

Versicherungsfähig sind alle mit Krankheiten in Zusammenhang stehenden Aufwendungen:

- Arztkosten einschließlich Zahnbehandlung,
- Krankenhauskosten,
- Kosten für Heilmittel einschließlich Prothesen, Zahnersatz, Brillen usw.,
- Krankenhaustagegeld,
- Krankentagegeld.

Viele private Krankenhausversicherungen leisten, wenn die Versicherung in einem Jahr nicht in Anspruch genommen wurde, Rückvergütungen.

# 9.3.2 Schadenversicherungen

Auch die Schadenversicherungen (vgl. die schematische Übersicht zu den Versicherungsarten, Abb. 9.3-1) dienen Kaufleuten wie Privatleuten.

An einigen Beispielen soll die Bedeutung dieser Schadenversicherungen für den Betrieb veranschaulicht werden.

Für Tausende Unternehmen aller Branchen heißt versichern - wirtschaftlich gesehen: sich gegen mögliche *Vermögensverluste* in unbekannter Höhe abzusichern und sie als Betriebskosten kalkulierbar zu machen. Diese Funktion sollen die Schadenversicherungen übernehmen. Je nach Wirtschaftszweig, Art und Größe eines Betriebes gibt es viele Möglichkeiten des Risikoschutzes. Das Wichtigste in Stichworten:

- **Die Feuerversicherung** ersetzt Schäden durch Brand, Blitzschlag, Explosion, Flugzeugabsturz. Der größte Schaden auf europäischem Boden ereignete sich 1977: Für den Brand im Ersatzteillager der Kölner Ford-Werke brachten die Versicherungen rund 400 Millionen DM auf.
- **Die Betriebsunterbrechungsversicherung** ersetzt die laufenden Betriebskosten und den entgangenen Gewinn während der betrieblichen Zwangspause infolge eines Feuer- oder Maschinenschadens.

- **Die Einbruchdiebstahlversicherung** leistet Ersatz für Gegenstände, Anlagen, die bei Einbruchdiebstahl gestohlen, beschädigt oder zerstört werden. Schäden durch Beraubung oder räuberische Erpressung sind ebenfalls gedeckt.
- **In der Maschinenversicherung** sind durch Bedienungsfehler, Ungeschicklichkeit, Fahrlässigkeit und Böswilligkeit verursachte Schäden ebenso versichert wie Konstruktions-, Material- oder Ausführungsfehler.
- **Die Produkthaftpflichtversicherung** bietet Schutz bei Schäden, die durch menschliches oder maschinelles Versagen bei der Herstellung oder Lieferung von Erzeugnissen entstanden sind; zum Beispiel Arzneimittel-Haftpflichtversicherung.
- **Transportversicherung:** Alle produzierten Güter müssen vom Hersteller über die Verteiler an die Abnehmer gebracht werden. Es gibt die Versicherungsarten Güter- oder Warenversicherung, Speditions-, Ausstellungs-, Reisegepäck-, Wertsachenversicherung u. a.

Durch eine *Vermögensversicherung* wird in erster Linie das Vermögen des Versicherten geschützt. Im Falle der Haftpflichtversicherung wird dadurch jedoch zugleich ein Schutz des Anspruchsberechtigten erreicht, dessen Ansprüche bis zur Höhe der Versicherungssumme durch die Versicherung abgedeckt werden.

Für Kraftfahrzeuge besteht ein gesetzlicher Zwang zum Abschluß einer *Haftpflichtversicherung*. Die Versicherung ersetzt den Schaden, der einem Dritten durch den Versicherungsnehmer entsteht. Sie übernimmt für ihn auch den Rechtsschutz gegen unberechtigte Forderungen. Ist der Schaden größer als die Versicherungssumme, muß der Versicherte den darüber hinausgehenden Schaden selbst tragen.

§ 823 BGB: „Wer vorsätzlich oder fahrlässig das Leben, den Körper, die Gesundheit, das Eigentum oder ein sonstiges Recht eines anderen widerrechtlich verletzt, ist dem anderen zum Ersatz des daraus entstehenden Schadens verpflichtet …"

Für die Einzelpersonen ist darüber hinaus die *Privathaftpflichtversicherung* wesentlich. Sie schützt bei niedrigen Versicherungsprämien gegen Haftpflichtansprüche, z. B. bei Vernachlässigung der Aufsichtspflicht (Kind wirft Scheibe ein). Gleiches gilt für die Versicherungen von Betrieben durch die *Betriebshaftpflichtversicherung*.

Sie deckt Personen- und Sachschäden; neben dem Versicherungsnehmer sind seine gesetzlichen Vertreter und sämtliche Betriebsangehörigen während ihrer beruflichen Tätigkeit versichert.

## Die Kreditversicherung

Die Kreditversicherung ersetzt teilweise die Schäden, die durch Zahlungsunfähigkeit von Schuldnern entstehen. Einen Teil des Schadens (Selbstbeteiligung) muß der Versicherte selbst tragen. Man unterscheidet

- **die Warenkreditversicherung** für Lieferungen im Inland und
- **die Ausfuhrkreditversicherung** für den Export. Diese arbeitet mit Unterstützung und gleichsam im Auftrag des Bundes.

Dem Versicherungsnehmer wird der Ausfall einer Forderung aus Warenlieferung oder Dienstleistungen ersetzt. Versicherungsfall ist die Zahlungsunfähigkeit des Kunden.

## 9.4 Die Rückversicherung

Auch die Versicherungen selbst brauchen Versicherungsschutz! Die Finanzkraft des einzelnen Versicherungsunternehmens ist begrenzt. Große Risiken, wie Verkehrsflugzeuge, Bohrinseln, Supertanker, können nicht von einem Versicherungsunternehmen allein versichert werden (vgl. auch die Beispiele in Abschnitt 9.2).

Das Risiko wird auf viele Schultern verteilt: Kleine und kleinste Anteile des übernommenen Versicherungsschutzes gehen an zahlreiche Versicherungsunternehmen, oft in aller Welt. Im Schadenfall bringen dann viele Versicherer die Leistung gemeinsam auf.

Nur so ist es möglich, daß zum Beispiel eine Bohrinsel in der Nordsee mit mehr als zwei Milliarden Mark Versicherungssumme überhaupt versichert werden kann. Für den erwähnten Brand im Ersatzteillager eines Automobilwerks wurden 400 Millionen DM aufgebracht - von Versicherern in aller Welt. Umgekehrt stehen aufgrund des internationalen Risikoausgleichs auch deutsche Versicherungsgesellschaften mit dafür ein, wenn ein Wirbelsturm in den USA mehrere hundert Häuser dem Erdboden gleichmacht oder eine Tankerkollision einen Schaden von weit über 100 Millionen Mark verursacht.

Als „Versicherung der Versicherung" dient diese Rückversicherung. Der Direkt- oder Erstversicherer übernimmt das ganze Risiko, ohne den Kunden davon zu unterrichten, daß er einen Teil des Risikos weitergibt. Der Rückversicherer seinerseits behält von großen Risiken ebenfalls nur einen Teil auf eigene Rechnung. Den anderen Teil gibt er an andere Gesellschaften weiter.

Rückversicherer steigen jedoch nicht nur in Großrisiken ein. Sie tragen auch dazu bei, das Gesamtgeschäft des Direktversicherers ausgewogener zu gestalten.

Über die Rückversicherung läßt sich ein gesunder Ausgleich im Gesamtgeschäft erzielen.

## 9.5 Der Versicherungsvertrag

Der Versicherungsvertrag ist ein gegenseitiger Vertrag. Seine Rechtsgrundlage sind das Versicherungsvertragsgesetz (VVG) sowie die allgemeinen Versicherungsbedingungen (AVB) des Versicherers. Über den Versicherungsvertrag wird eine Urkunde, die sogenannte *Police* (Versicherungsschein), ausgestellt.

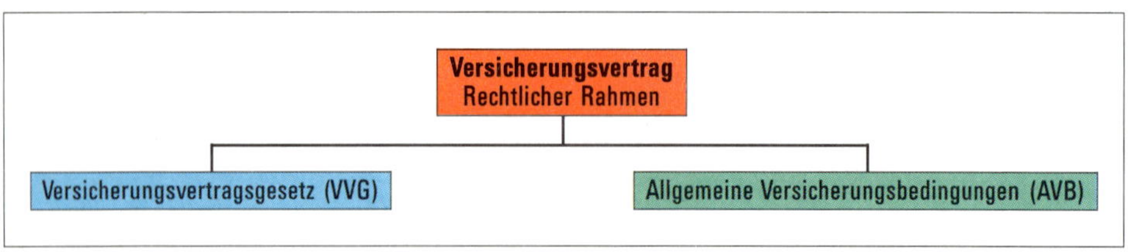


*Abb. 9.5-1 Versicherungsvertrag*

Im Versicherungsvertrag (Police) werden festgelegt:

- Beginn und Laufzeit der Versicherung
- Versicherte Person/Sache
- Geltungsbereich des Versicherungsschutzes
- Versicherungsumfang/Versicherungsausschlüsse
- Leistungen des Versicherers
- Rechte und Pflichten der Vertragspartner
- Verhalten im Versicherungsfall
- Tarifbestimmungen/Versicherungsbeitrag
- Besondere Vereinbarungen

**Prämien** (Beiträge) hat der Versicherte als vertragsmäßige Leistung zu zahlen. Die Prämien sind jeweils zu Beginn einer Versicherungsperiode (Jahr, Halbjahr, Vierteljahr oder andere Regelung) fällig. *Zahlungsverzug* tritt automatisch ein, wenn der Versicherte am Fälligkeitstag durch eigenes Verschulden nicht zahlt. Die Versicherung wird jedoch von ihrer Leistungspflicht erst frei, wenn sie den Versicherungsnehmer *schriftlich gemahnt* hat und die vorgeschriebene *Zahlungsfrist* von weiteren zwei Wochen verstrichen ist.

Darüber hinaus ist der Versicherungsnehmer verpflichtet

- **Schadensfälle** in festgelegten Fristen **unverzüglich zu** melden,
- die **Versicherung** über Gefahrenerhöhungen und wesentliche Veränderungen zu **unterrichten,**
- alles in seiner Kraft Stehende zu tun, um **Schaden abzuwenden oder zu mindern.**

Wenn der Versicherte seinen Verpflichtungen nicht rechtzeitig nachkommt, kann die Versicherung von der Verpflichtung zu Zahlung frei werden.

**Die Leistungen der Versicherung** bestehen in der Übernahme des Risikos und der Zahlung im Versicherungsfalle, jedoch auch z. B. in der Abwehr unberechtigter Ansprüche (zur Versicherungssteuer vgl. Abschnitt 13.11).

## Aufgaben

1. Zum Entstehen der ersten Versicherungen: Welche Lebenserfahrung und welches verbreitete menschliche Bedürfnis führten zur Gründung erster Schutzgemeinschaften?
2. Nehmen Sie die Tageszeitung von heute, und greifen Sie mindestens drei beispielhafte Schadensfälle heraus, bei denen Ihrer Meinung nach die Versicherungen eingreifen müssen.
3. In der Versicherungsgeschichte ist nachzulesen, daß erst die Entwicklung der Wahrscheinlichkeitsrechnung zur Gründung größerer Versicherungsunternehmen geführt habe. Wie erklären Sie sich diesen Zusammenhang?
4. Um Schäden regulieren zu können, müssen die Versicherungen ausreichende Mittel aus dem Beitragsaufkommen haben. Wie werden die Versicherungsbeiträge festgelegt? (In Ihrer Antwort sollten folgende Begriffe vorkommen: „Gesetz der großen Zahl", „Wagnis", „Gefahrengemeinschaft".)
5. Stellen Sie die Funktionsweise einer Versicherung ganz grob am Beispiel der Reisegepäckversicherung dar.
6. Stellen Sie in einem kurzen Text die Unterschiede zwischen Sozialversicherung (vgl. Abschnitt 5.8) und Privatversicherung heraus.
7. Welche Versicherungsart deckt gegebenenfalls folgende Schäden?
   a) Durch Frost ist ein Wasserrohr gebrochen. Schäden an den Möbeln 4 000,00 DM.
   b) Ein Mitarbeiter hat bei der Auslieferung von Waren im Privathaus des Empfängers versehentlich eine wertvolle Vase umgestoßen und zerbrochen.
   c) Bei einem Autounfall entstand folgender Schaden: eigenes Auto 4 500,00 DM, fremdes Auto 6 000,00 DM, Fahrer des anderen Wagens Beinbruch mit Kosten von 7 000,00 DM, eigene Arztkosten 1200,00 DM.
   d) Ein Importeur in Saudi-Arabien, dem für 20 000,00 DM Waren geliefert wurden, ist zahlungsunfähig.
   e) Durch einen Brand in der Fertigung ist der Verkäufer in Lieferverzug geraten.
8. Prüfen Sie anhand der allgemeinen Versicherungsbedingungen für die Kraftfahrzeug-Haftpflichtversicherung, welche Verpflichtungen der Versicherungsnehmer im Schadensfalle hat. (Sicherlich aus den Unterlagen Ihnen bekannter Autofahrer greifbar.)

9. Begründen Sie ausführlich die wirtschaftlichen Folgen, die sich aus einer Unterversicherung ergeben können.
10. Durch eine lose Steinplatte im Eingang zu Ihrem Büro ist ein Besucher hingefallen und hat sich einen Arm gebrochen. Fertigen Sie eine ausführliche schriftliche Meldung an die Versicherung.
11. In einem Warenlager bricht ein Brand aus. Das Unternehmen hatte versehentlich die letzte Prämie für die Feuerversicherung nicht bezahlt. Was sieht der Versicherungsvertrag üblicherweise für einen derartigen Fall vor (Rechtslage)?
12. Erklären Sie: Was ist mit Rückversicherung gemeint?

## Zusammenfassung

- Das menschliche Leben ist von Gefahren und Risiken begleitet. Und weil die Menschen ein ausgeprägtes Bedürfnis haben, sich hiervor zu schützen, kam es schon im Mittelalter zu Schutzgemeinschaften, aus denen sich die heutigen Versicherungen entwickelten.
- Der Grundgedanke der Versicherung ist der, daß die Mitglieder einer Gefahrengemeinschaft Beiträge einzahlen, um dem einzelnen im Schadensfall eine Zahlung leisten zu können.
- Man muß Sozialversicherung und Individualversicherung (privater und gewerblicher Bereich) unterscheiden. Die eine ist eine Pflichtversicherung und dient der sozialen Sicherung, die andere ist im Regelfall freiwillig und erfaßt die versicherbaren Risiken des Alltags im privaten und gewerblichen Bereich.
- Auf die Versicherungen werden die unterschiedlichsten Risiken übertragen (vgl. Abb. 9.3-1). Im „Falle eines Falles" regulieren die Versicherungen dann den Schaden.
- Für diese Schadenregulierungen müssen die Versicherungen aber über genügend Mittel aus dem Beitragsaufkommen verfügen. Sie berechnen dieses insbesondere mit dem „Gesetz der großen Zahl".
- Berücksichtigt werden bei der Beitragsberechnung das Wagnis (Wahrscheinlichkeit des Schadeneintritts) und die Besonderheit der gebildeten Gefahrengemeinschaft.
- Die Unternehmen schließen für die unterschiedlichsten Risiken Versicherungsverträge ab. Der rechtliche Rahmen hierzu sind das Versicherungsvertragsgesetz (VVG) und die allgemeinen Versicherungsbedingungen (AVB). Hier finden die Pflichten und Rechte von Versicherungsnehmer und Versicherer ihre rechtliche Regelung.

# 10 Kaufmännische Hilfsgewerbe

## Worum geht es?

Kaufmann ist nicht nur, wer Waren ankauft und verändert oder unverändert wieder verkauft. Auch Banken und Versicherungen sind kaufmännische Gewerbe. Bestimmte Funktionen aber, die der Warenkaufmann auch selbst wahrnehmen könnte, werden von selbständigen kaufmännischen Betrieben, den sogenannten kaufmännischen Hilfsgewerben durchgeführt. Wir erkunden:

- Welche Aufgaben des Warenkaufmannes können die kaufmännischen Hilfsgewerbe übernehmen?
- Wodurch unterscheiden sich die kaufmännischen Hilfsgewerbe?

## Lernziele

Sie sollten ...

- die verschiedenen kaufmännischen Hilfsgewerbe nennen und unterscheiden können;
- die Hauptaufgaben der einzelnen Hilfsgewerbe nennen und im einzelnen erläutern können;
- begründen können, warum die kaufmännischen Hilfsgewerbe für ein Unternehmen unentbehrlich sind.

## 10.1 Der Handelsvertreter

Der Handelsvertreter ist ein *selbständiger Kaufmann,* der ständig damit betraut ist, für einen anderen Unternehmer Geschäfte zu vermitteln oder in dessen Namen abzuschließen. Vom Reisenden unterscheidet er sich dadurch, daß er im wesentlichen frei seine Tätigkeit gestalten und seine Arbeitszeit bestimmen kann. Er kann daher auch grundsätzlich gleichzeitig mehrere Firmen vertreten. Der *Handlungsreisende* ist dagegen kaufmännischer Angestellter (Kaufmannsgehilfe, vgl. Abschnitt 5.3.3).

**Vermittlungsvertreter oder Abschlußvertreter.** Der Abschlußvertreter hat die Vollmacht, für den Unternehmer Geschäfte fest abzuschließen. Sie bedürfen also nicht der Bestätigung durch den Geschäftsherrn. Oft unterhalten diese Vertreter ein Auslieferungslager, aus dem sie die Kunden gegebenenfalls sofort beliefern können. Der Vermittlungsvertreter kann dagegen nur Aufträge vermitteln. Er muß sie unverzüglich an die von ihm vertretene Firma weiterleiten, die sie bestätigen oder ablehnen kann (§§ 84/86 HGB).

Der Handelsvertreter kann Mängelrügen der Kunden und Erklärungen, daß eine Ware zur Verfügung gestellt wurde, entgegennehmen, Zahlungen aber nur, wenn er dazu ausdrücklich ermächtigt ist.

**Pflichten des Handelsvertreters.** Der Handelsvertreter hat

- sich um die Vermittlung oder den Abschluß von Geschäften zu bemühen und dabei die Interessen des Unternehmers wahrzunehmen *(Tätigkeitspflicht);*
- die von ihm vertretene Firma unverzüglich über die vermittelten oder abgeschlossenen Geschäfte zu unterrichten *(Benachrichtigungspflicht);*
- bei seiner Tätigkeit die Sorgfalt eines ordentlichen Kaufmanns zu beachten, z. B. bei Einräumung von Zahlungszielen oder durch laufende Kontrolle der Zahlungsfähigkeit von Kunden *(Sorgfaltspflicht);*
- Geschäftsgeheimnisse, die ihm anvertraut wurden oder durch seine Tätigkeit für die betreffende Firma bekanntgeworden sind, zu wahren *(Treuepflicht).*

Der Bezirksvertreter, dem ein bestimmter Bezirk oder ein bestimmter Kundenkreis zugewiesen ist, kann Provision auch für Geschäfte beanspruchen, die ohne seine Mitwirkung zustande kamen (Direktgeschäfte).

**Der Provisionsanspruch des Vertreters.** Der Vertreter hat Anspruch auf die vereinbarte Provision für alle von ihm vermittelten Geschäfte einschließlich der Nachbestellungen von Kunden, die er durch seine Tätigkeit gewonnen hat.

**Die Provision wird fällig,** sobald der Unternehmer das Geschäft ausgeführt hat. Der Vertrag kann aber auch eine andere Regelung vorsehen. In diesem Falle kann der Vertreter einen angemessenen Vorschuß verlangen, der spätestens am letzten Tag des folgenden Monats fällig ist. Falls er die Haftung für den Zahlungseingang übernimmt, steht ihm eine besondere *Delkredereprovision* zu.

**Die Abrechnung der Provision** erfolgt monatlich; der Abrechnungszeitraum kann aber durch vertragliche Vereinbarung bis auf drei Monate verlängert werden. Ersatz seiner Auslagen (Geschäftskosten) kann der Vertreter nur verlangen, wenn dies handelsüblich ist oder ausdrücklich vereinbart wurde.

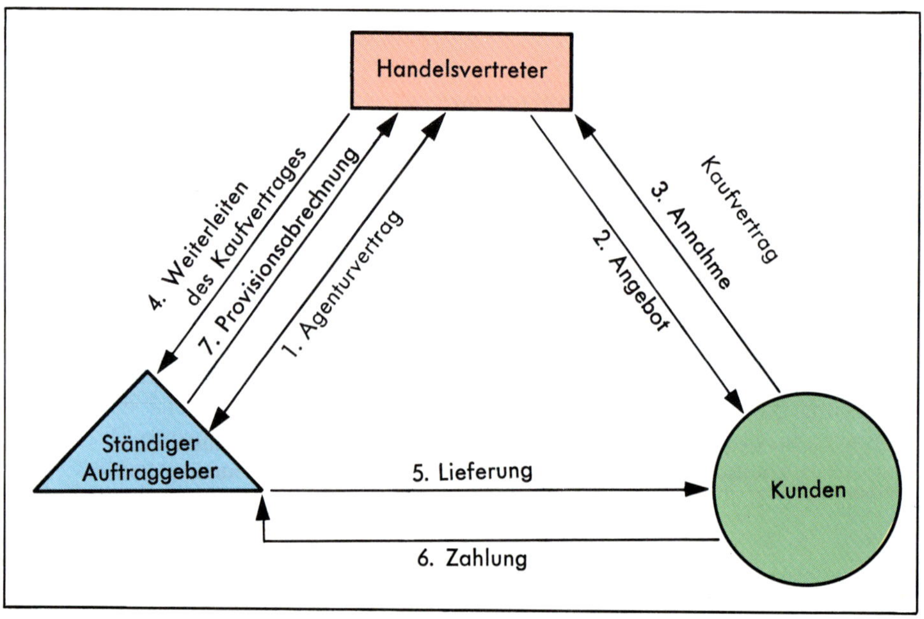


*Abb. 10.1-1 Der Handelsvertreter*

Der Ausgleichsanspruch des Vertreters. Der Handelsvertreter kann nach Beendigung des Vertragsverhältnisses eine angemessene Ausgleichsentschädigung verlangen, wenn und soweit aus der Geschäftsverbindung mit neuen Kunden, die der Vertreter geworben hat, der Unternehmer auch weiterhin erhebliche Vorteile hat oder Provisionen einspart, die sonst aus bereits abgeschlossenen oder künftig zustande kommenden Geschäften dem Vertreter zugeflossen wären. Der Ausgleich beträgt höchstens eine Jahresprovision (Durchschnitt der letzten fünf Jahre).

**Kündigung.** Für die Kündigung gelten die gesetzlichen Fristen (§ 89 HGB) und das Kündigungsschutzgesetz. Nach einer Vertragsdauer von mehr als drei Jahren beträgt die Kündigungsfrist mindestens drei Monate.

**Bedeutung.** Handelsvertreter spielen in vielen Branchen deshalb eine wesentliche Rolle, weil sie

- innerhalb der Branche,
- in einem regionalen Gebiet,
- mehrere Firmen, die sich gegenseitig ergänzen,

gleichzeitig vertreten können. Sie sind aber selbst dann, wenn sie nur *ein* Unternehmen vertreten, von besonderem Vorteil, wenn sie einen Kundenstamm aufgebaut haben, den das vertretene Unternehmen ansonsten selbst gewinnen müßte.

## 10.2 Der Handelsmakler

Der Handelsmakler ist ein *selbständiger Kaufmann,* der gewerbsmäßig die Vermittlung von Aufträgen übernimmt, ohne in einem ständigen Vertragsverhältnis zu seinem Auftraggeber zu stehen (§ 93 HGB). Er führt die beiden Parteien, z. B. Käufer und Verkäufer,

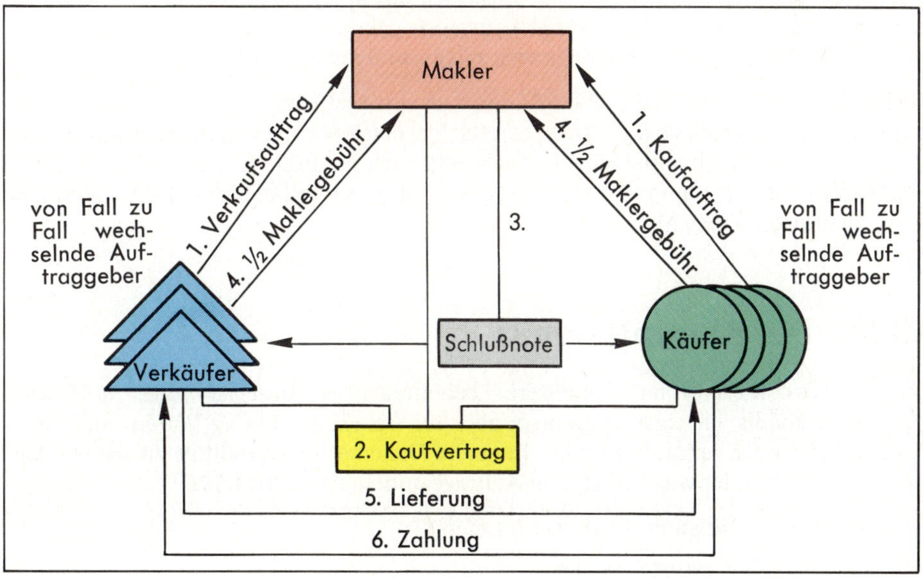


*Abb. 10.2-1 Die Tätigkeit eines Warenmaklers*

nur zusammen, vermittelt also das Zustandekommen des Geschäftes. Grundstücks-(Immobilien-) und Hypothekenmakler sind keine Handelsmakler, weil sie das HGB ausschließt.

Während beim Handelsvertreter ein festes, auf längere Zeit bestehendes Vertragsverhältnis vorliegt, werden dem Makler in der Regel nur einzelne Aufträge erteilt. Er kennt den Markt seines Arbeitsgebietes genau und erspart damit seinen Auftraggebern viel Arbeit und Kosten.

**Man unterscheidet folgende Arten der Makler:**

- **Warenmakler.** Sie vermitteln den Ein- und Verkauf von Waren.
- **Effektenmakler.** Sie vermitteln den An- und Verkauf von Effekten und arbeiten an der Börse. Sie werden von der Landesregierung ernannt (vereidigte Kursmakler) und unterstehen der Börsenordnung.
- **Versicherungsmakler.** Sie vermitteln Seeversicherungen.
- **Frachtenmakler.** Ihre Tätigkeit besteht darin, Frachtverträge zwischen dem Absender und dem Frachtführer zu vermitteln.
- **Schiffsmakler.** Sie vermitteln Schiffsraum; ihre Haupttätigkeit spielt sich in den Seehäfen ab.

**Pflichten des Maklers.** Der Makler hat

- die Interessen beider Parteien wahrzunehmen und haftet beiden Parteien für den ihnen durch sein Verhalten entstehenden Schaden;
- nach Abschluß des Geschäftes jedem Vertragsteil unverzüglich eine von ihm unterschriebene Schlußnote zuzustellen;
- alle vermittelten Geschäfte an Hand der Schlußscheine in ein Tagebuch einzutragen und die Eintragungen täglich zu unterschreiben;
- bei einem Verkauf nach Probe die Probe so lange aufzubewahren, bis der Vertrag erfüllt ist, d. h., bis der Käufer die Ware endgültig angenommen hat.

**Rechte des Maklers.** Der Makler hat Anspruch auf Maklerlohn (Maklergebühr, Courtage). Sie ist fällig, sobald das Geschäft zustande gekommen ist, und wird je zur Hälfte von den Vertragspartnern bezahlt, soweit nichts anderes vereinbart worden ist.

**Bedeutung.** Bestimmte Geschäfte können nur von Maklern abgewickelt werden, insbesondere dann, wenn sie auf Grund von Rechtsvorschriften einzuschalten sind, wie die Effektenmakler. Makler spielen aber auch eine wichtige Rolle in den Fällen, in denen der Markt für einen Kaufmann zu undurchsichtig ist, so daß er sich auf die Kenntnisse und Erfahrungen eines Marktkenners abstützen muß.

## 10.3 Der Kommissionär

Der Kommissionär (von lat. committere = beauftragen) ist ein *selbständiger Kaufmann*, der gewerbsmäßig im eigenen Namen, aber für fremde Rechnung Waren oder Wertpapiere kauft oder verkauft. Er kann in einem Dauervertragsverhältnis zu seinem Auftraggeber stehen oder von Fall zu Fall Aufträge annehmen (§ 383 HGB).

**Nach der Art der Tätigkeit** unterscheidet man

- **Einkaufskommissionäre** und
- **Verkaufskommissionäre.**

Häufig richtet der Auftraggeber (Kommittent) seinem Kommissionär ein Lager ein. Es bietet den Vorteil, daß die betreffenden Fabrikate von den Kunden besichtigt und kurzfristig geliefert werden können. Im Inlandsverkehr nennt man es *Kommissionslager*, im Auslandsverkehr *Konsignationslager*. Der Auftraggeber muß vor Überlassung eines solchen Lagers die Kreditwürdigkeit und Zuverlässigkeit des Kommissionärs gewissenhaft prüfen; bisweilen verlangt er auch die Stellung einer Kaution oder eine Bankgarantie. Die Einrichtung eines Konsignationslagers in Übersee ist besonders risikoreich, weil infolge der hohen Frachten von unredlichen Kommissionären die Preise nachträglich gedrückt werden können.

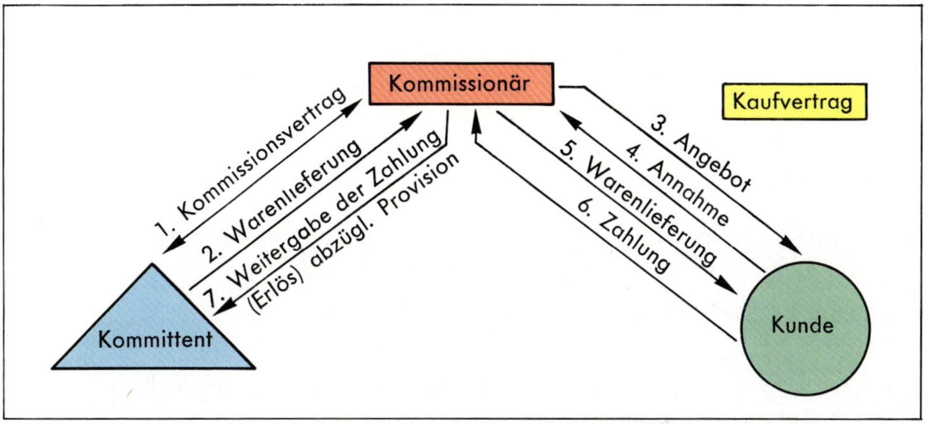


*Abb. 10.3-1 Verkaufskommissionär mit Kommissionslager*

**Pflichten des Kommissionärs.** Der Kommissionär hat

- alle Geschäfte mit der Sorgfalt eines ordentlichen Kaufmanns auszuführen **(Sorgfaltspflicht);**
- sich genau nach den Vorschriften seines Auftraggebers (Kommittenten) zu richten **(Befolgungspflicht),** insbesondere hinsichtlich der gesetzten Preisgrenze (Preislimit);
- seinem Auftraggeber unverzüglich von dem getätigten Einkauf bzw. Verkauf Mitteilung zu machen **(Anzeigepflicht);**
- über das durchgeführte Geschäft in einer Einkaufs- bzw. Verkaufsrechnung abzurechnen **(Abrechnungspflicht).** Alle günstigeren Bedingungen gelten dabei unmittelbar für den Auftraggeber, in dessen Interesse er handelt.

**Rechte des Kommissionärs.** Der Kommissionär hat

- Anspruch auf **Provision,** die fällig wird, sobald das Geschäft ausgeführt ist;
- Anspruch auf **Ersatz der Kosten und Auslagen,** die ihm bei der Ausführung des Auftrages entstanden sind (Frachten, Zölle, Maklergebühr usw.);
- ein **Pfandrecht,** d. h. Zurückbehaltungsrecht an dem Kommissionsgut für seine Ansprüche gegenüber dem Auftraggeber;
- Anspruch auf **Delkredereprovision,** wenn er die Haftung für den Eingang der Rechnungsbeträge bei Zielverkäufen übernimmt;

- das **Recht des Selbsteintritts,** d. h., er kann Waren oder Wertpapiere, die er für den Auftraggeber kaufen soll, aus eigenen Beständen liefern oder bei Verkaufsaufträgen selbst als Käufer übernehmen. Voraussetzung ist aber, daß entweder der Kommittent (Auftraggeber) zustimmt oder die betreffenden Waren oder Wertpapiere einen Börsen- oder Marktpreis haben. Trotz des Selbsteintritts kann der Kommissionär von seinem Auftraggeber die übliche Provision und Ersatz der sonst regelmäßig entstehenden Kosten verlangen.

**Bedeutung.** Der Kommissionär ist besonders im Außenhandel als Spezialist und Bearbeiter ihm bekannter Auslandsmärkte von großer Bedeutung. Im Binnenhandel ist er besonders wichtig bei der Einführung neuer Waren. Große Bedeutung hat das Kommissionsgeschäft im Wertpapierhandel der Banken und im Buchhandel. Im Kommissionsbuchhandel ist der Kommissionär Mittler zwischen Verleger und Buchhändler (Sortimenter).

## 10.4 Der Lagerhalter

Der Lagerhalter ist ein *selbständiger Kaufmann*, der gewerbsmäßig die Einlagerung und Aufbewahrung von Waren für andere übernimmt (§ 416 HGB).

**Pflichten der Lagerhalter.** Der Lagerhalter hat

- die Ware bei Übernahme zu prüfen und sie zweckentsprechend zu lagern;
- den Einlagerer bei Verschlechterung der Qualität der Lagergüter zu verständigen;
- die Besichtigung der Ware zu gestatten;
- einen Lagerschein über die eingelieferte Ware auszustellen;
- die Ware an den Empfangsberechtigten auszuliefern.

**Rechte der Lagerhaltung.** Der Lagerhalter hat

- einen Anspruch auf das vereinbarte Lagergeld und den Ersatz barer Auslagen;
- ein gesetzliches Pfandrecht zur Sicherung seiner Forderungen;
- das Recht, den Lagervertrag gemäß den Vereinbarungen zu kündigen.

**Lagerschein.** Der Lagerschein, der über die eingelieferte Ware ausgestellt wird, ist – wie der Ladeschein in der Binnenschiffahrt und das Konnossement in der Seeschiffahrt – ein Warenwertpapier. Mit einer Übertragung geht das Verfügungsrecht über das Lagergut auf den Empfänger über. Man unterscheidet

- **gewöhnliche Lagerscheine,** die auf den Namen lauten. Soll der Herausgabeanspruch auf das Lagergut abgetreten werden, ist eine Zession (Abtretungserklärung) erforderlich.
- **Orderlagerschein.** Sie können durch Indossament übertragen werden. Nur staatlich ermächtigte Lagerhalter dürfen sie ausstellen.

**Bedeutung.** Die öffentlichen und privaten Lagerhäuser sind für die Wirtschaft von größter Bedeutung. Sie ermöglichen durch modernste Lagereinrichtungen (Verladeanlagen, Schüttböden, Entlüftungs-, Entstaubungs-, Kühlanlagen usw.) die sachgemäße Pflege und Behandlung der eingelagerten Ware, führen zu Kostenersparnissen (keine eigenen kostspieligen Lagerräume) und ermöglichen durch die Begebung (Indossieren) der Orderlagerscheine eine rasche Verfügung über die Ware.

# 10.5 Der Spediteur

**Spediteur ist,** wer es gewerbsmäßig übernimmt, Güterversendungen durch Frachtführer oder durch Verfrachter von Seeschiffen für Rechnung eines anderen im eigenen Namen zu besorgen (§ 407/1 HGB). Der Spediteur ist also nach dem Gesetz nur *Vermittler* zwischen dem eigentlichen Versender und dem Frachtführer. Er übernimmt die Güter zum Versand, stellt den Frachtbrief aus, wählt den günstigsten Transportweg, übernimmt die Verzollung und Versicherung der Ware und viele andere Nebenarbeiten (Umpacken, Signieren usw.). Geradezu unentbehrlich ist diese Mittlertätigkeit des Spediteurs im Verkehr mit Übersee (Seehafenspediteur, Luftfrachtspediteur).

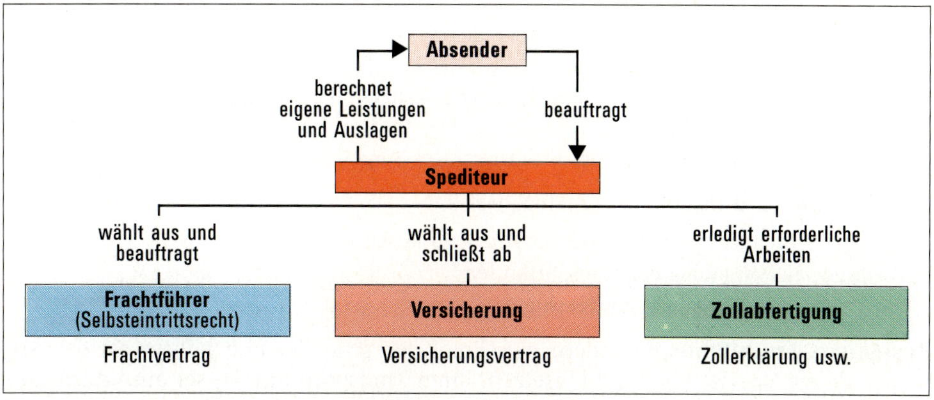


*Abb. 10.5-1 Der Spediteur*

**Pflichten des Spediteurs.** Der Spediteur hat

- für den Transport mit der Sorgfalt eines ordentlichen Kaufmanns zu sorgen und dabei die Weisungen des Auftraggebers zu befolgen;
- die Frachtführer und Zwischenspediteure sorgfältig auszuwählen;
- die sorgfältige Behandlung des Gutes zu verantworten;
- den Schaden zu tragen, wenn ihn bei Verlust, Minderung, Beschädigung oder verspäteter Ablieferung der Güter ein Verschulden trifft.

Die „Allgemeinen Deutschen Spediteurbedingungen“, in denen die Rechte und Pflichten der Spediteure in umfassender Weise geregelt sind, schränken diese Haftung des Spediteurs ein, verpflichten ihn aber andererseits dann, jeden Auftrag auf Kosten des Auftraggebers zu versichern (Speditions-Versicherungs-Schein = SVS).

**Rechte des Spediteurs.** Der Spediteur hat

- das Recht, das Gut selbst zu befördern und einzulagern **(Selbsteintrittsrecht);**
- **Anspruch auf Provision,** die fällig wird, sobald das Gut dem Frachtführer übergeben worden ist, und auf Ersatz seiner Auslagen (Frachten, Zölle usw.);
- zur Sicherung dieser Ansprüche hat er ein **gesetzliches Pfandrecht** an dem Speditionsgut, solange es sich noch in seinem Besitz befindet.

**Bedeutung.** Durch ihren umfassenden Überblick über den Markt des Güterverkehrs sind die Spediteure für viele Betriebe unverzichtbare Partner bei der Beförderung von Waren. Das gilt insbesondere für die Abwicklung internationaler Warensendungen, vor allem wenn die Verkehrsmittel Flugzeug oder Schiff in Betracht kommen …

## 10.6 Der Frachtführer

Der Frachtführer ist ein *selbständiger Kaufmann*, der gewerbsmäßig die Beförderung von Waren für andere übernimmt (§ 425 HGB), z. B. ein Fuhrunternehmer mit einem Lastkraftwagenpark, Unternehmen des Güterkraftverkehrs, u. U. der Spediteur, Reedereien der Seeschiffahrt und Luftverkehrsgesellschaften.

**Pflichten des Frachtführers.** Der Frachtführer hat

- das Gut insbesondere auf gute Verpackung zu prüfen;
- den Transport fristgerecht durchzuführen und die Ladung in dem Zustand abzuliefern, in dem er sie übernommen hat;
- nachträgliche Verfügungen des Absenders über das Gut zu befolgen;
- den Absender zu benachrichtigen, sofern bei der Ablieferung Schwierigkeiten auftreten;
- für Verlust oder Beschädigung und verspätete Ablieferung des Gutes bei Verschulden zu haften;
- für ordnungsmäßige Erfüllung des Frachtvertrages Sorge zu tragen (Sorgfaltspflicht).

**Rechte des Frachtführers.** Der Frachtführer hat

- sich vom Absender den Frachtbrief ausstellen zu lassen;
- Anspruch auf Vergütung der Transportkosten;
- ein gesetzliches Pfandrecht am Frachtgut.

**Bedeutung.** Frachtführer befördern zweckmäßiger, schneller und billiger als der Absender, da sie Spezialfahrzeuge einsetzen, ihren Transportraum besser ausnutzen und außerdem Rückfrachten mitnehmen können.

## Aufgaben

1. Warum lohnt es sich für den Kaufmann, mit kaufmännischen Hilfsgewerben zusammenzuarbeiten? Begründen Sie Ihre Auffassung anhand von mindestens 3 konkreten Beispielen.
2. Ordnen Sie die folgenden Tätigkeiten bzw. Merkmale dem Handlungsreisenden bzw. dem Handelsvertreter zu.
   a) Vertretung mehrerer Firmen
   b) freie Gestaltung seiner Arbeitszeit
   c) Rechtsstellung eines Kaufmannsgehilfen
   d) selbständiger Kaufmann
   e) festes Gehalt, evtl. auch zusätzlich Provision
   f) Provision
   g) Treuepflicht
3. Sie wollen Präzisionsmaschinen nach Indien senden. Fragen Sie bei einer internationalen Spedition schriftlich nach allen wesentlichen Punkten.
4. Zeigen Sie an drei Beispielen auf, warum die Einschaltung eines Lagerhalters sinnvoll sein kann.
5. Sie überlegen, ob Sie einen Kommissionär mit dem Verkauf ihrer Produkte beauftragen sollen. Nennen Sie je zwei Gründe, die für und je zwei Gründe, die gegen die Beauftragung sprechen.

6. Vergleichen Sie kurz die Pflichten des Handelsvertreters mit denen des Kommissionärs. Sind Unterschiede feststellbar?
7. Was hat der Frachtführer zu tun, wenn bei der Zustellung von Gütern Schwierigkeiten auftreten?
8. Sie sind als selbständiger Vertreter bereits bei den Einzelhandelsgeschäften Ihres Bezirkes gut bekannt. Neben den von Ihnen zur Zeit vertriebenen Produkten (Teigwaren, Konfitüre) wollen Sie jetzt auch Kaffee verkaufen. Schreiben Sie auf die Anzeige einer Kaffeerösterei, die weitere Handelsvertreter sucht.
9. Unterscheidet sich das Selbsteintrittsrecht des Kommissionärs von dem des Spediteurs? (Begründung)
10. Warum werden die Aufgaben des Spediteurs und des Frachtführers oft in einer Firma zusammengefaßt?
11. Beauftragen Sie einen Makler schriftlich mit der Vermittlung einer Seeversicherung für eine Werkzeugmaschine im Wert von 280 000,00 DM, Lieferland Brasilien.
12. Fragen Sie schriftlich bei einer Lagerei an, was die Lagerung von 2 500 Autoreifen, Größe 175 HR 14, für drei Monate kostet.
13. Wann kann der Kommissionär Delkredereprovision beanspruchen?
14. Begründen Sie, warum einem Handelsvertreter bei Beendigung seiner Tätigkeit ein Ausgleichsanspruch zusteht. Wie hoch kann dieser Ausgleichsanspruch höchstens sein, wenn Vertreter R im letzten Jahr einen Umsatz von 1 240 000,00 DM erzielte und sein Provisionssatz mit 4,5 % festgelegt war.
15. Welche der folgenden Geschäfte werden von Handelsmaklern vermittelt?
    - Vermietung einer Wohnung
    - Verkauf von Wertpapieren
    - Verkauf von Maschinen
    - Vermittlung einer Versicherung
16. Stellen Sie in einer Tabelle die Pflichten und Rechte von Handelsvertretern, Handelsmaklern, Kommissionären gegenüber.
17. Welche Bedeutung haben die sog. Dispositionspapiere (Lagerschein, Ladeschein, Konnossement) für den Kaufmann?

## Zusammenfassung

Bei der Abwicklung seiner betrieblichen Aufgaben schaltet der Warenkaufmann (Handel und Industrie) vielfach kaufmännische Hilfsgewerbe ein. Auf Grund ihrer Spezialisierung und ihrer Kenntnis des jeweiligen Teilmarktes sind diese Unternehmen eine wichtige Stütze für den Warenkaufmann, sei es beim Ankauf und Verkauf, bei der Lagerung oder bei der Beförderung von Waren.

Die wichtigsten kaufmännischen Hilfsgewerbe sind:

- **Handelsvertreter:** selbständige Kaufleute, die für Dritte – langfristig vertraglich gebunden – Geschäfte vermitteln oder in deren Namen abschließen;
- **Handelsmakler:** selbständige Kaufleute, die von Fall zu Fall die Vermittlung von Aufträgen übernehmen;
- **Kommissionäre:** selbständige Kaufleute, die im eigenen Namen, aber für fremde Rechnung mit Waren oder Wertpapieren handeln;
- **Lagerhalter:** selbständige Kaufleute, die Waren für Dritte lagern;
- **Spediteure:** selbständige Kaufleute, die im eigenen Namen für fremde Rechnung Waren versenden lassen;
- **Frachtführer:** selbständige Kaufleute, die Waren für Dritte befördern.

# 11 Zahlungsverkehr

### Worum geht es?

Der Austausch von Gütern und Leistungen erfolgt mit Hilfe des Geldes.

Was ist Geld? Welche Geldformen gibt es? Welche Aufgaben muß das Geld erfüllen können?

Das Geld dient insbesondere als Zahlungsmittel. Ist ein Kaufmann verpflichtet (z. B. aus einem Kaufvertrag) zu zahlen, so hat er verschiedene Zahlungsmöglichkeiten.

Wie unterscheiden sich die einzelnen Zahlungsmöglichkeiten?

Welche Funktionen haben hierbei die einzelnen Geldinstitute und die Deutsche Bundesbank? Was muß der Kaufmann im Umgang mit Überweisungen, Schecks und Wechseln beachten?

Es wird deutlich werden, daß präzise Kenntnisse im Zahlungsverkehr gerade für den Kaufmann unentbehrlich sind.

### Lernziele

Sie sollten ...

- Aufgaben und Formen des Geldes nennen und erklären können;
- den Währungsbegriff erläutern können;
- die Zahlungsarten in einer Übersicht darstellen und erklären können;
- die Leistungsangebote der verschiedenen Gironetze (Banken, Sparkassen, Post, Bundesbank) im Überblick nennen und erläutern können;
- die Überweisungstechnik übend anwenden und darstellen können;
- Schecks und Wechsel ausfüllen, die rechtlichen Vorschriften nennen, sowie beispielhafte Einsatzmöglichkeiten aufzählen und erläutern können;
- die Verwendungsmöglichkeiten von Kreditkarten nennen und erläutern sowie deren Vor- und Nachteile abwägen können.

## 11.1 Das Geld

### 11.1.1 Aufgaben und Formen des Geldes

Die arbeitsteilig organisierte Wirtschaft braucht ein Mittel, das den Austausch von Gütern und Leistungen möglich macht.

Dieses allgemein anerkannte Zwischentauschgut, das in jedes beliebige andere Gut umgetauscht werden kann, ist das Geld. (Auf der Stufe der sogenannten „geschlossenen Hauswirtschaft“, d. h. einer tauschlosen, sich selbst versorgenden Haus- bzw. Familienwirtschaft, war Geld in der Tat überflüssig.)

Auf der Wirtschaftsstufe *Geldwirtschaft* wird nicht mehr Ware gegen Ware, sondern Ware gegen Geld (bzw. Geld gegen Ware) gegeben.

Mit der Einführung von Geld (z. B. Edelmetalle) als Zahlungsmittel war zugleich der Schritt von der *Tauschwirtschaft* zur *Geldwirtschaft* vollzogen.

**Tauschwirtschaft:** Ware A ← gegen → Ware B

**Geldwirtschaft:** Ware A ← gegen → Geld ← gegen → Ware B

Der unmittelbare Tausch wird dadurch in zwei Kaufakte zerlegt (Ware → Geld → Ware). Das Geld ist aber nicht nur *Tauschmittel* (Zahlungsmittel), sondern zugleich

- **Wertmaßstab** (Recheneinheit), in dem die Werte aller Güter und Dienstleistungen ausgedrückt, gewissermaßen auf einen Nenner gebracht werden;
- **Wertübertragungsmittel,** durch das Kaufkraft, d. h. Verfügungsgewalt über Güter, auf andere übertragen wird (z. B. als Darlehen) und
- **Spar- und Kreditmittel.**

Geld im rechtlichen Sinne ist das vom Staat mit Annahmezwang ausgestattete *gesetzliche Zahlungsmittel.* In der Bundesrepublik Deutschland sind das Banknoten und Münzen.

Ursprünglich war „Geld" ein allgemein geschätztes Gut, das zugleich Gebrauchswert besaß, z. B. Vieh, Getreide (Warengeld). Mit fortschreitender Kultur nahm es die Form geprägter Metallstücke (Metallgeld, Münzgeld) und bedruckter Papierscheine an (Papiergeld, Banknoten) und entbehrt schließlich als Buchgeld oder Giralgeld jeder stofflichen Substanz.

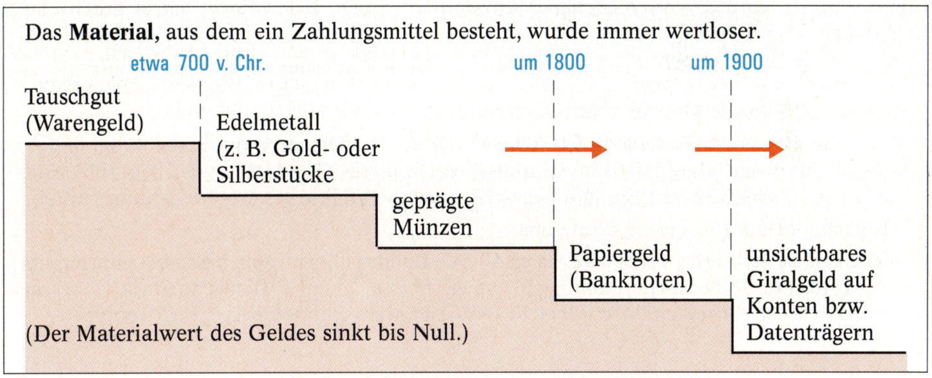


*Abb. 11.1.1-1 Übersicht zur Geldgeschichte*

Wir unterscheiden heute in einer modernen Wirtschaft:

- **Metallgeld** in Form von Münzen.
  - **Scheidemünzen** (aus Kupfer, Nickel, Aluminiumbronze usw.) sind unterwertig ausgeprägt und dienen dem Kleingeldverkehr. Es gibt z. Z. Münzen über 1, 2, 5, 10, 50 Pf sowie 1,00, 2,00, 5,00 und 10,00 DM.
  - **Kurantmünzen** sind vollwertig ausgeprägt, d. h., ihr Nennwert stimmt mit dem Metallwert überein (z. B. die früheren Goldstücke zu 10,00 Mark).
- **Papiergeld** (Banknoten) wird von der Zentralnotenbank (Deutschen Bundesbank) ausgegeben und gilt unbeschränkt als gesetzliches Zahlungsmittel.

3802335

- **Buchgeld (Giralgeld)** besteht in einem täglich fälligen Guthaben bei einer Bank, einer Sparkasse oder einem Postgiroamt, über das der Kontoinhaber durch Scheck oder Überweisung verfügen kann. Dieses völlig stofflose Giralgeld ist für den Großzahlungsverkehr die ideale Form des Geldes.

  Die Zahlung mit Buchgeld ist im kaufmännischen Zahlungsverkehr zur vorherrschenden Zahlungsweise geworden. Hier werden die meisten Zahlungen durch Umbuchungen auf Bank- oder Postgirokonten durchgeführt.

**Münzumlauf 1989** (Stand am Jahresende)

| Münzen zu DM | Mio. DM | % |
|---|---|---|
| 10,00 | 1 525,8 | 13,16 |
| 5,00 | 4 713,3 | 40,65 |
| 2,00 | 1 491,6 | 12,86 |
| 1,00 | 1 810,9 | 15,62 |
| 00,50 | 851,0 | 7,34 |
| 00,10 | 719,7 | 6,20 |
| 00,05 | 234,1 | 2,02 |
| 00,02 | 113,4 | 0,98 |
| 00,01 | 136,0 | 1,17 |
| Insgesamt | 11 595,8 | 100,00 |

**Banknotenumlauf 1989** (Stand am Jahresende)

| Noten zu DM | Mio. DM | % |
|---|---|---|
| 1 000 | 39 492,7 | 26,23 |
| 500 | 19 611,9 | 13,03 |
| 100 | 66 433,2 | 44,13 |
| 50 | 15 002,5 | 9,96 |
| 20 | 5 971,9 | 3,97 |
| 10 | 3 771,5 | 2,50 |
| 5 | 264,3 | 0,18 |
| Insgesamt | 150 548,0 | 100,00 |

*Abb. 11.1.1-2 Münz- und Banknotenumlauf*

aus: Geschäftsbericht der Deutschen Bundesbank für das Jahr 1989, Frankfurt/M. 1990

(Lösen Sie hierzu die Aufgaben 5 und 6 im folgenden Aufgabenteil auf Seite 345.)

Unser Hartgeld wird in verschiedenen Münzstätten geprägt. Jede Münze verrät durch einen Buchstaben ihren „Geburtsort“:

D = München, F = Stuttgart, G = Karlsruhe, J = Hamburg.

**Banknoten gibt die Deutsche Bundesbank aus:**

**Gesetz über die Deutsche Bundesbank, § 14 Notenausgabe.** (1) Die Deutsche Bundesbank hat das ausschließliche Recht, Banknoten im Geltungsbereich dieses Gesetzes auszugeben. Ihre Noten lauten auf Deutsche Mark. Sie sind das einzige unbeschränkte gesetzliche Zahlungsmittel. ...

**Münzen gibt die Bundesregierung aus:**

**Gesetz über die Ausprägung von Scheidemünzen, § 1.** Als Bundesmünzen sollen Scheidemünzen über 1, 2, 5, 10 und 50 Deutsche Pfennig (Pf) sowie über 1, 2 und 5 Deutsche Mark (DM) ausgeprägt werden. Scheidemünzen über 10 Deutsche Mark können ausgeprägt werden. ...

## 11.1.2 Die Währung

Der Begriff Währung bezeichnet mehrere Sachverhalte:

- die Geldverfassung eines Staates (englische Währung, deutsche Währung usw.),
- die Geld- oder Recheneinheit (DM-Währung, $-Währung),
- den Geldstoff (Metall- oder Papierwährung).

**Arten der Währung.** Je nach dem Stoff, aus dem das Währungsgeld besteht, spricht man von Metall- (Gold- bzw. Silber-) oder Papierwährung. Während z. B. bei der *Goldumlaufswährung* Goldmünzen gesetzliches Zahlungsmittel sind, werden bei der *Papierwährung* Geldzeichen aus Papier vom Staat als einzige gesetzliche Zahlungsmittel bestimmt.

**Die Währung der Bundesrepublik Deutschland.** Deutschland hatte bis 1914 eine reine Goldwährung. Die Währung der Bundesrepublik Deutschland ist seit der Währungsreform vom 20.06.1948 eine *Papierwährung*. Alleinige unbeschränkte gesetzliche Zahlungsmittel sind die auf Deutsche Mark lautenden Noten der Deutschen Bundesbank. Dem Kleinzahlungsverkehr dienen die vom Bund ausgegebenen, unterwertig ausgeprägten *Münzen*.

Eine besondere „Deckung" des Notenumlaufs durch Gold oder Golddevisen ist im „Gesetz über die Deutsche Bundesbank" nicht vorgeschrieben – wenn auch die Bundesbank z. Z. über beträchtliche Währungsreserven (Gold und Devisen) verfügt. Sie sind aber nur als Reserve zum Ausgleich von Defiziten in der Zahlungsbilanz (Außenwirtschaftsbilanz) von Bedeutung. Eine indirekte Begrenzung des Notenumlaufs liegt in der Verpflichtung der Bundesbank, die Stabilität der Währung zu sichern (§ 3 Bundesbankgesetz).

## 11.1.3 Der Wert des Geldes

Früher meinte man, „gutes" Geld müsse einen hohen Eigenwert haben oder mindestens durch Gold „gedeckt" sein. Heute wissen wir, daß es gleichgültig ist, aus welchem Stoff das Geld besteht. Der Wert des Geldes beruht lediglich in seiner Kaufkraft. Sie wird gemessen an der Gütermenge, die man für eine bestimmte Summe Geldes eintauschen kann. Steigen der Preise bedeutet *Sinken der Kaufkraft*, denn für die gleiche Menge Geld

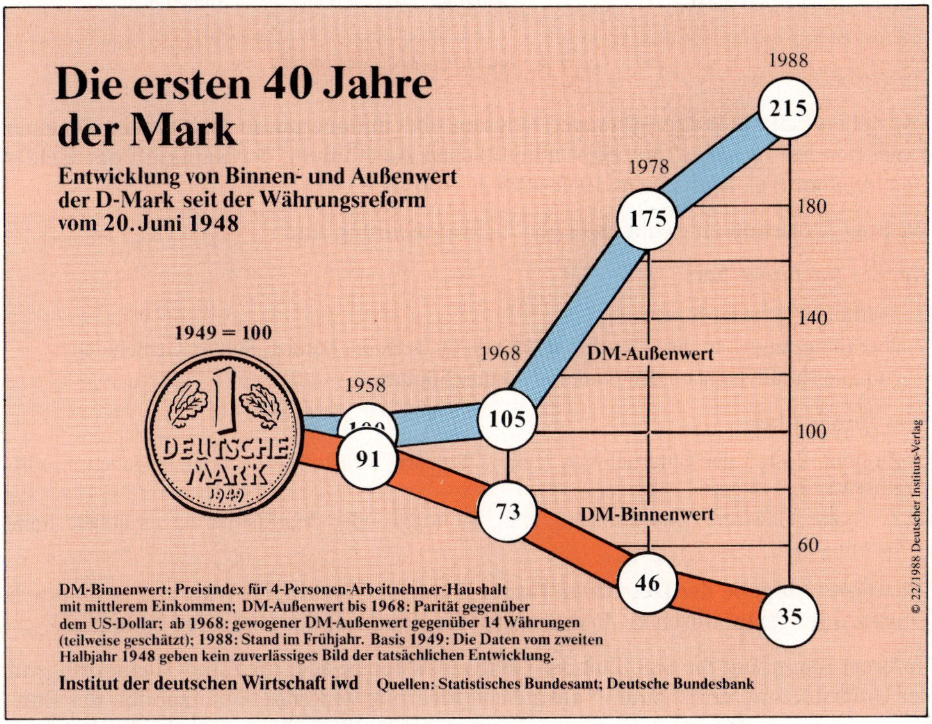


*Abb. 11.1.3-1 Die ersten 40 Jahre der Mark*

aus: Informationsdienst des Instituts der deutschen Wirtschaft, Nr. 22/1988

erhält man weniger Waren oder Dienstleistungen. Umgekehrt bedeutet Sinken der Preise *Steigen der Kaufkraft* des Geldes. *Die Änderung des Geldwertes* äußert sich in der Veränderung des allgemeinen Preisstandes, des *„Preisniveaus"*. Man mißt diese Kaufkraftänderungen mit Hilfe sogenannter Indexziffern. Die wichtigste Indexziffer für den Verbraucher ist der *Lebenshaltungskostenindex* des Statistischen Bundesamtes. Er zeigt die Veränderung der durchschnittlichen Lebenshaltungskosten (für Nahrungs- und Genußmittel, Bekleidung, Miete, Heizung usw.) eines 4-Personen-Arbeitnehmerhaushaltes z. B. mit mittlerem Einkommen gegenüber einem bestimmten Ausgangsjahr, für das die Ausgaben für die Lebenshaltung gleich 100 gesetzt werden.

**Die Stabilität des Geldwertes** hängt im wesentlichen davon ab, daß zwischen umlaufender Geldmenge (Geldvolumen) und umzusetzender Gütermenge ein gewisses Gleichgewicht besteht. Wird die Geldmenge, das Geldvolumen (Bargeld und Buchgeld), zu stark vermehrt, ohne daß ihr ein größeres Güterangebot gegenübersteht, so kommt es zu einer inflatorischen Entwicklung, d. h. einer allgemeinen wesentlichen Steigerung aller Preise.

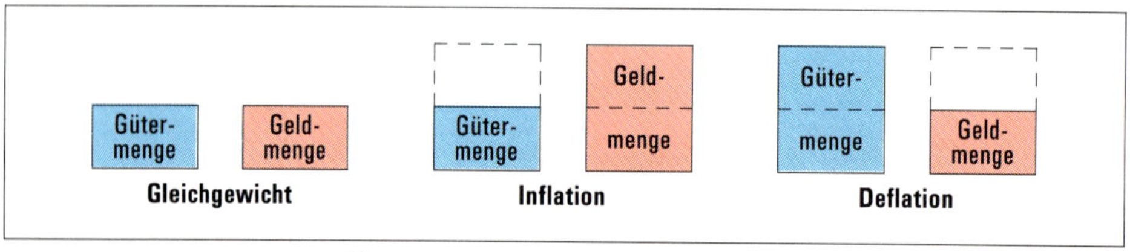


*Abb. 11.1.3-2 Stabilität des Geldwertes*

Vollziehen sich die Preiserhöhungen langsam, aber andauernd, so spricht man von einer schleichenden *Inflation,* die einer allmählichen Aushöhlung der Kaufkraft des Geldes gleichkommt (vgl. Binnenwert 1949–1988 lt. Abb. 11.1.3-1).

Wichtige **Ursachen** einer übermäßigen Geldvermehrung sind

von der *Nachfrage* her:

- überhöhter privater Konsum;
- überhöhte Ausgaben der öffentlichen Hände (z. B. Bund, Länder, Städte, Gemeinden);
- zu hohe Kreditvergaben der Banken (Kreditschöpfung).

vom *Angebot* her:

- Zu hohe Kosten der Unternehmen (Löhne, Steuern, Rohstoffpreise, Sozialabgaben, Kreditzinsen u. ä.).
- Zu hohe Gewinne (Marktmacht, z. B. Monopol oder Marktsituation erlauben hohe Gewinne).

**Wichtigste Aufgabe der Deutschen Bundesbank** als Hüterin der Währung ist es, durch Einsatz ihrer geldpolitischen „Instrumente" die Kaufkraft der DM stabil zu halten.[1]

In ihrem Kampf um die Stabilität des Geldwertes bedarf aber die Bundesbank dringend der Unterstützung durch eine in die gleiche Richtung wirkende Finanzpolitik des Bundes und der Länder sowie eine verantwortungsbewußte Lohnpolitik der Tarifpartner.

1 vgl. dazu Abschnitt 8.8

## 11.2 Übersicht über die Zahlungsarten

Zwar spielt die Barzahlung im Einzelhandel, bei Automaten sowie im Verkehrs- und Leistungsgewerbe eine bedeutsame Rolle und ist hier nach wie vor unentbehrlich und zweckmäßig.

Die bargeldlose Zahlung gewinnt jedoch zunehmende Bedeutung. Diese Vielfalt im Zahlungsverkehr ist geboten, denn nur so kann den höchst unterschiedlichen Anforderungen im Wirtschaftsleben entsprochen werden.

**Zahlungsarten**

| Zahlungsart | Wie zahlt der Zahler? | Wie empfängt der Empfänger? | Beispiele für Anwendung u. Formulare |
|---|---|---|---|
| Barzahlung | bar | bar | Käufe des täglichen Lebens; Automatenkauf |
| Halbbare Zahlung | a) bargeldlos<br>b) bar | a) bar<br>b) bargeldlos | a) Barscheck<br>b) Zahlschein |
| Bargeldlose Zahlung | bargeldlos | bargeldlos | Überweisung, Verrechnungsscheck |

*Abb. 11.2-1 Zahlungsarten*

**Barzahlung.** Die „Käufe des täglichen Lebens" tätigt man mit Metallgeld (Münzen) und Banknoten (zum Umfang vgl. Abb. 11.1.1-2). Das Hartgeld ist nur im beschränkten Umfang gesetzliches Zahlungsmittel. Niemand ist verpflichtet, mehr als 20,00 DM in Mark-Münzen und mehr als 5,00 DM in Pfennig-Stücken anzunehmen. Ein großer Teil der Münzen liegen in Automaten, in Parkuhren und in den Kassen des Einzelhandels.

**Halbbare Zahlung.** Sie kommt in Frage, wenn nur einer der Partner ein Konto hat. So wird der Zahlschein (vor allem beim Postgirodienst) benutzt, wenn nur der Empfänger ein Girokonto besitzt. Wegen der vergleichsweise hohen Gebühren ist der Zahlschein bei den Banken und Sparkassen allerdings stark zurückgedrängt worden.

Der Barscheck (Einzelheiten im Abschnitt 11.4) wird verwendet, wenn der Absender (Aussteller des Schecks) ein Konto hat. Der Empfänger hat dann die Möglichkeit, sich das Geld entweder bar am Bankschalter auszahlen zu lassen oder er läßt es seinem eigenen Konto gutschreiben.

**Bargeldlose Zahlung.** Diese setzt voraus, daß Zahler und Zahlungsempfänger ein Konto bei einem Geldinstitut (Bank, Postgirodienst, Sparkassen) unterhalten.

Der Verrechnungsscheck (Einzelheiten hierzu auch in Abschnitt 11.4) wird dem Gläubiger (Zahlungsempfänger) ausgehändigt oder zugesandt, der ihn dann seinem Geldinstitut zur Gutschrift einreicht.

**Bei der Überweisung** dagegen beauftragt der Schuldner seine Bank, dem Gläubiger einen bestimmten Betrag gutzuschreiben.

> Die *unbare Zahlung*, d. h. die Zahlung durch Vermittlung der Banken und Postgiroämter, ermöglicht es, große Zahlungen auf weite Entfernungen *bequem, rasch, billig* und *sicher* durchzuführen.

Die bargeldlose Zahlung macht aus dem Zahlungsvorgang einen reinen Schreib- und Buchungsvorgang, schafft zwangsläufig beweiskräftige Belege, verhindert Verluste, die beim Umgang mit Bargeld entstehen könnten, und bringt dem Kontoinhaber außerdem im allgemeinen noch (geringfügige) Zinsen für das Guthaben ein, das er bei einem Kreditinstitut unterhält.

# 11.3 Die Zahlung durch Überweisung bei Banken und Sparkassen[1]

## 11.3.1 Voraussetzungen zur Durchführung von Überweisungen

Die Geldinstitute eröffnen ihren Kunden auf Antrag ein *Girokonto* oder ein *Kontokorrentkonto* (= laufendes Konto), das im Gegensatz zum Girokonto auch der Abwicklung von Krediten dient. Das Girokonto hat seinen Namen deshalb, weil die Beträge durch einfache Umbuchung von Konto zu Konto – die einen geschlossenen Kreis (ital. giro = Kreis) bilden – übertragen werden.

Vor Eröffnung des Kontos hat sich der Antragsteller persönlich auszuweisen und seine Unterschrift sowie die aller zeichnungsberechtigten Personen (z. B. bei Firmen Prokuristen, Handlungsbevollmächtigte) bei der Bank zu hinterlegen (vgl. dazu auch Abschnitt 8.3).

## 11.3.2 Die Technik der Überweisung

Der Kunde erteilt seinen Auftrag auf einem Vordruck, der bei allen Geldinstituten vereinheitlicht ist. Das Original des meist dreiteiligen Überweisungsvordruckes, der eigentliche Überweisungsauftrag, bleibt als Buchungsbeleg und Beweisunterlage bei dem beauftragten Kreditinstitut. Der Kontoinhaber muß es rechtsverbindlich unterschreiben.

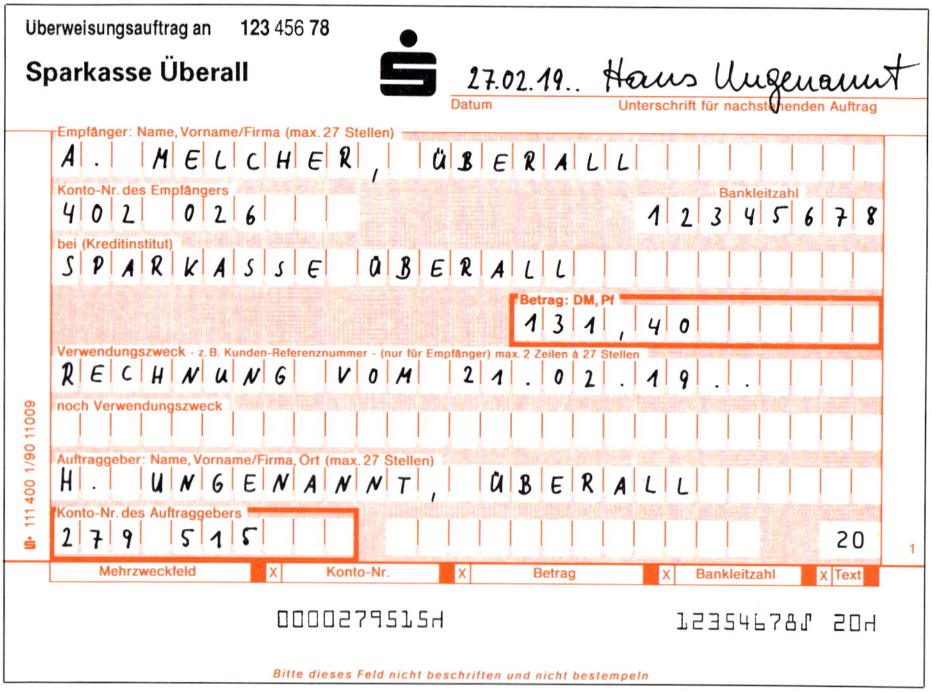
Überweisungsauftrag an 123 456 78
Sparkasse Überall
27.02.19.. Hans Ungenannt
Datum — Unterschrift für nachstehenden Auftrag
Empfänger: Name, Vorname/Firma (max. 27 Stellen)
A. MELCHER, ÜBERALL
Konto-Nr. des Empfängers: 402 026
Bankleitzahl: 12345678
bei (Kreditinstitut)
SPARKASSE ÜBERALL
Betrag: DM, Pf
131,40
Verwendungszweck - z. B. Kunden-Referenznummer - (nur für Empfänger) max. 2 Zeilen à 27 Stellen
RECHNUNG VOM 21.02.19..
noch Verwendungszweck
Auftraggeber: Name, Vorname/Firma, Ort (max. 27 Stellen)
H. UNGENANNT, ÜBERALL
Konto-Nr. des Auftraggebers
279 515
20
111 400 1/90 11009
1
Mehrzweckfeld | X | Konto-Nr. | X | Betrag | X | Bankleitzahl | X | Text
0000279515⑂ 12354678⑆ 20⑂
Bitte dieses Feld nicht beschriften und nicht bestempeln

*Abb. 11.3.2-1 Überweisungsvordruck*

1 Die Besonderheiten des Postgirodienstes werden in Abschnitt 11.5 behandelt.

Eine Durchschrift ist der *Überweisungsträger,* der an die Bank des Empfängers geht und von ihr – nach der Buchung – dem Empfänger als Gutschriftsanzeige übersandt wird. Die zweite Durchschrift verbleibt als Unterlage beim Auftraggeber und kann auch wegfallen.

Alle Überweisungsvordrucke – wie auch Schecks – enthalten am unteren Rand eine sogenannte *Codierzeile.* Dort werden die wichtigsten Daten (insbesondere Kontonummer, Betrag, Bankleitzahl) in einer für Datenverarbeitungsanlagen lesbaren Schrift aufgebracht. Die Codierzeile ist ebenso wie die Bankleitzahl ein wesentlicher Bestandteil der Bankautomation.

Die Vordrucke können sowohl handschriftlich als auch mit Schreib-, Buchungs-, Adressier- und Tabelliermaschinen ausgefüllt werden.

## Die Sammelüberweisung

Eine Reihe von *Spezialvordrucken,* insbesondere für Sammelüberweisungsaufträge, erleichtert den Teilnehmern die Arbeit.

**Die Sammelüberweisung** bietet insbesondere Unternehmen mit größerem Überweisungsverkehr wesentliche Vorteile. Bei der Sammelüberweisung werden nicht die einzelnen Überweisungen unterschrieben, sondern die Summe aller Einzelüberweisungen in einer Liste zusammengestellt. Über diese Gesamtsumme wird die Sammelüberweisung ausgestellt, die unterschrieben werden muß. Welche Arbeitsersparnis dadurch entsteht, wird z. B. deutlich, wenn man sich erinnert, daß manche Betriebe allein Hunderte oder gar Tausende von Lohnüberweisungen zu bearbeiten haben.

## Der Dauerauftrag

Bei *regelmäßig wiederkehrenden, gleichbleibenden* Zahlungen (Mieten, Steuern, Versicherungsbeiträge, Ratenzahlungen u. a.) erteilt der Kunde seiner Bank am besten einen Dauerauftrag. Die Bank überweist dann die betreffenden Beträge regelmäßig, bis auf Widerruf, zu den angegebenen Terminen an die Empfänger.

## Internationaler Überweisungsverkehr

Zur Abwicklung des Überweisungsverkehrs mit dem Ausland bedienen sich die Banken des Verrechnungssystems der internationalen Bankenorganisation SWIFT (Society for Worldwide Interbank Financial Telecommunication).

Diese Organisation unterhält in ihren Mitgliedländern ein Leitungsnetz für standardisierte Informationen (übergreifende Schaltzentralen sind in den Niederlanden, Belgien und in den USA). Die Banken sind an das Leitungsnetz von SWIFT angeschlossen und über Bildschirm können auf diese Weise Vor-Informationen über folgende Überweisungen (mit den entsprechenden Überweisungsträgern) an jeden Zielort durchgeführt werden. Der Empfänger kann so unmittelbar in Sekundenschnelle über die neuen Mittel verfügen.

## Die Ausführung des Überweisungsauftrages

Der Betrag wird vom Konto des Auftraggebers abgebucht (Lastschrift) und dem Konto des Empfängers direkt oder indirekt – über eine oder mehrere vermittelnde Stellen – gutgeschrieben. Je nachdem, wie viele Kreditinstitute hierbei eingeschaltet werden müssen, ergeben sich ein- oder mehrstufige Arbeitsgänge.

- **Einstufiges Verfahren.** Am einfachsten ist die Ausführung des Überweisungsauftrages, wenn Schuldner und Gläubiger ein *Konto bei derselben Bank* haben (Hausgiro). Der Betrag wird einfach vom Konto des Auftraggebers auf das des Zahlungsempfängers umgebucht.

*Abb. 11.3.2-2 Buchungsvorgang bei einstufiger Überweisung*

- **Zweistufiges Verfahren.** Einfach ist der Zahlungsvorgang auch, wenn Auftraggeber und Zahlungsempfänger ein *Konto bei verschiedenen Kreditinstituten* haben, die gegenseitig Konten führen. An die Stelle der unmittelbaren Gutschrift auf dem Konto des Empfängers tritt die Gutschrift auf dem Konto der Empfängerbank, die ihrerseits den Betrag ihrem Kunden gutschreibt.
- **Mehrstufiges Verfahren.** Besteht zwischen den beiden Kreditinstituten keine unmittelbare kontenmäßige Verbindung, so muß sie über eine oder mehrere Zentralen hergestellt werden, über die die Banken dann verrechnen.

Man kann diese Zentralen, und damit die Geldinstitute in der Bundesrepublik Deutschland, in einem Fünf-Kreise-Schema darstellen:

**Die Deutsche Bundesbank,** mit Sitz in Frankfurt, ist die unabhängige Zentralbank. Sie ist eine Einrichtung des Bundes, aber von Weisungen der Bundesregierung oder anderer Bundesorgane unabhängig.

In jedem der 11 Bundesländer unterhält die Deutsche Bundesbank eine Hauptverwaltung, die jeweilige Landeszentralbank (LZB). Hierüber wickeln die übrigen Geldinstitute ihre Geldgeschäfte ab. Mit ihren LZBs ist die Bundesbank hierbei die BANK der Banken. (Vgl. hierzu auch Abschnitt 8.8.)

**Die Sparkassen** (z. B. Stadtsparkassen, Kreissparkassen) sind öffentlich-rechtlich. Das bedeutet, Städte oder Landkreise sind ihr Träger. Ihr Anliegen ist es darum, sich in den Dienst der breiteren Bevölkerung zu stellen, hier vor allem den Sparwillen zu fördern, sowie günstige und verantwortbare Kredite (an Private und Gewerbetreibende) zu vermitteln.

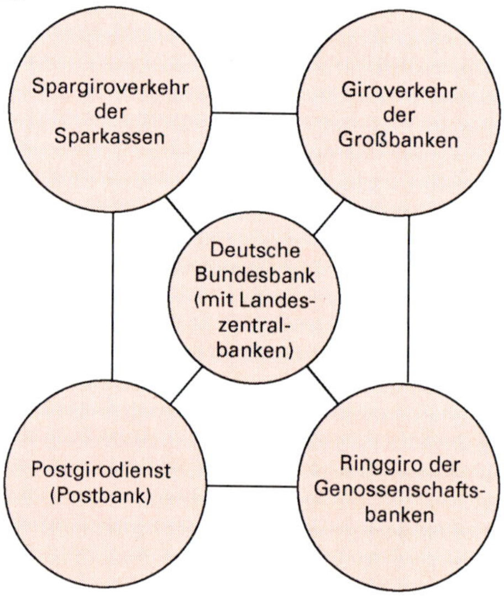


*Abb. 11.3.2-3 Bankensystem*

**Kreditgenossenschaften (Genossenschaftsbanken).** Das sind Raiffeisenbanken, Volksbanken oder Spar- und Darlehenskassen. Ihre Rechtsverhältnisse sind im Genossenschaftsgesetz geregelt. Sie wollen als Genossenschaften den Interessen ihrer Mitglieder, die vielfach kleine Gewerbetreibende sind, dienen. Die Geldgeschäfte der Genossenschaftsbanken (oder Kreditgenossenschaften) entsprechen weitgehend denen der Sparkassen.

**Die Großbanken** (z. B. Deutsche Bank, Dresdner Bank, Commerzbank) haben in der Regel die Rechtsform der Aktiengesellschaft (AG), sie tätigen alle Bankgeschäfte.

**Der Postbankdienst** imfaßrden Postgiro- und den Postsparkassendienst. Mit ihren rund 34 000 Postämtern hat die Deutsche Bundespost eine sehr engmaschiges Netz von Zahlstellen. Über die 13 Postgiroämter werden die Geldgeschäfte abgewickelt. Der eigene Zustelldienst (Geldbriefträger), günstige Öffnungszeiten (z. B. auch an Sonnabenden) und der überall anzutreffende Briefkasten (um z. B. Überweisungsaufträge einzuwerfen) sind wichtige Pluspunkte für die Post als Geldinstitut. (Einzelheiten zum Postgirodienst vgl. Abschnitt 11.5)

**Beispiel einer Verrechnung** *zwischen zwei Kreditinstituten, die nicht in unmittelbarer Kontoverbindung stehen, sondern bei einer gemeinsamen Verrechnungsstelle (Zentrale) - hier Landeszentralbank - Konten unterhalten.*

*Die Bank des Auftraggebers belastet dessen Konto und schreibt den Betrag dem Konto der Zentrale gut, indem sie gleichzeitig den Überweisungsauftrag an diese weiterleitet. Den weiteren Verlauf zeigt das folgende Schaubild.*

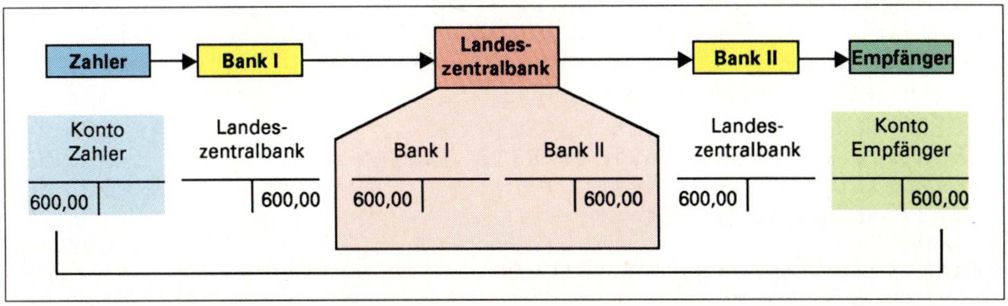


*Abb. 11.3.2-4 Weg einer mehrstufigen Überweisung unter Zwischenschaltung einer LZB*

**Beschleunigte Überweisungen** (Eilüberweisung und Blitzgiro). Um bei mehrstufigen Überweisungen den Überweisungsweg abzukürzen, übersendet die Bank des Auftraggebers den Überweisungsträger *unmittelbar* an die Empfängerbank, die dem Empfänger den Betrag sofort gutschreibt. Die Verrechnung erfolgt dagegen auf dem üblichen Weg über die Zentrale(n).

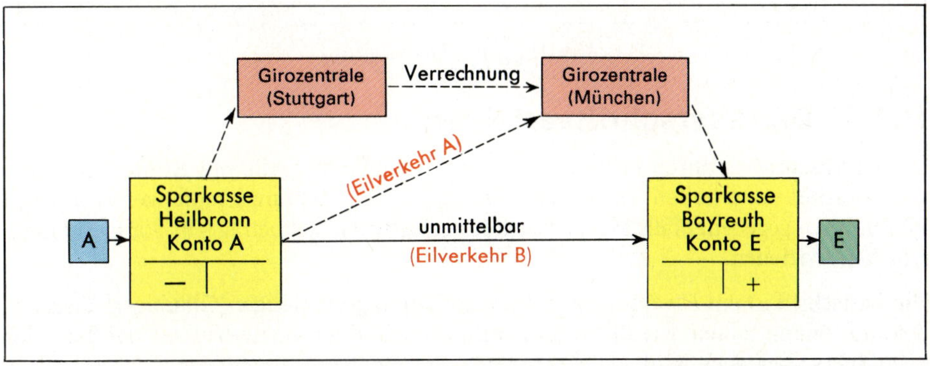


*Abb. 11.3.2-5 Weg einer Eilüberweisung im Spargiroverkehr*

**Gebühren** erheben die Kreditinstitute für die einzelnen Dienstleistungen (Überweisungen, Daueraufträge usw.). Daneben wird vielfach noch eine gesonderte Kontoführungsgebühr erhoben. Die einzelnen Gebühren sind ebenso wie Zinssätze für Guthaben und Kredite im Schalterraum des Kreditinstituts öffentlich bekanntzugeben.

## Der Tagesauszug und der Abschluß des Kontos

Die meisten Kreditinstitute und die Postgiroämter senden dem Kunden bei jeder Veränderung des Kontostandes Tagesauszüge zu.

Die Konten werden halbjährlich oder jährlich abgeschlossen. Der Kunde erhält von seiner Bank eine Abschlußrechnung nebst Zinsstaffel, die außer dem Saldo des letzten Tagesauszuges die Zinsen, die Umsatz- und evtl. Kreditprovision sowie die Auslagen enthält. Er muß diese Rechnung prüfen und den Saldo auf einem Vordruck schriftlich bestätigen bzw. gegebenenfalls beanstanden.

**Postgiroamt**
**6700 Ludwigshafen**
Bankleitzahl 545 100 67

**Kontoauszug**
Bitte beachten Sie die Hinweise auf der Rückseite

| Postgirokonto-Nr. | Auszug-Nr. | Alter Kontostand | DM | Pf |
|---|---|---|---|---|
| 2199 99-674 | 68 | vom 27.08... | 380 | 10 |

| Art | Buchungshinweise | | Umsatz DM | Pf |
|---|---|---|---|---|
| | LT ANLAGE | + | 500 | 00 |
| | LT ANLAGE | + | 200 | 00 |
| UE | GEHALT SEPT. PERSNR. 38561 | + | 2 100 | 04 |
| UE | MIETE UND NEBENKOSTEN FRITZ JANSEN | + | 1 347 | 92 |
| UE | 70110088 65.339.421 | – | 500 | 00 |
| UE | 37010050 1201-501 | – | 72 | 00 |
| S | 000054 | – | 1 000 | 00 |
| EA | STADTWERKE KAISERSLAUTERN<br>STROM ZAEHLER NR. 2348914 JULI | – | 140 | 28 |
| UE | DA 10003<br>GEM. WOHNUNGSBAU GMBH KAISERSLAUTERN | – | 280 | 59 |
| 28.08... (Buchungstag) | GUTHABEN | | *******2 535 (Neuer Kontostand) | 19 |

*Abb. 11.3.2-6 Tagesauszug*

## 11.3.3 Das Lastschriftverfahren

Beim Lastschriftverfahren erklären sich Zahlungspflichtige, die ein Konto bei einem Kreditinstitut unterhalten, damit einverstanden, daß Zahlungsempfänger bestimmte Zahlungen – gegebenenfalls bis zu einem festgelegten Höchstbetrag – in Form von Lastschriften einziehen.

Die Lastschrift ist ein <u>*Einzugspapier*</u>, das vom Zahlungsempfänger (Gläubiger) ausgefertigt und sodann seinem Kreditinstitut zur Einziehung des Gegenwertes bei der Bank des Schuldners übergeben wird.

Je nachdem, wie der Zahlungspflichtige sein Einverständnis mit der Einziehung einer Lastschrift zu Lasten seines Kontos erklärt, unterscheidet man zwei Verfahren:

- **den Abbuchungsauftrag:** der Zahlungspflichtige erteilt seiner Bank (Sparkasse) einen widerruflichen <u>*Dauerauftrag*</u> (vgl. Abschnitt 11.3.2) zur regelmäßigen Einlösung und Abbuchung der von einem bestimmten Zahlungsempfänger vorkommenden Lastschriften;

- **die Einzugsermächtigung:** der Zahlungspflichtige ermächtigt den Zahlungsempfänger unmittelbar, bestimmte Zahlungen, z. B. für Wasser- und Stromverbrauch, zu Lasten seines Bankkontos einzuziehen.

Die Lastschriften tragen in diesem Falle den Aufdruck „Einzugsermächtigung des Zahlungspflichtigen liegt dem Zahlungsempfänger vor".

Da der Schuldner dem Gläubiger beim Lastschriftverfahren ein hohes Vertrauen entgegenbringt, ist die regelmäßige Kontrolle der Abbuchungen (über die Kontoauszüge!) unerläßlich. (Gerade beim Lastschriftverfahren wird weitgehend die Datenverarbeitung eingesetzt. Die notwendigen Buchungen erfolgen über einen Datenträgeraustausch. Einzelheiten hierzu folgen in Abschnitt 11.6.)

## Aufgaben

1. Neben der Funktion „Zahlungsmittel" hat das Geld noch drei andere Funktionen. Nennen und erklären Sie diese. Geben Sie je einen beispielhaften kleinen Fall aus dem betrieblichen und aus dem privaten Bereich hierzu an.
2. Wie würden Sie die folgende Behauptung begründen: „Das Material, aus dem *Geld* besteht, kann von geringem Wert sein."
3. Wir unterscheiden beim Geld Metallgeld, Papiergeld und Buchgeld. Erklären Sie jeden dieser Begriffe.
4. Stimmt die Behauptung: „Bargeld wird heutzutage immer mehr von Buchgeld verdrängt!"? Begründen Sie Ihre Meinung zu dieser Behauptung.
5. Ermitteln Sie in Ihrer Klasse: Aus welchen Münzstätten kommen die meisten Münzen, die ihre Mitschüler bei sich haben?
6. Ermitteln Sie für die Angaben zu 1987: Wieviel Münzen und wieviel Papiergeld entfallen auf einen Bundesbürger (Sie können von 60 Mio. Einwohnern ausgehen)?
7. Der Begriff *Währung* hat mehrere Bedeutungen. Nennen und erklären Sie die beiden wichtigsten Bedeutungen.
8. Wie läßt sich der *Wert* einer Währung ermitteln? Nennen und erklären Sie mindestens *zwei* Möglichkeiten.
9. Machen Sie Aussagen zum Wert der DM (vgl. Abb. 11.1.3-1).
10. Stichwort: Barzahlung und halbbare Zahlung. Bringen Sie Anwendungsbeispiele, und begründen Sie die Bedeutung beider Zahlungsarten.
11. Die unbare Zahlung sollte *vier* Anforderungen erfüllen. Nennen und erläutern Sie diese kurz („sicher" ist eine dieser hier gemeinten Anforderungen).
12. Stellen Sie eine vollständige Quittung aus: Herr Müller hat bei Ihnen die fällige Garagenmiete für ein Vierteljahr in Höhe von 210,00 DM bezahlt.
13. Ermitteln Sie in Ihrem unmittelbaren Umfeld (es ist gleich, ob dies in der Nähe des Ausbildungsplatzes oder Ihrer Wohnung ist), welche Geldinstitute dort ihren Sitz haben. (Sie sollten Beispiele für vier der von uns genannten Girokreise finden.)
14. Überlegungen zur Wahl eines Geldinstituts.
    a) Entweder Sie haben bereits ein Konto bei einem Geldinstitut oder Sie werden sehr bald eines haben. Bei welchen Geldinstituten würden Sie gerne Kunde werden? Nennen Sie zwei Gründe, die für Sie ausschlaggebend sind (waren).
    b) Es heißt, die Post habe gegenüber den übrigen Geldinstituten gewisse Vorzüge. Nennen Sie mindestens drei davon.
15. Erklären Sie kurz die folgenden Begriffe: Dauerauftrag, Lastschriftverfahren, Einzugsermächtigung. Welche derartigen Aufträge haben eigentlich Ihre Eltern erteilt? Sprechen Sie daheim darüber.

16. Schreiben Sie einen Bericht zu dem Thema: Das unsichtbare Buchgeld. (Zu verwendende Stichwörter dabei: Kontenblätter, Datenträger, Umbuchung, Lastschrift, Gutschrift, verrechnen, unbares Zahlen, Gironetze usw.)

17. Füllen Sie die folgenden Formulare aus: Zahlschein und Überweisungen von Post und Bank (Sparkasse). (Post und Banken geben für Lehrzwecke gerne Formulare aus.)

18. Aus den Kundenmitteilungen eines großen Versicherungsunternehmens:

> Neuer Service für unsere Kunden:
>
> **Lastschrifteinzugsverfahren**
>
> Sicherlich kennen Sie, liebe Leser, aus Ihrem privaten Alltag das sogenannte „Lastschrifteinzugsverfahren". Möglicherweise bezahlen Sie selbst Ihre Rundfunkgebühren, die Stromrechnung oder den Krankenkassenbeitrag auf diese Art und Weise.
>
> Im Mai 19.. hat auch die ...-Versicherungsgruppe damit begonnen, diese Zahlungsweise für ihre Kunden einzuführen. Die Vorteile liegen auf der Hand: Der Kunde braucht keine Überweisung mehr auszufüllen und spart sich den Weg zur Bank oder zur Post. Der fällige Beitrag wird automatisch von seinem Bank- oder Postgirokonto „per Lastschrift" eingezogen. So kann es auch nicht mehr passieren, daß der Kunde vergißt, seine Rechnung pünktlich zu bezahlen, was schließlich für beide Seiten unangenehm wäre.
>
> Das Bezahlen per Lastschrifteinzugsverfahren ist einfach, rationell und risikolos. Die erteilte Einzugsermächtigung kann jederzeit widerrufen werden. Außerdem besteht die Möglichkeit, jedem einzelnen Beitragseinzug zu widersprechen.
>
> Zunächst einmal haben sich im wesentlichen die Kunden am Lastschrifteinzugsverfahren beteiligt, die sich zuvor schon hierfür interessiert und uns eine Einzugsermächtigung erteilt haben. Die anderen Versicherungsnehmer werden über entsprechende Hinweise mit den jeweils fälligen Beitragsrechnungen auf die Möglichkeit hingewiesen, das Lastschrifteinzugsverfahren zu nutzen.
>
> Wer sich für die neue Zahlungsweise entscheidet, bekommt selbstverständlich weiterhin zur Fälligkeit eine Benachrichtigung, aus der die Höhe und die Zusammensetzung seines Beitrags ersichtlich sind. Schließlich möchte jeder den Überblick über das Geschehen auf seinem Konto behalten.
>
> Bislang haben unsere Kunden von dieser neuen Serviceleistung in erfreulichem Maße Gebrauch gemacht.

a) Welche Vorteile bietet (lt. Text) das Einzugsverfahren dem Kunden?

b) Welche (unterstellten) Bedenken haben Kunden gegenüber dem Einzugsverfahren und wie ist diesen Einwänden zu begegnen?

c) Welche Vorteile hat die Versicherungsgesellschaft beim Einzugsverfahren (d. h. warum wirbt sie dafür)?

## Zusammenfassung

- Als Gegenwert für Waren oder Dienstleistungen wird mit **Geld** gezahlt. Dieses „Gegentauschmittel" *Geld* wurde in Jahrhunderten zu einem einfacheren Zahlungsmittel entwickelt.
- Das Geldmaterial wurde dabei ständig wertloser, wichtig war nur, daß das jeweilige **Zahlungsmittel** allgemein anerkannt wurde.
- **Geldgeschäfte** werden über Geldinstitute (Banken, Post, Sparkassen) abgewickelt. Über die „*Bank* der Banken", die Deutsche Bundesbank, stehen sie in einem Verbund.
- **Zahlungen** können bar, halbbar oder bargeldlos erfolgen. Ganz besondere Vorteile bietet die bargeldlose Zahlung mit Hilfe der Überweisung.
- Für ständig **wiederkehrende Zahlungsverpflichtungen** bringen Dauerauftrag und Lastschriftverfahren noch zusätzliche Erleichterungen.
- Möglich wird der **bargeldlose Zahlungsverkehr,** wenn beide Partner, Zahlungspflichtiger und Zahlungsempfänger, ein Girokonto bei einem Geldinstitut (Banken, Sparkassen, Postgirodienst) unterhalten.

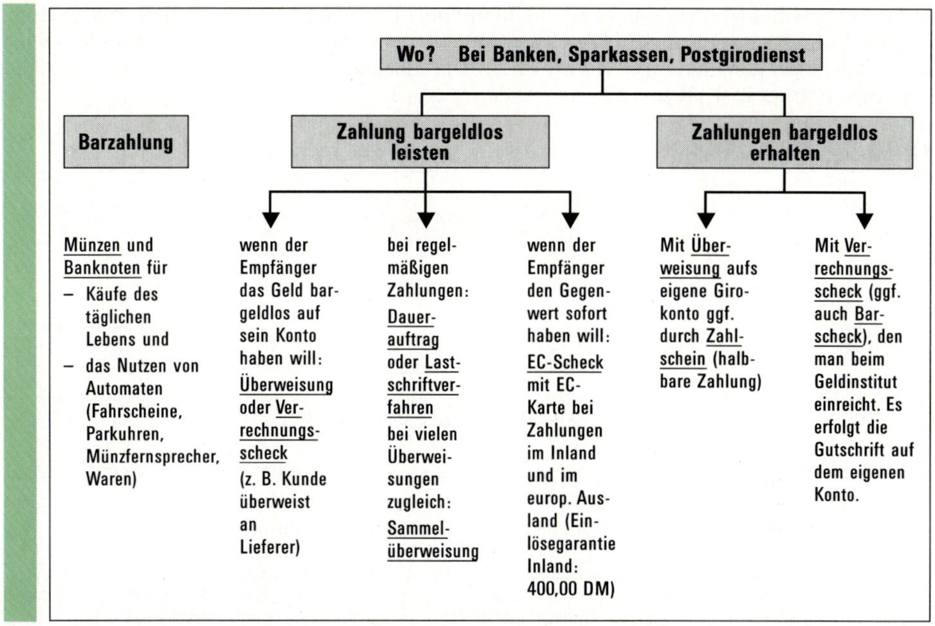


*Abb. 11.4-1 Überblick: Zahlungsverkehr*

# 11.4 Die Zahlung durch Scheck[1]

Mit dem Scheck verfügt der Kontoinhaber über sein Guthaben bei einem Geldinstitut (Kreditinstitut). Er kann den Scheck entweder als Zahlungsmittel seinem Gläubiger gegen Quittung aushändigen (im Ortsverkehr) oder zusenden – oder auch (selten) damit Beträge am Schalter des Kreditinstituts abheben. Die Zahlung mit Scheck ist:

- bequem (lediglich Scheck ausschreiben, kein Anstehen am Schalter, Zahlungsverkehr erledigt die Bank);
- billig (gegebenenfalls Versand in gewöhnlichem Brief);
- sicher (schützt vor Diebstahl, Falschgeld, Feuer, Verlust);
- gewinnbringend (nicht verfügte Guthaben werden verzinst).

## 11.4.1 Aufgabe des Schecks[2]

Der Scheck ist eine Anweisung des Kontoinhabers an seine Bank (Sparkasse), aus seinem Guthaben bei Sicht eine bestimmte Summe an den – berechtigten – Inhaber zu zahlen.

Die Ausstellung eines Schecks ist an bestimmte Voraussetzungen gebunden:

– Der Aussteller muß mit einem Kreditinstitut in einem Vertragsverhältnis (Geschäftsbesorgungsvertrag nach § 675 BGB) stehen, d. h. dort ein Girokonto oder Kontokorrentkonto (laufendes Konto) unterhalten;

1 Besonderheiten des Postgirodienstes vgl. Abschnitt 11.5
2 Rechtsgrundlage für den Scheckverkehr ist das Scheckgesetz v. 14.08.1933.

– der Scheck muß gedeckt sein, d. h., das Konto muß ein entsprechendes Guthaben aufweisen. Das Guthaben kann auch dadurch entstanden sein, daß die Bank ihrem Kunden einen Kredit eingeräumt hat. Wer jedoch mit einem „ungedeckten“ Scheck zahlt, läuft Gefahr, wegen Betrugs bestraft zu werden.

### Aufgabe des Schecks

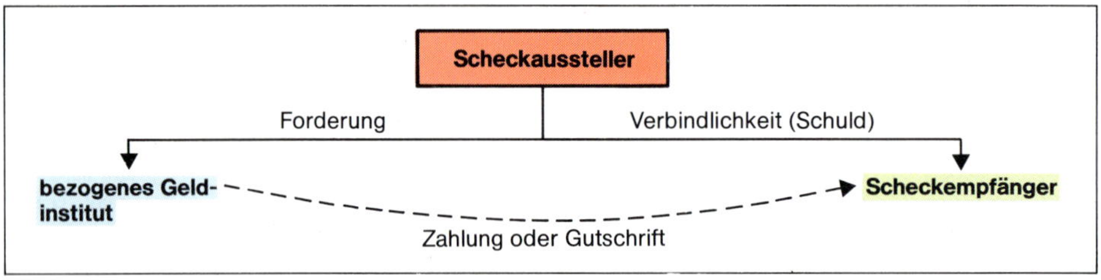


*Abb. 11.4.1-1 Aufgabe des Schecks*

Beim Scheck benutzt der Aussteller seine Forderung (er hat ein Verfügungsrecht) gegenüber dem bezogenen Geldinstitut (bei dem er ja ein Guthaben hat) zum Begleichen seiner Schuld (Verbindlichkeit) gegenüber dem Scheckempfänger.

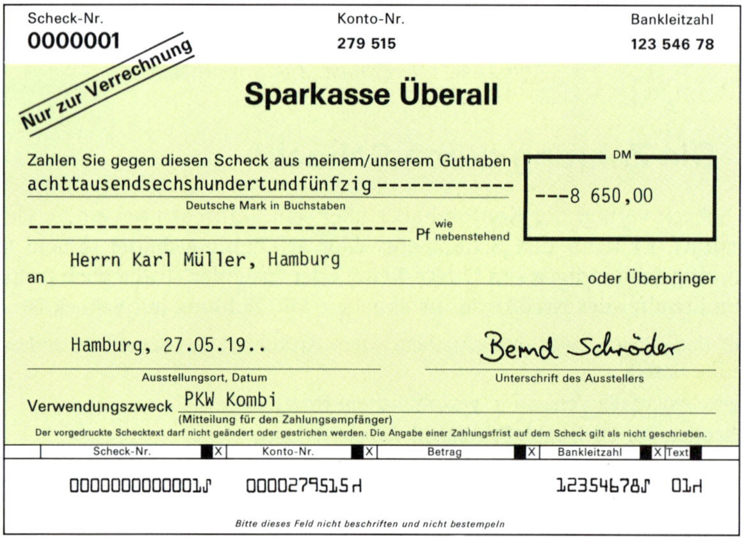


*Abb. 11.4.1-2 Scheckformular*

## 11.4.2 Form und Inhalt des Schecks[1]

Der Bankkunde muß für seine Zahlungsaufträge die – weitgehend vereinheitlichten – Scheckformulare seiner Bank (Sparkasse, Postbank) verwenden.

Der Scheck enthält gesetzliche und kaufmännische Bestandteile. Die gesetzlichen sind zwingend vorgeschrieben, die kaufmännischen sollen die büromäßige Behandlung des Schecks erleichtern.

1 Der Einheitsscheck hat bei allen Kreditinstituten des In- und Auslandes denselben Inhalt.

**Gesetzliche Bestandteile** des Schecks sind:

- der Name des bezogenen Kreditinstitutes (der Bezogene kann immer nur ein Kreditinstitut sein - passive Scheckfähigkeit);
- die Angabe des Zahlungsortes;
- die Bezeichnung „Scheck" im Text der Urkunde (Scheckklausel), (das Wort „Scheck" mit einer Zahlungsaufforderung muß im Text vorkommen);
- die unbedingte Anweisung, eine bestimmte Geldsumme zu zahlen (der Betrag wird zweckmäßig in Buchstaben wiederholt);
- die Angabe des Ortes und des Tages der Ausstellung;
- die Unterschrift des Ausstellers.

**Kaufmännische Bestandteile** des Schecks sind:

- die laufende Schecknummer,
- die Kontonummer des Ausstellers,
- die Bankleitzahl,
- die Guthabenklausel (nicht bei Eurocheque),
- die Angabe des Zahlungsempfängers,
- der Überbringervermerk.

Der Kontoinhaber erhält von seiner Bank 25 oder 50 fortlaufend numerierte, lose Vordrucke. Er füllt den Scheckvordruck aus und trägt die wichtigsten Angaben (Betrag, Empfänger, Ausstellungsdatum) in ein festes Kartenblatt ein, das sich in der Vordruck-Mappe befindet.

## 11.4.3 Die Arten des Schecks

Man unterscheidet *nach der Art der Einlösung:*

- **den Barscheck** (im Postgiroverkehr Postbarscheck genannt);
- **den Verrechnungsscheck;**

**nach der Bezeichnung des Zahlungsempfängers:**

- **den Inhaberscheck** (Überbringerscheck);
- **den Namensscheck** (Orderscheck).

**Der Barscheck** wird dem Vorzeiger bar ausbezahlt, der **Verrechnungsscheck** dem Konto des Inhabers gutgeschrieben. Jeder Barscheck kann zum Verrechnungsscheck gemacht werden, indem man quer über das Formblatt schreibt *„Nur zur Verrechnung"* (auch Stempel). Dieser Vermerk schützt nur vor Barabhebung, nicht aber - wegen des Zusatzes „oder Überbringer" - davor, daß der Betrag dem Konto eines unberechtigten Inhabers gutgeschrieben wird. Die Streichung des Zusatzes gilt als nicht erfolgt. (Vgl. dazu die folgenden Ausführungen über den Namensscheck.)

Die meisten Schecks sind durch den Zusatz „... oder Überbringer" hinter dem Namen des Empfängers Inhaberschecks. Sie werden von der bezogenen Bank an jeden Überbringer ausgezahlt.

**In dem Namensscheck** oder Orderscheck wird dagegen eine bestimmte Person (mit oder ohne den Zusatz „oder an Order") als Zahlungsempfänger angegeben.

**Der bestätigte Scheck.** Nur die Landeszentralbanken haben das Recht, Schecks mit einem *Bestätigungsvermerk* auf der Rückseite des Schecks zu versehen. Sie verpflichten sich dadurch, den Scheck einzulösen, wenn er binnen acht Tagen - vom Ausstellungsdatum an gerechnet - vorgelegt wird. Bestätigte Schecks werden bisweilen bei Grundstückskäufen dem Verkäufer zur Sicherstellung der Kaufsumme ausgehändigt.

**Beachte:** Bei der Weitergabe eines Barschecks ist besondere Vorsicht geboten; dagegen kann man Verrechnungsschecks in gewöhnlichen Briefen oder als Briefdrucksache versenden, weil ein Mißbrauch durch einen unberechtigten Dritten mindestens sehr erschwert ist.

## 11.4.4 Der Eurocheque (ec-Scheck)[1]

Bei unbekannten Kunden kann ein Kaufmann als Scheckempfänger nie so recht sicher sein, ob sich auf dem Konto des Scheckausstellers auch ein entsprechendes Guthaben befindet. Diese – in vielen Fällen wohl nicht ganz unberechtigte Sorge – hat die Verbreitung des Schecks als Zahlungsmittel behindert.

Hinzu kommt, daß die Verbindungen mit dem benachbarten Ausland (Reisen, Handel) immer mehr zugenommen haben, so daß auch der Wunsch nach einem international anerkannten Zahlungsmittel aufgekommen ist.

Beiden Interessen kommt der 1972 geschaffene Eurocheque entgegen.

Als eine Art Ausweis geben die Geldinstitute an gute Kunden Scheckkarten (gültig zwei Jahre) aus, durch die sie dem Scheckempfänger garantieren, jeden Scheck bis zu 400,00 DM einzulösen.

Der ec-Scheck wird im In- und Ausland von allen Geldinstituten, die das ec-Zeichen tragen, sofort in Bargeld eingelöst und von Kaufleuten statt Bargeld angenommen.

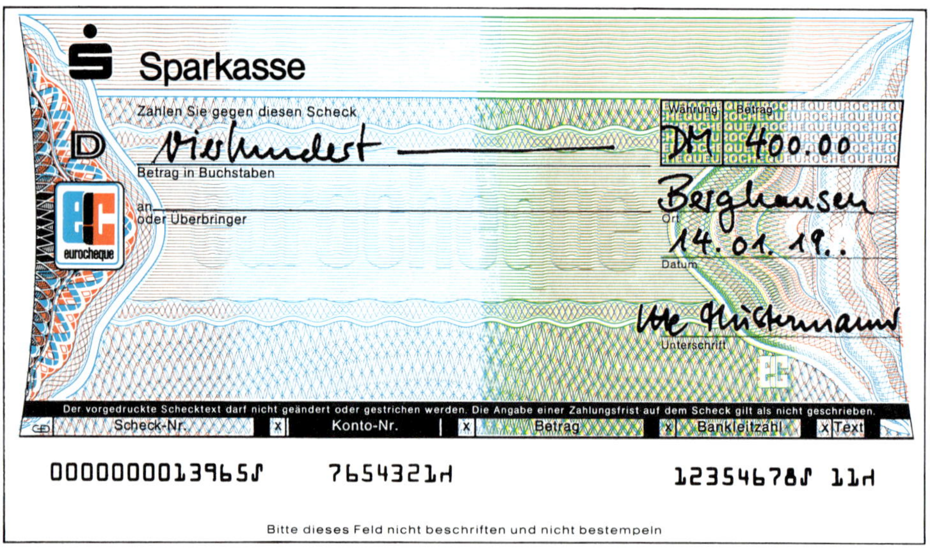


*Abb. 11.4.4-1 ec-Scheck und ec-Karte*

1 ec ist aus den französischen Begriffen „europe" (Europa) und „cheque" (Scheck) hergeleitet. Bei uns bürgerte sich die Bezeichnung „ec-Scheck" ein, die nicht recht sinnvoll ist, weil sie das Wort „Scheck" zweimal enthält. Der französische Begriff „eurocheque" wird überwiegend klein geschrieben. Die sinnvolle deutsche Schreibweise „Euroscheck" ist bei den Banken derzeit noch nicht anzutreffen.

## Verwendung des ec-Schecks im Inland

Wegen der Einlösegarantie der Banken (bis 400,00 DM) werden die ec-Schecks von den Gläubigern gerne angenommen.

Der Kontoinhaber (Schuldner) füllt das ec-Scheckformular aus, gibt es seinem Gläubiger und zeigt diesem zugleich seine ec-Karte, deren Nummer auf der Rückseite des ec-Schecks notiert wird. In Großbetrieben des Einzelhandels (teilweise auch in Hotels) übernehmen die Drucker der Registrierkassen das vollständige Ausfüllen des ec-Schecks, der Kunde muß nur noch seine Unterschrift auf den ec-Scheck setzen.

**Beispiel:** *Eine typische Situation für den Einsatz eines ec-Schecks:*

*Herr X kauft im Baumarkt ein. Er wollte ursprünglich nur ein paar Schrauben kaufen, wird aber durch das breite Sortiment zum Kauf vieler weiterer Artikel angeregt. An der Kasse reicht sein mitgeführtes Bargeld nicht aus. Man akzeptiert jedoch ec-Schecks. Die Kassiererin nimmt von Herrn X ein unausgefülltes ec-Scheckformular, schiebt es in den hierfür vorgesehenen Spalt ihrer Registrierkasse, und hier wird der Scheck vollständig ausgedruckt. Die Kassiererin läßt sich von Herrn X dessen ec-Karte zeigen, dreht das Scheckformular um, und der Drucker setzt die ec-Kartennummer auf die Rückseite des Scheckformulars. Herr X unterschreibt den ec-Scheck, erhält den Kassenbon (der in einem Vermerk die Zahlung durch Scheck ausweist) und hat seine Zahlungsverpflichtung erfüllt.*

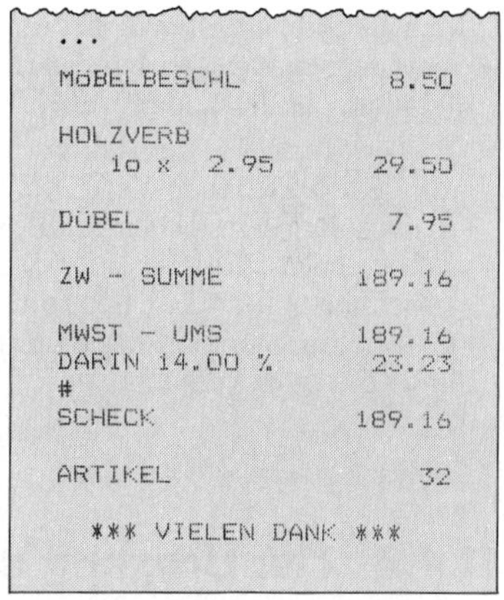
...
MÖBELBESCHL 8.50
HOLZVERB
10 x 2.95 29.50
DÜBEL 7.95
ZW - SUMME 189.16
MWST - UMS 189.16
DARIN 14.00 % 23.23
#
SCHECK 189.16
ARTIKEL 32
*** VIELEN DANK ***

*Abb. 11.4.4-2 Kassenbon*

## Verwendung des ec-Schecks im Ausland

Weil zahlreiche Länder bereits seit 1933 ein *einheitliches Scheckgesetz* haben, konnten sich alle europäischen und zahlreiche außereuropäische Länder auf einheitliche Vordrucke für Eurocheque und Eurocheque-Karte einigen. Mit dem *Eurocheque* und der *Eurocheque-Karte* (man erkennt sie an dem blau-roten ec) kann der Kontoinhaber bei den Banken der angeschlossenen Länder Bargeld der Landeswährung abheben.[1]

Darüber hinaus ist es in den westeuropäischen Ländern (und einigen Randstaaten) möglich, Eurocheques auch in Geschäften und Hotels als Zahlungsmittel zu verwenden. Viele dieser Länder trafen zugleich ein Abkommen, wonach der Scheckaussteller in ein dafür vorgesehenes Feld auch die Währungsbezeichnung im Scheck eintragen kann. So ist es beispielsweise dem deutschen Touristen in den Niederlanden möglich, einen auf Gulden lautenden Scheck auszustellen, um damit seine Hotelrechnung zu bezahlen. Bis zur Höhe von 300,00 hfl (= festgelegter Höchstbetrag) kann der niederländische

1 In Brüssel ist der Verband „Eurocheque International" ansässig, dem rund 9000 Bankinstitute in 32 Ländern angeschlossen sind. Außerdem ist die EG-Kommission, gleichfalls in Brüssel, an der Verbreitung des Eurocheques interessiert. So sieht eine EG-Vereinbarung z. B. vor, daß für Eurocheques ausländischer Kunden lediglich Gebühren von bis zu 1,6 Prozent des Scheckbetrages berechnet werden dürfen.

Hotelier einen solchen Scheck bedenkenlos akzeptieren. (Zur Information über die angeschlossenen Länder und die jeweilige Einlösegarantie gibt es an den Schaltern der Geldinstitute Informationsblätter.)

Wer Eurocheques im Ausland benutzt, sollte jedoch die vergleichsweise hohen Gebühren sowie Kursdifferenzen (häufig ist es günstiger, zu Hause Geld zu tauschen) bedenken. Sicherer und bequemer als Bargeld sind die Eurocheques aber in jedem Fall.

**Der Eurocheque (ec) bietet somit folgende Vorteile:**

- **Einlösegarantie bis 400,00 DM.** Der ec-Empfänger kann davon ausgehen, daß die bezogene Bank eine Einlösung bis 400,00 DM garantiert. (Ist der fragliche Rechnungsbetrag höher, kann der Kunde also auch mehrere ec-Schecks ausstellen.)
- **Verwendbarkeit im Ausland.** In unseren Nachbarländern und in den meisten Reiseländern (am Bankschalter nachzufragen) wird der ec-Scheck akzeptiert. Entweder kann man ihn in Geldinstituten gegen Landeswährung eintauschen oder (dies in den meisten europäischen Ländern) in der Landeswährung ausstellen und direkt zur Zahlung verwenden.
- **Die ec-Karte.** Sie legitimiert den guten Bankkunden, ec-Schecks zu verwenden. Daneben ermöglicht es die ec-Karte, versehen mit einer zusätzlichen Codierung auf Magnetstreifen, am Schalter der eigenen Bank Bargeld vom Konto abzuheben oder sich des Geldautomaten zu bedienen. Zunehmend wird die ec-Karte auch wie eine Kreditkarte eingesetzt (vgl. Abschnitt 11.9). Von „electronic cash" spricht man hierbei, wenn der Zahlungsempfänger direkt („on line") mit der Bank des Zahlenden verbunden ist und der Betrag direkt als Last- und Gutschrift verbucht wird.

## 11.4.5 Der Umgang mit dem Scheck

### Die Einlösung des Schecks

Der Scheck ist bei Sicht, d. h. beim Vorzeigen bei der bezogenen Bank, fällig. (Vgl. Abschnitt 11.4.3.)

**Die Vorlegungsfrist für Inlandsschecks** beträgt 8 Tage. Danach ist die bezogene Bank nicht mehr verpflichtet, den Scheck einzulösen; sie kann ihn hingegen noch einlösen, falls der Aussteller ihn nicht inzwischen widerruft.

**Für Auslandsschecks,** d. h. Schecks, deren Ausstellungsort im Ausland liegt, beträgt die Vorlegungsfrist:

- **20 Tage,** wenn sich Ausstellungsort und Zahlungsort in demselben Erdteil befinden;
- **70 Tage,** wenn Ausstellungsort und Zahlungsort in verschiedenen Erdteilen liegen.

**Vordatierte Schecks** dürfen sofort, also schon vor dem angegebenen Ausstellungstag, vorgelegt werden und sind dann sofort zahlbar.

### Der Scheckeinzug

Wer Schecks in Zahlung genommen hat, wird sie möglichst schnell zur Gutschrift (oder Auszahlung) an seine Bank weitergegeben. Die Bank zieht den Gegenwert der Schecks über Filialen, ihre Zentrale (so z. B. die Sparkassen über die Girozentralen, die Kreditgenossenschaften über die Zentralkassen) oder über die Zweigstellen der Deutschen Bundesbank (Landeszentralbanken) – das ist der häufigste Weg – bei der bezogenen Bank ein.

Die Landeszentralbanken schreiben den Kreditinstituten den Gegenwert der zum Inkasso eingereichten Schecks einen Tag nach dem Einreichungstag gut. *Fernschecks* werden noch am selben Tag an die Landeszentralbanken oder deren Zweiganstalten gesandt, bei denen die bezogenen Kreditinstitute ihre Girokonten unterhalten. *Platzschecks* werden über die an allen Bankplätzen bestehenden „Abrechnungsstellen" der Deutschen Bundesbank (Landeszentralbanken) eingezogen. Die Abrechnung besteht in der gegenseitigen Verrechnung der von den Kreditinstituten täglich eingereichten Schecks und anderer Abrechnungspapiere (Wechsel, Lastschriften u. a.).

## Verlust eines Schecks

Geht ein Barscheck verloren, muß man damit rechnen, daß ein unredlicher Finder ihn sofort bei der bezogenen Bank vorlegt, die ihm den Scheckbetrag ohne weiteres, d. h. ohne Prüfung seiner Berechtigung (es ist ja ein Inhaberscheck), auszahlt. Ist der Scheck „Nur zur Verrechnung" gestellt, ist ein Mißbrauch weniger leicht möglich.

**Beim Verlust eines Schecks** muß man daher die bezogene Bank umgehend benachrichtigen und den *Scheck sperren lassen.* Die Bank ist aber innerhalb der Vorlegungsfrist von acht Tagen nicht verpflichtet, dieser Aufforderung nachzukommen, denn ein solches Verfahren kommt einem Widerruf des Schecks gleich. Der Verlust von Scheck oder Scheckkarte kann auch umgehend dem Zentralen Sperrannahmedienst (Tel. 0 69/ 74 09 87) mitgeteilt werden, welcher Tag und Nacht derartige Meldungen entgegennimmt und eine Sperre veranlaßt (was insbesondere beim Nutzen des Geldautomaten mit der Scheckkarte [vgl. Abschnitt 11.9] bedeutsam ist).

**Haftungsausschluß der Banken.** In ihren „Allgemeinen Geschäftsbedingungen" schränken die Banken die Verantwortung stark ein, wenn Schecks durch Nachlässigkeit des Kunden mißbräuchlich verwendet werden. Der Bankkunde sollte daher die *Scheckformblätter sorgfältig aufbewahren.* Verliert er einzelne leere Formblätter, sollte er das seiner Bank sofort, am besten telefonisch, mitteilen.

**Für Eurocheques** haben die Banken *Versicherungen* abgeschlossen, die den Kontoinhaber weitgehend gegen das Risiko des Verlustes von Scheckkarte und Eurocheque-Vordrucken schützen. Zu beachten ist allerdings, daß diese Versicherungen nur eintreten, wenn Scheck und Scheckkarte gleichzeitig abhanden kommen. Bei mißbräuchlicher Verwendung des Schecks alleine kann der Schaden den Kontoinhaber voll treffen. Die Versicherung deckt 90 % des Schadens, bei 15 Scheckvordrucken à 400,00 DM also 6000,00 DM. *Nicht versichert* sind also Eurocheques, die *ohne* Karte, aber mit gut gefälschter Unterschrift in den Verkehr gebracht werden.

**Auch beim Versand von Schecks** ist Vorsicht geboten. Barschecks kann man zur Sicherheit in einem Einschreibebrief verschicken, allerdings haftet die Post nur bis 40,00 DM.

**Verrechnungsschecks** braucht man dagegen nicht mit Einschreiben zu versenden, da eine mißbräuchliche Verwendung mindestens sehr erschwert ist. Sie sind für einen Unberechtigten praktisch unbrauchbar, weil ihr Gegenwert nicht bar ausgezahlt, sondern nur dem Konto des Einreichers gutgeschrieben wird. Dieser kann daher nicht unbekannt bleiben.

Bewahren Sie Scheckblocks und einzelne Formblätter stets unter Verschluß auf! – Nehmen Sie Schecks nur von Ihnen bekannten Personen in Zahlung, wenn dazu keine gültige Scheckkarte vorgelegt wird.

# 11.5 Der Postgirodienst

Die Deutsche Bundespost wird lt. Artikel 87, 1 GG in bundeseigener Verwaltung geführt. An der Spitze steht der Bundesminister für das Post- und Fernmeldewesen.

Die Post gliedert sich in drei selbständige Unternehmen, die durch ein gemeinsames Direktorium verbunden sind.

Die Dienstleistungen der Deutschen Bundespost werden von Kaufleuten und Privatpersonen in gleicher Weise genutzt.

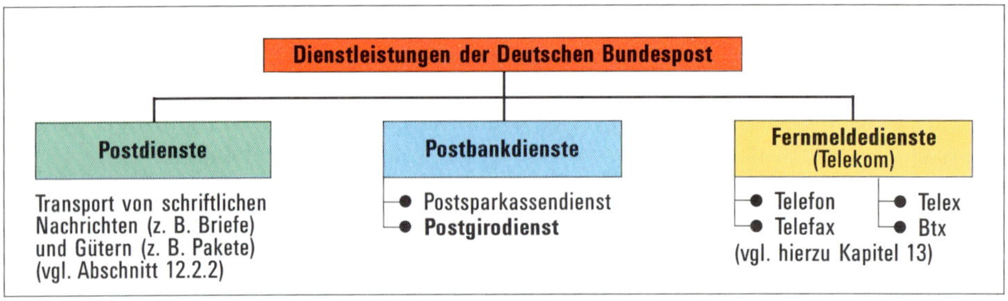


*Abb. 11.5-1 Dienstleistungen der Deutschen Bundespost*

**Bei der Postbank** der Deutschen Bundespost sind *Postsparkassendienst* und *Postgirodienst* zu unterscheiden.

Das Postsparbuch ist recht vielseitig. Der Postsparer kann nicht nur in bundesdeutschen Postämtern, sondern auch in den meisten europäischen Ländern Geld vom Postsparbuch abheben.

**Der Postgirodienst** wird insbesondere im Kleinzahlungsverkehr von Privatpersonen und Kaufleuten (Unternehmen), die neben ihren Bankkonten auch Postgirokonten unterhalten, in Anspruch genommen. Sein großer Vorzug besteht in der Verknüpfung der *13 Postgiroämter,* die die Konten führen, mit *rund 34 000 Zahlstellen* (Postämter, Poststellen und Posthilfsstellen), die Einzahlungen zur Gutschrift auf Postgirokonten entgegennehmen und Auszahlungen zu Lasten von Postgirokonten leisten. Der Postgirokunde kann auch durch Nachnahme oder im Auftragsdienst eingezogene Beträge seinem Konto gutschreiben lassen.

Die Guthaben werden nicht verzinst. Das Konto soll ständig ein Guthaben ausweisen, kann jedoch kurzfristig bis zu einem bestimmten Betrag unter Berechnung von banküblichen Zinsen überzogen werden.

## Die Eröffnung eines Postgirokontos

Wer am Postgiroverkehr teilnehmen will, stellt beim Postamt einen entsprechenden Antrag, der an das zuständige *Postgiroamt* weitergeleitet wird (davon gibt es 13 im Bereich der Deutschen Bundespost: in Berlin [West], Dortmund, Essen, Frankfurt a. M., Hamburg, Hannover, Karlsruhe, Köln, Ludwigshafen, München, Nürnberg, Saarbrükken, Stuttgart).

Eröffnet man ein Konto, bekommt man als „Grundausstattung"

- 25 Überweisungsvordrucke,
- 50 gelbe Postgirobriefumschläge,
- 25 Scheckvordrucke,
- 20 Postgiroaufträge.

Für die Führung des Postgirokontos und verschiedene Dienstleistungen werden *Gebühren* gemäß der jeweils geltenden Gebührenordnung erhoben.

## Überweisungen im Postgirodienst

Das Verfahren der Postgiroüberweisung gleicht bei Überweisungen von Postgirokonto zu Postgirokonto dem bei Banken und Sparkassen üblichen Verfahren. (Vgl. Abb. 11.2-1 und 11.4-1.)

Wie beim Überweisungsverkehr der Banken und Sparkassen steht auch den Postgirokunden die Möglichkeit der *Sammelüberweisung* offen. Mit Sammelaufträgen (auch Sammelschecks, Sammeldaueraufträge, Sammelaufträge mit Zahlungsanweisungen, Sammeleinziehungsaufträge) kann die Schreibarbeit verringert werden. Sie ermöglichen zugleich die wirtschaftliche Nutzung von Büromaschinen und automatisierten Rechenanlagen.

Daueraufträge und Einziehungsaufträge sind auch im Postgiroverkehr anwendbar.

## Die Zahlung durch Postscheck

Die Scheckvordrucke entsprechen völlig den im Bankverkehr üblichen vereinheitlichten Vordrucken und können wie diese als Barschecks und Verrechnungsschecks verwandt werden. Mit dem Barscheck kann man an den Schaltern des kontoführenden Postgiroamtes Beträge abheben. Barabhebungen sind auch bei einem mit dem Postgiroamt vereinbarten *Postamt* möglich, wenn man eine vom Postgiroamt ausgestellte *grüne „Ausweiskarte“* vorlegt. Ferner gibt es auch im Postgiroverkehr Eurocheques (vgl. Abschnitt 11.4.4).

DEUTSCHE BUNDESPOST
Ausweiskarte
für das Postbarscheckverfahren
Postgirokonto Ludwigshafen am Rhein
Nr. 2199 99-674
Bitte Rückseite beachten!

*Abb. 11.5-2 Ausweiskarte Postbarscheck*

## Die Zahlung durch Zahlungsanweisung

Die Zahlungsanweisung ist ein dreiteiliger Vordruck, der Scheck und Überweisung kombiniert. Der linke schmale Abschnitt dient der Benachrichtigung des Empfängers, der mittlere Abschnitt ist der eigentliche Scheck, der rechte breitere Abschnitt dient als Lastschriftbeleg für den Aussteller. Mit Hilfe der Zahlungsanweisung kann der Postgiro-Kontoinhaber

- **sich einen Betrag** von seinem Postgirokonto durch den Geldbriefträger *bar ins Haus schicken lassen* (z. B. bei Bargeldbedarf für Lohnzahlung). An der für die Angabe des Empfängers vorgesehenen Stelle trägt der Aussteller seine genaue Anschrift ein *(Namensscheck)*. Der Scheck wird an das eigene Postgiroamt gesandt, das die Auszahlung veranlaßt.
- **einem seiner Gläubiger einen Betrag bar ins Haus schicken lassen.** Der Scheck wird ausgefüllt; als Zahlungsempfänger gibt der Aussteller den betreffenden Gläubiger mit genauer Anschrift an. Der Scheck wird an das eigene Postgiroamt gesandt. Von dort aus wird die Postanstalt des Empfängers angewiesen, diesem den Betrag bar ins Haus zu bringen. Für bare Auszahlungen berechnet die Post eine Gebühr.

**Sammelaufträge mit Zahlungsanweisungen** sind eine weitere Möglichkeit, das Postgirokonto für den halbbaren oder unbaren Zahlungsverkehr zu benutzen. Ist nicht bekannt, ob der Empfänger ein Konto besitzt oder will man auf die Kontoangabe verzichten, können Postgirokunden mit umfangreichem Zahlungsverkehr anstelle des Sammelschecks Sammelaufträge mit „Zahlungsanweisungen zur Verrechnung“ aus-

3802355

stellen. Jeder Empfänger kann selbst entscheiden, ob der Betrag seinem Konto gutgeschrieben oder am Postschalter bar ausgezahlt werden soll. Die Barauszahlung am Postschalter ist gebührenpflichtig, die Einlösungsfrist für „Zahlungsanweisungen zur Verrechnung“ beträgt einen Monat. Die Technik der Sammelaufträge entspricht der der Sammelüberweisung.

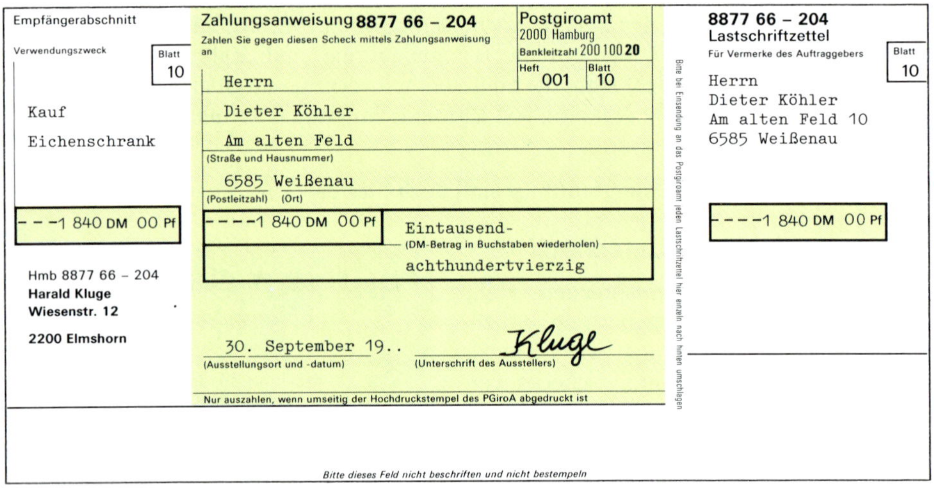
Empfängerabschnitt
Verwendungszweck
Blatt 10
Kauf
Eichenschrank
- - -1 840 DM 00 Pf
Hmb 8877 66 - 204
**Harald Kluge**
**Wiesenstr. 12**
**2200 Elmshorn**

Zahlungsanweisung **8877 66 - 204**
Zahlen Sie gegen diesen Scheck mittels Zahlungsanweisung an
Postgiroamt
2000 Hamburg
Bankleitzahl 200 100 **20**
Heft 001
Blatt 10
Herrn
Dieter Köhler
Am alten Feld
(Straße und Hausnummer)
6585 Weißenau
(Postleitzahl) (Ort)
- - - -1 840 DM 00 Pf
Eintausend-
(DM-Betrag in Buchstaben wiederholen)
achthundertvierzig
30. September 19..
(Ausstellungsort und -datum)
Kluge
(Unterschrift des Ausstellers)
Nur auszahlen, wenn umseitig der Hochdruckstempel des PGiroA abgedruckt ist

Bitte bei Einsendung an das Postgiroamt jeden Lastschriftzettel hier einzeln nach hinten umschlagen

**8877 66 - 204**
Lastschriftzettel
Für Vermerke des Auftraggebers
Blatt 10
Herrn
Dieter Köhler
Am alten Feld 10
6585 Weißenau
- - - -1 840 DM 00 Pf

*Bitte dieses Feld nicht beschriften und nicht bestempeln*

*Abb. 11.5-3 Zahlungsanweisung*

## 11.6 Homebanking

Der Begriff *„Homebanking“* leitet sich ab aus den englischen Begriffen „home“ (zu Hause) und „banking“ (Bankgeschäfte tätigen). Um hierbei mitzutun, braucht der Postgirokunde oder Bankkunde einen Telefonanschluß und ein Btx[1]-fähiges Fernsehgerät. Über die Telefonleitung bekommt der Kunde Zugang zum Rechner im Postgiroamt oder der Bank. Auf diese Weise können von der Wohnung aus zu jeder Tages- und Nachtzeit Bankgeschäfte getätigt werden. Man kann:

- jederzeit seinen Kontostand abfragen
- Überweisungsaufträge auf jedes Girokonto bei einem Postgiroamt, einer Bank oder Sparkasse erteilen
- Daueraufträge erteilen, ändern oder löschen
- Vordrucke bestellen
- Bankleitzahlen abfragen
- Mitteilungen an das Postgiroamt geben

Damit die Kontoführung über Btx vor dem Zugriff Unberechtigter geschützt ist und die Daten auch wirklich „persönlich“ bleiben, bekommt jeder, der am Btx-Dienst teilnimmt, eine

**PIN** (**P**ersönliche **I**dentifikations-**N**ummer),

also eine persönliche Geheimzahl, die, zusammen mit der Kontonummer eingegeben, den Zugang zum Rechner des Geldinstituts ermöglicht.

1 Vgl. hierzu Abschnitt 12.6.

Überweisungs- und andere Aufträge kann man nur erteilen, wenn man eine weitere Geheimzahl richtig eingeben kann: die

**TAN** (**T**rans**a**ktions-**N**ummer).

Hier ist also eine „doppelte Sicherung" für den Btx-Teilnehmer vorhanden, der beide Nummern von seinem Geldinstitut erhält.

Es bleibt abzuwarten, inwieweit die Kunden hiervon Gebrauch machen. Bei Verbreitung der Btx-Anschlüsse können alle Banken dieses Verfahren in ihr Leistungsangebot aufnehmen.

## 11.7 Zahlungsverkehr über Datenträgeraustausch

Da der Zahlungsverkehr der mittleren und großen Unternehmen von der Datenverarbeitung erfaßt wird und auf Datenträgern gespeichert ist, war es nur sinnvoll, daß die Geldinstitute nach Möglichkeiten suchen, die das Ausschreiben von Einzelbelegen überflüssig machen können.

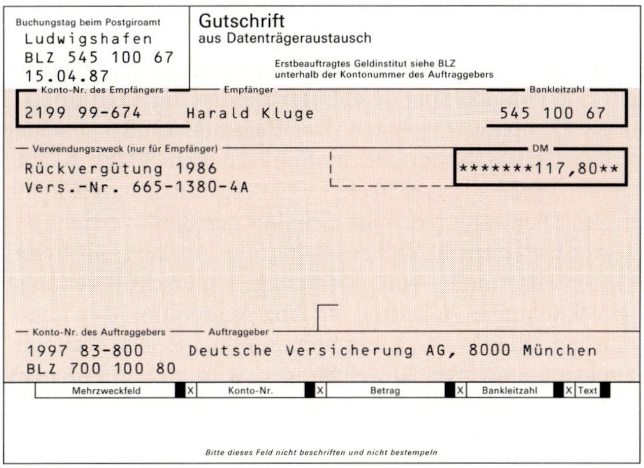
Buchungstag beim Postgiroamt
Ludwigshafen
BLZ 545 100 67
15.04.87
Gutschrift
aus Datenträgeraustausch
Erstbeauftragtes Geldinstitut siehe BLZ unterhalb der Kontonummer des Auftraggebers
Konto-Nr. des Empfängers: 2199 99-674
Empfänger: Harald Kluge
Bankleitzahl: 545 100 67
Verwendungszweck (nur für Empfänger): Rückvergütung 1986 Vers.-Nr. 665-1380-4A
DM: *******117,80**
Konto-Nr. des Auftraggebers: 1997 83-800 BLZ 700 100 80
Auftraggeber: Deutsche Versicherung AG, 8000 München
Mehrzweckfeld | X | Konto-Nr. | X | Betrag | X | Bankleitzahl | X | Text
Bitte dieses Feld nicht beschriften und nicht bestempeln

*Abb. 11.7-1*
*Zahlungsempfänger erhält Beleg oder bei belegloser Buchung Hinweis im Kontoauszug*

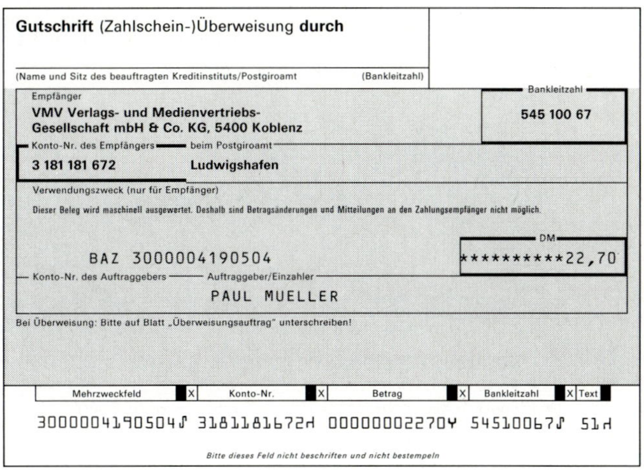
**Gutschrift** (Zahlschein-)Überweisung **durch**
(Name und Sitz des beauftragten Kreditinstituts/Postgiroamt) (Bankleitzahl)
Empfänger: VMV Verlags- und Medienvertriebs-Gesellschaft mbH & Co. KG, 5400 Koblenz
Bankleitzahl: 545 100 67
Konto-Nr. des Empfängers: 3 181 181 672
beim Postgiroamt: Ludwigshafen
Verwendungszweck (nur für Empfänger)
Dieser Beleg wird maschinell ausgewertet. Deshalb sind Betragsänderungen und Mitteilungen an den Zahlungsempfänger nicht möglich.
BAZ 3000004190504
DM: *********22,70
Konto-Nr. des Auftraggebers — Auftraggeber/Einzahler: PAUL MUELLER
Bei Überweisung: Bitte auf Blatt „Überweisungsauftrag" unterschreiben!
Mehrzweckfeld | X | Konto-Nr. | X | Betrag | X | Bankleitzahl | X | Text
3000004190504 3181181672 00000002270 54510067 51
Bitte dieses Feld nicht beschriften und nicht bestempeln

*Abb. 11.7-2*
*Zahlungspflichtiger erhält mit der Rechnung einen vorbereiteten Zahlungsbeleg*

Im **Datenträgeraustausch** kann der Kunde seiner Bank oder dem Postgiroamt Magnetbänder, Kassetten oder Disketten mit den gespeicherten Daten von Sammelaufträgen für Überweisungen, Lastschriften oder Zahlungsanweisungen zur Verrechnung übersenden. Für den Bankkunden entfällt somit das Ausschreiben von Einzelbelegen. Hinzu kommt – und hier liegt für die Betriebe gegenüber dem herkömmlichen Verfahren der entscheidende Vorteil –, daß beim Zahlungsverkehr über Datenträgeraustausch eine beträchtliche Einsparung an Kosten und Gebühren erreicht wird.

Das **maschinelle Belegleseverfahren** ermöglicht die automatische Buchung von Zahlungseingängen. Der Bankkunde fügt seinen Rechnungen mit maschinell lesbarer Schrift bedruckte Zahlungsvordrucke bei. Beim Kreditinstitut erfassen Lesemaschinen alle Gutschriftdaten für den Zahlungsempfänger. Der Kunde erhält ein Magnetband, eine Kassette oder Diskette mit den gespeicherten Daten sowie eine Gutschrift über den Gesamtbetrag.

## 11.8 Reiseschecks (Travelers Cheques)

Reiseschecks sind seit Jahren im nationalen und internationalen Reiseverkehr eingeführt. DM-Reiseschecks werden z. B. von den Sparkassen und Landesbanken in Kooperation mit der American Express Company angeboten. Der Reisende kauft bei seiner Sparkasse oder Landesbank diese Reiseschecks, die in Beträgen von 50,00, 100,00, 200,00 und 500,00 DM ausgegeben werden. Reiseschecks bieten gegenüber Bargeld eine größere Sicherheit bei Verlust und Diebstahl. Noch am Schalter der Bank versieht der Käufer die Reiseschecks mit seiner Unterschrift. Will er im In- oder Ausland mit Reiseschecks zahlen, so wird aus Sicherheitsgründen eine nochmalige Unterschrift verlangt, die in Gegenwart des Reisechecknehmers zu leisten ist. Vor Auszahlung des Reisescheck-Gegenwertes wird verglichen, ob beide (...) nunmehr auf dem Reisescheck vorhandenen Unterschriften übereinstimmen. Bei Abweichungen wird der Reisescheck nicht eingelöst.

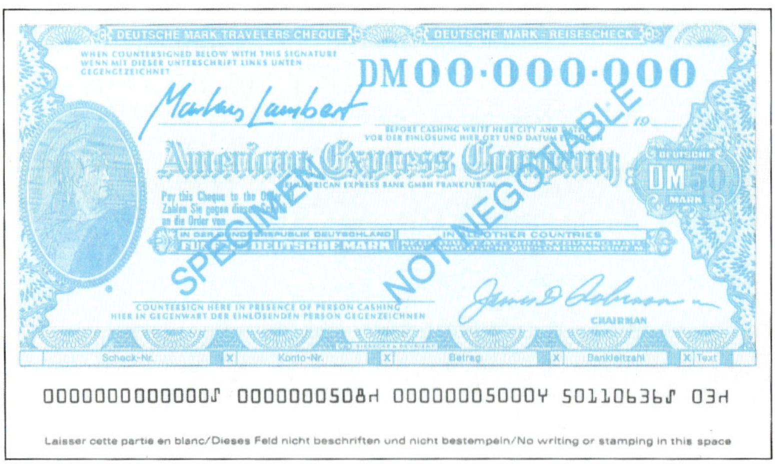


*Abb. 11.8-1 Reiseschecks*

## 11.9 Kreditkarten

Im Abschnitt 11.4.4 wurde die Vielseitigkeit der kleinen Eurocheque-Karte (ec-Karte) hervorgehoben. Sie legitimiert den guten Bankkunden, ec-Schecks auszustellen (für die das Geldinstitut eine Einlösung bis zu 400,00 DM je Scheck garantiert).

Die aus Kunststoff gefertigte Scheckkarte (ec-Karte) hat aber nicht nur die beschriebene Garantiefunktion, sie dient auch als Medium bei den Geldautomaten (auch: ec-Giromat genannt) der verschiedensten Geldinstitute. Mit ec-Karte (oder auch entsprechenden von den Banken nur hierzu ausgegebenen Karten) und Geheimzahl kann bei diesen Automaten jederzeit Bargeld vom eigenen Konto abgehoben werden. Barabhebungen vom Konto am Schalter der eigenen Bank mit Hilfe der ec-Karte sind üblich geworden. Die ec-Karten haben deshalb einen Magnetstreifen, der die notwendigen Informationen – computerlesbar – enthält. An den Kassenterminals des Handels (Point of sale[1]) ist man derzeit dabei, weitere Möglichkeiten zum Zahlen mit ec-Karte zu schaffen.

In gleicher Größe gibt es nun noch viele weitere Ausweiskarten[2], die gleichfalls zur Zahlung für Waren oder Dienstleistungen verwendet werden können. Aus den USA kamen die Kreditkarten wie American Express, Diners Club, Amexco, Visa zu uns und verbreiteten sich langsam auch hier. Europäische Gründungen wie Eurocard oder eigene Kreditkarten von Geldinstituten und des Handels kamen hinzu.

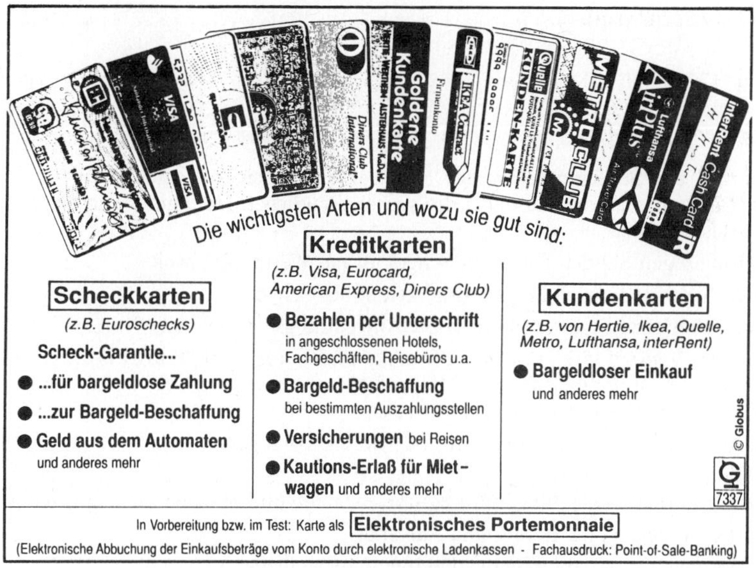


*Abb. 11.9-1 Vielseitiges Plastik-Geld*

Statt Brieftasche und Portemonnaie nur eine einzige bunte Plastikkarte zum Bezahlen – so weit wird es wohl niemals kommen. Aber eine weit größere Rolle als bisher wird das Plastik-Geld in Zukunft bestimmt spielen.

1 Die Kasse z. B. eines Supermarktes oder einer Tankstelle wird Kassenterminal oder Point of sale (engl. „Punkt des Verkaufs", abgekürzt POS) genannt.

2 1990 waren 23 Mio. ec-Karten und rund 5 Mio. Kreditkarten ausgegeben.

Die Sparkassen und viele Banken arbeiten mit EUROCARD, was von der (durch alle Geldinstitute getragenen) „Gesellschaft für Zahlungssystem (GZS)“ in Frankfurt initiiert wurde.

Wer viel im Ausland reist, hat diese Kreditkarten schon längst gut gebrauchen können. Er zahlte mit ihrer Hilfe in Hotels, Geschäften, beim Autoverleih usw. Man unterschreibt dazu einen entsprechenden Beleg, legt die Karte vor (die im Regelfall abgerollt wird) und hat gezahlt. Der Kunde nutzt also einen Kredit (darum auch „Kreditkarte“), den ihm die Kartenorganisation einräumt. Über die zentrale Verrechnungsstelle seiner Kartenorganisation erhält der Kunde (z. B. vierteljährlich) die Abrechnung über den angelaufenen Gesamtbetrag. In den USA ist diese Zahlweise seit Jahren allgemein verbreitet. Bei uns scheint sich das „Plastikgeld“ auch langsam auszubreiten. Die Entwicklung ist aber noch im Fluß. Wichtig ist nämlich, daß die Kartenfirmen möglichst viele Unternehmen unter Vertrag haben, die bereit sind, ihren Kreditkarten-Inhabern den Einkauf gegen Unterschrift zu ermöglichen. Die Kreditfirmen ersetzen den Vertragsunternehmen jedoch nicht den vollen Betrag (nur bis zu 98 %), zu dem der Karteninhaber einkaufte. Dies hemmt die Verbreitung.

Hotels, Geschäfte, Autoverleiher usw., die Kreditkarten akzeptieren, machen dies durch entsprechende Aufkleber bekannt. Inzwischen sind bei den Kreditkarten-Organisationen auch Automaten auf dem Vormarsch. American Express und Visa ermöglichen über speziell ausgerüstete Kreditkarten den Zugang zu Geldautomaten im In- und Ausland. Amexco unterhält an wichtigen Flughäfen auch Automaten für die Ausgabe von Reiseschecks (Traveler Cheques).

## Aufgaben

1. Füllen Sie ein Scheckformular aus (die Banken geben kostenlos Formulare für Lehrzwecke aus). Markieren Sie dabei die sechs gesetzlichen Bestandteile lt. Art. 1 SchG durch eingekreiste Zahlen.
2. Vervollständigen Sie den Satz: Der Scheck ist ein Wertpapier, weil ...
3. Nennen Sie zwei Verwendungsmöglichkeiten des Schecks.
4. Welche Scheckarten gibt es? Führen Sie Anwendungsbeispiele an.
5. Sie sind im Verkauf tätig. Ein Ihnen fremder Kunde (er ist als Tourist in Ihrer Stadt) fragt, ob er den Rechnungsbetrag von 245,00 DM mit einem Scheck begleichen könne. Der Kunde ist Niederländer und hat ec-Schecks.

   Beschreiben Sie, wie Sie antworten und wie Sie vorzugehen haben, damit das Verfahren ordnungsgemäß ablaufen kann.
6. Lesen Sie in den „Bedingungen für ec-Karten“ nach und machen Sie Angaben zu:

   a) Vorlegungsfristen für Inland und Ausland.

   b) Einlösungsfrist der Bank bei gefälschten Unterschriften.
7. Ein Bankkunde zeigt den Verlust von Eurocheque und ec-Karte sofort bei der Bank an. Haftet die Bank in dem Fall bei mißbräuchlicher Verwendung des Schecks durch den Dieb?
8. Inwieweit ist die Schecksperre ein Schutz bei verlorengegangenem Scheck?
9. Inwiefern ist der Verrechnungsscheck sicherer als der Barscheck?
10. Sie haben Ihre Brieftasche verloren, in der Sie die noch nicht verwendeten Eurocheques Nr. 1 057 869 bis 1 057 875 aufbewahrt hatten. Schreiben Sie an Ihre Bank, um einen Mißbrauch der Schecks zu verhindern.

11. Herr K. kauft am langen Samstag in einem Warenhaus für sich und die Familie Kleidungsstücke ein. Über den Rechnungsbetrag von 469,00 DM schreibt er einen Barscheck aus. Bezogene Bank ist die örtliche Stadtsparkasse.
    a) Was würden Sie antworten, wenn der Verkäufer Sie fragt, ob er über diesen Scheck zu seinem Geld kommt?
    b) Läge der Fall anders, wenn Herr K. mit einem Eurocheque unter Vorlage der ec-Karte gezahlt hätte?
    c) Schlagen Sie dem Verkäufer einen vollkommen sicheren Weg vor, über die Scheckzahlung an sein Geld zu kommen.
12. Sie sind in einem Großhandelsunternehmen tätig. Es treffen verschiedene Schecks bei Ihnen ein:
    a) Einer trägt ein späteres Ausstellungsdatum (vordatierter Scheck),
    b) einer die gestrichene Überbringerklausel,
    c) einer ein Ausstellungsdatum vom vergangenen Jahr,
    d) einer den Firmenstempel des Ausstellers, aber keine Unterschrift,
    e) bei einem ist die Klausel „aus meinem Guthaben" gestrichen,
    f) bei einem ist kein Empfänger eingesetzt.

    Welche dieser Schecks sind gültig, welche ungültig? (Informieren Sie sich auch im Scheckgesetz.)
13. Untersuchen Sie, was für den Schuldner vorteilhafter ist: Die Zahlung mit Scheck oder die Überweisung. (Verfolgen Sie dabei genau den Weg, den beide Papiere vom Aussteller über die Banken zum Empfänger zurücklegen müssen.)
14. Holen Sie bei einer Bankfiliale Informationen ein:
    a) Wie hoch sind die Gebühren für Scheckformulare?
    b) Welche Kosten entstehen, wenn ein Kunde im Ausland einen Eurocheque über 400,00 DM (= Gegenwert in DM) ausstellt?
    c) Wie ist das genaue Verfahren, wenn ein bei dieser Bank zahlbar gestellter Wechsel vom Bezogenen nicht rechtzeitig eingelöst wird? Welche Maßnahmen ergreift die Bank in diesem Fall?

    (Versuchen Sie eine[n] Ihnen möglichst bekannte[n] Bankangestellte[n] zu einer Zeit mit wenig Publikumsverkehr zu sprechen, und protokollieren Sie seine/ihre Auskünfte.)
15. Die Deutsche Bundespost als Geldinstitut:
    a) Welche „Dienste" umfaßt die Postbank (nennen und erklären)?
    b) Welchen Service kann nur die Post ihren „Geld"kunden bieten? Banken kennen diesen besonderen Service in Geldangelegenheiten nicht.
16. Sie wissen nicht, ob Ihr Schuldner über ein Postgirokonto verfügt. Welchen Vordruck müssen Sie verwenden, damit der Schuldner wahlweise bar einzahlen oder von seinem Konto überweisen lassen kann? Füllen Sie den Vordruck aus.
17. Bei den sogenannten Kreditkarten zahlt der Kunde durch Unterschrift. Wie „kommt" das Geschäft (der Verkäufer) hierbei an „sein Geld"?
18. Diners Club, Visa, Eurocard oder American Express z. B. sind große Kreditkarten-Organisationen. Sie haben bestimmt schon einmal entsprechende Aufkleber an den Schaufenstern „teurer" Geschäfte gesehen. Informieren Sie sich da doch einmal, ob diese Geschäfte lieber das „Plastikgeld" oder Bargeld annehmen. Bringen Sie die Argumente in Erfahrung, die für oder auch gegen Kreditkartenkäufe sprechen.
19. Sehen Sie Gefahren für den Konsumenten, wenn er über Kreditkarten (aber auch über die ec-Karte) jederzeit über Kaufkraft verfügt?
20. Welche Vorteile bieten Reiseschecks gegenüber dem Eurocheque?

21. Erklären Sie, was mit „Homebanking“ gemeint ist.
22. In welcher Weise tragen die Banken der Tatsache Rechnung, daß die meisten Unternehmen das gesamte Rechnungswesen (also auch den Zahlungsverkehr) über die Datenverarbeitung abwickeln?

## Zusammenfassung

- Neben der Überweisung können Kontoinhaber auch mit **Scheck** über ihr Konto verfügen.

  Der Scheck ist eine Anweisung an das kontoführende Geldinstitut (Bank, Sparkasse, Postbank), dem Zahlungsempfänger (Inhaber des Schecks) einen bestimmten Geldbetrag - zu Lasten des Scheckausstellers - zu zahlen.

  Trägt der Scheck oben links den Vermerk „Nur zur Verrechnung“ ist eine Barauszahlung ausgeschlossen. Es wird nur auf Konto gutgeschrieben.
- **Eurocheque (ec):** Hier garantiert das kontoführende Geldinstitut in jedem Fall eine Einlösung bis zu 400,00 DM. Darüber hinaus kann man Eurocheques in vielen Ländern in Landeswährung ausstellen oder zum Eintausch von Landeswährung nutzen. Ec-Schecks gelten nur in Verbindung mit der ec-Karte.
- Wegen der großen Verbreitung, des Botendienstes und der langen Öffnungszeiten die Bundespost als Postbank mit ihrem **Postgirodienst** besondere Vorteile. Die vereinheitlichten Formulare gelten hier wie bei den übrigen Geldinstituten. Besonders für die Post als Betreiber des Telefon- und Btx-Netzes bietet sich das **Homebanking** an. Der Kunde kann hier von der Wohnung aus und jederzeit Bankgeschäfte tätigen.
- Da nahezu alle größeren Unternehmen Datenverarbeitungsanlagen nutzen, können diese durch **Datenaustausch mit den Banken** in den Zahlungsverkehr einbezogen werden.
- Für Leute, die viel - vor allem ins nicht-europäische Ausland - reisen, sind **Reiseschecks** (Travelers Cheques) sehr praktisch. Sie kaufen diese vor der Reise (zu runden Beträgen) und lösen sie im Reiseland gegen Unterschrift in Landeswährung ein.
- **Kreditkarten:** Kartenorganisationen ermöglichen es, den Inhabern ihrer Karten bargeldlos - auf Kredit also - gegen Vorlage der kleinen Kunststoffkarte bei ihren Vertragsunternehmen einzukaufen (Hotels zu bezahlen, Automieten zu begleichen usw.). In regelmäßigen Zeitabständen bucht die Organisation dann die angelaufenen Beträge vom Konto des Kunden ab. Dieses „Plastikgeld“ vereinfacht das Zahlen, verführt jedoch auch oft zu Mehrausgaben. Geschäften, die Kreditkarten akzeptieren, ziehen die Kartenorganisationen einen gewissen Prozentsatz vom Erstattungsbetrag ab.

# 11.10 Die Zahlung durch Wechsel

Vgl. Wechselgesetz vom 21.06.1933

## 11.10.1 Die Aufgaben des Wechsels

Beim Scheck kann der Aussteller nur Forderungen gegenüber einem Geldinstitut als Zahlungsmittel einsetzen. Beim *Wechsel* dagegen kann jeder *Bezogener* sein, gegenüber dem der Aussteller eine Forderung hat.

---

**Beispiel:** *Das Filialunternehmen im Lebensmitteleinzelhandel Becker KG in Bonn wird vom Großhandelsunternehmen Auer & Co. in Aachen beliefert, das seinerseits die Ware von der Schokoladenfabrik Emmel AG in Essen bezieht.*

*In den Zahlungsbedingungen vereinbarten die Becker KG und Auer & Co. „Zahlung gegen Dreimonatsakzept“ (Wechsel mit einer Laufzeit von drei Monaten). Auer &*

*Co. ziehen deshalb einen Wechsel auf ihren Kunden, die Becker KG. Dann verwendet der Aussteller, Auer & Co., diese durch den Wechsel gesicherte Forderung als Zahlungsmittel gegenüber dem eigenen Gläubiger, der Herstellerfirma Emmel AG in Essen, die jetzt den Wechsel in Händen hält.*

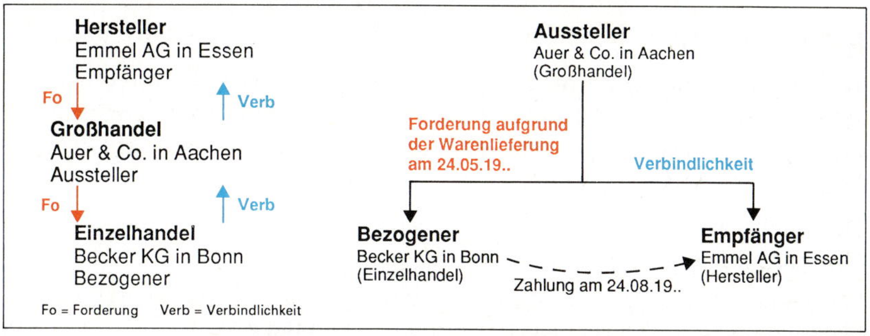


*Abb. 11.10.1-1 Aufgaben des Wechsels*

Das Beispiel zeigt deutlich, daß der Wechsel drei Aufgaben erfüllen kann, nämlich als

- **Kreditmittel,** denn der Schuldner erfüllt seine Verbindlichkeit erst später;
- **Zahlungsmittel,** denn der Gläubiger kann den Wechsel zahlungshalber verwenden;
- **Sicherungsmittel,** weil der Schuldner durch seine Unterschrift (Akzept) eine Verbindlichkeit anerkennt.

Es muß aber gesagt werden, daß die Bedeutung des Wechsels in den letzten 20 Jahren stark zurückging. Die Banken sehen nach wie vor die Vorteile, vor allem den der Sicherheit, die Kunden scheuen jedoch die Wechselstrenge und die umständliche Handhabung des Wechsels. Es wird deshalb dringend empfohlen, sich bei heimischen Geldinstituten Informationen über den Verbreitungsgrad von Wechseln und den Trend hierbei einzuholen.

## 11.10.2 Der gezogene Wechsel

Der Wechsel hat folgenden Wortlaut:

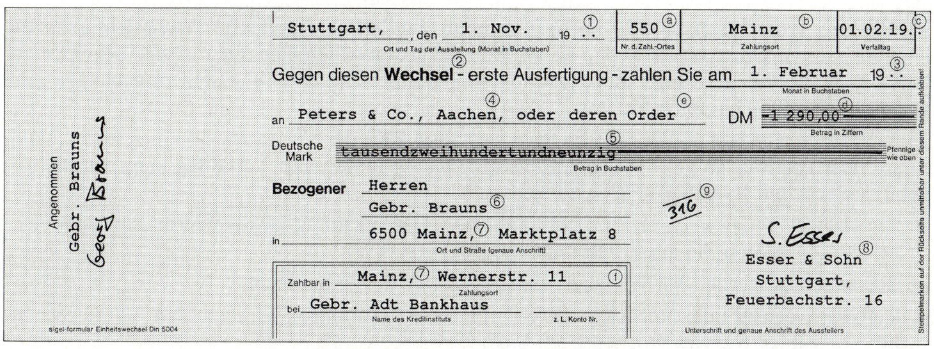


*Abb. 11.10.2-1 gezogener Wechsel*

Esser & Sohn sind *Aussteller,* sie ziehen (...) (= trassieren) den Wechsel. Der „gezogene" Wechsel heißt *Tratte.* Nimmt der Bezogene diesen Wechsel an, akzeptiert er ihn, so nennt man den Wechsel *„Akzept".* Die Firma Gebr. Brauns ist Bezogener, d. h. Wechselschuldner. Peters & Co. sind *Wechselempfänger,* Wechselnehmer (Remittent).

**Der gezogene Wechsel** ist eine Urkunde, durch die der Aussteller den Bezogenen (Schuldner) auffordert, an ihn oder eine andere Person zu einem angegebenen Zeitpunkt eine bestimmte Summe zu zahlen. Er ist sowohl Zahlungsmittel als auch Kreditmittel (Geldbeschaffungsmittel).

**In rechtlicher Hinsicht** ist der Wechsel – wie der Scheck – ein Wertpapier.

**Waren- und Handelswechsel** nennt man einen Wechsel, der in Verbindung mit einem Warenumsatz entsteht. Da der Abnehmer die bezogenen Waren erfahrungsgemäß innerhalb der Zahlungsfrist von 30 bis 90 Tagen verkauft hat, ist die pünktliche Einlösung des Wechsels in der Regel gesichert.

**Der Finanzwechsel** ist dagegen ein Wechsel, dem der Warenumsatz als wirtschaftliche Grundlage fehlt. Er dient in erster Linie der Geldbeschaffung.

Finanzwechsel sind auch die Akzepte von Banken, die sie ihren Kunden unter bestimmten Bedingungen zur Verfügung stellen (vgl. auch Abschnitt 8.5.3).

## 11.10.3 Die Bestandteile des Wechsels

Man unterscheidet *gesetzliche* (wesentliche) und *kaufmännische* Bestandteile des Wechsels.

**Gesetzliche Bestandteile** sind (vgl. dazu den Wechsel [Abb. 11.10.2-1]):

① die Angabe des Ortes und des Tages der Ausstellung;
② die Bezeichnung als Wechsel im Text der Urkunde (Wechselklausel);
③ die Angabe der Verfallzeit (Zeit der Fälligkeit);
④ der Name dessen, an den oder an dessen Order gezahlt werden soll (des Wechselempfängers = Remittenten);
⑤ die unbedingte Anweisung, eine bestimmte Geldsumme zu zahlen;
⑥ der Name dessen, der zahlen soll (des Bezogenen = Trassaten);
⑦ die Angabe des Zahlungsortes;
⑧ die Unterschrift des Ausstellers (des Trassanten).

**Zu ② Das Wort Wechsel** muß im Text genannt werden. Ausländische Wechsel müssen die entsprechenden Worte tragen, wenn sie als Wechsel gelten sollen. Die französische Bezeichnung lautet z. B. „lettre de change“ oder „mandat acceptable“, die englische „bill of exchange“, die spanische „letra de cambio“.

**Zu ③ Die Verfallzeit** muß eindeutig festgelegt sein. Fällt der Verfalltag auf einen Sonnabend, Sonn- oder Feiertag, so gilt der nächste Werktag als Verfalltag. Der Verfalltag kann auf die folgenden vier Arten festgelegt sein:

– **Tagwechsel** (Präziswechsel) sind am häufigsten. Der Verfalltag ist kalendermäßig genau festgelegt („… zahlen Sie am 1. Februar 19.. …“).
– **Sichtwechsel** werden bei Vorzeigen fällig („… zahlen Sie bei Sicht …“).
– **Zeitsichtwechsel** oder Nachsichtwechsel sind eine bestimmte Frist nach dem Vorzeigen fällig („… zahlen Sie vier Wochen nach Sicht …“).
– **Datowechsel** sind Wechsel, deren Verfalltag nach Angabe einer Frist zu ermitteln ist („… zahlen Sie heute in 3 Monaten …“). Sie werden ausgeschrieben, wenn der Tag der Ausstellung noch nicht genau feststeht.

**Zu ④ Der Name** oder die Firma des Wechselempfängers, d. h. der Name dessen, an den oder an dessen Order gezahlt werden soll, muß angegeben werden.

Zu ⑤ **Der Wechselbetrag** kann in Buchstaben oder in Ziffern angegeben werden. Der Wechsel kann auf jede Währung lauten; man kann also auch in der Bundesrepublik Deutschland fällige Wechsel auf Schweizer Franken ausstellen. Der Bezogene muß dann die Wechselsumme zum Tageskurs des Verfalltages auszahlen. Soll nur in fremder Währung gezahlt werden, so muß hinter der Summe der Vermerk „effektiv", „in natura" oder „tatsächlich" angegeben sein (Effektivwechsel).

Zu ⑥ **Der Name des Bezogenen** wird auf dem Wechsel links unten angegeben, und zwar mit genauer Anschrift, weil Wechselschulden Holschulden sind.

Zu ⑦ **Der Zahlungsort** wird unter den Namen des Bezogenen geschrieben. Ist kein besonderer Zahlungsort angegeben, so gilt der Wohnort des Bezogenen.

Zu ⑧ **Die Unterschrift des Ausstellers** muß handschriftlich vollzogen werden. Faksimilestempel dürfen bei allen Wechselunterschriften nicht verwendet werden.

**Kaufmännische Bestandteile** des Wechsels sind (vgl. Abb. 11.10.2-1):

a) die Nummer des Zahlungsortes,
b) die Wiederholung des Zahlungsortes,
c) die Wiederholung des Verfalltages in arabischen Ziffern,
d) die Wiederholung der Summe in Ziffern,
e) der Ordervermerk (die Orderklausel),
f) der Zahlstellenvermerk (Domizilvermerk),
g) die Wechselsumme.

## 11.10.4 Die Annahme des Wechsels (Akzept)

Die Annahme, das Akzept (von lat. acceptare = annehmen), ist die auf dem Wechsel gegebene Erklärung des Bezogenen, durch die er sich verpflichtet, am Verfalltag zu zahlen. Durch die Annahme erhält der Wechsel eine größere Sicherheit, da der Bezogene mit dieser Erklärung für die Einlösung des Wechsels *haftet*. Man nennt auch – im übertragenen Sinne – den angenommenen Wechsel selbst *„Akzept"* – im Gegensatz zur „Tratte".

Durch das Akzept wird der Wechsel zu einem abstrakten – d. h. vom eigentlichen Warengeschäft unabhängigen – *Zahlungsversprechen*.

**Die Arten der Annahme:** Je nach der Form und dem Inhalt kommen verschiedene Arten der Annahmeerklärung (des Akzepts) vor:

- **Das Vollakzept:** Es lautet: „Angenommen (akzeptiert), Mainz, den 3. November 19.., Gebr. Brauns". Meist wird es quer über die linke Schmalseite des Wechsels geschrieben.
- **Das Kurzakzept.** Es besteht nur aus der Unterschrift des Bezogenen, z. B. „Gebr. Brauns". Dieses unvollständige Akzept hat dieselbe rechtliche Wirkung wie das vollständige.
- **Das Blankoakzept.** Es liegt vor, wenn der Bezogene auf einem leeren Wechselformblatt oder einem Formblatt, auf dem der Wechselbetrag noch nicht eingesetzt ist, seine Unterschrift leistet und es dem Aussteller überläßt, die Lücken auszufüllen. Dieses Verfahren ist aber nicht unbedenklich!
- **Die Bürgschaftsannahme.** Der Bürge haftet wie der Schuldner und kann unmittelbar in Anspruch genommen werden.

Der Bezogene hat eine Überlegungsfrist; er kann verlangen, daß ihm der Wechsel am nächsten Tag noch einmal zur Annahme vorgelegt wird.

**Sonderfall: Der Solawechsel**

Der Solawechsel (Eigenwechsel) ist eine Urkunde, durch die sich der Aussteller selbst verpflichtet, an einem bestimmten Tag an eine bestimmte Person oder Firma eine bestimmte Summe zu zahlen. Er stellt ein *Zahlungsversprechen* zur Sicherung einer Forderung dar.

## 11.10.5 Die Versteuerung des Wechsels (entfällt 1992!)

**Der Wechsel ist Geldersatzmittel.** Im Interesse der Währungsordnung hat allein der Staat das Recht, Geld in Umlauf zu setzen. Da die Wechsel Geldersatzmittel sind, kontrolliert der Staat deren Ausstellung und Umlauf durch Erheben einer Steuer (Wechselsteuer, Wechselstempel).

**Die Steuer** beträgt für Inlandswechsel 15 Pf je angefangene hundert DM (ohne Rücksicht auf die Laufzeit des Wechsels). Sie wird durch Aufkleben einer Wechselsteuermarke – erhältlich beim Postamt – oder durch einen Wechselsteuerstempel entrichtet (Wechselsteuergesetz in der Fassung vom 24.07.1959).

*Abb. 11.10.5-1*
*Muster einer Wechselsteuermarke*

**Die Steuer wird fällig,** sobald der Wechsel vom Bezogenen oder vom Aussteller in Umlauf gesetzt wird. Kommt ein Wechsel unversteuert in den Verkehr, so können alle beteiligten Personen, das sind der Aussteller und alle, die auf dem Wechsel ihre Unterschrift abgegeben haben, bis zum 50fachen Betrag der hinterzogenen Steuer mit Strafe belegt werden.

## 11.10.6 Verwendungsmöglichkeiten des Wechsels

Der Wechselempfänger kann den Wechsel

- als Zahlungsmittel verwenden (zahlungshalber, nicht an Zahlungs Statt, weil Störungen denkbar sind),
- bis zum Verfalltag aufbewahren und den Betrag dann selbst oder durch ein Geldinstitut einziehen,
- vor dem Verfalltag an eine Bank verkaufen (diskontieren).

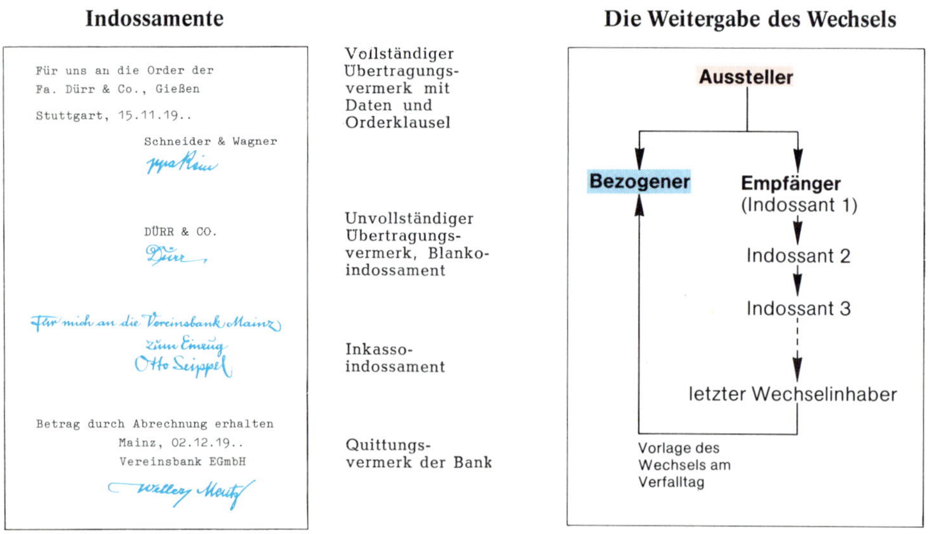


*Abb. 11.10.6-1*

Die Weitergabe (vgl. Art. 11 WG) erfolgt durch ein *Indossament* (italienisch in dosso: auf dem Rücken), da der Wechsel ein Orderpapier ist. Das *Vollindossament* enthält Ort, Datum und Unterschrift des Indossanten, das *Kurzindossament* begnügt sich mit der Unterschrift des Weitergebenden (vgl. Art. 13 WG). Mit dem *Inkassoindossament* beauftragte der letzte Wechselinhaber eine Bank, für ihn den Einzug vorzunehmen.

Das Indossieren hat eine *zeitliche Grenze*. Eine Verlängerung der Laufzeit ist ggf. nur dadurch möglich, daß der Aussteller einen neuen Wechsel auf den Bezogenen zieht (Prolongation). Eine *räumliche Grenze* ist erreicht, wenn auf der Rückseite des Wechsels kein Platz für weitere Indossamente ist. Man klebt dann eine Verlängerung (Allonge) an und stempelt oder unterschreibt die Nahtstelle.

## Das Diskontieren des Wechsels

Wechsel, die den Bestimmungen des Wechselgesetzes entsprechen, werden von den Banken - unter Beobachtung der jeweiligen Geschäftsbedingungen - aufgekauft. Der Gegenwert wird unter Abzug von Diskont (italienisch disconto: Zinsabzug) und ggf. Gebühren dem Konto des Einreichers gutgeschrieben oder bar ausbezahlt.

Die Bank ihrerseits hat nun zwei Möglichkeiten, mit dem Wechsel zu verfahren. Sie kann bis zum Verfalltag warten und den Betrag dann beim Bezogenen einziehen, oder sie kann den Wechsel bei einer *Landeszentralbank* (LZB), als Filiale der Deutschen Bundesbank, verkaufen.

Die so zum *Rediskont* angebotenen Wechsel müssen *vier* Voraussetzungen erfüllen. Sie müssen

- an einem *Bankplatz* (Ort mit einer Niederlassung der LZB) zahlbar gestellt sein,
- *Handelswechsel* sein (ihnen muß ein Handelsgeschäft zugrunde liegen),
- mit *drei sicheren Unterschriften* versehen sein,
- über eine *Laufzeit* von *nicht mehr als 90 Tagen* ausgestellt sein.

Der von der LZB berechnete Diskontsatz wird vom Zentralbankrat der Deutschen Bundesbank festgelegt (vgl. § 15 Gesetz über die Deutsche Bundesbank, Fassung vom 01.02.1972). Änderungen des Diskontsatzes sind für die Wirtschaft von großer Bedeutung, da hiervon Signalwirkungen für die Kreditzinsen ausgehen können.

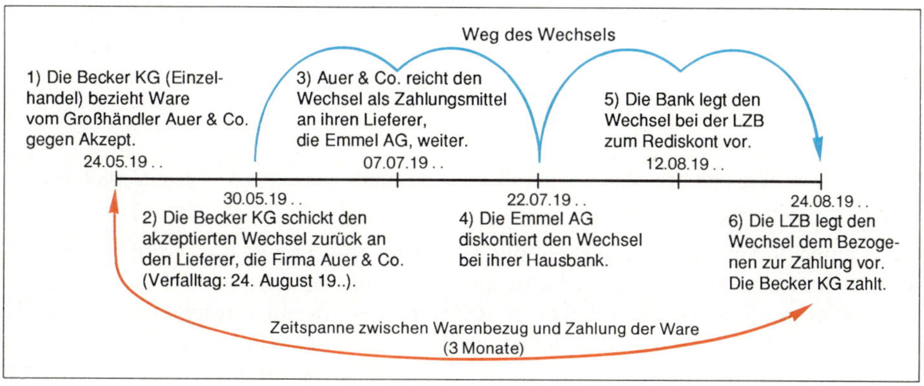


*Abb. 11.10.6-2 Zeitleiste zum möglichen Weg eines Wechsels (=Beispiel aus Abschnitt 11.10.1)*

## 11.10.7 Die Nichteinlösung des Wechsels

### Die Folge der Nichteinhaltung von Wechselverpflichtungen

Löst der Bezogene am Verfalltag den Wechsel nicht ein, so läßt der letzte Wechselinhaber dies beurkunden (vgl. Art. 44 WG). Dieser *Wechselprotest* kann vorgenommen werden

- durch die **Post** (bei Wechseln bis 3 000,00 DM),
- durch einen **Gerichtsvollzieher,**
- durch einen **Notar.**

Der Protest muß am ersten oder zweiten Werktag nach dem Verfalltag erfolgen.

**Benachrichtigung** (vgl. Art. 45 WG): Innerhalb von vier Werktagen nach dem Protest muß der letzte Wechselinhaber seinen Vormann und den Aussteller benachrichtigen.

Die Indossanten müssen ihren jeweiligen Vormann innerhalb von zwei Werktagen über den Protest informieren.

### Der Rückgriff

Da der letzte Wechselinhaber seinem Vormann gegenüber Forderungen hatte, die dieser mit einem Wechsel beglich, der nicht eingelöst wurde, wird er bei diesem Vormann Rückgriff nehmen. Der aber befindet sich seinem Vormann gegenüber in der gleichen Situation und nimmt seinerseits Rückgriff *(Reihenregreß)*. Werden Indossanten dabei übersprungen, spricht man von *Sprungregreß*.

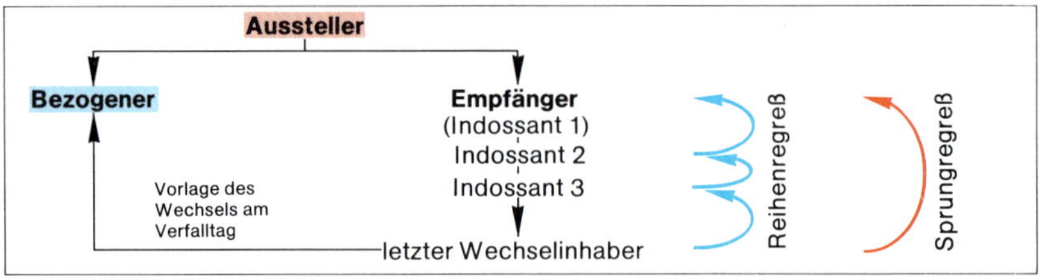


*Abb. 11.10.7-1 Der Wechselrückgriff*

Der Wechselinhaber ist beim Rückgriff berechtigt, auf Grund einer *Rückrechnung* (vgl. Art. 48 und 49 WG) vom Vormann sofortige Zahlung zu verlangen. Er kann verlangen:

- den Wechselbetrag,
- $1/3$ % Provision von der Wechselsumme,
- die Protestkosten,
- Zinsen: 2 % über dem jeweiligen Zentralbanksatz, mindestens aber 6 % vom Verfalltag an,
- sonstige Auslagen (Porti usw.).

Durch einen Wechselprotest verliert der Bezogene fast immer das Vertrauen seiner Geschäftspartner. Banken und Auskunfteien registrieren üblicherweise einen derartigen Vorfall, was den Betroffenen für längere Zeit um seine Kreditwürdigkeit bringt. Doch auch das Ansehen des Ausstellers leidet, wenn er auf einen Zahlungsunfähigen einen Wechsel zog. Hinzu kommt, daß er beim Rückgriff der berühmte letzte ist, den „die Hunde beißen“.

## 11.10.8 Wechselmahnbescheid, Wechselklage, Verjährung

Auch bei der gerichtlichen Eintreibung wechselrechtlicher Ansprüche stehen dem Gläubiger *zwei Wege* offen: das gerichtliche Mahnverfahren (Wechselmahnbescheid) und die Wechselklage.

**Das Mahnverfahren** wird immer dann vorzuziehen sein, wenn der Anspruch unstreitig ist, z. B. durch eine Urkunde bewiesen werden kann.

Da der Wechsel ein *abstraktes Schuldversprechen* (von lat. abstrahere = abziehen) darstellt, d. h. von dem ihm zugrunde liegenden Rechtsverhältnis (z. B. Kaufvertrag) rechtlich losgelöst ist, wird der Bezogene kaum Einwendungen (= Widerspruch im Wechselmahnbescheid) erheben. Der Wechselinhaber wird daher zunächst mit einem Wechselmahnbescheid gegen den Schuldner vorgehen.

**Die Wechselklage.** Wenn es wegen des Widerspruchs des Bezogenen gegen den Wechselmahnbescheid oder wegen sofortiger Klageerhebung des Gläubigers zur Wechselklage kommt, gelten für den Wechselprozeß im allgemeinen die gleichen Bestimmungen wie für den Urkundenprozeß (§ 602 ZPO). In der Klageschrift muß angegeben werden: *„Klage im Wechselprozeß"*. Die Wechselurkunde muß in Urschrift oder in Abschrift beigefügt sein.

**Die Wechselklage unterscheidet sich von der gewöhnlichen Klage**

**durch kurze Einlassungsfristen:** die Frist zwischen Zustellung der Klageschrift und dem Termin zur mündlichen Verhandlung ist sehr kurz (24 Stunden bis höchstens 1 Woche);

**durch die Beschränkung der „Einreden"** des Schuldners: der Beklagte kann dem Wechselinhaber nur solche Einwendungen entgegenhalten, die sich gegen die Wechselurkunde selbst (z. B. Fälschung von Unterschriften, Verjährung des Anspruchs, Fehlen eines wesentlichen Bestandteils) oder gegen den Kläger richten (z. B. Gegenanspruch, Stundung des Betrages);

**durch die sofortige Vollstreckbarkeit** des Urteils: Urteile im Wechselprozeß werden auch ohne besonderen Antrag des Klägers für vorläufig vollstreckbar erklärt.

### Verjährungsfristen beim Wechsel

Es verjähren:

- **in drei Jahren,** vom Verfalltag des Wechsels an gerechnet, alle Ansprüche gegen den Bezogenen;
- **in einem Jahr** die Rechte des letzten Inhabers gegen die Vorgiranten und den Aussteller, vom Tage des rechtzeitig erhobenen Protestes oder im Fall des Vermerks „ohne Kosten" vom Verfalltag ab;
- **in sechs Monaten** die Ansprüche eines Indossanten gegen andere Indossanten und den Aussteller.

### Aufgaben

1. Der Scheck hat sechs, der Wechsel acht gesetzliche Bestandteile. Welche hat der Wechsel mehr und warum?
2. Vervollständigen Sie den Satz: Beim Wechsel benutzt der Aussteller seine Forderung …
3. Sind Wechselschulden (am Verfalltag) Bringschulden oder Holschulden? Begründen Sie die Entscheidung. (Schlagen Sie im WG nach.)

4. Welche Pflichten (drei) hat der letzte Wechselinhaber, wenn der Bezogene am Verfalltag nicht zahlt?
5. Was bedeutet „zahlungshalber“ und „an Zahlungs Statt“? Was trifft davon für den Scheck und was für den Wechsel zu?
6. Weshalb eignet sich der Wechsel zur Sicherung von Forderungen?
7. Welche Forderungen werden an rediskontfähige Wechsel gestellt?
8. Nennen und beschreiben Sie die drei Verwendungsmöglichkeiten, die der Wechselempfänger hat. Bilden Sie dazu jeweils die Buchungssätze.
9. Füllen Sie einen Wechsel über 2387,00 DM aus. Ausstellungstag: 24. Mai 19.. Laufzeit: drei Monate. (Verwenden Sie den Einheitswechselvordruck DIN 5004.)

   Kennzeichnen Sie die gesetzlichen Bestandteile mit eingekreisten Ziffern auf dem ausgefüllten Wechsel.
10. Nehmen Sie das Wechselgesetz zur Hand (in Ihrer Schule vorhanden) und lösen Sie die folgenden Aufgaben:
    a) Wann muß Protest erhoben werden und warum?
    b) Was ist der Unterschied zwischen dem „gezogenen Wechsel“ und dem „eigenen Wechsel“?
    c) Wie ist die Rechtslage, wenn im Wechsel kein Verfalltag eingesetzt ist?
    d) Was kann der letzte Wechselinhaber tun, wenn er den Verfalltag ungenutzt verstreichen ließ und bereits zwei Wochen seitdem vergangen sind?
    e) Muß der Bezogene am Verfalltag zahlen, wenn sich herausstellte, daß die mit dem Wechsel bezahlte Ware mangelhaft war und nicht verwendet werden konnte?
    f) Welche Verjährungsfristen gelten beim Rückgriff zwischen den einzelnen Indossanten?
11. Lesen Sie im Wechselsteuergesetz nach: Wer hat die Steuer zu entrichten? Welche Bestimmung gibt es über den Steuersatz? In welchen Fällen wird die Steuer erstattet?

    (Die hierzu nötigen Informationen werden nicht ohne weiteres zugänglich sein. Die Klasse soll gemeinsam überlegen, wie sich die Informationen außerhalb der Schule beschaffen lassen.)
12. Sollte man größere *private* Anschaffungen (z. B. ein Auto) mit einem Wechsel finanzieren? Wie finden Sie die „Volksweisheit“: „Schreibe hin, schreibe her; aber schreibe niemals *quer.*“ (Womit man das Akzeptieren von Wechseln meint.)
13. Begründen Sie die Behauptung: Der Wechsel ist zugleich Zahlungsmittel, Kreditmittel, Sicherungsmittel und Geldschöpfungsmittel.
14. Warum kommt der Lieferer seinem Kunden (Bezogener) bei Zahlungsschwierigkeiten durch Prolongation des Wechsels entgegen? (Welche Gründe könnte er haben?)

## Zusammenfassung

- Als Zahlungs-, Kredit-, Sicherungs- und Geldschöpfungsmittel hat der **Wechsel** seine große Bedeutung im Wirtschaftsleben.
- Er dient in den meisten Fällen der nötigen Vorfinanzierung.
- Seine gesetzliche Regelung findet der Wechselverkehr im Wechselgesetz von 1933.
- Aussteller, Bezogener und Empfänger sind die am gezogenen Wechsel Beteiligten. Der Wechsel muß acht sogenannte gesetzliche Bestandteile umfassen. Der besseren Abwicklung dienen die sieben kaufmännischen Bestandteile. Verwendungsmöglichkeiten beim Wechsel: Verwahren bis zum Verfalltag, weitergeben oder diskontieren.
- Im Falle der Nichteinlösung gelten die strengen Regelungen von Art. 43 ff. WG. Letztes Mittel für die Gläubiger sind Wechselmahnbescheide und Wechselklage.

# 12 Der Güterverkehr[1]

## Worum geht es?

Riesige Warenmengen müssen täglich zwischen den verschiedenen Wirtschaftsstufen bis hin zum Endverbraucher bewegt werden. Die Aufgabe, diese Waren zu befördern, obliegt dem Güterverkehr. Für den Kaufmann ist es wichtig, auf Grund seiner Kenntnisse den optimalen Verkehrsweg auszuwählen oder sich dabei fachgerecht helfen zu lassen. Dazu gehören Antworten auf folgende Fragen:

- Welche Verkehrsmittel stehen zur Verfügung?
- Wer übernimmt die Beförderung von Waren?
- Mit welcher Geschwindigkeit sollen die Waren dem Verbraucher zugeführt werden?
- Wie lassen sich Transportschäden vermeiden?
- Welche Rechte und Pflichten haben Transportunternehmen?
- Wohin entwickelt sich der Güterverkehr?
- Welche Beförderungswege sind besonders kostengünstig?

## Lernziele

Sie sollten ...

- die einzelnen Verkehrsmittel und ihre Unterschiede beschreiben können;
- begründen, warum Geschwindigkeit einerseits und Kosten andererseits die Wahl der Verkehrsmittel beeinflussen;
- die einzelnen Träger des Güterverkehrs kennen und unterscheiden können;
- die Frachtberechnung im Güterverkehr mit der Eisenbahn verstehen;
- erklären können, warum die Haftung der Transportunternehmen beschränkt ist.

Zwischen den einzelnen Unternehmen, zwischen Privatpersonen und Unternehmen sowie zwischen Privatleuten gibt es im Wirtschaftsleben vielfältige **Verkehrsströme.** *Nachrichtenverkehr* (Informationen), *Zahlungsverkehr* (Finanzen) und *Güterverkehr* (Waren[1]) sind die Wichtigsten.

Während in den Bereichen Zahlungsverkehr und Nachrichtenverkehr in den letzten Jahrzehnten der Einfluß der elektronischen Datenverarbeitung eine starke Wandlung

1 Obwohl es eigentlich Warenverkehr heißen müßte, hat sich in der Praxis der weitere Begriff Güterverkehr durchgesetzt. Zu beachten ist (vgl. Abschnitt 1.1.2), daß hier unter Güter nur Waren verstanden werden, während in dem allgemeinen Begriff Güter z. B. auch Rechtsgüter und Dienstleistungen enthalten sind.

herbeiführte, ist dieser Einfluß im Bereich des Güterverkehrs nicht so stark. Der Grund liegt darin, daß sich Waren – entgegen den Träumen der Verfasser von Zukunftsromanen – nicht über Draht oder gar drahtlos befördern lassen.

Trotzdem werden auch im Warenverkehr große Anstrengungen unternommen, um den gesamten Ablauf zu rationalisieren und menschliche Arbeitskraft einzusparen. Als Beispiel sei auf die Container und auf Einzweck-Beförderungseinrichtungen (vgl. Abschnitt 12.1.5) verwiesen.

Für den Kaufmann spielt die richtige Behandlung der gesamten inner- und außerbetrieblichen Warenbewegungen eine wesentliche Rolle. Die Zusammensetzung der Maßnahmen, die den Güterverkehr in die richtigen Bahnen lenken sollen, nennt man **Logistik**[1] **der Warenwirtschaft.** Dazu gehört:

- die Ermittlung der **optimalen Anlieferung** (z. B. direkte Anlieferung in die Produktion durch entsprechende zeitliche Steuerung;
- die **Lagerung;**
- der **innerbetriebliche Transport;**
- die **Beförderung zum Kunden** (direkt oder über Auslieferungslager oder über beauftragte Firmen).

Der Kaufmann muß sich deshalb eingehend mit den Verkehrsmitteln und mit den Trägern des Güterverkehrs befassen, um die richtige Wahl des Beförderungsweges zu treffen.

Bevor wir die Verkehrsmittel betrachten, noch eine Vorbemerkung: Neben dem Warenverkehr spielt der Personenverkehr eine bedeutsame Rolle, auch für das einzelne Unternehmen. Mit wenigen Ausnahmen (z. B. Pipelines, vgl. Abschnitt 12.1.5.7) dienen die nachstehend besprochenen Verkehrsmittel auch der Beförderung von Personen, vielfach gleichzeitig mit den Waren (z. B. Flugzeug, Eisenbahn).

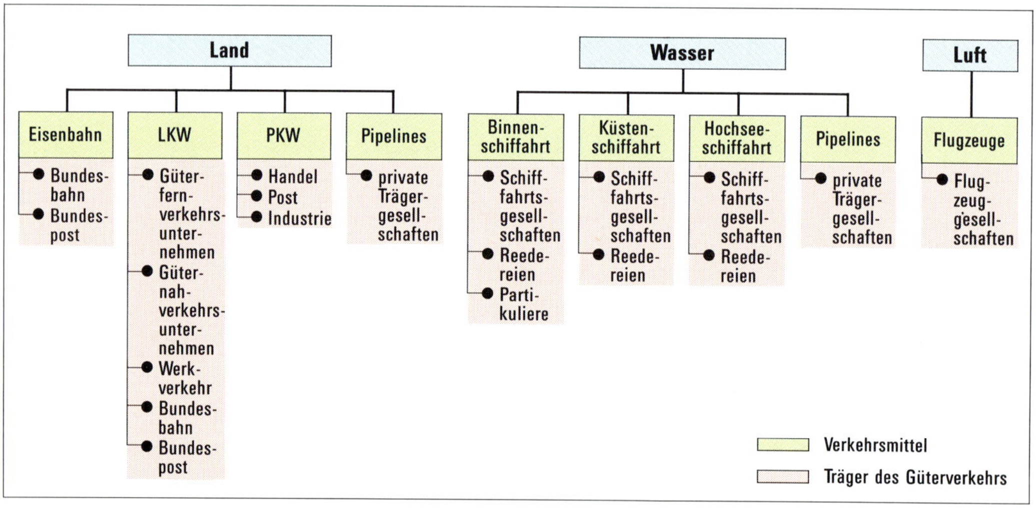


*Abb. 12.-1 Verkehrsmittel und Träger des Güterverkehrs*

1 Neben der Logistik des Warenverkehrs gibt es insbesondere noch die Logistik des Nachrichtenverkehrs.

## 12.1 Die Verkehrsmittel des Güterverkehrs

In der historischen Entwicklung der Verkehrsmittel waren zunächst die Wagen und die Schiffe (Boote) vorhanden. Erst in der ersten Hälfte des vergangenen Jahrhunderts kam die Eisenbahn hinzu, in der zweiten Hälfte das Kraftfahrzeug und in der ersten Hälfte dieses Jahrhunderts das Flugzeug.

### 12.1.1 Die Eisenbahn

Bis zum Ende des Zweiten Weltkrieges war *die Eisenbahn* das wichtigste Verkehrsmittel für den Güterverkehr zu Lande. Erst in den letzten Jahrzehnten hat sie diesen Rang an den Güterverkehr mit Lastkraftwagen abgetreten.

Bei der Eisenbahn spielt neben dem Güterverkehr der Personenverkehr eine wichtige Rolle. Ausgehend vom Personenverkehr ist in den letzten Jahren auch eine Erneuerung und Beschleunigung des Eisenbahnverkehrs eingeleitet worden. Wegen der hohen Fixkosten kann die Bahn jedoch nicht völlig flächendeckend befördern. Sie ist deshalb gegenüber dem Verkehr mit LKWs vielfach im Nachteil, weil letzterer ohne Umladen die Waren bis zum Empfänger befördern kann. Hilfsmittel zur Überwindung dieses Nachteils sind Großbehälter (Collico, Container) und Paletten, die die durchgehende Beförderung mit Umladen nur eines oder weniger Transportgüter erlauben.

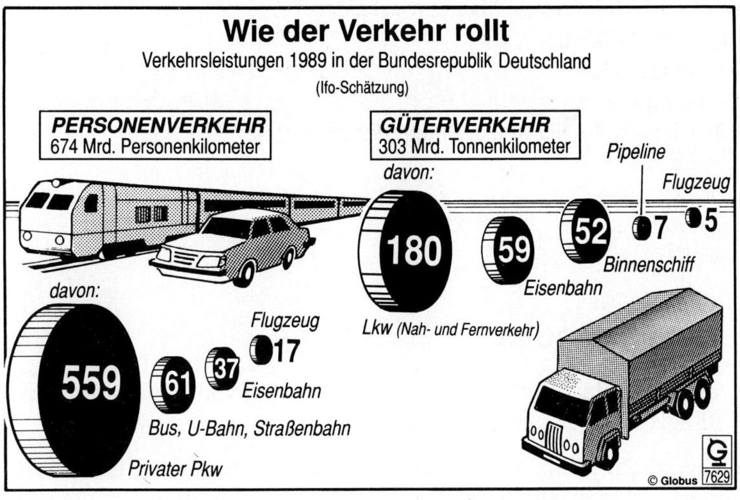


*Abb. 12.1.1-1 Anteile der Verkehrsträger*

### 12.1.2 Die Kraftfahrzeuge

Wer über den Güterverkehr mit Kraftfahrzeugen nachdenkt, dem werden zunächst die „Brummis" einfallen, die großen LKWs, die häufig auch als Sattelschlepper oder mit Anhänger fahren. Als Verkehrsmittel für den Güterverkehr spielen jedoch auch PKWs und kleine LKWs bis 3,5 Tonnen Leergewicht (zu fahren mit Führerschein Klasse 3) eine wesentliche Rolle, vor allem im Nahverkehr. Sie dienen häufig gleichzeitig der

Beförderung von Waren und Personen (z. B. die Kraftfahrzeuge der Handwerker, der Servicebetriebe usw.). Auch der PKW des Handelsvertreters oder Reisenden dient oft gleichzeitig dazu, den Kunden Waren zuzustellen.

Bei den großen Kraftfahrzeugen sind Warenverkehr und Personenverkehr getrennt. Während Waren mit LKW befördert werden, bedient sich der Personenverkehr der Busse.

## 12.1.3 Die Schiffe

**Das Schiff** ist eines der ältesten Verkehrsmittel der Welt. Früher wurden Schiffe zur gleichzeitigen Beförderung von Waren und Personen eingesetzt. Zwar nehmen einige Frachtschiffe heutzutage noch Passagiere auf, aber im allgemeinen gibt es eine *klare Trennung zwischen der Frachtschiffahrt* (Gelegenheits- und Linienverkehr) *und der Personenschiffahrt* (vorwiegend Kreuzfahrten; Linienverkehr vor allem im Binnenland auf Flüssen und Seen sowie auf kürzeren Seestrecken im Fährverkehr).

Die wichtigsten Unterscheidungsmerkmale bei der Schiffahrt sind:

- **die Regelmäßigkeit des Fahrens.** Man unterscheidet:
  - die Trampschiffahrt oder Gelegenheitsschiffahrt. Ein ganzes Schiff wird für bestimmte Fahrten gemietet (in der Schiffahrt heißt das Chartern);
  - die Linienschiffahrt;
- **die Lage der Schiffahrtswege.** Man unterscheidet:
  - die Hochseeschiffahrt,
  - die Küstenschiffahrt,
  - die Binnenschiffahrt;
- **die Spezialisierung der Schiffe.** Man unterscheidet z. B.:
  - Stückgutschiffe,
  - Massengutschiffe,
  - Containerschiffe,
  - Tankschiffe.

## 12.1.4 Die Flugzeuge

Flugzeuge dienen vielfach gleichzeitig der Beförderung von Waren und Personen. Der reine Frachtflugverkehr ist aber in den letzten Jahren stark angewachsen.

**Im Luftfrachtverkehr** können Güter aller Art befördert werden. Ein engmaschiges Verkehrsliniennetz verbindet alle wichtigen Handels- und Verkehrsplätze der sechs Erdteile miteinander.

**Die Schnelligkeit** (kurze Lagerzeiten, rasche Disposition), die sorgfältige Behandlung des Frachtgutes und die größere Sicherheit lassen den Lufttransport besonders geeignet erscheinen für den Versand von *eilbedürftigen,* stoßempfindlichen und leicht verderblichen Waren oder von *hochempfindlichen* (Präzisionsinstrumente u. ä.) und *hochwertigen* Gütern, wie z. B. Arzneimittel, Maschinen usw.

Flugzeuge spielen für den Güterverkehr im grenzüberschreitenden Verkehr, vor allem nach Übersee, eine zunehmend wichtige Rolle.

## 12.1.5 Sonstige Verkehrsmittel

Bahn, Kraftfahrzeug, Schiff und Flugzeug scheinen den größten Teil aller Güter zu befördern. Wenn Sie aber genau nachdenken, werden Sie erkennen, daß zumindest zwei wichtige Waren nur selten oder nahezu gar nicht mit diesen Verkehrsmitteln befördert werden: Wasser und Erdgas.

Zwar wird auch Wasser mit LKW beim Einzelhändler angeliefert (z. B. Mineralwasser, destilliertes Wasser), aber die großen Wassermengen werden mit einem der ältesten Güterbeförderungsmittel der Welt, mit **Rohrleitungen,** direkt zum Endverbraucher befördert, genauso wie Erdgas.

### 12.1.5.1 Einzweckbeförderungseinrichtungen

Die Technik der **Einzweckbeförderungseinrichtung Rohrleitung** wurde lange Zeit praktisch ausschließlich für Wasser und die lokale Gasleitung sowie für den innerbetrieblichen Transport in Chemieunternehmen angewandt.

Erst in der zweiten Hälfte dieses Jahrhunderts wurden sie verstärkt auch für den Transport von flüssigen und gasförmigen Massengütern über größere Entfernungen eingesetzt, als sogenannte **Pipelines** (Rohrleitungen).

**Pipelines** spielen eine besondere Rolle:

- bei der Beförderung von Erdöl vom Gewinnungsort zum Seehafen (oder zur Küste bei Offshore-Ölbohrungen) und vom Seehafen zum Verarbeitungsort (Raffinerie);
- bei der Beförderung von Erdgas vom Gewinnungsort zum Endverbraucher.

### 12.1.5.2 Der kombinierte Verkehr

**Der Haus-zu-Haus-Verkehr** ist zwar kein eigenständiges Verkehrsmittel, weil er sich verschiedener bereits genannter Verkehrsmittel bedient. Aber er spielt für die Überlegungen zum Warenverkehr eine zunehmende Rolle. Hierbei werden größere Warenmengen, oft unterschiedliche Waren, in festen und genormten Behältern (meist Containern[1]) vom Absender fest verpackt und erst am Bestimmungsort entladen. (Näheres zum Haus-zu-Haus-Verkehr und Containern siehe Abschnitt 12.2.1.)

**Der Huckepackverkehr** stellt eine Kombination von Verkehrsmitteln dar. Autoreisezüge im Personenverkehr sind ein Beispiel hierfür. Die gleiche Möglichkeit der Beförderung auf der Eisenbahn besteht auch für LKWs. Der Huckepackverkehr wird vielfach auch auf Seewegen benutzt, insbesondere im Fährverkehr, wobei die Fähren neben Personen sowohl Eisenbahnen als auch Kraftfahrzeuge befördern.

Die stärksten Impulse zum kombinierten Verkehr gingen zuerst von der Bahn aus. Da sich der eigene Gleisanschluß nur für eine kleinere Anzahl von Betrieben wirtschaftlich rechtfertigen ließ, mußten andere Formen gefunden werden, mit denen ein „Haus-zu-

1 von engl. contain = enthalten

Haus-Verkehr“ möglich war. Hierzu schuf die Bahn ein großes Instrumentarium von Kleinbehältern über Spezialbehälter bis zum Transport von Güterwagen auf Staßenrollern. Es waren die ersten Formen des kombinierten Verkehrs Schiene/Straße gefunden worden. Die Entwicklung des kombinierten Verkehrs ist heute noch nicht abgeschlossen.

**Der Land/Seeverkehr** ist eine Weiterentwicklung dieser Techniken. Hier ging die Initiative von den mit der Seeschiffahrt befaßten Unternehmen aus. Wichtigstes Mittel dieses Verkehrs ist der sog. Transcontainer. Diese Verkehrsart hat sich unter der Bezeichnung *Container*-Verkehr durchgesetzt. Die genormten Großbehälter eignen sich besonders für einen durchgehenden Verkehr von Haus zu Haus unter Einschluß des Seeweges. Sie können auf Lastkraftwagen, mit der Bahn und auch mit Seeschiffen befördert werden. Neben der Vereinfachung des jeweiligen Umladevorgangs kommt hinzu die besondere Beschleunigung des Gesamtumlaufweges. So setzt die Bundesbahn besondere Nachtzüge ein, die der schnelleren Beförderung von und zu den Seehäfen dienen.

**Der Land/Luftverkehr** bedient sich des gleichen Prinzips. Auch hier werden Container standardisierter Größen verwendet, um eine durchgängige Beförderung vom Absender bis zum Empfänger ohne großen zusätzlichen Verpackungsaufwand sicherzustellen.

**Der Lash-Verkehr** (Lighter aboard ship) ermöglicht eine umschlagsfreie Beförderung von Binnenhafen zu Binnenhafen, indem im Seehafen die für die Binnenschiffahrt geeigneten Leichter an Bord genommen werden. So entstanden der „Huckepackverkehr“ über den Atlantik.

## 12.2 Die Träger des Güterverkehrs

Rechtlich gesehen sind die Träger des Güterverkehrs die Frachtführer (vgl. Abschnitt 10.6). In der Wirtschaftspraxis haben sich einige wichtige Arten von Trägern des Güterverkehrs entwickelt. In den folgenden Abschnitten werden die wichtigsten einzeln vorgestellt.

### 12.2.1 Die Deutsche Bundesbahn

Die Deutsche Bundesbahn bewältigt fast den gesamten Eisenbahngüterverkehr in der Bundesrepublik Deutschland. Sie muß alle – auch die wenig ertragreichen – Güter zur Beförderung annehmen (*Beförderungszwang*). Die Eisenbahnen unterliegen als Frachtführer den Bestimmungen des **HGB**. Weitere Rechtsquellen sind die **EVO (Eisenbahn-Verkehrsordnung in der Fassung vom 08.09.1938 und das Bundesbahngesetz vom 13.12.1951)**.

Nachstehend wird die Beförderung mit der Bundesbahn deshalb ausführlich behandelt, weil eine Reihe von Einzelheiten, z. B. Versandarten, Technik des Versandes, Frachtberechnung und Haftung, bei anderen Trägern des Güterverkehrs oft in ähnlicher Weise geregelt sind.

## 12.2.1.1 Die Arten des Versandes

**Nach dem Umfang** unterscheidet man Stückgut und Wagenladungsgut:

- **Stückgüter** werden in Kisten, Fässern, Flaschen, Kartons, Säcken usw. verpackt bei der Güterabfertigung aufgegeben. Die Bundesbahn holt die Stückgüter auch beim Versender ab und stellt sie dem Empfänger direkt zu (Haus-Haus-Verkehr).
- **Wagenladungen** (Massengüter wie Kohle, Erze, Steine, Getreide oder Güter, die sich nach ihrem Umfang für Stückgutbeförderung nicht eignen, wie Holz u. a.) muß der Absender selbst in den von der Güterabfertigung entweder auf einem Freiladegleis des Güterbahnhofs oder auf firmeneigenen Anschlußgleisen bereitgestellten Wagen verladen.

**Sammelladungsverkehr.** Die Spediteure eines Platzes sammeln so viele Stückgüter nach einem bestimmten (größeren) Ort, bis sie eine Wagenladung zusammenstellen können. Empfänger ist ein Spediteur am Bestimmungsort, z. B. in Stuttgart, der die Einzelsendungen an die jeweiligen Empfänger weiterleitet. Die Spediteure berechnen dem Kunden einen zwischen dem Stückgutsatz und dem wesentlich niedrigeren Wagenladungssatz liegenden Frachtsatz (= Kundensatz).

Material und Arbeitszeit für das zeitraubende Verpacken spart, wer die bahneigenen, fahrbaren, kranbaren und verschließbaren Kleincontainer oder die Collico-Faltbehälter, das sind zusammenlegbare Kisten aus Leichtmetall, verwendet. Die *Kleincontainer* fassen 1, 2 und 3 $m^3$ (Ladegewicht jeweils bis zu 1000 kg) und eignen sich besonders zur Beförderung von transportempfindlichen Stückgütern (Porzellan, Glaswaren usw.). Es gibt auch Mittelcontainer mit einem Fassungsvermögen von über 3 $m^3$.

**Großcontainer** mit einem Laderaum von 3–16 $m^3$ und **Container** (kranbare Behälter mit einem Fassungsvermögen über 20 $m^3$) werden auf speziellen Behältertragwagen befördert und dienen dem Haus-Haus-Verkehr. Container-Umschlagbahnhöfe bedienen die umliegenden Wirtschaftsgebiete.

**Als Expreßgüter** können besonders eilbedürftige Stückgüter (bis zu 100 kg je Stück) versandt werden. Expreßgut wird nicht wie Stückgut in Güterzügen befördert, sondern in den Gepäckwagen der D-Züge und in Expreßgutzügen.

## 12.2.1.2 Die Technik des Versandes und der Zustellung

Im Rahmen umfassender Rationalisierungs- und Kostensenkungsmaßnahmen hat die Bundesbahn in den letzten Jahren die Anzahl der Stückgutbahnhöfe drastisch vermindert. Nur noch zwischen diesen Stückgutbahnhöfen werden die Stückgüter auf dem *Schienenweg* befördert. Die Beförderung vom Versender zur Bahn (= Stückgutbahnhof) und von der Bahn zum Empfänger (= Stückgutort) übernehmen von der Bahn beauftragte Unternehmen des gewerblichen Straßengüterverkehrs (*Flächenverkehr*). Im Ortsbereich der Stückgutbahnhöfe besorgt der bahnamtliche Anlieferungsdienst die Zustellung.

**Frachtbrief.** Für die Gesamtbeförderung auf Schiene und Straße stellt der Versender den bahnamtlichen Frachtbrief aus. Er besteht aus dem Empfangsblatt, Versandblatt, Frachtbriefdoppel und dem eigentlichen Frachtbrief.

Jedes einzelne Stück muß mit einem Anhänger oder Aufklebezettel versehen sein, der die Anschrift des Empfängers, den Versand- und den Bestimmungsort einschließlich Postleitzahl enthält.

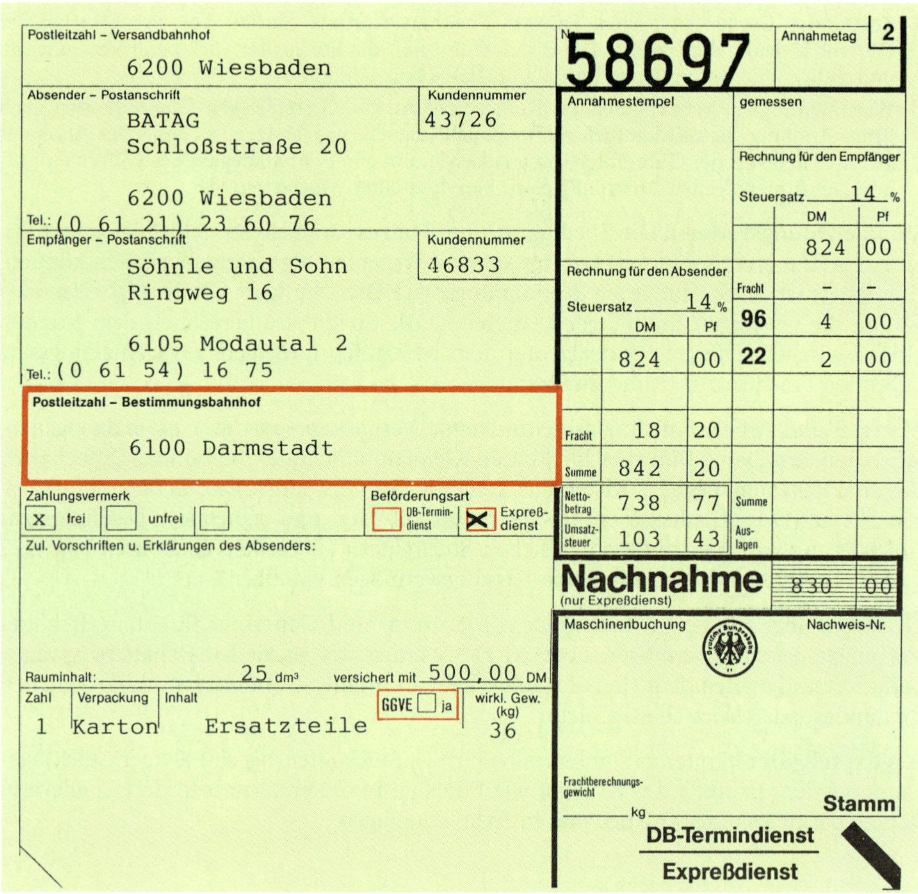
Postleitzahl – Versandbahnhof
6200 Wiesbaden
Nr. 58697
Annahmetag 2
Absender – Postanschrift
BATAG
Schloßstraße 20
6200 Wiesbaden
Tel.: (0 61 21) 23 60 76
Kundennummer 43726
Empfänger – Postanschrift
Söhnle und Sohn
Ringweg 16
6105 Modautal 2
Tel.: (0 61 54) 16 75
Kundennummer 46833
Postleitzahl – Bestimmungsbahnhof
6100 Darmstadt
Zahlungsvermerk: [x] frei [ ] unfrei [ ]
Beförderungsart: [ ] DB-Termindienst [x] Expreßdienst
Zul. Vorschriften u. Erklärungen des Absenders:
Rauminhalt: 25 dm³ versichert mit 500,00 DM
Zahl: 1 | Verpackung: Karton | Inhalt: Ersatzteile | GGVE [ ] ja | wirkl. Gew. (kg): 36
Annahmestempel
gemessen
Rechnung für den Empfänger
Steuersatz 14 %

| | DM | Pf |
|---|---|---|
| | 824 | 00 |
| Fracht | – | – |
| 96 | 4 | 00 |
| 22 | 2 | 00 |
| Summe | | |
| Auslagen | | |

Rechnung für den Absender
Steuersatz 14 %

| | DM | Pf |
|---|---|---|
| | 824 | 00 |
| Fracht | 18 | 20 |
| Summe | 842 | 20 |
| Nettobetrag | 738 | 77 |
| Umsatzsteuer | 103 | 43 |

Nachnahme (nur Expreßdienst) 830 00
Maschinenbuchung
Nachweis-Nr.
Frachtberechnungsgewicht ____ kg
Stamm
DB-Termindienst
Expreßdienst

*Abb. 12.2.1.2-2 Nachnahmefrachtbrief*

Stückgüter werden dem Empfänger zugestellt und gegen Zahlung der aus dem Frachtbrief ersichtlichen Frachtbeträge ausgehändigt. Sofern kein Freivermerk angebracht ist (Zahlung der Fracht durch den Absender) hat der Empfänger die Fracht zu tragen.

Wagen werden für den Empfänger auf Anschluß- oder Freiladegleis gebracht. Um ein schnelles Beladen und Entladen zu erreichen, erhebt die Bahn ein Wagenstandgeld, wenn die tariflich festgelegten Fristen überschritten werden.

**Nachträgliche Verfügung.** Will der Absender die Sendung, die unterwegs ist, nachträglich anhalten, an einen anderen Empfänger weiterleiten oder zurückrufen, so muß er einen entsprechenden Antrag (Formblatt „Nachträgliche Verfügung“) bei der Güterabfertigung des Versandbahnhofes stellen. Das Verfügungsrecht des Absenders über die Ware erlischt aber, sobald der Frachtbrief dem Empfänger ausgehändigt ist oder der Absender dem Empfänger das Frachtbriefdoppel übergeben hat.

### 12.2.1.3 Die Frachtberechnung

Die Fracht wird auf Grund des Tarifs (öffentliches Preisverzeichnis) berechnet. Der *Eisenbahngütertarif* ist ein Staffeltarif, d. h., mit wachsender Entfernung verringert sich der Kilometersatz. (Unterscheiden Sie davon Zonen- und reine Entfernungstarife!) Er enthält Tarifsätze für Stückgut und für Wagenladungen und eine Reihe von Ausnahmetarifen für bestimmte Güter (z. B. Kohlen, Erze, Holz, Düngemittel, Öle, Fette) und bestimmte Verkehrsverbindungen (z. B. Ausnahmetarife für die Einfuhr und Ausfuhr über deutsche Häfen, Durchfuhrtarife).

Bei Expreßgut gilt ein Zonentarif (63 Leiträume), ein ähnliches System hat die Bundespost für den Paketdienst.

**Die Höhe der Fracht** hängt ab:

- **von der Art des Versands** (Stückgut, Expreßgut, Wagenladung);
- **vom Gewicht der Sendung.**
  - **Bei Stückgütern** wird das wirkliche Gewicht (Bruttogewicht) auf volle kg, bei Sendungen mit einem Gewicht von mehr als 1000 kg dagegen auf volle 100 kg aufgerundet. Die Fracht wird von mindestens 20 kg berechnet.
  - **Bei Wagenladungen** unterscheidet man grundsätzlich nach Gewichtsklassen von 5, 10, 15, 20 und 25 t (Ladegewicht).
- **von der Entfernung.** Mit zunehmender Entfernung wird der Frachtzuwachs kleiner. Es gibt ferner zahlreiche Ausnahmetarife, z. B. für Futter- und Düngemittel, Rohstoffe u. a. Massengüter sowie für Sammelladungen.
- **von der Schnelligkeit der Beförderung** (Frachtgut, Expreßgut). Die im Frachtsatzzeiger angegebenen Sätze gelten für Frachtgut. Für Expreßgut gilt ein besonderer Tarif.
- **von dem wirtschaftlichen Wert der Ware.** Bei der Auflieferung als Wagenladung werden die Güter in die Wagenladungsklassen A, B und C und in die Klassen der sog. Montangüter (I bis V) eingeteilt. Zur Klasse A mit den höchsten Frachtsätzen gehören hochwertige Güter (Fertigwaren, Luxuswaren), zur Klasse C dagegen Massengüter, wie Stroh, Heu u. a.

**Sperrige Stückgüter** (z. B. Fahrzeuge, Korbwaren) beanspruchen unverhältnismäßig viel Laderaum. Deshalb wird ihr Bruttogewicht vor der Frachtberechnung mit einem Faktor multipliziert, der zwischen 2 und 5 liegt.

**Leergut** (Gebrauchte Packmittel) wird zu ermäßigten Sätzen befördert, d. h., der Frachtberechnung wird nur das halbe wirkliche Gewicht zugrunde gelegt. Der Frachtbrief muß in diesem Fall den Vermerk tragen: „Gebrauchte Packmittel; die hiermit zuletzt verpackten Güter sind auf der Eisenbahn befördert worden". Die Frachtermäßigung wird nur gewährt, wenn bei Auflieferung der Packmittel der Frachtbrief über die vorausgegangene Vollgutbeförderung vorgelegt wird.

**Frachtstundung.** Rund 90 % aller Bahnfrachten werden im Bankstundungsverfahren beglichen. Gegen Stellung einer Sicherheit (Bankbürgschaft, Sparbücher, Wertpapiere u. a.) stundet die Deutsche Verkehrskreditbank (DVKB) die jeweils in einem Abrechnungszeitraum (Dekade) anfallenden Frachtbeträge, Nachnahmen, Frachtzuschläge u. a. bis zu einem bestimmten Höchstbetrag, der dem normalen Frachtverbrauch des Abrechnungszeitraumes entsprechen soll.

Nach Abschluß jeder Dekade (10., 20. bzw. letzter Tag des Monats) erhält der Kunde von der Güterabfertigung durch Abholung oder durch die Post einen Stundungsnachweis und die dazugehörige Rechnung. Er überprüft diese Rechnung und zahlt die aufgelaufene Schuld zuzüglich einer Frachtstundengebühr von 1 ‰ am 17., 27. oder 7. des Folgemonats (für die letzte Dekade) an die DVKB.

3802379

## 12.2.1.4 Die Bahnnachnahme

Der Absender kann die Bahn beauftragen, das Gut nur gegen Bezahlung eines im Frachtbrief angegebenen Betrages auszuhändigen. Die Höhe des Nachnahmebetrages ist nicht begrenzt. Die Versandabfertigung zahlt den Nachnahmebetrag an den Absender aus, sobald sie von der Empfangsstation über den Eingang des Betrages benachrichtigt wurde. Bei Expreßgut wird der Rechnungsbetrag durch Zahlkarte oder Postanweisung übermittelt.

## 12.2.1.5 Die Haftung der Eisenbahn

(§§ 454 ff. HGB; §§ 82 ff. EVO)

**Die Eisenbahn haftet**

von der Auslieferung des Gutes an für Verlust, Minderung und Beschädigung, und zwar ohne Rücksicht auf ein Verschulden.

**Die Eisenbahn haftet nicht,** wenn der Schaden

- **durch höhere Gewalt** (Erdbeben, Hochwasser, Blitzschlag),
- **vom Absender selbst** (schlechte Verpackung) und
- **durch besondere Mängel des Gutes** (etwa innerer Verderb, Schwund oder Rinnverlust) verursacht wird.

**Der Schadenersatz** wird nach den Bestimmungen des HGB und der EVO berechnet.

**Bei Verlust oder Minderung** des Gutes wird die Entschädigung nach dem Börsenpreis, Marktpreis, gemeinen Handelswert bzw. gemeinen Wert der Güter angesetzt. Hinzugerechnet werden Fracht, Zoll und sonstige Kosten, die bereits gezahlt wurden oder noch zu zahlen sind.

- **Bei Überschreitung der Lieferfrist haftet die Eisenbahn** für den nachgewiesenen Schaden *bis zur Höhe der Fracht*, falls der Schaden nicht etwa durch höhere Gewalt verursacht worden ist (§§ 88 ff. EVO).
- **Bei Angabe eines Lieferwertes** kann die Bahn zur Zahlung einer höheren Entschädigung verpflichtet werden, wenn der Absender den Wert, den er der unversehrten und fristgemäßen Lieferung des Gutes beimißt, im Frachtbrief an der dafür vorgesehenen Stelle angibt.

Mit der unbeanstandeten Annahme des Gutes durch den Empfänger erlöschen nach §§ 93 bzw. 95 EVO alle Ansprüche aus dem Frachtvertrag gegen die Eisenbahn. Der Empfänger muß

- **äußerlich erkennbare Schäden** *sofort* bei der Ablieferung des Gutes beanstanden.
- **äußerlich nicht erkennbare Schäden** müssen *spätestens* binnen einer Woche nach der Ablieferung bei der Güterabfertigung geltend gemacht werden.

Gleichzeitig muß die Feststellung des Schadens durch eine *Tatbestandsaufnahme* nach § 81 EVO beantragt werden. Der Empfänger muß beweisen, daß der Schaden in der Zeit von der Annahme des Gutes durch die Bahn bis zur Ablieferung an den Empfänger entstanden ist. Da die Bahn, wie andere Verkehrsträger auch, nur in begrenztem Umfang haftet, sollten Absender bzw. Empfänger wertvoller Sendungen im eigenen Interesse eine *Transportversicherung* abschließen.

## 12.2.2 Die Deutsche Bundespost[1]

Einen Teil des Güterverkehrs bei Sendungen geringeren Gewichts (bis 20 kg je Einzelstück) wird über die Deutsche Bundespost abgewickelt. Näheres in Abschnitt 13.1.1.

Die Güterbeförderung ist neben dem Zahlungsverkehr der Bereich, in dem die Bundespost keine Monopolstellung besitzt. Und obwohl sie auch im Paketdienst – wie bei den Briefen – eine Beförderungspflicht hat, steht sie hier im Wettbewerb zu privaten Unternehmen.

## 12.2.3 Paketdienste

**Paketdienste** sind für die Beförderung kleiner Warensendungen eine wichtige *Alternative zur Deutschen Bundespost.* Sie haben in den letzten Jahren insbesondere deshalb einen großen Aufschwung genommen, weil sie auf Grund ihrer privatwirtschaftlichen Struktur flexibler (anpassungsfähiger) auf Kundenwünsche und Veränderungen des Marktes reagieren können als die Post.

**Größen- und Gewichtsgrenzen**

- Maximalgewicht pro Paket – 31,5 kg.
- Maximalgröße (Länge + Gurtumfang[2]) pro Paket – 3,30 m.
- Maximallänge pro Paket – 2,50 m.
- Mindesttarif für ein Paket, dessen Länge und Gurtumfang zusammen 2,50 m überschreitet und dessen Gewicht unter 10 kg liegt, entspricht dem Tarif für ein 10-kg-Paket.

**Zuschläge zum Pakettarif**

- Für jede Nachnahme – 3,70 DM.
- Für jede Anschriftenberichtigung – 2,10 DM.
- Für jede Empfangsbestätigung – 1,10 DM.
- Für jedes Paket mit einem deklarierten Wert über 500,00 DM wird ein Zuschlag von 0,50 DM, für jede weiteren angefangenen 200,00 DM bis zum Höchstwert von 15 000,00 DM berechnet.
- Für jeden Rückholzettel – 2,10 DM zusätzlich zum Pakettarif. (Rückholungen nur im Boden-Service erhältlich.)
- Wöchentliche Service-Pauschale – 10,00 DM.

**Tariftabelle** (Gültig ab 18. Januar 19..)
Service innerhalb der Bundesrepublik Deutschland

| Gewicht bis einschl. kg | Boden-Service | | | Air-Service |
|---|---|---|---|---|
| | Zone 1 | Zone 2 | Zone 3 | Zone 12 |
| 11 | 9,60 | 12,00 | 14,70 | 21,90 |
| 12 | 9,60 | 12,00 | 14,70 | 21,90 |
| 13 | 10,80 | 13,80 | 16,80 | 24,40 |
| 14 | 10,80 | 13,80 | 16,80 | 24,30 |
| 15 | 12,10 | 15,70 | 19,10 | 26,70 |
| 16 | 12,10 | 15,70 | 19,10 | 26,70 |
| 17 | 13,40 | 17,50 | 21,20 | 29,10 |

*Abb. 12.2.3-1 Auszug aus den Tarifen eines Paketdienstes*

## 12.2.4 Unternehmen mit Lastkraftwagen (LKW-Güterverkehr)

Rechtsgrundlage für Güterverkehr mit Lastkraftwagen ist das Güterkraftverkehrs-Gesetz vom 17.10.1952.

Man unterscheidet beim **LKW-Güterverkehr:**

– Güterfernverkehr, – Güternahverkehr, – Werkverkehr, – Möbelnah- und -fernverkehr.

Alle Kraftfahrzeuge im Nah- und Fernverkehr müssen für einen bestimmten Standort (Wohnort oder Geschäftssitz des Unternehmens) angemeldet sein.

1 Ausführliche Ausführungen zur Deutschen Bundespost finden Sie in Abschnitt 13.1.
2 Gurtumfang = 2 x (Höhe x Breite)

### 12.2.4.1 Der Güterfernverkehr

Überwachungsorgan für den Güterfernverkehr ist die *„Bundesanstalt für den Güterfernverkehr“* mit Sitz in Köln.

**Träger des Güterfernverkehrs** sind rund 10000 private Unternehmen und die Deutsche Bundesbahn.

**Der Güterfernverkehr** ist *genehmigungspflichtig*, die Genehmigung wird dem Unternehmer von der höheren Landesverkehrsbehörde in der Regel auf 8 Jahre für seine Person erteilt. Die Genehmigungsurkunde ist im Kraftfahrzeug mitzuführen.

**Art und Technik des Versandes** sind weitgehend den Bestimmungen der Bundesbahn angepaßt. Die Fahrzeuge müssen das Fahrtenbuch, eine Ladeliste – nur bei Sammelladungen – mit Angabe der Ladegewichte und der einzelnen berechneten Frachtsätze, ferner die Frachtbriefe der Sendungen in doppelter Ausfertigung bei sich führen. Ferner sind vorgeschrieben die Genehmigungs- oder Erlaubnisurkunde, Diagrammscheibe für Fahrtenschreiber, Kontrollbuch, Zulassungsurkunde und Führerschein.

**Die Frachtsätze** im Güterfernverkehr sind im Reichskraftwagentarif verbindlich geregelt. Er enthält Frachtsätze für Stückgut, für die vier Ladungsklassen A/B, E und F und die zwei zusammengefaßten Montanklassen III/IV und V, ferner für die Gewichtsklassen 5, 10, 15, 20 und 23 t und für Sammelgut.

### 12.2.4.2 Der Güternahverkehr

**Der Güternahverkehr,** die Beförderung im Umkreis von 50 km, gerechnet in der Luftlinie vom Mittelpunkt des jeweiligen Kfz-Standortes, *bedarf der Erlaubnis* der unteren Verkehrsbehörde (Stadtverwaltung oder Kreisverwaltung). Die Erlaubnis ist zeitlich unbegrenzt und wird dem Unternehmer für seine Person erteilt. Die gleiche Regelung gilt für den *Umzugsverkehr*, und zwar sowohl im Nah- als auch im Fernverkehr.

### 12.2.4.3 Der Werkverkehr

**Der Werkverkehr,** d. h. die Beförderung von Gütern, die das Werk gebraucht, verbraucht oder erzeugt, mit eigenen Lastkraftwagen *unterliegt keiner Beschränkung*, sofern 4,5 t Gesamtgewicht nicht überschritten werden. Die im Werkfernverkehr verwendeten Kraftfahrzeuge mit mehr als 4 t Nutzlast sind bei der Bundesanstalt für den Güterfernverkehr anzumelden.

## 12.2.5 Reedereien, Schiffahrtsgesellschaften und Partikuliere

Den **Güterverkehr auf dem Wasser** betreiben die *Reedereien*, die *Schiffahrtsgesellschaften* und auf den Binnengewässern in großer Zahl auch die *Partikuliere*, d. h. Einzelunternehmer, die ein Binnenschiff betreiben und im allgemeinen auch selbst steuern.

## 12.2.5.1 Die Binnenschiffahrt

Rechtsgrundlage für die deutsche Binnenschiffahrt ist das **Gesetz über den gewerblichen Binnenschiffsverkehr vom 01.10.1953**.

**Versandgüter** sind transportkostenempfindliche Massengüter, die wegen ihres relativ geringen Eigenwertes keine hohen Frachtkosten vertragen, wie Kohle, Erze, Steine, Holz, flüssige Stoffe, wie Benzin und Heizöl, aber auch Stückgüter (verpackte Waren in Kisten und Fässern), die im Schnellverkehr befördert werden.

**Arten des Versands.** Man muß unterscheiden zwischen:

- Stückgutversand,
- Chartern (Mieten) eines ganzen Schiffes (Vollcharter) für eine bestimmte Zeit oder eine
- bestimmte Reise,
- Chartern eines Teiles des Schiffes (Teilcharter).

**Frachtberechnung.** Es gibt *kein einheitliches Tarifwesen:* die Tarife der einzelnen Wasserstraßen weichen voneinander ab und schwanken während des Jahres je nach Wasserstand und Raumbedarf.

**Die Frachten** werden durch die Frachtenausschüsse festgelegt, die vom Bundesverkehrsministerium bestellt werden. Sie setzen sich aus Vertretern der Partikuliere (Schiffseigner), Reeder, Versender und der Bundesbahn zusammen. Die Frachten bedürfen der Genehmigung des Bundesverkehrsministers und der Zustimmung des Bundeswirtschaftsministers.

Im allgemeinen sind Schiffsfrachten niedriger als die Frachten anderer Verkehrsträger, denn ein Schiff von 800 t Tragfähigkeit kann die Ladung eines Güterzuges von 40 Waggons aufnehmen und zu wesentlich niedrigeren Selbstkosten befördern.

**Technik des Versands.** Viele Reedereien besitzen eigene Umschlaganlagen, an denen sie ihre Schiffe beladen und entladen können. Auch andere Firmen (Spediteure und Industriebetriebe), die ihre Güter vorwiegend mit Schiffen befördern lassen, unterhalten Umschlageinrichtungen.

**Der Ladeschein** (Fluß- oder Binnenkonnossement). Nach der Verladung händigt die Reederei dem Absender einen Ladeschein aus, der alle Angaben über Art und Gewicht der übernommenen Güter, Absender, Empfänger, Bestimmungsort usw. enthält. Der Ladeschein ist ein *Verfügungspapier.*

Man unterscheidet:

- **den gewöhnlichen Ladeschein.** Er ist ein Namenspapier und kann nur durch Zession abgetreten werden;
- **den Orderladeschein.** Durch die Klausel „an Order" ist er ein Orderpapier und kann nur durch Indossament übertragen werden.

Der Besitzer des Original-Ladescheins kann die Sendung selbst in Empfang nehmen oder anderweitig über sie verfügen. Die Reedereien liefern die Güter in der Regel erst gegen Vorlage des Ladescheines aus.

**Für die Haftung** gelten die entsprechenden Bestimmungen des Handelsgesetzbuches über den Frachtführer. Eine besondere Art der Schadenregulierung ist die große und die kleine Havarie (siehe unter Seeschiffahrt). Absender bzw. Empfänger schließen oft eine Transportversicherung ab.

3802383

### 12.2.5.2 Die Seeschiffahrt

Die Rechtsverhältnisse im Seefrachtgeschäft sind im 5. Buch des HGB (§§ 474–905) geregelt.

**Technik des Versands.** Wie bei der Binnenschiffahrt können die Waren als Stückgüter oder als Schiffsladung (Charterpartie = Urkunde über das Mieten eines Schiffes) versandt werden. Im letzten Falle kann es sich um eine Ganzcharter oder eine Teilcharter handeln, je nachdem ob das Schiff als Ganzes oder nur ein Teil des Schiffes „gechartert", d. h. gemietet wird.

Auch im Seeverkehr haben sich die *Großbehälter* (Transcontainer) bewährt, insbesondere bei der Verbindung des Seetransportes mit anschließendem oder vorausgehendem Landtransport (Haus-Haus-Verkehr).

Für die aufgelieferten Waren erhält der Versender den *Ladeschein*. Dieser enthält Angaben über Art und Menge der zur Beförderung übergebenen Waren und ist eine Empfangsbescheinigung (kein Verfügungspapier wie bei der Binnenschiffahrt).

Das **Konnossement** wird an den Inhaber des Ladescheins ausgeliefert. Meistens behält die Reederei eine Ausfertigung; eine zweite bekommt der Kapitän und die übrigen der Absender.

Das Konnossement kann *an Order oder auf den Namen* lauten und ist ein *Verfügungspapier*. Nur gegen Aushändigung des quittierten Konnossements wird die Ware an den legitimierten Empfänger ausgeliefert. Gewöhnlich wird das Konnossement mit einer schnelleren Beförderungsgelegenheit dem Empfänger der Ware (Importeur) bzw. dessen Bankverbindung zugesandt und gegen Akzept oder Akkreditiv ausgeliefert.

**Havarie.** Erleidet das Schiff oder die Ladung einen Schaden, so spricht man von Havarie (frz. = Seeschaden). *Gemeinschaftliche oder große Havarie* liegt vor, wenn zur Rettung des Schiffes oder der Ladung Teile des Schiffes oder der Ladung über Bord geworfen werden. Der entstandene Schaden wird im Verhältnis von Schiff, Ladung und Fracht verteilt. Als *kleine Havarie* bezeichnet man die Kosten, die im regelmäßigen Verlauf der Reise entstehen, z. B. Hafengeld, Abgaben, Schleppgebühren, Lotsengelder, Quarantänegelder; sie gehen zu Lasten des Reeders. Die *besondere Havarie* ist ein Einzelschaden, den der Betroffene selbst tragen muß.

## 12.2.6 Die Luftverkehrsgesellschaften

Anlieferung und Abfertigung der Güter im Luftfrachtverkehr erfolgen durch die jeweilige Fluggesellschaft, soweit sie Büros am Abgangsort unterhält, oder durch die IATA-Luftfracht-Spediteure (IATA = **I**nternational **A**ir **T**ransport **A**ssociation). Für jede Sendung werden ein Luftfrachtbrief, beim Export die Ausfuhrerklärung sowie die vorgeschriebenen Einfuhrpapiere, wie Konsulatsfakturen, Ursprungszeugnisse, Importlizenzen usw. verlangt.

**Der Luftfrachtbrief** besteht aus drei Ausfertigungen, sog. Originalen, und einer Anzahl Kopien und wird von der Fluggesellschaft oder von dem Abfertigungsspediteur (=IATA-Agenten) ausgeschrieben.

Am Luftfrachtgeschäft sind beteiligt:

- die Luftfrachtspediteure, die die Vermittlung übernehmen,
- die Flughafengesellschaften, die den Güterumschlag durchführen, und
- die Fluggesellschaften, die die Güter transportieren.

**Die Frachtkosten** sind relativ hoch und werden nach dem Gewicht berechnet. Neben den Normalraten gibt es Spezialraten und Warenklassenraten, die wesentlich niedriger sind. Die Frachttarife sind auf Grund von Vereinbarungen der Luftverkehrsgesellschaften verhältnismäßig einheitlich.

**Die Haftung.** Nach dem Warschauer Luftfahrtabkommen haften die Luftverkehrsgesellschaften für Vernichtung, Verlust und Beschädigung des aufgegebenen Frachtgutes ab Flugplatzlager, aber nur bis zu einem relativ niedrigen Höchstbetrag. Es empfiehlt sich daher, zusätzlich eine Versicherung abzuschließen, um sich höhere Ersatzansprüche zu sichern.

## 12.2.7 Die Spediteure[1]

Im gesamten Güterverkehr spielen die Spediteure eine hervorragende Rolle. Sie sind zwar nicht selbst die Träger des Güterverkehrs, auch wenn das für den Laien oft so erscheint.

---

**Beispiel:** *Sie sehen immer wieder auf den Straßen LKWs mit der Aufschrift „Johann B. Internationale Spedition". Hier sind in einer Firma zwei unterschiedliche Funktionen zusammengefaßt: Einerseits die Spedition Johann B., die die Aufgaben eines Spediteurs wahrnimmt, und andererseits der Frachtführer Johann B., der auf bestimmten Strecken die Beförderung von Gütern übernimmt.*

---

**Spediteure** sind die *Mittler des Güterverkehrs*. Sie können dem Kaufmann helfen, das für einen Nicht-Fachmann oft nahezu undurchdringliche Gewirr der verschiedensten Tarifarten, Beförderungswege, Beförderungsvorschriften usw. für sich optimal zu nutzen. Außerdem sind insbesondere international tätige Speditionen (genannt internationale Speditionen) auch darauf spezialisiert, alle Aufgaben der Abwicklung des grenzüberschreitenden Güterverkehrs zu erfüllen.

## 12.2.8 Sonstige Träger des Güterverkehrs

Neben die bereits genannten Träger des Güterverkehrs treten noch spezialisierte Firmen, z. B. die Betreiber von Pipelines, die Containergesellschaften usw.

## 12.2.9 Der Industrie- und der Handelsbetrieb als Träger des Güterverkehrs

In Abschnitt 12.2.4.3 wurde bereits der *Werkverkehr* mit LKW besprochen. Dieser Werkverkehr spielt insbesondere im Nahbereich eine sehr starke Rolle, aber auch im Güterfernverkehr wird ein erheblicher Teil des Warenumschlages durch firmeneigene LKW durchgeführt. Beispiele hierfür finden sich in der Mineral- und der Möbelindustrie.

1 vgl. Abschnitt 10.5

## Aufgaben

1. Nennen und erläutern Sie die wichtigsten Verkehrsströme.
2. Welche einzelnen Hauptaufgaben sind bei der Logistik des Warenverkehrs zu unterscheiden?
3. Stellen Sie durch einen Kostenvergleich fest, ob der Bahnversand als Expreßgut gegenüber dem Paketversand mit der Post Vorteile bietet.
4. Prüfen Sie anhand bahnamtlicher Unterlagen, welche Bedeutung der Vermerk „frei" im Frachtbrief besitzt:
   - bei Sendungen an einen Empfänger an einem Ort mit Stückgutbahnhof,
   - bei Sendungen an einen Empfänger in einem Stückgutort.
5. Eine durch die Bahn gelieferte Kiste weist mehrere Schrammen auf. Beim Auspacken stellen Sie fest, daß der Inhalt teilweise zerbrochen ist. Genügt es, wenn Sie erst jetzt den Schaden geltend machen wollen?
6. In welchem der im folgenden genannten Fälle haftet die Bahn?
   - Ein Dieb hat zwei Versandstücke entwendet.
   - Beim Rangieren wird ein Güterwagen stark an den anderen gestoßen. In einer Kiste mit Gläsern zerbrechen fünf.
   - Durch eine Lawine wird ein Kesselwagen umgeworfen, und die Ladung läuft aus.
   - Wegen eines Bummelstreiks werden Blumen erst mit 8 Tagen Verspätung geliefert.
7. In einer sorgfältig verpackten Kiste stellen Sie beim Auspacken fest, daß rund 20 % der Laborgläser im Wert von 146,00 DM zerbrochen sind. Benachrichtigen Sie die Bahn schriftlich, und beantragen Sie gleichzeitig eine Tatbestandsaufnahme.
8. Oft hört man, daß Bahn- und LKW-Verkehr einander Konkurrenz machen. Stimmt das?
9. Füllen Sie die Versandpapiere für eine Nachnahmeexpreßgutsendung (Rechnungsbetrag 50,00 DM; Entfernung und Gewicht frei wählbar) aus. Die Frachtkosten trägt der Empfänger.
10. Schreiben Sie eine Anfrage an die zuständige Behörde mit der Bitte um Übersendung von Anmeldeformularen für den Güternahverkehr.
11. Ein Unternehmen fertigt teure Spezialinstrumente. Entwerfen Sie ein Rundschreiben an die Verantwortlichen für den Auslandsversand, in dem Sie begründen, warum vorwiegend durch Luftfracht zu versenden ist.
12. Leergut befördert die Bundesbahn zu ermäßigten Frachtsätzen. Erläutern Sie den Grund dafür, und geben Sie die Voraussetzungen für die Ermäßigung an.
13. Hat der Güterverkehr mit Binnenschiffen nur Vorteile? (Begründen Sie.)
14. Nennen Sie je zwei Waren (Warengruppen), die sich besonders gut für den Versand mit
    a) Binnenschiffen,
    b) Expreßgut,
    c) Lastkraftwagen-Güterverkehr eignen.
    Begründen Sie Ihre Entscheidung.
15. Für den Versand von gebrauchten PKWs von Stuttgart nach Düsseldorf wählen Sie den Wasserweg. Teilen Sie dies schriftlich Ihrem Abnehmer mit, und begründen Sie Ihre Entscheidung.
16. Wie unterscheidet sich der Ladeschein in der Seeschiffahrt von dem in der Binnenschiffahrt?
17. Sie wollen Waren regelmäßig nach Brasilien versenden. Fragen Sie bei einer Reederei oder bei einem Seefracht-Speditionsunternehmen an, und erkunden Sie alle wesentlichen Gesichtspunkte (Voraussetzungen, Transportzeit, Anlieferungstermine, Kosten usw.).

18. Ein Unternehmen fertigt teure Spezialinstrumente. Entwerfen Sie ein Rundschreiben an die Verantwortlichen für den Auslandsversand, in dem Sie begründen, warum überwiegend durch Luftfracht versandt werden soll.
19. Sie haben eine Maschine im Gewicht von 1400 kg, Maße 140 x 90 x 78 cm nach Caracas zu versenden. Fragen Sie bei einer Luftfrachtspedition nach Preisen und sonstigen Versandbedingungen.
20. Unter welchen Voraussetzungen können Post und Bahn die Beförderung von Sendungen ablehnen? Prüfen Sie hierzu die Rechtsgrundlage.
21. Entscheiden Sie bei folgenden Sendungen, welche Form des Versandes Sie wählen würden. Begründen Sie Ihre Entscheidung, und geben Sie - soweit zutreffend - Alternativen an:
    - Versand eines Kartons Pflaumen (Gewicht 8 kg) von Lahr/Baden nach Bremen;
    - Versand von 3200 Werbedrucksachen im Gewicht von 46 g an Empfänger im ganzen Bundesgebiet;
    - Versand von 25 PKWs ab Rüsselsheim/Main am 2. Mai zur Verladung auf ein Überseeschiff ab Rotterdam am 28. Mai;
    - Versand von 300 Büchern mit einem Stückgewicht von 420 g an einen Empfänger in Mittenwald vom Verlag in Hannover. Die Bücher sollen schnell eintreffen.
22. Nennen Sie mindestens 5 Waren, die auch mit PKW zugestellt werden können.

## Zusammenfassung

Wer Waren zu versenden hat, dem bietet sich eine Fülle von Verkehrsmitteln und Firmen an, die es ermöglichen, für jede Transportaufgabe die geeignete Lösung zu finden.

Entscheidend für die Auswahl sind

- **Gewicht und Umfang der Sendung** und die
- **Geschwindigkeit,** mit der die Waren den Empfänger erreichen sollen.

**Die wichtigsten Verkehrsmittel** sind

- Eisenbahn,
- Kraftfahrzeuge
- Schiffe und
- Flugzeuge, wenn es auf besondere Geschwindigkeit ankommt.

Daneben gibt es spezialisierte Beförderungsmittel für den Transport von flüssigem und gasförmigem Massengut (Pipelines). Zu beachten ist auch, daß es durch besondere Einrichtungen, wie z. B. Container, möglich ist, Stückgüter in einem Behälter ohne Umladen der Einzelstücke vom Absender zum Empfänger zu befördern.

Als **Träger der Beförderungsleistungen** sind zu unterscheiden:

- Bahn,
- Post,
- Paketdienste,
- Unternehmen des Schiffsverkehrs,
- Fluggesellschaften,
- sonstige Unternehmen und insbesondere
- der Versender oder Empfänger selbst (im Rahmen des Werkverkehrs).

**Spediteure** als *Vermittler des Güterverkehrs* spielen eine wichtige Rolle bei der Entlastung des Kaufmannes von Aufgaben der Auswahl der Transportwege und der Abwicklung von Transportaufgaben.

# 13 Der Nachrichtenverkehr

## Worum geht es?

Man spricht davon, daß wir heute im Zeitalter der Information leben. Neben Kapital, Arbeit und Natur (Boden) wird die Information teils sogar schon als vierter Produktionsfaktor genannt. Das zeigt, daß die Information immer mehr auch das Wirtschaftsleben bestimmt. Information und Informationsaustausch (Kommunikation) sind bestimmende Faktoren der modernen Gesellschaft. Wir wollen erkunden:

- Welche Informationsformen und -wege bestehen?
- Wie sich der Informationsaustausch durch die modernen Formen der Informationstechnik verändert?
- Wie die Informationswege zu einem einheitlichen Informationssystem zusammenwachsen?
- Warum die Post beim Informationsaustausch eine entscheidende Rolle spielt?

## Lernziele

Sie sollten ...

- die wichtigsten Grundformen des Nachrichtenverkehrs unterscheiden und erläutern können;
- die Möglichkeiten des Informationsaustausches zwischen Betrieben verstehen und entsprechend erklären können;
- die Deutsche Bundespost als zentrales Dienstleistungsunternehmen (Zahlungsverkehr, Güterverkehr, Nachrichtenverkehr) beschreiben können;
- begründen können, welche Vorteile und welche Nachteile das sogenannte Postmonopol bei der Beförderung von Nachrichten hat.

Schon immer werden *Informationen* zwischen Menschen ausgetauscht. Wer mit einem anderen Menschen redet, vermittelt Informationen und betreibt *Kommunikation*. Doch der direkte Informationsaustausch von Mensch zu Mensch ist im Geschäftsleben nur ein Teil der Kommunikation. Viel wichtiger ist die sichere Übermittlung von Informationen zwischen räumlich getrennten Geschäftspartnern. Die klassische Form des Informationsaustausches war *der Brief*, der durch Boten vom Absender zum Empfänger übermittelt wurde. Diese Rolle des Boten übernahm schon sehr früh die Post. Der Brief diente dazu, alle Arten von Informationen auszutauschen; dazu gehörten z. B. auch Bestellungen, Rechnungen, Verträge usw.

Diese Form des Informationsaustausches ist durch die modernen Medien erheblich verändert worden und wird noch weiterhin verändert. Ein aufschlußreiches Beispiel zeigt die nachfolgende Abbildung: Die Rechnung, bisher mit der Post als Brief befördert, wird jetzt direkt auf elektronischem Wege zum Empfänger weitergeleitet. Voraussetzung ist allerdings, daß beide Seiten sich an *festgelegte Normen* (Geräte und Informationsaufbau) halten, damit der Empfänger die erhaltene Informationssendung problemlos weiterverarbeiten kann.

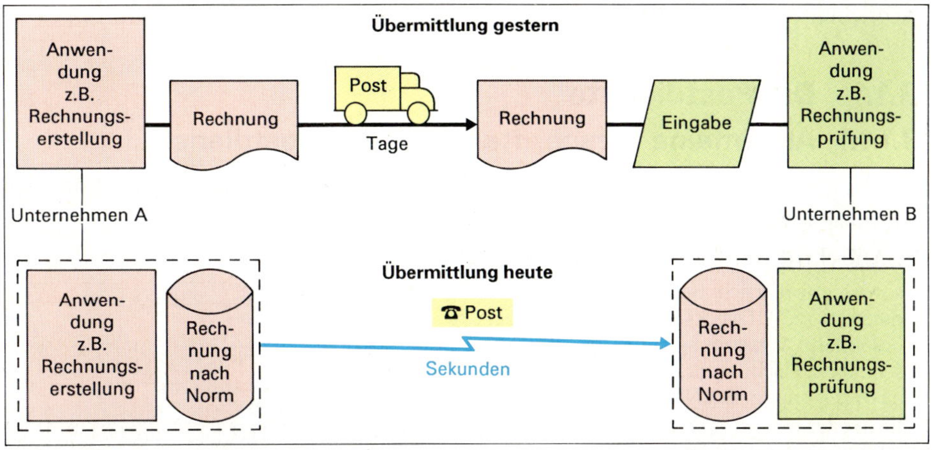


*Abb. 13-1 Brief-(Dokumenten-)austausch mit EDIFACT*

**Briefe** übermitteln eine Zusammenstellung von Zeichen, sie sind **schriftliche Informationen.**

Durch den Nachrichtenverkehr werden aber noch weitere Informationen übertragen, nämlich

- die **Toninformationen** oder akustischen Informationen, wie sie beispielsweise der *Rundfunk* oder das *Telefon* übermitteln und
- die **Bildinformationen** oder optischen Informationen, wie sie beispielsweise der *Fernseher* oder ein *Bildkopierer* übermittelt.

Zentraler Übermittler aller Nachrichten ist in der Bundesrepublik Deutschland die *Deutsche Bundespost*. Sie hat dabei eine *Monopolstellung*, weil sie verpflichtet ist, letztlich auch dem am schlechtesten zu erreichenden Empfänger die ihr übergebenen Nachrichten (Informationen) zu übermitteln bzw. zuzustellen.

## 13.1 Die Post als gemischtes Unternehmen

Wenn von der Post gesprochen wird, versteht man darunter vielfach nur den Informationsübermittler Post (Briefe, Telefon). Aber die ist ein viel weiter in der Mehrzahl der Verkehrsformen eingebundenes Unternehmen. Zur Post gehören jedoch auch:

- **Der Zahlungsverkehr** über die Postgiroämter und den Postsparkassendienst (*blaue Post = Postbankdienste*);
- **Der Güterverkehr,** insbesondere der Paketdienst, aber auch die körperliche (materielle) Beförderung von Briefen und sonstigen Sendungen – z. B. Drucksachen, Pressesendungen, Warensendungen, Blindensendungen – (*gelbe Post = Postdienste*);
- **Der Nachrichtenverkehr** in allen Formen (*braune Post = Fernmeldedienste*).

Auf die Funktion der Post als Unternehmen des Nachrichtenverkehrs gehen wir in den folgenden Unterabschnitten näher ein. Der Zahlungsverkehr der Post ist bereits in den vorausgegangenen Abschnitten näher dargestellt (vgl. Abschnitt 11.5).

Obwohl auch Briefe dem Nachrichtenverkehr zuzuordnen sind, betrachten wir nachstehend die Postdienste (gelbe Post) als ein zusammengehörendes Angebot des Güter- und Nachrichtenverkehrs.

## 13.1.1 Die Postdienste

### 13.1.1.1 Allgemeine Vorschriften über den Postdienst

Grundlagen des Postdienstes sind Art. 87 GG das Gesetz über das Postwesen vom 28.07.1969 sowie die Postordnung vom 16.05.1963.

Die **Aufschrift von Postsendungen** wird wie folgt geordnet:

- soweit erforderlich Bezeichnung der Sendungsart (z. B. Drucksache), Vermerk über besondere Versendungsform (z. B. Einschreiben, Nachnahme, Eilzustellung), Vorausverfügung (z. B. „Nicht nachsenden");
- Leerzeile;
- Name des Empfängers;
- Straße und Hausnummer oder Postfach;
- Leerzeile;
- Postleitzahl (vierstellig) und Bestimmungsort sowie ggf. übrige postamtliche Leitangaben (z. B. Nummer des Zustellpostamts);
- Empfängerland, soweit nicht in der Postleitzahl enthalten.

```
Mit Luftpost - Par Avion

Autohaus
Meidinger & Schlessinger
Avenida dos Angeles

3215 QUINICAN

MEXIKO
```

Vor den Bestimmungsort wird – ohne Klammern – die *vierstellige* Postleitzahl gesetzt. Das System der Postleitzahlen ist auf 8 Leitzonen aufgebaut (1 Berlin, 2 Hamburg, 3 Hannover, 4 Düsseldorf, 5 Köln, 6 Frankfurt, 7 Stuttgart, 8 München). Die weiteren Ziffern bezeichnen Leiträume, Leitbereiche und Leitorte. Für den Bereich der neuen fünf Bundesländer (ehemalige DDR) ist eine Neuordnung in Vorbereitung. Zur Unterscheidung muß vor Postleitzahlen der fünf neuen Bundesländer ein **O** und vor die der alten Bundesländer ein **W** gesetzt werden.

### 13.1.1.2 Versandmöglichkeiten mit der Post

Einen Überblick über die Versandmöglichkeiten mit der Post vermitteln die Abbildungen 12.1.1.2-1 bis 12.1.1.2-3.

| Sendungsart | Höchstgewicht | Maße/Form | Verpackung | Vermerke oberhalb der Anschrift | Besonderheiten |
|---|---|---|---|---|---|
| Standardbrief | 20 g | Länge 14–23,5 cm<br>Breite 9–12 cm<br>Höhe bis 0,5 cm | in offener oder verschlossener Umhüllung | keine | ermäßigte Gebühr |
| Brief | 1000 g<br>Ausland:<br>2000 g | Länge max. 60 cm<br>Breite max. 30 cm<br>Höhe max. 15 cm<br>in Rollenform:<br>Länge 10–80 cm<br>Durchmesser<br>5–15 cm | | keine oder „Brief" | |

| Sendungsart | Höchstgewicht | Maße/Form | Verpackung | Vermerke oberhalb der Anschrift | Besonderheiten |
|---|---|---|---|---|---|
| Postkarte | Papiergewicht 170–500 g/m² | Länge 14–16,2 cm Breite 9–11,4 cm | ohne Umhüllung | keine oder „Postkarte" | |
| Standard-drucksache | 20 g | wie Standardbrief | als Karte ohne Umhüllung, sonst Streifband oder offene Umhüllung | „Drucksache" „Drucksache/Geb. gepr." | ermäßigte Gebühr |
| Drucksache | 500 g | wie Brief oder Postkarte | | | |
| Standard-briefdrucksache | 20 g | wie Standardbrief | wie Drucksache | „Briefdrucksache/ Geb. gepr." | ermäßigte Gebühr |
| Briefdrucksache | 500 g | wie Brief oder Postkarte | | | |
| Standard-massen-drucksache | 20 g | wie Standardbrief oder Postkarte | wie Drucksache | kein Vermerk „Massen-drucksache", dafür: „Gebühr bezahlt beim ...", in der rechten oberen Ecke der Aufschriftseite | ermäßigte Gebühr |
| Massen-drucksache | 3000 g | wie Brief oder Postkarte | | | Mindestmenge 1000 St. oder 100 i. gleichen Leitber. |
| Standard-warensendung | 20 g | wie Standardbrief | offene Umhüllung | „Warensendung" „Warensendung/ Geb. gepr." | ermäßigte Gebühr |
| Warensendung | 500 g | wie Brief | | | |
| Wurfsendung | an Haushaltungen bis 100 g | Länge 14–30 cm Breite 9–21 cm Höhe bis 1,5 cm | mit oder ohne Umhüllung | „Wurfsendung" oder „An alle Haushaltungen" oder „An Briefabholer" auf der Außenseite der Sendung (keine Anschrift) | |
| | an Briefabholer bis 500 g | Länge 14–32,4 cm Breite 9–22,9 cm Höhe max. 6 cm | | | |
| Blindensendung | 7 kg | | offene Umhüllung | „Blindensendung" | |

*Abb. 13.1.1.2-1 Briefsendungen*

| Versendungsform | zulässig bei folgenden Sendungsarten | Vermerk oberhalb der Anschrift | Gebühr |
|---|---|---|---|
| Einschreiben | Brief, Postkarte, Päckchen, Blindensendung | Einschreiben | Gebühr für die Sendung + Einschreibgebühr |
| Wertangabe | Brief, Paket | Wert ... DM (bei Paketen auch auf der Paketkarte) | Gebühr für die Sendung + Wertgebühr |
| Eigenhändig | eingeschriebene Briefe, Postkarten, Päckchen und Blindensendungen, Wertbrief, Wertpaket | Eigenhändig | Gebühr für die Sendung + Gebühr für Eigenhändig |
| Rückschein | wie bei Eigenhändig | Rückschein | Gebühr für die Sendung + Rückscheingebühr |
| Nachnahme | Brief, Postkarte, Päckchen, Paket | Nachnahme ... DM (Bezeichnung des Postgirokontos und des Postgiroamts) | Gebühr für die Sendung + Nachnahmegebühr |
| Luftpost | Brief, Postkarte, Päckchen, Paket, Blindensendung | mit Luftpost/ Par avion | Gebühr für die Sendung + Luftpostzuschlag |

| Versendungsform | zulässig bei folgenden Sendungsarten | Vermerk oberhalb der Anschrift | Gebühr |
|---|---|---|---|
| Eilzustellung | Brief, Postkarte, Schnellpäckchen, Schnellpaket, Luftpostpäckchen, Luftpostpaket, Blindensendung | Eilzustellung (wird Zustellung auch zwischen 22 und 6 Uhr gewünscht, Zusatz „auch nachts") | Gebühr für die Sendung + Eilzustellgebühr |
| Schnellsendung | Päckchen, Paket | Schnellpäckchen, Schnellpaket (bei Paketen auch auf der Paketkarte) | Gebühr für die Sendung + Schnellsendungsgebühr |
| Datapostsendung | gewöhnliche Briefe bis 1000 g nichtsperrige Pakete bis 20 kg | (Aufschriftzettel „DATAPOST" verwenden) | monatliche Gebühr nach Einlieferungshäufigkeit und bei Paketen auch nach der Länge des Beförderungsweges |
| Werbeantwort | gewöhnlicher Standardbrief, Postkarte, Standarddrucksache, Standardbriefdrucksache | Werbeantwort (und ggf. Bezeichnung der Sendungsart, z. B. „Drucksache") | Gebühr für die Sendung + Werbeantwortgebühr |

*Abb. 12.1.1.2-2 Besondere Versendungsformen*

| | Paket | Päckchen |
|---|---|---|
| Zulässig | Gegenstände aller Art, briefliche Mitteilung | Gegenstände aller Art, briefliche Mitteilung |
| Höchstgewicht | 20 kg | 2 kg |
| Maße, Form | keine Höchstmaße, Paket muß sich jedoch nach Ausdehnung und Form zur Beförderung mit der Paketpost eignen (Bahnpostwagen usw.)<br>sperrig: länger als 120, breiter als 60, höher als 60 cm oder wenn besondere betriebliche Behandlung nötig | Höchstmaße:<br>in rechteckiger Form: Länge 60 cm, Breite 30 cm, Höhe 15 cm<br>In Rollenform: Länge 80 cm, Durchmesser 15 cm |
| Aufschrift | Auf Klebezettel nach amtlichem Muster oder direkt auf Verpackung; Aufschriftfahnen bei Eimern, Fahrrädern, Kannen usw.<br>Doppel der Aufschrift im Paket | wie Paket<br>Doppel der Aufschrift in das Päckchen<br>Vermerk „Päckchen"<br>keine Paketaufschriftfahne benutzen |
| Absender | auf Paket und Paketkarte angeben | soll angegeben werden, bei Einschreib- und Nachnahmepäckchen erforderlich |
| Einlieferung | mit Paketkarte<br>Einlieferung wird gebührenfrei bestätigt | Einlieferung wird nicht bescheinigt, bei Nachnahme auf Wunsch gegen Gebühr |
| Besondere Versendungsformen | Wertangabe, Eigenhändig und Rückschein bei Wertpaketen, Nachnahme, Luftpost, Schnellsendung, bei Luftpost und Schnellpaket auch Eilzustellung | Einschreiben, Eigenhändig und Rückschein, wenn eingeschrieben. Nachnahme, Luftpost, Schnellpäckchen, Eilzustellung bei Schnell- und Luftpostpäckchen |
| Haftung | bei Verlust und Beschädigung bis 500,00, bei Wertpaket bis zur Höhe der Wertangabe | keine Haftung |
| Sonstiges | Paketzustellgebühr kann im voraus bezahlt werden | keine Zustellgebühr |

*Abb. 12.1.1.2-3 Pakete und Päckchen*

### 13.1.1.3 Die Haftung der Post

**Die Post haftet** nur bei den im folgenden angeführten Sendungsarten:

- Bei gewöhnlichen Paketen ersetzt die Post den durch Verlust oder Beschädigung entstandenen wirklichen Schaden bis zum Betrag von höchstens 500,00 DM (bei Postgut keine Haftung).
- Bei Einschreibsendungen, die verlorengegangen sind, leistet die Post Ersatz in Höhe von 40,00 DM ohne Rücksicht auf den tatsächlichen Wert der Sendung.
- Bei Wertsendungen leistet die Post Ersatz des nachgewiesenen Schadens, wenn die Sendung verlorenging oder beschädigt wurde, aber nur bis zum angegebenen Wertbetrag.
- Bei Postanweisungen und Zahlkarten haftet die Post in Höhe des eingezahlten Betrages.
- Bei Postprotestaufträgen gelten besondere Bestimmungen.

**Die Post haftet nicht,** wenn der Schaden

- auf die Beschaffenheit der Sendung zurückzuführen ist;
- durch den Absender verursacht wurde (z. B. mangelhafte Verpackung).

**Beachte:** Alle Ansprüche gegen die Post stehen nur dem Absender zu. Er kann sie jedoch an andere Personen, z. B. den Empfänger, abtreten. Schadenersatzansprüche verjähren in der Regel mit dem Ablauf eines Jahres, gerechnet vom Tage der Einlieferung an.

## 13.2 Die Post als Hauptträger des Nachrichtenverkehrs

Während in anderen Ländern - z. B. den USA - der Nachrichtenverkehr oft von verschiedenen, teilweise privaten Unternehmen betrieben wird, hat in der Bundesrepublik Deutschland die *Post das Monopol der Nachrichten-(Informations-)beförderung*. D. h. auch dort, wo private Unternehmen Nachrichtenübermittlung anbieten, ist die Post als Träger der Übermittlung eingeschaltet oder es muß zumindest die Genehmigung der Post (durchweg gebührenpflichtig) eingeholt werden.

### 13.2.1 Das Beispiel Brief
(schriftliche Mitteilungen oder Zeicheninformationen)

Sie haben bereits am Beispiel der Rechnung (EDIFACT, Abschnitt 13) gesehen, daß sich bei Übermittlung schriftlicher Informationen in jüngster Zeit erhebliche Veränderungen vollzogen haben.

Für die Übermittlung privater Nachrichten spielt der Brief (und der offene Brief, die Postkarte) zwar noch immer die bestimmende Rolle. Auch im Verkehr zwischen Unternehmen dominiert (herrscht) in den meisten Fällen noch der Brief oder besser gesagt, das körperlich übersandte Schriftstück (Geschäftsbriefe, Rechnungen, Bestellungen, Verträge, Berichte, Protokolle usw.). Aber die direkte Übermittlung auf dem Papier wird immer mehr durch andere Wege ersetzt.

Die wichtigsten Formen zeigt folgende Tabelle:

| Form der schriftlichen Nachricht | | | |
|---|---|---|---|
| beim Absender | auf dem Übermittlungswege | beim Empfänger | Beispiele |
| Papier | Papier | Papier | Briefpost, Zeitschriften |
| Papier | digitale Information | Papier | Telefax, Telebrief |
| manuelle Eingabe ins Netz | digitale Information | Papier | Telex |
| digitale Eingabe ins Netz aus einem Speichermedium | digitale Information | digitale Speicherung (auf Bildschirm oder Papier abrufbar) | Teletex, Telebox und Electronic Mail |

*Abb. 13.2.1-1 Briefformen in Abhängigkeit vom Übermittlungswege*

## 13.2.2 Das Beispiel Anruf
(akustische Mitteilungen oder Toninformationen)

**Kommunikation** bedeutet nicht nur Austausch von Zeichen, sondern vor allem auch Übermittlung von Toninformationen. Deshalb konnte sich das *Telefon* als wichtiges Medium der betrieblichen und privaten Nachrichtenübermittlung weitgehend durchsetzen. Zur Toninformation gehört aber auch das gesamte *Rundfunkwesen* (Tonfunk).

Wie bei anderen Arten der Nachrichtenübermittlung hat auch hier die Post das Monopol. Sie stellt sowohl für die drahtgebundenen als auch für die drahtlosen Informationen die erforderlichen Sende- und Empfangseinrichtungen bereit oder schreibt zumindest deren Funktion genau vor.

Für die *Nachrichtenübermittlung im Wirtschaftsleben* spielt das *Telefon* eine überragende Rolle. Für die Post ist der Fernmeldedienst der ertragsstärkste Zweig, denn während Paketpost und Briefpost aus sozialen Gründen (niedrige Gebühren) Verluste aufweisen, wird im Bereich der Fernmeldedienste ein hoher Überschuß erwirtschaftet.

Die Übermittlung von Toninformationen erfolgt zur Zeit noch auf analogem Wege, d. h. die Schallwellen werden als höhere oder niedrigere Spannung übertragen. Diese Übertragungsart ist störanfällig und nicht selbstkorrigierend. Deshalb wird in Zukunft auch die Tonübertragung auf digitale Information (Übermittlung einzelner Informationseinheiten als Bits wie in der Datentechnik) umgestellt. Dies ist Voraussetzung dafür, daß die verschiedenen Nachrichtendienste sich eines einheitlichen Übermittlungsweges bedienen können (vgl. Abschnitt 13.4).

## 13.2.3 Das Beispiel Fernsehen
(optische Mitteilungen oder Bildinformationen)

Um Informationen zu vervollständigen, darf die Information durch stehende und vor allem bewegte Bilder nicht fehlen. Das Problem besteht bei der Bildinformation darin, daß je Einzelinformation eine riesige Menge von Informationselementen (z. B. die Bildpunkte jedes Einzelbildes beim Fernsehen) übertragen werden muß. Damit diese Information schnell und genau den Empfänger erreicht, sind sogenannte breitbandige Übertragungswege erforderlich.

Diese **Übertragungswege** stehen zur Verfügung:

- **drahtlos.** Hier ist insbesondere das *Fernsehen* zu erwähnen. Aber die Zahl der Breitbandkanäle ist bei der herkömmlichen Technik beschränkt.
- **über Draht.** Das Schlagwort von der *Verkabelung* der Bundesrepublik Deutschland und das *Kabelfernsehen* zeigen deutlich den Weg auf, der die weitere Entwicklung bestimmen wird.

In der Wirtschaftspraxis spielt die Bildinformation ebenfalls eine wichtige Rolle. Da die zur Zeit zur Verfügung stehenden technischen Voraussetzungen aber noch nicht ausreichen, wird nur ein Teil der benötigten Bildinformationen über schnelle Übertragungswege (z. B. Teletex) übertragen.

## 13.3 Die Nachrichtenübermittlungsdienste der Post

### 13.3.1 Briefe und andere Postsendungen

Die Nachrichtenübermittlung auf dem Postwege (Briefe usw.) ist bereits in Abschnitt 13.1.1 ausführlich behandelt.

### 13.3.2 Telefon (Fernsprecher)

In einem Informationsblatt der Post steht: „Das Telefon ist die Telekommunikation Nr. 1“[1], d. h. das Telefon ist das wichtigste Verständigungsmittel über weite Strecken.

Zur Abwicklung des Telefonverkehrs unterhält die Post ein weitverzweigtes Telefonnetz, das über viele einzelne Vermittlungsstellen bis zu den einzelnen Betrieben und Haushalten reicht. An die Telefonvermittlungsstellen können Teilnehmersprechstellen (Hauptanschlüsse ohne oder mit Nebenstellenanlagen) angeschlossen werden. Die Teilnehmer werden mit ihrer Telefonnummer in das Telefonbuch, das *amtliche Fernsprechverzeichnis*, aufgenommen.

**Ortsgespräche** können im Ortsnetz, *Nahgespräche* jeweils im eigenen Nahbereich (etwa 20 km Umkreis) geführt werden (Sprechdauer je Gebühreneinheit 6 bzw. beim Billigtarif 12 Minuten).

**Ferngespräche** werden in der Regel im *Selbstwählferndienst* durch Vorwählen einer bestimmten Ortskennzahl hergestellt (Sprechdauer je Gebühreneinheit nach 3 Zonen und zwei Tarifzeiten im Inland gestaffelt).

**Die Gebühren** werden im Telefondienst für alle selbstgewählten Verbindungen nach Gebühreneinheiten berechnet. Für jeden Hauptanschluß ist außerdem monatlich eine Grundgebühr zu zahlen. Mit der Fernmelderechnung werden die Grundgebühr und die Gesprächsgebühren erhoben. Für den Anschluß eines Telefons an das Telefonnetz wird einmalig eine Anschließungsgebühr erhoben.

**Wer Gebühren sparen will,** telefoniert zu Zeiten, in denen der ermäßigte Tarif gilt, der „Billigtarif“, auch „Mondscheintarif“ genannt. Er gilt von Montag bis Freitag von 18–8 Uhr, ganztägig an Samstagen, Sonntagen und an den bundeseinheitlichen gesetzlichen Feiertagen sowie am 24. und 31. Dezember.

1 Telekommunikation von griechisch „tele“ = „fern“ und lateinisch „communicato“ = „Mitteilung“.

Die vielfältigen Möglichkeiten, die der Telefonverkehr heute bietet, können hier nur stichwortartig angedeutet werden[1]:

- *Hauptanschlüsse* und *Nebenanschlüsse;*
- *mikroprozessorgesteuerte Telefonanlagen* mit vielfältigen Funktionen wie Wahlwiederholung, Kurzwahl, Anruferanzeige, Wahlumleitung, Namenstaste, Babyruf, Notizbuchfunktion, Gebührenanzeige, Lauthören, Freisprechen, Sperrschloß usw.;
- *Telefonsteckdosen;*
- *drahtloses Telefon;*
- *Familientelefon* (bis zu 5 Nebenstellen, bis 2 Hauptanschlüsse);
- vollamtsberechtigte, teilamtsberechtigte und nichtamtsberechtigte *Nebenstellen;*
- *Telefonbücher* (amtlich, örtlich, Branchen) und Verzeichnis der *Ortsnetzkennzahlen (AVON);*
- *Service 130* (Ferngespräche zum Ortstarif für den Anrufer)

Ergänzungen zum Telefondienst über Leitung sind die drahtlosen Einrichtungen. Hierzu gehört vor allem das Auto-Telefonnetz, aber auch die viel billigeren drahtlosen Rufeinrichtungen wie der sog. *EURORUF* (in der Tasche transportable Empfänger im Notizbuchformat für Lockrufe; Piepser).

## 13.3.3 Telex (Fernschreiben)

Die Bundesrepublik Deutschland ist in der Welt führend bei der Anwendung von *Telex.* Bei diesem Dienst der Post wird auf einer Fernschreibmaschine ein Text eingegeben und zu einer Fernschreibmaschine des Empfängers weitergeleitet und dort ausgedruckt.

Wirtschaftlicher ist es jedoch, den Text zunächst auf einem Speichermedium (herkömmlichen Lochstreifen, heute schon vielfach elektronische Speicher) festzuhalten und dann mit der maximal möglichen Übertragungsgeschwindigkeit (bis zu 400 Zeichen/min) zu übertragen und auszudrucken.

Der Vorteil: *Telexgeräte sind immer betriebsbereit.* Nachrichten können deshalb übermittelt und empfangen werden, ohne daß beim Empfänger (und bei automatischer Sendung mit Zeitvorwahl sogar beim Absender) Bedienungspersonal anwesend sein muß.

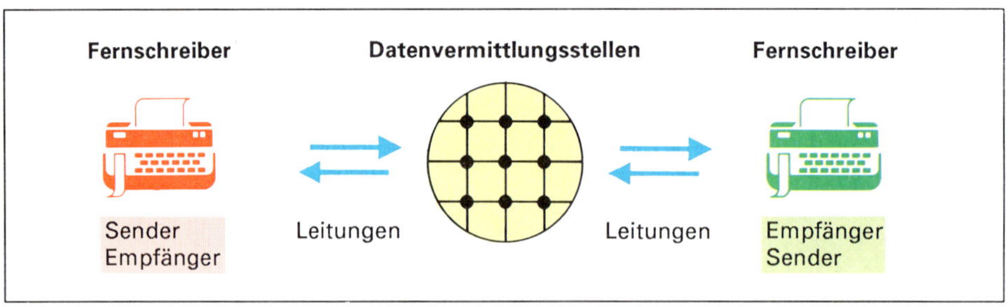


*Abb. 13.3.3-1 Schaubild Telex*

Bislang werden auch Telegramme innerhalb der Post über Telexleitung übertragen. Für Telex unterhält die Post zur Zeit noch ein eigenes Leitungsnetz.

1 Informationen hierzu finden Sie entweder in den amtlichen Telefonbüchern der Deutschen Bundespost oder Sie rufen direkt den Kundendienstberater beim zuständigen Fernmeldeamt an.

## 13.3.4 Teletex

**Teletex** ist eine logische Weiterentwicklung des Telex. Es nutzt die besseren Möglichkeiten der elektronischen Datenverarbeitung.

Bei Teletex werden *elektronisch gespeicherte Informationen* (bereits vorhandene - z. B. ein Sitzungsprotokoll - oder neu eingegebene) in einen elektronischen Speicher beim Empfänger übertragen und können dort auf dem Bildschirm abgerufen oder auf einem angeschlossenen Drucker ausgedruckt werden.

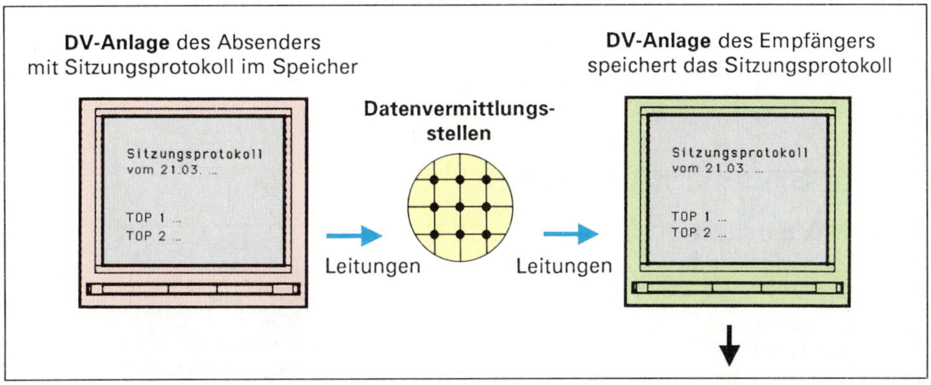


*Abb. 13.3.4-1 Schemabild Teletex*

**Vorteile von Teletex** gegenüber Telex:

- Teletex sendet *über Telefonleitung* und ist deshalb erheblich schneller als Telex (2400 bits/s gegenüber 50 bits/s, d. h. ca. 19000 statt 400 Zeichen/min.);
- Am Teletexgerät können auch *während des Empfangs* von Sendungen *andere Arbeiten* durchgeführt werden; bei Telex muß unterbrochen werden.
- Es lassen sich *alle Zeichen einer Schreibmaschine* (eines Terminals) *darstellen,* bei Telex nur Kleinbuchstaben, Ziffern und wenige Sonderzeichen.
- *Ausdruck auf büromöglichem Papier,* bei Telex nur auf Endlospapier.

**Übrigens:** Telex und Teletex können über postalische Einrichtungen miteinander verknüpft werden.

## 13.3.5 Telefax (Fernkopierer) und Telebrief

Telex und Teletex können nur Zeicheninformationen übertragen. Sollen Bildvorlagen (optische Informationen) übermittelt werden, dann eignet sich dafür *Telefax.* Denn mit einem *Fernkopierer (Telefaxgerät)* können Vorlagen, wie Dokumente, Zeichnungen, Pläne, Skizzen, handgeschriebene Texte usw., bis zum Format A4

- originalgetreu,
- über das öffentliche Fernsprechnetz,
- minutenschnell und
- über große Entfernungen

übermittelt werden.

Je nach Gerätetyp dauert die *Übertragung einer Seite A4 ½, 1 oder 3 Minuten.*

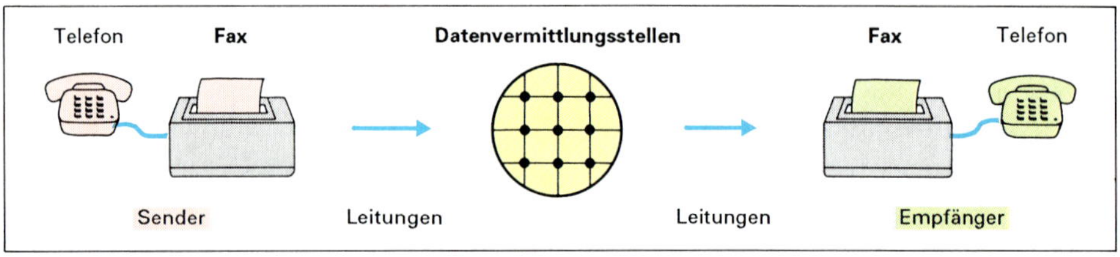


*Abb. 13.3.5-1 Schematische Darstellung Telefax*

Postbenutzer ohne eigenes Telefaxgerät können mit Hilfe des *Telebriefes* ebenfalls Bildinformationen übermitteln. Hierbei wird von den Postämtern mit Telebriefstellen der Telebrief entweder zu einem Telafaxbesitzer direkt übermittelt oder dem örtlichen Telebriefpostamt des Empfängers der Telebrief zugeleitet und dann vom Briefträger zugestellt.

## 13.3.6 Bildschirmtext (Btx)

**Beim Bildschirmtext** sind das *Telefon und* der *Fernseher* miteinander verbunden. Den grundsätzlichen Aufbau einer Btx-Station vermittelt nebenstehende Abbildung.

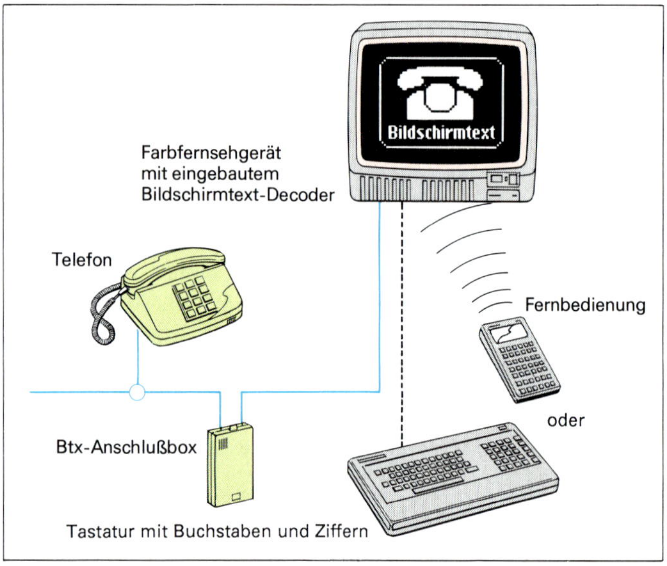


*Abb. 13.3.6-1 Aufbau einer Btx-Station*

Bei Btx sind Bildinformationen (überwiegend als Bildinformationen gestaltete Textinformationen) zentral bei der Bundespost oder bei angeschlossenen Btx-Anbietern elektronisch gespeichert und können auf Anforderung des Empfängers - allerdings recht langsam - über den Bildschirm des Fernsehgerätes ausgegeben werden.

Mit Btx kann man

- *Informationen abrufen* (z. B. Auskünfte, Angebote von Firmen usw. Vgl. auch Abschnitt 3.1.1.2 Ermitteln der Bezugsquellen);
- *Geschäfte abwickeln;*
- *Mitteilungen verschicken;*
- selbst *Informationen anbieten.*

Eine Besonderheit beim Btx ist es, daß *geschlossene Benutzergruppen* gebildet werden können. Die Informationen, die nur für diese Gruppe bestimmt sind (z. B. die Vertreter einer großen Firma), können auch nur von Teilnehmern dieser Benutzergruppe abgerufen werden, zum praktischen Einsatz von Btx in Verbindung mit dem amtlichen Verzeichnis der Btx-Teilnehmer (vgl. Abschnitt 3.1.1.2).

## 13.3.7 Electronic Mail und Telebox (elektronischer Briefkasten)

Die Fähigkeit von elektronischen Datenverarbeitungsanlagen, untereinander Nachrichten auszutauschen, wird zunächst einmal in direkt miteinander über ein sogenanntes *lokales Netzwerk* (**LAN** = **l**ocal **a**rea **n**etwork) verbundenen Terminals ausgenutzt. Dabei ist es gleichgültig, ob diese Terminals an eine oder mehrere Zentraleinheiten angeschlossen sind. Die Nachrichten können zentral gespeichert werden, sind aber nur bestimmten Benutzern zugänglich, nämlich den Benutzern, deren Name dem System bekannt ist und die als Empfänger in der Nachricht benannt werden.

**Telebox.** Die Post stellt über das Telefonnetz ein praktisch umfassendes Netz zur Verfügung. Es erlaubt, daß anderweitig nicht miteinander verbundene Teilnehmer auf elektronischem Wege Nachrichten austauschen können. Hierzu stellt die Post sowohl die *Übertragungsleitungen* (Telefonnetz) als auch die *Datenspeicher* (Magnetplattenanlagen) bereit. Und genauso, wie beim Schließfach jeder Teilnehmer seinen eigenen Schlüssel hat, hat bei der Telebox jeder Teilnehmer seine eigene Schlüsselnummer, die ihm das elektronische Postfach öffnet.

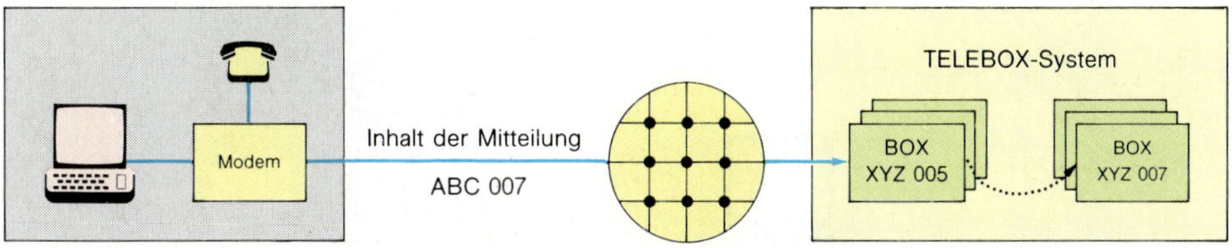


*Abb. 13.3.7-1 Telebox Systemdarstellung*

## 13.4 Datenfernübertragung und Dateldienste

Das Telefonnetz hat sich in den letzten Jahren immer stärker als Instrument des Datenfernverkehrs entwickelt. Der überwiegende Teil der *Datenfernübertragung* geschieht über das Telefonnetz (daneben ist auch noch die drahtlose Datenfernübertragung möglich).

Als Service für den Postkunden hat die Post das **Datelnetz** und die **Dateldienste** aufgebaut. Sie dienen der *Datenfernübertragung über Wählleitungen*.

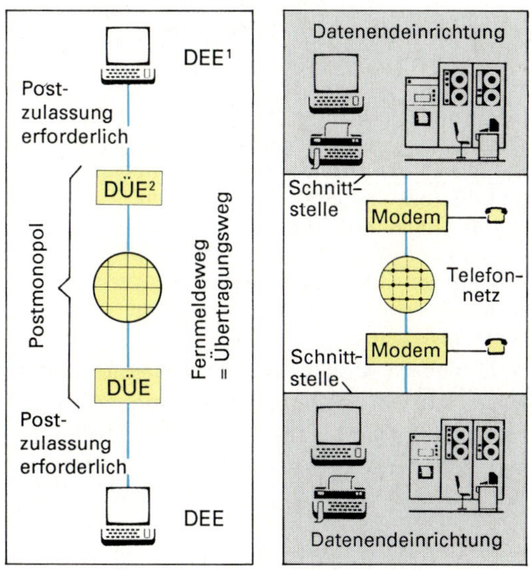


*Abb. 13.4-1 Prinzipdarstellung Datenfernübertragung*

1 DEE = Datenendeinrichtung (EDC-Anlage, PC)

2 DUE = Datenübertragungseinrichtung (z. B. Modem)

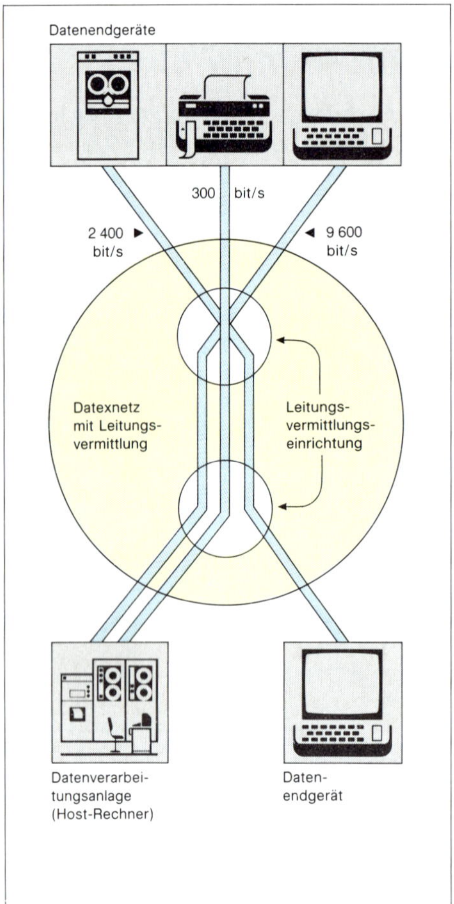


*Abb. 13.4-2 Datex-L*

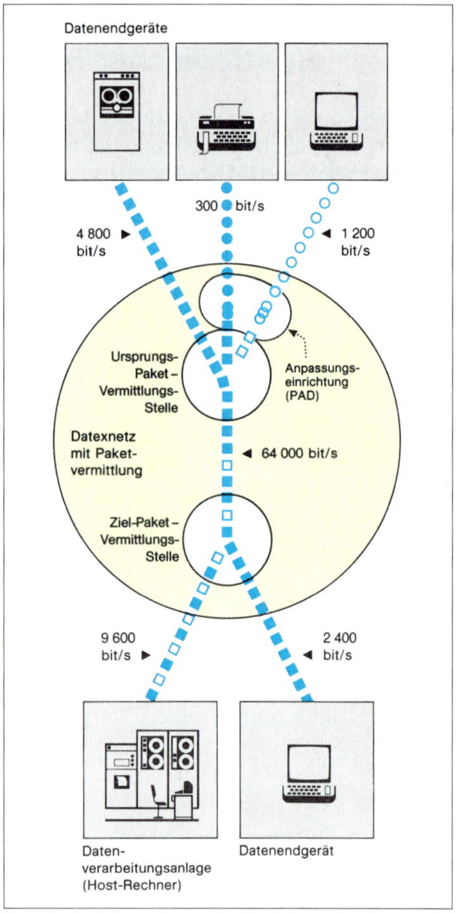


*Abb. 13.4-3 Datex-P*

Bei **Datex-L** bleibt die *Wählverbindung* vom Sender zum Empfänger *während der gesamten Dauer der Übertragung aufrechterhalten* und für alle anderen Aufgaben und Fernsprechteilnehmer blockiert. Deshalb ist *die gesamte Abschaltzeit gebührenpflichtig*. Es können nur Geräte mit gleicher Sende- und Empfangsgeschwindigkeit miteinander verbunden werden.

Bei **Datex-P** wird die zu übertragende Information zu *„Paketen"* gebündelt. Der *Teilnehmer zahlt nur nach der übertragenen Datenmenge*. Es können Geräte unterschiedlicher Sende- und Empfangsgeschwindigkeit miteinander kommunizieren.

Eine weitere Möglichkeit der Datenfernübertragung ist die sogenannte *Standleitung*. Dabei sind zwei oder mehrere Teilnehmer über festgeschaltete Postleitungen ständig miteinander verbunden. Bei diesem Weg fallen die höchsten Gebühren an,[1] allerdings kann man auch besonders schnell Daten übertragen. Diese Einrichtung nennt die Post *Direktruf*.

1 Die Gebühren je einzelne Übertragungseinheit können bei der Standleitung jedoch geringer sein, als bei den anderen Formen. Deshalb rentieren sich Standleitungen, über die z. B. auch telefoniert werden kann, nur bei entsprechendem Datenanfall.

# 13.5 Die Zukunft des postalischen Nachrichtennetzes

Die untenstehende Abbildung verdeutlicht, wohin der Weg des Nachrichtennetzes der Bundespost geht. Die verschiedenen getrennt voneinander entwickelten Netze werden immer stärker zusammengefaßt (integriert). Das bedeutet für die Zukunft, daß dann *nur noch ein einziger Hausanschluß (Steckdose)* die Nutzung aller Nachrichtendienste vom Telefon bis zum Fernsehen ermöglicht. Dann gibt es auch Bildtelefon, Videokonferenzen usw.

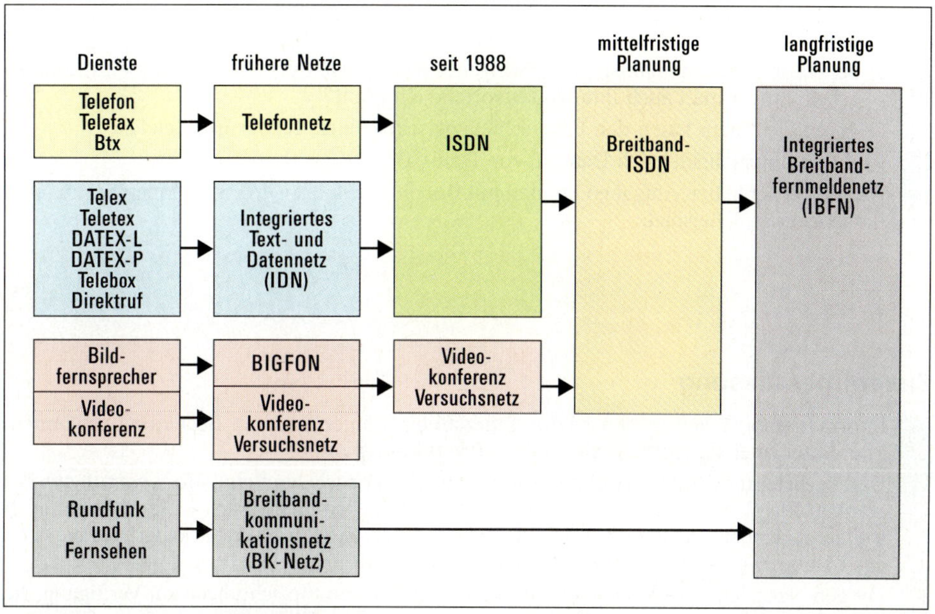


*Abb. 13.5-1 Entwicklung der Integration des Nachrichtenverkehrs der Bundespost*

## Aufgaben

1. Welche Voraussetzungen müssen gegeben sein, damit eine Rechnung elektronisch übermittelt werden kann?
2. Welche Dienstzweige unterscheidet man bei der Bundespost? Nennen Sie mindestens 2 Beispiele für jeden Dienstzweig.
3. Die Postleitzahl ist ein besonderes Schlüsselsystem zur Rationalisierung und Automatisierung der Postbeförderung. Stellen Sie fest, welche Gesichtspunkte in dem System der Postleitzahlen berücksichtigt sind.
4. Mit welcher Sendungsart des Postdienstes können Rechnungen oft billiger als durch die Sendungsart „Briefe" versandt werden?
5. Sie wollen sicher sein, daß eine wertvolle Urkunde nur dem Empfänger ausgehändigt wird. Welche Versendungsform genügt diesen Anforderungen?
6. Ermitteln Sie Gebühren für Versendungsform gem. Abbildung 13.1.1.2-1.

7. Sie haben ein Päckchen mit einer Vase im Wert von 120,00 DM versandt. Wieviel zahlt Ihnen die Post, wenn das Päckchen verlorengeht? Wie wäre es, wenn Sie die Vase als Paket versandt hätten?
8. Entwerfen Sie ein Telegramm, mit dem Sie eine fehlerhafte Ware rügen und bitten, schnellstens Ersatz zu liefern.
9. Führen Sie einen Kostenvergleich durch zwischen Brief, Telefon, Telegramm und Fernschreiben.
10. Die Deutsche Bundespost stellt für die Datenübertragung sowohl das Fernsprechnetz als auch das Fernschreibnetz zur Verfügung. Ermitteln Sie, welche Voraussetzungen gefordert werden und wie die Gebühren gestaltet sind.
11. Welche Bedingungen haben Bundesbahn und Bundespost eingeführt, um
    a) bei besonders kostenaufwendigen Leistungen ein Entgelt für diese Kosten zu erzielen und
    b) bei besonders kostengünstig zu erbringenden Leistungen dem Benutzer einen Anreiz zu geben, indem man auch ihm Kostenvorteile einräumt?
12. Erklären Sie einem Laien den Unterschied zwischen Telex, Teletex und Telefax.
13. Wodurch unterscheidet sich Datex-L von Datex-P?
14. Welche betrieblichen Aufgaben können mit Btx durchgeführt werden? Nennen Sie zu jeder Aufgabenart ein Beispiel.

## Zusammenfassung

Informationen haben in den letzten Jahrzehnten immer mehr an Bedeutung gewonnen. Man bezeichnet sie teilweise sogar als **4. Produktionsfaktor.**

Der **Nachrichtenverkehr** ist in der Bundesrepublik Deutschland eine *Monopolaufgabe des Staatsunternehmens Bundespost*. Die Post führt neben dem Nachrichtenverkehr auch weitere Aufgaben im Bereich des Güterverkehrs (Warensendungen, Päckchen, Pakete) und des Zahlungsverkehrs (Postgiro, Postsparkasse) durch.

Für den Nachrichtenverkehr stellt die Post eine Reihe von Einrichtungen zur Verfügung, die letztlich alle Informationsbedürfnisse der Wirtschaft erfüllen können. Die wichtigsten Einzeldienste des Fernmeldeverkehrs sind:

- Telefon
- Teletex
- Telebrief
- Telebox
- Datex-L
- Rundfunkübertragung
- Telex
- Telefax
- Bildschirmtext (Btx)
- Direktruf
- Datex-P
- Fernsehübertragung

Damit ist die Post in der Lage, alle Anforderungen an

- Zeicheninformationen,
- Toninformationen und
- Bildinformationen

zu erfüllen.

# 14 Steuern

## Worum geht es?

Staat, Länder und Gemeinden sowie andere öffentliche Einrichtungen haben vielfältige Aufgaben, die bezahlt werden müssen. Daraus ergibt sich eine Reihe von Fragen:

- Welche Ziele hat die Finanzpolitik?
- Welche Steuerarten kann man unterscheiden?
- Wie finanzieren Bund, Länder usw. ihre Aufgaben?
- Wie unterscheiden sich die Steuern von anderen öffentlichen Abgaben?
- Warum ist die Einkommensteuer die wichtigste Personensteuer?
- Wie wird das zu versteuernde Einkommen ermittelt?
- Wodurch unterscheiden sich Lohn- und Einkommensteuer?
- Welche Steuern hat ein Unternehmen zu zahlen?
- Welche Bedeutung hat die Umsatzsteuer und wie wird sie erhoben?
- Warum ist die Gewerbesteuer eine Betriebssteuer und trotzdem ertragsabhängig?

## Lernziele

Sie sollten ...

- Steuern, Gebühren und Beiträge unterscheiden und erläutern können;
- den Unterschied zwischen Objekt- und Personensteuern erklären können;
- die finanzpolitische Bedeutung der Steuern darstellen können;
- beschreiben, wer zur Abgabe einer Einkommensteuererklärung verpflichtet ist;
- die Empfänger der einzelnen Steuern nennen und kurz beschreiben können;
- die Zusammensetzung der wichtigsten Posten einer Einkommensteuererklärung erklären können;
- eine Lohnsteuererklärung ausfüllen können;
- die Zusammensetzung der Gewerbesteuer erklären können;
- die wichtigsten Vorschriften des Umsatzsteuergesetzes übend anwenden können.

# 14.1 Steuern: Grundsätzliches

## 14.1.1 Steuern, Gebühren und Beiträge

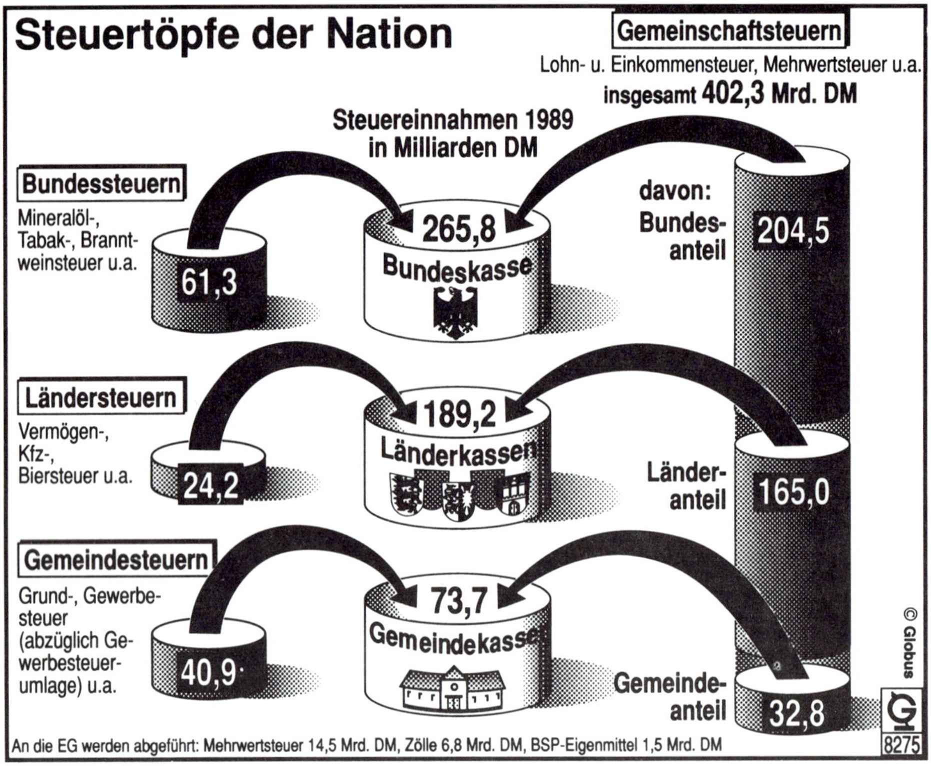


Die Bürger und die Unternehmen leisten eine Reihe von öffentlich-rechtlichen **Abgaben,** die zur Finanzierung der Aufgaben des Bundes, der Länder, der Gemeinden, der Gebietskörperschaften, der Kirchen (Religionsgemeinschaften) und anderer öffentlich-rechtlicher Einrichtungen dienen. Für diesen Zweck werden als *Abgaben* erhoben:

- **Steuern,** das sind *Geldleistungen, denen keine unmittelbare Gegenleistung* gegenübersteht (vgl. § 3,1 der AO 1977). Sie werden von öffentlichen Gemeinwesen den Steuerpflichtigen auferlegt, um Einnahmen zu erzielen. Zu den Steuern zählen auch die *Zölle,* die als *Abschöpfung beim Grenzübertritt* erhoben werden. Die Geldleistung muß allen auferlegt werden, auf die der Tatbestand zutrifft, an den das Gesetz die Steuerpflicht knüpft.
- **Gebühren und Beiträge** sind ebenfalls *öffentlich-rechtliche Abgaben.* Sie unterscheiden sich von den Steuern jedoch dadurch, daß sie das *Entgelt für eine Gegenleistung* darstellen:
  - **Gebühren** werden erhoben, wenn für den Einzelnen *unmittelbar eine Gegenleistung* zu erbringen ist. Das können sein:
    - *Verwaltungsgebühren* (z. B. Kraftfahrzeugzulassung, Prüfungsgebühr, Paßgebühr);
    - *Benutzungsgebühren* (z. B. Fernsehgebühr, Müllabfuhr, öffentliche Schwimmbäder). Benutzungsgebühren unterscheiden sich von den vereinbarten Entgelten privater Dienstleistungsbetriebe nur dadurch, daß sie von einer öffentlich-rechtlichen Körperschaft erhoben werden.

- **Beiträge** dienen zwar auch dazu, die Kosten öffentlich-rechtlicher Aufgabenerfüllung zu decken, sie werden aber *nicht als unmittelbares Entgelt* vom jeweiligen Leistungsempfänger bezahlt. Vielmehr muß der Einzelne auch dann zahlen, wenn er die jeweilige Leistung nicht in Anspruch nimmt (Beispiele: Sozialversicherungsbeiträge der Arbeitnehmer und der Arbeitgeber, Straßenanliegerbeiträge, Beiträge zur Industrie- und Handelskammer usw.).

## 14.1.2 Aufgabe und Auswirkungen der Steuern

Durch die Steuern werden die Mittel aufgebracht, die zur Durchführung der mannigfaltigen Aufgaben der öffentlichen Gemeinwesen notwendig sind.

Das Steueraufkommen von Bund, Ländern und Gemeinden beansprucht jährlich *rund ein Viertel des Sozialproduktes*. Die Gründe für diesen hohen Anteil der öffentlichen Einnahmen und Ausgaben sind u. a.: hohe soziale Ausgaben, Anwachsen der Gemeinschaftsbedürfnisse (Investitionen für Schulen, Hochschulen, Krankenhäuser, Verkehr, Forschung und Wissenschaft) und die Erhaltung der Verteidigungsbereitschaft.

| nach dem **Gegenstand der Besteuerung** | nach den **Empfängern der Steuern** | nach der **Auswirkung beim Steuerschuldner** |
|---|---|---|
| *Besitzsteuern*<br>Steuern vom Einkommen (z. B. Einkommensteuer, Körperschaftsteuer)<br>*Verbrauchsteuern*<br>z. B. Mineralölsteuer, Getränkesteuer, Biersteuer, Tabaksteuer, Zuckersteuer, Einfuhrumsatzsteuer<br>*Verkehrsteuern*<br>z. B. Umsatzsteuer, Grunderwerbsteuer, Wechselsteuer, Versicherungsteuer<br>*Realsteuern*<br>Gewerbesteuer und Grundsteuer<br>*Zölle*<br>Einfuhrzölle, Ausfuhrzölle | *Bundessteuern*<br>z. B. Zölle, Wechselsteuer, Versicherungsteuer, Verbrauchsteuern (Ausnahme: Biersteuer)<br>*Landessteuern*<br>z. B. Vermögensteuer, Kraftfahrzeugsteuer, Grunderwerbsteuer, Biersteuer<br>*Gemeindesteuer*<br>z. B. Grundsteuer, Gewerbesteuer, Hundesteuer<br>*Gemeinschaftssteuern*[1]<br>z. B. Umsatzsteuer, Einkommensteuer, Körperschaftsteuer<br><br>1 Steuern, die mehreren Empfängern zufließen (z. B. Umsatzsteuer an Bund und Länder). | *direkte Steuern*<br>Steuerschuldner und Steuerträger sind die gleichen (z. B. Einkommensteuer, Vermögensteuer)<br>*indirekte Steuern*<br>Steuerschuldner und Steuerträger sind nicht identisch (z. B. Umsatzsteuer, Zölle, Branntweinsteuer, Tabaksteuer)<br>*abzugsfähige Steuern*<br>mindern das Einkommen (z. B. Grundsteuer, Wechselsteuer)<br>*nicht abzugsfähige Steuern*<br>sind die Kosten der privaten Lebensführung (Einkommen-, Körperschaft-, Vermögensteuer)<br>*Objektsteuern oder Sachsteuern*<br>z. B. Grundsteuer<br>*Subjektsteuern oder Personensteuern*<br>z. B. Einkommen- und Körperschaftsteuer |

*Abb. 14.1.2-1 Einteilung der Steuern*

Steuern haben wegen ihres hohen Anteils am Sozialprodukt – beabsichtigt oder unbeabsichtigt – beträchtliche Rückwirkungen auf die Wirtschaft. Einerseits werden Privatpersonen und Wirtschaftsbetriebe Milliardenbeträge entzogen, andererseits werden in einer Art *Umverteilung von Einkommen* diese Einnahmen wieder ausgegeben als Personalkosten der Beamten und Angestellten des öffentlichen Dienstes, als Subventionen, als Aufträge der öffentlichen Hand u. a.

**Die öffentliche Finanzpolitik** wird damit zu einem wichtigen Instrument, um bestimmte Ziele zu erreichen:

**wirtschaftspolitisch:** Finanzhilfen, Subventionen für bestimmte Wirtschaftzweige, z. B. für die Landwirtschaft und den Bergbau, für wirtschaftlich schwache Gebiete (z. B. Zonenrandgebiete), Ausbau des Verkehrsnetzes;

**sozialpolitisch:** Zuschüsse zur Rentenversicherung, Kriegsopferversorgung, Kindergeld, Wohnungsgeld u. a.;

**konjunkturpolitisch**[1]**:** Förderung der Investitionstätigkeit durch öffentliche Aufträge, Steuervergünstigungen und andere Maßnahmen, die eine Depression überwinden, Konjunkturschwankungen ausgleichen, die Vollbeschäftigung und das weitere Wachstum der Wirtschaft sichern sollen – aber auch Dämpfung eines Booms (Stabilitätsgesetz).

- **Direkte Steuern** werden unmittelbar von dem Steuerpflichtigen erhoben. Es ist daher bei ihnen möglich, die persönliche steuerliche Leistungsfähigkeit durch Freibeträge und die Progression des Steuertarifs (höhere Einkommen werden prozentual stärker belastet) zu berücksichtigen.
- **Indirekte Steuern** werden dagegen in die Preise eingerechnet, d. h. auf den Verbraucher „abgewälzt". Ihr Vorzug besteht in ihrer Unmerklichkeit – bei jedem Kauf wird ein relativ kleiner Steuerbetrag entrichtet –, ihr Nachteil darin, daß jeder, unahängig von seinem Einkommen, die gleiche Steuer zu zahlen hat.

**Der Unternehmer** betrachtet die Steuer mehr unter dem Gesichtspunkt ihrer Auswirkung auf den Betrieb. Sie sind für ihn entweder

**Kostensteuern,** wie die Gewerbesteuer. Sie können als Betriebsausgaben in der Kalkulation verrechnet werden, oder

**Anteile am Gewinn** (Einkommen- und Körperschaftsteuer) oder

**durchlaufende Posten,** die vom Betrieb für die Finanzbehörden nur einbehalten werden (Lohn-, Kirchen-, Kapitalertragsteuer, die verschiedenen Verkehrsteuern und die Verbrauchsteuern).

**Steuererklärung und Veranlagung.** In der Regel veranlagen die Finanzbehörden die geschuldete Steuer auf Grund einer Steuererklärung, die der Steuerpflichtige termingemäß abgeben muß.

Steuerpflichtige werden gewöhnlich durch Zusendung entsprechender Vordrucke der Finanzämter zur Abgabe einer Steuererklärung aufgefordert. Darüber hinaus ist jeder verpflichtet, auch unaufgefordert eine Steuererklärung abzugeben, wenn er steuerpflichtig wird. So z. B. auch als Arbeitnehmer, wenn seine *Nebeneinkünfte* einen bestimmten Betrag überschreiten oder wenn sein Vermögen die Freibeträge übersteigt.

1 Eine konjunkturgerechte Finanzpolitik, die eine rückläufige Konjunktur (*Rezession*) anregt oder eine überschäumende Hochkonjunktur (*Boom*) bremst, nennt man antizyklisch.

**Steuerbescheid.** Über das Ergebnis der Veranlagung erhält der Steuerpflichtige einen Steuerbescheid, der die Abschlußzahlung oder den Erstattungsanspruch und die künftigen vierteljährlichen Vorauszahlungen festsetzt.

**Einspruch.** Gegen den Steuerbescheid kann der Steuerpflichtige binnen eines Monats Einspruch beim Finanzamt einlegen. Wird der Einspruch abgelehnt, steht dem Steuerpflichtigen der Klageweg bei besonderen Gerichten offen (Klage beim Finanzgericht und danach unter Umständen Revision beim Bundesfinanzhof in München).

## 14.2 Die Einkommensteuer

Die Einkommensteuer, die wichtigste Personensteuer, beruht auf dem **Einkommensteuergesetz (EStG)**. Sie wird bei Einkünften aus selbständiger Tätigkeit (Gewerbetreibende, Ärzte usw.) im *Veranlagungsverfahren* auf Grund einer Steuererklärung ermittelt. Bei Einkünften aus nicht selbständiger Tätigkeit (Arbeitnehmern) wird die Einkommensteuer (*Lohnsteuer*) im Abzugsverfahren erhoben. Steuerbemessungsgrundlage ist das Einkommen, das ein Steuerpflichtiger (eine natürliche Person) während eines Kalenderjahres bezogen hat.

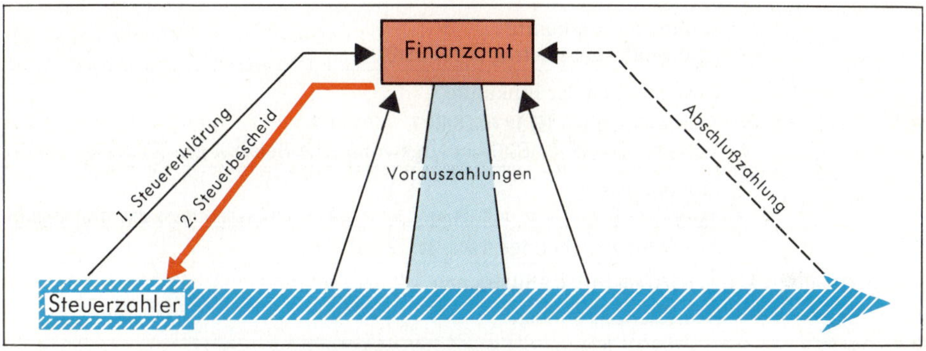


*Abb. 14.2-1 Veranlagungsverfahren*

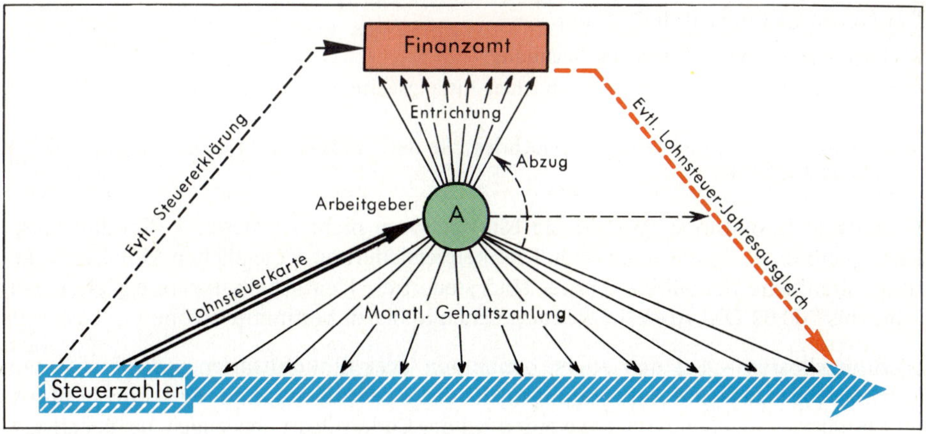


*Abb. 14.2-2 Abzugsverfahren*

## 14.2.1 Die Ermittlung des Einkommens

**Einkommen** ist steuerlich der Gesamtbetrag der (Rein-)Einkünfte aus den sieben Einkunftsarten, die das Gesetz aufzählt, nach Ausgleich mit Verlusten, die sich aus einzelnen Einkunftsarten ergeben, und nach Abzug der Sonderausgaben, der Freibeträge und der außergewöhnlichen Belastungen.

**Einkünfte aus**

| Land- und Forstwirtschaft | Gewerbebetrieb | selbständiger Arbeit | nichtselbständiger Arbeit | Kapitalvermögen | Vermietung und Verpachtung | Sonstigem |
|---|---|---|---|---|---|---|
| §§ 13–14a EStG | §§ 15–17 EStG | § 18 EStG | §§ 19 u. 19a EStG | § 20 EStG | §§ 21 EStG | §§ 22 u. 23 EStG |

Gewinne

Überschüsse der Einnahmen über die Werbungskosten

Summe der Einkünfte
·/. Altersentlastungsbetrag (§ 24a EStG)

Gesamtbetrag der Einkünfte
·/. Sonderausgaben (§§ 10 ff. EStG)
·/. Verlustabzug (§ 10d EStG) außergewöhnliche Belastungen (§§ 33a u. b EStG)

Einkommen
·/. Tariffreibeträge, z. B. Haushalts- u. Kinderfreibeträge (§ 32 Abs. 7 u. 8 EStG), Ausbildungsfreibeträge (33 a, Abs. 2 a EStG)

= zu versteuerndes Einkommen
= Bemessungsgrundlage

*Abb. 14.2.1 Ermittlung des Einkommens*

Der Gewinn kann ermittelt werden:

- durch eine Einnahme-Ausgabe-Rechnung;
- als Differenz zwischen dem betrieblichen Anfangsvermögen und Endvermögen (Bestandsvergleich);
- bei Vollkaufleuten und Gewerbetreibenden, die nach § 141 AO zur Buchführung verpflichtet sind, nach § 5 EStG.

**Steuerfreie Einnahmen** (§§ 3, 3a, 3b EStG) gehören nicht zu diesen 7 Einkunftsarten. Dazu gehören Leistungen aus der Krankenversicherung, gesetzlichen Unfallversicherung, öffentliche Sozialhilfe. Ferner sind steuerfrei: Heiratsbeihilfen und Geburtsbeihilfen bis 700,00 DM sowie Jubiläumsgeschenke bis zu bestimmter Höhe.

**Werbungskosten** – bei den zuerst genannten drei Einkunftsarten spricht man von Betriebsausgaben – sind Aufwendungen, die der Steuerpflichtige zur Erzielung bestimmter Einnahmen machen muß. Sie werden bei der Einkunftsart abgezogen, bei der sie entstanden sind.

Werbungskosten sind z. B. bei einem Hausbesitzer die Grundsteuer, die Absetzung für Abnutzung (AfA), die Ausgaben für Reparaturen, die städtischen Gebühren für Müllabfuhr usw. Bei Einkünften aus unselbständiger Arbeit (Lohn, Gehalt usw.) können als Werbungskosten u. a. abgezogen werden: Beiträge zu Berufsständen oder Berufsverbänden, z. B. zur Gewerkschaft, Aufwendungen für Fahrten zwischen Wohnung und Arbeitsstätte mit öffentlichen Verkehrsmitteln oder mit eigenem Kraftfahrzeug, Aufwendungen für typische Berufskleidung, Fachliteratur usw.

**Der Altersentlastungsbetrag** steht den Steuerpflichtigen zu, die vor Beginn des Steuerjahres das 64. Lebensjahr vollendet haben. Der Altersentlastungsbetrag beträgt 40 % der Einkünfte, höchstens 3720,00 DM. Versorgungsbezüge und Leibrenten werden über Berechnung des Altersentlastungsbetrages nicht berücksichtigt.

**Sonderausgaben** sind vom Staat aus wirtschafts- oder sozialpolitischen Gründen begünstigte Ausgaben, die weder Werbungskosten noch Betriebsausgaben sind.

**Nur beschränkt abzugsfähig** als Sonderausgaben sind die sog. Vorsorgeaufwendungen:

- **Versicherungsbeiträge** zu Kranken-, Unfall-, Haftpflicht-, den gesetzlichen Rentenversicherungen, zur Arbeitslosenversicherung, zu Lebensversicherungen, Witwen-, Waisen- und Sterbekassen und
- **50 % Beiträge zu Bausparkassen** zur Erlangung von Baudarlehen[1],

nur bis höchstens je 2340,00 DM für den Steuerpflichtigen und seinen Ehegatten.

Zusätzlich dürfen für bestimmte Vorsorgeaufwendungen (Versicherungsbeiträge) bis zu 4000,00 DM, bei Zusammenveranlagung von Eheleuten bis zu 8000,00 DM abgezogen werden *(Vorwegabzug)*. Übersteigen die Sonderausgaben diese genannten Höchstgrenzen, ist der darüber hinausgehende Betrag noch zur Hälfte, höchstens aber bis zur Hälfte der Grundbeträge (2340,00 DM je Ehegatte) abzugsfähig.

Die Höchstgrenze der begünstigten Sonderausgaben beträgt demnach:

| für | Allein-<br>stehende | Ehegatten |
|---|---|---|
| Aufwendungen<br>abzugsfähig | 8680,00<br>7510,00 | 17360,00<br>15020,00 |

Die steuerfrei abgeführten Beiträge zur gesetzlichen Renten- und Krankenversicherung sind auf den Vorwegabzug anzurechnen. Sie werden wie folgt pauschal berechnet:

- 9 % des Bruttoentgeltes Rentenversicherung,
- 3 % des Bruttoentgeltes Krankenversicherung,

jeweils höchstens bis zur Beitragsbemessungsgrenze.

**Spenden,** die kulturelle, religiöse, wissenschaftliche und staatspolitische Zwecke fördern, werden ebenfalls als Sonderausgaben anerkannt (§ 10 b EStG), aber nur bis zu 5 % des Gesamtbetrages der Einkünfte oder 2 ‰ der Summe der gesamten Umsätze und der im Kalenderjahr aufgewendeten Löhne und Gehälter. Für wissenschaftliche und als besonders förderungswürdig anerkannte Aufwendungen für kulturelle Zwecke erhöht sich der Vomhundertsatz von 5 % um weitere 5 %. Bei Ausgaben für staatspolitische Zwecke sind noch weitere Ermäßigungen vorgesehen (§ 10 b [2] EStG).

1 Der Steuerpflichtige kann wählen, ob er den Bausparbeitrag als Sonderausgaben geltend macht oder Bausparprämie beantragt (vgl. Abschnitt 8.3.3).

**Beispiel:** *Ein Ehepaar wird zusammen veranlagt. Beide sind Arbeitnehmer. Der Ehemann verdient 13 x 4000,00 DM brutto, die Ehefrau 13,5 x 1350,00 DM brutto.*

| *Vorsorgeaufwendungen* | *Ehemann* | *Ehefrau* |
|---|---|---|
| *Gesetzliche Rentenversicherung* ............... | *4862,00 DM* | *1704,00 DM* |
| *Krankenkasse* ............................... | *3224,00 DM* | *1166,00 DM* |
| *Arbeitslosenversicherung* ...................... | *1118,00 DM* | *392,00 DM* |
| *private Lebensversicherung* ................... | *2100,00 DM* | *600,00 DM* |
| | *11304,00 DM* | *3862,00 DM* |

*Vorwegabzug:* ............................................. *8000,00 DM*
*darauf anzurechnen:*
*9 % RV + 3 % KV vom Bruttoentgelt* .......................... *8427,00 DM*
*Der Vorwegabzug ist bereits aufgebraucht. Es kann deshalb nur noch der hälftige Höchstbetrag geltend gemacht werden.*

Unbeschränkt abzugsfähig als Sonderausgaben sind u. a.

- **Unterhaltszahlungen** an geschiedene oder getrennt lebende Ehegatten bis 27000,00 DM jährlich (Voraussetzung ist die Zustimmung des Empfängers);
- die gezahlte **Kirchensteuer;**
- **Verluste,** die bei der Ermittlung des Gesamtbetrages nicht abgezogen werden können, bis zu einem Betrag von insgesamt 10 Millionen DM (auch Verlustrücktrag und -vortrag möglich);
- **Steuerberatungskosten;**
- **Berufsausbildungs- und -fortbildungskosten** bis 900,00 DM, bei auswärtiger Unterbringung bis 1200,00 DM;
- unter bestimmten Voraussetzungen **Renten** und andere **dauernde Lasten.**

**Außergewöhnliche Belastungen** liegen vor, wenn einem Steuerpflichtigen zwangsläufig größere Aufwendungen erwachsen als der überwiegenden Mehrzahl der Steuerpflichtigen gleicher Einkommensverhältnisse und gleichen Familienstandes. Hierzu gehören z. B. Krankheitskosten u. a. Die Aufwendungen werden nur in der Höhe anerkannt, in der sie bestimmte Prozentsätze des Gesamtbetrages der Einkünfte (zumutbare Belastung) übersteigen.

## 14.2.2 Der zu versteuernde Einkommensbetrag

Von dem ermittelten „Einkommen“ dürfen bestimmte Freibeträge abgezogen werden, die die persönlichen Verhältnisse des Steuerpflichtigen berücksichtigen.

**Persönliche Freibeträge** sind:

– **der Haushaltsfreibetrag** für Alleinstehende mit Kindern 5616,00 DM;
– **die Kinderfreibeträge** von 1512,00 DM je Kind (3024,00 DM bei Zusammenveranlagung).

**Einkunftsbezogener Freibetrag** ist z. B.

**der Sparerfreibetrag** bei Einkünften aus Kapitalvermögen (Sparzinsen, Dividenden usw.) von 600,00 DM (Alleinstehende) bzw. 1200,00 DM (Verheiratete).

**Pauschbeträge.** Da in vielen Fällen der Einzelnachweis von abzugsfähigen Beträgen schwierig ist, werden für verschiedene Abzugsarten *Pauschbeträge* berücksichtigt, wenn nicht im Einzelfalle höhere Aufwendungen nachgewiesen werden. Die wichtigsten Pauschbeträge sind:

– **die Vorsorgepauschale** für Arbeitnehmer. Sie beträgt 18 % des Arbeitslohnes, jedoch nur bis zu den Höchstbeträgen für Vorsorgeaufwendungen;
– **der Arbeitnehmerpauschbetrag** in Höhe von 2000,00 DM, in dem die Freibeträge für Werbungskosten aus nichtselbständiger Arbeit, der Arbeitnehmerfreibetrag und der Weihnachtsfreibetrag zusammengefaßt wurden;
– **der Sonderausgabenpauschbetrag,** der 108,00 DM beträgt (bei Zusammenveranlagung 216,00 DM);
– **der Fahrtkostenpauschbetrag** für Fahrten zwischen Wohnung und Arbeitsstätte auf dem kürzesten Wege. Er beträgt für PKW 0,50 DM, für Motorräder und Motorroller 0,22 DM.
– **der Werbungskostenpauschbetrag** für Einkünfte aus Kapitalvermögen (z. B. Zinsen) in Höhe von 100,00 DM bzw. 200,00 DM.

Für Kinder, die sich in der Berufsausbildung befinden, stehen dem Steuerpflichtigen folgende Freibeträge zu: 1800,00 DM bei auswärtiger Unterbringung, wenn das Kind unter 18 Jahre alt ist; 4200,00 DM, wenn das Kind über 18 Jahre alt ist; bei Unterbringung zu Hause jedoch nur 2400,00 DM. Eigene Einkünfte und Bezüge des Kindes - soweit diese 3600,00 DM jährlich übersteigen - werden angerechnet.

**Kindergeld.** Neben den Kinderfreibeträgen[1] wird von den zuständigen Arbeitsämtern - Kindergeldkasse - ein *Kindergeld* gezahlt. Seine Höhe ist teilweise abhängig von den Einkünften der Eltern. Es beträgt nach Abzug der Einkommen- und Kirchensteuer, der steuerlich anerkannten Vorsorgeaufwendungen und bestimmter Unterhaltungsleistungen:

| | Kindergeldanspruch<br>minimal (Sockelbetrag) | <br>maximal | Einkommensgrenze (netto) für den Maximalanspruch<br>Verheiratete | <br>Alleinstehende |
|---|---|---|---|---|
| 1. Kind | 50,00 DM | 50,00 DM | — | — |
| 2. Kind | 70,00 DM | 130,00 DM | 45479,00 DM | 37879,00 DM |
| 3. Kind | 140,00 DM | 220,00 DM | 54679,00 DM | 47079,00 DM |
| 4. Kind | 140,00 DM | 240,00 DM | 63879,00 DM | 56279,00 DM |
| weitere Kinder | 140,00 DM | 240,00 DM | je zuzüglich 9200,00 DM | |

Der Kindergeldanspruch endet mit Vollendung des 16. Lebensjahres; sofern sich das Kind noch in Berufsausbildung befindet und überwiegend vom Steuerpflichtigen unterhalten wird, mit Vollendung des 27. Lebensjahres. Kranke Kinder können unter Umständen auch über das 27. Lebensjahr hinaus berücksichtigt werden.

## 14.2.3 Die Berechnung der Einkommensteuer

Die Einkommensteuer wird von dem „zu versteuernden Einkommen“, d. h. dem um die Sonderfreibeträge verkürzten Einkommen, berechnet. Sie kann aus der im EStG enthaltenen Einkommensteuertabelle abgelesen werden.

1 Bei der Berechnung der Kirchensteuer, die normalerweise prozentual von der Einkommensteuer berechnet wird, werden auch Kinderfreibeträge berücksichtigt.

**Beispiel:** *Ein Kaufmann, 54 Jahre, verheiratet, eine Tochter von 28 Jahren, ein Sohn von 19 Jahren, der noch ein Wirtschaftsgymnasium besucht, und eine Tochter von 15 Jahren, hat im abgelaufenen Kalenderjahr 84 000,00 DM Einkünfte aus Gewerbebetrieb, 12 400,00 DM aus Vermietung und Verpachtung und 1800,00 DM aus Zinsen bezogen. An Beiträgen für die Krankenversicherung zahlte er 7300,00 DM, für die Lebensversicherung 12 200,00 DM, an die Bausparkasse 3 200,00 DM. An Spenden zahlte er 400,00 DM.*

| | | |
|---|---|---|
| *Einkünfte aus Gewerbebetrieb* | | *84 800,00 DM* |
| *Einkünfte aus Vermietung und Verpachtung* | | *12 400,00 DM* |
| *Einnahmen aus Kapitalvermögen* | *1800,00 DM* | |
| *Sparerfreibetrag* | *1 200,00 DM* | |
| *Werbungskosten für Kapitalvernögen* | *200,00 DM* | |
| *Einkünfte aus Kapitalvermögen* | | *400,00 DM* |
| **Gesamtbetrag der Einkünfte** | | *97 600,00 DM* |
| *Sonderausgaben:* | | |
| *Versicherungsprämien* | *19 500,00 DM* | |
| *Beiträge zum Bausparen (50 %)* | *1600,00 DM* | |
| *Spenden* | *400,00 DM* | |
| *davon sind abzugsfähig:* | *21 500,00 DM* | |
| *Vorsorgeaufwendungen* | *15 020,00 DM* | |
| *ferner sind abzugsfähig:* | | |
| *Ausbildungsfreibetrag* | *2 400,00 DM* | |
| *Spenden* | *400,00 DM* | *17 820,00 DM* |
| *Einkommen* | | *79 780,00 DM* |
| *abzüglich Kinderfreibeträge* | | *6 048,00 DM* |
| *Bemessungsgrundlage* | | *73 732,00 DM* |
| *Einkommensteuer lt. Splittingtabelle[1] ab 1990* | | *14 368,00 DM* |

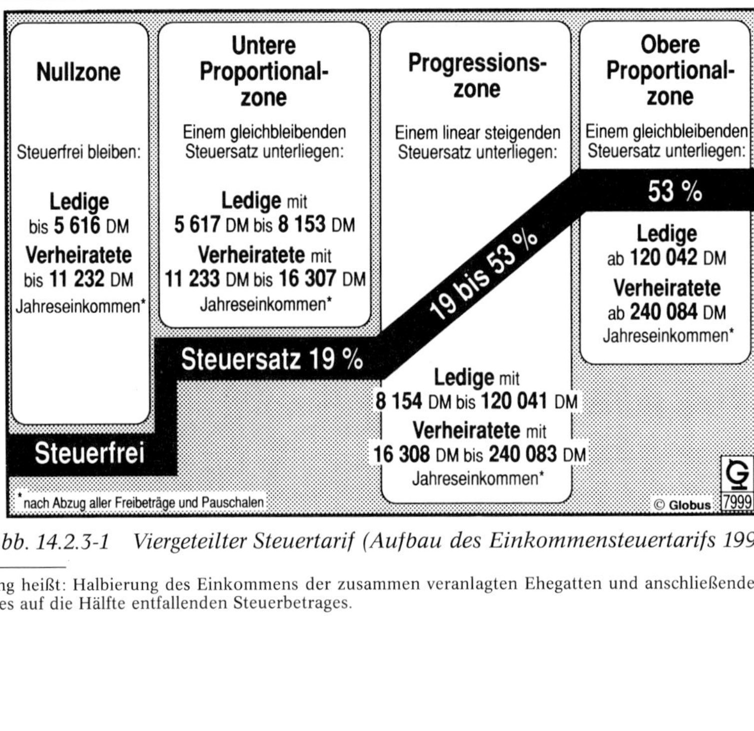


*Abb. 14.2.3-1 Viergeteilter Steuertarif (Aufbau des Einkommensteuertarifs 1990)*

1 Splitting heißt: Halbierung des Einkommens der zusammen veranlagten Ehegatten und anschließende Verdoppelung des auf die Hälfte entfallenden Steuerbetrages.

**Steuerfrei** sind Einkommen bis 5 616,00 DM (Existenzminimum). Darüber hinausgehende Beträge bis zu 8 153,00 DM werden mit 19 % proportional besteuert, höhere Beträge mit steigenden (*progressiven*) Prozentsätzen bis 53 %. Ab 120 000,00 DM gilt wieder ein proportionaler Steuersatz von 53 %. Beim Splitting verdoppeln sich die genannten Beträge.

**Vorauszahlungen** sind am 10.03., 10.06., 10.09. und 10.12. zu leisten.

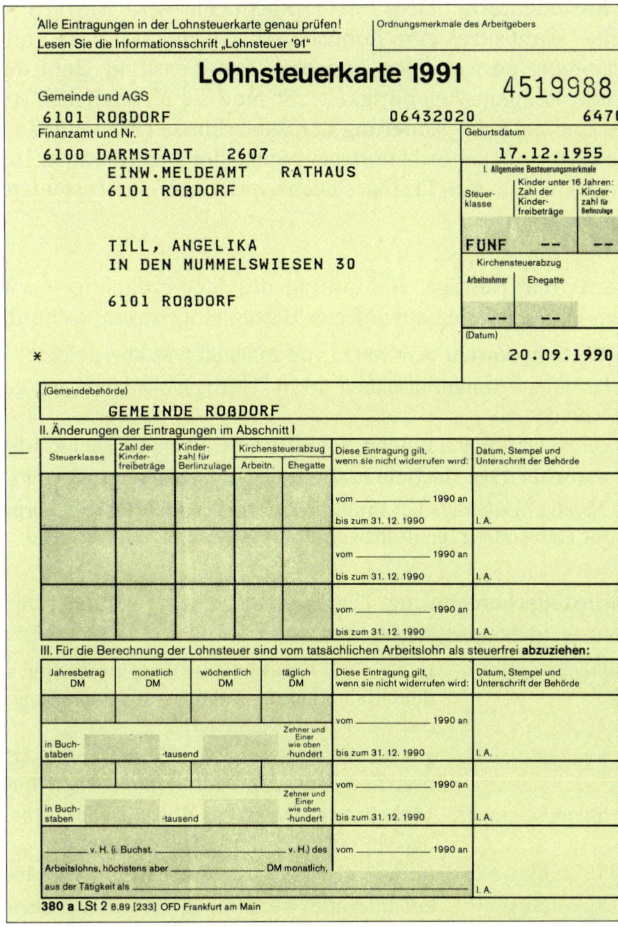

Alle Eintragungen in der Lohnsteuerkarte genau prüfen!
Lesen Sie die Informationsschrift „Lohnsteuer '91"
Ordnungsmerkmale des Arbeitgebers

**Lohnsteuerkarte 1991** 4519988

Gemeinde und AGS
6101 ROßDORF 06432020 6470
Finanzamt und Nr.
6100 DARMSTADT 2607
Geburtsdatum 17.12.1955
EINW.MELDEAMT RATHAUS
6101 ROßDORF

I. Allgemeine Besteuerungsmerkmale
Steuerklasse | Kinder unter 16 Jahren: Zahl der Kinderfreibeträge | Kinderzahl für Berlinzulage
FÜNF -- --

TILL, ANGELIKA
IN DEN MUMMELSWIESEN 30

6101 ROßDORF

Kirchensteuerabzug
Arbeitnehmer -- | Ehegatte --

(Datum) 20.09.1990

*

(Gemeindebehörde)
GEMEINDE ROßDORF

II. Änderungen der Eintragungen im Abschnitt I

| Steuerklasse | Zahl der Kinderfreibeträge | Kinderzahl für Berlinzulage | Kirchensteuerabzug Arbeitn. | Ehegatte | Diese Eintragung gilt, wenn sie nicht widerrufen wird: | Datum, Stempel und Unterschrift der Behörde |
|---|---|---|---|---|---|---|
| | | | | | vom ______ 1990 an bis zum 31. 12. 1990 | I. A. |
| | | | | | vom ______ 1990 an bis zum 31. 12. 1990 | I. A. |
| | | | | | vom ______ 1990 an bis zum 31. 12. 1990 | I. A. |

III. Für die Berechnung der Lohnsteuer sind vom tatsächlichen Arbeitslohn als steuerfrei **abzuziehen:**

| Jahresbetrag DM | monatlich DM | wöchentlich DM | täglich DM | Diese Eintragung gilt, wenn sie nicht widerrufen wird: | Datum, Stempel und Unterschrift der Behörde |
|---|---|---|---|---|---|
| | | | | vom ______ 1990 an | |
| in Buchstaben | -tausend | | Zehner und Einer wie oben -hundert | bis zum 31. 12. 1990 | I. A. |
| | | | | vom ______ 1990 an | |
| in Buchstaben | -tausend | | Zehner und Einer wie oben -hundert | bis zum 31. 12. 1990 | I. A. |

______ v. H. (i. Buchst. ______ v. H.) des Arbeitslohns, höchstens aber ______ DM monatlich, aus der Tätigkeit als ______ | vom ______ 1990 an | I. A.

380 a LSt 2 8.89 [233] OFD Frankfurt am Main

*Abb. 14.2.3-2 Lohnsteuerkarte*

## 14.2.4 Die Lohnsteuer

Die Lohnsteuer ist die Einkommensteuer der Lohn- und Gehaltsempfänger; sie unterscheidet sich von der veranlagten Einkommensteuer nur durch die Art ihrer Erhebung (Abzugsverfahren). Der Arbeitgeber behält sie bei der Auszahlung des Lohnes oder Gehaltes ein und führt sie monatlich (bis zum 10. des folgenden Monats) an das zuständige Finanzamt ab.

Der Arbeitgeber ist verpflichtet, für jeden Beschäftigten ein *Lohnkonto* zu führen. Am Jahresende sowie beim Ausscheiden eines Arbeitnehmers hat der Arbeitgeber auf der Rückseite der Lohnsteuerkarte Beschäftigungsdauer, Bruttoverdienst sowie einbehaltene Lohn- und Kirchensteuer und Sozialversicherungsbeiträge zu bescheinigen.

**Lohnsteuerkarte.** Dem Steuerpflichtigen wird jährlich von der Gemeindebehörde seines Wohnsitzes eine Lohnsteuerkarte zugestellt. Sie enthält alle für die Berechnung der Steuer notwendigen Angaben (Familienstand, Zahl der Kinderfreibeträge, Steuerklasse, Religionszugehörigkeit). Er muß sie unverzüglich seinem Arbeitgeber aushändigen und bei jeder Änderung der Steuerklasse (Eheschließung, Geburt eines Kindes) bei der Gemeindebehörde vorlegen. Steht der Arbeitnehmer in mehreren Dienstverhältnissen, so muß er sich für jedes Dienstverhältnis eine *besondere Lohnsteuerkarte* ausstellen lassen.

**Steuerfreie Beträge.** Auf Antrag des Steuerpflichtigen wird auf der Lohnsteuerkarte vom Finanzamt ein steuerfreier Betrag eingetragen, wenn die Aufwendungen für

- **Werbungskosten** den Betrag von 2000,00 DM übersteigen;
- bestimmte **Sonderausgaben** (nicht Vorsorgeaufwendungen) den Betrag von 108,00 DM überschreiten;
- genau bestimmte **außergewöhnliche Belastungen** nachweisbar sind;
- **Pauschbeträge für Behinderte und Hinterbliebene** geltend gemacht werden können;
- Absetzungsbeträge bei **Einkünften aus Vermietung und Verpachtung** (z. B. Abschreibungen für Haus oder Eigentumswohnung) geltend zu machen sind.

**Lohnsteuerberechnung.** Die Lohnsteuer wird aus der Lohnsteuertabelle abgelesen. Sie sieht sechs Steuerklassen vor:

- *Steuerklasse I:* Ledige und Geschiedene. Verwitwete (für den Veranlagungszeitraum, der dem Kalenderjahr folgt, in dem der Ehegatte verstorben ist, wird noch nach Klasse III versteuert);
- *Steuerklasse II:* gilt für die zu Steuerklasse I genannten Arbeitnehmer, wenn sie für mindestens 1 Kind einen Kinderfreibetrag erhalten;
- *Steuerklasse III:* Verheiratete, wenn der Ehegatte des Arbeitnehmers keinen Arbeitslohn bezieht oder die Steuerklasse V wählte;
- *Steuerklasse IV:* Verheiratete, wenn beide Ehegatten Arbeitslohn beziehen;
- *Steuerklasse V:* ein Ehegatte, wenn beide Arbeitslohn beziehen und der andere Ehegatte auf gemeinsamen Antrag der Steuerklasse III angehört;
- *Steuerklasse VI:* (bei mehreren Dienstverhältnissen): für jedes zweite und weitere gleichzeitig bestehende Dienstverhältnis.

**Lohnsteuerjahresausgleich.** Ist ein Arbeitnehmer nicht ständig beschäftigt, schwankt sein Arbeitslohn oder ändert sich sein Familienstand, kann die im Laufe des Kalenderjahres einbehaltene Lohnsteuer höher sein als die Steuer, die auf den Jahresarbeitslohn zu leisten wäre. Dieser Nachteil kann durch den Lohnsteuerjahresausgleich beseitigt werden. Der Lohnsteuerjahresausgleich wird entweder (in bestimmten Fällen) vom *Arbeitgeber* durchgeführt oder auf Antrag des Steuerpflichtigen durch das zuständige *Finanzamt*. Der Antrag muß jeweils bis zum Ende des zweiten auf das Ausgleichsjahr folgende Kalenderjahr gestellt werden.

**Einkommensteuerpflicht** besteht auch für Arbeitnehmer, wenn das Jahreseinkommen bei Ledigen 27000,00 DM, bei Verheirateten 54000,00 DM übersteigt, wenn der Steuerpflichtige mehr als 800,00 DM Nebeneinkünfte hatte, wenn ein Ehegatte nach Steuerklasse V oder VI besteuert wird sowie in einer Reihe von Sonderfällen.

3802414

## 14.3 Die Körperschaftsteuer

Die Körperschaftsteuer nach dem Körperschaftsteuergesetz ist die Einkommensteuer der juristischen Personen (vorwiegend Kapitalgesellschaften), also eine Personensteuer. Befreit sind neben der Bundesbahn, Bundespost und Bundesbank bestimmte Hilfskassen und Körperschaften, die politischen, kirchlichen, gemeinnützigen oder mildtätigen Zwecken dienen, sowie staatliche Lotterieunternehmen.

**Der Steuersatz** beträgt

- **50** % für nicht ausgeschüttete Gewinne und
- **36** % für ausgeschüttete Gewinne (auf Lohn- und Einkommensteuer anrechenbar).

Es gibt ferner ermäßigte Steuersätze, z. B. 46 % für Versicherungsvereine auf Gegenseitigkeit, nicht rechtsfähige Vereine u. a.

Kleine Körperschaften können unter bestimmten Voraussetzungen einen **Freibetrag** in Höhe von 5000,00 DM geltend machen. Dieser Freibetrag vermindert sich, wenn der Gewinn 10000,00 DM übersteigt, um die Hälfte des Gewinns über 10000,00 DM. D. h., bei einem Gewinn ab 20000,00 DM wird kein Freibetrag mehr gewährt.

## 14.4 Die Kapitalertragsteuer

Die Kapitalertragsteuer ist eine besondere Erhebungsform der Einkommensteuer für Kapitalerträge. Sie beträgt in der Regel 25 % der Einkünfte aus Dividenden und anderen Erträgen aus Beteiligungen an Gewerbebetrieben. Die vom Schuldner (z. B. einer AG) einbehaltene und an das Finanzamt abgeführte Kapitalertragsteuer ist eine Vorauszahlung auf die fällige Einkommensteuer und wird bei dieser angerechnet.

**Beispiel:** *Bei der Dividendenzahlung einer Aktiengesellschaft erhält der Aktionär folgende Abrechnung:*

| | |
|---|---|
| *ausgeschütteter Gewinn* | *100,00 DM* |
| *abzüglich 36 % Körperschaftsteuer* | *36,00 DM* |
| | *64,00 DM* |
| *abzüglich 25 % Kapitalertragsteuer* | *16,00 DM* |
| *Auszahlungsbetrag* | *48,00 DM* |

Steuerpflichtig ist der ausgeschüttete Gewinn in Höhe von 100,00 DM. Aber auf die zu zahlende Einkommensteuer werden die 52,00 DM angerechnet, die bereits von der Aktiengesellschaft an das Finanzamt abgeführt wurden.

## 14.5 Die Erbschaft- und Schenkungsteuer

Die Erbschaft- und Schenkungsteuer wird erhoben nach dem **Erbschaft- und Schenkungsteuergesetz vom 17.04.1974**. Dieser Steuer unterliegen

- der Erwerb von Todes wegen (Erbschaft);
- die Schenkung unter Lebenden;
- die Zweckzuwendungen (Schenkung oder Erbschaft mit der Auflage, die Zuwendung zu bestimmten Zwecken zu verwenden);
- das Vermögen einer Stiftung oder eines Vereins, dessen Zweck im Interesse einer oder bestimmter Familien auf die Bindung von Vermögen gerichtet ist im Abstand von 30 Jahren (Erbersatzsteuer).

Die Steuer wird vom gesamten Vermögensanfall (abzüglich Kosten) berechnet. Je nach dem Verwandtschaftsgrad – das **ErbStG** unterscheidet 4 Steuerklassen – gelten unterschiedliche *Freibeträge* (bis 250 000,00 DM) und *Steuersätze* (3–70 %).

## 14.6 Die Vermögensteuer

Die Vermögensteuer nach dem **Vermögensteuergesetz in der Fassung vom 14.03.1985** wird vom Gesamtvermögen der natürlichen und juristischen Personen nach Abzug der Schulden erhoben. Sie bedeutet eine zusätzliche Besteuerung des Vermögensertrages, da das Vermögen normalerweise Erträge (z. B. Zinsen, Mieten, Gewinne) bringt, die bereits der Einkommensteuer unterliegen.

Vom Gesamtvermögen dürfen bestimmte steuerfreie Wirtschaftsgüter und Freibeträge abgezogen werden, und zwar u. a.:

*je 70 000,00 DM* für den Steuerpflichtigen, seine Ehefrau sowie jedes zum Haushalt gehörende Kind (auch uneheliches Kind). Der Freibetrag für Kinder wird längstens bis zum 27. Lebensjahr gewährt, wenn sich das Kind noch in Berufsausbildung befindet, sonst bis zum 18. Lebensjahr.

*11 000,00 DM* je Person zusätzlicher Freibetrag kann geltend gemacht werden für das nichtgewerbliche Kapitalvermögen (Wertpapiere, Sparguthaben usw. bis 10 000,00 DM; Münzen, Edelmetalle usw. bis 1 000,00 DM).

*10 000,00 DM* je Person beträgt der zusätzliche Altersfreibetrag nach Vollendung des 60. Lebensjahres, wenn das Gesamtvermögen des Steuerpflichtigen 150 000,00 DM nicht übersteigt.

*auf 50 000,00 DM* erhöht sich der Altersfreibetrag bei Überschreiten des 65. Lebensjahres und bei Vorliegen bestimmter Voraussetzungen.

Bei Kapitalgesellschaften gibt es keine Freibeträge. Vermögensteuer wird jedoch nur erhoben, wenn das Gesamtvermögen 20 000,00 DM überschreitet.

**Der Steuersatz** beträgt 0,5 % des steuerpflichtigen Vermögens für natürliche Personen und 0,6 % für juristische Personen.

Die Vermögensteuer kann bei der Einkommensteuer nicht als Sonderausgabe geltend gemacht werden.

**Zahlungstermine:** 10.02., 10.05., 10.08 und 10.11. je 1/4 der Jahressteuerschuld.

## 14.7 Die Gewerbesteuer

Die Gewerbesteuer gemäß Gewerbesteuergesetz wird von den Gemeinden erhoben.

Zusammensetzung und Berechnung der **Gewerbesteuer:**

| **Nach dem Gewerbeertrag** | **Nach dem Gewerbekapital** |
|---|---|
| *Gewinn aus Gewerbebetrieb*<br>(berechnet nach den Vorschriften des Einkommen- bzw. Körperschaftsteuergesetzes)<br>+ *Hinzurechnungen*<br>z. B. 50 % der Entgelte für Dauerschulden<br>Gewinnanteile des stillen Gesellschafters<br>Anteile am Verlust einer Personengesellschaft<br>./. *Kürzungen*<br>z. B. 1,2 % vom betrieblich genutzten Grundbesitz<br>Anteile am Gewinn von Personengesellschaften<br>./. *Gewerbeverlust* (§ 10 a GewStG)<br>(Verlustvortrag aus den Vorjahren) | *Einheitswert des Betriebsvermögens*<br>+ *Hinzurechnungen*<br>z. B. 50 % der Dauerschulden, die 50 000,00 DM übersteigen<br>Renten und dauernde Lasten<br>Verbindlichkeiten an stille Gesellschafter<br>./. *Kürzungen*<br>z. B. Summe der Einheitswerte der Betriebsgrundstücke<br>Teilwert der Beteiligungen an Personengesellschaften |
| = *Gewerbeertrag*<br>./. *Freibetrag*[1]<br>(bei natürlichen Personen und Personengesellschaften in Höhe von 36 000,00 DM) | = *Gewerbekapital*<br>./. *Freibetrag*[1] (120 000,00 DM)<br>*steuerliche Gewerbekapitalsumme*<br>(auf volle 1000,00 DM nach unten abgerundet)<br>x Steuermeßzahl (2 ‰) |
| = *steuerlicher Gewerbeertrag*<br>(auf volle 100,00 DM nach unten abgerundet)<br>x *Steuermeßzahl* (5 %) | = *Steuermeßbetrag nach Gewerbekapital* |
| = *Steuermeßbetrag nach dem Gewerbeertrag* | |

\+ \+

= *einheitlicher Steuermeßbetrag*
x *Hebesatz der Gemeinde*

= *Gewerbesteuerschuld*

**Beispiel:** *Eine OHG hat ein Gewerbekapital von 160 000,00 DM, der Gewerbeertrag beträgt 48 436,00 DM.*

*Steuermeßbetrag für den Gewerbeertrag von 48 400,00 DM (auf volle 100,00 DM abgerundet) ...................... = 620,00 DM*
*Steuermeßbetrag für das Gewerbekapital von 40 000,00 DM (auf volle 1000,00 DM abgerundet) ..................... = 80,00 DM*
*Einheitlicher Steuermeßbetrag also ..................... = 700,00 DM*

1 Der Abzug des Freibetrages darf weder zu einem negativen Gewerbeertrag noch zu einem negativen Gewerbekapital führen.

**Beträgt der Hebesatz** z. B. 380 % (er wird jährlich nach dem Finanzbedarf der Gemeinde neu festgesetzt und bewegt sich zwischen 150 % und 600 %), so ergibt sich eine Gewerbesteuer von 2660,00 DM.

**Vorauszahlungen.** Die Gewerbesteuer ist in vierteljährlichen Vorauszahlungen jeweils am 15.02., 15.05., 15.08. und 15.11. an die Gemeindekassen zu entrichten. Sie ist bei der Errechnung des Betriebsgewinnes abzugsfähig.

## 14.8 Die Grundsteuer

Die Grundsteuer wird, wie die Gewerbesteuer, von den Gemeinden erhoben; sie ist vierteljährlich an die Gemeindekasse zu zahlen. *Besteuerungsgrundlage* ist der Einheitswert des Grundbesitzes. Nimmt man ihn mit der Steuermeßzahl (2,6 bis 3,5 v. V.) mal, erhält man den Steuermeßbetrag. Auf diesen Meßbetrag, den das Finanzamt festsetzt, wendet dann die Gemeinde den jeweils für ein Rechnungsjahr festgesetzten Hebesatz an.

| | | | |
|---|---|---|---|
| **Beispiel:** | *Einheitswert eines bebauten Grundstücks* ................. | = | *480 000,00 DM* |
| | *Steuermeßbetrag (= 3,5 v. T. von 480 000,00 DM)* .......... | = | *1680,00 DM* |
| | *Hebesatz der Gemeinde* ................................ | = | *255 %* |
| | *Grundsteuer = 255 % von 1680,00 DM* ................... | = | *4284,00 DM* |

## 14.9 Die Umsatzsteuer (Mehrwertsteuer)

**Grundlage für die Mehrwertsteuer** ist das *Umsatzsteuergesetz* (UStG). Die MWSt fließt teils dem Bund, teils den Ländern zu. Wegen der gesetzlichen Vorschriften über die Preisangabe (Angabe von Bruttoendverbraucherpreisen) wird dem Endverbraucher die Mehrwertsteuer nicht offen ausgewiesen, obwohl er sie in voller Höhe tragen muß. Dagegen ist die Mehrwertsteuer (Umsatzsteuer) im Verkehr *unter Kaufleuten* ein *offen ausgewiesener Posten* der Rechnungen. Das ist notwendig, weil jedes Unternehmen die gezahlte Mehrwertsteuer auf die bezogenen Waren und Dienstleistungen beim Finanzamt als sogenannte **Vorsteuer** geltend machen kann. Diese Vorsteuer wird *vom Finanzamt erstattet*. Allerdings muß der Kaufmann andererseits für die von ihm verkauften Waren und Dienstleistungen Mehrwertsteuer an das Finanzamt abführen. In der *Umsatzsteuervoranmeldung* (monatlich) und in der *Umsatzsteuererklärung* (jährlich) wird deshalb eine Verrechnung vorgenommen. Daraus ergibt sich eine Steuerschuld oder ein Steuerguthaben.

Die folgende schematische Darstellung soll die Zusammenhänge verdeutlichen:

| | Wirtschaftsstufe | | |
|---|---|---|---|
| | Hersteller | Großhändler | Einzelhändler |
| Nettoverkaufspreis ........... | 80,00 DM | 100,00 DM | 130,00 DM |
| + 14 % Umsatzsteuer ........... | 11,20 DM | 14,00 DM | 18,20 DM |
| Bruttoverkaufspreis .......... | 91,20 DM | 114,00 DM | 148,20 DM |
| *Steuerschuld* ................ | 11,20 DM | 14,00 DM | 18,20 DM |
| ./. *Vorsteuer* ................. | 00,00 DM | 11,20 DM | 14,00 DM |
| = *Zahllast insges. 18,20 DM* ..... | 11,20 DM | 2,80 DM | 4,20 DM |

Von Stufe zu Stufe wird immer nur der jeweilige „Mehrwert" besteuert, beim Großhändler 20,00 DM (100,00 ./. 80,00 DM), beim Einzelhändler 30,00 DM. Die Summe der jeweiligen Zahllast in den einzelnen Stufen entspricht der Umsatzsteuer von 18,20 DM im Ladenpreis, die der Letztverbraucher tragen muß, während ein Unternehmer die Umsatzsteuer auf den Wiederverkäufer abwälzt, der sie sich vom Finanzamt wieder erstatten läßt.

**Der Umsatzsteuer unterliegen:**

- alle Umsätze aus Lieferungen und sonstigen Leistungen, die ein Unternehmer im Rahmen seines Unternehmens im Erhebungsgebiet (= Inland) gegen Entgelt ausführt;
- der Eigenverbrauch;
- die Einfuhr von Gegenständen in das Inland.

**Bemessungsgrundlage** (§ 10 UStG) ist das Entgelt. Zum Entgelt gehört alles, was der Empfänger der Ware oder Leistung aufwenden muß, um sie zu erhalten.

**Der Steuersatz** beträgt im Normalfall 14 % des Nettoverkaufspreises (ab 1. Juli 1983). Es gelten jedoch folgende Ausnahmeregelungen:

- Unternehmen mit einem Umsatz **bis zu 25 000,00 DM** jährlich zahlen **keine Umsatzsteuer,** können dann aber auch keinen Vorsteuerabzug geltend machen. Der Unternehmer kann sich jedoch – allerdings ist er für fünf Jahre daran gebunden – nach den allgemeinen Grundsätzen der Umsatzsteuerpflicht und der Vorsteuerabzugsberechtigung entscheiden.
- **Ermäßigte Steuersätze** (§ 12,2 UStG). Der ermäßigte Steuersatz (7 %) gilt für:
  - Lebensmittel, jedoch nicht für Speisen und Getränke, die in Gaststätten zum Verzehr an Ort und Stelle verabreicht werden;
  - Umsätze der Zahntechniker;
  - Umsätze für kulturelle Leistungen, Bücher, Zeitungen;
  - Personenbeförderung im Nahverkehr.
- **Befreiungen.** Im § 4 des Gesetzes sind in 28 Ziffern die Tatbestände aufgeführt, bei denen eine Befreiung aus systematischen Gründen notwendig geworden ist. Steuerfrei sind z. B. die Ausfuhrlieferungen, die Beförderung auf Wasserstraßen, Umsätze, die unter das Grunderwerbsteuergesetz fallen, die Umsätze der Ärzte und sonstigen Heilberufe, Umsätze der Versicherungsvertreter und Versicherungsmakler.

---

**Beispiel:** *Unterschiedliche Mehrwertsteuer-Sätze innerhalb der EG.*

Auf dem Weg zum grenzenlosen EG-Binnenmarkt - der bis Ende 1992 vollendet sein soll - liegen noch viele Stolpersteine. Die größten von ihnen sind die in den einzelnen EG-Ländern verschieden hohen Sätze der Mehrwertsteuer. Am einfachsten wäre zweifellos die Einführung einer gleich hohen Mehrwertsteuer für alle EG-Länder. Eine solche radikale Vereinfachung erscheint aber politisch nicht durchsetzbar. Die EG-Kommission hat deshalb eine Bandbreite für EG-Mehrwertsteuersätze vorgeschlagen, die zwischen vierzehn und zwanzig Prozent liegen soll (ermäßigte Sätze: vier bis neun Prozent). Nur EG-Länder, die darüber oder darunter liegen, müßten ihre Steuersätze ändern. Die von den verbleibenden Unterschieden ausgehenden Wettbewerbsverzerrungen hält die Kommission für hinnehmbar.

*Stolperstein Steuer* Quelle: Globus

| Rang | Land | Normalsätze der MWSt in % |
|---|---|---|
| 1 | Irland | 25 |
| 2 | Dänemark | 22 |
| 3 | Niederlande | 20 |
| 4 | Belgien | 19 |
| 5 | Frankreich | 18,6 |
| 6 | Griechenland | 18 |
| 7 | Italien | 18 |
| 8 | Portugal | 16 |
| 9 | Großbritannien | 15 |
| 10 | Bundesrepublik Deutschland | 14 |
| 11 | Spanien | 12 |
| 12 | Luxemburg | 12 |

aus: Die Zeit Nr. 23 vom 02.06.1988

Die Steuerschuld entsteht grundsätzlich im Zeitpunkt der Lieferung oder Leistung. Das nennt man *Sollbesteuerung* oder Besteuerung nach dem vereinbarten Entgelt. Für nicht buchführungspflichtige Betriebe und Kleinbetriebe ist auch die Versteuerung nach vereinnahmten Entgelten *(Ist-Versteuerung)* zulässig. Der Unternehmer hat monatlich oder vierteljährlich *Umsatzsteuervoranmeldungen* und später eine Jahreserklärung abzugeben.

## 14.10 Die Verkehrsteuern und Verbrauchsteuern

Zu den Verkehrsteuern gehören u. a. die Grunderwerbsteuer, Kapitalverkehrsteuer, Kraftfahrzeugsteuer, Versicherungsteuer, Vergnügungsteuer, Wechselsteuer, Wertpapiersteuer, Börsenumsatzsteuer, Urkundensteuer, Gesellschaftsteuer und Umsatzsteuer. Besteuerungsgrundlage ist also ein bestimmter Verkehrsvorgang. Verbrauchsteuern treffen den Verbrauch bestimmter Waren im Inland. Hierzu gehören u. a. die Kaffee-, Tabak-, Salz-, Mineralöl-, Branntwein-, Bier- und Spielkartensteuer.

### Aufgaben

1. Wie kann der Staat über die Steuerpolitik bestimmte wirtschafts-, sozial- und konjunkturpolitische Ziele erreichen? Zeigen Sie das jeweils an Beispielen auf.
2. Was sind Steuern, Gebühren und Beiträge für den Unternehmer? Begründen Sie Ihre Aussage mit konkreten Beispielen.
3. Welchen Betrag dürfte in dem Berechnungsbeispiel zur Einkommensteuer der Steuerpflichtige als Sonderausgaben abziehen, wenn die Beiträge zu Bausparkassen 8 600,00 DM betragen hätten?
4. Wie kann der Steuerpflichtige nach Empfang der Lohnsteuerkarte unter Umständen seine Steuerschuld für das laufende Jahr beeinflussen?
5. Beschaffen Sie sich einen Vordruck für den Lohnsteuerjahresausgleich, und füllen Sie ihn sorgfältig für den nachstehend genannten Fall aus:
   Familienvater, verheiratet, 2 Kinder von 6 und 4 Jahren.
   Bruttoverdienst 37 200,00 DM; Zinseinnahmen 700,00 DM; gezahlte Lohnsteuer 5 398,00 DM; gezahlte Kirchensteuer 486,10 DM; Sonderausgaben 7 720,00 DM, davon Versicherungsbeiträge 7 420,00 DM; nachgewiesene Werbungskosten 2 840,00 DM.
   Ermitteln Sie die Höhe der Steuerrückerstattung.
6. Sie wollen wegen verschiedener Sonderausgaben und erhöhter Werbungskosten einen Freibetrag auf der Lohnsteuerkarte eintragen lassen. Begründen Sie diese Ausgaben ausführlich in einem Schreiben an das Finanzamt.
7. Lohnempfänger haben oft keine rechte Freude bei Lohnerhöhungen. Warum?
8. Welcher Unterschied besteht zwischen einer Steuererklärung und einem Steuerbescheid?
9. Prüfen Sie anhand des Einkommensteuergesetzes und der Einkommensteuer-Richtlinien, in welcher Höhe die zumutbare Belastung bei außergewöhnlichen Belastungen festgesetzt ist. Erklären Sie die unterschiedlichen Sätze.
10. Welchen Betrag müssen Sie versteuern, wenn Sie als Aktionär eine Gewinnausschüttung von netto 108,00 DM erhalten haben? Welchen Betrag können Sie als bereits gezahlte Einkommen- bzw. Lohnsteuer geltend machen?
11. Nehmen Sie Stellung zu den Freibeträgen bei der Erbschafts-, der Schenkungs- und der Vermögensteuer. Empfinden Sie die Freibeträge als gerecht (begründen Sie Ihre Antwort)?
12. Nennen Sie die wichtigsten Verbrauchsteuern. Wodurch unterscheiden sich diese von den Besitz- und Verkehrsteuern?

13. In Ihrem Einkommensteuerbescheid hat das Finanzamt die geltend gemachten erhöhten Werbungskosten nicht berücksichtigt. Legen Sie gegen den Bescheid schriftlich Einspruch ein.
14. Eine Untersuchung des Bundeswirtschaftsministeriums verglich zwei Arbeitnehmerhaushalte mit Bruttoeinkommen von 26000,00 DM bzw. 24000,00 DM. Dem ersten Haushalt blieben als Nettoeinkommen 20000,00 DM, dem zweiten, dank vieler sozialer Vergünstigungen des Staates 21000,00 DM. – Diskutieren Sie anhand dieses Beispiels den Konflikt zwischen Sozial- und Leistungsprinzip. Versuchen Sie, in Ihrem Bekanntenkreis weitere Beispiele zu finden.
15. Berechnen Sie die Umsatzsteuerschuld des Unternehmers Mösenlechner, der im Monat Mai folgende Bruttobeträge als Warenumsatz zu verbuchen hatte:

| | |
|---|---|
| Einkauf von Lebensmitteln | 12700,00 DM |
| Einkauf von Büchern usw. | 2800,00 DM |
| Einkauf von sonstigen Waren, die mit dem vollen Steuersatz belastet sind | 18500,00 DM |
| Verkauf von Lebensmitteln | 16600,00 DM |
| Verkauf von Büchern usw. | 2400,00 DM |
| Verkauf von sonstigen Waren zum vollen Steuersatz | 12600,00 DM |

Erklären Sie, warum die Umsatzsteuerschuld (Mehrwertsteuerschuld) negativ ist.

## Zusammenfassung

Für die Finanzierung öffentlicher Aufgaben leisten die Bürger und die Unternehmen *Abgaben*. Die wichtigsten Abgaben sind:

- **Steuern,** d. h. Geldleistungen, denen keine unmittelbare Gegenleistung gegenübersteht;
- **Gebühren,** die als Entgelt für Nutzung öffentlicher Leistungen zu zahlen sind;
- **Beiträge,** die im Umlageverfahren ohne direkten Leistungsbezug für den Einzelnen die Kosten öffentlich-rechtlicher Aufgabenerfüllung decken sollen (z. B. Sozialversicherungsbeiträge).

Steuern sind die wichtigsten öffentlichen Abgaben. Man unterscheidet die Steuern

- nach dem *Gegenstand der Besteuerung* (Besitz-, Verkehr-, Verbrauch- und Realsteuern sowie Zölle);
- nach dem *Empfänger der Steuern* (Bundes-, Länder- und Gemeindesteuern sowie Gemeinschaftssteuern);
- nach der *Auswirkung beim Steuerschuldner* (direkte und indirekte Steuern, abzugsfähige und nicht abzugsfähige Steuern, Objekt- oder Sachsteuern und Subjekt- oder Personensteuern).

Die wichtigsten Steuerarten sind:

- **Die Einkommensteuer.** Sie wird von natürlichen Personen erhoben und ist eine Personensteuer. Eine Sonderform der Einkommensteuer ist die *Lohnsteuer.*
- **Die Körperschaftsteuer.** Sie ist die Einkommensteuer der juristischen Personen.
- **Die Umsatzsteuer.** Sie wird bei jedem Leistungsaustausch gegen Entgelt erhoben. Als indirekte Steuer wird sie letztlich vom Endverbraucher getragen. Die Unternehmen können gezahlte Umsatzsteuer als *Vorsteuer* geltend machen.

# 15 Staat und Wirtschaft

## Worum geht es?

In früheren Zeiten hat sich der Staat weitgehend aus dem Wirtschaftsgeschehen herausgehalten. Die Folgen waren vielfach unsoziale Verhältnisse, insbesondere die Notlage der arbeitenden Bevölkerung. Heute kann sich kein moderner Staat mehr der Verantwortung für die Beeinflussung und Lenkung wirtschaftlicher und sozialer Vorgänge entziehen.

Wir betrachten daher:

- welche Ziele die Wirtschaftspolitik verfolgt,
- was unter Konjunktur zu verstehen ist und wie sie beeinflußt werden kann.
- welche Wirtschaftsordnung in der Bundesrepublik Deutschland eingeführt ist und
- was man unter sozialer Marktwirtschaft versteht.

## Lernziele

Sie sollten ...

- den Einfluß von Steuern, Abgaben und Beiträgen auf das Wirtschaftsgeschehen erläutern und begründen können;
- die vier wichtigsten Ziele der Wirtschaftspolitik (magisches Viereck) nennen und erklären können;
- die Instrumente der Wirtschafts- und Konjunkturpolitik aufzählen und erläutern können;
- die Merkmale der sozialen Marktwirtschaft beschreiben können.

## 15.1 Wirtschafts- und Konjunkturpolitik

Das Verhältnis zwischen Staat und Wirtschaft hat sich unter dem Einfluß der politischen, wirtschaftlichen und sozialen Entwicklung insbesondere seit dem 1. Weltkrieg stark gewandelt.

Im 19. Jahrhundert, dem Zeitalter der ersten industriellen Revolution, beschränkte sich der Staat unter dem Einfluß der herrschenden Ideen des Liberalismus[1] (von lat. liber = frei) darauf, Rechtssicherheit und Ordnung zu gewährleisten, im übrigen aber sich jedes

1 Liberalismus: ein System freiheitlicher politischer Anschauungen, in deren Mittelpunkt die freie, selbstverantwortliche Persönlichkeit steht.

Eingriffs in die Wirtschaft zu enthalten. Die Wirtschaft sollte nach der Lehre des Liberalismus, angetrieben durch das egoistische Erwerbsstreben und den Wettbewerb der einzelnen Wirtschaftspersonen und gesteuert durch die Marktpreise, zu einer allgemeinen Harmonie der Interessen führen.

Diese optimistische Auffassung hat sich bereits im 19. Jahrhundert als ein Irrtum erwiesen. Der Staat mußte durch eine ausgedehnte Arbeitsschutzgesetzgebung in die freie Verkehrswirtschaft eingreifen, um wenigstens die schlimmsten Mißstände zu beseitigen.

Die Weltwirtschaftskrise 1929/1932 mit ihrer Massenarbeitslosigkeit ($6^1/_2$ Millionen Arbeitslose in Deutschland) und die beiden Weltkriege haben diesen Prozeß zunehmender staatlicher Interventionen beschleunigt.

Mit dem ständig wachsenden Gewicht der dem Staat übertragenen Aufgaben, insbesondere auf dem Gebiet der sog. *Gemeinschaftsbedürfnisse*, fließen Milliardenbeträge in Form von Steuern (rund ein Viertel des Sozialproduktes), Abgaben und Beiträgen (denken Sie nur an die Krankenversicherung und die Rentenversicherung) in die öffentlichen Kassen und müssen als Ausgaben gleicher Größenordnung das Wirtschaftsgeschehen ganz entscheidend beeinflussen. Dazu kommt, daß der Staat heute der größte Arbeitgeber und der größte Konsument ist.

Kein moderner Staat kann sich daher aus wirtschaftspolitischen und sozialpolitischen Gründen seiner Verantwortung für den Wirtschaftsablauf entziehen.

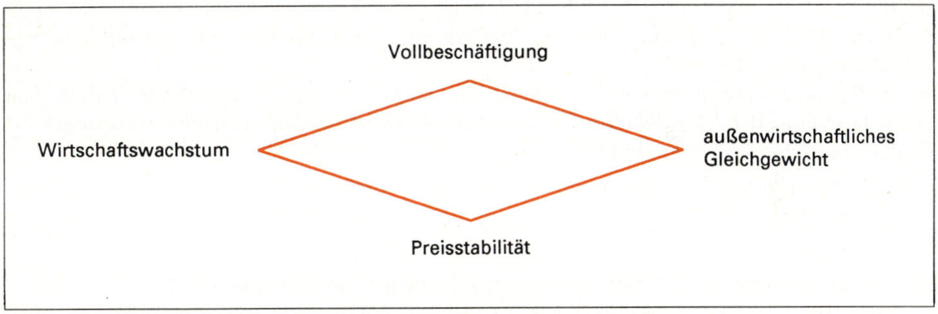


*Abb. 15.1-2 Magisches Viereck*

**Das „Gesetz zur Förderung der Stabilität und des Wachstums der Wirtschaft" von 1967** hat aus dieser Entwicklung die Konsequenzen gezogen, indem es die Einnahmen- und Ausgabenpolitik der öffentlichen Hand (= Bund, Länder und Gemeinden) bewußt in den Dienst der Wirtschafts- und Gesellschaftspolitik stellte. Es verpflichtet Bund, Länder und Gemeinden, bei ihren wirtschafts- und finanzpolitischen Maßnahmen im Rahmen der marktwirtschaftlichen Ordnung, d. h. durch *marktkonforme* Maßnahmen, beizutragen:

- zur Stabilität des Preisniveaus,
- zu einem hohen Beschäftigungsgrad,
- zu einem außenwirtschaftlichen Gleichgewicht, d. h. zu einem Gleichgewicht der über die Grenzen der Bundesrepublik Deutschland fließenden Güter- und Kapitalströme,
- und zu stetigem und angemessenem Wirtschaftswachstum.

Mit dieser Aufgabenstellung wird dem Staat immer mehr die Rolle eines „Steuermanns unseres wirtschaftlichen Schicksals" übertragen.

Es ist ohne weiteres verständlich, daß es in der Wirklichkeit nicht möglich ist, die oben genannten vier Ziele gleichzeitig zu verwirklichen. Man spricht daher auch von einem *„magischen Viereck"*. Man muß also in der praktischen Wirtschaftspolitik jeweils „Prioritäten" setzen, d. h. das jeweils wichtigste Ziel mit Vorrang anstreben. Dabei wird es immer wieder zu *Zielkonflikten* kommen, insbesondere in Zeiten rückläufiger Konjunktur (Rezession).

**Unter Konjunktur** versteht man allgemein die wirtschaftliche Lage; man spricht daher von guter oder schlechter Konjunktur in einem bestimmten Geschäftszweig (im Baugewerbe, Fremdenverkehrsgewerbe u. a.). Im *eigentlichen Sinne* versteht man unter Konjunktur die großen Aufwärts- und Abwärtsbewegungen der Wirtschaft, deren *Phasen* man mit Aufschwung, Hochkonjunktur (Boom), Abschwung und Depression (= Konjunkturtief mit erheblicher Arbeitslosigkeit) bezeichnet. Eine mildere Form des Rückgangs nennt man Rezession.

Man nimmt aber heute anders als früher den *Konjunkturzyklus* nicht mehr als ein unabwendbares Schicksal hin. Es gibt Mittel und Wege, die Konjunkturabläufe mit dem Einsatz konjunkturpolitischer Instrumente zu steuern.

**Träger der Wirtschaftspolitik sind:**

- **Bundestag und Bundesrat** als jene Organe, die die wirtschafts- und sozialpolitischen Gesetze beschließen;
- **die Bundesregierung,** die für die Vorbereitung und Ausführung der betreffenden Gesetze mit Bereitstellung der erforderlichen Etatmittel zuständig ist (mittelfristige Finanzplanung);
- **die Bundesbank** als Hüterin der Währung und
- **die Tarifpartner** (Arbeitgeberverbände und Gewerkschaften).

**Zu den Instrumenten der Wirtschafts- und Konjunkturpolitik gehören:**

- **einerseits Maßnahmen der Bundesbank,** die darauf abzielen, das Geldvolumen so zu steuern, daß *sowohl* eine die Stabilität der Währung gefährdende *Überversorgung* der Wirtschaft mit Geld *als auch* eine die volle Entfaltung der produktiven Kräfte hemmende *Unterversorgung* vermieden wird. Sie reichen (vgl. 8.8) von der Erhöhung bzw. Ermäßigung des Diskontsatzes, dem Leitzins für die Sollzinsen der Banken, bis zu der Erhöhung bzw. Herabsetzung der sog. Mindestreserven der Kreditinstitute, die sie zinslos bei der Bundesbank unterhalten müssen;
- **andererseits die Fiskalpolitik** der öffentlichen Hand, d. h. Maßnahmen einer aktiven Konjunkturpolitik zur Sicherung eines von größeren Schwankungen freien, hohen Beschäftigungsgrades, und zwar durch:
  - Vergebung von Staatsaufträgen zur Finanzierung großer Investitionen, steuerliche Vergünstigungen für Wirtschaftsbetriebe (z. B. Sonderabschreibungen und Abschläge bei der Einkommensteuer und Körperschaftsteuer bis zu 10 %), Entnahme von Mitteln aus einer Konjunkturausgleichsrücklage bei der Bundesbank, um die Nachfrage auszuweiten, *in Zeiten rückläufiger Konjunktur*, und umgekehrt;
  - Zurückstellen von Aufträgen, Steuererhöhungen und Aufhebung von Abschreibungsmöglichkeiten *in Zeiten einer überschäumenden Hochkonjunktur* mit allgemeinen Preissteigerungen.

## 15.2 Die Wirtschaftsordnung der Bundesrepublik Deutschland

**Der Ordnungsrahmen** für den Ablauf und die Steuerung des Wirtschaftsprozesses ist in der Bundesrepublik Deutschland seit dem Ausgang des 2. Weltkrieges die *soziale Marktwirtschaft*. In diesem Wirtschaftssystem überläßt man die Entscheidung über die Rangfolge der Bedürfnisse nach ihrer Dringlichkeit und die Deckung des Bedarfs *Einzelpersonen* (Haushalten) und *Unternehmern*, die auf Grund der Marktdaten (Preisen) in eigener Verantwortung frei planen, über Art und Umfang der Produktion, über die zweckmäßigsten Produktionsverfahren, Absatzwege und -verfahren entscheiden und ihre Güter (Leistungen) auf den Märkten anbieten. Hier bilden sich bei freier Konkurrenz die *Preise nach Angebot und Nachfrage*. An ihnen orientieren sich wieder die Einzelwirtschaften (Verbraucher und Produzenten) bei ihren Entscheidungen über Verbrauch bzw. Produktion. Dieses Lenkungssystem der Wirtschaft wird als *Marktwirtschaft bezeichnet*.

**Rechtliche Voraussetzungen** für die Funktionsfähigkeit dieser Wirtschaftsordnung sind: Anerkennung des Privateigentums an den Produktionsmitteln, Konsumfreiheit, Vertrags-, Gewerbe- und Handelsfreiheit, Freiheit der Berufs- und Arbeitsplatzwahl, wie sie das Grundgesetz gewährleistet.

**Die Wirtschaftsordnung der Bundesrepublik Deutschland** setzt sich gleichermaßen deutlich ab von einer freien, ungezügelten Marktwirtschaft, in der sich der Staat jedes Eingriffs in das „freie Spiel der Kräfte" enthält und dem Automatismus der Marktgesetze vertraut, und einer *Befehlswirtschaft* nach dem hauptsächlich in den Ostblockstaaten entwickelten Modell einer zentral gelenkten Wirtschaft.

**Die soziale Marktwirtschaft** bekennt sich grundsätzlich zu einer marktwirtschaftlichen Ordnung, verpflichtet aber andererseits den Staat, lenkend und regulierend in das Wirtschaftsgeschehen einzugreifen, wenn sich wirtschaftlich oder sozial unerwünschte Entwicklungen zeigen, z. B. Strukturkrisen der Landwirtschaft und des Bergbaus. Die soziale Marktwirtschaft will also *höchstmögliche Produktivität* der Wirtschaft mit den Forderungen *sozialer Gerechtigkeit* verbinden.

**Oberste wirtschafts- und sozialpolitische Ziele** einer sozialen Marktwirtschaft sind neben den im Stabilitätsgesetz genannten:

- Sicherung echten Leistungswettbewerbs, weil nur dieser die Unternehmen zu Höchstleistungen antreibt (vgl. das GWB in der Fassung vom 24.09.1980);
- Korrektur der ursprünglichen Einkommens- und Vermögensverteilung – einerseits durch eine soziale Steuerpolitik (bei höheren Einkommen progressiv steigende Steuersätze, Zahlung eines steuerfreien Kindergeldes, andererseits durch Subventionen zur Förderung des sozialen Wohnungsbaus, der breiten Vermögensbildung (steuerbegünstigtes Sparen 936-DM-Gesetz).

## Aufgaben

1. Entscheiden Sie, ob die folgenden Instrumente der Wirtschafts- und Sozialpolitik der Politik der Regierungen und der Parlamente oder der Fiskalpolitik oder den Maßnahmen der Bundesbank zuzuordnen sind:
   a) Staatsaufträge,
   b) Kauf/Verkauf von Schatzwechseln,
   c) Steuererhöhungen.
2. Welche der folgenden Aussagen ist richtig (begründen Sie)?
   a) Ein hoher Beschäftigungsgrad ist das oberste Ziel der Wirtschafts- und Sozialpolitik.
   b) Senken der Mindestreserven vergrößert den Kreditspielraum der Banken.
   c) Steuererhöhungen dienen der Dämpfung der Konjunktur.
3. Begründen Sie, mit welchen Instrumenten Konjunkturabläufe steuerbar oder zumindest beeinflußbar sind.
4. Wenn wirtschaftlich bedeutende Unternehmungen in finanzielle Bedrängnis geraten, wird nach der Hilfe des Staates gerufen. Halten Sie das für richtig?
5. Nennen Sie zwei wirtschafts- und sozialpolitische Ziele der sozialen Marktwirtschaft.
6. Häufig hört man, daß der Staat in der sozialen Marktwirtschaft nicht in das „freie Spiel der Kräfte" eingreift. Was ist mit dieser Aussage gemeint? Stimmen Sie ihr zu?

## Zusammenfassung

Der Staat trägt aus wirtschaftspolitischen und sozialpolitischen Gründen Verantwortung für den Wirtschaftsablauf.

- **Die Wirtschafts- und Konjunkturpolitik** soll sich orientieren an den Zielen des „magischen Vierecks"
  - Preisstabilität,
  - hoher Beschäftigungsgrad,
  - außenwirtschaftliches Gleichgewicht,
  - Wirtschaftswachstum.
- **Träger der Wirtschaftspolitik** sind die *Gesetzgebungsorgane* (Bundestag und Bundesrat), die *Regierungen,* die *Bundesbank* und die *Tarifpartner* (Gewerkschaften und Arbeitgeberverbände).
- **Instrumente der Wirtschaftspolitik** sind *Maßnahmen der Bundesbank* und die sog. *Fiskalpolitik*.
- **Die Wirtschaftsordnung** der Bundesrepublik Deutschland ist die *soziale Marktwirtschaft,* die höchstmögliche Produktivität mit sozialer Gerechtigkeit verbinden soll.

# Sachwortverzeichnis

mangelhafte Lieferung 69 f.
Mängelrüge 69 f.

Gesamtherstellung: Winklers Verlag · Gebrüder Grimm · 6100 Darmstadt

3802432